“十二五”国家重点图书出版规划项目

生命科学前沿

功能蛋白质研究

何庆瑜 等 编著

科学出版社

北京

内 容 简 介

蛋白质是生命的承载者，同时又是组成最为复杂的化学物质之一。功能蛋白质研究是指以蛋白质在生命与健康中的生物学功能为导向和核心内容的科学研究。随着组学概念和各种新技术的引入，功能蛋白质研究也从传统的针对单一蛋白质的表征发展到全景式系统化的诠释。

本书在介绍传统蛋白质研究方法的基础上对功能蛋白质研究的最新进展作一概述。全书分为10章，第1～3章主要介绍蛋白质的基本概念和功能特征，第4、5章介绍蛋白质体外研究方法，第6、7章介绍蛋白质相互作用研究，第8～10章介绍蛋白质组学及与之紧密相关的生物信息学方法。

本书可作为高等院校及科研院所相关专业研究生和高年级本科生的教科书或参考书，也可供一线科研工作者参考。

图书在版编目(CIP)数据

功能蛋白质研究/何庆瑜等编著．—北京：科学出版社，2012
“十二五”国家重点图书出版规划项目．生命科学前沿
ISBN 978-7-03-033584-5

Ⅰ.①功… Ⅱ.①何… Ⅲ.①蛋白质-研究 Ⅳ.①Q51
中国版本图书馆CIP数据核字（2012）第024896号

责任编辑：罗 静 王 静 贺窑青/责任校对：宋玲玲
责任印制：徐晓晨/封面设计：耕者设计工作室

科学出版社出版
北京东黄城根北街16号
邮政编码：100717
http://www.sciencep.com

北京凌奇印刷有限责任公司印刷
科学出版社发行 各地新华书店经销
*
2012年3月第 一 版 开本：787×1092 1/16
2025年1月第四次印刷 印张：27 3/4
字数：636 000

定价：128.00元

（如有印装质量问题，我社负责调换）

前　言

人类基因组计划的实施和完成标志着一个新的生物学研究时代——后基因组时代(post-genomic era)的来临。对这些已知基因编码蛋白质功能的注释成为当今生命科学研究的热点和前沿。因为蛋白质是细胞活性及功能的最终执行者，对蛋白质复杂多样的结构、功能、相互作用和动态变化的深入研究，将在分子、细胞和生物体等多个层次上全面揭示生命现象的本质。近年来，蛋白质结构与功能之间的关系、蛋白质-蛋白质相互作用、蛋白质功能调节及质量控制和蛋白质组学等研究领域成为最具代表性的蛋白质科学研究方向。蛋白质科学研究处于一个生机勃勃的发展阶段，其研究方法和系统在不断完善。对蛋白质不断深入的研究，相信在理解诸如生长发育和代谢调控等生命活动规律方面将获得突破，为在分子水平上探讨人类重大疾病的发生发展机制、为疾病防治及靶向药物开发提供重要的理论基础。

功能蛋白质研究（functional protein research）是指以蛋白质在生命与健康中的生物学功能为导向和核心内容的科学研究。尽管有大量该领域研究论文发表在 *Nature*、*Science* 和 *Cell* 等国际权威刊物上，但是目前国内乃至国际上还没有一本全面系统阐述功能蛋白质研究方法的书籍。本书从功能蛋白质研究的历史和现状开始，在介绍功能蛋白质调节机制及质量控制的基础上，阐述研究功能蛋白质的生物化学和生物物理方法、蛋白质在体内的定位方法、蛋白质的相互作用和现代分子生物学研究蛋白质功能的方法，并结合当今组学研究的需要介绍蛋白质组学的研究内容和常用的序列数据库资源及生物信息学的基本方法，首次由浅入深系统地介绍功能蛋白质研究这门学科。同时，为了充分反映功能蛋白质研究领域快速发展的新技术和成果，本书在内容和结构上采用基础理论、实验技术及研究实例相结合的编排形式，在每一章中都包含了当前的最新研究进展，让读者对功能蛋白质研究所涉及的深度和广度有一个总体认识，力求让读者在阅读本书的过程中可以把握当前的科技动态。本书在形式和内容上力求图文并茂，便于理解，让读者在阅读过程中轻松而愉悦地掌握本书的精髓；在每一章的末尾都有相关参考文献，方便有意于更深入钻研这门学科的读者查阅。本书的读者最好具有生物化学和普通生物学基础。本书可以作为高校研究生蛋白质研究课程的教材或参考书，可以作为蛋白质科学研究工作者全面了解和掌握功能蛋白质研究的参考资料，也可以作为生命科学研究人员的基础理论读物。

本书的编写人员均为从事功能蛋白质研究的第一线教学和科研骨干，包括何庆瑜（第 1 章）、龚映雪（第 2 章）、王通（第 3 章）、孙雪松（第 4 章）、葛瑞光（第 1、5 章）、高学娟（第 6 章）、刘朗夏（第 7 章）、晏光荣（第 8 章）、肖传乐（第 9 章）、余光创（第 10 章）。何谦女士对本书的校对、格式统一等方面做了大量工作。由于功能蛋白质研究发展非常快，限于编者水平，疏漏和不妥之处在所难免，敬请读者不吝批评指正。本书如能对读者在学习和科研实践中提供有益的帮助，将使我们倍感欣慰。

本书的编写得到了国家自然科学基金委员会、教育部“长江学者”特聘教授资助计划、暨南大学研究生教材资助项目及研究生精品课程项目的财政支持，在此表示衷心感谢！

何庆瑜

2011年1月于广州暨南园

目　录

第1章　功能蛋白质研究绪论

在生命与健康这一科学主题上，存在一个包括生物学、医学、物理学、化学、数学、信息学等多学科共同的研究对象，即蛋白质。它之所以能够成为这些学科交叉研究的节点，是因为蛋白质既是生命的承载者，也是组成最为复杂的化学物质。启蒙时期的观点认为，蛋白质是食物链传递的承载者。现代的知识告诉我们，每种蛋白质都发挥着一定的、或者说不可替代的生物学功能；而这些功能的同义词就是生命现象的机制，这正是当代和未来科学研究的永恒主题之一。据此，从概念上看，功能蛋白质研究（functional protein research）就是指以蛋白质在生命与健康中的生物学功能为导向和核心内容的科学研究。

蛋白质是生物体的基本组成成分之一，约占细胞干重的50%，是细胞内丰度最高的高分子物质。蛋白质是荷兰科学家格里特在1838年发现的，他观察到有生命的东西离开了蛋白质就不能生存，几乎所有组织、器官都含有大量的蛋白质。近代生物化学与分子生物学的研究使我们认识到，蛋白质在众多的大分子中是很独特的，它们是一类在结构和功能上具有高度多样性，并能对环境做出自发响应的、复杂而神奇的生命大分子（Tanford and Reynolds，2001）。蛋白质是生命活动的直接执行者，参与生物体系中发生的各种反应过程，如生长、遗传、发育、代谢、繁殖、应激、信号转导、思维和记忆，等等，这都是由蛋白质的特定群体来执行的。对蛋白质复杂多样的结构功能、相互作用和动态变化的深入研究，将在分子、细胞和生物体等多个层次上全面揭示生命现象的本质。昌增益教授及其同事对蛋白质研究有一个简明的讨论，并概括了多个有待解决的蛋白质科学问题，即特定的蛋白质分子在生物体内的生物学功能到底是什么？发挥特定功能的分子机制是怎样的？蛋白质功能是如何被调节的？是什么样的结构基础使特定的蛋白质分子能够发挥特定的生物学功能？具有这些形形色色功能的蛋白质分子各自又是如何进化产生的？这些问题就是功能蛋白质研究的主要内容。

1.1　功能蛋白质研究的历史回顾

蛋白质（protein）这一术语诞生于约170年前，衍生于拉丁语 Primarius 和希腊神话人物 Proteus。早期的观点认为，蛋白质仅是食物的一部分，是食物链传递的重要组成。随着人们对蛋白质认识的深入，蛋白质在生命活动中的重要性越来越受到关注，对蛋白质功能和结构的研究也因此越来越受到重视。许多科学家在蛋白质科学研究领域做出了杰出成就，为功能蛋白质研究奠定了基础。表1-1列出了自1900年以来在蛋白质结构与功能研究领域被授予的诺贝尔化学、物理学、生理学或医学奖；从获奖情况可以看出人们对蛋白质从浅到深的认识过程，也显示了功能蛋白质研究一百年来一直是一个热点领域。

表 1-1 1900～2009 年功能蛋白质研究领域授予的诺贝尔奖

年份	发现者及成果
1901	Röntgen W C 发现了伦琴射线
1902	Fisher H E 合成嘌呤及其衍生物多肽
1907	Buchner E 无细胞发酵
1910	Kossel A 研究细胞化学蛋白质及核质
1914	Von Laue M 发现晶体 X 射线衍射
1915	Bragg W H 和 Bragg W L 利用 X 射线分析晶体结构
1923	Macleod J J R 和 Banting F G 发现胰岛素
1929	Von Euler-Chelpin H K A S 和 Harden A 发现酶在发酵中的作用
1931	Warburg O H 发现呼吸酶的性质和作用方式
1946	Sumner J B、Northrop J H 和 Stanley W M 发现酶结晶
1948	Tiselius A W K 利用电泳和吸附分析血清蛋白
1952	Synge R L M 和 Martin A J P 发明分配层析
1953	Krebs H A 阐明合成尿素的鸟氨酸循环和三羧酸循环
	Lipmann F A 发现辅酶 A 及其中间代谢作用
1955	Theorell A H T 发现氧化酶的性质和作用
1957	Todd A R 研究核苷酸和核苷酸辅酶
1958	Sanger F 确定胰岛素分子结构
1959	Korngerg A 和 Ochoa S 人工合成核酸并发现其生理作用
1960	Libby W F 创立放射性碳测定法
1962	Perutz M F 和 Kendrew J C 研究蛋白质的分子结构
	Watson J D、Wilkins M H F 和 Crick F H C 发现 DNA 分子结构
1964	Hodgkin D C 利用 X 射线技术确定重要生物物质的结构
1965	Jacob F、Lwoff A 和 Monod J 发现了酶和病毒合成的遗传机理
1968	Holley R W、Khorana H G 和 Nirenberg M W 揭示了遗传密码并发现其在蛋白质合成中的功能
1978	Arber W、Nathans D 和 Smith H O 发现了限制酶并应用于分子遗传学研究
1980	Berg P 在核酸，特别是重组 DNA 的生物化学方面的开拓性工作
	Gilbert W 和 Sanger F 在核酸序列确定方面的贡献
1981	Blowmbergen N 和 Schawlow A L 发展了激光光谱仪
	Siegbahn K M 发展了高分辨率电子显微镜
1982	Klug A 发展了晶体电子显微镜，确定了具有生物学重要性的核酸-蛋白质复合物
1986	Ruska E 在电子光学方面的开拓性工作，并发明了第一台电子显微镜
	Binnig G 和 Rohrer H 发明隧道扫描显微镜
	Cohen S 和 Levi-Montalcini R 发现了生长因子
1988	Deisenhofer J、Huber R 和 Michel H 确定了光合成反应中心的三维结构
1989	Altman S 和 Cech T R 发现了 RNA 的催化性能
1991	Ernst R R 发展了高分辨率 NMR 方法论
	Neher E 和 Sakmann B 发现了细胞中单离子通道的功能
1992	Fischer E H 和 Krebs E G 发现可逆蛋白质磷酸化是一种生物调控机制
1993	Mullis K B 发明了 PCR
	Smith M 为建立以寡聚核苷酸为基础的定向突变在蛋白质功能研究上的应用打下基础

续表

年份	发现者及成果
1994	Gilman A G 和 Rodbell M 发现了 G 蛋白及其在信号转导中的作用
1997	Boyer P D 和 Walker J E 阐明 ATP 合成的酶学途径
	Skou J C 首先发现离子转运酶——Na^+，K^+-ATPase
	Prusiner S B 发现了一种新的感染源——朊病毒（prion）
1999	Blobel G 发现了蛋白质细胞内转运和定位的内在信号
2001	Hartwell L H、Hunt Y 和 Nurse P M 发现了细胞周期的关键调控因子
2002	Fenn J B 和 Tanaka K 发明了可应用于生物大分子研究的质谱分析中的软电离
	Wüthrich K 发展了应用于生物大分子三维结构测定的 NMR 波谱
	Brenner S、Horvitz H R 和 Sulston J E 发现了器官发育和细胞凋亡的遗传调控机制
2003	MacKinnon R 研究了离子通道的功能和结构
2004	Ciechanover A、Hershko A 和 Rose I 发现了以泛素为基础的蛋白质降解
2006	Kornberg R D 发现真核生物转录的分子机制
	Fire A Z 和 Mello C C 发明了 RNA 干扰
2008	Shimomura O、Chalfie M 和 Tsien R Y 发现绿色荧光蛋白
2009	Blackburn E H、Greider C W 和 Szostak J K W 发现端粒酶
	Ramakrishnan V、Steitz T A 和 Yonath A E 研究了线粒体的结构和功能

1839年 Mulder 在研究动物白蛋白、纤维和明胶的过程中对蛋白质进行了描述，显示它含有碳、氢、氧和氮，并且发现硫和磷有时也存在于“动物成分”中。

1873年左右，Hlasiwetz 和 Habermann 分析了蛋白质的组成和结构，认识到蛋白质是由被称为氨基酸的更小单位组成的，他们用强酸或强碱水解酪蛋白，得到了谷氨酸、天冬氨酸、亮氨酸、酪氨酸和氨等。

1819～1936年，一系列的研究成果发现这类普遍存在于所有生物中的物质的基本结构单位是20种氨基酸，氨基酸之间通过酰胺键共价连接在一起形成多肽链（Hofmeister，1902），多肽链进而折叠组装成具有特定三维空间结构的分子。

1926年，Sumner 从刀豆中提纯了脲酶，通过结晶和活性测定研究揭示了具有生物催化功能的酶分子的化学本质是蛋白质，这对蛋白质功能的认识是一次飞跃。到目前为止，已经被正式命名的酶类蛋白质已经有3000多种。

1953年 Watson、Crick、Franklin 和 Wilkins 对 DNA 双螺旋结构的阐明为揭示遗传信息传递规律奠定了基础，是生物化学发展进入分子生物学时期的重要标志。它利用分子结构的特征，解释了生命现象最基本的问题之一——核酸复制规律，从而真正开始了从分子水平研究生命的活动。

1954年，Gamow 提出遗传信息是由 DNA 分子以含氮碱基非重叠三联体密码携带，并被 Crick 在1961年通过 T4 噬菌体实验验证；Kornberg 于1956年在大肠杆菌的无细胞提取液中实现了 DNA 的合成；1958年，Meselson 和 Stahl 利用^{15}N同位素标记及密度梯度超速离心证实了 DNA 在复制时 DNA 分子的两股链先行分开，是一种半保留复制。如今我们对 DNA 复制、转录成 RNA，蛋白质合成/翻译的各种细节已经有了更多的了解，并认为所有的细胞都是利用基因来编码蛋白质的信息。

1957 年 Kendrew、1959 年 Perutz 分别获得了肌红蛋白和血红蛋白的低分辨率结构，第一个以 0.2nm 分辨率的 X 射线衍射结构分析法揭示了肌红蛋白的二、三级结构，第一次证实了蛋白质具有 α 螺旋结构，为蛋白质空间结构的研究开辟了一条新途径。

1957～1967 年的 10 年中，溶菌酶结构被发现，这是继获得肌红蛋白结构和血红蛋白结构之后的第三个蛋白质结构；同时也获得了胰凝乳蛋白 A、核糖核酸酶、核糖核酸酶 S 和羧肽酶等比较高分辨率的晶体结构。这一重要进展将人们对蛋白质的理解从 1900 年左右的原子组成提升到 20 世纪 60 年代的蛋白质三维结构的确定，反映了现代生物化学中的一个重要进步。

20 世纪 80 年代，核磁共振（NMR）被应用于对蛋白质结构的解析；近年来，冷冻电子显微学也被广泛用于对超大分子复合体的结构进行解析。截止 2008 年 2 月，蛋白质数据库中已存有接近 50 000 个原子分辨率的蛋白质及其相关复合物的三维结构的坐标。

1997 年诺贝尔生理学或医学奖得主 Prusiner 发现了朊病毒（prion），它是一种具有传染性的蛋白质颗粒，其不正确的三维结构是引发疯牛病和一系列致死性神经变性疾病的病因，这一发现向传统观点提出了强有力的挑战。

2001 年，中国、美国、日本、德国、法国、英国 6 国科学家和美国塞莱拉公司联合公布人类基因组图谱和初步分析结果；2003 年，美国联邦国家人类基因组研究项目负责人 Collins 博士在华盛顿宣布：美国、英国、日本、法国、德国和中国科学家经过 13 年努力共同绘制完成了人类基因组序列图，标志着“人类基因组计划”的初步完成，蛋白质研究开始进入后基因组时代。后基因组时代的核心问题是研究基因组多样性、遗传疾病产生的原因、基因表达调控的协调作用及蛋白质产物的功能。

人们之所以对功能蛋白质研究如此重视，主要是由于蛋白质和人类健康之间有直接联系，目前已发现的遗传性疾病绝大多数为基因突变导致编码蛋白质的功能异常所造成的。例如，遗传性囊性纤维化（cystic fibrosis）是由于某种遗传因素改变了囊性纤维化跨膜传导调节蛋白（CFTR），从而影响了细胞质膜上的钠离子和氯离子通道调节因子，这一缺陷在高加索人种中出现的频率非常高，约为 5%。这种疾病导致身体产生浓稠的黏液，堵塞肺部，引起严重的感染，并能抑制胰脏的功能，阻止消化酶到达肠道消化食物。分子遗传学的研究进展表明，囊性纤维化与 CFTR 基因的突变有关，在总蛋白的大约 1500 个氨基酸残基中，最常见的突变是在蛋白质的第 508 位点缺失了一个氨基酸残基，这种情况大约占总病例的 65%。我们对囊性纤维化病的了解是与我们对蛋白质结构和功能的了解相关的，但是现在对这些疾病的治疗方法还非常有限和不成熟，人们试图通过在活细胞中转入能正常表达蛋白质的基因来治疗相关的疾病，不过这样的治疗方法还处在试验阶段（Cavazzana-Calvo et al.，2004）。

了解蛋白质在生命进程中的重要作用，仅着眼于个体蛋白质的结构与功能是不够的，蛋白质组学（proteomics）的研究方法是针对细胞中所有种类的蛋白质，从研究个别蛋白质扩展到从整体水平研究蛋白质。蛋白质组学最显著的优点就是能够通过实验，观察整个蛋白质群组或蛋白质亚组的变化。这样，对特定时刻、特定病理或生理状态下蛋白质的变化就能够以整体的方式加以考虑和研究。蛋白质组学的引入极大地拓宽了我们的视野，加速了生物医学很多领域的研究进程。蛋白质组学目前被广泛应用于寻找生物标记物和药物治疗靶点，为阐明蛋白质功能、疾病机制及疾病治疗提供依据。蛋白质组处于一个新陈代谢的动态变化过程中，蛋白质的合成受时空等多种因素的调控，即使是同一种细胞的生长与活动，因不同时期、不同条件其蛋白质组也是在不断变化之中；此外，在病理或治疗过程中的细胞蛋白质组及其变化也与正常生理过程不同。所以，要得到细胞内存在的所有蛋白质是不可能的，蛋白质组只能是在某一特定时间内的蛋白质集合体。为此，一个全新的概念——功能蛋白质组学（functional proteomics）（Graves and Haystead，2002）被提出，它主要研究细胞内与某个功能有关或某种条件下的一群蛋白质的变化。蛋白质组学研究主要采用传统的凝胶电泳和基于非胶体系的多维液相层析分离与生物质谱相结合的技术路线（MudPIT-LC-MS）。目前我国已建立了具有国际先进水平、高通量、高灵敏的蛋白质组学研究技术平台，并且成功开展了有关人类重要生理及病理相关的蛋白质组学研究。通过蛋白质组学方法筛选出来的差异蛋白质可以作为候选目标分子进行精细的后续研究，包括细胞内蛋白质及其 mRNA 表达水平、蛋白质-蛋白质相互作用和细胞及个体水平上的功能验证。

1.2　功能蛋白质研究的主要内容及方法

1.2.1　功能蛋白质研究的主要内容

1.2.1.1　蛋白质结构与功能

每一种蛋白质都有其特定的一级结构和高级结构，这些特定的结构是蛋白质行使其功能的物质基础，因此对蛋白质结构的细致阐述和研究是深入了解蛋白质功能的必要基础。蛋白质的结构可分为一级结构（primary structure）、二级结构（secondary structure）、三级结构（tertiary structure）和四级结构（quaternary structure）4 个层次。二级、三级、四级结构构成了蛋白质的空间三维结构，而环境因素如温度、水溶液、pH、配体等可以造成蛋白质的空间三维结构改变。

很多研究都表明蛋白质的结构对生物功能有着重要影响，其结构的变化将会导致其活性和功能发生相应变化。例如，血红蛋白 β 亚基上的第 6 位氨基酸由谷氨酸变成缬氨酸时，可导致血红蛋白运输氧气的能力大大降低，并且使红细胞呈现镰刀状等。

1.2.1.2　蛋白质的定位及相互作用

蛋白质的功能与其在亚细胞内的定位密切相关，有序分布和动态平衡的蛋白质是保证生命个体实现精细生物学功能的前提。蛋白质处于不同的亚细胞结构所行使的功能不同，定位发生错误就会失去预期的功能，对细胞乃至整个机体产生影响（Do and Choi，2006）。观察蛋白质在细胞内的定位可以借助激光扫描共焦显微镜（laser scanning confocal microscope，LSCM）技术和免疫电镜（immunoelectronic microscopy，IEM）技术。LSCM 技术功能强大，能够进行荧光定量测量、共焦图像分析、三维图像重建、活细胞动力学参数检测、胞间信息研究等，可对所观察的蛋白质进行定量、定性和定位检测（Amos and White，2003）。LSCM 技术一般需要借助于融合报告基因定位，就是把目的蛋白质基因与易于检测的报告基因进行融合，构建融合基因表达载体，然后借助报告基因表达产物的特征来定位目的蛋白质。其中绿色荧光蛋白（GFP）的应用最为广泛（Cubitt et al.，1995），因为它的分子质量相对较低，发色基团性质稳定，一般不影响目的蛋白质的结构和功能，通过 LSCM 技术检测 GFP 发射的荧光可测定目的蛋白质在细胞中的准确位置。

IEM 技术是利用抗原与抗体特异性结合的原理，在超微结构水平上定位、定性及半定量抗原的技术方法，将免疫细胞化学方法和电镜技术联用最大的优点就是能够进行活体状态下目的蛋白质的体内定位，是最直接、准确的定位方法。IEM 技术主要经历了铁蛋白标记技术、酶标记技术及胶体金标记技术三个主要发展阶段（Koster and Klumperman，2003）。其中胶体金标记免疫电镜具有较高的特异性和灵敏度、方便检测等优点而成为目前应用最为广泛的免疫电镜手段。经典的免疫印迹法结合差速离心法，可观察到蛋白质在各亚细胞结构中的分布，也是目前比较常用的、比较准确的蛋白质定位研究方法。目前，亚细胞定位研究已经成为生物信息学中的一个热点问题，生物信息学在这方面开展了广泛的研究并取得了一系列很有意义的成果，它将与其他蛋白质定位的研究方法相互补充、相互验证，为更好地理解蛋白质的功能和生物学意义做出贡献。

机体细胞内每个蛋白质并不是独立发挥作用的，通常与其他蛋白质相互作用形成较大复合体，在特定的时间和空间内行使特定的功能，构成各项生命活动的基础。研究蛋白质之间相互作用的方法应该具备两个条件：特异性和体内相关性（*in vivo* relevance）。也就是说，要能鉴定出与目的蛋白质特异作用的蛋白质，而且要能反映在生理状态下蛋白质的相互作用。目前常用的研究手段包括酵母双杂交系统（yeast two-hybrid system，Y2H）、串联亲和纯化（tandem affinity purification，TAP）、荧光共振能量转移（fluorescence resonance energy transfer，FRET）、蛋白质芯片（protein array）、噬菌体表面展示（phage display）、表面等离子共振（surface plasma resonance，SPR）、免疫共沉淀（co-immunoprecipitation）及 GST 沉降（GST pull-down）技术等。

酵母双杂交系统是由 Field 和 Song 在 1989 年研究真核基因转录调控时发明的，它是一种在酵母中利用转录激活物的重组来鉴定蛋白质之间相互作用的方法（Fields and Song，1989）。该技术利用真核生长转录因子的两个结构域，即 DNA 结合结构域（DNA-binding domain）和转录激活结构域（transcription-activating domain）分别与诱饵蛋白及可能与诱饵蛋白相互作用的猎物蛋白相连，并共同转入酵母细胞，如果这两个部分发生相互作用就能使转录因子激活下游报告基因，因此可以通过检测报告基因的表达产物来判断两种蛋白质是否发生相互作用（Lim et al.，2006；Rain et al.，2001）。酵母双杂交系统是研究蛋白质分子两两相互作用的传统技术，其假阳性率和假阴性率都比较高，所以必须与其他技术联用加以确证。

串联亲和纯化技术可在生理条件下研究多种蛋白质复合物的相互作用，它通过两步特异性亲和纯化获得与目的蛋白质结合的高纯度蛋白质复合物，因此兼具蛋白质亲和色谱法和免疫共沉淀两种方法的优点（Collins and Choudhary，2008）。该方法首先对目的蛋白质进行TAP标签标记[目的蛋白质-TEV蛋白酶识别位点-钙素结合多肽(calmodulin binding peptide)]，然后在蛋白质复合物的分离纯化中，先利用蛋白质标签具有亲和作用的色谱柱吸附，再采用TEV蛋白酶洗脱，接着利用钙素结合多肽具有亲和作用的钙素蛋白质色谱柱，将蛋白质复合物和TEV蛋白酶分开，该方法在一定程度上超越了酵母双杂交传统技术，因为它条件温和、不破坏复合物的结构，并且经过两步洗脱，去除了杂蛋白质的干扰，从而提高了对蛋白质相互作用检测的可靠性和特异性。

荧光共振能量转移技术是基于受激活化状态的供体能在足够近的距离内（通常小于10nm）将本身的荧光能量传递到受体上，因此用荧光标记的蛋白质可以通过荧光体的能量传递来检测两个蛋白质之间的相互作用（Clegg，1995）。该技术的优点是可以在生理条件下无损伤、动态的研究蛋白质之间的相互作用，同时还能检测蛋白质在细胞内的定位，但受到荧光发色集团空间距离的限制，其只能用于研究分子质量小于200kDa的蛋白质。

噬菌体表面展示技术是一种对多肽功能非常有效的筛选技术（Brissette and Goldstein，2007），即将外源蛋白质分子或多肽的基因克隆到丝状噬菌体基因组中，与噬菌体外膜蛋白质融合表达，展示在噬菌体颗粒的表面。由于外源蛋白质或多肽的基因型和表型统一在同一噬菌体颗粒内，因此，通过表型筛选就可以获得它的编码基因。基于生物分子与药物靶分子（抗体、受体、抗原、酶的底物等）的亲和力，应用噬菌体表面展示技术可以从多肽库中快速筛选多肽，从而成为药物开发的强有力工具。

表面等离子共振是一种物理现象，当入射光以临界角入射到两种不同折射率的介质界面时，可引起金属自由电子的共振，由于电子吸收了光能量，从而使反射光在一定角度内大大减弱。其中，使反射光在一定角度内完全消失的入射角称为SPR角。SPR角随表面折射率的变化而变化，而折射率的变化又和结合在金属表面的生物分子质量成正比。因此可以通过获取生物反应过程中SPR角的动态变化，得到生物分子之间相互作用的特异性信号。1983年瑞典科学家Liedberg首先把SPR技术应用于IgG与其抗原相互作用的检测（Liedberg et al.，1983），并由BIAcore公司开发出SPR传感器，此后SPR传感器的研究与改进迅速发展，在生物医学上的应用也日益广泛。

1.2.1.3 蛋白质功能调节与质量控制

遗传信息流动存在三个层次的调控，即转录调控（transcriptional control）、翻译调控（translational control）和翻译后调控（post-translational control）。这些调控机制对蛋白质的合成和功能化具有重要的生物学意义。蛋白质功能调节是通过多种方式实现的，其中包括翻译后修饰和质量控制等。其中蛋白质的翻译后修饰作为蛋白质功能调节的一种重要方式，对蛋白质的结构和功能是至关重要的，在细胞内受到精确调控，绝大多数蛋白质都以两种或多种修饰形式存在。目前已经确定的翻译后修饰方式超过400种，如磷酸化、糖基化、甲基化、乙基化、羟基化、泛素化和小泛素化等。

蛋白质质量控制（quality control，QC）是指细胞清除异常蛋白（aberrant protein）的机制，即正确合成的蛋白质被利用，而错误合成的蛋白质被降解的过程（Roth et al.，2008）。蛋白质质量控制是中心法则在生物物理水平的进一步深化，认识蛋白质的质量控制是认识蛋白质功能的基础，因为如果质量控制体系一旦失灵，将导致有机体生理功能的异常和疾病的产生。这些病因的共性是蛋白质分子的氨基酸序列没有改变，只是其结构或者说构象有所改变而致病，由此而介导的疾病被统称为蛋白质错误折叠疾病（misfolding protein disease）。最新研究表明，在 HIV 感染和艾滋病的分子病理学中，病毒相关蛋白质质量控制机制与疾病进展密切相关，甚至衰老现象也与蛋白质折叠和蛋白质质量控制有密切关系。

1.2.2 功能蛋白质研究的方法

迄今，蛋白质功能研究的方法可大致分为两种模式：一是先分离鉴定某种蛋白质，然后试图揭示其生理功能；二是从已知的特定生理功能开始，去揭示参与生理功能的蛋白质种类。在长期蛋白质功能研究的历史过程中，人们习惯于首先将待研究的蛋白质对象进行纯化，进而对其结构特征和生物学活性（如酶的催化活性）进行体外分析。对血红蛋白、肌球蛋白和大量酶蛋白等功能的认识是这类研究途径的典型例子。但很多时候这样的研究方法无法有效揭示某些蛋白质在生物体内的功能，如肌球蛋白就是这样一种人们在体外研究了近百年却仍无法认知其生物学功能的例子。在进行体外蛋白质研究的过程中，应尽量模拟生物体内的条件，尽管完全的模拟是不可能的，因为生物体及其基本组成单位细胞是个高度有序的机构，但只有在这个舞台上蛋白质才能发挥其功能。当蛋白质被纯化后，它所处的细胞结构不复存在，很多体内存在的蛋白质与其他蛋白质之间的非共价弱相互作用也随之消失（Vaynberg and Qin，2006）。而那些在生物体内含量极低、等电点极高或极低、疏水性极高的蛋白质也很难被大量纯化。不过对于生物体内存在量很低的蛋白质可以通过先获取其编码基因然后通过重组表达的方式而大量获得。此外，蛋白质组学方法的发展为认识蛋白质功能提供了一种高通量的途径，同时生物信息学方法也为通过实验手段认识蛋白质功能方法提供了补充。

1.3 功能蛋白质研究的挑战与展望

2003 年 4 月，人类基因组测序的完成标志着生物学研究进入了一个崭新的时代——后基因组时代（post-genomic era）。人类基因组计划的完成揭示了大量的基因序列信息，对这些基因信息进行生物学功能方面的研究已经成为后基因组时代的主要研究领域。随着后基因组时代的到来，蛋白质组学研究已经成为功能蛋白质研究的重要工具，是生物科学极具挑战的领域之一。目前人们对蛋白质功能的认识还不完整，大部分通过基因组测序而发现的新蛋白质的功能都是未知的。对这些未知功能的蛋白质而言，多数蛋白质的功能是通过同源基因功能类推等方法推测出来的，对于其全面具体的功能和精细调节机制还不甚了解。在已经发表的典型模式生物的基因组 DNA 序列中，一些普遍性蛋白质存在于所有模式生物中，如存在于大肠杆菌（*Escherichia coli*）（Blattner et al.，1997）、酵母（*Sacharomyces cerevisiae*）（Wood et al.，2002）、线虫（*Caenorhabditis elegans*）（The *C. elegans* Sequencing Consortium，1998）、果蝇（*Drosophilidae*）（Adams et al.，2000）和拟南芥（*Arabidopsis thaliana*）（Arabidopsis Genome Initiative，2001）等中。

这些蛋白质涉及遗传物质的复制和转录、蛋白质合成及物质运输、能量及物质代谢、维持细胞形态、细胞周期调节和信息传递以及与细胞感受内外环境变化等各个生物学过程。然而，即使在这些模式生物中，至少一半左右蛋白质的功能还不清楚，可见人们对功能蛋白质的认识还是非常肤浅和不完整的。目前功能蛋白质研究的现状决定了对功能蛋白质的研究还有很长的路要走。

功能蛋白质组学研究技术可以系统地展示某一生理或病理条件下的蛋白质变化，为许多未知功能的蛋白质的功能研究及已知功能的蛋白质的新的功能探讨提供了丰富的数据基础，但对蛋白质组学研究产生的大量数据的处理是一项非常具有挑战性的任务，生物信息学于是应运而生。生物信息学可以批量处理和分析数据，预测信号转导网络，辅助发现可能的功能蛋白质靶点，是系统研究功能蛋白质方法的补充，也是现代生命科学与信息科学、计算机科学、数学、统计学、物理学、化学等学科相互渗透而高度交叉形成的一门新兴前沿学科。应用生物信息学技术预测蛋白质结构和功能已成为后基因组时代的一项重要任务，它贯穿于蛋白质功能研究的始终，即从疾病相关差异蛋白质的筛选鉴定到最后的各项细胞功能检测。

蛋白质的结构预测是指从蛋白质的氨基酸序列预测出其空间结构。蛋白质的生物学功能很大程度上取决于空间结构，因此蛋白质结构预测对了解未知蛋白质的生物学功能具有非常重要的意义。在对蛋白质进行研究前，可以进行一些生物信息学的分析，根据进化上的一些联系，序列或结构域相近的蛋白质可以被划分到一定的蛋白质家族，其中有些蛋白质具有非常相似的功能。通常，可以从利用各种数据库着手，如比较未知蛋白质与已知蛋白质的相似性，比较未知序列是否与已知蛋白质结构相似，比较未知序列是否有特殊蛋白质家族或功能的保守残基，综合氨基酸序列信息、氨基酸物理化学特性和蛋白质结构等信息，对其功能进行分类。因此，结构域融合分析法、系统进化特征法、簇分析法、结构分析法等序列比对的生物信息学方法在蛋白质结构预测中发挥了重要作用。

虽然全面的功能蛋白质研究还处于一个初级发展阶段，其研究方法和系统还不够完善，但随着组学时代的到来，多维展示和分离技术，生物信息学，高灵敏度蛋白质检测、鉴定及跟踪分析技术的快速发展，以及各学科的交叉互补，为功能蛋白质研究拓展了广阔的空间，提供了更为宽阔的视野。我们现在对蛋白质结构和功能的研究已经从个体水平发展到系统性的表征，在对单一蛋白质所发挥的功能进行研究的同时，更为强调它与其他蛋白质在细胞功能和整个信号通路中所起的协同效应，这一趋势将发展成为更为全面的对细胞生物过程的全景式研究。相信在不久的将来，功能蛋白质研究在揭示诸如生长、发育和代谢调控等生命活动规律上将会有所突破。功能蛋白质研究将为从细胞和分子水平上探讨人类重大疾病的机制、诊断和防治以及新药开发提供重要的理论基础，从而使蛋白质科学研究达到一个新的高度。

参考文献

马静，等．2007．蛋白质功能研究：历史、现状和将来．生命科学，19 (3)：294-300．

Adams M D, et al. 2000. The genome sequence of Drosophila melanogaster. Science, 287: 2185-2195.

Amos W B, White J G. 2003. How the confocal laser scanning microscope entered biological research. Biol Cell, 95 (6): 335-342.

Arabidopsis Genome Initiative. 2000. Analysis of the genome sequence of the flowering plant *Arabidopsis thaliana*. Nature, 408: 796-815.

Blattner F R, et al. 1997. The complete genome sequence of *Escherichia coli* K-12. Science, 277: 1453-1474.

Brissette R, Goldstein N I. 2007. The use of phage display peptide libraries for basic and translational research. Methods Mol Biol, 383: 203-213.

Cavazzana-Calvo M, et al. 2004. The future of gene therapy. Nature, 427: 779-781.

Clegg R M. 1995. Fluorescence resonance energy transfer. Curr Opin Biotechnol, 6 (1): 103-110.

Collins M O, Choudhary J S. 2008. Mapping multiprotein complexes by affinity purification and mass spectrometry. Curr Opin Biotechnol, 19 (4): 324-330.

Cubitt A B, et al. 1995. Understanding, improving and using green fluorescent proteins. Trends Biochem Sci, 20 (11):448-455.

Do J H, Choi D K. 2006. Computational approaches to gene prediction. J Microbiol, 44: 137-144.

Fields S, Song O. 1989. A novel genetic system to detect protein-protein interactions. Nature, 340: 245-246.

Graves P R, Haystead T A. 2002. Molecular biologist' s guide to proteomics. Microbiol Mol Biol Rev, 66: 39-63.

Hofmeister F. 1902. über Bau and gruppierung der Eiweissk? Rper Ergeb Physiol, 1: 759-802.

Koster A J, Klumperman J. 2003. Electron microscopy in cell biology: integrating structure and function. Nat Rev Mol Cell Biol, Suppl: SS6-10.

Liedberg B, et al. 1983. Surface plasmon resonance for gas detection and biosensing sensors. Sensors and Actuators, 4 (1): 299-304.

Lim J, et al. 2006. A protein-protein interaction network for human inherited ataxias and disorders of Purkinje cell degeneration. Cell, 125 (4): 801-814.

Rain J C, et al. 2001. The protein-protein interaction map of *Helicobacter pylori*. Nature, 409 (6817): 211-215.

Roth J, et al. 2008. Protein quality control: the who's who, the where's and therapeutic escapes. Histochem Cell Biol, 129: 163-177.

Tanford C, Reynolds J. 2001. Nature's Robot-A History of Proteins. Oxford: Oxford University Press.

The *C. elegans* Sequencing Consortium. 1998. Genome sequence of the nematode *C. elegans*: a platform for investigating biology. Science, 282: 2012-2018.

Vaynberg J, Qin J. 2006. Weak protein-protein interactions as probed by NMR spectroscopy. Trends Biotechnol, 24: 22-27.

Wood V, et al. 2002. The genome sequence of *Schizosaccharomyces pombe*. Nature, 415: 871-880.

第 2 章　蛋白质功能调节

蛋白质是由一条或几条多肽链组成的生物大分子。每一条多肽链都是由 20 种氨基酸分子以线性排列、通过相邻氨基酸的羧基和氨基失水缩合形成的肽键（peptide bond）连接而成。蛋白质是生物体的必需组成部分，是细胞中含量最丰富的生物大分子，也是一切生命活动的执行者。它参与细胞和生物体内的一切生命过程，从构成细胞骨架的组成成分，到 DNA 复制、RNA 转录和基因表达过程的调节，细胞内所有生理生化反应的催化，再到与其他生物大分子形成多种复合体，蛋白质表现出了无穷无尽的功能多样性。可以说，没有蛋白质，就没有生命活动，没有生物体。

蛋白质的功能多样性是由其结构的多样性决定的，因此对蛋白质的结构、稳定性和自组织能力的系统阐述和研究，是深入了解蛋白质功能的必要基础。蛋白质的结构包括 4 个不同的层次，分别为蛋白质的一级结构、二级结构、三级结构和四级结构。一级结构是蛋白质的氨基酸序列，是由特定基因编码的核苷酸序列决定的。二级结构是氨基酸之间主要通过氢键形成的一些局部有规律的稳定区域。三级结构是由多个二级结构片段形成的整条多肽链的稳定三维构象。四级结构是由多条多肽链通过链间非共价相互作用形成的蛋白质复合物的空间构型。二级、三级、四级结构共同构成了蛋白质的空间三维结构。

蛋白质的一级结构虽然仅由 20 种氨基酸通过不同的排列组合决定，但是生物体内普遍存在翻译后修饰机制，使蛋白质一级序列的组合方式得到极大扩展。蛋白质的空间三维结构决定了它是具有一定柔性的分子，其构象受环境因素，如温度、水溶液、pH、配体等的影响。这些因素共同造成蛋白质的空间结构改变，导致蛋白质的活性和功能发生相应变化，并最终成为控制各种细胞过程的分子开关。另外，由于蛋白质的空间结构与功能的发挥具有极其紧密的相关性，因此蛋白质的折叠在生物体内受到精确调控。没有发生正确折叠或其空间结构丧失了的蛋白质将很快被清除，因为如果这类“错误”蛋白质发生累积，将会对细胞造成巨大的损害。

蛋白质充分体现了生物的多样性和复杂性，是一切生命现象的直接执行者和体现者。蛋白质研究已成为现代生物化学研究的一个主要领域。随着蛋白质研究技术的不断发展，各种新技术、新方法的不断涌现，我们必将对蛋白质的认识更加深入，也必将推动分子生物学、医学等相关领域产生巨大的进步乃至彻底的改观。

2.1　pH 和水环境对蛋白质功能的调节

2.1.1　蛋白质和其周边复杂的水环境

蛋白质发挥功能依赖于周边环境，只能在适应于其作用的细胞微环境中正确折叠和发挥作用。通常蛋白质在晶体结构中仍然可以保留活性，但是蛋白质的某些柔性部分，如一些环和域间铰链（inter-domain hinge）可能会在结晶后有所改变（Finkelstein and Ptitsyn，2007）。

在生理条件下，细胞内的水溶液含有许多高浓度组分，如无机阴离子、阳离子、游离的极性有机分子，等等，同时，细胞内有极高的生物大分子浓度，细胞内 10%～40% 的空间被大分子所占据，扩散等待性与低浓度溶液差别很大。这些因素共同构成了蛋白质所处的复杂环境。

2.1.2 水环境中的离子和有机物分子对蛋白质的影响

蛋白质结构的稳定需要疏水相互作用（hydrophobic interaction）、范德华力（van der Waals' force）、氢键（hydrogen bond）和离子键（ionic bond）共同维持，而水溶液中的众多阴阳离子和其他极性有机分子可以通过破坏这 4 种力而显著改变蛋白质的构象、高级结构和功能，乃至使蛋白质丧失活性。

例如，在水溶液中加入尿素（NH_2—CO—NH_2）、盐酸胍 {$[(NH_2)_3C]^- Cl^+$} 等物质，会导致蛋白质变性，因为这些分子有过量的氢键供体，能争夺水分子中 O 的氢键，打破水溶液中的氢键平衡，而使水分子能更活跃地去破坏蛋白质中的氢键；与此相反，$NaSO_4^-$ 在水溶液中能起到稳定蛋白质天然结构的作用（Finkelstein and Ptitsyn，2007）。

例如，丝素蛋白（silk fibroin）在蚕的腺体中被分泌出来之前是水溶性的，形成一种溶胶状物质，水溶性的丝素蛋白内部结构相应呈现出无序的卷曲（random coil）。如果加入有机溶剂，会使周围水环境的极性降低，使在无序结构中本来处于中等暴露程度的中等疏水性 Tyr 残基逐渐移到蛋白质表面，而完全暴露于有机溶剂之中（Yang et al.，2004）。

2.1.3 pH 对蛋白质的影响

水溶液中存在着解离的 H^+ 和 OH^-，大多数细胞液是呈中性的，pH 约为 7。水溶性球状蛋白质表面主要由极性氨基酸基团组成，大多数为离子化状态，因此水溶液的 pH 改变会使蛋白质表面电荷的分布重新调整，进而影响蛋白质的结构和其正常功能的发挥。另外，过多的 H^+ 或过多的 OH^- 会引起蛋白质的可解离基团发生变化，从而导致蛋白质构象的不可逆变化甚至失去活性。因此水溶液的合适 pH 对维持蛋白质表面和内部的电荷平衡、保持蛋白质的构象和功能都发挥着至关重要的作用，是蛋白质赖以生存的重要环境因素（Petsko and Ringe，2009）。

例如，丝素蛋白在蚕的腺体中以水溶性形式存在，蛋白质结构以无序卷曲为主，其一旦分泌到体外，蛋白质结构变为以 β 折叠（β-sheet）为主，伸展排列成 β 片层，形成不溶于水的丝状纤维。丝素蛋白的一级结构主要包含 6 个氨基酸残基（Gly-Ser-Gly-Ala-Gly-Ala)$_n$ 的重复序列，可以重复约 50 次（图 2-1）。从结构图中可以看出，丝素蛋白缺少比较大的氨基酸侧链。其中 Gly 占 45%、Ala 占 30%、Ser 占 15%，这 3 个氨基酸残基约占总氨基酸的 85% 以上，另外还存在 Tyr（约占 5.2%）、Val（约占 2.2%）（Whitford，2008）。

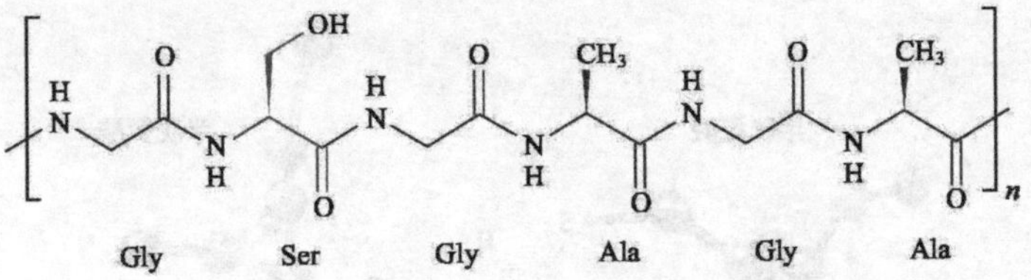

图 2-1　丝素蛋白一级结构重复序列的示意图
(http://en.wikipedia.org/wiki/File: Silk _ fibroin _ primary _ structure.svg)

研究发现，水环境的 pH 对丝素蛋白的结构有较大影响。在酸性条件下（pH4～5.2），丝素蛋白链内的氢键比较容易被破坏，蛋白质会从原来的无序卷曲变得伸展，在伸展链之间会形成链间氢键，从而导致蛋白质结构由卷曲变成β折叠，蛋白质由水溶性球状蛋白变成不溶性的纤维状蛋白。而在碱性条件下（pH6～8），丝素蛋白的氢键能稳定存在，因为无序卷曲的结构最稳定，而β折叠的组成含量最低，这样可使蛋白质既能保持无序卷曲又具有水溶性的特点。有趣的是，当 pH 为 6 时，丝素蛋白的无序卷曲最稳定，也正好与蚕的腺体内环境和丝素蛋白所处的状态吻合。因此，pH 的调节是生物体控制丝素蛋白结构和状态的一个非常重要的手段（杨宇红等，2006；谢栒等，2004）。

例如，许多酶需要在适当的 pH 条件下才能发挥作用，活性最高的 pH 被称为该酶的最适 pH（optimal pH）。这是因为酶活性位点的带电基团只有处于适当的离子化状态时，酶才具有相应的催化活性。不同酶的最适 pH 不同，大多数酶的最适 pH 为 6～8，但有少数酶［如胃蛋白酶（pepsin）］在其活性部位中含有一个或多个羧基，因此最适 pH 为 1.5～2.0，而且胃蛋白酶在 pH 大于 5.0 的条件下就会变性（图 2-2）。

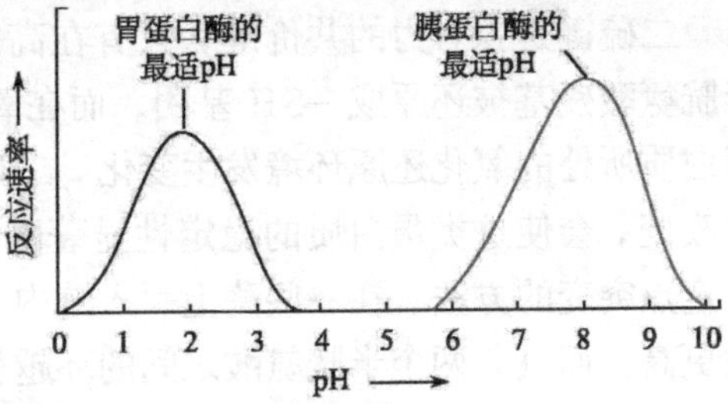

图 2-2　胃蛋白酶和胰蛋白酶的最适 pH 比较（Campbell，1996）

2.1.4　氧化还原环境对蛋白质的影响

细胞的内环境多为还原性环境，而在细胞外多为氧化性环境。生物体内依靠复杂的氧化还原系统（reduction-oxidation system，REDOX system）来维持正常的氧化还原环境。只有维持一个较恒定的氧化还原环境，才能维持蛋白质、核酸等生物大分子的结构稳定并发挥正常的功能。

氧化还原环境对蛋白质结构最显著的影响是引起蛋白质二硫键（disulfide bridge）的改变。二硫键通过半胱氨酸残基（其侧链为—$C^{\beta}H_2$—SH）生成（图 2-3）。这些半胱氨酸残基在一级结构上往往不能相邻，中间至少相隔 5 个氨基酸残基。因此二硫键的生成对蛋白质的空间结构会有很大改变，往往会对其构象变化产生限制作用。

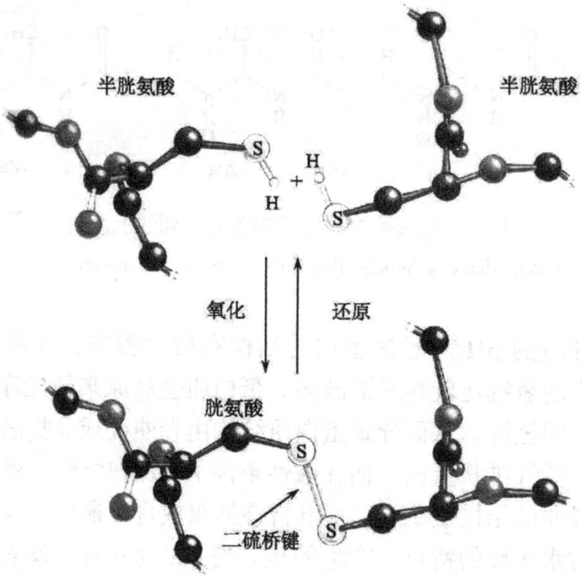

图 2-3 二硫键在氧化还原过程中的生成和断裂（Branden and Tooze，2007）

二硫键是强有力的共价键，只有在高温、酸性 pH 或在还原环境中才会发生断裂，半胱氨酸残基被还原成—SH 基团。而在氧化环境中，二硫键倾向于生成和稳定。一旦蛋白质所处的氧化还原环境发生变化，二硫键被打断，将导致蛋白质的空间构象发生较大改变，会使这类蛋白质的稳定性显著降低（Whitford，2008）。因此目前有些研究通过定点突变的方法，在一些酶上引入链内二硫键，这种突变蛋白质与野生型相比，稳定性更高。而且，两个半胱氨酸之间的环越长，对蛋白质的构象限制就越大，蛋白质的稳定性就越高。这种蛋白质工程的突变研究可以使酶具有更高的热稳定性和工业应用价值（Branden and Tooze，2007）。

另外，一些蛋白质在细胞内合成时没有生成二硫键，而当分泌到细胞外时，则被氧化生成二硫键。细胞正是通过细胞内外的环境差别来调控和改变蛋白质的结构，并利用二硫键来形成蛋白质的二聚体或多聚体，从而起到调节蛋白质的活性状态的目的（Petsko and Ringe，2009）。

例如，乙酰胆碱酯酶（acetylcholinesterase，AChE）存在于神经元和肌细胞之间的突触上，特别在运动神经终板突触后膜的皱褶中、胆碱能神经元内和红细胞中较多。乙酰胆碱酯酶可以将乙酰胆碱降解为乙酸和胆碱，起到在神经信号传导过程中及时清除乙酰胆碱的作用。乙酰胆碱酯酶是人体中反应最快的酶之一，降解一个乙酰胆碱分子仅需 80μs。乙酰胆碱酯酶在细胞内是以单体的方式合成的，当其分泌出细胞时，通过羧基端的一个半胱氨酸残基与相邻的单体形成链间二硫键，从而组成更为稳定的二聚体（图 2-4）和三聚体形式。

2.1.5 蛋白质在环境条件中的存在方式和结构分类

蛋白质在上述复杂的环境条件下生存，许多离子和蛋白质形成复杂的配位键，水分

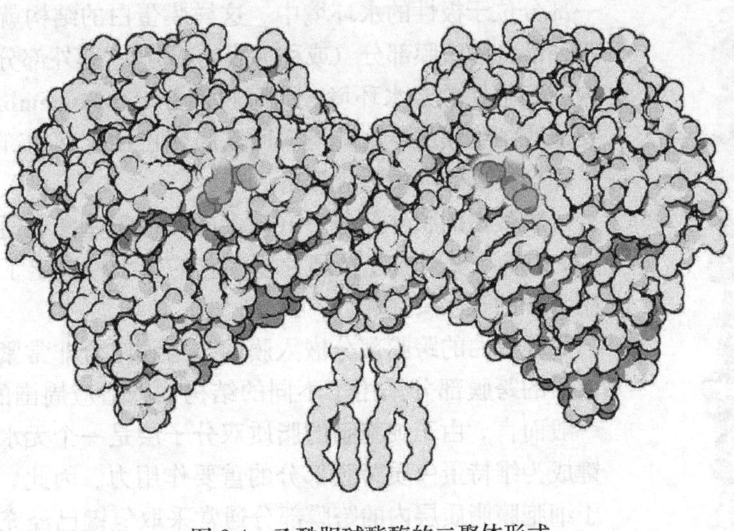

图 2-4　乙酰胆碱酯酶的二聚体形式
(http://commons.wikimedia.org/wiki/File: Acetylcholinesterase.png)

子也可以结合在蛋白质周围。蛋白质会适应其所处的环境而选择适当的结构以发挥作用。因此，复杂的环境物质都在蛋白质的结构上留下了明显的印迹。根据蛋白质所处环境条件和结构类型将其分为以下三类 (Finkelstein and Ptitsyn, 2007)。

2.1.5.1　纤维状蛋白质

纤维状蛋白质 (fibrous protein 或 scleroprotein) 的结构是高度氢键合，其空间结构是高度规则的，主要靠链间而不是链内的相互作用来维系。纤维状蛋白质的一级结构通常具有高度规则性和重复单位，其高级结构主要由二级结构组件构成，由相邻多肽链之间的相互作用加固。

这类蛋白质可以形成巨大的、缺水的聚集体 (aggregate)，通常在机体中起到结构蛋白 (structural protein) 或储存蛋白 (storage protein) 的作用。它们可以形成微丝、微管、原纤维、丝，以及机体的其他保护结构。

例如，胶原蛋白 (collagen) 是由三条多肽链形成的超螺旋结构 (图 2-5)，蛋白质的重复序列为 Gly-*X*-*Y*。*X* 和 *Y* 为任意氨基酸，但通常为脯氨酸和赖氨酸，其中许多脯氨酸和赖氨酸都需要经过羟基化修饰 (hydroxylation) 生成羟脯氨酸 (Hyp) 和羟赖氨酸 (Hyl)。羟基化修饰能使胶原蛋白保持结构刚性，以承担骨架或框架的作用。胶原蛋白没有链内氢键而只靠链间氢键支撑，结构十分坚固，大多数是不溶于水的。在哺乳动物体内，胶原蛋白是含量最多的蛋白质，是哺乳动物主要的结构蛋白，可以达到生物体总蛋白质量的 25%～30%。

2.1.5.2　膜蛋白

膜蛋白 (membrane protein) 的独特性在于，其一部分位于缺水的膜环境中，而另

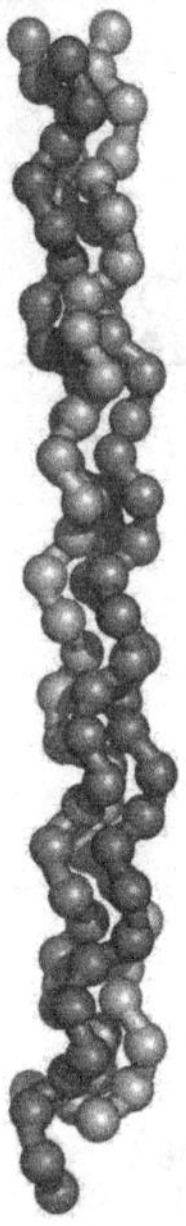

图 2-5 胶原蛋白结构示意图（http://en.wikipedia.org/wiki/File:Collagentriplehelix.png）

一部分位于极性的水环境中。这样膜蛋白的结构就自然分成了膜外部分和跨膜部分（或称为膜内部分）。膜外部分要适应细胞内或细胞外的亲水环境，而跨膜部分（transmembrane region）要适应细胞膜的疏水环境，所以膜蛋白的这两个部分分别采用了完全相反的环境适应策略。

膜蛋白的膜外部分含有较多的极性氨基酸，通常形成一些β发夹或不规则的连接环片段。它的亲水性决定了它可以与磷脂分子的亲水头部邻近。

膜蛋白的跨膜部分嵌入膜内，与膜结合非常紧密，不同蛋白质的跨膜部分采用了不同的结构，以适应周围的疏水环境。一般而言，由于细胞膜的脂质双分子层是一个无水的环境，氢键成为维持蛋白质跨膜部分的重要作用力。因此，蛋白质在埋于细胞膜脂质层内的跨膜部分通常采取氢键已经充分形成的稳定二级结构，如α螺旋和β圆柱，这两种结构在蛋白质的跨膜部分都呈高度规则性排列的方式。

α螺旋跨膜肽（α-helical transmembrane peptide）是蛋白质最常采用的跨膜形式，其原因是这种结构有利于蛋白质使疏水的氨基酸残基可以转向疏水性的脂质环境，而少数亲水的极性基团可以朝向蛋白质内部，以便跨膜蛋白在膜上形成极窄的质子转运通道（proton-conduction channel）。也有一些膜蛋白是通过几个α螺旋跨膜肽来形成一个中空的螺旋束，这个空间较大的孔道也同样能成为分子大小不同物质的转运通道。

β圆柱（β-barrel）是由多个β折叠形成的一个闭合圆柱形通道，这样β折叠不再是片层结构。与α螺旋跨膜肽形成的通道一样，其氨基酸残基的疏水基团朝向通道外的脂质环境，而极性基团面向中空的通道。

这种结构最典型的例子是膜孔蛋白（porin）。膜孔蛋白的跨膜部分由16个β片段（β-segment）组成一个直径约15Å的宽大孔道（图2-6），能允许亲水性的分子通过。例如，线粒体的膜孔蛋白可以通过分子质量为6kDa的物质，而叶绿体的膜孔蛋白可以通过分子质量为10～13kDa的物质。膜孔蛋白对通过物质的选择性和特异性不是很强，大多数营养物质和抗生素都可以通过膜孔蛋白。

2.1.5.3 水溶性球状蛋白质

水溶性球状蛋白质（globular protein 或 spheroprotein）是研究最为深入的蛋白质，通常是机体内的活性蛋白质。它们往往没有像纤维状蛋白质一样的重复序列，在水溶液中主要靠疏水相互作用和氢键保持结构的稳定性。

在球状蛋白质序列中，空间上相邻的疏水基团之间可以产生疏水相互作用，这是非极性分子之间普遍存在的一种弱的、非共价的相互作用。疏水相互作用使蛋白质的疏水基团在水环境中具有避开水而相互靠拢和聚集的倾向。

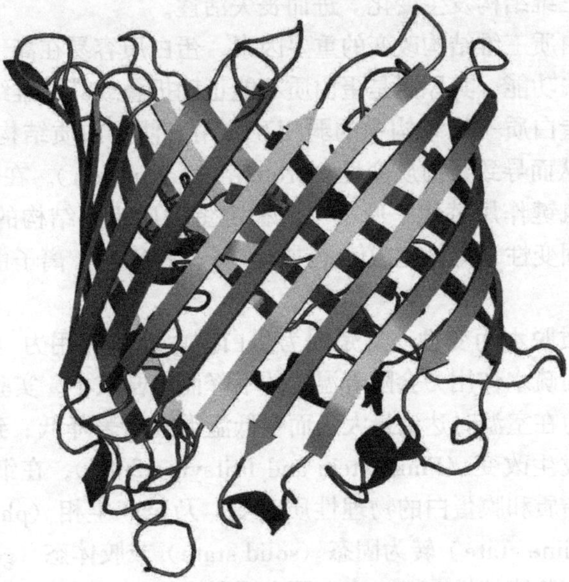

图 2-6　膜孔蛋白的结构示意图
(http://en.wikipedia.org/wiki/File: Sucrose_porin_1a0s.png)

与此同时，蛋白质主链骨架和侧链上的极性基团能作为供体或受体参与和水分子之间形成氢键。氢键的键能比共价键的键能小，形成和破坏氢键所需的活化能也小，所以蛋白质在水溶液中不断运动，氢键可以不断地形成和断裂。

疏水相互作用和氢键这两种作用力会使球状蛋白质更大程度地结构化，即疏水基团相互聚集，而亲水基团分布到蛋白质表面，从而使蛋白质在水溶液中形成了特定的紧密堆积的球状结构。在这个球状结构上，常常存在由肽链折叠而形成的标准凹陷（standard dent），蛋白质的活性位点（active site）通常就位于此处。这种球状结构上的凹陷能为蛋白质与其他物质（如酶作用的底物）的接触和结合提供足够近的距离和相应的氨基酸侧链。

值得注意的是，球状蛋白质的少数疏水基团可能仍暴露于球状结构的表面，这种情况对蛋白质的稳定性不利，但是可能会被其他有利的相互作用所抵消，所以蛋白质仍然能在水溶液中保持相对稳定的结构（Petsko and Ringe，2009）。

2.2　温度对蛋白质功能的调节

2.2.1　温度对蛋白质结构的影响

蛋白质的三维结构除了靠共价的肽键和二硫键保持外，还需要大量极其复杂的弱相互作用（weak interaction）一起来保持，是多种弱相互作用共同作用的结果。其中有一些弱相互作用是稳定因素，而有一些是不稳定因素；有一些是蛋白质内部的作用力，而有一些是蛋白质与环境间的作用力。因此，很多环境因素（如温度、离子强度）的改变均可导致蛋白质三维结构发生变化，进而丧失活性。

温度是导致蛋白质三维结构改变的重要因素。蛋白质容易在高于生理温度或低于生理温度的条件下丧失功能，其原因是蛋白质不能正确折叠或其三维结构被改变。

高温可以破坏蛋白质三维结构中的弱相互作用，使蛋白质结构转变为非折叠状态（unfolded state），从而导致蛋白质变性（protein denaturation）。在蛋白质变性状态下，蛋白质与水形成的氢键作用替代了原本可以稳定蛋白质折叠结构的弱作用力。在细胞内，由于蛋白质凝固变性，则细胞膜停止进行离子交换作用，离子由细胞内渗出，最终造成细胞死亡。

低温会使蛋白质脱水而变性，这是因为蛋白质由疏水作用力（hydrophobic force）维持其三维结构，而疏水作用力会随着温度的下降而急剧减小。实验证明，使蛋白质天然结构稳定的作用力在室温时达到最大，而在低温下会显著降低；到达0℃左右时，一些蛋白质的结构会发生改变（Finkelstein and Ptitsyn，2007）。在细胞内，过低的温度会同时使细胞膜的脂质和膜蛋白的物理性质改变，乃至产生相（phase）的转变，由液晶态（liquid crystalline state）转为固态（solid state）或胶体态（gel state），从而导致膜的通透性增大，细胞膜特性改变；由于蛋白质脱水，原生质流动速度减慢，水分外泄甚至形成冰冻和冰晶，使原生质受到机械损伤；进而使细胞的蛋白质合成速率降低，造成整个细胞的代谢紊乱，毒性物质在细胞内大量累积，最后导致细胞死亡（张碧芳，2004）。

过高温度和过低温度使蛋白质发生的变性分别被称为热变性（thermal denaturation）和冷变性（cold denaturation）。值得注意的是，蛋白质随温度改变而变化的特性与蛋白质功能的可靠性密切相关，温度改变时，蛋白质的功能特异性会显著下降。很多蛋白质对温度的热力学研究表明，蛋白质随着温度的变化，是“全或无”式地失去功能的，而不是逐渐变得不起作用的，“半变性”状态的蛋白质实际上并不存在（Finkelstein and Ptitsyn，2007）。

2.2.2 嗜极温的蛋白质

有些蛋白质能抵抗极端温度，如嗜热蛋白质（thermophilic protein）和嗜冷蛋白质（psychrophilic protein），统称为嗜极温蛋白质（extremophilic protein）。目前已知的此类蛋白质一般从极端环境微生物中分离获得。嗜极温蛋白质只有在极端温度条件下才能具有天然的形态、三维结构和功能，而在常温条件下会变性。例如，从来源于南极的嗜冷微生物中提取的一些酶，在0℃时其酶活力最高，在温度升高到6～10℃时酶活力下降甚至失去酶活（Walsh，2006）。

对这类嗜极温蛋白质结构的阐明和功能的研究，能帮助我们很好地理解温度对蛋白质结构的影响，以及蛋白质为了适应不同温度因素所采取的结构稳定策略。将这类嗜极温蛋白质与嗜中温蛋白质（mesophilic protein）进行比较发现，其氨基酸序列能在特定温度下加强结构支持性的相互作用（Finkelstein and Ptitsyn，2007）。

具体而言，嗜热蛋白质需要更高的分子内稳定作用，才能补偿高温给蛋白质带来的不稳定影响。因此，嗜热蛋白质在结构上相应会具有更多的盐桥连接、更多的分子内氢键、更多的疏水相互作用、较短的突出的环和延长的螺旋区域等结构（Petsko and Ringe，2009；Walsh，2006）。这些结构特点都有利于在高温下帮助蛋白质加强三维结构的支撑。

与此相反，嗜冷蛋白质需要更低的分子内稳定作用，才能在低温下保持蛋白质构象的柔性。因此，嗜冷蛋白质在结构上相应会有更少的盐桥（salt bridge）、更低的疏水相互作用、蛋白质表面和溶剂之间形成更多的氢键、更长的突出表面的环等。这些结构特点能增加蛋白质发挥功能所必须的结构柔性（Walsh，2006）。

嗜极温蛋白质在工业上往往具有特殊的应用前景。目前嗜冷蛋白质的应用尚不多，但嗜热蛋白质已经得到了相当广泛的重视。许多嗜热酶在高温下表现出很好的热稳定性，从而能升高反应的温度，相应可以提高反应速率、显著降低成本、减少微生物污染的概率。

2.2.3 温度的生理作用和细胞学机理

由于温度对蛋白质的结构与功能具有重要调节作用，因此细胞只有在一定的温度范围内才能进行正常的代谢和生长。高温或低温都是生物生长发育的重要限制因素。

在理想的温度条件下，细胞内的蛋白质、核酸、糖类等生物大分子活性正常，各种生理生化通路使细胞内能达到细胞动态平衡；而在极端温度下，这些生物大分子出现活性破坏，继而打破各种通路的动态平衡。不同生物所需要的理想温度和能耐受的极端温度都是不同的，如大肠杆菌在60℃不超过10min就会死亡，而枯草芽孢杆菌在100℃可以存活6～17min。

高温对生物的生理作用包括以下几个方面。

(1) 影响生物生长发育。在一定范围内，随着温度升高，生物的生长发育加快；但超过最适温度达到高温时，生物的发育又会变慢，如伊蚊的蛹在8℃时需197h才能发育完成，在28℃时仅需43h，但温度升高到33℃时又会延长到46h。

(2) 影响生物繁殖。一般而言，温度升高会导致生物繁殖速率加快，如腹毛虫在7～10℃时每天只分裂1次，而在24～27℃时每天分裂5次。

(3) 影响生物分布。变温动物的分布直接受温度调控，如珊瑚只能生活在热带海洋里。常温动物由于食物链等限制，也间接会受温度调控。

高温对生物产生生理影响的原因和细胞学机理包括：①随着温度的升高，细胞内的水分丧失，蛋白质变性或发生凝集（protein aggregation），细胞内的酶系统会首先受到影响，各种酶的活性被破坏；②细胞的能量代谢系统发生显著改变，使碳水化合物的合成减少，不足以提供细胞生存所需ATP能量；③其他生化反应速率缓慢或中止，导致细胞内有害物质和毒素累积；④蛋白质的合成准确性降低，使蛋白质发生不完整合成和错误修饰的频率增高；⑤细胞膜的脂质发生液化（lipid liquefaction），温度越高，脂质液化的程度也越高，脂质呈现超流动性（hyperfluidity），细胞膜结构遭到破坏并失去对离子的选择性；加之细胞膜上的膜蛋白变性，而使细胞内外物质交换失去控制。这些因素最终会导致细胞死亡（张碧芳，2004）。

低温对生物的生理作用包括以下几个方面。

(1) 影响生物生长发育。在低温下，生物的生长发育速度缓慢，甚至停止。低温对生物的损伤可以分为冷害（chilling injury）、霜害（frost injury）、冻害（freezing injury）三种程度。例如，植物在低温下光合作用明显减缓，呼吸作用提高，只能维持基本生存，无法进行正常生长。

(2) 影响生物生活方式。许多生物采用不同的生活方式以规避低温可能造成的伤害，如变温动物在寒冷环境中普遍采用冬眠或蛰伏的方式，最大限度地降低基础代谢水平和能量消耗。植物的休眠现象更加普遍，如许多植物种子成熟后不能立即萌发而形成休眠种子，休眠种子可以长期保持存活能力，直到出现适于种子萌发的温度和湿度条件。

(3) 影响生物分布。生长在低纬度地区生物的高温阈值偏高，而生长在高纬度地区生物的低温阈值偏低。因此，低温是影响喜温生物扩展分布区的最主要障碍。

低温对生物产生生理影响的原因和细胞学机理包括：①随着温度的降低，细胞内的水产生冰晶，影响原生质，使细胞骨架和亚细胞结构遭到不可逆的破坏；②由于水分的丧失，细胞内外的渗透压平衡被打破，多种蛋白质发生变性或凝聚；③细胞的生化反应速率随着温度的降低而显著减慢，最终导致细胞代谢紊乱而死亡。

2.2.4 温度对植物的影响

植物在自然界不能进行主动逃避，所以必须时刻面对大的环境变化，如温度、干旱、盐度等非生物胁迫（abiotic stress），以及害虫、疾病等生物胁迫（biotic stress）。这些不良环境因素可能在植物生长发育的任何阶段都存在，因此植物在长期进化过程中，已经发展出多种机制来对抗不良环境，并能随时启动多种机制。也正因为如此，植物已经成为研究以上这些不良环境因素对生物影响的重要模式系统（Des Marais and Juenger，2010）。

温度作为一种重要的环境因素，对植物的生长发育有重要影响。每一种植物的生长发育都有特定的温度需求，一般植物的生长温度为0～45℃。植物对温度的敏感程度与其起源地密切相关，如热带起源的植物对低温胁迫较为敏感，而温带起源的植物则对低温胁迫敏感程度较小。

温度对植物的作用可分为最低温度、最适温度和最高温度，即植物的三个基础温度。植物的最适温度一般为15～30℃。当环境温度在最低和最适温度之间时，植物的生理生化反应随温度升高而加快，代谢作用加强，因而加快生长和发育速度。当温度高于最适温度，参与生理生化反应的蛋白质系统受到影响，代谢作用受阻，进而影响植物正常的生长发育。当温度高于最高温度或低于最低温度时，植物会受到严重损害，直至死亡。不同植物的三个基础温度不同，同一种植物在不同发育阶段能耐受的温度范围也可能产生一定的变化（张碧芳，2004）。

植物在生长发育过程中接受高温或低温的逆境信号后，能引起细胞大量蛋白质在表达量和表达种类上发生变化，调整自身的生理状态以适应和对抗不良环境。植物通过信号转导途径调节细胞内胁迫蛋白质的表达，改变植物蛋白质表达种类、丰度、修饰状况、蛋白质的相互作用和蛋白质复合体的组成，尤其与碳水化合物的生物合成和代谢途径、细胞膜脂类蛋白表达调控等细胞途径相关的蛋白质会发生比较显著的改变。

在全球气候变暖、环境持续恶化、粮食危机日益严重的情况下，深入研究温度胁迫下植物基因的表达调控机制，阐明植物响应温度胁迫的机理，一方面可以揭示植物与温度胁迫的直接关系；另一方面可以挖掘和探索植物新的抗逆基因、抗逆蛋白和相关细胞途径，为植物抗性品种的培育和作物的遗传改良提供更多有力的指导和理论依据。这一研究对人类经济和生产实践具有非常重要的指导意义和应用价值（Hirayama and Shinozaki，2010）。

2.2.4.1　高温对植物蛋白质表达的影响

高温胁迫对植物的伤害主要是破坏细胞内的酶，造成正常代谢受阻、生长发育停止乃至死亡。许多重要经济植物（包括水稻）在孕穗至抽穗扬花的繁殖期对高温非常敏感。不良的高温环境容易导致花粉不育，并严重影响颖果的发育和品质。例如，水稻在日平均温度30℃以上持续5天就会使空粒率达20%以上，在38℃恒温下会颗粒无收。因此，高温会造成这些经济作物严重的产量损失和品质下降。

表2-1总结了高温使植物细胞内发生表达改变的部分蛋白质（Neilson et al.，2010）。这些研究主要在水稻、拟南芥等模式植物中进行，因为它们或者是分子生物学和遗传学研究的模式生物，或者是重要的经济植物，或者其全基因组序列分析已经完成、遗传背景和生物信息学分析基础非常清楚。

表2-1　高温使植物细胞内发生表达改变的蛋白质

蛋白质名称	种属-组织
高温上调蛋白质	
ATP硫酸化酶（APS）	*Agrostis scabra*-根，*Populus euphratica*-叶
ATP合成酶（F1线粒体β亚基、F1叶绿体α链、液泡B亚基和E亚基）	*Oryza sativa*，*Populus euphratica*-叶，*Triticum aestivum*-种子
伴侣蛋白（60β亚基、前体、10）	*Oryza sativa*，*Populus euphratica*-叶
延伸因子EF-Tu	*Oryza sativa*-叶，*Triticum aestivum*-种子
谷胱甘肽*S*-转移酶（34、PM24）	*Agrostis scabra*，*Agrostis stolonifera*-根，*Arabidopsis thaliana*-叶
3-磷酸甘油醛脱氢酶	*Agrostis scabra*，*Agrostis stolonifera*-根，*Oryza sativa*-颖果，*Populus euphratica*-叶
GTP结合核蛋白RAN（1B、2、small）	*Agrostis scabra*，*Agrostis stolonifera*-根，*Populus euphratica*-叶，*Triticum aestivum*-种子
小分子热激蛋白（前体，同源异构体，17，17.3，17.4，17.6A，17.6B，17.7，17.9，18，18.1，19.2，21，22kDa，低分子质量热激蛋白）	*Arabidopsis thaliana*-叶，*Hordeum vulgare*-幼苗，*Oryza sative*-颖果，叶，*Triticum aestivum*-种子
热激蛋白（66.2b，70，70b，79.5，80，82，83，90，80kDa类似物）	*Arabidopsis thaliana*，*Oryza sativa*，*Populus euphratica*-叶，*Triticum aestivum*-种子
其他热激蛋白（ClpB3、ClpB4、101kDa、I类、推测的热激蛋白）	*Arabidopsis thaliana*-叶，*Oryza sativa*-颖果，叶
硫氧还蛋白h	*Oryza sativa*，*Populus euphratica*-叶
UDP葡萄糖焦磷酸化酶	*Agrostis scabra*-根，*Oryza sativa*-叶

续表

蛋白质名称	种属-组织
高温下调蛋白	
腺苷高半胱氨酸酶	*Agrostis stolonifera*-根，*Populus euphratica*-叶
ATP 合成酶（β和ε链）	*Oryza sativa*，*Populus euphratica*-叶，*Triticum aestivum*-种子
蛋氨酸合成酶	*Agrostis stolonifera*-根，*Ponulus euphratica*-叶
过氧化物酶	*Agrostis scabra*-*Agrostis stolonifera*，根，*Oryza sativa*-叶
焦磷酸化酶（ADP 葡萄糖焦磷酸化酶、无机焦磷酸化酶）	*Hordeum vulgare*-幼苗，*Oryza sativa*-叶

资料来源：Neilson et al.，2010。

研究结果表明，高温使植物需要更多的能量来维持正常生理活动，也需要充分调动抗氧化机制。不同程度的高温会诱发植物产生不同的适应策略：在 35℃时，保护机制主要是使植物能够维持光合作用的能力；当温度上升到 40℃或更高时，一些抗氧化反应的途径（antioxidative pathway）被激活；当遭遇 45℃高温时，多种热激蛋白（heat shock protein，HSP）均开始表达，HSP 相关的保护机制被激活。由此可见，随着环境温度的升高，植物会调用越来越多的保护机制，来参与和维持机体正常的生理代谢（Han et al.，2009），而在这个复杂的高温响应体系中，热激蛋白介导的保护机制起到了主导的作用（Lee et al.，2007a）。同时高温也会导致一些蛋白质发生正常温度下不会发生的翻译后修饰，如在高温下，水稻颖果的谷蛋白（glutelin）会同时发生磷酸化和糖基化修饰（Lin et al.，2005）。

2.2.4.2 低温对植物蛋白质表达的影响

低温会影响植物蛋白质的正常表达，导致植物生长缓慢或停滞，在生殖生长期间可能导致水稻花粉败育而严重影响产量。因此，低温能影响很多重要粮食作物的产量和地理分布。

植物在低温下，可以诱导多种新蛋白质表达，以抵抗低温带来的破坏作用。表 2-2 总结了低温使植物细胞内发生表达改变的部分蛋白质（Neilson et al.，2010）。这些研究主要在水稻（Lee et al.，2009b；Imin et al.，2006）、盐芥（*Thellungiella halophila*）（Gao et al.，2009）、小立碗藓（*Physcomitrella patens*）（Wang et al.，2009a）中进行。

表 2-2 低温使植物细胞内发生表达改变的蛋白质

蛋白质名称	种属-组织
低温上调蛋白	
2,3-二磷酸甘油酸非依赖性的磷酸甘油变位酶	*Arabidopsis thaliana*-叶，*Oryza sativa*-花药，叶
20S 蛋白酶体（α 亚基 B、β-6 亚基）	*Oryza sativa*-花药，*Prunus persica*-树皮
乌头酸水合酶	*Oryza sativa*-叶，根
腺苷酸激酶 A	*Oryza sativa*-花药，根，叶
抗坏血酸过氧化物酶	*Oryza sativa*-花药，叶，*Populus* spp. -叶

续表

蛋白质名称	种属-组织
ATP 酶（α 亚基、ATP 酶类似蛋白、T517 家族）	*Arabidopsis thaliana*，*Oryza sativa*-叶
ATP 合成酶 CFI（α、β、δ、ε、γ 链）	*Arabidopsis thaliana*，*Oryza sativa*-叶
钙网蛋白	*Oryza sativa*-基生叶鞘，根
过氧化氢酶	*Arabidopsis thaliana*，*Oryza sativa*-叶
伴侣蛋白（60kDa、20kDa，前体，α 亚基和 β 亚基）	*Oryza sativa*，*Populus* spp. -叶
半胱氨酸蛋白酶	*Oryza sativa*-根，叶
半胱氨酸蛋白酶抑制物	*Oryza sativa*-花药，叶
延伸因子（1β′、Tu）	*Oryza sativa*-叶，基生叶鞘
烯醇酶	*Oryza sativa*-叶，基生叶鞘
谷胱甘肽 *S*-转移酶	*Arabidopsis thaliana*，*Oryza sativa*-叶
热激蛋白（26a、70、90-类似蛋白）	*Arabidopsis thaliana*，*Oryza sativa*-叶，*Oryza sativa*-花药
异黄酮还原酶	*Oryza sativa*-根，*Prunus persica*-树皮
胚胎发育晚期丰富蛋白（10kDa，干旱可诱导的胚胎发育晚期丰富蛋白）	*Oryza sativa*，*Populus* spp. -叶
苹果酸脱氢酶（NADP，NAD-依赖性的）	*Arabidopsis thaliana*，*Oryza sativa*-叶，*Prunus persica*-树皮
二磷酸核苷激酶 1	*Oryza sativa*-花药，叶，叶鞘
乙二酰-CoA 脱羧酶	*Oryza sativa*-叶，根
放氧复合体蛋白（光系统Ⅱ）	*Oryza sativa*-叶
磷酸葡萄糖酸脱氢酶	*Oryza sativa*-叶，根
RAB 蛋白（2A、24）	*Oryza sativa*，*Populus* spp. -叶
核糖核蛋白（29kDa、U2 小核糖核蛋白）	*Arabidopsis thaliana*-叶
核糖体蛋白质（40S S12E、60S P0、P2-A、P2-B、P3-A、L12、类似蛋白）	*Arabidopsis thaliana*，*Oryza sativa*-叶，*Oryza sativa*-花药
RNA/mRNA 结合蛋白（前体）	*Arabidopsis thaliana*，*Oryza sativa*-叶
Rubisco（大亚基、小亚基、前体）	*Oryza sativa*-叶
S-腺苷甲硫氨酸合成酶（1，2）	*Oryza sativa*-叶，*Prunus persica*-树皮
噻唑生物合成酶	*Arabidopsis thaliana*-叶，*Prunus persica*-树皮
硫氧还蛋白（*h* 型、*m* 型 1）	*Arabidopsis thaliana*，*Oryza sativa*，*Populus* spp. -叶
UDP 葡萄糖焦磷酸化酶	*Oryza sativa*-花药，根，叶
低温下调蛋白	
抗坏血酸过氧化物酶	*Oryza sativa*-花药，叶
ATP 酶（α 亚基、液泡 β 亚基、线粒体 F1）	*Oryza sativa*-叶，基生叶鞘
ATP 合成酶（β 亚基）	*Oryza sativa*，*Populus* spp. -叶
钙网蛋白（前体）	*Oryza sativa*-花药，基生叶鞘，叶鞘
延伸因子（G、1-β′）	*Oryza sativa*-叶
热激蛋白（70、70B、90）	*Oryza sativa*-叶，基生叶鞘
Rubisco（大亚基、小亚基、前体）	*Oryza sativa*-叶
Rubisco 亚基结合蛋白 α 亚基	*Oryza sativa*-叶鞘，基生叶鞘
UDP 葡萄糖焦磷酸化酶	*Oryza sativa*-叶鞘，基生叶鞘

资料来源：Neilson et al.，2010

研究结果表明，低温使植物需要大量与光合作用、氧化还原平衡（redox homeostasis）、光呼吸作用（photorespiration）、RNA 代谢、防御反应、能量代谢、蛋白质合成相关的蛋白质，尤其是叶绿体蛋白质，表明植物需要更多的 RNA 和蛋白质合成代谢来抵抗低温胁迫（Gao et al.，2009；Yan et al.，2006），而叶绿体蛋白质及其参与的光合作用调节起到了关键性的作用（Cui et al.，2005）；与之相反，防御相关蛋白（defense-related protein）会下调乃至消失（Hashimoto and Komatsu，2007）。这些蛋白质虽然参与了不同的细胞途径，但是可能相互协作，共同构建一种新的代谢动态平衡，以增强植物的抗冷性（Gao et al.，2009；Lee et al.，2007b）。

低温可能会使一些蛋白质发生降解。例如，低温导致水稻花粉囊的部分蛋白质降解（Imin et al.，2004）；又如，低温导致水稻叶片中进行光合作用的蛋白质 1,5-二磷酸核酮糖羧化酶/加氧酶大亚基（ribulose bisphosphate carboxylase/oxygenase large subunit，RuBisCO LSU）产生多达 19 种降解片段（Yan et al.，2006）。

低温也可以使植物的蛋白质翻译后修饰（如糖基化修饰）状况发生变化。例如，水稻在低温下，叶鞘基部的钙网蛋白（calreticulin）会同时发生 *N*-糖基化修饰和磷酸化修饰（Komatsu et al.，2009）。由于钙网蛋白位于内质网，是一个重要的分子伴侣蛋白（chaperone）（Chapman et al.，1998），它同时参与了磷酸化信号转导途径和发生糖基化修饰，可见这个蛋白质在植物低温信号转导过程中起着重要的调控和功能调节作用（Khan et al.，2005；Li et al.，2003b）。值得注意的是，在几乎所有的不良环境条件下，蛋白质的翻译后修饰都可能发生改变，由此可见，蛋白质的翻译后修饰是植物面对不良环境的一种普遍反应机制（Walley and Dehesh，2010；Cullis，2006）。

我们通过观察以水稻为代表的种子植物和以小立碗藓为代表的苔藓植物后不难发现，低温对两者的影响机制和细胞途径存在许多共性。例如，植物的分解代谢均呈现上

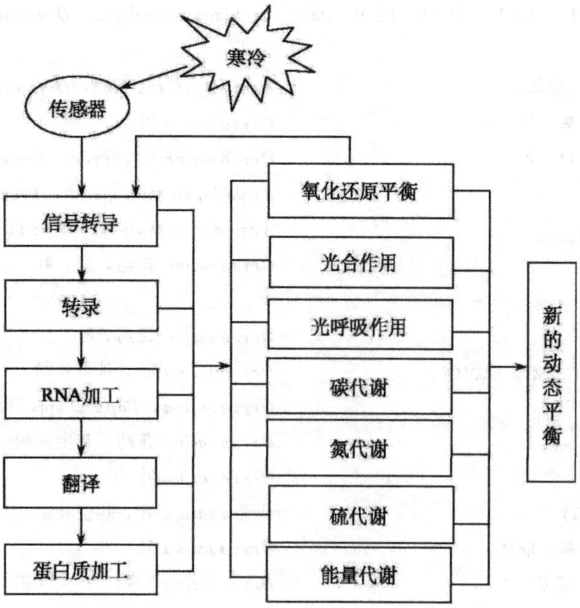

图 2-7 低温对水稻产生影响的细胞途径模式图（Yan et al.，2006）

调，以使植物产生更多能量来对抗低温；而植物的光合作用被相对抑制。虽然种子植物和苔藓植物在4.5亿年前就发生了分化，但是两者在对抗低温的影响上却采用了共同的细胞途径，这些分子机制也可以推广到整个植物界（Wang et al.，2009a）。图2-7显示了低温对水稻产生影响的细胞途径（Yan et al.，2006）。

2.3 蛋白质的翻译后修饰

2.3.1 蛋白质翻译后修饰的概述

蛋白质的翻译后修饰（post-translational modification，PTM）是指细胞对基因表达产生的蛋白质进行共价加工的过程，即通过在蛋白质的一个或多个氨基酸残基上加上修饰基团，或通过将蛋白质进行水解剪切来改变蛋白质的性质。

据估计，人体内50%～90%的蛋白质发生了翻译后修饰，有的是肽链骨架的剪接，有的是在特定氨基酸侧链上添加新的基团，还有的是对已有基团进行化学修饰。生物体通过种类繁多的修饰方式直接调控蛋白质的活性，也大大扩展了蛋白质的化学结构和功能，显著增加了蛋白质的多样性，使可编码的蛋白质种类大大超过了20种天然氨基酸的组合限制。

蛋白质的翻译后修饰作为蛋白质功能调节的一种重要方式，对蛋白质的结构和功能起到至关重要的作用。正因如此，蛋白质的翻译后修饰在细胞内是受到精确调控的，并存在信号放大的效应。通常细胞外的刺激信号持续时间很短，涉及的调节分子浓度很低，但是细胞的应答不仅十分迅速，而且非常强烈。这种强烈的细胞应答包括多种酶的活性改变，多个基因转录和表达发生变化。这正是因为蛋白质的翻译后修饰仅通过激活一个酶分子，就能催化成千上万的底物分子，这些被修饰而激活的底物分子又能进一步作用于下游底物而产生级联放大效应，最终导致输出的信号产生显著的细胞效应。这种信号的级联放大（signaling cascade）最典型的例子就是蛋白质磷酸化修饰介导的细胞信号转导（Petsko and Ringe，2009）。

2.3.2 蛋白质翻译后修饰的种类

目前已经确定的翻译后修饰方式超过400种。多数蛋白质的修饰方式是不可逆的，会对蛋白质的结构和功能造成永久性的改变；也有些修饰方式，如磷酸化修饰、甲基化修饰、*N*-乙酰化修饰是可逆的，会随着细胞的生理状态和外界环境的变化而改变，从而起到细胞内外信号传递、酶原激活的作用，因此可以作为蛋白质构象和活性改变的调控开关（Twyman，2007）。

一种蛋白质可以同时发生多种方式的修饰，这是由蛋白质本身的序列特性（内因）、生理生化环境（外因）等因素共同决定的。表2-3总结了其中的一些修饰方式、目标氨基酸残基和修饰方式的可逆性。图2-8显示了20种氨基酸残基的结构、遗传密码子和可以发生修饰的种类。

表 2-3　蛋白质的翻译后共价修饰

共价修饰基团	目标氨基酸残基	是否可逆
磷酸基	丝氨酸、苏氨酸、酪氨酸、组氨酸	是
甲基	赖氨酸、精氨酸	是
乙酰基	赖氨酸、N 端	是（赖氨酸）
羟基	脯氨酸、赖氨酸	否
羧基	谷氨酸	否
糖类	丝氨酸、苏氨酸、羟脯氨酸、天冬酰胺	否
肉豆蔻基（十四烷基）	半胱氨酸、组氨酸	否
糖磷脂	C 端	否
异戊二烯基	半胱氨酸	否
ADP-核糖	谷氨酸、天冬酰胺、羧基赖氨酸	是
白喉酰胺	组氨酸	否
泛素	赖氨酸	是
小分子泛素类似物	赖氨酸	是

2.3.3　蛋白质翻译后修饰的生理意义

蛋白质的功能是由其结构决定的。蛋白质的翻译后修饰改变了蛋白质的结构，因此其绝不仅仅是起到装饰的作用，而是生物体调节和丰富蛋白质功能的重要手段，具有十分重要的生理意义（Twyman，2007）。

（1）有些修饰会使蛋白质的三维结构发生显著变化，如胶原蛋白中脯氨酸和赖氨酸残基的羟基化可以起到稳定三维结构中三级螺旋的卷曲螺旋的作用，使之保持结构刚性和坚固性，在生物组织中起到骨架或框架的支撑作用；再如许多细胞外蛋白质（如免疫球蛋白、胰岛素）之间通过两个半胱氨酸形成二硫键，且常在一级序列上相距较远的半胱氨酸残基间形成，使分子内或分子间形成非常强的共价交联，导致蛋白质呈现一定的结构域，并限制了蛋白质构象的可变性。

（2）有些修饰会使蛋白质的化学结构改变，如凝血酶原的氨基末端有 10 个谷氨酸残基（Glu）发生羧基化修饰生成 γ-羧基谷氨酸残基（Gla），具有 γ-羧基谷氨酸残基的凝血酶原才能在凝血过程中与钙离子、血小板磷脂共同形成凝血酶原复合物。

（3）有些修饰是蛋白质与蛋白质之间、蛋白质与其他生物大分子之间相互作用的必需条件，如组蛋白中赖氨酸残基的乙酰化修饰具有调节组蛋白与 DNA 的结合力、调控染色质高级结构形成、调节基因表达的能力，并且在染色质结构域的建立中起到关键性作用；再如蛋白质的糖基化修饰是糖蛋白与其他受体分子相互识别的重要信号。

（4）有些修饰会直接影响蛋白质活性，如许多蛋白酶的磷酸化修饰可以直接导致酶被激活或失活。

（5）有些修饰会指导蛋白质定位于细胞的不同部位，如 GPI 锚定结构修饰、半胱氨酸残基的乙酰化修饰、蛋白质 N 端氨基酸残基的乙酰化修饰都可以将蛋白质定位到细胞膜；而天冬酰胺残基的 *N*-糖基化修饰能指导蛋白质进行分泌出胞。

（6）还有些修饰会决定蛋白质的稳定性和半衰期。蛋白质的稳定性除了靠非共价键

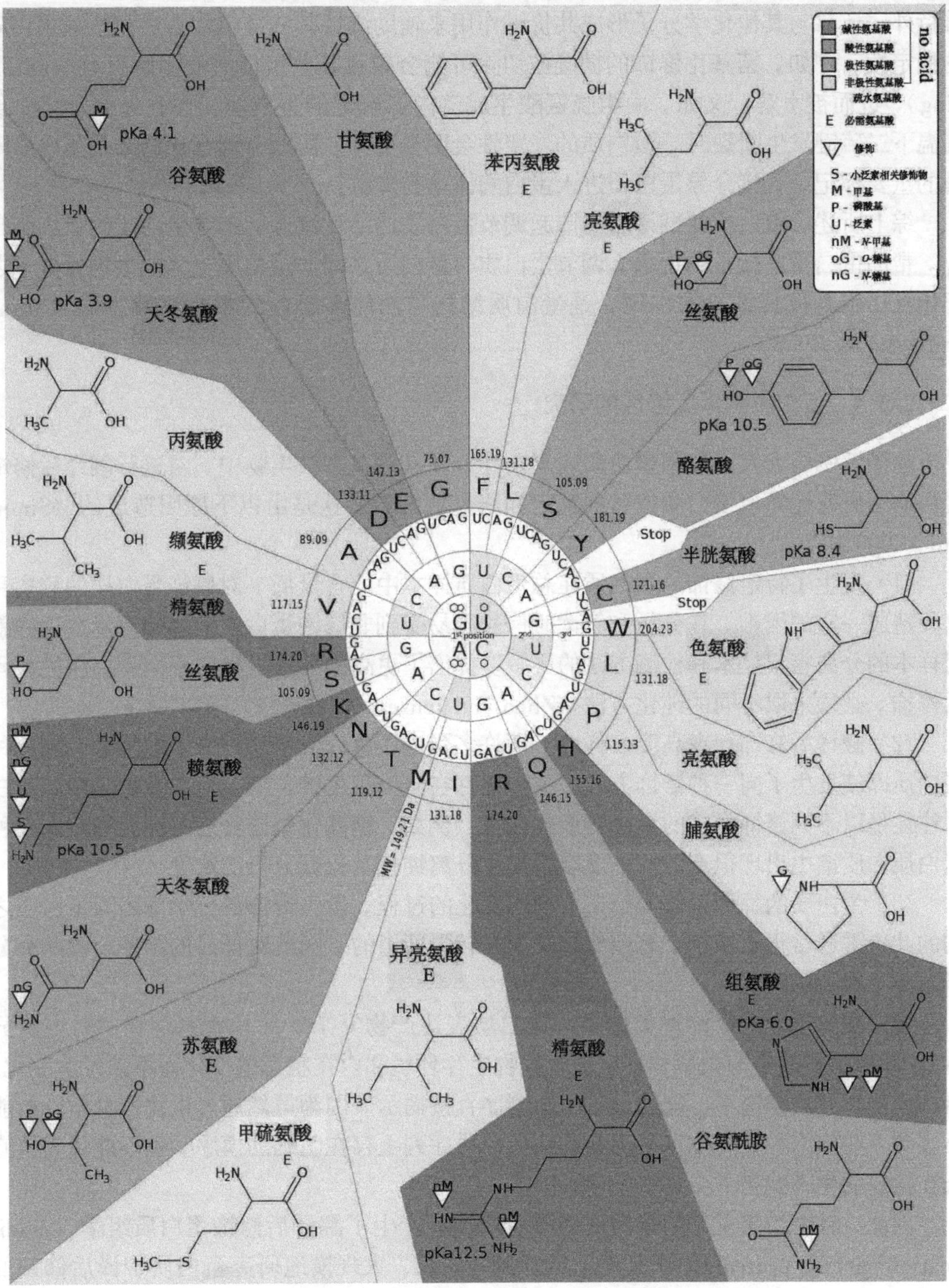

图 2-8　氨基酸残基的结构、遗传密码子和可以发生修饰的种类

(http://en.wikipedia.org/wiki/File: GeneticCode22.svg)

怎样使用这张图：这张图显示了密码子与氨基酸之间的对应关系。从圆圈中心开始，是密码子第一个碱基，往外圈是第二个和第三个碱基。例如，要找出 CAU 对应的氨基酸，在圆圈中心找到第一个碱基 C，然后往外在 5 点钟方向找到第二个碱基 A，继续往外找到第三个碱基 U。沿着这个方向向外找，就可以找到 CAU 所对应的是组氨酸（H），以及其相关的化学结构、翻译后修饰等信息

维持外，还靠与其他化学分子形成共价键作用来辅助维持其三维结构，进而增强蛋白质的稳定性。例如，糖基化修饰的糖链被切除可能会导致某些蛋白质发生解折叠（unfolding），进而被水解；又如，由半胱氨酸生成链内二硫键的蛋白质，当在还原环境中或高温下二硫键发生断裂时，蛋白质的稳定性会明显下降；再如，泛素化修饰是蛋白质降解的重要标记，直接介导蛋白质进入蛋白酶体途径降解。

综上所述，蛋白质的翻译后修饰起调节蛋白质的活性状态，指导蛋白质的亚细胞定位，帮助蛋白质进行正确折叠，调节蛋白质与蛋白质之间、蛋白质与其他生物大分子之间相互作用等极其重要的作用，是蛋白质结构与功能多样性的重要调节方式（Mann and Jensen，2003）。

2.3.4 蛋白质翻译后修饰的研究

翻译后修饰大大增加了蛋白质的复杂性，尤其是在真核生物中，对进行翻译后修饰蛋白质的研究比简单蛋白质或肽的鉴定和研究更困难，这是由以下原因造成的（Simpson，2006）。

（1）发生了特定修饰的蛋白质在总蛋白质样本中的含量低，对修饰蛋白质的分离和富集造成一定的困难，在分析和解读时信号容易受到非修饰蛋白质信号的干扰。这样就对样本的分离富集技术和检测方法的灵敏度提出了更高的要求，针对不同蛋白质的翻译后修饰，必须采取不同的纯化方法（Zhao and Jensen，2009）。

（2）翻译后修饰存在高度多样性，即许多蛋白质可以发生多种方式的修饰；同一种蛋白质即使发生了同一种修饰方式，也依然存在修饰程度的不同。所以在样品中，蛋白质往往是以不同修饰形式的混合物形式存在。例如，糖基化修饰程度不同会导致同一种蛋白质在质谱中出现很宽的峰，显著增加了分离纯化及数据分析的难度。

（3）蛋白质的翻译后修饰是一个动态变化的过程，发生修饰的化学基团与蛋白质之间的共价键通常很不稳定，有些修饰甚至是转瞬即逝的，因此对样品的制备、检测和分析造成了很大的困扰。

蛋白质的翻译后修饰种类繁多，蛋白质表达产物复杂，并且普遍存在“时空特异性”，即蛋白质的修饰类型和程度随着生物生存环境和内在状态的变化而不断发生变化。蛋白质的翻译后修饰不可能通过基因组测序直接揭示，因为虽然通过生物信息学分析能够预测一些修饰种类和位点，但是即使蛋白质序列上存在明确的模序，也不能代表该修饰在特定的生理状态下会真实发生。

因此，针对纷繁复杂的蛋白质翻译后修饰，产生了翻译后修饰蛋白质组学（modification-specific proteomics）研究，即详细、系统、大规模地研究蛋白质翻译后修饰的蛋白质组策略（Zhao and Jensen，2009；Mann and Jensen，2003）。

蛋白质的翻译后修饰研究能更深层地揭示蛋白质的多样性和活性状态，全面阐明蛋白质发挥作用的方式和机理，为一些重大疾病的早期诊断和治疗提供有力的生物标记物（biomarker）和靶向蛋白，因此在最近几年一直是国际研究的热点。不同翻译后修饰的蛋白质组学研究策略和方法详见第 8 章蛋白质组学内容。

2.4　磷酸化修饰对蛋白质功能的调节

2.4.1　蛋白质磷酸化修饰的概述

蛋白质的磷酸化（phosphorylation）和去磷酸化（dephosphorylation）是最普遍和最重要的一种蛋白质翻译后修饰方式。无论是原核生物还是真核生物，蛋白质的磷酸化都是一种普遍的调控机制。从细菌到人类，所有生物体都存在磷酸化修饰。在真核细胞中，同一时间大约有1/3的蛋白质是通过磷酸化修饰的（Macek et al.，2009；Mann et al.，2002）。在人类蛋白质组中，估计含有大约10万个潜在的磷酸化位点，但大部分没有经过实验验证。

大多数磷酸化蛋白质有多个磷酸化位点，而且在不同的生理状态或细胞途径中，其磷酸化修饰位点是可变的，也就是说，一种蛋白质可能存在多种磷酸化蛋白质的修饰形式，在细胞中以不同磷酸化形式的混合物形态存在，并且这是一个高度动态变化的过程。

2.4.2　蛋白质磷酸化修饰过程

蛋白质的磷酸化和去磷酸化是在蛋白激酶（protein kinase）和蛋白磷酸酶（protein phosphatase）作用下完成的。磷酸化是通过蛋白激酶的催化，把ATP或GTP上γ位的磷酸基转移到底物蛋白质的氨基酸残基上；其相反过程是由蛋白磷酸酶催化的去磷酸化过程，这一反应是可逆的（图2-9）。

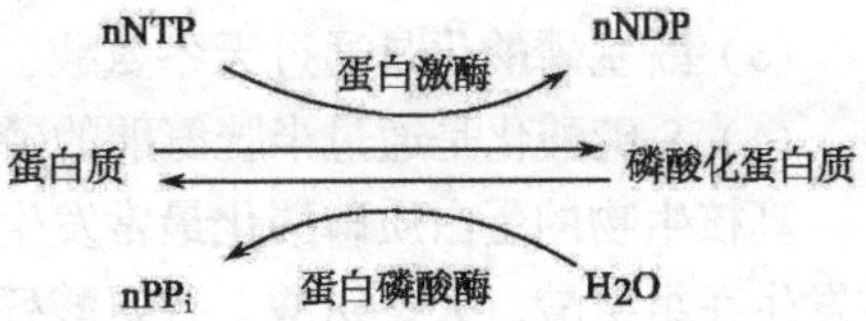

图2-9　蛋白质的磷酸化（蛋白激酶催化）和去磷酸化（蛋白磷酸酶催化）可逆反应（Twyman，2007）

针对不同的蛋白质底物，需要不同的蛋白激酶和蛋白磷酸酶来进行反应。不同的细胞通常表达一系列完全不同类型的蛋白激酶，而每种磷酸往往能作用于多个不同的蛋白质底物。同一个蛋白质底物由于通常有多个磷酸化位点，因此可以被多种特定的蛋白激酶作用。这些因素共同构成了细胞内错综复杂的蛋白质磷酸化修饰和调控体系。

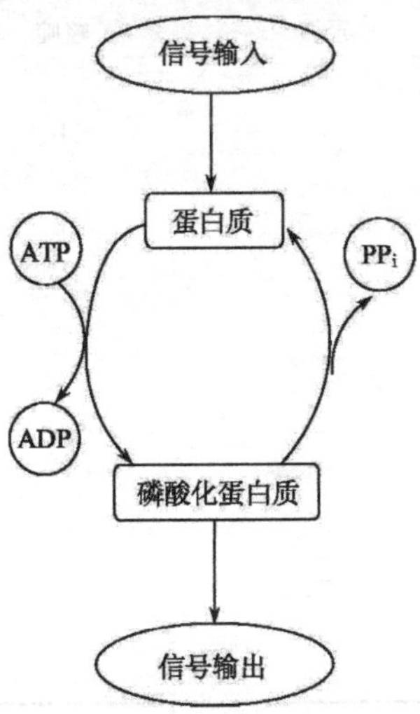

图2-10　由ATP参与的蛋白质磷酸化修饰和信号传递

磷酸化修饰所需的磷酸基团来源于以ATP、GTP为主的核苷三磷酸，其中又以ATP居多（图2-10）。这些修饰为细胞打开或关闭细胞内的包括代谢、信号级联反应、细胞膜转运、基因转录、细胞运动等多种细胞过程提供了开关。机体通过对调控信号传递等过程中的蛋白质磷酸化/去磷酸化的调节，实现对细胞内部事件和进程的时空调控。

2.4.3 蛋白质磷酸化修饰的分类

根据磷酸化发生位点氨基酸残基的不同，可以将磷酸化蛋白质分为 4 类，即 *O*-磷酸化、*N*-磷酸化、酰基磷酸化和 *S*-磷酸化。

(1) *O*-磷酸化是真核生物最常见的磷酸化方式。这种修饰是通过羟基氨基酸的磷酸化形成的，如丝氨酸、苏氨酸、酪氨酸、羟脯氨酸、羟赖氨酸磷酸化。其中以丝氨酸磷酸化最多，其次是苏氨酸，而酪氨酸相对较少发生磷酸化。对真核细胞磷酸化蛋白质进行大规模的修饰位点检测表明，磷酸化丝氨酸、苏氨酸、酪氨酸蛋白位点在真核细胞中的比例分别为 86.4%、11.8%、1.8% (Olsen et al., 2006)。

在除神经细胞以外的其他细胞中，蛋白质发生酪氨酸磷酸化修饰比丝氨酸、苏氨酸低很多。尽管酪氨酸磷酸化位点所占比例很小，但是越来越多的证据显示，酪氨酸磷酸化在许多细胞调节过程，尤其是细胞周期调控过程中起着关键性作用。另外，由于经过磷酸化修饰的酪氨酸蛋白比较容易利用特异性抗体来进行纯化，所以目前对酪氨酸磷酸化的位点和功能也了解较多。

(2) *N*-磷酸化是通过精氨酸、赖氨酸、组氨酸的磷酸化形成的。

(3) 酰基磷酸化是通过天冬氨酸、谷氨酸的磷酸化形成的。

(4) *S*-磷酸化是通过半胱氨酸的磷酸化形成的。

真核生物的蛋白质磷酸化最常发生在丝氨酸、苏氨酸、酪氨酸残基，而原核生物最常发生在组氨酸、天冬氨酸、谷氨酸残基 (Mann et al., 2002)。在真核生物和原核生物中都能发生磷酸化的位点是精氨酸、赖氨酸、半胱氨酸残基 (Twyman, 2007)。

这 4 类磷酸化氨基酸的化学稳定性如表 2-4 所示，化学结构如图 2-11 所示。

表 2-4 4 类磷酸化氨基酸的化学稳定性

磷酸化氨基酸的性质	在环境中的稳定性			
	酸	碱	羟胺	嘧啶
O-磷酸化				
磷酸化丝氨酸	+	−	+	+
磷酸化苏氨酸	+	±	+	+
磷酸化酪氨酸	+	+	+	+
N-磷酸化				
磷酸化精氨酸	−	−	−	−
磷酸化组氨酸	−	+	−	−
磷酸化赖氨酸	−	+	−	−
酰基磷酸化				
磷酸化天冬氨酸	−	−	−	−
磷酸化谷氨酸	−	−	−	−
S-磷酸化				
磷酸化半胱氨酸	(+)	+	+	+

资料来源：Simpson, 2006。

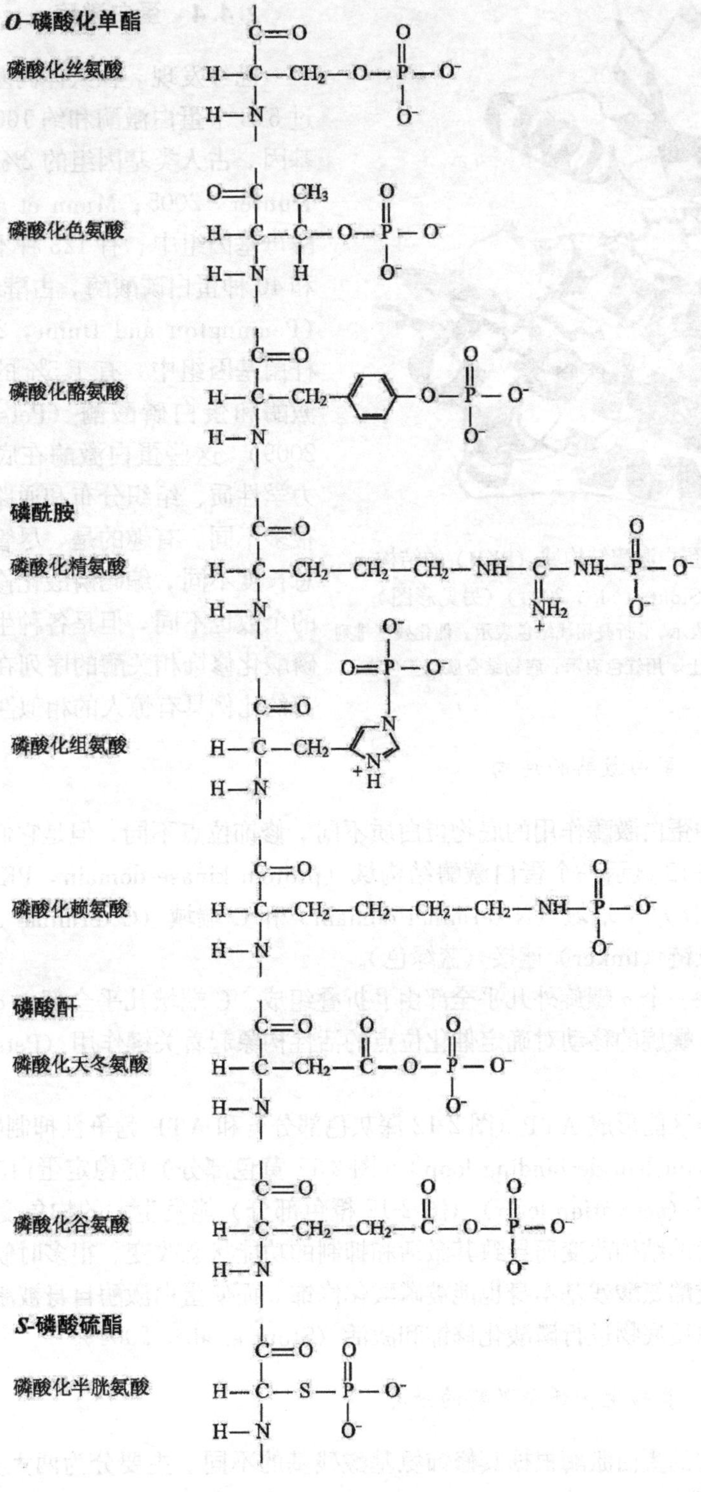

图 2-11　4 类磷酸化氨基酸的化学结构（Simpson，2006）

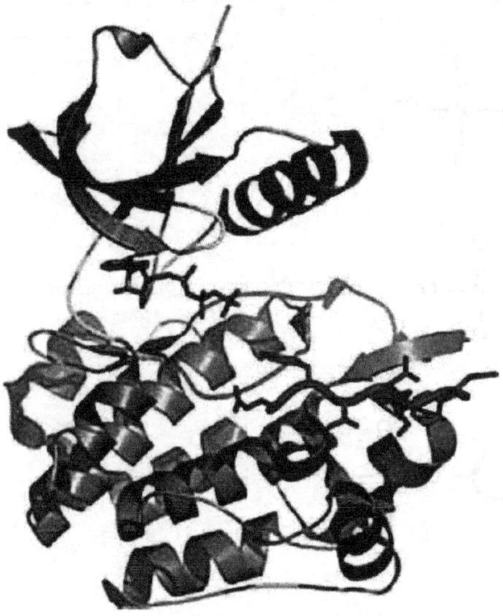

图 2-12　蛋白激酶结构域（PKD）的结构示意图（Stout et al.，2004）（另见彩图）

α螺旋用浅紫色表示；β折叠用浅绿色表示；催化残基排列于卷曲（coil）上，用红色表示；底物结合肽用蓝色表示

2.4.4　蛋白激酶

已经发现，在人体内基因组中，有超过 518 个蛋白激酶和约 100 个蛋白磷酸酶基因，占人类基因组的 2%（Johnson and Hunter，2005；Mann et al.，2002）。在酵母基因组中，有 123 种不同的蛋白激酶和 40 种蛋白磷酸酶，占酵母基因组的 2%（Pennington and Dunn，2002）。在大肠杆菌基因组中，有 1.5% 的基因编码蛋白激酶和蛋白磷酸酶（Petsko and Ringe，2009）。这些蛋白激酶在底物特异性、动力学性质、组织分布和通路调节方面存在很多不同。有趣的是，尽管不同基因组的总长度不同，编码磷酸化修饰相关酶基因的个数也不同，但是各种生物基因组编码磷酸化修饰相关酶的序列在全基因组中所占的比例具有惊人的相似性。

2.4.4.1　蛋白激酶的结构

尽管各种蛋白激酶作用的底物蛋白质不同，修饰位点不同，但是它们的催化域却非常相似。图 2-12 显示一个蛋白激酶结构域（protein kinase domain，PKD）。一个典型的 PKD 可以分为 N 端域（N-terminal domain）和 C 端域（C-terminal domain），两者之间由柔性铰链（linker）连接（蓝绿色）。

N 端域除一个 α 螺旋外几乎全部由 β 折叠组成。C 端域几乎全部由 α 螺旋组成。N 端域的单个 α 螺旋的移动对确定催化位点的活性构象起着关键作用（Petsko and Ringe，2009）。

柔性铰链区能形成 ATP（图 2-12 深灰色部分）和 ATP 竞争性抑制物的结合位点。核酸结合环（nucleotide-binding loop）（图 2-12 黄色部分）能稳定蛋白激酶与 ATP 的结合。活化环（activation loop）（图 2-12 橙色部分）能发生大的构象变化，这样蛋白激酶能随着酶的结构改变而导致其激活和抑制的功能状态改变。很多时候，活化环上的一个苏氨酸或酪氨酸残基本身也能被磷酸化修饰，而使蛋白激酶自身被激活，从而进一步对下游蛋白质底物进行磷酸化修饰和激活（Stout et al.，2004）。

2.4.4.2　真核生物蛋白激酶的分类

真核生物的蛋白激酶根据其修饰氨基酸残基的不同，主要分为两大类：丝氨酸/苏氨酸蛋白激酶（serine/threonine-specific protein kinase，STK）和酪氨酸蛋白激酶（tyrosine-specific protein kinase，TPK）。

1）丝氨酸/苏氨酸蛋白激酶

丝氨酸/苏氨酸蛋白激酶（STK，EC 2.7.11.1）可以被一些特异性的细胞事件，如DNA损伤（DNA damage）激活；也可以被多种化学信号物质，如cAMP/cGMP、二酰甘油（diacylglycerol）、Ca^{2+}/钙调蛋白（Ca^{2+}/calmodulin）等激活。

A. cAMP依赖性蛋白激酶

cAMP依赖性蛋白激酶（cyclic-AMP dependent protein kinase）中研究最清楚的是蛋白激酶A（cyclic-AMP dependent protein kinase A，PKA）。PKA由两个调节亚单位（regulatory subunit）和两个催化亚单位组成（catalytic subunit），分别称为R亚基和C亚基。

不同来源的PKA的C亚基相同，根据R亚基的不同PKA可以分为Ⅰ型和Ⅱ型。Ⅰ型PKA主要存在于骨骼肌、心肌细胞的细胞质中。Ⅱ型PKA主要存在于神经细胞中。两者在cAMP结合能力、自身磷酸化上具有一定的差异。

PKA的激活过程如图2-13（a）所示。当细胞内的cAMP浓度很低时，PKA的4个亚单位组成全酶，是没有活性的。随着cAMP浓度的升高，4个cAMP结合到R亚基上，使R亚基发生构象变化，R亚基和C亚基分离，C亚基成为有催化活性的酶。

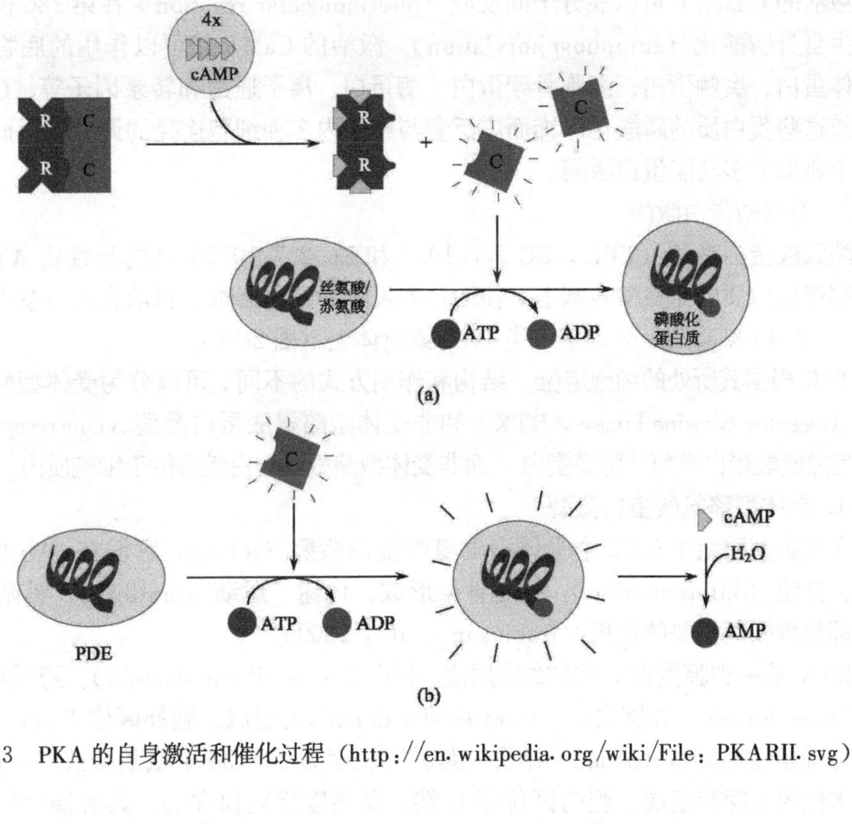

图2-13 PKA的自身激活和催化过程（http://en.wikipedia.org/wiki/File：PKARII.svg）

活化的PKA的C亚基能将ATP上的磷酸基团转移到特定蛋白质的丝氨酸或苏氨酸残基上进行磷酸化，其催化过程如图2-13（b）所示。底物蛋白质以磷酸二酯酶（phosphodiesterase，PDE）为例，PDE被PKA磷酸化后变成激活形式，能催化cAMP水解成AMP，这样细胞内的cAMP浓度就会降低，从而对PKA的激活形成一个反馈抑制。真核细胞内的 cAMP 通过活化 PKA，使下游蛋白质发生磷酸化，调节细胞的物质代谢和基因表达。

B. Ca^{2+} /钙调蛋白依赖性蛋白激酶

Ca^{2+} /钙调蛋白依赖性蛋白激酶（Ca^{2+}/calmodulin dependent protein kinase，CaMK）可以分为两类：底物专一性 CaMK（specialized CaM kinase）和多功能性 CaMK（multifunctional CaM kinase）。多功能性 CaMK 又被称为 CaM kinase Ⅱ（CaMKⅡ）。CaMKⅡ是目前研究最多的 CaMK。

CaMKⅡ由 12 个或 14 个亚基组成，其亚基有 α、β、γ 和 δ4 种。根据其亚基组成不同，CaMKⅡ可以分为多个亚型，这些亚型的功能和亚细胞定位不同。α、β、γ 和 δ 每个亚基都由位于 N 端的催化域、位于中间的调节域、位于羧基端的结合域组成。

在没有 Ca^{2+} /钙调蛋白时，CaMKⅡ的催化域和调节域结合，催化域被自身抑制（autoinhibit），使底物蛋白质和 ATP 无法结合到催化域上，酶没有活性。当 Ca^{2+} 水平升高时，Ca^{2+} 与钙调蛋白结合，二者一起结合到 CaMKⅡ上，引起酶的构象发生剧烈变化，CaMKⅡ被激活。

激活的 CaMKⅡ可以靠分子间反应（intermolecular reaction）在第 286 位的苏氨酸上发生自身磷酸化（autophosphorylation）。激活的 CaMKⅡ可以作用的底物蛋白质包括受体蛋白、突触蛋白、细胞骨架蛋白、酶蛋白、离子通道和转录因子等。CaMKⅡ通过调控这些蛋白质的磷酸化修饰而广泛参与细胞内多种细胞途径的调节，因此 CaMKⅡ是一个典型的多功能蛋白激酶。

2）酪氨酸蛋白激酶

酪氨酸蛋白激酶（TPK，EC 2.7.10.1 和 EC 2.7.10.2）能特异性将 ATP 的 γ-磷酸转移到蛋白质的酪氨酸残基上，使酚羟基发生磷酸化修饰。目前在人类基因组中已经发现 90 个 TPK 基因，分布于人类 19 对染色体上（图 2-14）。

TPK 根据其所处的细胞定位、结构和作用方式的不同，可以分为受体型酪氨酸蛋白激酶（receptor tyrosine kinase，RTK）和非受体型酪氨酸蛋白激酶（non-receptor TPK）。受体型酪氨酸蛋白激酶是跨膜蛋白，而非受体型酪氨酸蛋白激酶位于细胞质内。

A. 受体型酪氨酸蛋白激酶

在人类基因组中有 58 个受体型酪氨酸蛋白激酶（RTK），它们在细胞生长、周期调控、分化（differentiation）、细胞骨架形成、代谢、运动（motility）、黏附等细胞过程中都起着极其重要的作用（Robinson et al.，2000）。

RTK 是一类膜蛋白，它的结构由胞外区（extracellular domain）、跨膜区（trans-membrane domain）和胞内区（intracellular domain）组成。胞外区位于 RTK 的 N 端，能够与特异性的配体（ligand）结合。跨膜区长度为 25～38 个氨基酸残基，单次跨膜，由疏水性的 α 螺旋组成。胞内区位于 C 端，是高度序列保守的、具有催化位点的、能与特异性底物蛋白质结合并进行磷酸化，也能进行自身磷酸化（autophosphorylation）。例如，胰岛素受体（insulin receptor kinase，IRK）能在位于胞内区的第 1158 位、第 1162 位和第 1163 位酪氨酸残基上发生自身磷酸化（Zhi，2009）。图 2-15 显示了胰岛素受体的酪氨酸蛋白激酶结构域（tyrosine kinase domain of insulin receptor）。

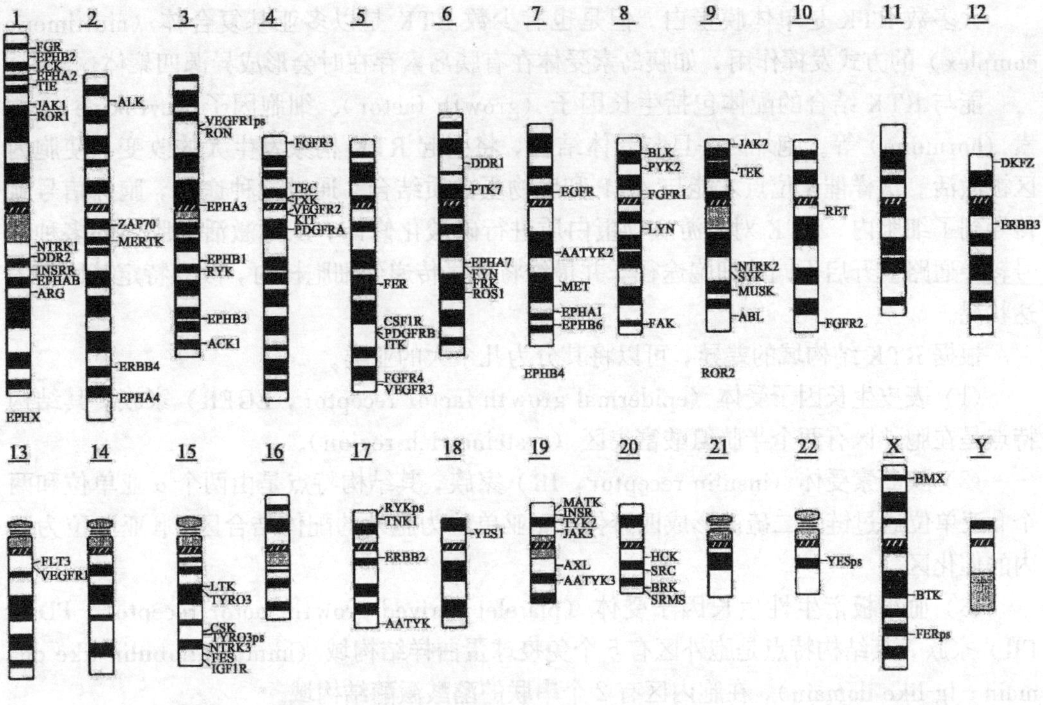

图 2-14　人类酪氨酸蛋白激酶在基因组上的分布（Robinson et al.，2000）

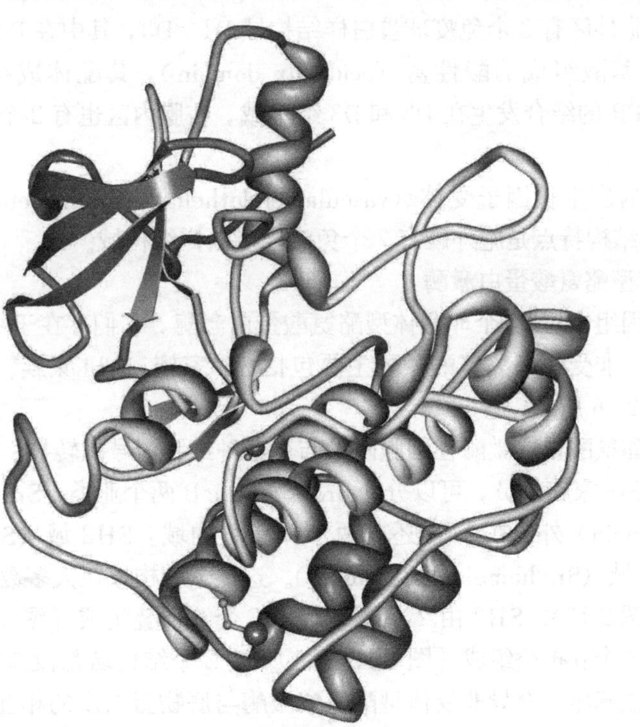

图 2-15　胰岛素受体的酪氨酸蛋白激酶结构域（PDB 数据库代码 1IRK）
（http://www.pdb.org/pdb/explore/explore.do? structureId=1IRK）

大多数 RTK 是单体膜蛋白，但是也有少数 RTK 是以多亚基复合体（multimeric complex）的方式发挥作用，如胰岛素受体在有胰岛素存在时会形成异源四聚体。

能与 RTK 结合的配体包括生长因子（growth factor）、细胞因子（cytokine）、激素（hormone）等。胞外区一旦与受体结合，将引起 RTK 构象发生大的改变，使胞内区被激活，这样催化位点才能与 ATP 和底物蛋白质结合。通过这种途径，胞外信号就传导到了细胞内，RTK 对下游底物蛋白质进行磷酸化修饰，从而激活细胞内的多种信号转导通路，开启不同的细胞途径，并最终将信号传递到细胞核内，改变特定基因的表达状况。

根据 RTK 结构域的差异，可以将其分为几个大的亚类。

(1) 表皮生长因子受体（epidermal growth factor receptor，EGFR）家族，其结构特点是在胞外区有两个半胱氨酸富集区（cysteine-rich region）。

(2) 胰岛素受体（insulin receptor，IR）家族，其结构特点是由两个 α 亚单位和两个 β 亚单位通过链间二硫键形成四聚体，α 亚单位为胞外的配体结合区，β 亚单位为胞内的催化区。

(3) 血小板衍生性生长因子受体（platelet-derived growth factor receptor，PDGFR）家族，其结构特点是胞外区有 5 个免疫球蛋白样结构域（immunoglobulin-like domain，Ig-like domain），在胞内区有 2 个串联的酪酸激酶结构域。

(4) 成纤维细胞生长因子受体（fibroblast growth factor receptor，FGFR）家族，其结构特点是胞外区有 3 个免疫球蛋白样结构域 D1～D3，其中在 D1 和 D2 之间有 8 个连续的酸性氨基酸组成的酸性盒（acid box domain），其配体成纤维细胞生长因子（FGF）与 FGFR 的结合发生在 D2 和 D3 结构域，在胞内区也有 2 个串联的酪酸激酶结构域。

(5) 血管内皮生长因子受体（vascular endothelial growth factor receptor，VEGFR）家族，其结构特点是胞外区有 7 个免疫球蛋白样结构域。

B. 非受体型酪氨酸蛋白激酶

在人类基因组中有 32 个非受体型酪氨酸蛋白激酶，它们存在于细胞质或细胞核内，不存在跨膜区。非受体型酪氨酸激酶主要包括 Src 家族、Abl 家族、Jak 家族等，其保守结构域如图 2-16 所示。

非受体型酪氨酸蛋白激酶在细胞内参与了各种细胞信号的转导。以 Src 为例，哺乳动物中有 9 种 Src 家族成员，可以分为 Src A 和 Src B 两个亚类。Src 除了蛋白激酶结构域（kinase domain）外，在 N 端还有两个保守结构域：SH2 域（Src homology 2 domain）和 SH3 域（Src homology 3 domain）。这 2 个结构域在大多数非受体型酪氨酸激酶中都存在（图 2-16）。SH2 由 2 个 α 螺旋和 7 个 β 折叠组成［图 2-17（a）］；SH3 较小，由 5 个或 6 个 β 折叠组成［图 2-17（b）］。这 2 个结构域都没有催化活性，但能识别特定的氨基酸基序，介导非受体型酪氨酸激酶与底物蛋白质的相互作用。Src 可以对多种底物蛋白质进行磷酸化修饰，这些底物蛋白质广泛分布于细胞质、细胞核、膜上，主要参与细胞增殖和周期调控相关途径（Luo et al.，2008）。

尽管蛋白质酪氨酸磷酸化修饰的发生频率很少，但许多酪氨酸激酶是癌基因（on-

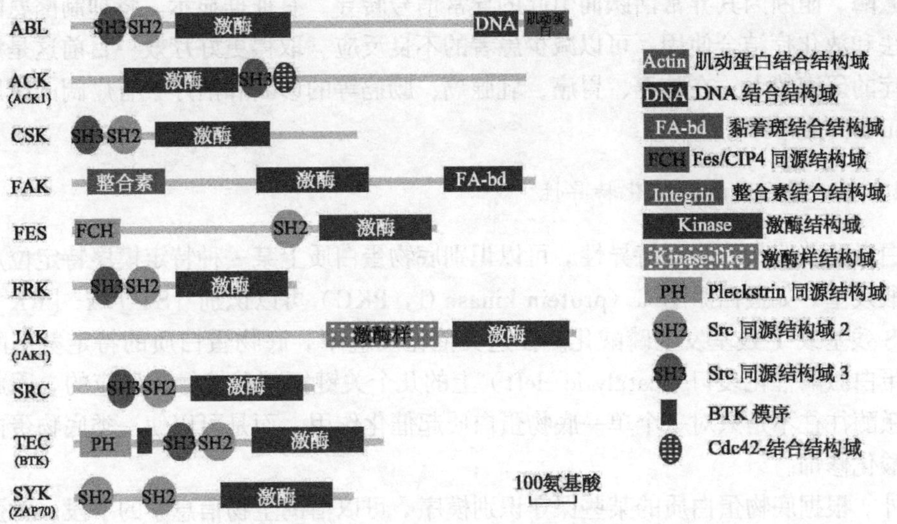

图 2-16 非受体型酪氨酸蛋白激酶的保守结构域示意图（Robinson et al.，2000）

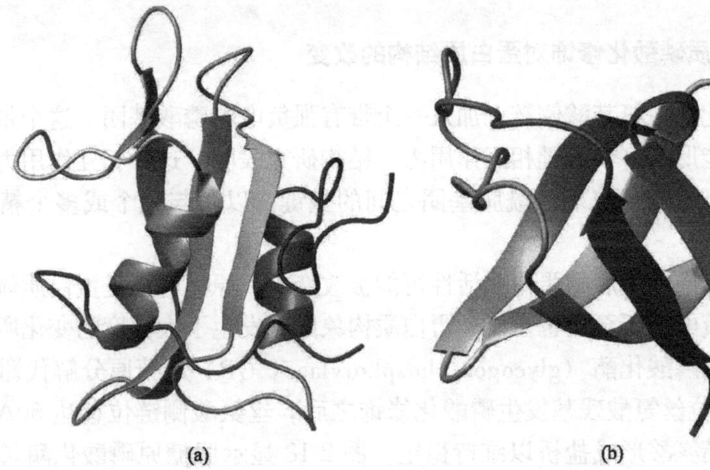

图 2-17 SH2 域（a）和 SH3 域（b）的结构示意图（SH2 PDB 数据库代码：1lkk，SH3 PDB 数据库代码：1shg）
（http://en.wikipedia.org/wiki/File：1lkkA_SH2_domain.png；
http://en.wikipedia.org/wiki/File：1shg_SH3_domain.png）

cogene）和原癌基因（proto-oncogene）家族的成员，在细胞周期调控和增殖中起着重要作用。许多酪氨酸激酶基因的突变会导致其异常激活或过度表达，进而导致细胞过度增殖并形成肿瘤。例如，表皮生长因子受体（EGFR）与乳腺癌、卵巢癌、胃癌、肺癌等的发生有关；Abl-1 与慢性髓性白血病的发生有关。

因此，近年来国内外很多研究将酪氨酸激酶作为癌症靶向治疗的位点，试图通过制备抗酪氨酸激酶的单克隆抗体或设计小分子的酪氨酸激酶抑制剂来特异性结合癌细胞的酪氨酸激酶，阻断因其异常活跃而引起的异常信号转导。有证据显示，将抑制酪氨酸激酶的方法和放化疗结合使用，可以减少患者的不良反应，取得更好疗效。目前这是癌症靶向治疗的研究热点，在肺癌、胃癌、乳腺癌、肠癌等的诊断和治疗中有广阔的应用前景（Lieu and Kopetz，2010）。

2.4.4.3　蛋白激酶的催化特异性

蛋白激酶普遍具有序列特异性，可以识别底物蛋白质上某一种特定模序特定位点上的氨基酸残基，如蛋白激酶 C（protein kinase C，PKC）可以识别［ST］-x-［RK］模序，使 S 残基或 T 残基发生磷酸化。在这类催化反应中，底物蛋白质的特定氨基酸残基是与蛋白激酶催化裂口（catalytic cleft）上的几个关键氨基酸接触和反应的，因此一种蛋白激酶往往不是只对一个单一底物蛋白质起催化作用，而是可以使一类底物蛋白质发生磷酸化修饰。

另外，根据底物蛋白质的某些保守识别模序，可以借助生物信息学的手段，对蛋白质的磷酸化位点进行预测，再结合实验手段验证，将对确定磷酸化位点具有一定的指导意义（Simpson，2006）。有关真核生物磷酸化位点的信息可以参考网站 http://phospho.elm.eu.org/index.html。

2.4.5　蛋白质磷酸化修饰对蛋白质结构的改变

蛋白质磷酸化会在氨基酸侧链上加入一个带有强负电的磷酸基团，这个带两个负电荷的磷酸基团就能形成多个氢键相互作用力。结构研究表明，这种相互作用力主要有两种，即 α 螺旋正极化氨基末端的酰胺基团之间的氢键，以及与一个或多个精氨酸间的盐桥。

发生磷酸化修饰后，底物蛋白质活性可能被改变，其原因可能是蛋白质体积增大或磷酸基团带有的负电荷所至，也可能是蛋白质构象因此发生了大幅度的变化所至。

例如，肌糖原磷酸化酶（glycogen phosphorylase，GP）是糖原分解代谢中的关键酶。该酶的第 14 位丝氨酸残基发生磷酸化修饰之后，丝氨酸侧链位移达 50Å，而磷酸丝氨酸能与两个精氨酸形成盐桥以维持稳定。图 2-18 显示肌糖原磷酸化酶磷酸化前后的构象变化：磷酸化后，原本阻挡进入该酶活性位点的一个环被移开（绿色），使底物能与活性中心靠近；与此同时，两个亚基界面处也有较大的构象变化（红色）。该酶只有经过磷酸化修饰后才能成为有活性的形式。

另外，蛋白质发生磷酸化修饰，磷酸基团也可能为蛋白质之间的相互结合提供新的识别位点，即另一个蛋白质能识别磷酸化肽链上的某个片段并导致两种蛋白质相互结合，如 Grb2 能与其发生了磷酸化修饰的受体尾部相结合（Petsko and Ringe，2009）。

2.4.6　蛋白质磷酸化修饰的生理功能

蛋白质的磷酸化修饰调节着信号转导、DNA 复制、基因转录调控、蛋白质合成、细胞周期调控等几乎所有的细胞生命过程，被形象地描述为细胞生理活动的分子开关。

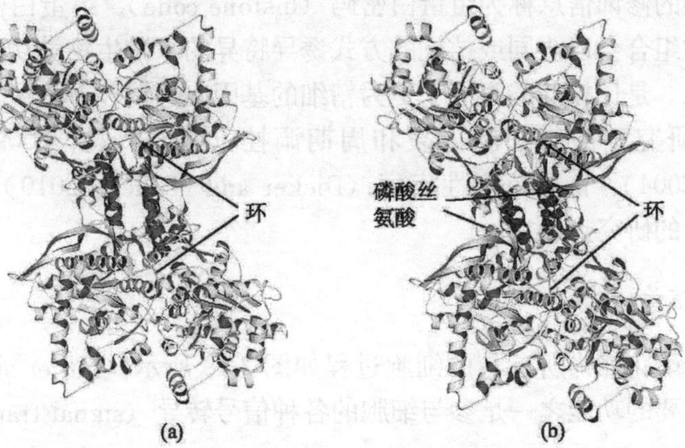

图 2-18　肌糖原磷酸化酶（GP）被磷酸化修饰后的构象变化
(Petsko and Ringe，2009)（另见彩图）
(a) 未磷酸化修饰的无活性酶原；(b) 磷酸化修饰的有活性酶原

2.4.6.1　细胞周期调控

在细胞周期调控过程中，磷酸化和去磷酸化被用来控制其自身活性和决定蛋白质底物活性。真核生物细胞周期调控的核心是酪氨酸磷酸化。一系列蛋白激酶或磷酸酶通过将途径的下一个底物磷酸化或去磷酸化而对外来信号和细胞周期检验点做出反应。当细胞中的蛋白激酶或磷酸酶的活性受到抑制或过表达时，蛋白质磷酸化过程就会紊乱，从而导致细胞周期调控异常。因此，肿瘤的形成与蛋白质磷酸化修饰异常有很大的相关性。

2.4.6.2　组蛋白磷酸化与基因表达调控

组蛋白分为核小体核心组蛋白（H2A、H2B、H3、H4）和核小体连接蛋白(H1)，共 5 种。不同组蛋白磷酸化修饰的位点和作用不同。总体而言，组蛋白的磷酸化发生在 N 端氨基酸残基。

磷酸基团携带的负电荷能中和组蛋白的正电荷，造成组蛋白与 DNA 的结合力降低；磷酸基团也能与特异性蛋白质相互识别，形成组蛋白复合物。因此，磷酸化修饰能破坏组蛋白与 DNA 之间的相互作用，使染色质结构不稳定。通过这种方法，组蛋白磷酸化广泛参与染色体的浓缩与分离、转录激活、DNA 损伤修饰等一系列重要的细胞核事件。

值得注意的是，组蛋白能发生多种翻译后修饰，如磷酸化、乙酰化、甲基化、腺苷酰化、泛素化和 ADP 核糖基化修饰，等等。越来越多的研究表明，这些修饰方式更灵活地影响染色质的结构与功能，还可以发生多种修饰方式的组合变化。不同类型的修饰在细胞生命活动中的不同时期出现，依次发挥作用（Sims and Reinberg，2008）。例如，H2B 位点的泛素化可以影响 H3K4 和 H3K79 的甲基化，说明各种修饰间存在着相互的关联，可以更加灵活地发挥调控基因表达的功能。因此，Strahl 和 Allis（2000）把这些能被专一识别的修饰信息称为组蛋白密码（histone code）。组蛋白密码是指组蛋白各种翻译后修饰的组合会以协同或拮抗的方式诱导特异的下游生物学功能，共同决定基因的表达调控状态，是比核苷酸密码子更为精细的基因表达调控方式。目前对组蛋白的多种翻译后修饰研究正在与细胞分裂和周期调控（Xu et al.，2009a）、癌症的发生（Hake et al.，2004）、自身免疫性疾病（Dieker and Muller，2010）等重大课题相联系，是备受瞩目的研究热点之一。

2.4.6.3 信号转导

蛋白质的磷酸化修饰所参与的细胞过程如图 2-19 所示（Hu et al.，2006）。其中，磷酸化修饰最重要的功能之一是参与细胞的各种信号转导（signal transduction）过程。

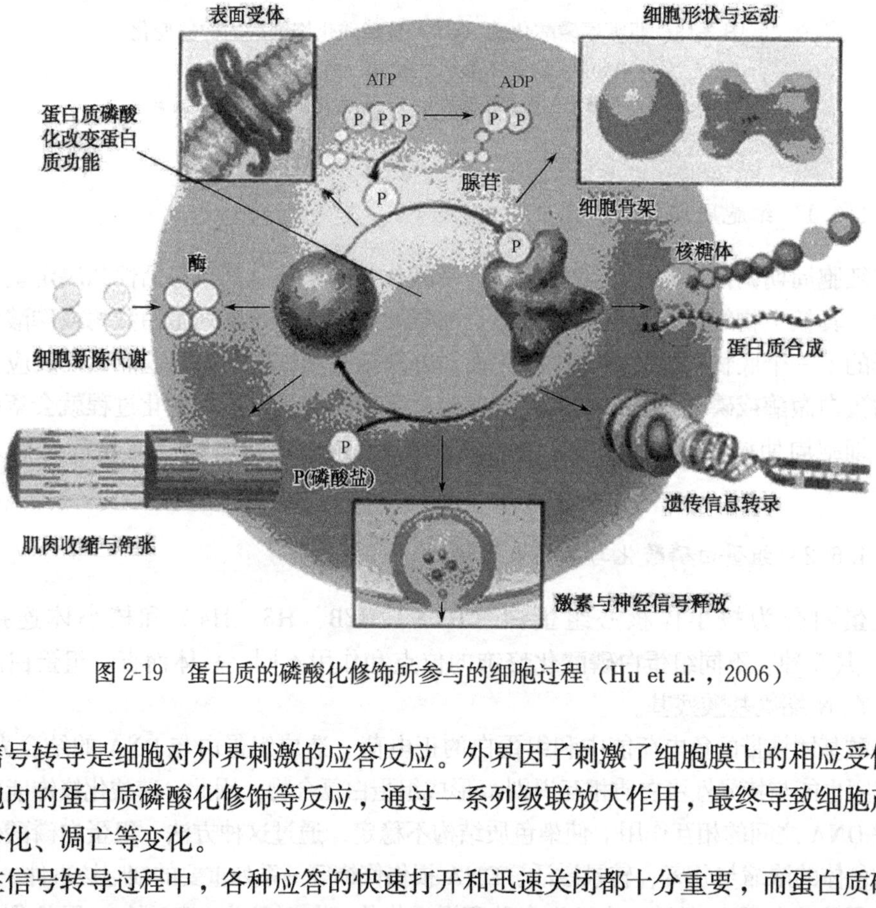

图 2-19 蛋白质的磷酸化修饰所参与的细胞过程（Hu et al.，2006）

信号转导是细胞对外界刺激的应答反应。外界因子刺激了细胞膜上的相应受体，启动细胞内的蛋白质磷酸化修饰等反应，通过一系列级联放大作用，最终导致细胞产生生长、分化、凋亡等变化。

在信号转导过程中，各种应答的快速打开和迅速关闭都十分重要，而蛋白质磷酸化反应的可逆性使其非常适宜成为细胞内信号转导系统的开关和调节机制。由磷酸化激活的一个蛋白质能作用于多个底物分子；这些底物分子又可以分别进一步作用于下游底物，这样就建立起一个级联放大反应，最终导致细胞效应的产生（Petsko and Ringe，2009）。

信号转导过程中的蛋白质磷酸化修饰是信号转导和酶活性控制的核心，也是信号由细胞外传入细胞内，并最终导致细胞效应的关键机制。大量实验表明，改变生物的生长环境，可以诱导生物体内蛋白质磷酸化修饰状态的变化，从而导致细胞内蛋白质的组成和数量都发生巨大改变，最终发生细胞生理状态的转变。

2.4.7 蛋白质的异常磷酸化修饰和人类疾病

目前已经知道有许多人类疾病是由于蛋白质异常的磷酸化修饰或磷酸化蛋白质表达失调引起的，如老年性痴呆、癌症等；而有些蛋白质的异常磷酸化修饰却是某种疾病所导致的后果。因此，蛋白质磷酸化修饰的研究对癌症等重大疾病的诊断和治疗具有极其重要的意义。这里以阿尔茨海默病为例，探讨蛋白质磷酸化修饰异常与疾病产生之间的关联。

阿尔茨海默病（Alzheimer disease，AD）是一种以记忆力损害和认知障碍为主的中枢神经系统退行性疾病，目前占到老年性痴呆病的50%～70%。AD的病理特征是形成老年斑（senile plaque，SP）和神经原纤维缠结（neurofibrillary tangle，NFT）。含有神经原纤维缠结的神经元细胞即便处于促进凋亡的环境，不但不会发生细胞凋亡，反而会进一步恶化（degeneration）（Li et al.，2007）。神经原纤维缠结的主要成分是双螺旋纤维（paired helical filament，PHF），而PHF的主要成分是Tau蛋白，如图2-20所示。

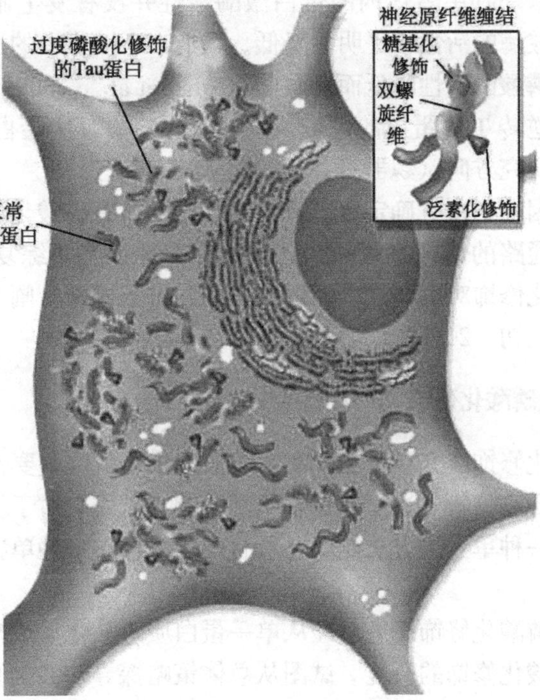

图2-20 神经元细胞内的NFT、PHF、正常Tau蛋白和发生了过度磷酸化修饰的Tau蛋白
（http://www.rndsystems.com/mini_review_detail_objectname_MR01_Alzheimers.aspx#APP）

Tau蛋白（Tau protein）广泛存在于中枢神经系统的神经元（neuron）中，在其他组织中较少。Tau蛋白可以与微管蛋白（tubulin）结合，促进微管（microtubule）的形成、组装，并起到稳定微管的作用。目前在大脑中发现6种Tau蛋白异构体（isoform），都是由单一基因通过mRNA的可变剪接（alternative splicing）形成的，其区

别是位于蛋白质C端的、带正电荷的结合域（binding domain）数量不同。

Tau蛋白上有多个磷酸化位点，其中有21个丝氨酸/苏氨酸位点可能发生过度磷酸化（hyperphosphorylation）。正常的Tau蛋白每分子只含有2个或3个磷酸基团，而AD患者的Tau蛋白会发生异常磷酸化，每分子蛋白质含有8个磷酸基团。

这种Tau蛋白的过度磷酸化修饰在细胞水平的影响包括：过量表达Tau蛋白的神经元细胞会进一步激活Tau蛋白的过度磷酸化；过度磷酸化的Tau蛋白会使Tau蛋白与微管蛋白的结合能力下降，不能促进微管组装，对蛋白水解酶的抗性增加；Tau蛋白的过度磷酸化可以稳定能促进细胞分裂的多功能蛋白——β联蛋白（β-catenin），从而导致神经元细胞逃脱细胞凋亡、继续发生恶化（Li et al.，2007）。Tau蛋白的过度磷酸化修饰在组织病理水平的影响包括：过度磷酸化的Tau蛋白会聚集、沉淀，导致PHF的形成。Tau蛋白分子的聚集是形成PHF的前提，是AD发生发展的重要因素（Armstrong，2009）。值得注意的是，PHF也能同时发生糖基化修饰和泛素化修饰（图2-20）。

Tau蛋白的磷酸化修饰是由多种丝氨酸/苏氨酸激酶调控的，如丝裂原激活的蛋白激酶（mitogen-activated protein kinase，MAPK）、由脂肪酸激活的丝氨酸/苏氨酸激酶PKN等。研究发现，AD患者体内的蛋白激酶活性并没有发生显著改变，相反，催化去磷酸化的蛋白磷酸酶的活性水平明显降低。因此，Tau蛋白的过度磷酸化可能更多的是由于患者的蛋白磷酸酶活性降低而导致的（Iqbal et al.，2009）。由此可见，AD的治疗可望通过抑制或逆转Tau蛋白的过度磷酸化来进行，其中蛋白磷酸酶的激活剂是一个很有前景的药物研究方向（魏群等，2004）。

随着细胞中基因的识别，确定信号转导通路中的所有磷酸化蛋白质、识别相关的修饰位点、不同信号通路的修饰过程，有利于更完全地认知错综复杂的信号转导网络系统，分析特定磷酸化修饰对生命过程的调控作用和分子机理，阐明某些疾病的发生发展机制（段朝军和陈主初，2008）。

2.4.8 蛋白质磷酸化研究是一门综合研究

蛋白质的磷酸化修饰研究在生物学和临床研究中都具有重要作用，已经取得很多进展，而且对其进行研究的新方法、新技术不断涌现。但目前对于综合分析蛋白质的磷酸化修饰来说，没有一种单独的方法能回答所有问题，没有一种单独的技术足以解决所有困难。

现阶段蛋白质磷酸化修饰研究已经从单一蛋白质磷酸化，逐渐转向细胞器磷酸化修饰、细胞全蛋白磷酸化修饰的研究，试图从总体策略探寻磷酸化修饰参与的细胞途径和功能。例如，为了阐明细菌核糖体的蛋白质磷酸化修饰，以及这些修饰在细菌蛋白质合成中的影响，Soung等研究了大肠杆菌的全部核糖体蛋白（*Escherichia coli* ribosomal protein），发现有24个蛋白质发生了磷酸化修饰，其中9个属于核糖体小亚基（30S）蛋白，15个属于核糖体大亚基（50S）蛋白，据此描绘出了核糖体大小亚基的3D晶体结构模型和磷酸化修饰位点（图2-21、图2-22），并结合核糖体蛋白质突变实验结果，阐述了核糖体蛋白质磷酸化修饰对核糖体功能的影响（Soung et al.，2009）。

目前在蛋白质的磷酸化研究中，每种技术都是有局限性的。我们尚不能真正全面描述

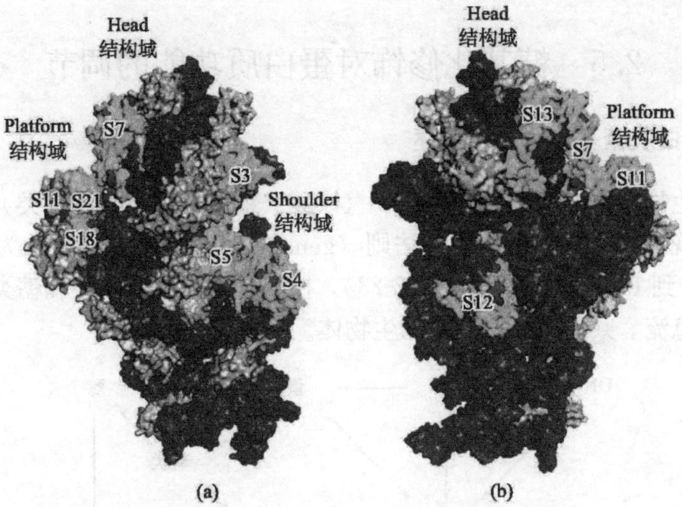

图 2-21　大肠杆菌核糖体 30S 亚基 3D 晶体结构模型（Soung et al.，2009）（另见彩图）
(a) 溶剂面；(b) 与 30S 亚基相互作用面。绿色表示发生了磷酸化修饰的蛋白质；红色代表磷酸化修饰位点；粉红色表示没有发生磷酸化修饰的蛋白质

蛋白质的磷酸化修饰，只能在现有实验技术的基础上，综合采用各种技术和方法，获得尽量全面的蛋白质磷酸化修饰状态。同时，我们期待瞬时磷酸化研究技术的发展和涌现，这样才能实现对磷酸化修饰进行动态研究，并带给我们更多蛋白质磷酸化修饰的新知识。

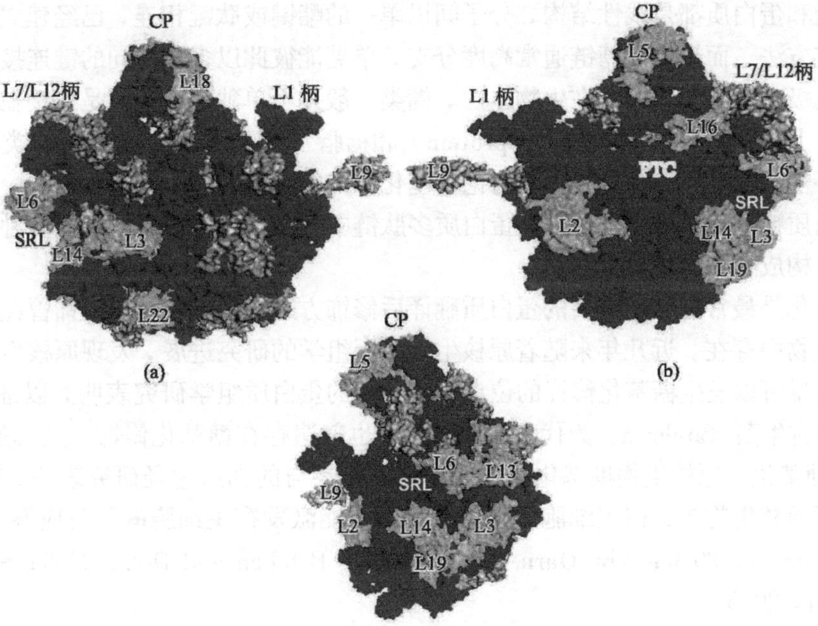

图 2-22　大肠杆菌核糖体 50S 亚基 3D 晶体结构模型（Soung et al.，2009）（另见彩图）
(a) 溶剂面；(b) 与 50S 亚基相互作用面；(c) 侧面观。绿色表示发生了磷酸化修饰的蛋白质；红色代表磷酸化修饰位点；粉红色表示没有发生磷酸化修饰的蛋白质

2.5 糖基化修饰对蛋白质功能的调节

2.5.1 蛋白质糖基化修饰的概述

糖类作为生物体内 4 类主要的大分子（核酸、蛋白质、脂类和糖类）之一，具有其独特的性质。现代分子生物学的中心法则（genetic central dogma）认为，生物信息的流向是从 DNA 到 RNA 到蛋白质（图 2-23），核酸、蛋白质、脂类和糖类 4 类分子均广泛参与生物信息流，共同组成了复杂的生物体。

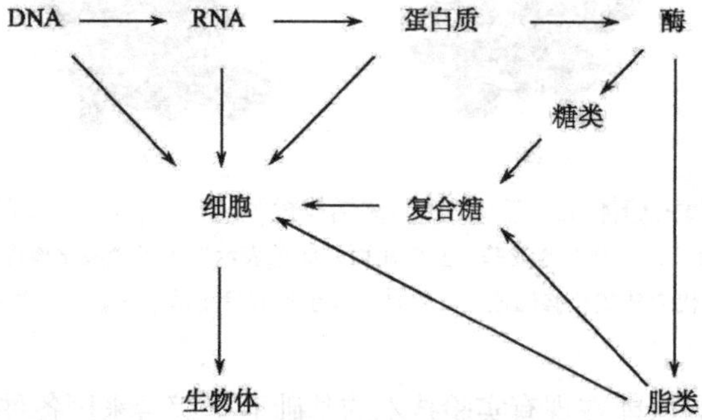

图 2-23 核酸、蛋白质、脂类和糖类 4 类大分子组成的生物信息流（夏其昌和曾嵘，2004）

核酸和蛋白质都是线性结构，分子间以单一的酯键或肽键相连，已经建立起十分成熟的研究方法。而糖类的糖链通常高度分支，单糖能彼此以多种不同的键连接，导致多糖的结构极其复杂；同时，在生物体内，糖类一般并不单独存在，而是连接在蛋白质或脂类分子上分别构成糖蛋白（glycoprotein）和糖脂（glycolipid），因此，糖类的研究具有其独特性和复杂性。这里我们仅讨论糖基化修饰的蛋白质。

蛋白质糖基化修饰是由糖链与蛋白质多肽链中特定位点的氨基酸，以多种糖肽链共价连接并构成各种糖蛋白。

糖基化是最常见、最重要的蛋白质翻译后修饰方式之一。糖基化修饰曾经被认为只在真核生物中存在，近几年来随着原核生物基因组学的研究进展，发现原核生物的基因中存在大量可以发生糖基化修饰的位点；进一步的蛋白质组学研究表明，以细菌（bacteria）和古生菌（archaea）为代表的原核生物也普遍存在糖基化修饰，尤其是 *N*-糖基化和 *O*-糖基化。原核生物糖基化修饰的功能和其参与的细胞途径研究表明，糖蛋白普遍参与了原核生物与其宿主细胞之间的识别，并能激发宿主细胞的免疫应答（Nothaft and Szymanski，2010；Abu-Qarn et al.，2008；Hitchen and Dell，2006；Szymanski and Wren，2005）。

蛋白质的糖基化修饰程度和复杂性随着生物进化的水平而不断上升。据估计，蛋白质糖基化修饰在原核生物中相对较少；在真核生物细胞中，有 50% 的蛋白质发生了糖基化修饰；在人体细胞中，有 50% ～70% 的蛋白质发生了糖基化修饰（An et al.，2009）。尤其是细胞分泌蛋白，几乎全部发生了糖基化修饰，细胞的膜整合蛋白也多数发生糖基化，导致细胞表面被许多不同类型膜蛋白的糖链所包被。

2.5.2 蛋白质糖基化修饰的分类

糖基化修饰根据糖类分子的大小和组成，可以分为：在蛋白质上连接单糖，如胶原蛋白；连接较短糖链组成的寡糖；连接密集复杂的多糖，如黏液素。糖基化修饰中最常见的组分是六碳糖，如葡萄糖、半乳糖、甘露糖等。

由于糖基的排列顺序、糖基的环化形式、糖基的异构形式、糖基的连接方式、分支糖链发生的位点和分支糖链的结构等因素不同，使蛋白质发生的糖基化修饰具有高度的复杂性、多样性和不均一性。

糖基化修饰按照糖肽链的不同可以分为以下几种（Pennington and Dunn，2002）。

1. *N*-糖基化

N-糖基化（*N*-linked glycosylation）是由多糖与蛋白质的天冬酰胺（Asn）残基的酰胺氮连接形成，其糖链为 *N*-乙酰葡萄糖胺（*N*-acetylglucosamine，GlcNAc）。这种修饰只发生在真核生物中，在植物、动物、酵母和昆虫中，*N*-糖基化的程度、组成均有差异。

该修饰需要特定的氨基酸模序 Asn-X-Ser/Thr 或 Asn-X-Cys，X 为除脯氨酸以外的其他氨基酸，如果 X 为脯氨酸，将不会发生 *N*-糖基化修饰。除了该模序之外，*N*-糖基化修饰也取决于蛋白质周围的立体结构。例如，如果该模序位于 β 转角（β-turn）结构中，*N*-糖基化修饰可能会受到影响（Werner et al.，2007）。

一个特定蛋白质可能会存在多个 *N*-糖基化模序，但是并不是所有存在此模序的位点都会发生 *N*-糖基化修饰（An et al.，2009）。据估计，有 10%～30% 的潜在糖基化位点不会发生糖基化修饰（侯温甫和杨文鸽，2005）。*N*-糖基化修饰通常会产生一定程度的修饰异质性，即得到的蛋白质由不同糖型修饰之后的糖蛋白集合，从而在很大程度上增加了糖蛋白结构的多样性（Twyman，2007）。

根据单糖的位置，*N*-糖基化修饰可以进一步划分为高甘露糖型（high mannose）多糖、复杂型（complex type）多糖和混合型（hybrid type）多糖。如图 2-24 所示，三者之间的区别在于：高甘露糖型只含有多个 α 连接的甘露糖残基，而复杂型具有以岩藻糖（fucose，Fuc）、半乳糖（galactose，Gal）和唾液酸（sialic acid，SA）为组分的糖链天线，混合型则兼由有高甘露糖型和复杂型特点。许多研究表明，三种类型的糖链具有共同的生物合成起源，即高甘露糖聚合物前体。

N-糖基化均有一个五聚糖的核心结构，由 2 个 *N*-乙酰葡萄糖胺连接 3 个甘露糖组成（图 2-25）（Petsko and Ringe，2009）。这类糖基化修饰是由 *N*-乙酰氨基葡萄糖基转移酶参与完成的。在该酶作用下，将供体 UDP-*N*-乙酰氨基葡萄糖的 GlcNAc 转移到甘露糖上。*N*-糖基化修饰通常发生在内质网和高尔基体上。

2. *O*-糖基化

O-糖基化（*O*-linked glycosylation）是由多糖与丝氨酸（Ser）、苏氨酸（Thr）、羟

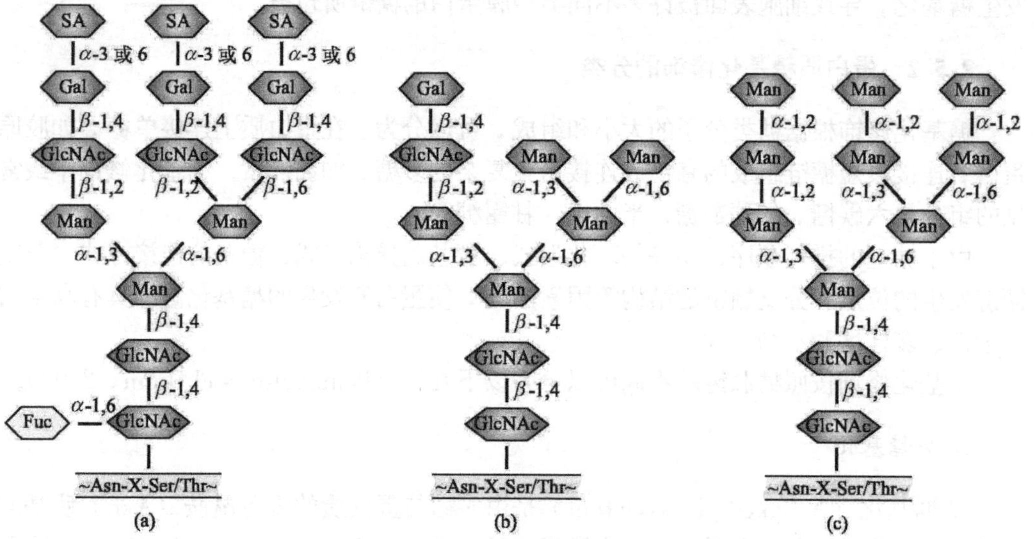

图 2-24　三种不同 *N*-糖基化修饰类型的结构示意图（Balzarini，2007）

（a）复杂型；（b）混合型；（c）高甘露糖型

SA．唾液酸；Gal．半乳糖；GlcNAc．*N*-乙酰葡萄糖胺；Man．甘露糖；Fuc．岩藻糖

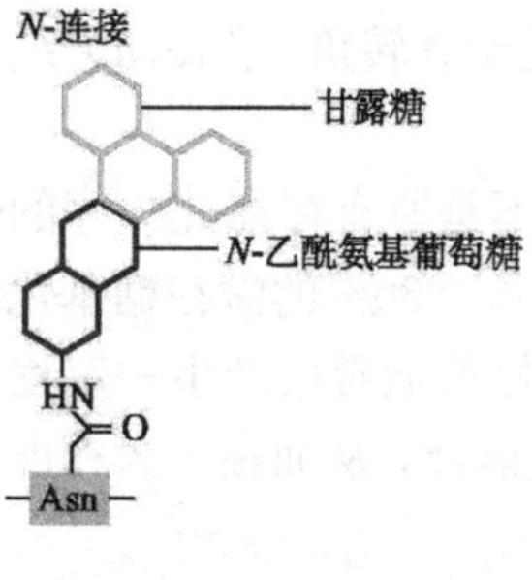

图 2-25　*N*-糖基化的五聚糖核心结构（Petsko and Ringe，2009）

赖氨酸、羟脯氨酸残基上的羟基氧连接形成，其糖链多数为 *N*-乙酰半乳糖胺（*N*-acetylgalactosamine，GalNAc）、*N*-乙酰葡萄糖胺、岩藻糖。许多哺乳动物的分泌蛋白发生了 *O*-糖基化修饰。

O-糖基化并没有一个简单的规律或特异性的模序，因此很难对蛋白质是否会发生 *O*-糖基化进行预测。但是，此类糖基化多发生在丝氨酸或苏氨酸比较集中、并邻近脯氨酸残基的蛋白质区域，而且一些二级结构元素［如延长的β转角（extended β-turn）］会影响此类糖基化的发生（Werner et al.，2007），说明这种修饰识别的可能是基于蛋白质的二级结构。另外，一些特殊的 *O*-糖基化（如 *O*-连接的岩藻糖、*N*-乙酰葡萄糖胺），是需要有一定蛋白质序列特异性的。

O-糖基化没有一种确定的核心结构，最常见的是由 *N*-乙酰半乳糖胺与丝氨酸或苏氨酸残基的羟基氧连接，再加上不同数量的单糖分子延伸而成（图 2-26）（Petsko and Ringe，2009）。

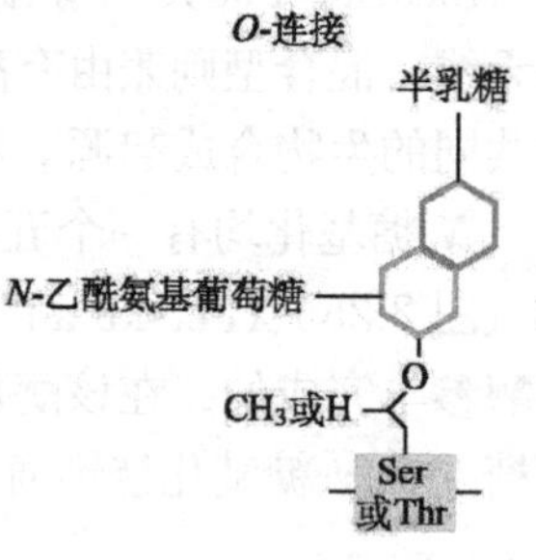

图 2-26　*O*-糖基化的结构示意图（Petsko and Ringe，2009）

近年的研究发现，*N*-乙酰葡萄糖胺也可以通过丝氨酸或苏氨酸残基，以单糖分子的形式连接到蛋白质上，生成 *O*-连接的 *N*-乙酰葡萄糖胺（*O*-linked beta-*N*-acetylglucosamine，*O*-GlcNAc），这种修饰方式被称为 *O* 连接的 *N*-乙酰葡萄糖胺修饰（*O*-GlcNAcylation）。与其他糖基化修

饰发生在内质网与高尔基体中不同，*O*-GlcNAcylation 发生在细胞核与细胞质中。一些研究表明 *O*-GlcNAcylation 起着类似于磷酸化修饰的作用，广泛参与了转录调控、信号转导和代谢调节等重要细胞途径。许多与癌变相关的蛋白质发生了 *O*-GlcNAc 修饰，如 β2 连环蛋白、p53、pRb 家族等。*O*-GlcNAcylation 也与糖尿病（Wang et al.，2009b）、神经退行性病变（如阿尔茨海默病）等疾病有关，因此 *O*-GlcNAc 修饰的糖蛋白有可能在临床上作为这些疾病诊断的分子标记物。目前已经有超过 600 种蛋白质被鉴定发生了 *O*-GlcNAcylation，但其中只有<15% 的修饰位点得到了鉴定，大多数来源于脑和脊髓（spinal cord）组织。*O*-GlcNAcylation 修饰的重要性、*O*-GlcNAcylation 修饰与磷酸化修饰之间直接或间接的联系，正在成为继磷酸化修饰之后的又一个蛋白质翻译后修饰研究热点（Copeland et al.，2008）。

另外，近年还陆续发现了一些较少见的 *O*-糖基化修饰，不是通过 *N*-乙酰半乳糖胺，而是通过甘露糖（mannose，Man）、岩藻糖等与丝氨酸或苏氨酸残基相连。例如，*O*-Fuc 在一些含有表皮生长因子结构域（EGF motif）的蛋白质中被发现，修饰模序为 CGS/T。

3. *C*-糖基化

C-糖基化（C-mannosylation）是由甘露吡喃糖基（α-D-mannopyranosyl）与色氨酸吲哚环的 C2 通过 C—C 键连接而成。这种修饰需要特定的氨基酸模序 Trp-*X*-*X*-Trp、Trp-*X*-*X*-Cys 或 Trp-*X*-*X*-Phe，*X* 为任意氨基酸，修饰位置都是第一位的色氨酸残基，但这种糖基化修饰比较少见（Caragea et al.，2007）。

4. 糖基磷脂酰肌醇锚定结构

糖基磷脂酰肌醇锚定（glycosylphosphatidylinositol anchor，GPI anchor）结构是由糖链通过磷脂酰肌醇与蛋白质连接而成。这种修饰通常发生在蛋白质 C 端或靠近 C 端的氨基酸残基。蛋白质通过酰胺键与磷酸乙醇胺分子连接，磷酸乙醇胺分子与 3 个甘露糖和 1 个氨基葡萄糖组成的四糖核心连接，核心四糖再与磷脂酰肌醇连接。

这种修饰方式能指导蛋白质定位到细胞膜上。磷脂酰肌醇的脂肪酸残基可以通过疏水作用插入细胞膜的磷脂双分子层。这样，GPI 锚定结构作为一个桥梁，就将不同种类、不同功能的蛋白质固定在细胞膜的磷脂双分子层上，使细胞膜具有了一定的特异性；与此同时，GPI 锚定结构修饰的蛋白质可以广泛参与细胞黏附、信号转导和营养吸收等细胞过程。

GPI 锚定结构修饰发生在内质网中，信号肽 C 端被切割之后（Pennington and Dunn，2002）。这种修饰是可逆的，在磷脂酶的作用下，GPI 锚定的蛋白质可以从细胞膜上被释放出来。有些人类寄生虫细胞表面带有 GPI 锚定的酶，在通常状况下没有活性，而当遇到宿主的磷脂酶时被激活，就能启动寄生虫对宿主的感受机制和下游反应（Petsko and Ringe，2009）。

2.5.3 蛋白质糖基化修饰过程

蛋白质的糖基化过程主要在内质网和高尔基体完成（图 2-27）（Werner et al.，2007）。在真核生物中，大多数糖基化修饰的蛋白质经过分泌途径出细胞，但不是所有的糖蛋白都会被分泌。有的蛋白质会被阻滞在内质网或高尔基体，有的会被导向溶酶体，还有的会作为膜蛋白进入胞质膜（Twyman，2007）。

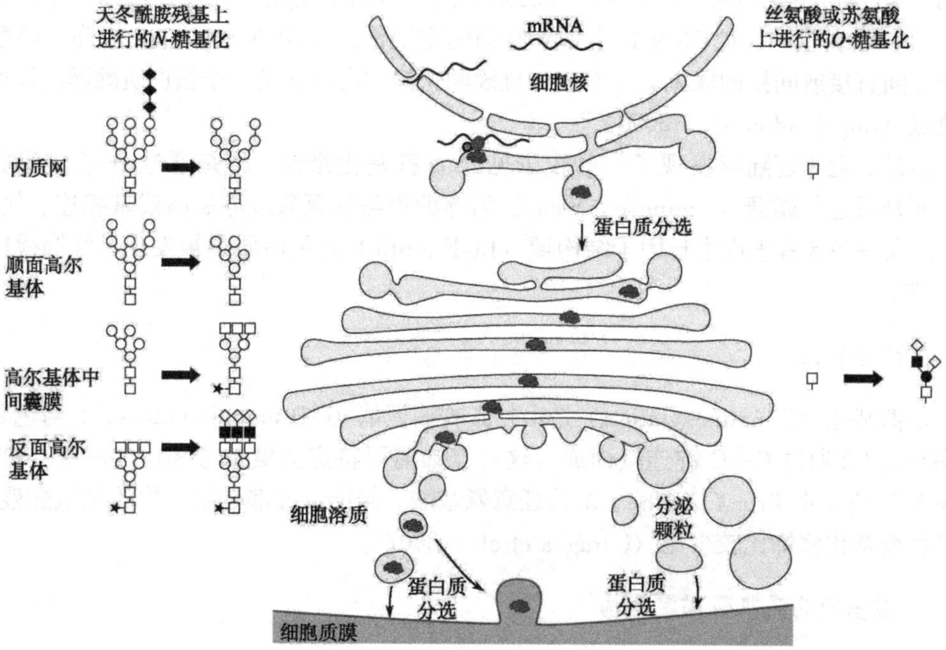

图 2-27 真核细胞分泌途径的蛋白质糖基化修饰（Werner et al.，2007）

□*N*-乙酰葡萄糖胺 ■半乳糖 ◇*N*-乙酰-D-神经氨酸(唾液酸) ◆葡萄糖 ○甘露糖 ●*N*-乙酰半乳糖胺 ✶岩藻糖

蛋白质的糖基化修饰除受特定的氨基酸模序影响外，还受其他因素的影响。例如，蛋白质的三维空间结构可能影响糖基转移酶与蛋白质表面特定序列的接触，引起糖链延伸和添加糖基的不同；细胞中的糖基转移酶和相关酶的表达类型不同，会影响糖基化程度和糖链种类；细胞中不同糖链加工区域的排列以及糖链通过这些区域的速率不同，也会影响糖基的添加。因此，细胞的类型、自身特性和培养条件等诸多因素，均会决定糖基化所形成的糖链结构、程度和形式（侯温甫和杨文鸽，2005）。

2.5.4 糖基化修饰对蛋白质结构的改变

糖基化修饰对蛋白质结构的作用包括以下三点。

（1）糖基化可以起到一种标签的作用，为蛋白质提供特定的识别位点。带有不同糖链标签的蛋白质能改变蛋白质的抗原性，从而可以被细胞内外的蛋白质、酶或其他生物大分子识别，进而参与特定的生物学过程，或指引糖蛋白定位到适当的亚细胞器。例如，定位于溶酶体的蛋白质含有外露的 6-磷酸甘露糖残基，定位于细胞膜的蛋白质含有 GPI 锚定结构（Twyman，2007）。

（2）糖链结构与蛋白质的结构域大小相当，可以从空间上调节糖复合物的整体结构，保护蛋白质免受蛋白酶降解，增强蛋白质的稳定性。糖链也能显著增加蛋白质的溶解性，防止糖蛋白聚集。例如，红细胞表面的糖蛋白能防止细胞彼此黏结或黏结到血管壁上，从而可以起到保持血液流动畅通的作用；与之相反，在一些心血管疾病患者体内，糖蛋白异常会导致血细胞黏附和聚集，继而改变血液流动的动力学并产生血管堵塞、动脉粥样硬化等症状（Petsko and Ringe，2009）。

（3）糖基化修饰能改变蛋白质的三维空间结构，是某些蛋白质进行正确折叠、发挥生物活性所必需的修饰方式。在许多实例中，从糖基化蛋白质上切除糖链，会导致蛋白质解折叠或发生凝聚；而在另外一些实例中，如果不发生糖基化修饰，蛋白质的活性可能会显著减弱，如用细菌表达系统表达某些哺乳动物的蛋白质，会由于缺乏完善全面的糖基化修饰而导致产物蛋白质部分或全部丧失活性。但也有一些蛋白质即使在体外被酶催化切除糖链或在体内由于突变使糖基化修饰位点丢失，也不会对其活性造成影响，没有表现出明显的细胞学后果，因此也许不是所有的糖基化修饰在一个完整的细胞周期中都是至关重要的（Petsko and Ringe，2009）。

2.5.5 糖基化工程

糖基化修饰对蛋白质的表面结构和功能的改变，在目前蛋白质药物的稳定性研究上起着重要作用。蛋白质药物具有生理活性强、免疫原性低、副作用低和不积累毒性等优点，在现代医药研发中占有重要地位。但由于组织、胞液中存在大量蛋白酶，加上肾小球的滤过作用，蛋白质类药物很快会被人体清除，普遍存在体内半衰期短、需要大剂量频繁给药的缺点。因此蛋白质药物开发的重点是延长蛋白质的体内半衰期，其中一个非常重要和实用的手段就是对蛋白质进行糖基化修饰。

糖基化修饰作为一种信息分子和标签物质，能改变蛋白质药物的转运方向或作用的靶向位点；糖基化修饰在蛋白质表面增加了糖基侧链，在空间结构上可以起到阻碍蛋白酶对蛋白质药物的降解作用；糖链可以在一定程度上增大蛋白质的分子质量，从而减少肾小球的滤过作用，延长蛋白质药物在体内的半衰期；糖链可以改变某些蛋白质的免疫原性，如可以抑制β2 乳球蛋白引起的人体过敏反应；糖蛋白比未修饰蛋白质具有更好的溶解性、热稳定性等。

利用基因工程的手段，用特定位点和特定糖链的糖基化修饰，对蛋白质结构和功能进行改造，被称为糖基化工程（glycoengineering）。糖基化工程的研究主要集中于对糖蛋白糖链功能的分析和糖基化表达体系的构建上。例如，昆虫或酵母表达系统经过改造后，可以表达正确的糖链。糖基化工程的研究在理论上可阐明糖链的功能，在实践上可以为解决基因工程药物的免疫原性、生物活性及药物设计等问题提供指导。

目前经常选用的糖基化工程表达系统包括酵母、昆虫细胞、哺乳动物细胞和转基因植物（以烟草和拟南芥为代表）等，也有研究将几种关键性的糖基转移酶克隆进大肠杆菌中与外源基因基因共表达来构建重组蛋白质表面的糖链。由于糖基化修饰不是由插入基因的序列来决定，而是由真核宿主细胞的翻译后修饰来决定，因此糖链加工的控制过程非常复杂，并非某单一因素所能决定。首先，蛋白质的氨基酸序列决定糖基化位点的分布和数目；其次，蛋白质的折叠方式和三维空间结构会影响糖基转移酶与蛋白质表面的接触，从而引起糖链的延伸和添加糖基的不同；再次，不同表达系统中使用的糖基转移酶和其他相关酶的表达类型不同，会对糖链类型造成影响。所以在糖基化工程中，采用不同的表达系统、不同的蛋白质生产条件，甚至不同的真核宿主细胞生理状态，都会对蛋白质药物最终的糖基化修饰类型和程度产生重要影响（Werner et al.，2007；Sethuraman and Stadheim，2006）。

另外，多糖能引起人体的免疫反应，因此对糖蛋白产物的测定和检测显得尤为重要。必须针对不同的蛋白质药物，采用不同的生产和修饰条件，并在发酵过程中对糖基结构进行实时监控。监测不同批次之间糖基结构的差异和下游进程的有效方法主要是液相色谱技术。检测方法可以采用等电点聚焦、毛细管电泳和二维凝胶电泳等，它们均可以进行快速检测和高通量分析。监控和检测的最终目的是为了获得稳定、复杂的糖基化修饰蛋白产物（Pennington and Dunn，2002）。

2.5.6 蛋白质糖基化修饰的生理作用

糖基化修饰最重要的功能是蛋白质的识别作用，即糖基化修饰能改变蛋白质与蛋白质之间、蛋白质与识别受体之间的相互作用，进而指导细胞与细胞之间的相互识别和相互作用。由于共价连接和各种分支异构体的存在，糖链具有丰富的结构多样性，其复杂程度远远高于核酸和蛋白质。因此糖基化修饰的糖链常被称为信息分子。

细胞内的糖基化蛋白质及其亚细胞定位如图 2-28 所示（Hu et al.，2006）。蛋白质的糖基化修饰具有明显的种特异性、组织特异性和发育特异性，是随着不同糖基转移酶的表达和发生作用的时间、空间变化而变化。糖链由于与生命活动息息相关，因此被称为核酸链与蛋白质链之后的第三链，对糖基化的功能研究日益深入（侯温甫和杨文鸽，2005）。

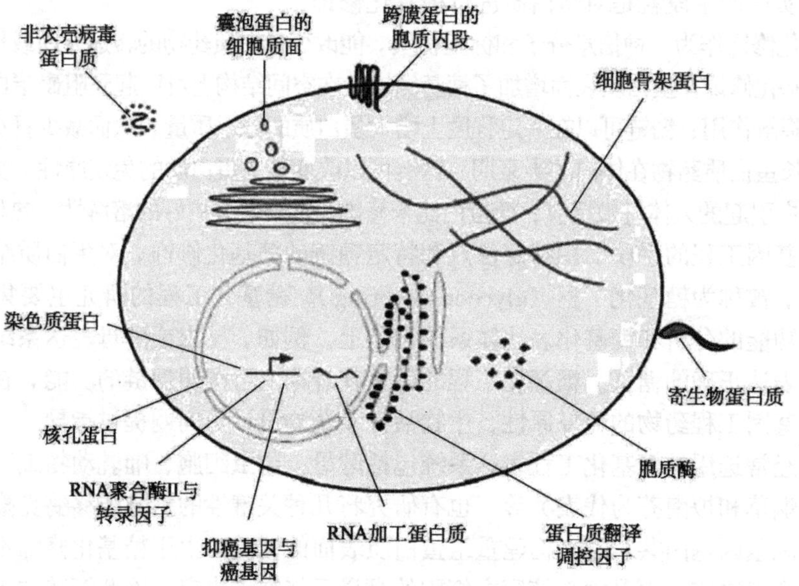

图 2-28 细胞内的糖基化蛋白质及其亚细胞定位（Hu et al.，2006）

糖基化修饰涉及细胞生命的全部空间和时间过程，参与许多重要的生物过程，如细胞黏附（cell adhesion）、精卵识别、分子运输和清除（molecular trafficking and clearance）、受体激活（receptor activation）、细胞免疫、细胞内吞（endocytosis）、免疫监视、蛋白质降解、组织器官形成、老化和癌细胞转移等（Ohtsubo and Marth，2006）。

糖基化修饰异常会导致蛋白质的抗原性发生变化，蛋白质的相互识别和细胞间的相互识别随之发生错误，从而导致许多疾病发生，尤其是炎症和自身免疫性疾病等。先天性糖基化缺陷的患者会表现出多种症状，如神经紊乱、运动问题、视觉问题等（Petsko and Ringe，2009）。有些异常糖基化修饰的蛋白质能导致疾病产生，这些蛋白质可以作为干涉治疗的靶点，因此是研究关注的焦点。

另外，与磷酸化修饰类似，有些蛋白质的糖基化修饰异常是由疾病导致的。在一些疾病的最初阶段，糖蛋白会在结构与功能上显示出变化。这些蛋白质往往可以作为疾病早期诊断的标志物。在临床上，已经有很多血清或组织样品中的糖蛋白被用作胰腺癌、肾细胞癌、肝癌、子宫内膜异位症、类风湿关节炎等疾病的诊断标记（Pennington and Dunn，2002）。糖基化修饰与人类疾病的相关性是翻译后修饰研究的热点之一（Ohtsubo and Marth，2006）。

2.5.7 蛋白质糖基化修饰的研究

蛋白质糖基化修饰研究的难点在于，除了确定蛋白质的糖基化修饰位点外，还需要分析具有高度复杂性和不均一性的糖链结构。由于糖基化修饰是由几种相关酶共同完成的，不同生理生化条件对糖基化修饰的影响很大，因此，一个蛋白质上可能存在许多可以发生糖基化修饰的位点；相同的糖基化修饰可以出现在不同的位点，称为显著不均一性（macroheterogeneity）；同一个修饰位点可以连接多种结构不同的糖链，称为微不均一性（microheterogeneity）。这样就会导致糖蛋白出现数量巨大的立体结构异构体（stereo-isomer）和区域异构体（regio-isomer）。假设一个蛋白质如果具有3个糖基化位点，连接10种不同的糖链，将可能存在1000种不同的糖蛋白构型（An et al.，2009）。由此可见，糖链结构的复杂、多样和高度的不均一性会对蛋白质糖基化修饰的研究带来很大困难，要全面阐述这些目标会使分析工作异常复杂。

蛋白质糖基化修饰研究的一个重要部分就是对糖分子的分析。糖分子具有两个特性（夏其昌和曾嵘，2004）：①缺乏常规紫外吸收基团和荧光基团，在低紫外波长范围有光吸收，因此可以用衍生化法（包括荧光检测法、激光诱导荧光检测法）和非衍生化法（包括直接紫外法、间接紫外法、化学检测法和折射法等）检测糖分子；②糖分子是很弱的酸，羟基解离常数很小，只能在强碱性条件下微弱电离而带部分电荷，因此可以用高碱性缓冲液进行毛细管电泳，根据不同糖分子具有不同电迁移率的原理将其分离。

目前在糖分子分析方面使用最广泛的三类技术有核磁共振（nuclear magnetic resonance，NMR）技术、毛细管区带电泳（capillary zone electrophoresis，CZE）和质谱（MS）技术。

（1）核磁共振技术能非常全面地提供糖链结构的全部信息，但是对样品纯度的要求很高，并且样品量要求也大。而目前在生物样品中，对糖蛋白某个单一成分的分离提纯通常只能获得飞摩尔至皮摩尔的样品量，很难满足核磁共振分析的需求。

（2）毛细管区带电泳能有效分析多糖中的单糖组分，具有灵敏度高、分离效果好、操作简单快速、成本低、能够保持样品的生物活性等优点。其最显著的优点是能分析多糖结构上的微小差异，能很好地分析具有微不均一性的糖链。而且该系统开放性好，可以很方便的与其他分析方法（如质谱）连用，在糖分子结构的解析方面得到较好的应用。

毛细管区带电泳能应用于糖蛋白的糖基生物功能的研究，也能具体探讨不同的糖分子修饰是否会带给蛋白质不同的生物学意义或生理活性，还能方便快捷地应用于糖基化工程中对重组糖蛋白的质量监测过程，是一个在蛋白质糖基化修饰研究中应用十分广泛、成熟的技术。这一技术的缺点是要求分析物浓度达到微摩尔每升（μmol/L）（夏其昌和曾嵘，2004；Pennington and Dunn，2002）。

（3）质谱技术在过去 30 年得到了广泛的应用。进行糖链分析时，以基质辅助激光离子化质谱（matrix-assisted laser desorption/ionization MS，MALDI-MS）、电喷雾电离色谱（electrospray ionization MS，ESI-MS）两种最为常用。由于 *N*-糖基化多肽的总质量通常大于 3500Da，加之存在不均一性，其在 MALDI-MS 上常会产生宽的信号峰，因此 ESI-MS 在分析不均一的大分子 *N*-糖基化中的应用比 MALDI-MS 更为成功。

质谱的优点包括：在进行糖链结构分析时灵敏度很高；可以与多种分离纯化设备（如 HPLC）连用，减少样品损失和污染；可以直接对样品进行离子化和解析并获得信息；可以对完整的糖蛋白或片段化的糖基化多肽进行分析。但是质谱不能区分糖链的立体结构异构体和区域异构体，也不能区分组成糖链的单糖组分的同分异构体。将质谱与核磁共振等方法结合，可以在一定程度上互相弥补单一技术的缺点。

目前质谱仍然是糖链分析和糖蛋白研究的核心技术，已经广泛应用于哺乳动物免疫系统（mammalian immune system）、哺乳动物生殖糖生物学（mammalian reproductive glycobiology）、原核生物的糖基化蛋白质修饰的研究（North et al.，2009）。

综上所述，由于糖基化修饰所特有的不均一性、异质性、复杂性和多样性，单一技术难以完全解决蛋白质糖基化修饰研究的问题，全面诠释蛋白质的糖基化修饰存在非常大的困难。另外，目前的糖基化研究仍然是静态研究，而生物体内糖基化过程存在相当大的可变性，因此亟待出现糖蛋白的动态化研究技术。

蛋白质的糖基化修饰能够加深对蛋白质功能多样性的认识，为包括癌症在内的多种重要疾病的早期诊断和治疗带来新的希望。随着多学科、多技术、多仪器的综合使用，必将极大地促进蛋白质糖基化修饰的研究（代景泉等，2005）。

2.6 泛素化修饰对蛋白质功能的调节

2.6.1 蛋白质泛素化修饰的概述

泛素（ubiquitin，Ub）是一个由 76 个氨基酸组成、分子质量为 8.5kDa 的小分子蛋白质。泛素广泛存在于大多数真核细胞中，因其广泛分布于各类细胞而得名。泛素分子高度保守，人类和酵母的泛素有 96% 的相似性，其 C 端有两个特征性甘氨酸残基。

泛素从 1977 年前后被发现以来，一直是蛋白质修饰研究的热门课题。2004 年，Aaron Ciechanover、Avram Hershko、Irwin Rose 因发现了泛素介导的蛋白质降解过程而获得诺贝尔化学奖；*Nature* 杂志在 2009 年 3 月专门开设泛素研究专刊，连续刊登多篇研究综述，泛素研究的重要意义可见一斑。

泛素化修饰是一种非常普遍的蛋白质修饰方式。在某些情况下，仅有一个泛素蛋白被连接。被单个泛素修饰的蛋白质与其他蛋白质翻译后修饰一样，通过改变蛋白质的活性、与其他蛋白质相互作用的能力、改变蛋白质在细胞中的定位来参与细胞的各种生理活动。被连接单个泛素修饰的蛋白质功能千差万别，但蛋白质只有在连接了至少 4 个泛素组成多聚泛素蛋白（polymers of ubiquitin protein）时，才能成为被降解的底物蛋白质。例如，抑癌蛋白 P35 的单泛素化会导致 P53 蛋白的出核转运，而多聚泛素化（polyubiquitination）则导致该蛋白质被降解（Li et al.，2003a）。

2.6.2　泛素化修饰的底物蛋白质的特点

可以被多聚泛素化修饰的蛋白质包括：需要降解的陈旧蛋白质，没有正确折叠、有缺陷、受到化学损伤的蛋白质。不同蛋白质的半衰期不同，从几秒钟到几天不等。蛋白质的稳定性遵循 N 端法则（N-end rule），即当蛋白质 N 端为精氨酸、赖氨酸、组氨酸 3 个碱性氨基酸或亮氨酸、苯丙氨酸、色氨酸、酪氨酸、异亮氨酸 5 个大的疏水氨基酸时，蛋白质在细胞中的半衰期很短。需要注意的是，蛋白质的稳定性除了由 N 端第一个氨基酸残基作为信号以外，更多的是由蛋白质内部的一些复杂信号决定的，如一些特定残基的磷酸化、蛋白质的高级结构丧失或氧化损伤等（Petsko and Ringe，2009）。

在真核细胞中，被多聚泛素化修饰的蛋白质会被泛素介导的 26S 蛋白酶体途径降解。在原核细胞中没有泛素化修饰，取而代之的是蛋白质被衔接蛋白（adaptor protein）ClpS 修饰，并直接被 ClpAP 蛋白酶（ClpAP protease）降解（Mogk et al.，2007）。据估计细胞内约有 30% 的蛋白质因为存在缺陷会被很快降解，而一些蛋白质由于受到各种因素影响而导致结构破坏，也需要被降解（Twyman，2007）。泛素也可以标记跨膜蛋白，如受体，将其从细胞膜上除去。蛋白质经过泛素修饰，并被 26S 蛋白酶体降解的这个途径被称为泛素蛋白酶体系统（ubiquitin-proteasome system）。

2.6.3　蛋白质泛素化修饰的过程和相关酶

蛋白质被泛素修饰的过程如图 2-29 所示。泛素的标记位点通常是蛋白质上的赖氨酸残基侧链，通过异肽键（isopeptide bond）与泛素 C 端的甘氨酸相连。同一个蛋白质中也可能有多个赖氨酸位点被修饰。

泛素首先激活一个称为泛素活化酶的 E1（Ub-activating enzyme E1），E1 催化的反应需要 ATP 供能，泛素被连接到高能硫酯键。随后，被激活的泛素转移到第二个酶 E2 的半胱氨酸活性位点上，E2 被称为泛素结合酶（ubiquitin-conjugating enzyme E2）。在泛素-蛋白连接酶 E3（ubiquitin-protein ligase E3）的帮助下，与底物蛋白质的 Lys-NH_2 基团形成异肽键，多聚泛素链（polyubiquitin chain）被转移到底物蛋白质上。

在人类细胞中发现只有几种 E1 酶、大约 50 种 E2 酶和超过 500 种 E3 酶（Peng，

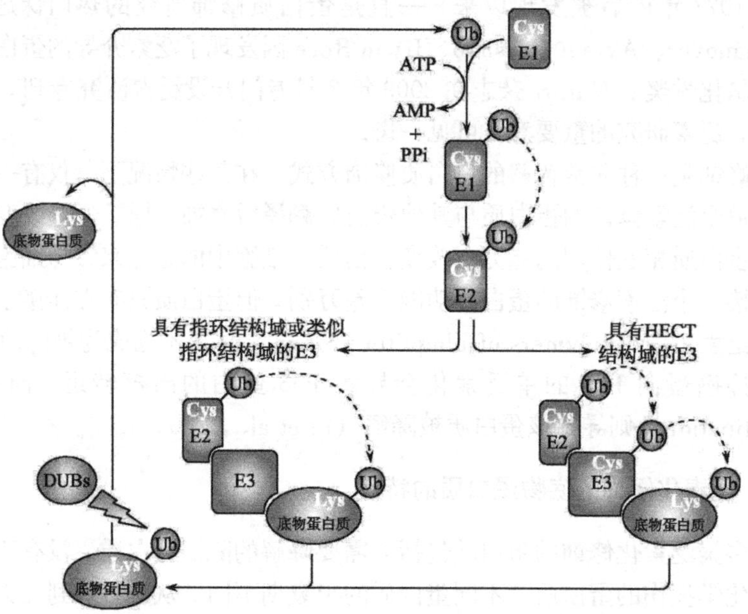

图 2-29　蛋白质的泛素化修饰过程（Ravid and Hochstrasser，2008）

2008）。E1 酶比较保守，这决定了泛素化修饰的蛋白质具有广泛性和多样性。E2 和 E3 是有底物特异性的，而 E3 是决定蛋白质选择性的最重要的酶。

E3 通常分为两大类：具有指环结构域或类似指环结构域的 E3（RING or RING-like domain）和具有 HECT 结构域（homologous to E6-AP C terminus domain，HECT domain）的 E3（图 2-29）。两种 E3 酶都能与其特异性的底物蛋白质结合。

（1）具有指环结构域的 E3 酶靠酶上的半胱氨酸残基、组氨酸残基与一对锌离子（zinc ion）组合成一个特有的 RING 结构。另外一些小分子的 E3 酶具有一个退化的 RING 结构域，称为 U box 结构域，该结构域能形成与指环结构域类似的折叠结构，但是不必结合任何金属离子。具有指环结构域或类似指环结构域的 E3 能结合到 E2 酶和底物蛋白质上，并催化反应将泛素从 E2 直接转移到底物蛋白质上。

（2）具有 HECT 结构域的 E3 酶具有更直接的催化作用。这类酶将激活的泛素先从泛素-E2 复合物上转移到 E3 酶 HECT 结构域的 1 个保守的半胱氨酸上，然后再转移到底物蛋白质上。

泛素化（ubiquitylation）的逆过程称为去泛素化（de-ubiquitylation），即多聚泛素链可以在去泛素酶（de-ubiquitylating enzyme，DUB）的作用下被释放出来，并解除多聚化，生成泛素分子进入循环利用。DUB 介导的去泛素化可以在蛋白质被降解之前提供一个负调控机制，并能保持细胞内有足够的泛素分子参与循环（图 2-29）（Ravid and Hochstrasser，2008）。

2.6.4　泛素化修饰蛋白质的降解过程

蛋白质被泛素化共价修饰后，会进入一个桶状的、被称为 26S 蛋白酶体（26S proteasome）的蛋白酶复合体。在这里，底物蛋白质会被降解成小分子多肽或被彻底降解成氨基酸。这个过程需要 ATP 供能。26S 蛋白酶体由 20S 催化亚单位（20S catalytic subunit）和 19S 调节亚单位（19S regulatory subunit）组成。

20S 催化亚单位由 4 个上下紧密堆积的对称的七元环结构组成，形成一个 $\alpha_7\beta_7\beta_7\alpha_7$ 的四级环状结构（quarternary structure）。靠两端的两个环分别由 7 个 α 亚基组成，入口比较窄，可以限制蛋白质进入时的大小；也就是说，蛋白质必须至少被部分解折叠后才能进入 20S 催化亚单位。中间两个环分别由 7 个 β 亚基组成，是蛋白质水解的活性部位，如在哺乳动物中，β1、2、5 是活性部位。蛋白酶体催化亚单位的这种四级环状结构，在从古细菌到哺乳动物中都是保守的，其降解蛋白质的活性中心均位于桶状结构的中间。来源于不同生物体催化亚单位的结构、亚基数量不尽相同，且亚单位的组成蛋白质可能发生了不同的翻译后修饰，一般来说，多细胞生物比单细胞生物的催化亚单位大，真核生物比原核生物大。

19S 调节亚单位由一个顶端部分（lid subunit）和一个基底部分（base subunit）组成。顶端部分无 ATP 酶活性，可以识别被泛素修饰后的底物蛋白质。基底部分与 20S 催化亚单位两端的两个 α 环紧靠在一起，包含 6 个 ATP 酶（ATPase）（Nandi et al.，2006）。

泛素化修饰蛋白质的降解过程如图 2-30 所示（Ravid and Hochstrasser，2008），具体过程如下所述。

首先，被泛素修饰的底物蛋白质可以被直接识别并与 19S 调节亚单位内部的泛素受体（Ub receptor）结合［图 2-30 中的（a）］，或与包含多聚泛素结合结构域（polyubiquitin-binding domain，UBD）的衔接结合［图 2-30 中的（b）］。衔接同时还具有蛋白酶体结合结构域（proteasome-binding domain），这样就通过衔接将底物蛋白质结合到蛋白酶体上。底物蛋白质为什么分别以这两种不同的结合方式提呈到蛋白酶体，其原因和分子机制尚不清楚。

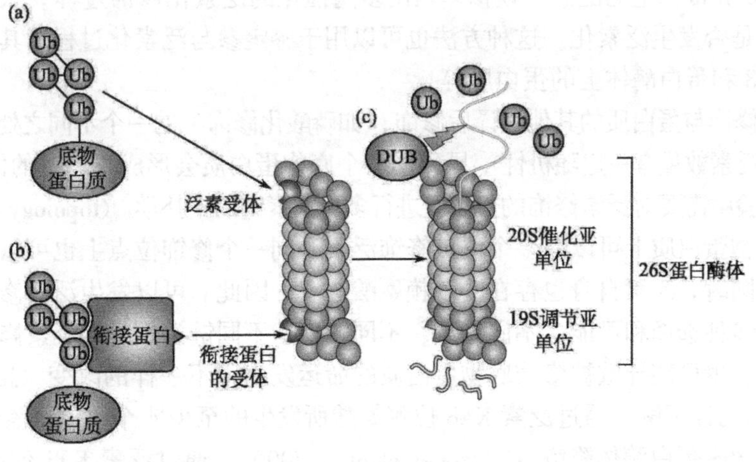

图 2-30　泛素化修饰蛋白质的降解过程（Ravid and Hochstrasser，2008）

其次，蛋白质被 19S 调节亚单位的 6 个 ATP 酶（ATPase）解折叠，这对蛋白质的降解是必需的，ATP 水解所产生的能量推测可能被用于蛋白质的解折叠或 20S 催化亚单位的孔道开放。

最后，由去泛素酶（DUB）切除多聚泛素链［图 2-30 中的（c）］，泛素分子进入再循环。解折叠的蛋白质被移动到蛋白酶体中心的蛋白质水解腔（proteolytic chamber），先被降解成 7 个或 8 个氨基酸长度的小肽，然后被彻底降解成氨基酸，可以被细胞用于合成新的蛋白质（Ravid and Hochstrasser，2008）。

2.6.5 泛素化修饰和人类疾病

蛋白质降解的过程是一个被严格调控的复杂过程，这个问题很容易理解。如果对细胞中蛋白质的合成、更新和降解不进行严格调控，将导致蛋白质代谢发生紊乱，无疑会对细胞产生毁灭性的结果。因此，蛋白质的泛素化修饰在细胞凋亡、信号转导、转录调控、DNA 修复、细胞内吞作用、细胞疾病和健康状态、生存及死亡等一系列基本过程中扮演了极其重要的角色。

目前已知泛素介导蛋白质降解的异常与许多人类重大疾病，如癌症（Ande et al.，2009）、帕金森病（Parkinson's disease，PD）（Davie，2008）、阿尔茨海默病（Dennissen et al.，2010）的发生密切相关。蛋白质泛素化修饰和其机制的阐明，将对解读细胞遗传信息的表达调控和多种疾病的发生机制具有重要意义（Ardley，2009）。

2.6.6 蛋白质泛素化修饰的研究和注意问题

对蛋白质的泛素化修饰进行研究存在很多困难，包括泛素化修饰的底物蛋白质种类繁多，要对某一种泛素化修饰蛋白质进行纯化必须经过很多步骤；泛素化修饰蛋白的丰度低，动态变化性很强等。

泛素化修饰的常用研究方法之一为体外蛋白质泛素化实验，即在体外系统中提供 E1、E2、E3 和带标记的泛素，模拟体内由多酶催化的泛素化修饰过程，从而鉴定某个底物蛋白质是否发生泛素化。这种方法也可以用于鉴定参与泛素化过程的其他组分，如 E1、E2、E3 和蛋白酶体上的蛋白质等。

泛素化修饰与蛋白质的其他翻译后修饰（如磷酸化修饰）的一个不同之处是，多聚泛素化结合的泛素数量有一定随机性，导致同一个底物蛋白质会形成不均一的修饰终产物。因此，在实验中需要对泛素修饰的蛋白质进行多聚泛素链的拓扑学（topology）研究。

一个底物蛋白质上可以在多个位点修饰泛素；同一个修饰位点上也可以修饰多聚泛素链；与此同时，泛素自身也存在 7 个赖氨酸位点。因此，可以发生泛素修饰的赖氨酸位点就存在多种选择和可能。不同位点、不同长度、不同链类型的多泛素修饰带来的结构的多样性，也可能导致被修饰底物蛋白质的命运发生很不一样的改变（Jeram et al.，2010）。目前已经了解，通过泛素 K48 位赖氨酸所发生的至少 4 个多聚泛素修饰会使底物蛋白质被 26S 蛋白酶体降解（Thrower et al.，2000）；通过泛素 K11 位或 K29 位的泛素链也可能与蛋白质降解有关（Xu et al.，2009b）；而通过 K63 位连接的泛素链修饰可能与细胞内信号转导、DNA 损伤反应（DNA damage response）（Sobhian et al.，2007）、聚集小体形成（aggresome formation）（Olzmann et al.，2007）、细胞内吞作用（endocytosis）（Olzmann and Chin，2008）有关。

正因如此，对泛素化修饰位点的鉴定需要考虑多聚泛素链的不同位点所形成的蛋白质空间构象的变化，目前对多聚泛素链连接方式和相应功能的拓扑学研究尚在起步阶段，需要更多有益的探索。

在进行蛋白质的泛素化修饰研究时，一个很重要的问题是要消除去泛素酶的影响。去泛素酶能将泛素从泛素修饰蛋白上切除下来，因此它的存在会严重影响泛素修饰蛋白的稳定性。然而去泛素酶与泛素的亲和力很高，往往形成紧密结合而与泛素修饰蛋白一起被纯化出来，即使在很强的变性条件下（如 8mol/L 尿素）也很难使去泛素酶完全失活。因此必须充分优化实验条件，如上样量、亲和柱的量、洗脱液成分等。

另外，由于泛素化修饰的蛋白质普遍存在不稳定、易降解以及泛素链容易丢失的特点，因此在具体进行实验操作时，还必须加快操作速度，并将修饰蛋白的样品立刻冻存起来。总之，很好地分离获取泛素修饰蛋白是研究的难点和关键，必须通过实验条件的改变和优化，在纯度与得率中找到适当的平衡（Peng，2008）。

2.7　小泛素相关修饰物对蛋白质功能的调节

2.7.1　小泛素相关修饰物的概述

最近 20 年，一些分子质量较小、结构类似泛素的蛋白质陆续被发现，被统称为泛素类似蛋白（ubiquitin-like protein，Ubl）。其中研究最多、了解最深入的是小泛素相关修饰物（small ubiquitin-related modifier，SUMO）。

SUMO 分子质量约为 11kDa，与泛素一样广泛存在于各种真核细胞中，如酵母、线虫、果蝇、植物、哺乳动物等细胞中。与泛素类似，SUMO 也是一类高度保守的蛋白质，这从一个侧面说明，各种生物在泛素化和 SUMO 化修饰途径中运用了类似的原理，并且在长期进化过程中得以保留下来。

2.7.2　SUMO 结构

最早发现的 SUMO 成员是 1995 年在酿酒酵母中发现的 *smt3* 基因。在芽殖酵母（budding yeast）、线虫、果蝇（*Drosophila*）中分别只有 1 种 SUMO。在人类基因组中有 4 种 SUMO，SUMO1、SUMO2、SUMO3 在多种组织细胞中表达，而 SUMO4 在肾脏、淋巴结和脾脏中表达，其中在肾脏中的表达量最高（Guo et al.，2004）。

酵母 SMT3 和人类 SUMO1～4 的氨基酸序列比对如图 2-31 所示（Ulrich，2009）。SUMO 的 N 端序列在柔性凸起结构域的可变性较大，C 端的一个延伸部分的序列可变性也较大（Müller et al.，2001）。

SMT3:	MSDSEVNQ**EAKPEVKP..EVKPETH**INLKV.SDGSSEIFFKIKKTTPLRRLMEAFAKRQGKEMDSLRFLYDGIRIQADQTPEDLDMEDNDIIEAHREQIGGATY
SUMO-1	MSD....QEAKQSTEDLGDKKEGEYIKLKVIGQDSSEIHFKVKMTTHLKKLKESYCQRQGVPMNSLRFLFEGQRIADNHTPKELGMEEEDVIEVYQEQTGG*HSTV*
SUMO-2	MAD....EKPKEGV**K**....**TENNNH**INLKVAGQDGSVVQFKIKRHTPLSKLMKAYCERQGLSMRQIRFRFDGQPINETDTPAQLEMEDEDTIDVFQQQTGG*VY*
SUMO-3	MSE....EKPKEGV**K**....**TEN**.DHINLKVAGQDGSVVQFKIKRHTSLSKLMKAYCERQGLSMRQIRFRFDGQPINETDTPAQLRMEDEDTIDVFQQQTGG*VPESSLAGHSF*
SUMO-4	MAN....EKPTEEVK....TENNNHINLKVAGQDGSVVQFKIKRQTPLSKLMKAYCEPRGLSVKQIRFRFGGQPISGTDKPAQLEMEDEDTIDVFQQPTGGVY

图 2-31　酵母 SMT3 和人类 SUMO1～4 的氨基酸序列比对（Ulrich，2009）

黑体字母代表 N 端多聚 SUMO 链形成有关的模序；

斜体字母代表 C 端延伸的切除部位

SUMO 与泛素虽然在蛋白质一级结构上只有约 18% 的相似性，但在三维结构上却非常相似（图 2-32），都有一个 ββαββαβ 形成紧密包裹的球形折叠，都在 C 端有两个保守的甘氨酸残基（di-glycine motif）并参与了修饰反应。

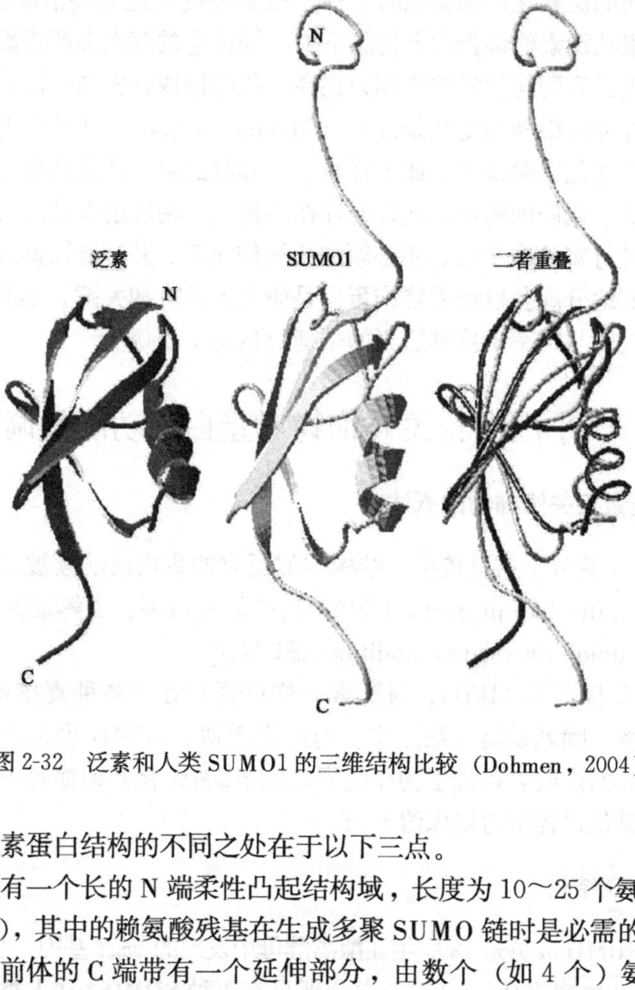

图 2-32 泛素和人类 SUMO1 的三维结构比较（Dohmen，2004）

SUMO 与泛素蛋白结构的不同之处在于以下三点。

(1) SUMO 有一个长的 N 端柔性凸起结构域，长度为 10～25 个氨基酸残基，而泛素没有（图 2-32），其中的赖氨酸残基在生成多聚 SUMO 链时是必需的。

(2) SUMO 前体的 C 端带有一个延伸部分，由数个（如 4 个）氨基酸残基组成，这个部分经过蛋白酶切除后会生成成熟的 SUMO 分子，并暴露出 2 个保守的甘氨酸残基（图 2-31），没有经过切除的前体 SUMO 分子是不能与底物蛋白质结合的。

(3) SUMO 与泛素的表面电荷不同，这说明两者会分别与不同的底物蛋白质和酶相互作用，具有不同的功能（Dohmen，2004）。

2.7.3 SUMO 化修饰过程

SUMO 化修饰（SUMOylation）蛋白质的过程与泛素化修饰相似，也是一个多酶参与的酶联反应，如图 2-33 所示，但两个途径参与的酶完全不同（Sarge and Park-Sarge，2009）。

首先，SUMO 化修饰比泛素化修饰多一步成熟化的过程，即 SUMO 前体在 SUMO 蛋白酶（如 Ulp1）的作用下，C 端的 4 个（或多个）氨基酸残基被切除，生成成熟的

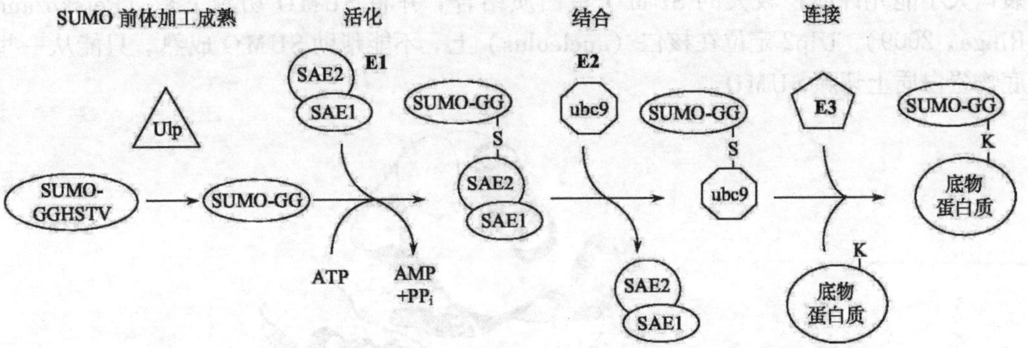

图 2-33　蛋白质的 SUMO 化修饰过程（Sarge and Park-Sarge，2009）

SUMO 并露出 C 端 2 个保守的甘氨酸残基。SUMO 蛋白酶同时也能在修饰结束后，起到将 SUMO 从底物蛋白质上切除释放并再次进入 SUMO 循环的作用。

接着，成熟的 SUMO 由活化酶 E1（如 SAE）活化，在 ATP 供能下，C 端的甘氨酸与 E1 的 SAE2 亚基的一个半胱氨酸形成硫酯键（thioester bond），释放出 AMP。活化酶 E1 是异源二聚体（heterodimer），在哺乳动物中为 SAE1 和 SAE2、在酵母细胞中为 Aos1 和 Uba2，每个物种中只有一种 E1，其两个亚基必须同时存在时才能发挥作用。

活化后的 SUMO 通过转酯反应，转移到特异性的结合酶 E2 ubc9 上，E1 被释放出来。虽然泛素和 SUMO 分子三维结构很相似，两个途径中 E2 酶的序列结构也非常相似，但 SUMO 的 E2 表面大多带正电荷，泛素 E2 表面带负电荷或不带电，因此带正电荷的泛素不能与 SUMO 的 E2 结合（Müller et al.，2001）。另外，泛素途径中有多种 E2，而 SUMO 途径中只有 ubc9 一种 E2。

最后，在特异性连接酶 E3 的帮助下，SUMO 从 E2 转移到相应底物蛋白质上，SUMO 靠 C 端甘氨酸残基与底物蛋白赖氨酸残基的 ε 氨基（ε-amino group）形成牢固的异肽键（isopeptide bond）。连接酶 E3 可以同时与 E2、底物蛋白质结合，因而加快了 SUMO 转移的速率，起到帮助底物蛋白质与 SUMO 结合的作用。连接酶 E3 已发现有多种，并具有底物特异性。

SUMO 化修饰的过程是可逆的，称为去 SUMO 化（deSUMOylation）。SUMO 分子在去 SUMO 酶作用下从修饰的底物蛋白质上解离，异肽键被打断。恢复自由状态的 SUMO 分子与泛素分子一样，可以重新进入 SUMO 循环被再次利用。同样，这一过程对维持细胞内有足够的 SUMO 分子是非常重要的。

去 SUMO 化过程也是由帮助 SUMO 成熟的 SUMO 蛋白酶（SUMO protease）催化完成的，因此又被称为去 SUMO 酶（desumoylase）。该酶具有底物特异性，有的具有双重功能，对维持和调节细胞内的 SUMO 分子水平具有重要作用。

在哺乳动物中有 7 种去 SUMO 酶，称为 SENP1～7，具有底物特异性。在酵母中有 Ulp1 和 Ulp2，两者在亚细胞上的定位不同：Ulp1 定位在核孔复合体（nuclear pore complex，NPC）上，可以帮助 SUMO 成熟和从底物蛋白质上切除释放 SUMO，Ulp1 与酵母 SUMO 蛋白 Smt3 形成的复合物如图 2-34 所示，Ulp1（图 2-34 右）活性位点的裂口大小能允许体积较大的SUMO-蛋白质结合，并将SUMO切割下来（Petsko and Ringe，2009）。Ulp2定位在核仁（nucleolus）上，不能帮助SUMO成熟，只能从一些底物蛋白质上切除SUMO。

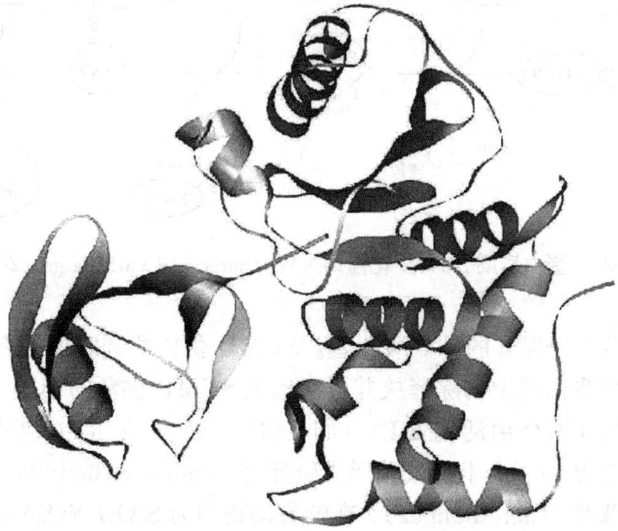

图2-34　酵母的SUMO蛋白酶Ulp1的SUMO结构域与SUMO蛋白Smt3形成的复合物结构图（Petsko and Ringe，2009）

左边为Smt3；右边为Ulp1的SUMO结构域

2.7.4　SUMO化修饰的生理功能

泛素化修饰的主要作用是调节蛋白质的稳定性，介导蛋白质降解，蛋白质一旦被泛素标记，就将不可逆地进入降解途径；而SUMO化修饰是可逆的，广泛参与了多种细胞途径，是一种多功能的翻译后修饰。

目前发现能被SUMO修饰的底物蛋白质超过120种，很多底物蛋白质在基因表达调控中起重要作用，包括转录因子、转录辅助因子、调控染色质结构的因子等（Zhao，2007）。能被SUMO修饰的蛋白质均具有ΨKxD/E模序，Ψ代表一个疏水氨基酸，即L、I或V；K代表发生修饰的目标赖氨酸；x代表任意氨基酸；D/E均代表酸性氨基酸（Tatham et al.，2009）。而泛素化修饰的蛋白质没有明确的模序。

SUMO通过与某些特异性转录因子结合，影响靶蛋白质的亚细胞定位，广泛参与细胞内多条代谢途径，在蛋白质与蛋白质相互作用、DNA结合、调节细胞周期、转录因子激活、信号转导、核质运输及拮抗泛素化修饰等方面发挥着重要作用（Ulrich，2009；Zhao，2007），这里简单列举以下几种。

（1）细胞周期调控。酵母的SMT3蛋白对细胞周期进程非常重要。*smt3*缺失，酵母将不能生存（芽殖酵母）或引起严重生长缺陷（裂殖酵母）。

（2）DNA稳定。正常细胞对DNA损伤会启动反应机制，停止细胞分裂，转向进行DNA修复或启动细胞凋亡。而SUMO可以修饰多个稳定基因组的DNA修复蛋白，如胸腺嘧啶 DNA 糖基化酶（thymine-DNA glycosylase，TDG）。TDG 可以识别 G/T 错配并将其切除，产生一个 AP 位点（apurinic/apyrimidinic site 或 abasic site），由其他酶如人 AP 内切核酸酶 HAP1（human apurinic endonuclease 1，HAP1）、polβ 等进一步修复缺口。而 SUMO 可以修饰位于 TDG C 端的 K330，使 TDG 发生显著的构象改变，其 N 端保守的 DNA 结合域会提早从 AP 位点解离下来，这样 DNA 上就留下了未完成修复的位点（Steinacher and Schär，2005）。因此 SUMO 与基因组的异常稳定和多种肿瘤的发生有关。

(3) 拮抗泛素化修饰。有很多蛋白质既可以被泛素修饰，也可以被 SUMO 修饰。两者竞争性结合相同的修饰位点，从而使蛋白质在降解与稳定之间达到某种平衡。例如，IκBα 是转录因子 NF-κB 的抑制物，在胞质中，结合 IκBα 的 NF-κB 处于非激活状态；在外界信号刺激下，抑制物 IκBα 可以发生磷酸化、泛素化修饰，并进入 26S 蛋白酶体而被降解，NF-κB 被激活并进入细胞核。与此同时，SUMO 可以与泛素竞争性修饰 IκBα 的同一个 Lys 修饰位点，稳定 IκBα 不被降解，而起到阻止 NF-κB 进入核内启动靶基因转录的作用（陈泉和施蕴渝，2004）。

2.7.5　SUMO 化修饰与疾病

由于 SUMO 化修饰参与一系列包括细胞周期进程、分化、凋亡、衰老在内的基础细胞过程，因此不适当的 SUMO 化修饰与多种人类疾病的发生发展有关。

对 SUMO 与癌症的关系研究得最为深入。在一些癌症如肺癌、卵巢癌、乳腺癌中，SUMO 途径相关酶上调，显示 SUMO 化修饰起着促进癌症发生的作用；而在另一些癌症如前列腺癌中过表达 SUMO 会导致早期肿瘤组织的损害。因此 SUMO 对不同癌症的调控方式是不同的、复杂的、多样的（Zhao，2007）。

有研究发现，在人 Toll 样受体（Toll-like receptor，TLR）引发的炎症反应中，核受体（nuclear receptor，NR）LXRα 和 LXRβ 发生了 SUMO 化修饰，这种修饰对 NF-κB 通路介导的炎性基因的转录表达起着重要的调控作用。这一研究可以更好地了解 SUMO 修饰与核受体介导的抗炎反应（NR-mediated anti-inflammatory activity）以及相关免疫疾病之间的关系（Lee et al.，2009b）。

SUMO 也与其他疾病的发生有关，如 SUMO 可以通过调节胰岛素受体信号来抑制糖尿病的发生（Li et al.，2005）。SUMO 也与多种神经退行性病变（如阿尔茨海默病）有关。

2.7.6　蛋白质发生 SUMO 化修饰的鉴定

总体而言，SUMO 化修饰可以采用和泛素化修饰类似的研究策略。Tatham 等（2009）以 HeLa 细胞为例，提供了在细胞系内鉴定某一种蛋白质是否发生了 SUMO 化修饰的方法（图 2-35）。该方法主要将 SUMO 加上一个亲和标签，如 6×His 转染细胞并获得稳定表达细胞株，6×His-SUMO 取代细胞内源的 SUMO 并与底物蛋白质发生结合；用镍亲和柱（Ni-NTA resin）在变性条件下纯化 SUMO-底物蛋白质复合物；然后用目标蛋白的特异性抗体与纯化的复合物进行蛋白质印迹，检测这种目标蛋白是否发生了 SUMO 化修饰。如果获得了阳性结果，则重新回到天然细胞系，将目标蛋白进行定点突变，在内源性表达的环境中鉴定 SUMO 化修饰的位点。

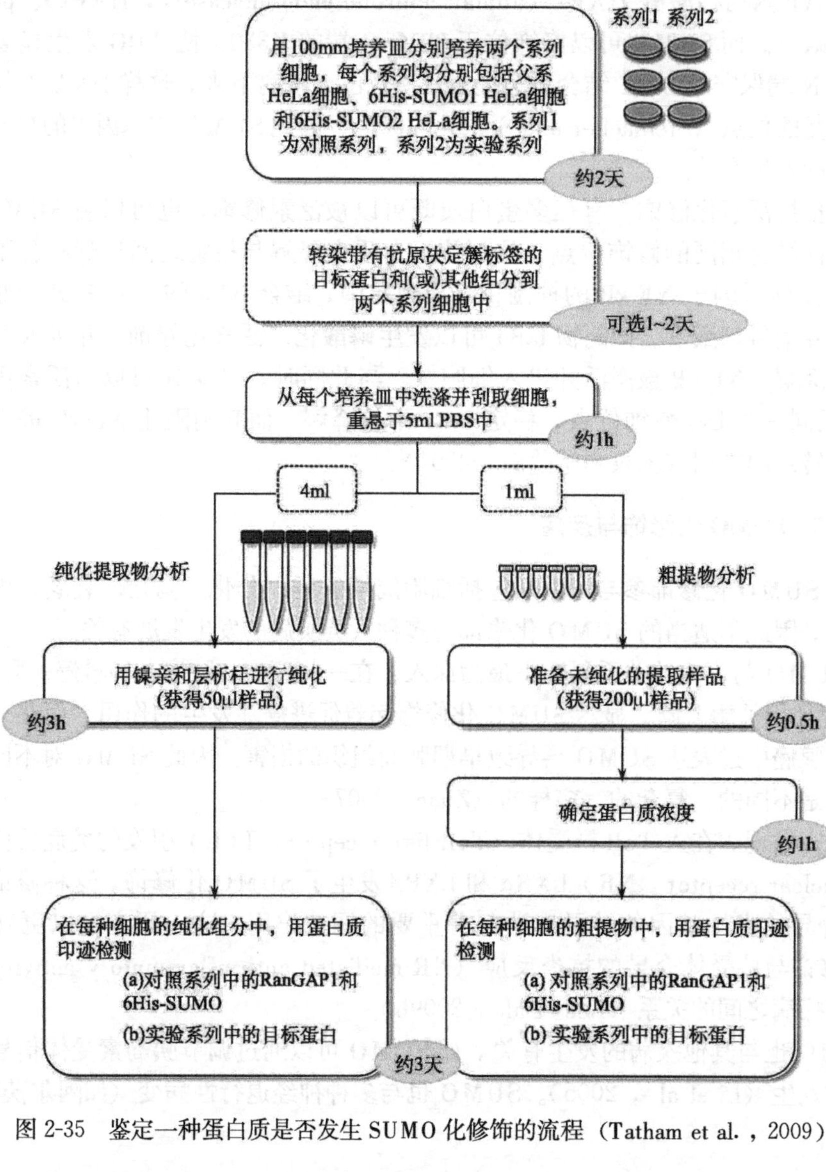

图 2-35 鉴定一种蛋白质是否发生 SUMO 化修饰的流程（Tatham et al.，2009）

这种方法采取变性条件纯化，既可以减少 SUMO 与其他蛋白质之间非共价结合造成的假阳性结合，也可以抑制 SUMO 途径的相关蛋白酶，保护 SUMO 与底物蛋白质的结合不被打开。另外，回到内源性表达环境中鉴定 SUMO 化修饰是否真实发生，能很好地降低外源 SUMO 转染表达而导致的 SUMO 与目标蛋白的假阳性结合（Tatham et al.，2009)。

除了 His 标签外，也可以采用生物素（biotin）标记 SUMO，然后用与生物素有高度特异性结合的链霉亲和素（Streptavidin）进行纯化。Streptavidin 是一个四聚体蛋白质，可以同时结合 4 个生物素分子，商品化的 Streptavidin 常连接在琼脂基质上构成亲和层析柱，可以很方便地进行亲和纯化。

2.8　蛋白质前体激活

2.8.1　蛋白质前体激活的概述

蛋白质在体内合成的过程中，一部分是以蛋白质前体的方式合成的。蛋白质前体（protein precursor）又被称为 pro-protein，是一种非激活状态存在的蛋白质，通过多种翻译后修饰而变成激活状态的蛋白质。前面已经讨论了共价修饰对蛋白质功能和活性的影响，这里特指的激活方式是指对蛋白质前体经过有限的蛋白酶水解而生成有活性的蛋白质。一种蛋白质的蛋白质前体通常在其名称前加 pro-，如胰岛素原（proinsulin）、前体阿片促黑激素皮质素原。

蛋白质前体的生理意义在于，细胞可能并非一直需要这种蛋白质，甚至该蛋白质在通常状况下对细胞有潜在的危害，然而细胞在某些内外环境因素的作用下，会在短时间内大量需要该蛋白质。此类蛋白质一般就以无活性的蛋白质前体的方式存在，在需要时可以通过短暂的切割产生成熟蛋白，既保证了细胞有足够的储备，又不会对细胞生理生化造成影响。在人体内，很多酶都是以这种无活性的酶原（proenzyme 或 zymogen）方式存在以避免不必要的降解，如消化系统里包括胰蛋白酶原、胃蛋白酶原在内的多种消化酶；有很多蛋白质激素（如前胰岛素等）也是以蛋白质前体方式存在，这显然是因为在无外界信号的情况下，过量有活性的激素和酶都对机体有损害作用。

2.8.2　蛋白质前体激活的过程

蛋白质前体激活的过程通常是通过专一性的蛋白酶，在蛋白质的少数位点进行切割，生成分离的多肽片段，而其中的某个片段或某几个片段成为有活性的成熟蛋白。大多数情况下蛋白质前体经过 1 个或 2 个位点的切割和连接，生成一个有活性的蛋白质，如胰岛素原生成胰岛素。而在某些情况下，蛋白质前体是巨大的多蛋白（polyprotein）形式，经过多个位点的切割生成多个独立的、有活性的蛋白质，如前体阿片促黑激素皮质素原生成多种小分子蛋白质激素。

这种切割是在蛋白质的特异性位点由特异性酶进行，并被细胞精确调控的。每个切割位点都有高度的专一性，以防止不需要或有害的激活作用发生。

如果蛋白酶切割获得的产物蛋白质也是一个蛋白酶，就能够继续切割其他蛋白质前体，从而形成一个蛋白酶水解级联反应（proteolytic cascade）。由最初的一个细胞内（外）起始信号，通过酶不断地切割蛋白质前体，产生一系列被激活的蛋白酶，最后产生一个相对放大的终端输出，细胞就是通过这种方式迅速获得了足够量的活性蛋白质。这种蛋白酶水解级联反应最经典的实例就是凝血过程（Petsko and Ringe，2009）。

凝血过程是一个典型的蛋白酶水解级联反应。参与凝血过程的蛋白质有十多种，其中多数为丝氨酸蛋白酶，在血液循环系统内以非活性的酶原方式存在。当发生血管外伤或组织损伤时，多种酶原被激活，专一性催化下游反应的一个或几个肽键水解，并激活下游更多的酶原，最后凝血酶原（prothrombin）转变成有活性的凝血酶（thrombin），将血纤维蛋白原切割成不溶性的血纤维蛋白，最终凝聚成血块。

2.8.3　蛋白质信号肽

信号肽（signal peptide）是在新生分泌蛋白的N端存在的一段氨基酸序列，在成熟蛋白中没有。不同蛋白质的信号肽顺序不同，但组成氨基酸的特征和理化性质相似。信号肽长度一般为10～40个氨基酸残基，前端10个主要为带正电荷的赖氨酸和精氨酸；中段含有14～20个疏水氨基酸残基，以Ala、Val、Leu、Ile、Phe为主；后端含有5个亲水或极性氨基酸残基。

分泌蛋白在信号肽指引下的合成和跨膜运输过程被称为信号假说（signal hypothesis)。信号假说是1971年由Günter Blobel和David Sabatini提出的，这是生物体细胞中合成蛋白质跨膜运送的重要方式之一。

信号假说的过程如图2-36所示（刘威，1999)。

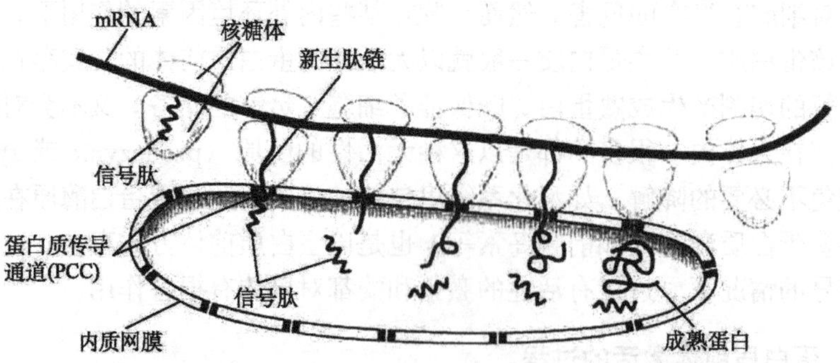

图2-36　新合成蛋白质在信号肽指导下的跨膜运送（刘威，1999）

(1) 蛋白质合成的翻译过程与运送过程是同时进行的。分泌蛋白的mRNA在翻译中首先合成N端带有疏水氨基酸残基的信号肽，延伸出核糖体后，与细胞质中的信号识别颗粒（signal recognition particle，SRP）识别并结合，这时多肽合成暂时停止。

(2) 形成的SRP-信号肽-核糖体的复合物被引向粗糙型内质网，与内质网膜上的SRP受体［又称为停靠蛋白质（docking protein)］结合，在膜中形成孔道。暂时停止的多肽合成又继续进行，合成的新生肽链随着孔道穿越内质网膜进入内质网的腔内并继续延伸。这种方式称为共翻译定位（co-translational targeting)。

(3) 最后信号肽被信号肽酶水解，蛋白质成为成熟蛋白，最终被分泌到胞外。

新生蛋白质的跨越线粒体膜、叶绿体膜的机制，与其穿越内质网的机制很类似，同样是由N端序列引导的。Günter Blobel因为在胞内蛋白质运输的信号理论方面所做的贡献而获得了1999年的诺贝尔生理学或医学奖。

信号肽酶剪切位点由信号肽极性部分以后的序列确定，偏好在剪切位点的－1和－3位上带较小侧链的氨基酸残基，如Gly、Ala、Ser、Thr、Cys，其中以Ala最为常见；如果－3位的氨基酸残基为芳香族、碱性或大侧链的氨基酸，会抑制剪切的发生（Whitford，2008)。

信号肽的序列长度和信号肽酶的剪切位点可以通过多种软件，如用SignalP来分析和预测（Choo et al.，2009；Bendtsen et al.，2004）。用该软件可以在线进行真核生物、革兰氏阳性菌、革兰氏阴性菌蛋白质的信号肽预测（http://www.cbs.dtu.dk/services/SignalP/）。

2.8.4　胰岛素激活

胰岛素是由胰岛 β 细胞受内源性或外源性物质（如葡萄糖、乳糖、核糖、精氨酸或胰高血糖素等）刺激而分泌的一种蛋白质激素。胰岛素代表蛋白质前体经过切割和连接，生成一种有活性蛋白质的激活过程。

胰岛素在体内合成和激活的途径如图 2-37 所示。

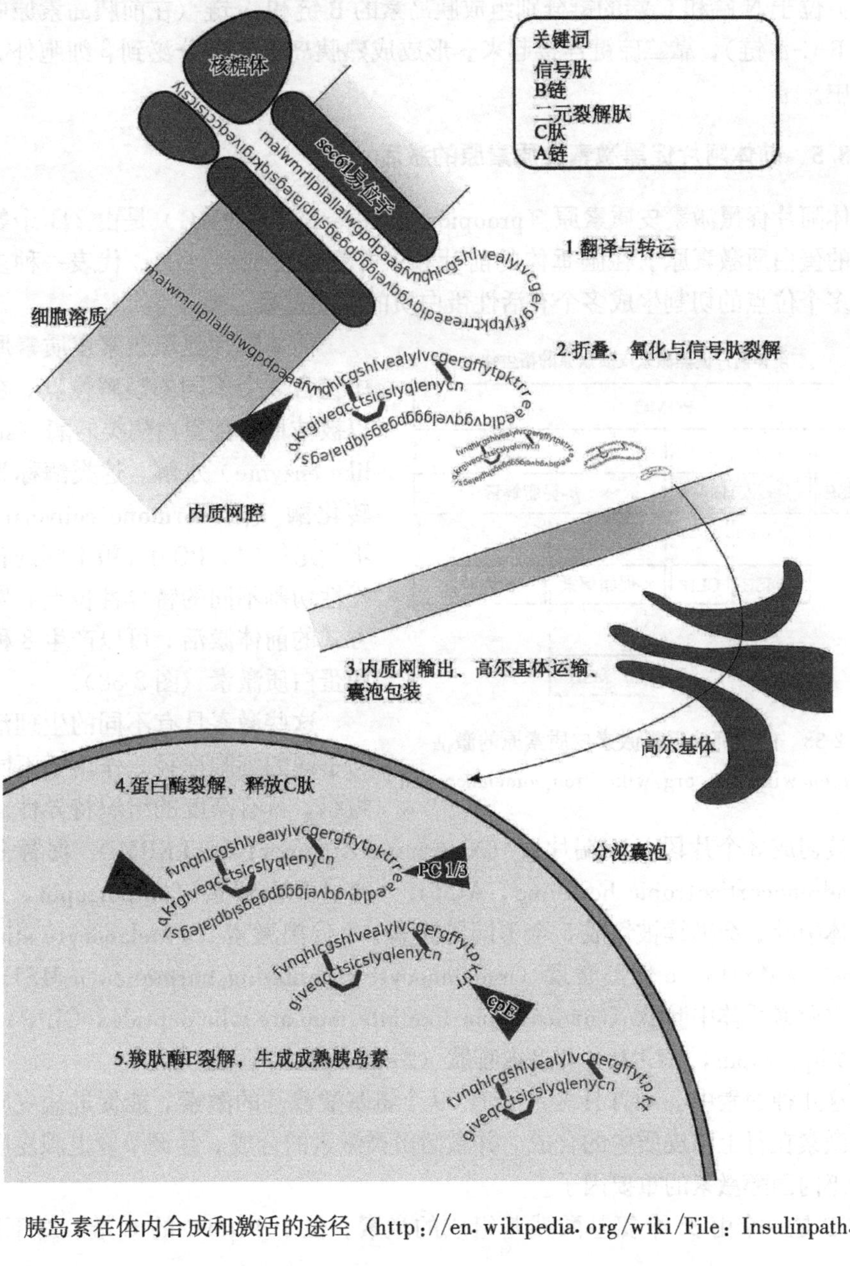

图 2-37　胰岛素在体内合成和激活的途径（http://en.wikipedia.org/wiki/File：Insulinpath.png）

(1) 首先翻译合成的是 105 个氨基酸残基的前胰岛素原。

(2) 前胰岛素原经过折叠、二硫键被氧化、信号肽被切除，生成 86 个氨基酸残基的胰岛素原（proinsulin）。没有经过蛋白酶进一步加工的胰岛素原有一小部分也会随着成熟胰岛素进入血液循环，生物活性仅为成熟胰岛素的 5%。

(3) 胰岛素原经过内质网转运，进入高尔基体。在激素原转化酶 1（prohormone convertase，PC1）、激素原转化酶 2（PC2）和羧肽酶 E（carboxypeptidase E）的作用下，切去 31、32、60 三个精氨酸连接的链，释放出没有活性的 C 肽（C-peptide）和原本位于 N 端及 C 端的链。C 肽原本位于前胰岛素原中间部分，由 35 个氨基酸残基组成。

(4) 位于 N 端和 C 端的链分别组成胰岛素的 B 链和 A 链（在前胰岛素原中的排列方式为 B-C-A 链），靠二硫键连接起来，形成成熟胰岛素，被分泌到 β 细胞外，进入血液循环中。

2.8.5 前体阿片促黑激素皮质素原的激活

前体阿片促黑激素皮质素原（proopiomelanocortin，POMC）是由 241 个氨基酸残基组成的蛋白质激素原，在脑垂体的前叶和中叶都能合成。POMC 代表一种多个蛋白质经过多个位点的切割生成多个有活性蛋白质的激活过程。

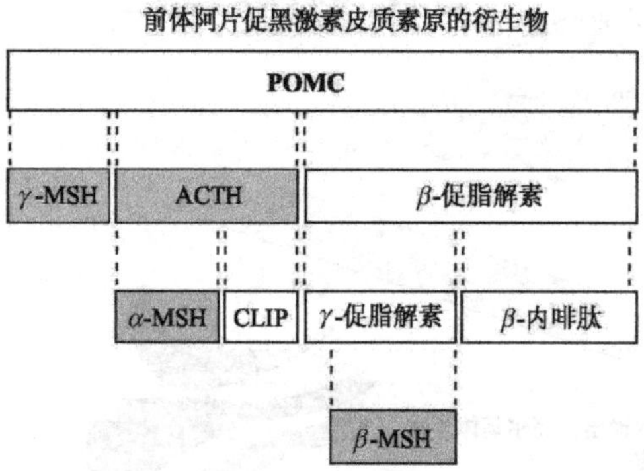

图 2-38 前体阿片促黑激素皮质素原的激活
（http://en.wikipedia.org/wiki/Proopiomelanocortin）

前体阿片促黑激素皮质素原的序列中包含 8 个不同的裂解位点，在体内可以被枯草杆菌蛋白酶类的酶（subtilisin-like enzyme）水解，这类酶称为激素原转化酶（prohormone convertase）。在不同组织中，POMC 被不同的转化酶选择性切割不同的特异性位点，发生不同方式的前体激活，可以产生 8 种有活性的蛋白质激素（图 2-38）。

这些激素具有不同的生理活性，参与不同的细胞途径，作用于不同的目标组织，具有高度的组织特异性。在脑垂体前叶被切成 3 个片段：N 端片段（N-terminal fragment，NTERM）、促肾上腺皮质激素（adrenocorticotropic hormone，ACTH）和 β-促脂解素（β-lipotropin，β-LPH）；在脑垂体中叶，会继续被切成 5 个不同的激素：γ-促黑激素（γ-melanocyte stimulating hormone，γ-MSH）、α-促黑激素（α-melanocyte stimulating hormone，α-MSH）、类促肾上腺皮质素垂体中叶肽（corticotropin-like intermediate lobe peptide，CLIP）、γ-促脂解素（γ-lipotropin，γ-LPH）和 β-内啡肽（β-endorphin，β-EP）。

在这几种激素中，ACTH 是一个有 39 个氨基酸残基的激素，能促进盐皮质激素和糖皮质激素在肾上腺皮质中的合成，并激活甾类激素的合成，是调节肾上腺皮质生长发育和分泌内固醇激素的重要因子。

β-EP 是一个由 31 个氨基酸残基组成的激素，位于 POMC 的 C 端，对下丘脑-垂体-卵巢轴的平衡有一定调控作用，更年期综合征患者体内性激素、促性腺激素的水平改变、植物神经的功能紊乱等均与中枢β-EP的改变有关。

α-MSH及其脑内受体MCR是Leptin介导能量代谢途径下游的重要中介物，可以作用于黑皮素受体4（MC4R）起抑制食欲的作用。

2.8.6　蛋白质内含肽的自剪接

蛋白质内含肽（intein）类似于RNA的内含子（intron），是蛋白质中的一段插入序列。在转录和翻译后，内含肽从蛋白质前体中经过剪切被去掉，然后将位于N端和C端的两个蛋白质外显肽（extein）通过肽键连接起来，最终形成成熟的、具有活性的蛋白质。内含肽的独特功能就是具有自发切除肽链片段，并将切开的两端连接起来的作用。切除内含肽和连接外显肽两者缺一不可，这个过程也被称为蛋白质剪接（protein splicing）。蛋白质剪接的发现又一次丰富了生物学的中心法则，增加了蛋白质前体的激活方式，在实践中也有广泛的应用前景。

内含肽于1987年首先在粗糙脉胞菌（*Neurospora crassa*）的液泡ATP酶（ATPase）中被发现。目前已经发现超过200种内含肽，广泛分布于真核生物、古细菌、真细菌和病毒中，但在高等植物中没有发现。大多数的内含肽是在与DNA复制、修复、转录和翻译有关的酶或蛋白质中发现的。内含肽在古细菌中最多、真细菌次之、真核生物中最少，这一分布规律与RNA内含子恰好相反（Gogarten and Hilario，2006）。

内含肽的序列为100～600个氨基酸残基，一般由两部分组成：自我剪接结构域（splicing domain）和内切核酸酶结构域（endonuclease domain），如图2-39所示，自我剪接结构域位于两边，内切核酸酶结构域位于中间（Petsko and Ringe，2009）。大多数内含肽由10个保守的模序组成。

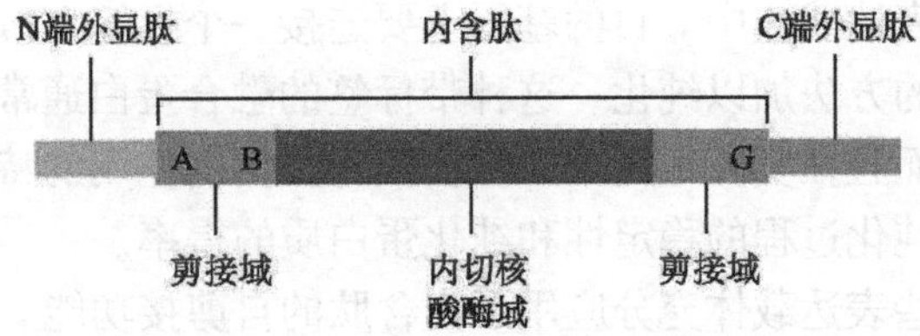

图2-39　内含肽的结构示意图（Petsko and Ringe，2009）（另见彩图）

位点A、B、G是自我剪接重要的保守序列，红色部分是将要被切除的内含肽，蓝色和绿色部分是位于N端和C端的蛋白质外显肽

目前大部分内含肽是通过同源基因序列比较得到的，只有少数的剪接功能被实验证明。内含肽的剪切位点比较保守：其N端通常为半胱氨酸或丝氨酸，C端通常为天冬酰胺，紧靠剪切位点的后面一个外显子序列前通常是半胱氨酸、丝氨酸或苏氨酸残基。内含肽的自剪接是一个自催化反应，不需要任何其他辅助因子、酶的参与和ATP供能，是一个快速、高效的反应过程。

内含肽的剪接过程与内含子的剪切加工相似，两者过程比较如图2-40所示（魏新元，2008）。其区别是两者的发生水平不同：内含子剪接发生在RNA水平，内含肽剪接在蛋白质水平，而且与信号肽的切除和酶原的激活不同，蛋白质内含肽的剪接有新肽键连接和形成。

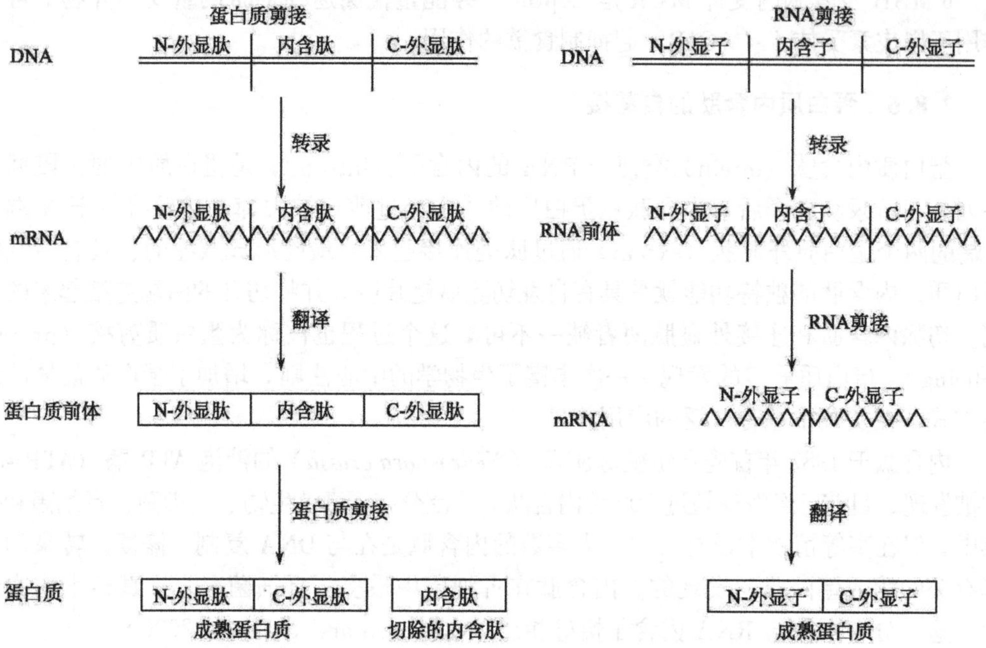

图 2-40　蛋白质剪接和 RNA 剪接的比较（魏新元，2008）

自从发现蛋白质的自剪接现象，内含肽就引起了极大的关注，其生物学应用日益广泛。其中一个重要的领域就是蛋白质的融合表达与纯化。

在普通的蛋白质表达载体中，目的基因上要连接一个标签（tag），形成带标签的融合蛋白并用亲和层析的方法加以纯化。这种带标签的融合蛋白通常需要用特定蛋白酶进行剪切，成本高昂；而且在实际应用中，往往因为蛋白酶作用的特异性不高和反应条件较苛刻，而严重影响纯化过程的稳定性和纯化蛋白质的得率。

近年新开发的一些表达载体充分应用了内含肽的自剪接功能，可以不用加入其他蛋白酶，就能快速实现蛋白质的表达和纯化。

以 New England Biolabs 公司开发的 IMPACT-TWIN 载体（intein mediated purification with an affinity chitin-binding tag-two intein）为例（图 2-41）。该系统将几丁质结合结构域（chitin binding domain，CBD）作为亲和标签，在目的基因两端分别加入两个内含肽：来源于蟾分枝杆菌（*Mycobacterium xenopi*）*gyrA* 基因的 *Mxe* GyrA 内含肽和来源于集胞藻（*Synechocystis* sp.）*dnaB* 基因的 *Ssp* DnaB 内含肽。根据基因表达的需要，采用 C 端融合或 N 端融合的方式去掉其中一个内含肽，形成“CBD-Intein-目的蛋白”或“目的蛋白-Intein-CBD”的三联体融合形式，然后用几丁质珠对融合蛋白进行亲和纯化。利用内含肽的自剪接功能，通过加入硫醇类物质（如二硫苏糖醇 1，4-dithiothreitol，DTT）或通过改变 pH 和温度，就能很容易地去除 CBD 标签，洗脱出不带标签的目的蛋白。这样的内含肽自剪接载体系统操作简便，无需加入额外的蛋白酶，大大降低了蛋白质表达和纯化的成本，因此在基因工程领域得到了日益广泛的应用。

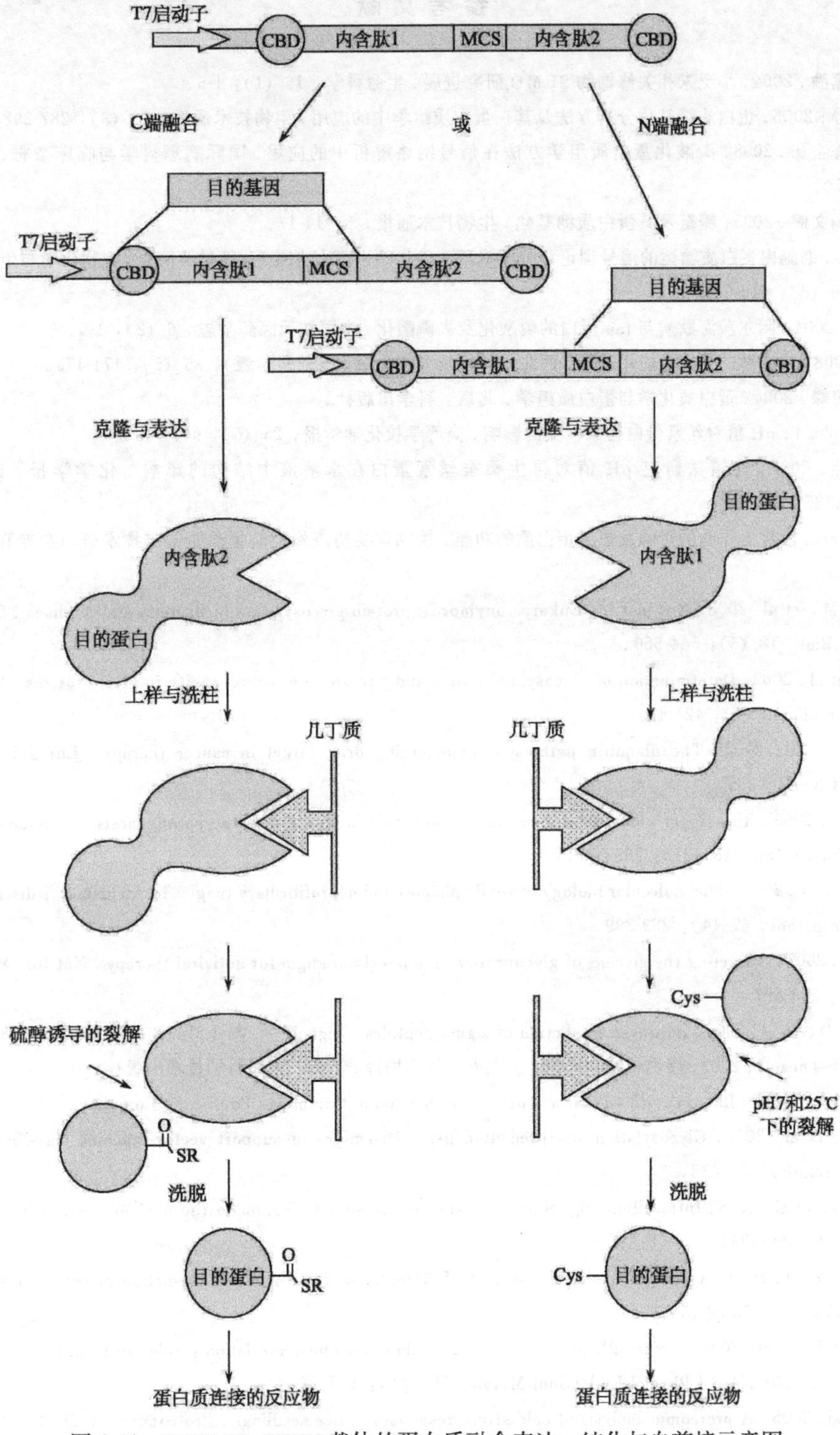

图 2-41　IMPACT-TWIN 载体的蛋白质融合表达、纯化与自剪接示意图
(http://www.neb.com/nebecomm/products/productE6950.asp)

参考文献

陈泉，施蕴渝．2004．小泛素相关修饰物SUMO研究进展．生命科学，16（1）：1-6．

代景泉，等．2005．蛋白质糖基化分析方法及其在蛋白质组学中的应用．生物技术通讯，16（3）：287-292．

段朝军，陈主初．2008．磷酸化蛋白质组学方法在信号网络解析中的应用．国际病理科学与临床杂志，28（6）：465-470．

侯温甫，杨文鸽．2005．糖链及其蛋白质糖基化．生物技术通报，3：14-17．

刘威．1999．细胞内蛋白质输运的信号理论和分子机理——1999年诺贝尔生理/医学奖简介．生物化学与生物物理进展，26（6）：618-620．

魏群，等．2004．阿尔茨海默病与tau蛋白的磷酸化及去磷酸化．中国航天医药杂志，6（2）：1-5．

魏新元．2008．内含肽的研究及应用进展．西北农林科技大学学报（自然科学版），36（5）：171-178．

夏其昌，曾嵘．2004．蛋白质化学与蛋白质组学．北京：科学出版社．

谢枸，等．2004．pH值对丝素蛋白构象转变的影响．高等学校化学学报，25（5）：961-965．

杨宇红，等．2006．光谱法研究pH值对再生桑蚕丝素蛋白在水溶液中结构的影响．化学学报，64（16）：1730-1736．

张碧芳．2004．温度对作物的影响及热激蛋白质的功能．植物重要防疫检疫病害诊断鉴定技术研习会专刊，（三）：119-156．

Abu-Qarn M, et al. 2008. Not just for Eukarya anymore: protein glycosylation in Bacteria and Archaea. Curr Opin Struct Biol, 18 (5): 544-550.

An H J, et al. 2009. Determination of glycosylation sites and site-specific heterogeneity in glycoproteins. Curr Opin Chem Biol, 13 (4): 421-426.

Ande S R, et al. 2009. The ubiquitin pathway: an emerging drug target in cancer therapy. Eur J Pharmacol, 625 (1-3):199-205.

Ardley H C. 2009. Ring finger ubiquitin protein ligases and their implication to the pathogenesis of human diseases. Curr Pharm Des, 15 (31): 3697-3715.

Armstrong R A. 2009. The molecular biology of senile plaques and neurofibrillary tangles in Alzheimer's disease. Folia Neuropathol, 47 (4): 289-299.

Balzarini J. 2007. Targeting the glycans of glycoproteins: a novel paradigm for antiviral therapy. Nat Rev Microbiol, 5 (8): 583-597

Bendtsen J D, et al. 2004. Improved prediction of signal peptides: SignalP 3.0. J Mol Biol, 340 (4): 783-795.

Branden C, Tooze J. 2007. 蛋白质结构导论．王克夷，龚祖埙译．上海：上海科学技术出版社．

Campbell N A. 1996. Biology. 4th ed. New York: The Benjamin/Cummings Publishing Company.

Caragea C, et al. 2007. Glycosylation site prediction using ensembles of support vector machine classifiers. BMC Bioinformatics, 8: 438.

Chapman R, et al. 1998. Intracellular signaling from the endoplasmic reticulum to the nucleus. Annu Rev Cell Dev Biol, 14: 459-485.

Choo K H, et al. 2009. A comprehensive assessment of N-terminal signal peptides prediction methods. BMC Bioinformatics, 10 (Suppl 15): S2.

Copeland R J, et al. 2008. Cross-talk between GlcNAcylation and phosphorylation: roles in insulin resistance and glucose toxicity. Am J Physiol Endocrinol Metab, 295 (1): E17-28.

Cui S, et al. 2005. A proteomic analysis of cold stress responses in rice seedlings. Proteomics, 5 (12): 3162-3172.

Cullis C A. 2006. 植物基因组学与蛋白质组学．冯晓燕译．北京：化学工业出版社．

Davie C A. 2008. A review of Parkinson's disease. Br Med Bull, 86: 109-127.

Dennissen F J A, et al. 2010. Misframed proteins and neurodegeneration: a novel view on Alzheimer's and Parkinson's diseases. Neurodegener Dis, 7 (1-3): 76-79.

Des Marais D L, Juenger T E. 2010. Pleiotropy, plasticity, and the evolution of plant abiotic stress tolerance. Ann. N Y Acad Sci, 1206 (1): 56-79.

Dieker J, Muller S. 2010. Epigenetic histone code and autoimmunity. Clin Rev Allergy Immunol, 39 (1): 78-84.

Dohmen R J. 2004. SUMO protein modification. Biochim Biophys Acta, 1695 (1-3): 113-131.

Finkelstein A V, Ptitsyn O B. 2007. 蛋白质物理学概论. 朱厚础, 聂世芳译. 北京: 化学工业出版社.

Gao F, et al. 2009. Proteomic analysis of cold stress-responsive proteins in Thellungiella rosette leaves. Planta, 230 (5): 1033-1046.

Gogarten J P, Hilario E. 2006. Inteins, introns, and homing endonucleases: recent revelations about the life cycle of parasitic genetic elements. BMC Evol Biol, 6: 94.

Guo D, et al. 2004. A functional variant of SUMO4, a new I kappa B alpha modifier, is associated with type 1 diabetes. Nat Genet, 36 (8): 837-841.

Hake S B, et al. 2004. Linking the epigenetic 'language' of covalent histone modifications to cancer. Br J Cancer, 90 (4): 761-769.

Han F, et al. 2009. A comparative proteomic analysis of rice seedlings under various high-temperature stresses. Biochim Biophys Acta, 1794 (11): 1625-1634.

Hashimoto M, Komatsu S. 2007. Proteomic analysis of rice seedlings during cold stress. Proteomics, 7 (8): 1293-1302.

Hirayama T, Shinozaki K. 2010. Research on plant abiotic stress responses in the post-genome era: past, present and future. Plant J, 61 (6): 1041-1052.

Hitchen P G, Dell A. 2006. Bacterial glycoproteomics. Microbiology, 152 (Pt 6): 1575-1580.

Hu J, Guo Y, Li Y. 2006. Research progress in protein post-translational modification. Chin Sci Bull, 51 (6): 633-645.

Imin N, et al. 2004. Effect of early cold stress on the maturation of rice anthers. Proteomics, 4 (7): 1873-1882.

Imin N, et al. 2006. Low temperature treatment at the young microspore stage induces protein changes in rice anthers. Mol Cell Proteomics, 5 (2): 274-292.

Iqbal K, et al. 2009. Mechanisms of tau-induced neurodegeneration. Acta Neuropathol, 118 (1): 53-69.

Jeram S M, et al. 2010. An improved SUMmOn-based methodology for the identification of ubiquitin and ubiquitin-like protein conjugation sites identifies novel ubiquitin-like protein chain linkages. Proteomics, 10 (2): 254-265.

Johnson S A, Hunter T. 2005. Kinomics: methods for deciphering the kinome. Nat Methods, 2 (1): 17-25.

Khan M, et al. 2005. Comprehensive phosphoproteome analysis in rice and identification of phosphoproteins responsive to different hormones/stresses. J Proteome Res, 4 (5): 1592-1599.

Komatsu S, et al. 2009. Cold stress changes the concanavalin A-positive glycosylation pattern of proteins expressed in the basal parts of rice leaf sheaths. Amino Acids, 36 (1): 115-123.

Lee D G, et al. 2007a. A proteomic approach in analyzing heat-responsive proteins in rice leaves. Proteomics, 7 (18): 3369-3383.

Lee D G, et al. 2007b. An approach to identify cold-induced low-abundant proteins in rice leaf. C R Biol, 330 (3): 215-225.

Lee D G, et al. 2009a. Chilling stress-induced proteomic changes in rice roots. J Plant Physiol, 166 (1): 1-11.

Lee J H, et al. 2009b. Differential SUMOylation of LXRalpha and LXRbeta mediates transrepression of STAT1 inflammatory signaling in IFN-gamma-stimulated brain astrocytes. Mol Cell, 35 (6): 806-817.

Li H L, et al. 2007. Phosphorylation of tau antagonizes apoptosis by stabilizing beta-catenin, a mechanism involved in Alzheimer's neurodegeneration. Proc Natl Acad Sci U S A, 104 (9): 3591-3596.

Li M, et al. 2003a. Mono-versus polyubiquitination: differential control of p53 fate by Mdm2. Science, 302

(5652): 1972-1975.

Li M, et al. 2005. SUMO wrestling with type 1 diabetes. J Mol Med, 83 (7): 504-513.

Li Z, et al. 2003b. Characterization of calreticulin as a phosphoprotein interacting with cold-induced protein kinase in rice. Biol Pharm Bull, 26 (2): 256-261.

Lieu C, Kopetz S. 2010. The SRC family of protein tyrosine kinases: a new and promising target for colorectal cancer therapy. Clin Colorectal Cancer, 9 (2): 89-94.

Lin S K, et al. 2005. Proteomic analysis of the expression of proteins related to rice quality during caryopsis development and the effect of high temperature on expression. Proteomics, 5 (8): 2140-2156.

Luo W, et al. 2008. Global impact of oncogenic Src on a phosphotyrosine proteome. J Proteome Res, 7 (8): 3447-3460.

Macek B, et al. 2009. Global and site-specific quantitative phosphoproteomics: principles and applications. Annu Rev Pharmacol Toxicol, 49: 199-221.

Mann M, et al. 2002. Analysis of protein phosphorylation using mass spectrometry: deciphering the phosphoproteome. Trends Biotechnol, 20 (6): 261-268.

Mann M, Jensen O N. 2003. Proteomic analysis of post-translational modifications. Nat Biotechnol, 21 (3): 255-261.

Mogk A, et al. 2007. The N-end rule pathway for regulated proteolysis: prokaryotic and eukaryotic strategies. Trends Cell Biol, 17 (4): 165-172.

Müller S, et al. 2001. SUMO, ubiquitin's mysterious cousin. Nat Rev Mol Cell Biol, 2 (3): 202-210.

Nandi D, et al. 2006. The ubiquitin-proteasome system. J Biosci, 31 (1): 137-155.

Neilson K A, et al. 2010. Proteomic analysis of temperature stress in plants. Proteomics, 10 (4): 828-845.

North S J, et al. 2009. Mass spectrometry in the analysis of N-linked and O-linked glycans. Curr Opin Struct Biol, 19 (5): 498-506.

Nothaft H, Szymanski C M. 2010. Protein glycosylation in bacteria: sweeter than ever. Nat Rev Microbiol, 8 (11): 765-778.

Ohtsubo K, Marth J D. 2006. Glycosylation in cellular mechanisms of health and disease. Cell, 126 (5): 855-867.

Olsen J V, et al. 2006. Global, in vivo, and site-specific phosphorylation dynamics in signaling networks. Cell, 127 (3): 635-648.

Olzmann J A, Chin L S. 2008. Parkin-mediated K63-linked polyubiquitination: a signal for targeting misfolded proteins to the aggresome-autophagy pathway. Autophagy, 4 (1): 85-87.

Olzmann J A, et al. 2007. Parkin-mediated K63-linked polyubiquitination targets misfolded DJ-1 to aggresomes via binding to HDAC6. J Cell Biol, 178 (6): 1025-1038.

Peng J. 2008. Evaluation of proteomic strategies for analyzing ubiquitinated proteins. BMB Rep, 41 (3): 177-183.

Pennington S R, Dunn M J. 2002. 蛋白质组学：从序列到功能. 钱小红译. 北京：科学出版社.

Petsko G, Ringe D. 2009. 蛋白质结构与功能入门. 葛晓春译. 北京：科学出版社.

Ravid T, Hochstrasser M. 2008. Diversity of degradation signals in the ubiquitin-proteasome system. Nat Rev Mol Cell Biol, 9 (9): 679-689.

Robinson D R, et al. 2000. The protein tyrosine kinase family of the human genome. Oncogene, 19 (49): 5548-5557.

Sarge K D, Park-Sarge O K. 2009. Detection of proteins sumoylated *in vivo* and *in vitro*. Methods Mol Biol, 590: 265-277.

Sethuraman N, Stadheim T A. 2006. Challenges in therapeutic glycoprotein production. Curr Opin Biotechnol, 17 (4): 341-346.

Simpson R J. 2006. 蛋白质与蛋白质组学：实验指南. 何大澄译. 北京：化学工业出版社.

Sims R J, Reinberg D. 2008. Is there a code embedded in proteins that is based on post-translational modifications?

Nat Rev Mol Cell Biol, 9 (10): 815-820.

Sobhian B, et al. 2007. RAP80 targets BRCA1 to specific ubiquitin structures at DNA damage sites. Science, 316 (5828): 1198-1202.

Soung G Y, et al. 2009. Comprehensive analysis of phosphorylated proteins of Escherichia coli ribosomes. J Proteome Res, 8 (7): 3390-3402.

Steinacher R, Schär P. 2005. Functionality of human thymine DNA glycosylase requires SUMO-regulated changes in protein conformation. Curr Biol, 15 (7): 616-623.

Stout T J, et al. 2004. High-throughput structural biology in drug discovery: protein kinases. Curr Pharm Des, 10 (10): 1069-1082.

Strahl B D, Allis C D. 2000. The language of covalent histone modifications. Nature, 403 (6765): 41-45.

Szymanski C M, Wren B W. 2005. Protein glycosylation in bacterial mucosal pathogens. Nat Rev Microbiol, 3 (3): 225-237.

Tatham M H, et al. 2009. Detection of protein SUMOylation in vivo. Nat Protoc, 4 (9): 1363-1371.

Thrower J S, et al. 2000. Recognition of the polyubiquitin proteolytic signal. EMBO J, 19 (1): 94-102.

Twyman R M. 2007. 蛋白质组学原理. 王恒樑，袁静，刘先凯译. 北京：化学工业出版社.

Ulrich H D. 2009. The SUMO system: an overview. Methods Mol Biol, 497: 3-16.

Walley J W, Dehesh K. 2010. Molecular mechanisms regulating rapid stress signaling networks in Arabidopsis. J. Integr. Plant Biol, 52 (4): 354-359.

Walsh G. 2006. 蛋白质生物化学与生物技术. 王恒樑，谭天伟，苏国富译. 北京：化学工业出版社.

Wang X, et al. 2009a. Proteomic analysis of the cold stress response in the moss, Physcomitrella patens. Proteomics, 9 (19): 4529-4538.

Wang Z, et al. 2009b. Site-specific GlcNAcylation of human erythrocyte proteins: potential biomarker (s) for diabetes. Diabetes, 58 (2): 309-317.

Werner R G, et al. 2007. Glycosylation of therapeutic proteins in different production systems. Acta Paediatr. Suppl, 96 (455): 17-22.

Whitford, D. 2008. 蛋白质：结构与功能. 魏群译. 北京：科学出版社.

Xu D, et al. 2009a. Covalent modifications of histones during mitosis and meiosis. Cell Cycle, 8 (22): 3688-3694.

Xu P, et al. 2009b. Quantitative proteomics reveals the function of unconventional ubiquitin chains in proteasomal degradation. Cell, 137 (1): 133-145.

Yan S P, et al. 2006. Comparative proteomic analysis provides new insights into chilling stress responses in rice. Mol. Cell Proteomics, 5 (3): 484-496.

Yang Y, et al. 2004. Optical spectroscopy to investigate the structure of regenerated Bombyx mori silk fibroin in solution. Biomacromolecules, 5 (3): 773-779.

Zhao J. 2007. Sumoylation regulates diverse biological processes. Cell Mol Life Sci, 64 (23): 3017-3033.

Zhao Y, Jensen O N. 2009. Modification-specific proteomics: Strategies for characterization of post-translational modifications using enrichment techniques. Proteomics, 9 (20): 4632-4641.

Zhi L. 2009. Direct observation of the autophosphorylation of insulin receptor kinase by mass spectrometry. Chin Chem Lett, 20 (2): 204-206.

第3章　蛋白质的质量控制

细胞约20%的蛋白质定位于非胞浆区域并与质膜结合，我们称之为膜蛋白；另外，有20%～30%的蛋白质定位于细胞器的内部或膜间腔区隔（compartment）。这些蛋白质往往具备完整的三级结构或四级结构，与此对应的是，其他约50%的胞浆蛋白多数处于未折叠的二级结构状态。膜蛋白和膜间腔蛋白多为细胞内信息传递的承载者、或为分泌于细胞外的功能蛋白。值得注意的是细胞内与蛋白质合成相关的信息传递是一个非线性过程，如哺乳动物细胞内mRNA的丰度与蛋白质的表达水平在多数情况下不相关。这是由于遗传信息流动存在三个层次的调控，即转录水平调控（transcriptional control）、翻译水平调控（translational control）和翻译后水平调控（post-translational control）。这些调控机制对蛋白质的合成和功能化具重要的生物学意义。那么，有调控就意味着有选择，哺乳动物细胞具备清除异常蛋白（aberrant protein）的机制，即正确合成的蛋白质被利用，错误合成的蛋白质被降解，这也被称为蛋白质质量控制（quality control，QC）（Roth et al.，2008）。

目前认为选择性降解异常蛋白的主要场所是内质网（endoplasmic reticulum，ER）和线粒体（mitochondria，Mt）。

内质网的蛋白质合成和质量控制如图3-1所示。蛋白质的编码基因在细胞核内转录产生mRNA，mRNA经加工后转位（translocate）至核糖体完成翻译。新生蛋白质（nascent protein）转位至内质网腔（lumen）形成二硫键、完成折叠，同时，糖蛋白的天冬氨酸（aspartic acid，Asn）位点可结合14个残基寡糖。正确折叠的蛋白质或被转位至胞浆，或被转位至高尔基体，完成蛋白质成熟并进入分泌相关通路。未折叠（unfolding）和错误折叠（misfolding）的蛋白质被识别并带上泛素化（ubiquitination）标记，接着被反向转位（retro-translocate）至胞浆，进而被26S蛋白酶体（proteasome）降解（Taxis et al.，2002）。关于二硫键的形成及内质网相关蛋白质质量控制将分别在3.1和3.2节介绍。

超过98%的线粒体蛋白由核内DNA编码，在胞浆内完成翻译，经跨线粒体外膜和内膜转运后，在线粒体基质内完成折叠。另外，线粒体DNA也编码包括线粒体复合体Ⅰ、复合体Ⅲ、复合体Ⅳ和ATP合成酶等在内的13种蛋白质，它们主要参与呼吸链反应。线粒体编码的蛋白质主要在线粒体的基质和内膜合成。因此，线粒体蛋白的合成和定位途径与其他非线粒体蛋白有所区别，而且具有特殊的蛋白质质量控制途径（图3-1）。其详细机制将在3.5节介绍。

早期的观点认为溶酶体（lysosome）是细胞的“消化系统”，除了多糖、核酸和磷脂等外，它可以降解细胞内错误合成的所有蛋白质，目前我们知道这种观点是不正确的。有关溶酶体识别和降解生物大分子的观点各有不同，一般认为该过程不具选择性，然而，近年来确有报道认为自噬（autophagy）相关途径中存在底物蛋白质识别降解机

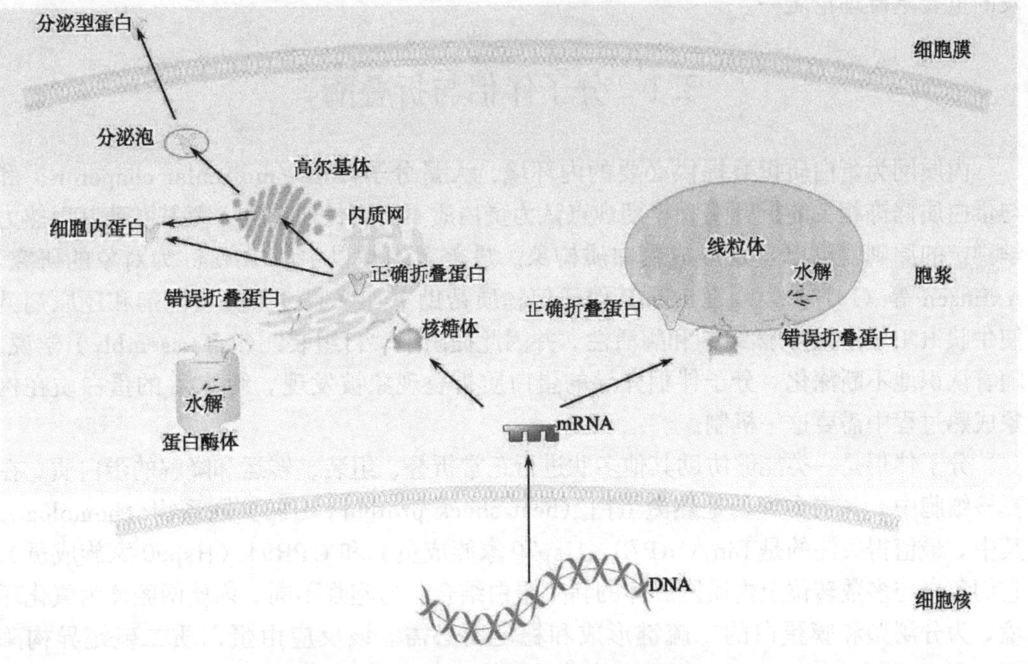

图 3-1　蛋白质质量控制的内质网途径和线粒体途径（另见彩图）
（此图绘自 Ingenuity Pathway Analysis 8.5 软件）

制（Fisher and Williams，2008）。这种降解机制也是一种蛋白质质量控制，本章 3.4 节将会介绍有关进展。

蛋白质质量控制是中心法则在生物物理水平上的进一步深化，它所描述的是细胞对蛋白质折叠的一整套检查系统。这种检查机制也被认为是功能蛋白质研究中最重要的方向之一，因为如果它一旦出错，则会不可避免的产生细胞的表型变化，成为多种疾病的分子病因。这些病因的共性是蛋白质分子的氨基酸序列没有改变，只是其结构或者说构象有所改变而致病，由此而介导的疾病被统称为蛋白质错误折叠疾病（misfolding protein disease）。最新的研究表明，在 HIV 感染和艾滋病的分子病理学中，病毒相关蛋白质质量控制机制与疾病进展密切相关。不仅如此，很多退行性神经病变也被认为是蛋白质错误折叠病，它们包括帕金森病（Parkinson's disease）、阿尔茨海默病（Alzheimer's disease）、疯牛病（bovine spongiform encephalopathy，BSE）、肌萎缩性脊髓侧索硬化症（amyotrophic lateral sclerosis，ALS）及库贾氏症（Creutzfeldt-Jakob disease，CJD）等。也有研究证实，肺癌和黑色素瘤等常见的恶性肿瘤，甚至衰老现象也与蛋白质折叠及蛋白质质量控制有密切关系（Friguet et al.，2008）。关于蛋白质错误折叠病的分子机制将在 3.4 节介绍。

因此，蛋白质质量控制的重要意义主要体现在两个方面：①它是细胞维持自稳状态的一种选择性分解代谢机制；②失效的蛋白质质量控制是很多疾病的分子病因。这个复杂的调控网络中仍存在众多未解决的问题。作为功能蛋白基础研究的焦点之一，蛋白质质量控制的机制也越来越多地被用于解释与多种人类健康相关的问题，从而成为药物开发的重要基础理论之一。

3.1 分子伴侣与折叠酶

内质网为蛋白质折叠提供必要的内环境、大量分子伴侣（molecular chaperon）和与蛋白质修饰相关的折叠酶。早期观点认为蛋白质不需要任何辅助，氨基酸残基以热力学稳定的原则就可以自发形成蛋白质构象。最著名的是以牛胰 RNase 为对象的研究，Anfinsen 等（1973）发现在没有其他任何物质帮助下，仅通过去除变性剂和还原剂就使牛胰 RNase 恢复天然结构和酶活性，并因此提出了“自组装”（self assembly）学说。随着认识地不断深化，分子伴侣介导的蛋白质折叠现象被发现，约 40% 的蛋白质在构象成熟过程中需要这一机制。

分子伴侣是一类能够协助其他多肽进行正常折叠、组装、转运和降解的蛋白质，在真核细胞中，其主要成员是热激蛋白（heat shock protein，Hsp）同系物（homolog）。其中，最值得关注的是 Bip/GRP78（Hsp70 家族成员）和 GPR94（Hsp90 家族成员），它们负责与多数转位至内质网腔体的新生蛋白结合。与胞浆不同，内质网腔体为氧化环境，为分泌型和膜蛋白的二硫键形成和稳定所必需，该反应由蛋白质二硫键异构酶（protein disulfide isomerase，PDI）催化。PDI 也被称为折叠酶。

3.1.1 蛋白质的疏水性域和分子伴侣

蛋白质的二级结构具有一定的规律性和可预测性。例如，α 螺旋的结构中存在亲水性（hydrophilic）核心和疏水性核心。序列上往往呈亲疏水残基相间存在的模式，结构上亲水性氨基酸残基组成亲水一侧螺旋，而疏水性氨基酸残基往往出现在疏水一侧螺旋。非极性疏水性（hydrophobic）氨基酸包括色氨酸（W）、苯丙氨酸（F）、缬氨酸（V）、亮氨酸（L）、异亮氨酸（I）、蛋氨酸（M）、脯氨酸（P）和丙氨酸（A）。新生肽被分配（targeting）到内质网后，具备跨内质网膜进入内质网腔的能力。此时，除了自装配，新生肽可能具有两种命运（图 3-2）。第一种命运，如果没有分子伴侣辅助，疏水性氨基酸可以彼此结合介导蛋白质聚集（aggregation），从而不能形成功能蛋白质，并可能在细胞内形成包裹体。第二种命运，分子伴侣可以瞬时结合疏水性氨基酸，从而阻断蛋白质聚集，在折叠酶催化下，介导蛋白质正确折叠。不仅如此，分子伴侣也通过分子竞争结合作用介导聚集蛋白的解离和进一步正确折叠。

分子伴侣与疏水性氨基酸的结合活性也可用于识别变性和错误折叠蛋白。疏水性氨基酸残基具斥水性分子力，它们通常在蛋白质内部，这就保持了蛋白质的低能级状态，从而在稳定三级结构方面起作用。新生蛋白若错误折叠，或在热激（heat shock）状态下，蛋白质的疏水性氨基酸可被暴露。这时，分子伴侣可与之结合并达到识别未折叠蛋白的目的，这也是一种应对应激和蛋白质质量控制的重要机制。

3.1.2 分子伴侣家族

Tissieres 等（1974）首次在热应激状态下在果蝇幼虫的唾液中发现了 6 种新蛋白

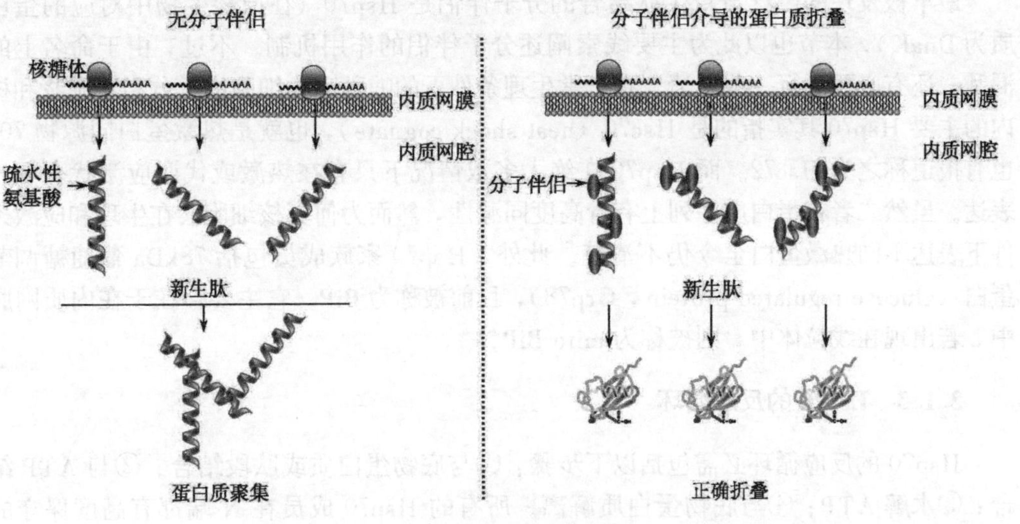

图 3-2　分子伴侣在蛋白质折叠中的作用

(修改自 Williams et al，University of Toronto，http://biochemistry.utoronto.ca/williams/bch.html)

质，并命名为 Hsp。这些 Hsp 随后也在人类细胞中被发现，显示了其与果蝇 Hsp 高度的同源性，而且其被证实有多种生物学功能，包括辅助蛋白质折叠、参与炎症反应，以及保护或参与细胞凋亡等。按照分子质量大小，分子伴侣家族蛋白可分为 8 个家族（表 3-1），即①Hsp10 家族：主要参与 Hsp10/Hsp60 介导的蛋白质折叠，起辅助分子伴侣作用（co-chaperone）。②小分子质量 Hsp 家族。③Hsp40 家族：多数成员是辅助伴侣素，参与 Hsp70 介导的蛋白质折叠。④Hsp60 家族。⑤Hsp70 家族。⑥Hsp90 家族。⑦Hsp100 家族。⑧Hsp110 家族。

表 3-1　分子伴侣家族蛋白及其功能

分子伴侣家族	功能
Hsp10	Hsp10/Hsp60 伴侣素一起存在于线粒体中促进新合成蛋白质的折叠并可能参与受应激损伤的蛋白质的重新折叠
小分子质量 Hsp	包括多种蛋白质，依靠 ATP 发挥其功能，与非自然态蛋白质结合
Hsp40	辅助伴侣素，介导 ATP 至 ADP 反应，促进 Hsp70 的结合活性。其中一些成员具伴侣活性，能与非自然态蛋白质结合
Hsp60	主要存在于线粒体中，通过 ATP 帮助 15%～30% 的细胞蛋白质进行折叠
Hsp70	防止未折叠的多肽链黏连聚集，解聚多叠体蛋白质，参与蛋白质运输，调节热激应答
Hsp90	与一些激酶和类固醇受体一同作用于信号转导通路，也可能会发挥一些“典型”分子伴侣的作用
Hsp100	解聚蛋白质多叠体和聚集体
Hsp110	与 Hsp70 高度同源，功能未知

注：本表修改自 Wiki Encyclopedia 和 Robert，2003。

最早被发现的广泛与新生肽结合的分子伴侣是 Hsp70（在原核生物中对应的蛋白质为 DnaK），本节也以此为主要线索阐述分子伴侣的作用机制。不过，由于命名上的混乱，还有必要进行一些澄清。在正常生理条件下的哺乳动物细胞中，分布于胞浆和核内的主要 Hsp70 其实指的是 Hsc70（heat shock cognate），也就是热激蛋白同源物 70，也有报道称之为 Hsc72。而 Hsp70 在绝大多数情况下只有在热激或代谢应激状态下才表达。虽然二者在蛋白质序列上有着高度同源性，然而为何真核细胞会在生理和应激条件下表达不同热激蛋白至今仍不清楚。此外，Hsp70 家族成员包括 78kDa 葡萄糖调节蛋白（glucose regulated protein，Grp78），目前被称为 BiP。它主要存在于在内质网腔中，若出现在线粒体中，则被称为 mito-BiP。

3.1.3　Hsp70 的反应循环

Hsp70 的反应循环必需包括以下步骤：①与底物蛋白质或肽段结合；②与 ATP 结合；③水解 ATP；④与底物蛋白质解离。所有的 Hsp70 成员在 N 端都有高度保守的 ATP 结合域，从而具有 ATPase 活性；它们在羧基末端多为氨基酸序列可变区，用于结合未折叠蛋白质底物（图 3-3）。Hsp70 反应循环涉及几个重要的科学问题。首先，就该反应循环步骤的先后顺序来讲，曾经是一个科学难题，因为 Hsp70 这两个结合域之间可能存在相互作用（crosstalk）。其次，Hsp70 与各自底物结合后，该两个结合域的构象变化与功能之间的联系目前也不清楚。最后，Hsp70 与其他辅助因子（如 Hsp40）结合后的相互作用和调节在这个反应循环中的作用也必须被阐明。

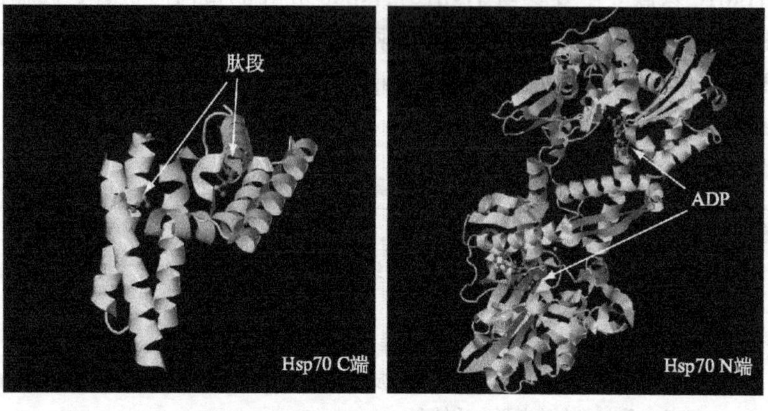

图 3-3　Hsp70 的结合域（另见彩图）

蛋白质结构下载至 Protein Database（http://www.pdb.org/）。N 端 X 射线结构来自（Wisniewska et al.，2010）；C 端 X 射线结构来自（Osipiuk et al，PDB released online，2010，reference ＃3LOF）

3.1.3.1　结合底物蛋白质

Hsp70 利用 C 端的 18kDa 区域与未折叠或变性的底物蛋白质结合，该过程的核心问题是结合特异性。通过 DnaK 的体外折叠研究发现，该结合需要的不仅仅是疏水性氨基酸暴露，而且具构象依赖性。Hsp70 与底物结合亲和力最大的区域或位点是在以亮氨酸为中心的 5～7 个氨基酸残基，其次是在与该区域相邻的其他非极性残基（Zhu et al.，1996）。因此，Hsp70 与底物结合利用的也是疏水性区域介导的蛋白质聚集机制（图 3-2），因而从源头上阻断了蛋白质聚集的物质基础。从结构上看，Hsp70 的 C 端底物结合域包含一个 β 夹心亚结构域和一个 α 亚结构域（图 3-3）。上述提到的肽亲和力最大的区域位于 β 夹心亚结构域，而这个 α 螺旋更像是一个盖子以固定并防止肽逃逸（Zhu et al.，1996）。可以推论，这种构象组成特点可能在肽结合与解离中具有生物学意义。

正常生理状态下，细胞内 ATP 的浓度通常是 ADP 浓度的几倍。这是因为，细胞内游离 Hsp70 的量非常有限，它们多数与这两种核苷酸呈结合状态，形成 Hsp-ATP 复合体和 Hsp-ADP 复合体（图 3-3）。但是，Hsp-ATP 复合体的解离速率显著高于 Hsp-ADP 复合体。利用分子排阻的高效液相色谱（size-exclusion high performance liquid chromatography，SEC-HPLC）研究发现，Hsp70-ADP 复合体是与底物蛋白质稳定结合的唯一形式，而 Hsp70-ATP-肽复合体的解离率显著快于 Hsp70-ADP-肽复合体（Palleros et al.，1993）。

3.1.3.2 水解 ATP 和 Hsp70 构象变化

Hsp70 的 ATP 酶活性是 Hsp70 家族蛋白的内在特性之一，有研究发现 Hsp70 在结合底物肽后，Hsp70 的 ATPase 活性可以提高几倍（Ha and McKay，1994）。这种反馈抑制调节的机制目前仍不清楚，但可能与 Hsp70 结合底物后的构象变化相关。在没有结合底物的情况下，Hsp70 在结合 ATP 后至少发生 4 次构象改变（图 3-4）：①在 Hsp70-ATP 复合体形成后；②在水解 ATP 生成 ADP 和 γ-磷酸（γ-phosphate，γ-P_i）后；③Hsp70-ADP 复合体形成时；④在 Hsp70-ADP 复合体释放 ADP 前（Theyssen et al.，1996）。

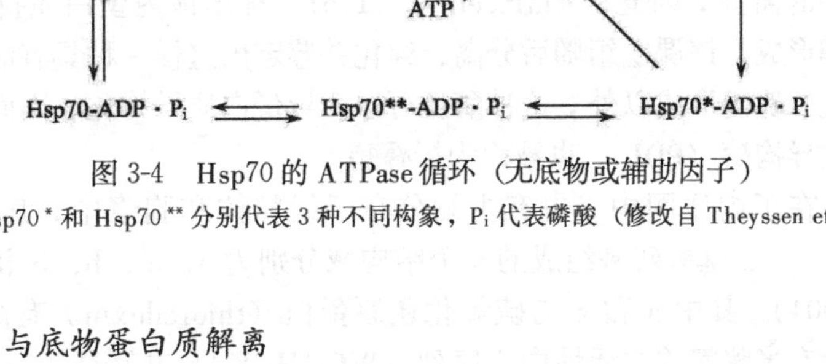

图 3-4 Hsp70 的 ATPase 循环（无底物或辅助因子）

Hsp70、Hsp70* 和 Hsp70** 分别代表 3 种不同构象，P_i 代表磷酸（修改自 Theyssen et al.，1996）

3.1.3.3 与底物蛋白质解离

与底物蛋白质的正确解离是多数分子伴侣发挥辅助折叠功能后的必要步骤。这种解离作用的意义就像我们用一根线绳打个蝴蝶结，而我们的手指起到的作用类似于分子伴侣，在帮助绳子成为蝴蝶结后应将手指拿开。研究表明，ATP 与 DnaK（大肠杆菌中的分子伴侣）的 N 端结合所介导的构象变化可显著降低 DnaK 的 C 端与底物蛋白质的亲和力，从而诱导底物蛋白质的解离作用（Buchberger et al.，1996）。在这之后的研究发现，Hsp70 与底物蛋白质的解离速率远远高于 ATP 的水解速率，而且，若 ATPase 活性位点突变后底物蛋白质的解离速率显著降低。这表明，分子伴侣结合 ATP 后，一方面发挥 ATPase 活性，生成 ADP；另一方面可介导羧基末端底物蛋白质的解离。

3.1.3.4 辅助分子伴侣与 Hsp

作为原核生物 Hsp60 家族成员，GroEL 可能是被研究得最为充分的分子伴侣之一，它与另一个小分子蛋白质 GroES 结合被发现可显著促进蛋白质折叠并减少蛋白质聚集。因此，这类可结合并调节其他分子伴侣的蛋白质被称为辅助分子伴侣。它们也可能具有分子伴侣活性，从而可能同时结合底物蛋白质和 Hsp。哺乳动物中目前已知的辅助分子伴侣约有 100 种，根据其域型，分子伴侣主要可分为两类：①“J”结构域辅助分子伴侣，如 Hsp40；②三十四肽重复基序（tetratricopeptide repeat，TPR）辅助分子伴侣，如 FKBP52。

辅助分子伴侣的核心功能被认为是增加 Hsp-ATP 复合体的稳定性，并提高 ATP 的水解速率，这样就可以保证在底物蛋白质解离之前将 ATP 转成 ADP。胶囊化模型（encapsulation model）可以部分解释该过程的机制（Wang et al.，1998）。以原核生物为例，GroEL-GroES 首先以 GroEL 为中心反式结合底物肽；该复合体结合并水解 ATP，介导 GroES 以 GroEL 为中心顺反式异化，复合体空间结构变化为顺式环，形成包裹底物肽的胶囊状结构三元复合体；之后，在折叠酶的催化作用下，多肽完全折叠，并与 GroEL-GroES 复合体解离。

3.1.4 蛋白质二硫键异构酶

大多数真核细胞的分泌型蛋白质都具有二硫键，也就是由两个半胱氨酸（S）的巯基基团氧化脱氢后形成 SS 结构分子键，它是蛋白质正确折叠和实现生物学功能的必要条件之一。如 3.1.1 所述，在分子伴侣的协助下，新生肽可以免于聚集，在此基础上新生肽可以非常缓慢的自发氧化形成二硫键。显然，这种速率在应激状态下可能无法满足大量蛋白质折叠的需要，因此，Anfinsen 等（1961）提出体内蛋白质折叠需要特异性的酶催化二硫键形成。该课题组随后分离、纯化并鉴定出这样一种具有活性的酶，而且发现其除了催化二硫键形成以外，这种酶还可以介导蛋白质异构化，因而将这种酶命名为蛋白质二硫键异构酶（PDI），也被称为折叠酶。

PDI 主要存在于内质网中，也有少量分布于线粒体和胞浆中，其分子质量约为 55kDa，由约 500 个氨基酸残基组成的 5 个结构域分别为 a、a′、b、b′和 c（Wilkinson and Gilbert，2004）。其中 a 和 a′与硫氧化还原蛋白（thioredoxin）有高度的同源性，各自具有一个含有半胱氨酸的活性中心序列（WCGHCK），也就是 a、a′区域的 CXXC 基序。b 和 b′彼此间序列具相似性，与硫氧化还原蛋白结构相似，它们没有 CXXC 基序从而不具氧化活性，但它们是PDI的活性中心。也有观点认为b′、a′、c均具异构酶活性，但a结构域基本不参与蛋白质异构化（活性<5%）。到目前为止，共有19种PDI被发现，它们被称为PDI家族。王志强等（2009）对该家族成员的特性进行了详细的描述，见表3-2。

表3-2　哺乳动物PDI家族成员*（王志强等，2009）

名称	代码	域组成	活性位点序列	活性	底物	是否应激诱导
Hag 3	Q8TD06	a	CQYS	—	未知	未知
ERp18	O95881	a	CGHC	O	未知	未知
Hag 2	O95994	a	CPHS	—	未知	未知
ERp29	P30040	b-D	n. a.	分泌	内膜蛋白、Tg、Py	是，但是很弱
ERp27	Q96DN0	b-b′	n. a.	未知	未知	未知
ERp44	Q9BS26	a-b-b′	CRFS	—	抑制 IP_3，保持蛋白质中半胱氨酸的非配对状态	是
ERp46	Q8NBS9	a^0-a-a′	CGHC、CGHC、CGHC	未知	未知	是
P5	Q15084	a^0-a-b	CGHC、CGHC	O、I、C	未知	XBP-1 dep
ERp57	P30101	a-b-b′-a′	CGHC、CGHC	O、R、I	*N*-糖蛋白	是
PDI	P07237	a-b-b′-a′	CGHC、CGHC	O、R、I、C	非特异	是，但是很弱
PDIr	Q14554	b-a^0-a-a′	CSMC、CGHC、CPHC	R、I、C	结合和诱导α1-抗胰蛋白酶折叠，其速度比PDI或P5快	是
PDIp	Q13087	a-b-b′-a′	CGHC、CTHC	O、R、C	未知	未知
PDILT	Q8N807	a-b-b′-a′	SKQS、SKKC	—	未知	No
ERp72	P13677	a^0-a-b-b′-a′	CGHC、CGHC、CGHC	O、R、I、C	腹泻毒素、软骨基质蛋白-3、突变LDL受体	是
ERdj5	Q8IXB1	J-a″-b-a^0-a-a′	CSHC、CPPC、CHPC、CGPC	—	未知	是
TMX	Q9H3N1	a	CPAC	R	未知	过表达可保护BrefA介导的凋亡
TMX2	Q9Y320	a	SNDC	未知	未知	未知
TMX4	Q9H1E5	a	CPSC	未知	未知	未知
TMX3	FLJ20793	a-b-b′	CGHC	O	未知	

注：a、a′、a″、a^0. 具有催化中心的a型结构域；b、b′. 不含催化中心的b型结构域；J. J型结构域；D. D型结构域；O. 氧化酶；I. 异构酶；R. 还原酶；C. 分子伴侣。

*该表得到复旦大学郭占云教授同意使用。

因此，PDI的活性可归纳为两个方面：①催化两个半胱氨酸残基的巯基基团的氧化反应，从而形成二硫键；②催化错误折叠的蛋白质异构化以形成正确折叠。

二硫键形成的过程与电子传递过程密切相关。PDI是一种氧化态蛋白，它催化二硫键形成的过程是一种摄取电子的还原反应过程。这些电子可来自同一催化反应，即当还原态的蛋白质CXXC基序的巯基基团被氧化时，可提供电子。之后，还原态的PDI会被再氧化（reoxidize）而形成新的氧化态活性PDI。这种蛋白质之间的交互作用可保证持续提供氧化态PDI，否则，每形成几个二硫键细胞就要再生产新的PDI，这显然不是最佳策略。那么是什么在催化 PDI 的再氧化呢？在哺乳动物细胞中，这一过程与定位于内质网的膜蛋白 Ero1 有关。目前认为，Ero1 可与其辅因子（cofactor）核黄素腺嘌呤核苷酸（flavine adenosine dinucleotide，FAD）形成具 CXXC 基序的氧化态复合体，从而催化 PDI 再氧化反应。

PDI 识别错误折叠蛋白的机制与 PDI 的分子伴侣活性相关。PDI 可识别错误折叠蛋白的暴露的疏水性氨基酸残基，并利用 b′结构域与底物蛋白质结合。PDI-蛋白复合体形成后将发生复杂构象变化，并由 a 和 a′结构域诱导新二硫键形成，从而介导蛋白质异构化。

PDI 家族成员同时具有其他活性。例如，在胶质细胞的缺氧应激研究中发现，细胞浆中存在的 PDI 及其同系物 ERp57 和 ERp72 可参与泛素化蛋白酶体途径，从而抵抗缺氧介导的细胞凋亡。另有报道指出，PDI 可能具抗分子伴侣（anti-chaperone）活性，也就是在过量表达的条件下，PDI 可能广泛催化二硫键形成从而介导蛋白质聚集作用（Sideraki and Gilbert，2000）。

3.2 蛋白质质量控制——内质网

3.2.1 真核细胞的未折叠蛋白应答

细胞在包括热、渗透压和细胞外物质等刺激下往往面临细胞内酶活性、离子浓度和信号转导通路等内环境的变化。这种应激状态的直接结果之一就是细胞内蛋白质合成后修饰的异常，从而可能导致未折叠蛋白的增加。若分泌型蛋白和膜蛋白没能在内质网腔体内正确折叠，且呈积累效应，则会引发内质网应激（endoplasmic reticulum stress，ERS）。内质网会出现一系列保护性反应以应对 ERS，这被称为未折叠蛋白应答（unfolded protein response，UPR）。UPR 启动的首要目的是保护细胞自身，即上调细胞存活基因（survival gene）的表达、减少新生肽的合成，以及增加分子伴侣和折叠酶的产量以促进蛋白质正确折叠，这与肌醇酶-1（inositol-requiring enzyme-1，Ire1）、激活转录因子-6（activating transcription factor-6，ATF6）和蛋白激酶 RNA 样内质网激酶（protein kinase RNA-like endoplasmic reticulum kinase，PERK）3 种关键的内质网跨膜蛋白密切相关。此外，UPR 将持续激活包括线粒体依赖（mitochondria-dependent）和非依赖（mitochondria-independent）细胞凋亡途径。与此同时，UPR 将通过泛素化蛋白酶体途径介导内质网相关蛋白质降解（ER-associated degradation，ERAD），以尽量清除未折叠蛋白（Kruse et al.，2006）。关于 UPR 的启动、信号转导和细胞凋亡通路的联系见图 3-5。

3.2.1.1 未折叠蛋白的感受器 Ire1

从结构上看，Ire1 是一个复杂却非常合适的内质网跨膜感受器和信号转导的传递者（Calfon et al.，2002）。Ire1 是一种激酶，全长 966 个氨基酸残基，哺乳动物细胞中主要有两种异构体形式存在，分别为 Ire1α 和 Ire1β。Ire1 的 N 端在内质网腔内，主要用于识别未折叠蛋白；其 C 端在内质网膜胞浆侧，具激酶和内切核酸酶活性。Ire1 的 N

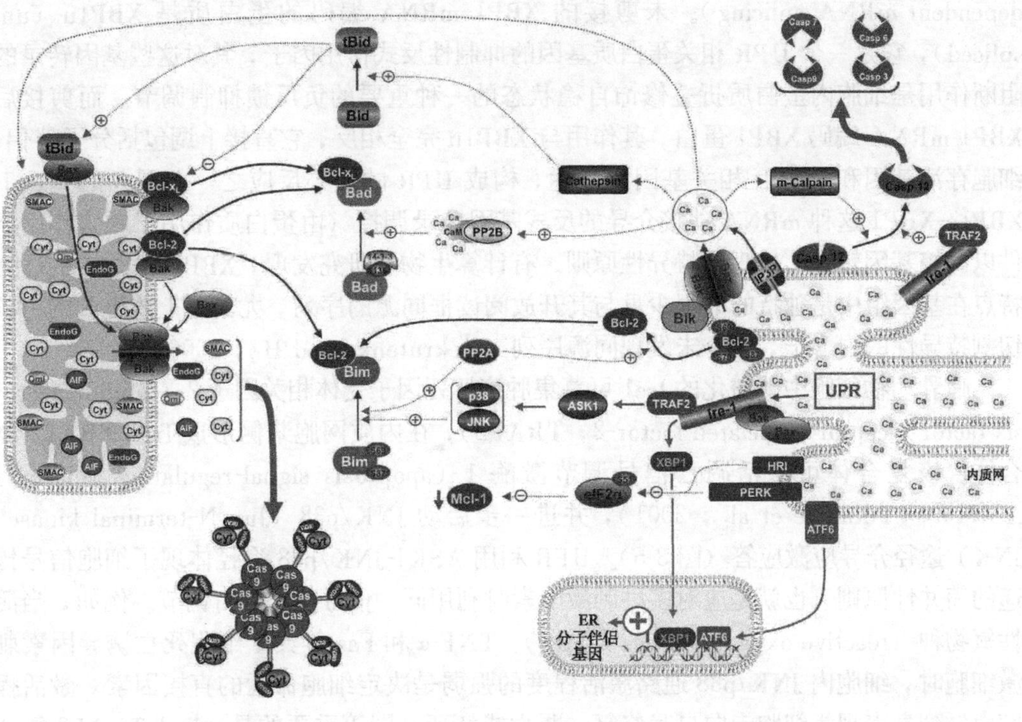

图 3-5　未折叠蛋白应答和细胞凋亡（修改自 ScienceSlides 2009，VisiScience）（另见彩图）

端序列非常独特，几乎与任何已知蛋白质家族都不具同源性，这提示，Ire1 识别未折叠蛋白的机制显然不是配体—受体途径。而其 C 端主要有两个结构域，远 C 端的结构域与丝氨酸/苏氨酸蛋白激酶有较高的序列相似性，近羧基末端的结构域与 RNase L 有较高的同源性。

未活化的 Ire1 主要以单体形式存在，而且，其内质网腔内疏水性活性区域被分子伴侣（如 Bip、Hsc70 和 calnexin 等）结合，从而阻断了其二聚化。当内质网腔内未折叠蛋白浓度增加时，Bip 的腔内浓度会被稀释，与此同时，Ire1-Bip 复合体也将解离以补偿内质网腔内对分子伴侣的需求（Liu et al.，2002）。因此，失去 Bip 的 Ire1 将依靠 N 端疏水性氨基酸的相互结合介导形成二聚体，这时两个单体 C 端的激酶活性域可以在空间上靠近并在异位结合位点（allosteric binding cite）发生反式自磷酸化反应（*trans*-autophosphorylation，由二聚体内的单体相互磷酸化的过程），从而完成 Ire1 的活化。至此，我们知道 Ire1 是通过监测内质网腔内的 Bip 浓度变化来判断是否启动 UPR 的。Ire1 活化后随即启动复杂的 UPR 相关信号转导通路以应对未折叠蛋白的内质网累积。

Ire1 介导细胞生存基因和分子伴侣转录水平上调（Ron and Walter，2007）。活化的 Ire1 的胞浆区结构域具典型的 RNA 内切酶活性，它可特异性切割 XBP1（X-box binding protein-1）mRNA 两次，移除一个短序列的内含子，之后又将 5′mRNA 和 3′mRNA 片段连接成新的 mRNA，这一过程被称为 Ire1 依赖性的 mRNA 剪接（Ire1-

dependent mRNA splicing）。未剪接的 XBP1 mRNA 编码的蛋白质是 XBP1u（unspliced），它是一个 UPR 相关蛋白质基因的抑制性反式作用因子，其对这些基因转录的阻断作用是细胞内蛋白质折叠修饰自稳状态的一种重要的负反馈抑制调节。而剪接后 XBP1 mRNA 编码 XBP1 蛋白，其作用与 XBP1u 完全相反，它直接上调包括分子伴侣、细胞存活基因和 ERAD 相关基因的表达，构成 UPR 的核心反应之一（图 3-5）。Ire1-XBP1u-XBP1 这种 mRNA 剪接介导的反式基因转录调控（由蛋白质作用于顺式作用原件以调控基因转录）体现了特异性原则。有计算生物学研究发现，XBP1 mRNA 的序列特点在基因组中是独特的，很少见与其开放阅读框同源的序列，尤其是上述提到的 Ire1 切割特异性的内含子，至今未发现同源序列（Nekrutenko and He，2006）。

哺乳动物细胞中磷酸化的 Ire1 可募集肿瘤坏死因子受体相关因子 2（tumour necrosis factor receptor-associated factor-2，TRAF2），在内质网胞浆侧形成 Ire1-TRAF2 复合体。该复合体可激活凋亡信号调节激酶 1（apoptosis signal-regulating kinase-1，ASK1）（Tobiume et al.，2001），并进一步启动 JNK/p38（Jun N-terminal kinase，JNK）途径介导应激应答（图 3-5）。UPR 利用 ASK1-JNK/p38 途径体现了细胞信号传递的简并性原则，也就是应对多种刺激因素时利用同一信号通路进行调节。例如，当活性氧物种（reactive oxygen species，ROS）、TNF-α 和 Fas 等典型细胞死亡诱导因素刺激细胞时，细胞内 JNK/p38 通路激活程度的强弱是决定细胞命运的直接因素，激活程度由低到高表现为细胞走向自我修复、凋亡或坏死。同等重要的是，Ire1-TRAF2 复合体也可以直接激活 caspase-12（Yoneda et al.，2001），并诱导细胞死亡（图 3-5），具体情况将在 3.2.1.4 节中介绍。

3.2.1.2　ATF6 的水解与转录调控

前文介绍的 Ire1 剪接 XBP1 的过程在一定程度上体现了 UPR 的保守性。Haze 等（1999）对 UPR 进行了更加系统的表达谱排查，发现内质网膜上存在一类新的反式调控因子，即 ATF6。在此基础上，Yoshida 等（2001）发现 ATF6 参与一个同样保守的转录调节途径，即活化的 ATF6 可调控 XBP1 mRNA，这明确了 ATF6 与 UPR 的直接关系。

其实，Haze 等发现的 ATF6 只是一个非活化状态的前体蛋白，其活化的机制与未折叠蛋白信号识别、蛋白质分配（targeting）和蛋白质水解机制相关。在正常条件下，多数 ATF6 的疏水性活性中心被 Bip 等分子伴侣结合，从而呈不具活性的寡聚状态，这种性质与 Ire1 非常相像。然而，与 Ire1 识别未折叠蛋白信号的机制非常相近，当内质网内 Bip 浓度下降时，ATF6-Bip 复合体解离速率（off-set rate）提高，致使 ATF6 的疏水性活性中心暴露。这时，ATF6 前体蛋白被分配到顺式高尔基复合体网络（*cis*-Golgi apparatus），之后进入高尔基体腔。具体的分配机制尚不清楚，有观点认为可能与 ATF6-Bip 解离诱导的 ATF6 的构象和极性变化相关。

高尔基体转位的 ATF6 前体可先后被位点 1 蛋白酶（site 1 protease，S1P）和位点 2 蛋白酶（site 2 protease，S2P）水解形成活化状态的 ATF6 片段（ATF6 fragment，ATF6f）。有研究发现，S1P 和 S2P 可同时切割与 ATF6 同时从内质网分配至高尔基体的蛋白质，即固醇调节元件结合蛋白（sterol response element binding protein，

SREBP)。ATF6 和 SREBP 水解作用存在共进化特点，同属 UPR 中的应激反应。ATF6f 随后被转位至细胞核，并结合内质网应激作用原件（ER stress element，ERSE）的 CCACG 序列，因而上调 *Bip*、*CHOP1* 和 *XBP1* 的基因转录（Li et al.，2000）。ERSE 的序列特征为 | CCAAT-N_9-CCACG |，研究表明，CCAAT 端与核因子-Y（nuclear factor-Y，NF-Y）复合体（一种转录因子）结合是 ATF6f 介导的这种反式基因调控的必要条件。

可见，ATF6 上调 UPR 相关基因的过程在一定程度上决定了其信号转导通路的保守性。这是因为其信号转导的每个节点都有保守性机制存在。例如，ATF6 高尔基体的分配依赖于 Bip 等分子伴侣的解离，其水解依赖于区隔化（compartmentalized）分布的酶（仅存于高尔基体），就算结合了特定的顺式调控原件，它的反式转录调控活性还是要依赖另一个转录因子的激活。这种保守性对维持细胞的自稳状态（homeostasis）有非常重要的意义，因为一旦细胞错误或随机启动 UPR，就会引导细胞走向一种“战时状态”，包括下面要介绍的停止生产（下调转录）和做好死亡的准备（细胞凋亡）(图 3-5)。

3.2.1.3　PERK 的翻译阻断作用

Ire1 和 ATF6 通路阐明的是 UPR 中的正反馈抑制调节方式，它们的目的是增强抗 UPR 基因的表达，从而补偿未折叠蛋白消耗的分子伴侣。与此对照，作为另外一种 UPR 相关激酶，PERK 则可介导下调基因转录的负反馈调节，虽然路线不同，但是其目的还是降低细胞由于未折叠蛋白增加伴随而来的对分子伴侣的需求增长。

表面看来 PERK 与 Ire1 在蛋白质结构上较为相似，二者都是内质网跨膜蛋白，内质网腔侧结合分子伴侣，而内质网胞浆侧都有激酶活性域。与分子伴侣解离后，PERK 也可激活反式自磷酸化。上文提到 Ire1 是自身的底物，不同的是，完成自磷酸化的 PERK 的信号转导是通过磷酸化另外一种反式调控因子实现的，也就是 PERK 介导的真核细胞翻译起始因子-2（eukaryotic translation initiation factor-2，eIF2）的 α 亚基（eIF2α）磷酸化（图 3-5）。eIF2 的活性直接决定细胞内总蛋白（global protein）的翻译量。这是因为 eIF2 是蛋白质合成的重要初始化因子，它可与 GTP 和起始 tRNA（initiator tRNA）形成一个三元复合体。该复合体与 40S 核糖体亚基结合后可诱导募集 mRNA，从而形成 43S 翻译预起始复合体（translation preinitiation complex）。此时，eIF2-GTP 可利用 eIF2 自有的 GTPase 活性水解 GTP，形成 eIF2-GDP-43S 复合体并与 60S 核糖体亚基最终生成 80S 翻译起始复合体。此时，eIF2-GDP 可与 40S 核糖体亚基解离，并在鸟苷酸交换因子（eIF2B）的作用下，被重新转换为 eIF2-GTP 参与下一轮翻译起始。因此，eIF2B 的生物学作用是保证足量的 eIF2-GTP 存在以参与起始过程。同时，这也正是 PERK 通路的调控节点，因为 PERK 介导 Ser51 磷酸化后，eIF2p 可阻断 eIF2B 的活性，从而抑制 eIF2-GDP 与 eIF2B 交换磷酸根的反应，这将导致 eIF2 循环利用并失去起始翻译的活性。

PERK-eIF2p 介导的下调蛋白质翻译功能并非 UPR 特有，它同样是简并了的应答通路。这是因为，其他与 UPR 无关的激酶同样可以介导 eIF2 的磷酸化，如血红素调节的抑制剂激酶（haem-regulated inhibitor kinase，HRI），这种现象也被称为整合的应激应答（integrated stress response，ISR）（图 3-5）（Harding et al.，2000）。

除下调蛋白质翻译活性外，PERK 也参与调控基因转录。有研究表明磷酸化的 eIF2 可降低胞内 NF-κB 的抑制作用，导致激活 NF-κB 的作用，而 NF-κB 可以反过来促进 eIF2α 的磷酸化，进而放大 PERK 介导的总蛋白翻译抑制（Deng et al.，2004）。此外，磷酸化的 eIF2 还与细胞周期阻滞相关，它可活化转录因子-4（activating transcription factor-4，ATF4）。ATF4 是另外一种转录因子 C/EBP 同源性蛋白（C/EBP-homologous protein，CHOP）的激动调控蛋白，而 CHOP 的激活将上调其目标基因——生长抑制 DNA 损伤基因-34（growth arrest and DNA damage-inducible protein-34，*GADD34*）的表达，该基因编码的 GADD34 蛋白可介导细胞周期停滞。细胞分裂需要动员几乎所有细胞代谢通路的行为，需要大量新生蛋白、核酸和脂类，不难看出，这种 PERK 介导的细胞周期停滞显然可以降低细胞代谢速率，当然也减弱了对细胞内总蛋白地需求，也是一种 UPR。

3.2.1.4 UPR 与细胞凋亡

1）“正确”的死亡

目前已知 UPR 与细胞凋亡信号转导通路的激活有密切关系（图 3-5）。可是，站在细胞的角度，为什么一方面动用了多种手段保护细胞以达到生存目的，而另一方面却几乎同时启动了细胞凋亡的程序？

回答这个问题要首先明确细胞死亡（cell death）的概念。细胞死亡主要有两种形式，细胞坏死（necrosis）和细胞凋亡（apoptosis），其中，细胞坏死是应该尽量避免的“错误”的细胞死亡。物理因素（如高温和渗透压改变）、化学因素（重金属等）和强生物化学诱导剂等微环境因素可直接破坏细胞膜，从而形成细胞坏死。细胞坏死的直接结果是胞质溶胶内的炎症介质（包括组织蛋白酶、干扰素和白介素等）将被直接释放到组织中，并介导各种免疫细胞的活化和前炎性应答，从而增强局部甚至系统炎症反应。这种增强的炎症反应可能诱导更多的细胞坏死和继发炎症反应，这种级联放大的程度直接与多种疾病（如溃疡）的临床进展相关。正是因为如此，多种具细胞毒性药理作用的药物的副作用直接与细胞坏死相关。例如，抗肿瘤药物环磷酰胺虽然可以有效杀伤多种肿瘤细胞，但是其杀伤机制不但包括细胞凋亡，还包括介导细胞坏死，甚至有报道认为它可介导正常肝细胞坏死。类似这样的炎症反应是临床用药必须考虑的不良反应因素。

如果细胞必须选择死亡，那么细胞凋亡就是“正确”的细胞死亡。细胞凋亡也被称为程序性细胞死亡（programmed cell death，PCD），它与细胞坏死的本质区别是在细胞凋亡的整个过程中细胞的内容物始终被膜系统包裹，从而最大程度地减少了炎症介质的释放。凋亡细胞的核心生物学特征是凋亡小体（apoptotic body），这些凋亡小体是由细胞膜包被的细胞器和胞浆组成的，它们最终被巨噬细胞等细胞吞噬并降解。可见，细胞凋亡的反应是一个非炎症反应，是一种和平解决问题的方式。

因此，我们称细胞凋亡是失败的 UPR，但却是成功的“撤退”。可见，细胞同时启动 UPR 和细胞凋亡的真正目的是避免在 UPR 失败的情况下细胞走向坏死结局。UPR 虽然快速，但是内质网应激仍然是很危险的信号，细胞必须做好 UPR 失败的准备。这是因为，分子伴侣的增加、总转录和翻译水平的降低以及细胞周期的阻滞只能是暂时性的细胞保护策略，这些应答也是对细胞正常生理和代谢的严重干扰。如果UPR未能有效逆转未折叠蛋白的累积，那么，持续的保护这些未折叠蛋白的生产者势必对细胞乃至机体不利（折叠病的起因之一），细胞的正确解决方式就是采用没有炎症的方式终止这一切，也就是启动细胞凋亡。

2）线粒体——细胞凋亡和坏死的开关

如果从细胞器水平来看细胞死亡，那么线粒体则是决定细胞选择凋亡还是坏死的开关，也就是说细胞内功能正常的线粒体数量是决定细胞是生存还是选择何种方式死亡的核心因素。这种细胞命运的决策机制也同样存在与UPR介导的细胞凋亡中。

线粒体的膜系统具外膜、内膜和膜间腔，这种结构与革兰氏阴性菌细胞膜的内膜、外膜结构有着一定的相似性。线粒体外膜是典型的真核生物磷脂双分子层质膜；而内膜则具线粒体特异性的嵴结构，这种结构呈宽20～30nm的格状，这显然可以更有效地利用膜间腔的空间，增加内膜的表面积。线粒体内膜是氧化磷酸化反应的场所，其膜两侧存在线粒体内膜膜电势（inner mitochondrial membrane potential，$\Delta\psi_m$）。这是一个重要的生物物理学特性，因为$\Delta\psi_m$的存在既保证着电子在电子传递链中的电势能，同时又保证氢离子进入线粒体内室的电动力，从而为ATP合成提供必要的质子流。细胞凋亡的早期事件往往伴随$\Delta\psi_m$的降低，实际上，这也指示线粒体功能的损伤和线粒体膜完整性的破坏。

与线粒体膜相似的是，细胞膜同样具有膜电位（胞浆侧带负电荷、胞外侧带正电荷）。细胞膜膜电位是细胞通过多种离子通道主动运输的结果，而这种主动运输的能量来自于线粒体。细胞膜完整性（plasma membrane integrity）破坏的最重要特征是失去膜电位，这可能导致不可逆的细胞坏死现象。细胞膜的完整性在一定程度上取决于细胞内是否有足够的线粒体提供主动运输所需的能量，以维持细胞膜膜电位。其实，线粒体的减少并非不可逆，就像细胞一样，线粒体既有损伤机制，也有补偿机制，而这种损伤或补偿均与维持细胞膜膜电位密切相关。即使是在非分裂状态，线粒体自身也进行着增殖，线粒体DNA（mtDNA）持续进行复制；同时，线粒体也可表现出类似于细胞凋亡的行为，受损的线粒体被细胞通过自噬、溶酶体分解等作用清除，这种现象也被称为线粒体凋亡（mitoptosis），此过程伴随着与线粒体质量（mitochondrial mass）相关的内膜组成成分心磷脂含量降低的现象。

细胞水平的增殖与凋亡是一对既矛盾又统一的行为。所谓矛盾，二者介导完全不同的生与死的结局；所谓统一，过度的增殖和过度的凋亡都不可接受，二者彼此负反馈调节是避免细胞癌变或退行性病变的核心机制。在线粒体水平，这种矛盾统一同样存在。若线粒体质量下降可以通过线粒体增殖补偿平衡，细胞则正常存活；若线粒体质量下降，但下降速率较慢，还能保证生产足够的能量以维持细胞膜的主动运输和电位，细胞走向凋亡；若线粒体质量迅速下降，无法保证细胞膜电位，细胞膜通透，细胞走向坏死；若线粒体质量增加，表明细胞死亡通路受到阻断，则细胞倾向于永生化和过度增殖，也就是癌症细胞转化。

3）内质网应激和线粒体的交互作用

细胞在UPR中同样始终面临命运选择，它通过多条通路感受未折叠蛋白应激的强弱，而它们的终末感受器就是线粒体。也就是说，UPR 反应程度越强、越持续，细胞越倾向于走向凋亡；UPR 反应若有减弱的趋势，表明未折叠蛋白累积得到控制，细胞将通过补偿受损线粒体的方式走向存活。这些联系内质网和线粒体交互作用的途径主要包括钙离子和 JNK/p38 信号转导通路（图 3-5）。

内质网也是细胞内钙离子的储存细胞器，被称为“钙池”。钙离子的内质网主动运输依赖于肌浆网/内质网钙离子 ATP 酶（sarco/endoplasmic reticulum Ca^{2+}-ATPase，SERCA）。细胞维持内质网内钙离子浓度的主要目的之一是保护内质网特异性凝集素(lectin）样蛋白的活性，这些蛋白质主要为钙联蛋白（calnexin）和钙网蛋白（calreticulin），它们的作用是识别未完整折叠的糖蛋白。在静止状态下，内质网腔钙离子的浓度为 50～400μmol/L，而未折叠蛋白介导的内质网应激则会诱发内质网钙离子的释放，当内质网腔钙离子浓度低于 20μmol/L 时则会同时诱导 UPR 和细胞凋亡。其中，钙离子的释放机制与 Bcl-2 家族两个蛋白质成员密切相关，即 Bcl-2 同源拮抗蛋白（Bcl-2 homologous antagonist/killer，Bak）和 Bcl-2 相关 X 蛋白（Bcl-2-associated X protein，Bax）。在内质网应激状态下 Bak 和 Bax 可在 ER 膜上形成异二聚体结构，该结构可形成一种被称为 Bax 通道（Bax channel）的结构，钙离子可经由该通道释放（Antonsson et al.，1997）（图 3-5）。有研究表明，Bax-Bak 复合体与磷酸化的 Ire1 结合对后者的活化起着重要作用（Hetz et al.，2006）。另外，在没有内质网应激的条件下，内质网膜蛋白三磷酸肌醇受体（inositol 1，4，5-trisphosphate receptor，IP_3R）也可接受第二信使 IP_3 的信号从而介导内质网钙离子释放至细胞浆；在未折叠蛋白应激状态下，该通路也会开放并参与钙离子释放（图 3-5）。

然而，钙离子也是细胞内重要的第二信使，参与调节与蛋白质合成、脂类代谢和核酸代谢相关的多种酶活性（图 3-5）。其中就包括组织蛋白酶（cathepsin）、钙蛋白酶(calpain）和两种蛋白磷酸酶（protein phospotase）2A（PP2A）及 2B（PP2B）。这些酶可以分别作用于不同的细胞前凋亡相关信号蛋白（proapoptotic），使它们从失活状态转化成活化状态（图 3-5）。组织蛋白酶可剪切 BH3 作用域死亡激动蛋白（BH3 interacting domain death agonist，Bid），生成截短型 Bid（truncated bid、tBid）。PP2A 也可以催化磷酸化 Bcl-2 相互调节蛋白（Bcl-2 interacting mediator，Bim）的 S69 和 S87 位点去磷酸化反应，生成活化的 Bim 蛋白。而经钙调蛋白（calmodulin，CaM）活化的 PP2B 则可催化磷酸化的细胞死亡相关 Bcl-2 拮抗剂蛋白（BCL2-antagonist of cell death，Bad）S136 位点的去磷酸化反应，生成活化的 Bad 蛋白。

可见，这些钙离子相关信号的靶点指向 Bcl-2 家族的前凋亡蛋白，它们一旦活化，其直接结果就是去活化（inactivate）静止细胞中的抗凋亡 Bcl-2 家族蛋白（anti-apoptotic Bcl-2 family protein），主要包括 Bcl-2 和 Bcl-X_L（图 3-5）。静止细胞内质网膜的 Bcl-2 呈磷酸化状态（其磷酸化位点为 69 位、70 位和 87 位丝氨酸，即 S69、S70 和 S87），而活化的 PP2A 以及经 Ire1 途径激活的 JNK/p38 均可催化这些位点的去磷酸化反应，介导生成游离的 Bcl-2（图 3-5）。静止细胞线粒体膜上的 Bax 呈游离状态，而 Bak 被 Bcl-2 和 Bcl-X_L 结合，分别以 Bak-Bcl-2 和 Bak-Bcl-X_L 异二聚体形式存在，这其实阻断了 Bax 和 Bak 的相互结合，因而不能形成 Bax 通道。若细胞处于 UPR 中，前凋亡蛋白活化，来自内质网的钙离子信号将这种平衡打破。tBid 可以与线粒体膜 Bax 结合，诱导其募集 Bak；Bim 与 Bcl-2 结合从而稀释线粒体膜 Bcl-2，从而使单体 Bak 增多；而 Bad 以相同方式移除线粒体膜 Bcl-X_L，同样导致单体 Bak 增加。

与内质网膜的 UPR 反应类似，移除抗凋亡 Bcl-2 家族蛋白后，线粒体膜将形成 Bax 通道。之后，线粒体将释放至少 5 种细胞凋亡诱导因子，从而启动线粒体途径细胞凋亡（图 3-5）。这些凋亡诱导因子为细胞色素 c（cytochrome c，Cyt c）、内切核酸酶 G（endonuclease G，*Endo*G）、凋亡诱导因子（apoptosis-inducing factor 1，AIF）、丝氨酸蛋白酶（serine protease HTRA2，Omi）和第二线粒体来源 caspase 激活蛋白（second mitochondria-derived activator of caspase，SMAC）。Cyt c 的胞浆释放通常被认为是细胞凋亡启动的标志之一，因为 Cyt c 与凋亡蛋白酶激活因子 1（apoptotic protease activating factor，Apaf1）的色氨酸-天冬氨酸重复基序（tryptophan-aspartic acid repeat，WD40）结合形成被称为凋亡复合物（apoptosome）的复合体，该复合体利用 Apaf1 蛋白 N 端募集 pro-caspase-9，并介导剪切形成活化 caspase-9。caspase-9 继而可剪切 pro-caspase-3 和 pro-caspase-7，形成具 DNA 和蛋白质切割活性的成熟 caspase-3 和 caspase-7，它们可诱导 DNA 的片段化、降解结构蛋白及形成凋亡小体等晚期细胞凋亡事件。

可见，UPR 中内质网与线粒体通过钙离子、JNK/p38 和 Cyt c 等途径对话，中心内容就是持续攻击线粒体以诱导细胞凋亡。

4）UPR 中非线粒体依赖的细胞凋亡

UPR 中还存在一类非线粒体依赖的细胞凋亡途径，即 caspase-12 途径。在 Ire1 途径中，Ire1-TRAF2 复合体可以介导 caspase-12 的活化，另外经钙离子活化的钙蛋白酶也具有类似功能（图 3-5）。caspase-12 具独立活化 caspase-3、caspase-6、caspase-7 和 caspase-9 的功能，从而启动细胞凋亡。

图 3-6 是一个通过诱导细胞缺氧状态模拟未折叠蛋白应激和细胞非线粒体依赖凋亡的研究实例（王通等，2006）。折叠酶活性及线粒体呼吸链正常工作均需要细胞内氧化环境，我们利用 *S*-亚硝基-*N*-乙酰青霉胺［（±）-*S*-nitroso-*N*-acetylpenicillamine，SNAP］诱导小鼠胸腺细胞胞内缺氧以模拟 UPR，利用地塞米松（dexamethasone，DEX）作为经典内源性细胞凋亡的阳性对照。3,3′-二己基噁羰花青碘化物［3，3′-dihexyloxacarbocyanine iodide，DiOC6（3）］是一种线粒体膜电位依赖性的细胞内荧光染料。Annexin V 则用于检查细胞表面的磷脂酰丝氨酸（PS），正常细胞 PS 存在于细胞膜内侧，若其去极化外翻则显示细胞凋亡。前向角（FCS）是流式细胞仪的物理参数，它指示细胞的大小。从图 3-6（a）的 DEX 组我们可以看出，细胞分布于三个区域，右下角（lower right，LR）象限的细胞是 Annexin V 阴性、DiOC6（3）阳性细胞，这表明细胞没有 PS 外翻，线粒体膜电位正常，是正常细胞的表型；左上角（upper left，UL）象限显示的是 AnnexinV 阳性而 DiOC6（3）阴性细胞，这表明细胞凋亡而且线粒体膜电位下降，是凋亡细胞象限；有趣的是左下角（lower left，LL）象限，这些细胞为 Annexin V 阴性而 DiOC6（3）阴性，这表明细胞虽然线粒体膜电位下降，但还没有发生凋亡。从这里可以看出，DEX 诱导的小鼠胸腺细胞凋亡中线粒体膜电位下降是在细胞凋亡之前，表明即使线粒体质量下降，细胞同样有存活的可能。这也从另一个角度

验证了我们前文提到的线粒体损伤和补偿之间矛盾统一的观点。

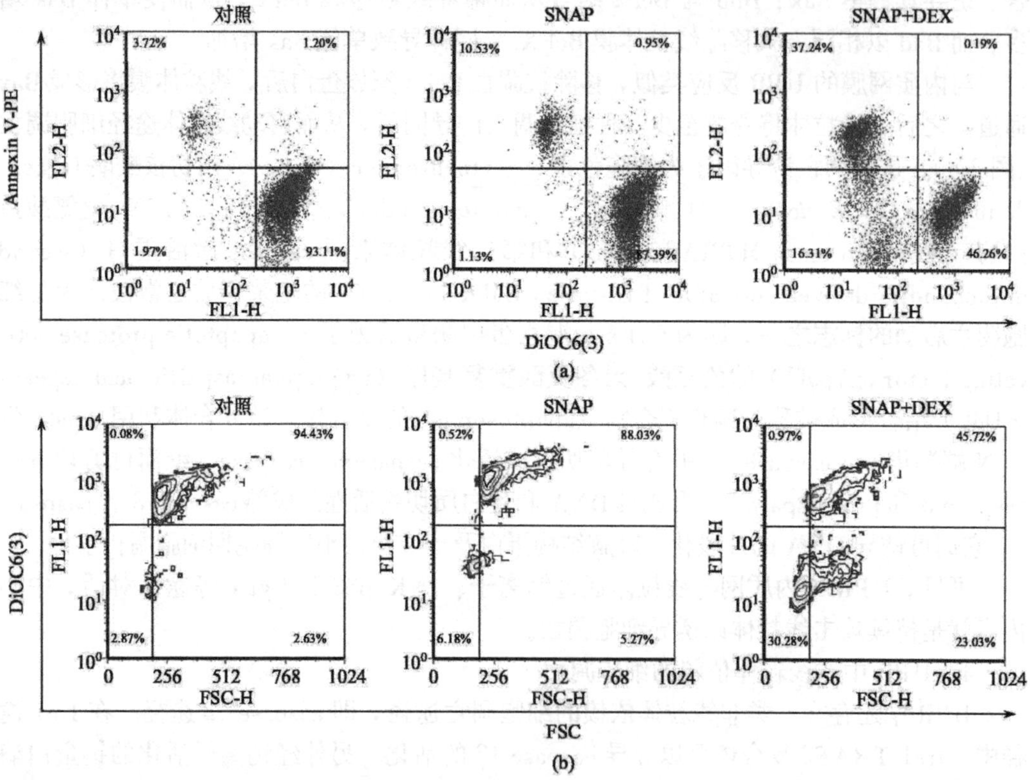

图 3-6　缺氧应激介导的小鼠胸腺细胞的线粒体膜电位下降和细胞大小变化（王通等，2006）

而直接介导细胞内缺氧状态则不同，图 3-6（a）的 SNAP 组的数据显示，LL 象限细胞比例与对照组没有差异，而 UL 象限细胞比例则比对照组高，这表明，SNAP 可以不通过线粒体直接介导细胞凋亡，这可能与我们前文提到 UPR 的线粒体非依赖性凋亡途径的激活相关。图 3-6（b）显示一部分凋亡细胞的 FSC 降低，表明细胞发生皱缩现象，这往往与细胞膜去极化相关。而观察图 3-6（b）的 DEX 组 LR 象限可见，这部分细胞线粒体膜电位下降，可是细胞前向角参数却与正常细胞相同，可见，线粒体膜电位下降并不一定导致细胞膜去极化皱缩，这也验证了我们前文提到的部分线粒体损伤仍可维持细胞膜电位的现象。

3.2.2　内质网相关的蛋白质降解

内质网相关的蛋白质降解（ERAD）是蛋白质质量控制的核心环节，在 UPR 上调生存基因，降低总转录和翻译的同时，ERAD 选择性水解未折叠和错误折叠蛋白显然是一种降低内质网应激的直接手段。这种水解机制被称为泛素-蛋白酶体信号通路（ubiquitin proteasome pathway，UPP），顾名思义，UPP 要有两个核心部分：泛素（ubiquitin，Ub）系统和蛋白酶体，它们分工非常明确，Ub 负责标记未折叠蛋白，蛋白酶体负责特异性水解这些标记蛋白。Ub 和蛋白酶体也被称为泛素蛋白酶系统（ubiquitin-proteasome system，UPS）。

3.2.2.1　*泛素化的分子机制和特异性假说*

Ub 是一个小分子蛋白质，由 76 个氨基酸组成，它是一个广泛表达于真核细胞的保守蛋白质，因而得名泛素，最早它被认为是胸腺的一种激素（Goldstein，1975）。后来发现，Ub 的主要生物学特性是可通过其 C 端的甘氨酸残基与底物蛋白质的 N 端或内部序列中赖氨酸（Lys）残基的 ε-氨基形成异肽键（isopeptide bond）。所谓异肽键，是指位于蛋白质侧链氨基基团和羧基基团形成的酰胺键。这种以 Ub 共价标记底物蛋白质的后翻译修饰被称为泛素化。蛋白质泛素化的详细介绍可参阅第 2 章。

泛素化过程是一种与泛素活化酶（ubiquitin-activating enzyme，E1）、泛素交联酶（ubiquitin-conjugating enzyme，E2）和泛素连接酶（ubiquitin-protein ligase，E3）3 种酶相关的级联催化反应（图 3-7）。首先，E1 水解一个分子 ATP 并将一个 Ub 分子 C 端的甘氨酸残基结合一个分子的腺苷酸（AMP）。其次，在 E1 的催化下，Ub 被去 AMP 化，并与 E1 活性中心的半胱氨酸残基形成硫酯键（thioester），从而完成 Ub 的 E1 转移。此时，E2 催化 E1-Ub 复合体硫酯键的还原反应，从而介导 E1 与 Ub 解离，进而催化 E2 的半胱氨酸残基与 Ub 的甘氨酸残基形成新的硫酯键，此反应的结果是 Ub 的 E2 转移和 E1 解离。最后，E3 催化 E1-Ub 复合体硫酯键的还原反应，并介导 Ub 与底

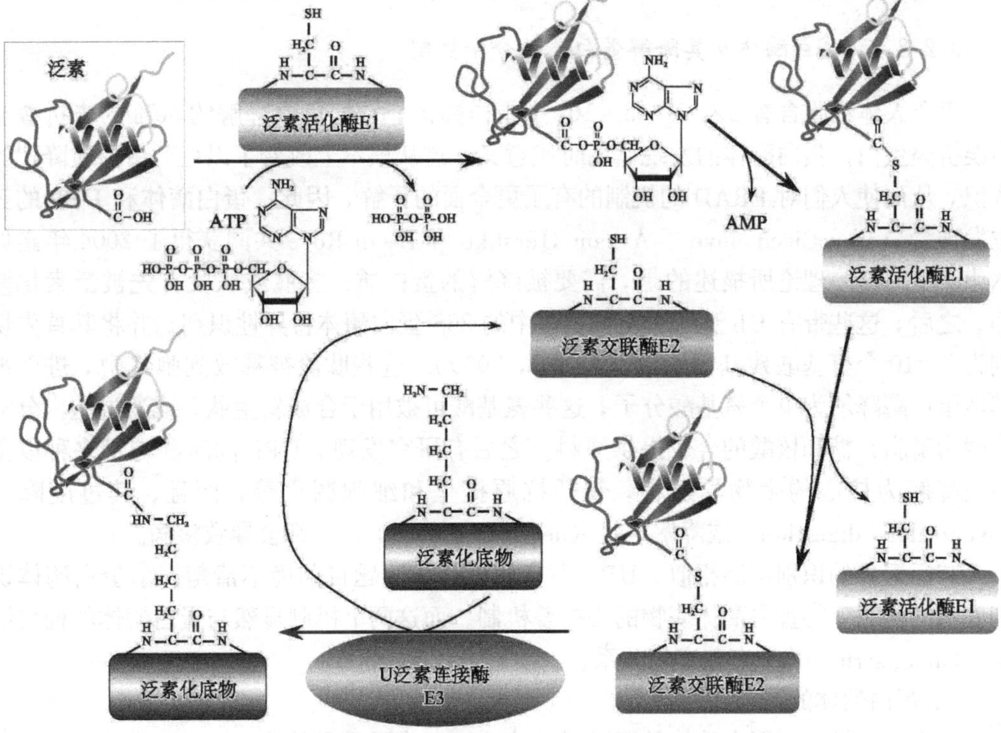

图 3-7　蛋白质的泛素化修饰（修改自 ScienceSlides 2009，VisiScience）

物蛋白质赖氨酸残基的连接反应，结局是以异肽键形式将底物蛋白质标记 Ub，完成一轮泛素化反应。Ub 分子本身也有几个赖氨酸残基，因此，Ub 分子可以通过上述反应级联泛素化 Ub 分子，形成多泛素链（Ub chain）结构。研究表明，靶蛋白被泛素链结构标记是其可被蛋白酶体识别的前提。

这随后引出一个科学问题，E3 显然在标记未折叠底物蛋白质时有特异性，可是，其底物识别机制是什么？虽然该问题至今没有明确的答案，但还是有规律可循。比较著名的理论是“N 端法则”（N-end rule），也就是说一些需降解的蛋白质必须在 N 端具去稳定性（destabilizing）作用的氨基酸残基（Varshavsky，2003）。这些去稳定性残基包括 I 型（Arg、Lys、His ）、II 型（Phe、Leu、Trp、Tyr 和 Ile）和 III 型（Ala、Ser 和 Thr）。其中 I 型残基主要被真核细胞 E3 的 UBR1 组分（ubiquitin-protein ligase E3 component n-recognin 1）识别，II 型残基被 E3 的 UBR2 组分识别，而 III 型残基仅被一种哺乳动物的未知 E3 识别。多种证据表明，N 端出现这些去稳定性残基并非是随机的，显然这是一种蛋白质翻译后修饰过程，而且与多种氧化酶和蛋白质转移酶（protein transferase）有关。因此，这种 N 端出现的降解信号被命名为 Degron（degradation signal ）。其中，N 端法则的一个经典实例就是牛血清白蛋白（BSA）的 E3 结合实验，即若 BSA 在精氨酸蛋白转移酶（R transferase）的作用下可在 N 端发生精氨酸残基置换天冬氨酸残基反应；同样条件下，若利用 RNase 特异性降解精氨酸 tRNA，则 BSA 的 N 端不发生置换反应，仍保留天冬氨酸残基。结果发现，只有 N 端为精氨酸的 BSA 可以与 E3 结合，体现了一种精氨酸转移 Degron 为 E3 识别依据的 N 端法则。

3.2.2.2 蛋白酶体及其降解蛋白质的分子机制

每个人体细胞含有 2×10^4～3×10^4 个蛋白酶体，它们负责降解约 90% 的未折叠或错误折叠蛋白。蛋白酶体的发现具划时代意义，这从根本上改变了以往对蛋白质降解的认识，从而使人们对 ERAD 的机制的有了更全面的了解，因此，蛋白酶体和 UPP 的三位发现者 Aaron Ciechanover、Avram Hershko 和 Irwin Rose 共同获得了 2004 年诺贝尔化学奖。这一理论所描述的是，需要被降解的蛋白质、多肽或肽段首先被泛素化修饰，之后，这些带有 Ub 链的底物被胞浆中的 26S 蛋白酶体特异性识别，并将其首先切割为 7～10 个氨基酸残基的肽段（Finley，2009）。这些肽段被释放到胞浆中，进而被其他蛋白酶降解为单个氨基酸分子，这些氨基酸可被用于合成新生肽，或通过胞内分解代谢为磷脂、糖和核酸的合成提供原料。之后有研究发现，UPP 同时参与了多种以蛋白质降解为核心的生物学过程，包括抗原提呈和细胞凋亡等，而且，其过度降解（overzealous digestion）或降解不足（neglecting digestion）都会导致疾病。

与泛素化的识别机制相似，UPP 中有两个科学问题目前尚不清楚：①蛋白酶体识别底物的机制；②蛋白酶体底物的去折叠机制。而这两个机制显然与蛋白酶体的桶装结构（barrel structure）有着密切关系。

1）蛋白酶体的结构

大多数真核生物蛋白酶体的沉降系数为 26S，分子质量约为 2000kDa，由一个 20S 核心颗粒和两个 19S 调节颗粒组成。简化来看，蛋白酶体的结构就像一个上下都有盖子的猪笼草，19S 颗粒就像 20S 上下两端的盖子，它含有多个 ATP 酶活性位点和 Ub 受体，其主要功能就是识别底物蛋白质，并介导底物蛋白质转位（translocation）至 20S 颗粒；而 20S 颗粒很像猪笼草的兜状结构，它负责切割底物蛋白质。

20S 颗粒也被称为核心颗粒（core particle，CP），它由 28 个亚基组成，以每层 7 个亚基的形式平均分布于 4 层（图 3-8）。其中，顶层和底层的亚基被称为 α 亚基，其主要起结构支撑作用［图 3-8（a）］；而中间两层的亚基被称为 β 亚基，它们是蛋白酶体活性的主体［图 3-8（b）］。从俯视角度来看，CP 的 α 亚基以 7 聚体形式形成正对 19S 颗粒的孔状结构，也被称为 α 环，该孔直径约 13Å［一个甘氨酸残基空间直径约 3.8Å（Iwakura and Nakamura，1998）］。α 环仅能容许 3 个或 4 个氨基酸残基通过，这表明蛋白质进入 20S 颗粒前显然已经完成去折叠，最多呈二级结构，甚至一级结构。可见，α 环在结构上有筛选功能，它以一种最简单的分子大小作为令牌，避免了绝大多数蛋白质在去折叠之前进入 CP 而被错误降解。相比之下，CP 的 2 层 β 亚基所形成的内部结构则宽敞得多，孔径约 53Å，这种结构显然可以提供足够的空间容纳底物蛋白质，增加底物蛋白质的滞留时间（retention time）。可以设想，如果 α 环和 β 环的孔径相同，则形成水管样结构，那么未折叠蛋白在其中的滞留时间和兜状结构相比将会短得多，它们可能在酶解完成之前即已通过 CP，从而可能释放新的未折叠蛋白。可见，CP 的结构不但具有优化作用，而且与蛋白酶体功能密切相关，有进化的痕迹。

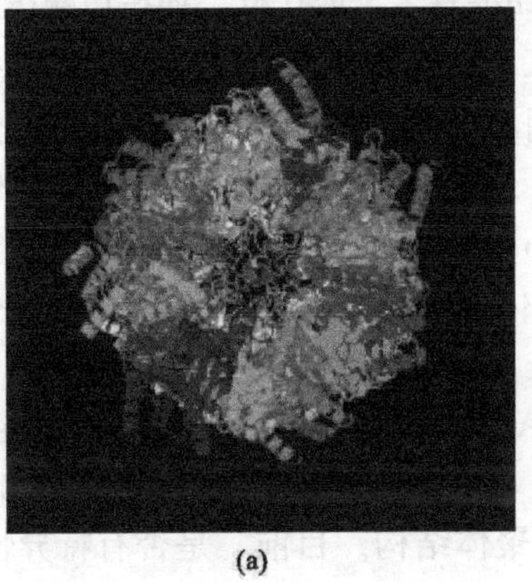

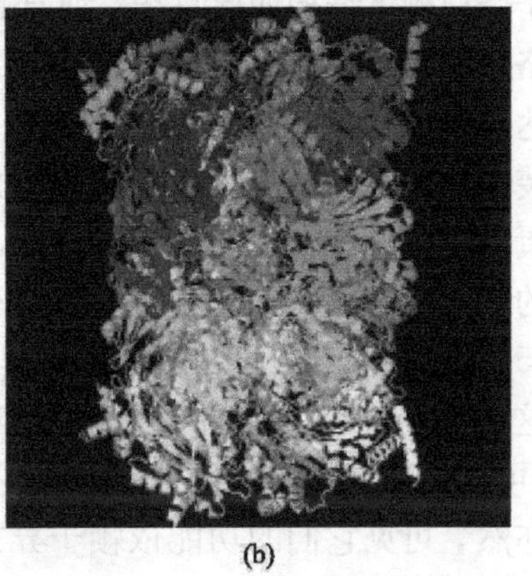

图 3-8　20S 蛋白酶体的晶体结构示意图（另见彩图）

（a）蛋白酶体 20S 颗粒的俯视结构；（b）侧面结构。蛋白质结构下载至 Protein Database（Groll et al.，2001）

19S 颗粒也被称为调节性颗粒（regulatory particle，RP），它由 19 个蛋白质组成。其中 10 个蛋白质组成可与 CP 的 α 环结合的基底结构域，另外 9 个蛋白质则组成了结合泛素链的盖子（Finley，2009）。目前已知 RP 的多个蛋白质参与真核细胞 Ub 识别，它们包括 2 个 RP 亚基，即调节颗粒非 ATP 酶 10（regulatory particle non-ATPase 10，Rpn10）和 Rpn13，以及辐射敏感蛋白 23（radiation sensitive 23，Rad23）、Kar1 主要抑制蛋白 2（dominant suppressor of Kar1 2，Dsk2）和 DNA 损伤诱导蛋白 1（DNA-damage-inducible 1，Ddi1）3 个蛋白质（Deveraux et al.，1994；Verma et al.，2004）。

后 3 个蛋白质统称为泛素样/泛素相关蛋白（ubiquitin-like/ubiquitin-associated proteins，UBL/UBA）。UBL/UBA 不是蛋白酶体的蛋白质，但是它们可以与蛋白酶体有微弱的结合，从而起着辅助 RP 识别泛素链的作用。RP 的去折叠作用可能与其基底的 6 个具有 ATPase 活性的亚基有关，这些亚基属于 AAA 蛋白家族（Weber-Ban et al.，1999）。在酵母中，这些亚基也被命名为调节颗粒 3A 蛋白（regulatory particle triple-A protein，Rpt；分别为 Rpt1～6），人类细胞中它们被命名为 PSMC 蛋白（分别为 PSMC1～6）。PSMC 蛋白以一种假对称（pseudosymmetrical）的形式与 CP 结合，这是因为 PSMC 蛋白有 6 个，而 α 环有 7 个亚基，当这两个环状结构对准时，形成 RP-CP 的不对称型结构。

除 CP 和 RP 外，还有一类未被确定的颗粒可能在蛋白酶体中存在，这就是 11S 颗粒，也被称为 PA28。与 RP 相比，PA28 是一种反式的作用结构，它的主要功能是增加 α 环的直径，促进酶解产物从 CP 释放（Verma et al.，2004）。PA28 也是七聚体结构，不包含任何 ATP 酶，它与 CP 的 α 环正位对准（orthogonally aligned），目前认为底物肽进出蛋白酶体都通过 PA28 环，也不排除 PA28 可以增加底物蛋白质进入 CP 速度的可能性。

2）蛋白酶体的装配

蛋白酶体的半衰期非常短，仅 3～4h，在静止细胞中其群体也处于不断更新的自稳状态。由于蛋白酶体结构如此复杂，而且其功能具不可取代性，使蛋白酶体的精确更新装配显得格外重要。目前认为在装配过程中，α 环是最先开始装配的，其证据为在大肠杆菌中表达的人 α7 亚基可自发装配成两层同源 7 聚体结构，这也提示一种蛋白质构象特异性的装配模式（Gerards et al.，1997）。最近的研究发现，两种异二聚体形式的分子伴侣（蛋白酶体种配分子伴侣，proteasome assembling chaperone，PAC）也参与了蛋白酶体的装配，它们是 PAC1-PAC2 二聚体和 PAC3-PAC4 二聚体（Hirano et al.，2006；2005）。这些研究提出的最有力证据是，以甘油梯度离心法分离到的 α 亚基中往往结合了这些分子伴侣，而且如果以 siRNA（short interfering RNA）敲除 PAC1 或 PAC2，均可显著降低 α 环装配。有趣的是，单独敲除 PAC1 也可导致 PAC2 的含量降低；反之亦然，可见它们的功能依赖于异二聚体结构。目前，是否有特异性的 PDI 介导 α 环装配还不清楚。

α 环的构象类似一个脚手架，它可以作为 β 环的底座（Murata et al.，2009），具催化活性的 β 亚基（β1～5）及无催化活性的 β 亚基（β6 和 β7）的合成方式与大多数酶相同，新生蛋白在 N 端具前肽（propeptide）序列，呈失活状态。这些前肽在 β 环装配成功后将被 β1、β2 和 β5 亚基的催化性苏氨酸残基介导切除，从而活化各 β 亚基。整体装配的 β 亚基的 N 端在环内侧，C 端在环外侧，这种特异性的排列方式被认为与 α 环的构象互补相关。这是因为，体内可以分离到一个中间体形式的半蛋白酶体，即只有一个 α 环和未加工的 β2、β3、β4 亚基结构，这种中间体也被称为 13S 蛋白酶体。

到此为止，蛋白酶体的合成似乎是一种自发的构象特异性的装配过程。这种观点非常类似于我们早期对蛋白质折叠的认识，而 PDI 的发现改变了整个研究领域，随着另外一种调节蛋白的发现，蛋白酶体的装配问题也显得没那么简单，这个蛋白质就是在酵母系统中发现的泛素介导的水解蛋白 1（ubiquitin-mediated proteolysis，Ump1）（Ramos et al.，1998）。Ump1 被发现可特异性参与 13S 蛋白酶体中间体的装配，它不但整合入酵母细胞的β2、β3、β4 亚基，而且介导连接两个 13S 中间体形成 CP 的反应。CP 形成后，Ump1 在β环内部被水解移除。这种假说的有力证据包括，若阻断 Ump1 可导致大量 13S 中间体的累积效应，而且就算 CP 装配成功，也可以在其中观察到大量的未加工 β2、β3、β4 亚基的存在（Ramos et al.，1998）。研究表明，人类细胞中也存在 Ump1 的异源同功（orthologue）蛋白，被称为 UMP1、蛋白酶体装配素（proteassemblin）或蛋白酶体成熟蛋白（proteasome maturation protein，POMP）（Burri et al.，2000）。POMP 与β2 的募集有关，但是敲除该蛋白质不能介导 13S 中间体的累积，却可以阻断 α 环募集所有 β 亚基。可见，应该有未知的调节蛋白或调节酶可能参与人类细胞的 CP 装配，目前的知识还不能完全解释这一复杂机制。

19S RP 仅存在于真核生物中，它的装配机制目前几乎完全不清楚（Murata et al.，2009）。可以确定的是蛋白酶体的基座和盖状结构域是各自装配的，而且就装配顺序而言，CP 在前、RP 在后。然而是否是 CP 介导了 RP 的装配目前还有争论。至于那些辅助蛋白或分子伴侣是否参与该过程也是未知数。

3）蛋白酶体的反应流程

A. 底物识别

细胞内分布着大量单泛素化或多泛素化的底物蛋白质，一般认为被超过 4 个 Ub 分子标记的底物蛋白质能被蛋白酶体识别，然而这只是个假说，Ub 的数目和排列与蛋白酶体识别之间的关系目前还不清楚。

酵母 Rpn10（人细胞中为 hRpn10）是最早被发现的 Ub 受体，也研究得最为充分。其中，hRpn10 可以通过其 C 端的两个泛素作用基序（ubiquitin-interacting motif，UIM）识别 Ub（Kang et al.，2007）。根据剪接位点不同，UIM 又可分为 UIM1 和 UIM2，它们各自包含一个 α 螺旋，而 UIM2 与 Ub 的结合力至少是 UIM1 的 5 倍，在多个 Ub 分子存在的条件下，UIM1 和 UIM2 显示协同作用。与此类似，酵母 Rpn13（人细胞中为 hRpn13）也是蛋白酶体的一个内源性 Ub 受体，不过它是通过一个被称为 PH 结构域（pleckstrin homology domain）的血小板蛋白样泛素受体（pleckstrin-like receptor for ubiquitin，Pru）识别 Ub 分子的。

本章 3.2.2.2 节中提到的 Rad23、Dsk2 和 Ddi1 也通过它们的 UBA 结构域参与 Ub 识别。有观点认为这些 UBL/UBA 蛋白也被称为“穿梭巴士”，因为它们可以在其他区隔结合底物蛋白质并将其运送给蛋白酶体（Finley，2009）。这种假说在人 Rad23 的异源同功蛋白 hHR23 中得到了部分证实，研究发现其 UBA 结构域可以介导 UBL 结构域与 CP 的解离，显示了一种结合—解离的动态运输过程。

UBL/UBA 蛋白的底物运输机制还可能与泛素化反应中的连接酶相关（Kim et al.，2004）。也就是说，连接酶可能催化 UBL/UBA 蛋白的 UBL 结构域与底物蛋白质结合。比较著名的例子是 Ufd2（一种哺乳动物的 E4 连接酶）可以把 Rad23、Dsk2 和 Ddi1 作为 Ub 分子整合到泛素链中；更进一步，如果把 Rad23、Dsk2 和 Ddi1 从该反应中移除，底物蛋白质就不能被蛋白酶体识别（Kim et al.，2004）。

这又引出一个问题，UBL/UBA 蛋白作为“穿梭巴士”是直接把底物蛋白质导入CP 还是交给 Rpn10 和 Rpn13 呢（Finley，2009）？虽然没有确切答案，但看来 UBL/UBA 蛋白把底物移交给 Rpn10 的可能性较大。支持证据包括，如果干扰 Rpn10 的UIM2，那么 Rad23 不能携带底物蛋白质进入蛋白酶体（Elsasser et al.，2002）。

B. 去泛素化

当底物蛋白质被转位（translocation）到 CP 的 α 环之前，必须首先发生去泛素化，其目的是加工底物蛋白质，使其暴露可被 β 环识别的活性位点。但是，这两种反应的具体机制还不清楚。目前认为三种位于 RP 盖状结构的去泛素化酶（deubiquitination enzyme，DUB）与该反应相关，它们分别是 Rpn11、Uch37 和 Ubp6。Ub 链是极性的分子结构，Rpn11 对 Ub 的切割具有原点特异性（proximal specificity），也就是说它会介导切除整个 Ub 链。有研究表明，如果 Ub 链保留，CP 切割底物蛋白质的能力会显著降低，然而这种现象的机制不清楚。Ub 的物理结构非常稳定，因此，如果它不被彻底切除，可能会降低接下来的去折叠速率。有研究表明，如果诱导 *UBP6* 基因突变，细胞内的 Ub 周转率就会显著降低（Hanna et al.，2003）。这是因为，有很多蛋白质被不止一条 Ub 链标记，这时 Ubp6 的作用可能就相对重要，因为 Rpn11 只能切除单个 Ub 链标记的蛋白质。而 Uch37 的主要功能被认为是调节 CP 活性并且介导单个或两个 Ub 分子标记的蛋白质（Lam et al.，1997）。

C. 去折叠反应

去折叠反应的机制目前尚不清楚，而且有争议。总体而言，去折叠反应有两类模型：模型 I 认为去折叠反应发生在蛋白酶体表面，而且发生在 CP 转位之前（Navon and Goldberg，2001）；模型 II 认为底物去折叠发生在 CP 通道内，也就是说去折叠和转位是不分先后的，是同一过程（Pickart and Cohen，2004）。笔者认为，种种证据表明这两种模型可能都存在，选择何种模型去折叠可能与蛋白质是否能够通过 α 环中心孔径相关。如果底物蛋白质空间结构允许通过 13Å 的孔径，那么在 UBL/UBA 将底物转运至 CP 时即可发生转位，并且在转位过程中边转位边继续去折叠（模型 II）；但如果蛋白质较大，由于无法通过孔径，其在 RP 滞留从而增加了 CP 转位前去折叠反应的时间，在蛋白质逐级失去空间结构并达到可以通过孔径时，CP 转位即发生，由于存在滞留时长，看上去好像去折叠在前，转位在后（模型 I）。可见，虽然表象不同，但两个模型所解释的科学问题可能一致。由于两类模型研究存在分歧，各自支持者提出去折叠参与的酶不同，即模型 I 中参与的酶主要是 RP 的 6 个 AAA 家族蛋白成员，而模型 II 主要是 CP 内侧的 β 亚基。

D. 底物蛋白质在 CP 通道内降解

底物蛋白质转位至 CP 通道后被 β 亚基以苏氨酸依赖的亲核攻击形式降解。这一降解过程与位于底物蛋白质上的两类信号有关：起始信号（initiation signal）和部分降解信号（partial degradation）。底物蛋白质上往往存在一个类似信号肽的无结构又能进入 α 环的起始位点，也被称为起始信号。起始信号是一个内源型的未折叠蛋白片段，也就是蛋白质内部的水解位点。目前至少在细胞周期蛋白 B（cyclinB）、Sic1 和 β-半乳糖苷酶（β-galactosidase）等底物蛋白质中已经证实有起始信号的存在。具部分水解特性的底物蛋白质常有相似的结构序列特征，即一个高度折叠的结构域（元素 II，element II）和在其附近的一个 20～30 个氨基酸残基的低复杂度序列（元素 I，element I）。元素 I 和元素 II 统称为部分水解，其中，元素 I 负责启动 CP 蛋白降解，而降解过程将会跨过元素 II 形成部分降解。比较典型的例子就是哺乳动物的 NF-κB 复合物，它在静止状态时以无活性的前体分子存在，一旦接受 UPR 等信号，经 UPS 部分水解而转变为活性分子；在酵母蛋白中也发现了类似的现象。这种选择性降解被称为“受调控的泛素 蛋白酶体依赖的剪切”（regulated ubiquitin/proteasome dependcnt processing）。

4）非泛素依赖的蛋白质降解

既然 UBL 蛋白能够参入 Ub 链中，那么可能有更多的蛋白质可以模拟 Ub 反应，或者蛋白质本身就具有蛋白质水解起始信号以供被蛋白酶体识别，从而省去了泛素化反应。这种不需要泛素化修饰即可降解蛋白质的机制确实存在，被称为非泛素依赖的蛋白质降解（ubiquitin-independent protein degradation）。最早发现的具有这种机制的底物蛋白质是鸟氨酸脱羧酶（ornithine decarboxylase，ODC），它可以与抗酶（antizyme）非共价结合而发生构象变化，暴露其 C 端的降解起始信号，进而介导蛋白酶体依赖的降解作用（Murakami et al.，1992）。

最近研究发现，人 T 细胞白血病病毒 1（human T cell leukemia virus type-1，HTLV-1）的致病机制中涉及非泛素依赖的蛋白质降解（Isono et al.，2008）。HTLV-1 碱性亮氨酸拉链因子（HTLV1-basic leucine zipper factor，HBZ）可与被感染细胞的 c-Jun 等转录因子结合并介导蛋白酶体转位。HBZ 的 N 端具 Ub 样结构域，可与 RP 盖状结构的 Rpn5 蛋白结合以诱发蛋白质降解。

HBZ 的行为类似于 UBL 蛋白，但它的空间结构至今还没有解析。目前仅发现了一个能够介导非泛素依赖蛋白降解的哺乳动物 UBL 蛋白，即泛素样蛋白 FAT10（ubiquitin-like protein FAT10，FAT10）（Bates et al.，1997）。FAT10 含有 166 个氨基酸残基（大概为 Ub 的 2 倍），分子质量为 18kDa，它含有两个 UBL 结构域，结构域 1 含 76 个氨基酸残基（氨基酸序列 6～81），结构域 2 含 74 个氨基酸残基（氨基酸序列 90～163）。它在结构上和序列上都非常类似于两个 Ub 的聚合体，因此，Uniprot 蛋白质数据库（http://www.uniprot.org/）推荐命名其为泛素 D（ubiquitin D），D 也就是二聚体（dimmer）的意思，也有人直接称其为 Diubiquitin。虽然从序列上和结构上看 FAT10 好像应该可以直接被蛋白酶体识别，可是最新的研究发现，它必须与另外一种 UBL/UBA 蛋白结合才能被蛋白酶体识别，这种蛋白质就是泛素样蛋白负调节因子 1（negative regulator of ubiquitin-like proteins 1，NUB1L）（Schmidtke et al.，2009）。其中具体的机制目前仍不清楚，但是这开创了一个重要的领域。也就是说，非泛素依赖的蛋白质降解机制显然非常复杂，绝不是 Ub 同功蛋白简单模拟泛素化反应，这种旁路机制的存在以进化角度来看应该是必要，这是一个需要进一步探索的、有趣的科学问题。

5）组织特异性蛋白酶体——免疫蛋白酶体和胸腺蛋白酶体

除上述的 β 亚基外，哺乳动物细胞基因组可编码 4 种特殊的催化性 β 亚基。其中 3 种为 γ 干扰素诱导型 β 亚基［interferon γ（IFN γ）-inducible β subunit］，它们被分别命名为

β1i、β2i 和 β5i。另外一种为胸腺特异性 β 亚基，被命名为 β5t。当这两类特殊的 β 亚基参与蛋白酶体组装时，分别形成组织特异性蛋白酶体，也就是免疫蛋白酶体（immunoproteasome）和胸腺蛋白酶体（thymoproteasome）(Murata et al.，2007；Tanaka and Kasahara，1998)。

免疫蛋白酶体可在多种免疫细胞中存在，其主要作用是参与水解外源性抗原，从而在获得性免疫的抗原提呈中起重要作用。它同时具胰凝乳蛋白酶（chymotrypsin）和胰蛋白酶（trypsin）活性，可将底物抗原切割成为大小合适的抗原肽，这些抗原肽与主要组织相容性复合物 I 类分子（MHC I）结合形成抗原肽-MHC 复合体并通过蛋白质分泌途径转位至细胞表面，形成可被 T 细胞受体（T cell receptor，TCR）识别的提呈抗原。免疫蛋白酶体的装配机制目前尚不清楚，不过有研究发现 UMP1 参与了介导半免疫蛋白体的连接反应，而且，有趣的是，细胞内 IFN γ 的上调与 UMP 以及 β1i、β2i 和 β5i 亚基表达量呈正相关。不仅如此，免疫蛋白酶体的装配速度也显得比常规蛋白酶体快。研究表明 UMP1 与 β5i 的亲和力显著高于 β5，这部分解释了二者装配速率的差异 (Heink et al.，2005)。可见，免疫蛋白酶体的组装是一种加速抗原提呈的免疫应答。

胸腺蛋白酶体特异性的在胸腺皮质上皮细胞（cortical thymic epithelial cell，cTEC）中存在（Murata et al.，2008)。作为 T 细胞的训练场所和幼稚 T 细胞库（repertoire），胸腺执行着重要的 T 细胞中枢耐受。在 T 细胞中枢耐受过程中，伴随着动态的正负选择。正选择指的是只有 TCR 可以与 MHC 分子紧密结合的初始 T 细胞（naive T-cell）可以生存。负选择指的是凡是能够和自身抗原发生反应的 T 细胞必须死亡。正选择保证了 T 细胞的反应性，负选择避免了自身免疫反应。这种正、负选择机制也被称为 T 细胞的驯化。而 cTEC 正是正选择的发生场所。胸腺蛋白酶体的催化亚基由 β1i、β2i 和 β5t 组成。目前已知其参与 $CD8^+$ T 细胞的正选择，有研究表明，β5t 敲除小鼠可介导胸腺蛋白酶体缺失，同时伴随 $CD8^+$ T 细胞数的显著降低。然而，具体胸腺蛋白酶体是如何参与正选择的机制不清楚。可能的原因与免疫蛋白酶体不同，胸腺蛋白酶体的胰凝乳蛋白酶活性较低，这可能导致生成的配体与 MHC I 类分子的亲和力下降，这样在提呈到细胞表面时，这些配体的存在可能不会干扰 TCR 和 MHC 分子的反应，从而保证正选择的有效性。然而，这只是推测，目前还没有证据证明。

3.3 蛋白质质量控制——线粒体

如果说内质网是通过与线粒体交互作用以感受 UPR 的强弱来实现蛋白质质量控制的，那么线粒体的质量控制则更为直接。这是因为线粒体的蛋白质组中以呼吸链蛋白成员居多，而呼吸链的正常运转是维持线粒体膜完整性的必要条件，因此，线粒体的蛋白质质量控制可以通过感受呼吸链的工作状态来实现，也就是说呼吸链的再利用。

在哺乳动物细胞中，线粒体所占体积超过细胞体积的 20%，被广泛称为细胞的动力工厂。从进化角度来看，线粒体可能起源于原核生物，它在真核细胞中的行为非常类似一个独立的细菌细胞。与此相应的是，细菌细胞中没有线粒体，但其生产 ATP 的呼吸链和线粒体的呼吸链非常相似。而且，线粒体具有独立的遗传物质线粒体 DNA (mtDNA)。需要注意的是，受精卵的线粒体来自于卵细胞，因此，多数情况下 mtDNA 严格遵循母系遗传特征。mtDNA 的核酸特性与细胞核 DNA 不同，它没有内含子，没有保护性组蛋白和非组蛋白，并且持续暴露于凋亡诱导因子活性氧物种（reactive oxygen species，ROS）。这些特性一方面决定了 mtDNA 发生基因突变的概率远远高于其他 DNA，另一方面决定了其蛋白质表达较易因外来因素刺激或线粒体内环境改变而发生改变。因此，线粒体进化了一套细胞器特异性的蛋白质质量控制机制。线粒体的外膜在胞浆侧，因此，它部分利用 UPS 实现其蛋白质控制。而内膜和基质的蛋白质质量控制机制呈细胞器特异性。

3.3.1　线粒体的内膜蛋白质量控制

3.3.1.1　线粒体的呼吸链

哺乳动物细胞的线粒体含有约 1500 种蛋白质，其中绝大多数蛋白质由核基因组编码，并在线粒体基质内（matrix）完成折叠。线粒体蛋白中丰度最高的是呼吸链相关蛋白，有趣的是，mtDNA 编码了呼吸链 5 个复合体中的 4 个，它们分别是复合体 I（NADH dehydrogenase，NADH 脱氢酶）、复合体 III（coenzyme Q：cytochrome c-oxidoreductase；辅酶 Q：细胞色素 c 还原酶）、复合体 IV（cytochrome c oxidase，细胞色素 c 氧化酶）和复合体 V（ATP synthase，ATP 合成酶）（图 3-9）。而这 4 个复合体是线粒体维持质子（H^+）流的物质基础，因此也被称为质子泵。它们的正常工作也是维持 $\Delta\psi_m$ 的必要条件。而另外一个呼吸链的重要成员琥珀酸脱氢酶（succinate dehydrogenase；complex II，复合体 II）是既参与氧化磷酸化，又参与三羧酸循环的复合体，它也是 5 个复合体中唯一一个核编码的成员。线粒体在持续氧化磷酸化的同时，维持着上述 4 个 mtDNA 编码的复合体的不间断翻译和修饰，也时刻接收着来自胞浆的复合体 II。呼吸链蛋白时刻面临氧化威胁，并且在自身组装中可能有未折叠风险，所以，其自身质量控制显然是必需的。

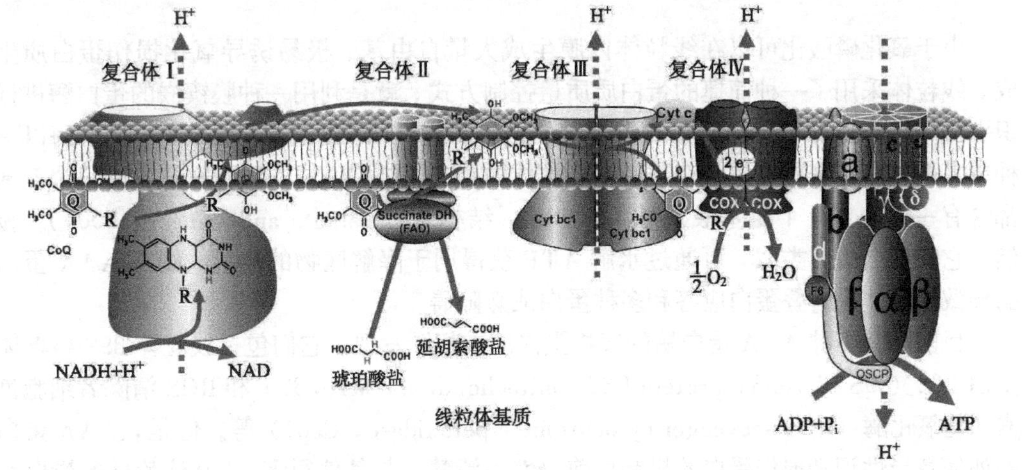

图 3-9　线粒体呼吸链反应示意图（修改自 ScienceSlides 2009，VisiScience）

3.3.1.2 线粒体蛋白氧化损伤的修复机制

呼吸链的氧化磷酸化反应可介导线粒体生成大量 ROS，因此，线粒体也是细胞内 ROS 最富集的细胞器。虽然折叠酶的活性依赖于氧化环境，但是，过多的 ROS 将介导产生线粒体蛋白的氧化损伤。

几乎所有蛋白质内部的氨基酸残基都可以被氧化，其中最易被氧化的是含有 S 的氨基酸（半胱氨酸和蛋氨酸）和含芳香环的氨基酸（酪氨酸和蛋氨酸）。研究表明，这些氨基酸如果与氧化的糖或过氧化的磷脂相结合可以形成碳化基团并介导蛋白质聚集（Szweda et al.，2002）。其他氨基酸的氧化结果是形成羟基化和碳化的氨基酸衍生物，量化这些氨基酸衍生物的多少往往被用于评价细胞内蛋白质氧化损伤的程度。氧化损伤蛋白的一般特性是活性降低、热稳定性差而疏水性增加。有研究发现，错误折叠的蛋白质尤其易被氧化，反之亦然（Szweda et al.，2002）。然而，线粒体还是进化了一套可以修复损伤蛋白的机制（Friguet et al.，2008）。

因此，应对抗氧化损伤是线粒体蛋白质量控制的一道重要防线。目前已知的逆转氧化损伤的机制仅限于含 S 氨基酸的氧化产物还原。这些产物包括二硫分子桥（disulfide bridge）、半胱次磺酸（cysteine sulfenic acid）、半胱亚磺酸（cysteine sulfinic acid）和半胱磺酸（cysteine sulfonic acid）。甲硫氨酸氧化反应为：首先生成甲硫氨酸亚砜（methionine sulfoxide），进而形成甲硫氨酸砜（methionine sulfone）。其中，甲硫氨酸砜的形成一般伴随蛋白质疏水性增加和功能损伤。线粒体中存在高丰度的硫氧还原蛋白/硫氧还原蛋白还原酶，这两种氧化还原蛋白可以诱导二硫分子桥和磺酸的还原反应；而谷胱氧化还原蛋白/谷胱甘肽/谷胱甘肽还原酶（glutaredoxin/glutathione/glutathione）反应系统也可以减少二硫分子桥。至于甲硫氨酸的氧化产物，目前至少发现两种酶可以介导其还原反应，它们分别是甲硫氨酸硫氧还原酶 A（methionine sulfoxide reductase A，MsrA）和甲硫氨酸硫氧还原酶 B（MsrB）（Kim and Gladyshev，2007）。

3.3.1.3 AAA 蛋白酶——巡逻的膜蛋白

由于氧化磷酸化可以在线粒体内膜生成大量自由基，极易诱导氧化损伤蛋白质生成，线粒体采用了一种简捷的蛋白质质量控制方式，就是利用一种膜镶嵌的蛋白酶进行识别和降解未折叠和错误折叠的蛋白质，这种酶就是 AAA 蛋白酶。AAA 蛋白酶以一种单寡聚或异寡聚复合体状态分布于线粒体内膜，其结构组成非常保守，它的每个亚基都含有一个约 230 个氨基酸残基的 ATPase 结构域（Tatsuta and Langer，2009）。显然，它与蛋白酶体类似，可通过水解 ATP 获得用于降解底物的能量。缺乏 AAA 蛋白酶导致线粒体未折叠蛋白应答和多种蛋白成熟障碍。

目前已有多种 AAA 蛋白酶的底物蛋白质被相继发现，它们包括线粒体 39S 核糖体蛋白 L32（39S ribosomal protein L32，mitochondrial，MrpL32）和 ROS 清除者细胞色素 c 超氧化酶（ROS-scavenger cytochrome c peroxidase，Ccp1）等。但是，AAA 蛋白酶如何特异性识别损伤蛋白的机制目前仍然不清楚。与其他很多 ATP 依赖性的蛋白酶相似，没有任何证据表明它们对底物蛋白质的识别具序列特异性。不过，有研究表明，

AAA 蛋白酶也具有分子伴侣活性，这也是目前多种假说认为 AAA 的构象依赖性识别和疏水性结构域识别的主要实验依据（Leonhard et al.，1999）。

3.3.2　线粒体基质的蛋白质质量控制

几乎所有的基质蛋白是在胞浆中合成的，然后通过蛋白质分配（targeting）机制转位到线粒体的外膜和内膜，这时的蛋白质多处于未折叠状态（Tatsuta，2009）。线粒体内含有多种分子伴侣，包括线粒体 Hsp70（mtHsp70）、mtHsp60 和 mtHsp100 家族成员，它们可以辅助新生蛋白质的基质转位，进而辅助蛋白质折叠。然而，未折叠蛋白可被基质特异性的蛋白酶识别，这些蛋白酶包括 Lon 蛋白酶和 ClpXP 蛋白酶等。

3.3.3　细胞死亡前的最后挽救措施——线粒体自噬

线粒体自噬（mitophage）现象最早是在饥饿诱导的酵母菌死亡模型中被发现的（Takeshige et al.，1992）。在当时，普遍的观点认为线粒体可以直接被囊泡（vacuole）吞噬降解，然而，线粒体自噬的发现可以说开创了一个新的领域，因为，种种证据表明，这不但是受损细胞器的清除机制，而且也是一些高分子蛋白的质量控制手段。其中，最为重要的发现是 *UTH1* 基因与靶向线粒体自噬之间的直接关系（Kissova et al.，2007）。该研究表明，UTH1 蛋白是一种线粒体外膜蛋白，一旦将其敲除，则可以彻底阻断线粒体自噬。随后，一种具有类似功能的线粒体内膜蛋白也被发现，这就是远古泛蛋白 1（ancient ubiquitous protein 1，Aup1）。

不仅如此，线粒体自噬现象与细胞正常生存、肿瘤转化和细胞分化均有密切关系（Goldman et al.，2010），它也是细胞在应激状态下的最后一道防线，一旦未折叠蛋白应激无法得到控制，细胞只能消耗更多的线粒体来应对，其结局显然是细胞死亡。

我们的研究表明，线粒体自噬对肺癌细胞应对这种死亡威胁有重要意义，这也是肺癌细胞恶性转变机制之一（图 3-10）。例如，癌症细胞最重要的恶性表型为上皮间充质转化（epithelial-mesenchymal transition，EMT），此过程为癌症细胞获得转移能力的必经步骤。然而，EMT 是耗能过程，肺腺癌细胞可通过增加线粒体的产能满足能量需求，这必然伴随 ROS 介导的线粒体损伤。我们以肺腺癌 A549 细胞为对象的研究表明，该癌症细胞可以通过识别并自噬线粒体清除受损线粒体，同时通过线粒体增殖达到细胞器数量补偿（图 3-10）。

3.3.4　线粒体蛋白质质量控制和衰老

如果线粒体的蛋白质质量控制失败，那么与内质网相关 UPR 应答类似，细胞将会通过启动死亡途径保护整个机体的健康。最新的研究表明，线粒体蛋白质质量控制机制障碍与细胞衰老有直接关系（Friguet et al.，2008）。例如，Lon 蛋白酶介导的线粒体未折叠蛋白降解是关键的靶通路，衰老细胞（尤其是心肌细胞）中往往伴随 Lon 蛋白表达量下降的现象。有趣的是，通过控制实验动物的健康饮食可以显著提高 Lon 蛋白酶的表达。这些研究在一定程度上揭示了衰老发生的机制，具有重要的理论意义。

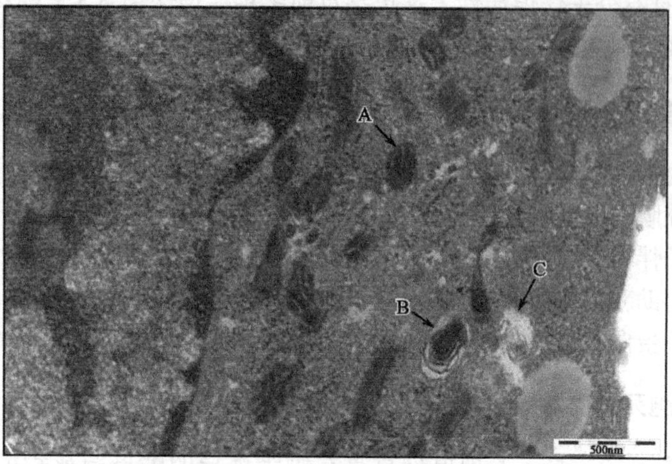

图 3-10　A549 细胞的线粒体自噬

A. 正常线粒体；B. 线粒体自噬体；C. 线粒体自噬空泡

3.4　蛋白质质量控制——自噬

自噬（autophagy）是胞浆大分子物质和细胞器在双层膜包囊泡中大量降解的生物学过程（Deretic，2010）。它是细胞在蛋白质质量控制最晚期的机制，在此过程中自噬体（autophagesome）和自噬溶酶体（autophagelysosome）的形成是关键。该过程可分为三个阶段（图 3-11）：①在应激情况下，形成自噬体膜，它是存在于粗面内质网和高尔基体等内源型的膜结构，并可识别并包裹降解物；②自噬膜逐渐延伸，闭合形成自噬体；③自噬体通过细胞骨架微管运输与溶酶体融合形成自噬溶酶体并降解其内成分，自

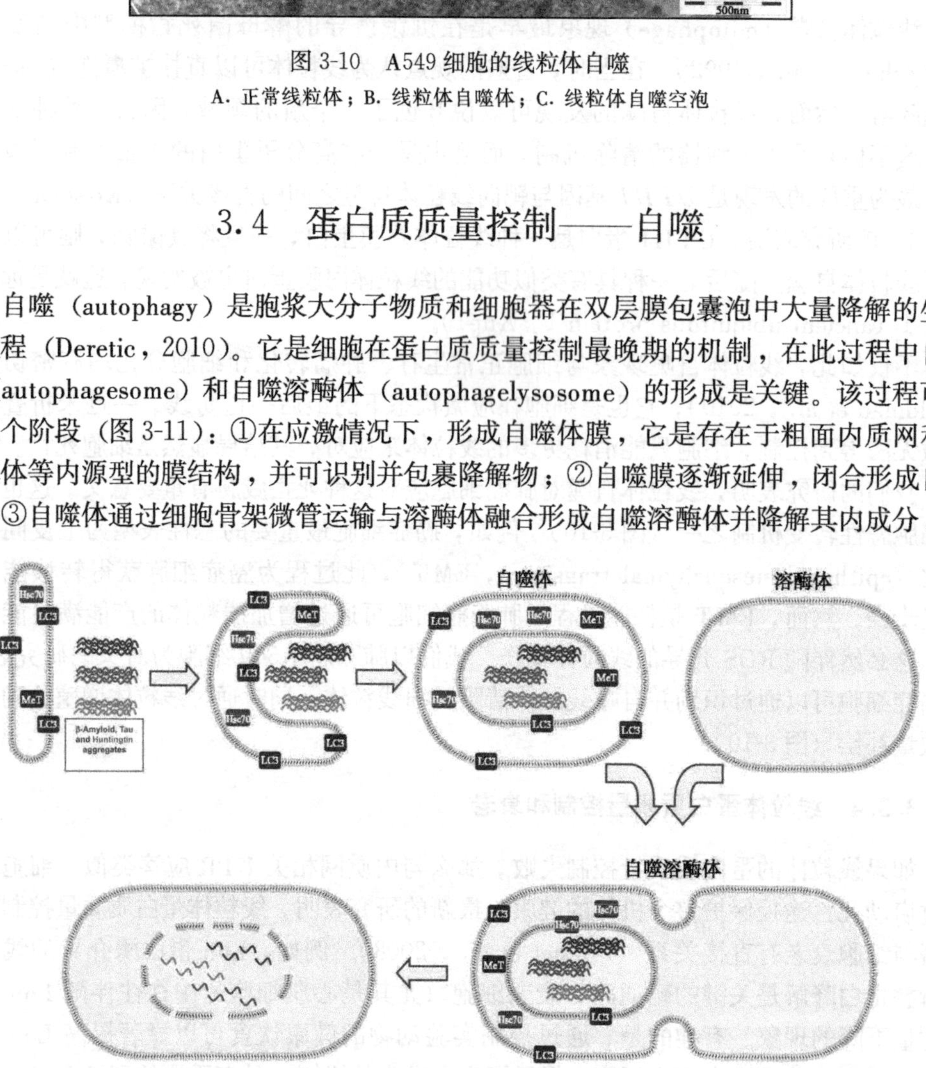

图 3-11　自噬介导的蛋白质质量控制（修改自 ScienceSlides 2009，VisiScience）

噬体膜脱落再循环利用。自噬通常分为保养性（maintenance）和应激性两种形式，前者在降解受损和衰老的细胞器以维持细胞稳态中有重要作用，而后者则是 ERAD 的一种晚期形式。

目前，已确定自噬主要有三种形式：大自噬（macroautophagy）、小自噬（microautophagy）和分子伴侣介导的自噬（chaperone-mediated autophagy，CMA）。大自噬的作用主要是清除细胞内微生物、衰老细胞器（图 3-10）和大分子，而小自噬和 CMA 的目标则是清除未折叠蛋白。CMA 不发生囊泡转运，其典型特点是具有选择性。这种机制包括如含特定 KFERQ 五肽序列的蛋白质可选择性地被以 Hsc70 为主的分子伴侣复合物识别，进而在溶酶体膜上的受体 LAMP22A 的作用下，被转运到溶酶体腔中被消化（图 3-11）。

3.5 几种典型蛋白折叠相关疾病及其分子病理

3.5.1 HIV-1 感染和艾滋病

3.5.1.1 HIV-1 劫持细胞的增殖和死亡机制

从简化的 HIV-1 感染动力学分析，HIV-1 进入 $CD4^+$ 细胞后立刻展开两项工作：首先，HIV-1 在基因整合前表达 *nef* 和 *tat* 等基因，通过 NF-κb 等途径引起细胞活化，诱导细胞增殖早期事件，包括氨基酸转运增加，核苷酸合成，cAMP、RNA 等物质的细胞内浓度上升；其次，在 HIV-1 经过核转位、基因组整合、病毒 mRNA 表达、病毒蛋白合成、新病毒子装配等生活史重要过程以后，通过表达 Vpr 蛋白等细胞内信息诱导细胞凋亡，这使细胞膜去极化，更加方便病毒的出芽（budding）。

这表明，HIV-1 首先劫持细胞增殖机器，迫使被感染细胞牺牲自身资源为 HIV-1 的合成提供丰富的物质基础，并且完成自我复制；随后，HIV-1 劫持了细胞凋亡机器，促进了病毒的传播。其中 HIV-1 Vpr 在整个劫持行动中扮演着重要角色。首先，Vpr 是一个有亲核作用（neucleophilic）的蛋白质，在 HIV-1 完成胞浆反转录后，其 cDNA 立刻可以与 Vpr 结合形成复合体，由 Vpr 介导核转位，具有类似作用的蛋白质还包括 gag 基质蛋白（MA）和整合酶（integras，IN）；其次，在 HIV-1 介导细胞活化增殖过程中，Vpr 通过激活 Rad3 相关激酶（ATR）诱导细胞周期 G_2 期停滞；再次，通过线粒体攻击诱导细胞凋亡。

3.5.1.2 HIV-1 劫持细胞的蛋白质质量机器

HIV-1 不仅利用细胞增殖的原料，同时利用细胞凋亡以协助病毒子释放。更为不可思议的是，HIV-1 利用人类细胞的蛋白折叠机制以辅助病毒的吸附（attachment）和感染细胞的融合。HIV 通过病毒包膜蛋白 gp120 与靶细胞 CD4 分子结合，介导包膜蛋白构象改变，令 gp41 可嵌入细胞膜，进而包膜和细胞膜融合介导病毒核衣壳进入细胞。然而在急性感染期，病毒的体内滴度是相当有限的，成功进入靶细胞将是病毒能否建立持续感染的前提条件。我们知道，细胞表面分布着多种 PDI 辅助膜蛋白折叠，而 HIV-

1 却进化了一套劫持这些 PDI 的机制。HIV-1，即 gp120 可以在 PDI 的催化下与 CD4 分子形成二硫键，这样，一旦细胞与病毒相遇，即可最大概率的吸附于细胞膜上（Fenouillet et al.，2001）。HIV-1 的细胞间传播主要有两种方式：①病毒出芽再感染其他细胞；②细胞融合。其中，细胞融合的发生机制也是利用了 gp120 和 CD4 分子的结合，这是因为，gp120 也是一种糖蛋白和膜蛋白，细胞内 HIV-1 可表达过量的 gp120 并通过内质网和高尔基复合体折叠分配到细胞膜，这些 gp120 可与其他靶细胞表面的 CD4 分子再结合，从而介导细胞融合，达到传播病毒的目的（Barbouche et al.，2003）。研究表明，PDI 在细胞融合中的作用是不可替代的，阻断其活性将不会介导细胞融合（Markovic et al.，2004）。

3.5.1.3 HIV-1 选择性降解细胞内的抗病毒蛋白

HIV-1 与人细胞基因组整合后，即形成 HIV-1 前病毒（provirus），这种病毒形式可以潜伏多年，也可在条件具备的情况下活化复制病毒子。而目前已知细胞内有多种抗 HIV-1 蛋白，它们包括 DNA dC-dU 编辑蛋白酶-3G（DNA dC->dU-editing enzyme APOBEC-3G，APOBEC3B）、APOBEC3F 和 E3 泛素蛋白连接酶 TRIM32（E3 ubiquitin-protein ligase TRIM32，Trim32）等。这些蛋白质均可以特异性地介导病毒蛋白的降解。但 HIV-1 可表达病毒子感染性因子（virion infectivity factor，Vif），Vif 可募集延长素 BC（elongin BC）、CUL5 和 RBX2 形成一种 E3 连接酶复合体，从而介导 APOBEC3B 和 APOBEC3F 的泛素化，然后利用细胞内蛋白酶体系统降解这些抗病毒蛋白，达到辅助病毒子包装的目的。目前，针对 Vif 的新药研究非常广泛，虽然还没有一种药物通过临床测试，不过至少在动物实验水平取得了非常有希望的研究成果。

3.5.2 几种癌症与蛋白质质量控制

3.5.2.1 细胞周期与癌症细胞转化

细胞周期进程是由一系列细胞周期蛋白依赖性激酶（CDK）调控的，而 CDK 则是由细胞周期蛋白（cyclin）来激活。细胞周期蛋白根据调控周期不同分为 cyclin A、cyclin B、cyclin D、cyclin E 4 种，其中，cyclin A 主要调节 S/G_2 期过渡、cyclin B 调节 G_2/G_1 期、cyclin E 调节 G_1/S 期，而 cyclin D 在各个细胞周期都参与调节。这些细胞周期蛋白均为瞬时作用蛋白，在细胞中只有几分钟寿命。在正常细胞中，CDK-cyclin 复合物在行使功能后会被泛素化并由蛋白酶体降解。如果该复合物不能正常降解，则会增加癌细胞转化的风险。例如，cyclin B 的降解障碍是多种癌症的发病机制之一。

3.5.2.2 恶性黑色素瘤

黑色素（melanin）在高尔基体内糖基化修饰后被转位至黑色素小体（melanosome）成熟并完成其生物合成反应。在此反应中，酪氨酸酶（tyrosinase）的丰度非常重要，如果丰度不足，黑色素就不能正常成熟，从而导致恶性黑色素瘤细胞转化。在对人和小鼠细胞研究中发现，该转化过程的机制是编码酪氨酸激酶的基因发生突变，其表达产物被滞留在内质网，呈核心糖基化状态，并且可被泛素化并迅速降解，从而导致酪氨酸酶的输出不足（Halaban et al.，1997）。

3.5.2.3 乳腺癌

最近的研究发现，作为一种E3连接酶，Hsc70羧基末端反应蛋白（carboxyl terminus of Hsc70-interacting protein，CHIP）可以特异性杀伤乳腺癌细胞，并利用功能蛋白质组学手段阐明了其使用机制，即CHIP可特异性诱导与乳腺癌相关的固醇受体共激活因子3（steroid receptor co-activator 3，SRC-3）泛素化降解（Patterson and Ronnebaum，2009）。

3.5.2.4 肺癌细胞的蛋白酶体抑制

肺癌是世界范围内的难题，是致死率最高的疾病之一。约85%的肺癌为非小细胞肺癌（non-small cell lung cancer，NSCLC），其总肺癌5年存活率约为15%。而另外一种约占总肺癌比例15%的小细胞肺癌（small cell lung cancer，SCLC）则是一种侵袭性非常高的恶性肿瘤，其存活时间中值为5～8个月。

肺癌细胞中的抗凋亡蛋白（尤其是Bcl-2）表达往往较高，在70%～80%的NSCLC和SCLC患者中可检测到*Bcl-2*基因过表达（Scagliotti，2006）。我们知道，Bcl-2家族蛋白的表达与NF-κB的活化有密切关系，正如所介绍的，蛋白酶体介导的I-κB降解是NF-κB-IκB复合体解离的主要原因。因此，如果要降低抗凋亡蛋白的表达，蛋白酶体抑制剂是一种巧妙地选择。硼替佐米是第一种用作化学治疗药物的蛋白酶体抑制剂，由千年制药公司（Millennium Pharmaceuticals）开发，市场名称为Velcade。Velcade在II期和III期临床中都显示出了治疗活性，然而需要与地塞米松联用，地塞米松也是一种细胞活化的抑制剂，可作用于NF-κB通路。蛋白酶体抑制剂的研究开发目前非常活跃，除Velcade外，还没有其他抑制剂达到临床实验水平，但是，作为一类新的肺癌药物，这些抑制剂显示出有希望的前景。

3.5.3 几种退行性神经病变与蛋白质折叠

3.5.3.1 库贾氏症

库贾氏症，也被称为牛海绵状脑病，俗称疯牛病。它是一种罕见的神经性退化性疾病，此病的临床病理包括大脑皮质产生空泡化，使大脑组织退化，呈现海绵状。1997年，诺贝尔生理学或医学奖授予了美国生物化学家Stanley，他的主要发现是一种有复制活性的蛋白质——朊粒（prion）。多年来的大量实验研究表明，朊粒中没有任何核酸，对各种理化作用具有很强抵抗力，传染性极强，是一种分子质量为2.7万～3.0万的蛋白质颗粒，它是库贾氏症的病因。

库贾氏症又是一种典型的蛋白质折叠病。朊粒的感染方式与两种一级结构完全相同的蛋白质相关，它们分别是α螺旋富集朊粒蛋白（α-helix rich prion protein，PrP^C）和β片层富集朊粒蛋白（β-sheet-rich prion protein，PrP^{Sc}）（Eghiaian et al.，2004）。

PrP^C 是神经组织中正常形式的蛋白质，而 PrP^{Sc} 则是一种不溶性的致病蛋白质。朊粒的传播机制就是 PrP^{Sc} 可以诱导 PrP^C 形成新的 PrP^{Sc}，从表现其的感染性。

3.5.3.2 帕金森病

帕金森病（Parkinson disease，PD）是一种晚发型神经退行性疾病，它的病因与错误折叠的蛋白质的累积有密切关系。PD 患者神经源的蛋白酶体活力下降，从而导致错误折叠蛋白质可以形成巨大的不可溶聚合物，并导致神经中毒，但具体的致病机制还不清楚。在帕金森病中对蛋白质聚集和路易体（Lewy body）的形成与蛋白酶体之间关系的研究相对较为充分。例如，在对帕金森病的酵母模型进行研究后发现，当蛋白酶体的活性降低后，这种酵母对来自于 α 突触核蛋白（α-synuclein，路易体的主要成分）的毒性变得更加敏感。

3.5.3.3 阿尔茨海默病

阿尔茨海默病（Alzheimer disease）是一种进行性发展的致死性神经退行性疾病，临床表现为认知和记忆功能不断恶化，日常生活能力进行性减退，并有各种神经精神症状和行为障碍。目前认为其主要病因是神经细胞中淀粉样蛋白累积和出胞引起的神经损伤。最新的研究表明，阿尔茨海默病的发生机制可能与 UPS 密切相关（Oddo，2008）。组织免疫化学研究表明，在淀粉样蛋白沉积的神经细胞中存在一种被称为 UBB＋1 的蛋白质（ubiquitin-B mutant protein），该蛋白质在 C 端有一个 19AA 的转录二核苷酸缺失。UBB＋1 可显著抑制神经细胞的泛素依赖蛋白水解，从而引发 UPR 和细胞死亡。

参考文献

王通等．2006．NO 介导的小鼠胸腺细胞中线粒体的变化在细胞凋亡过程中的作用．细胞与分子免疫学杂志，22（3）：302-305．

王志强等．2009．蛋白质二硫键异构酶家族的结构与功能．生命科学研究，13（6）：548-553．

Anfinsen C B．1973．Principles that govern the folding of protein chains．Science，181（96）：223-230．

Antonsson B，et al．1997．Inhibition of Bax channel-forming activity by Bcl-2．Science，277（5324）：370-372．

Barbouche R，et al．2003．Protein-disulfide isomerase-mediated reduction of two disulfide bonds of HIV envelope glycoprotein 120 occurs post-CXCR4 binding and is required for fusion．J Biol Chem，278（5）：3131-3136．

Bates E E，et al．1997．Identification and analysis of a novel member of the ubiquitin family expressed in dendritic cells and mature B cells．Eur J Immunol，27（10）：2471-2477．

Buchberger A，et al．1996．Substrate shuttling between the DnaK and GroEL systems indicates a chaperone network promoting protein folding．J Mol Biol，261（3）：328-333．

Burri L，et al．2000．Identification and characterization of a mammalian protein interacting with 20S proteasome precursors．Proc Natl Acad Sci U S A，97（19）：10348-10353．

Calfon M，et al．2002．IRE1 couples endoplasmic reticulum load to secretory capacity by processing the XBP-1 mRNA．Nature，415（6867）：92-96．

Deng J，et al．2004．Translational repression mediates activation of nuclear factor kappa B by phosphorylated translation initiation factor 2．Mol Cell Biol，24（23）：10161-10168．

Deretic V．2010．Autophagy in infection．Curr Opin Cell Biol，22（2）：252-262．

Deveraux Q, et al. 1994. A 26 S protease subunit that binds ubiquitin conjugates. J Biol Chem, 269 (10): 7059-7061.

Eghiaian F. et al. 2004. Insight into the PrPC—>PrPSc conversion from the structures of antibody-bound ovine prion scrapie-susceptibility variants. Proc Natl Acad Sci U S A, 101 (28): 10254-10259.

Elsasser S, et al. 2002. Proteasome subunit Rpn1 binds ubiquitin-like protein domains. Nat Cell Biol, 4 (9): 725-730.

Fenouillet E, et al. 2001. The catalytic activity of protein disulfide isomerase is involved in human immunodeficiency virus envelope-mediated membrane fusion after CD4 cell binding. J Infect Dis, 183 (5): 744-752.

Finley D. 2009. Recognition and processing of ubiquitin-protein conjugates by the proteasome. Annu Rev Biochem, 78477-78513.

Fisher E A, Williams K J. 2008. Autophagy of an oxidized, aggregated protein beyond the ER: a pathway for remarkably late-stage quality control. Autophagy, 4 (5): 721-723.

Friguet B, et al. 2008. Mitochondrial protein quality control: implications in ageing. Biotechnol J, 3 (6): 757-764.

Gerards W L, et al. 1997. The human alpha-type proteasomal subunit HsC8 forms a double ringlike structure, but does not assemble into proteasome-like particles with the beta-type subunits HsDelta or HsBPROS26. J Biol Chem, 272 (15): 10080-10086.

Goldman S J, et al. 2010. Autophagy and the degradation of mitochondria. Mitochondrion.

Goldstein G, 1975, The isolation of thymopoietin (thymin). Ann N Y Acad Sci, 249: 177-185.

Groll M, et al. 2001. Crystal structure of the 20 S proteasome: TMC-95A complex: a non-covalent proteasome inhibitor. J Mol Biol, 311 (3): 543-548.

Ha J H, McKay D B. 1994. ATPase kinetics of recombinant bovine 70 kDa heat shock cognate protein and its amino-terminal ATPase domain. Biochemistry, 33 (48): 14625-14635.

Halaban R, et al. 1997. Aberrant retention of tyrosinase in the endoplasmic reticulum mediates accelerated degradation of the enzyme and contributes to the dedifferentiated phenotype of amelanotic melanoma cells. Proc Natl Acad Sci U S A, 94 (12): 6210-6215.

Hanna J, et al. 2003. Ubiquitin depletion as a key mediator of toxicity by translational inhibitors. Mol Cell Biol, 23 (24):9251-9261.

Harding H P, et al. 2000. Regulated translation initiation controls stress-induced gene expression in mammalian cells. Mol Cell, 6 (5): 1099-1108.

Haze K, et al. 1999. Mammalian transcription factor ATF6 is synthesized as a transmembrane protein and activated by proteolysis in response to endoplasmic reticulum stress. Mol Biol Cell, 10 (11): 3787-3799.

Heink S, et al. 2005. IFN-gamma-induced immune adaptation of the proteasome system is an accelerated and transient response. Proc Natl Acad Sci U S A, 102 (26): 9241-9246.

Hetz C, et al. 2006. Proapoptotic BAX and BAK modulate the unfolded protein response by a direct interaction with IRE1alpha. Science, 312 (5773): 572-576.

Hirano Y, et al. 2005. A heterodimeric complex that promotes the assembly of mammalian 20S proteasomes. Nature, 437 (7063): 1381-1385.

Hirano Y, et al. 2006. Cooperation of multiple chaperones required for the assembly of mammalian 20S proteasomes. Mol Cell, 24 (6): 977-984.

Isono O, et al. 2008. Human T-cell leukemia virus type 1 HBZ protein bypasses the targeting function of ubiquitination. J Biol Chem, 283 (49): 34273-34282.

Iwakura M, Nakamura T. 1998. Effects of the length of a glycine linker connecting the N-and C-termini of a circularly permuted dihydrofolate reductase. Protein Eng, 11 (8): 707-713.

Kang Y, et al. 2007. Defining how ubiquitin receptors hHR23a and S5a bind polyubiquitin. J Mol Biol, 369 (1): 168-176.

Kim H Y, Gladyshev V N. 2007. Methionine sulfoxide reductases: selenoprotein forms and roles in antioxidant protein repair in mammals. Biochem J, 407 (3): 321-329.

Kim I, et al. 2004. Multiple interactions of rad23 suggest a mechanism for ubiquitylated substrate delivery important in proteolysis. Mol Biol Cell, 15 (7): 3357-3365.

Kissova I, et al. 2007. Selective and non-selective autophagic degradation of mitochondria in yeast. Autophagy, 3 (4):329-336.

Kruse K B, et al. 2006. Characterization of an ERAD gene as VPS30/ATG6 reveals two alternative and functionally distinct protein quality control pathways: one for soluble Z variant of human alpha-1 proteinase inhibitor (A1PiZ) and another for aggregates of A1PiZ. Mol Biol Cell, 17 (1): 203-212.

Lam Y A, et al. 1997. Editing of ubiquitin conjugates by an isopeptidase in the 26S proteasome. Nature, 385 (6618): 737-740.

Leonhard K, et al. 1999. Chaperone-like activity of the AAA domain of the yeast Yme1 AAA protease. Nature, 398 (6725): 348-351.

Li M, et al. 2000. ATF6 as a transcription activator of the endoplasmic reticulum stress element: thapsigargin stress-induced changes and synergistic interactions with NF-Y and YY1. Mol Cell Biol, 20 (14): 5096-5106.

Liu C Y, et al. 2002. The protein kinase/endoribonuclease IRE1alpha that signals the unfolded protein response has a luminal N-terminal ligand-independent dimerization domain. J Biol Chem, 277 (21): 18346-18356.

Markovic I, et al. 2004. Thiol/disulfide exchange is a prerequisite for CXCR4-tropic HIV-1 envelope-mediated T-cell fusion during viral entry. Blood, 103 (5): 1586-1594.

Murakami Y, et al. 1992. Ornithine decarboxylase is degraded by the 26S proteasome without ubiquitination. Nature, 360 (6404): 597-599.

Murata S, et al. 2007. Regulation of CD8+ T cell development by thymus-specific proteasomes. Science, 316 (5829):1349-1353.

Murata S, et al. 2008. Thymoproteasome: probable role in generating positively selecting peptides. Curr Opin Immunol, 20 (2): 192-196.

Murata S, et al. 2009. Molecular mechanisms of proteasome assembly. Nat Rev Mol Cell Biol, 10 (2): 104-115.

Navon A, Goldberg A L. 2001. Proteins are unfolded on the surface of the ATPase ring before transport into the proteasome. Mol Cell, 8 (6): 1339-1349.

Nekrutenko A, He J. 2006. Functionality of unspliced XBP1 is required to explain evolution of overlapping reading frames. Trends Genet, 22 (12): 645-648.

Oddo S. 2008. The ubiquitin-proteasome system in Alzheimer's disease. J Cell Mol Med, 12 (2): 363-373.

Palleros D R, et al. 1993. ATP-induced protein-Hsp70 complex dissociation requires K+ but not ATP hydrolysis. Nature, 365 (6447): 664-666.

Patterson C, Ronnebaum S. 2009. Breast cancer quality control. Nat Cell Biol, 11 (3): 239-241.

Pickart C M, Cohen R E. 2004. Proteasomes and their kin: proteases in the machine age. Nat Rev Mol Cell Biol, 5 (3):177-187.

Ramos P C, et al. 1998. Ump1p is required for proper maturation of the 20S proteasome and becomes its substrate upon completion of the assembly. Cell, 92 (4): 489-499.

Robert J. 2003. Evolution of heat shock protein and immunity. Dev Comp Immunol, 27 (6-7): 449-464.

Ron D, Walter P. 2007. Signal integration in the endoplasmic reticulum unfolded protein response. Nat Rev Mol Cell Biol, 8 (7): 519-529.

Roth J, et al. 2008. Protein quality control: the who's who, the where's and therapeutic escapes. Histochem Cell Biol, 129 (2): 163-177.

Scagliotti G. 2006. Proteasome inhibitors in lung cancer. Crit Rev Oncol Hematol, 58 (3): 177-189.

Schmidtke G, et al. 2009. Degradation of FAT10 by the 26S proteasome is independent of ubiquitylation but relies on

NUB1L. FEBS Lett, 583 (3): 591-594.

Sideraki V, Gilbert H F. 2000. Mechanism of the antichaperone activity of protein disulfide isomerase: facilitated assembly of large, insoluble aggregates of denatured lysozyme and PDI. Biochemistry, 39 (5): 1180-1188.

Szweda P A, et al. 2002. Proteolysis, free radicals, and aging. Free Radic Biol Med, 33 (1): 29-36.

Takeshige K, et al. 1992. Autophagy in yeast demonstrated with proteinase-deficient mutants and conditions for its induction. J Cell Biol, 119 (2): 301-311.

Tanaka K, Kasahara M. 1998. The MHC class I ligand-generating system: roles of immunoproteasomes and the interferon-gamma-inducible protcasome activator PA28. Immunol Rev, 163161-163176.

Tatsuta T, Langer T. 2009. AAA proteases in mitochondria: diverse functions of membrane-bound proteolytic machines. Res Microbiol, 160 (9): 711-717.

Tatsuta T. 2009. Protein quality control in mitochondria. J Biochem, 146 (4): 455-461.

Taxis C, et al. 2002. ER-golgi traffic is a prerequisite for efficient ER degradation. Mol Biol Cell, 13 (6): 1806-1818.

Theyssen H, et al. 1996. The second step of ATP binding to DnaK induces peptide release. J Mol Biol, 263 (5): 657-670.

Tissieres A, et al. 1974. Protein synthesis in salivary glands of Drosophila melanogaster: relation to chromosome puffs. J Mol Biol, 84 (3): 389-398.

Tobiume K, et al. 2001. ASK1 is rcquired for sustained activations of JNK/p38 MAP kinases and apoptosis. EMBO Rep, 2 (3): 222-228.

Varshavsky A. 2003. The N-end rule and regulation of apoptosis. Nat Cell Biol, 5 (5): 373-376.

Verma R, et al. 2004. Multiubiquitin chain receptors define a layer of substrate selectivity in the ubiquitin-proteasome system. Cell, 118 (1): 99-110.

Wang J D, et al. 1998. GroEL-GroES-mediated protein folding requires an intact central cavity. Proc Natl Acad Sci U S A, 95 (21): 12163-12168.

Weber-Ban E U, et al. 1999. Global unfolding of a substrate protein by the Hsp100 chaperone ClpA. Nature, 401 (6748):90-93.

Wilkinson B, Gilbert H F. 2004. Protein disulfide isomerase. Biochim Biophys Acta, 1699 (1-2): 35-44.

Wisniewska M, et al. 2010. Crystal structures of the ATPase domains of four human Hsp70 isoforms: HSPA1L/Hsp70-hom, HSPA2/Hsp70-2, HSPA6/Hsp70B', and HSPA5/BiP/GRP78. PLoS One, 5 (1): e8625.

Yoneda T, et al. 2001. Activation of caspase-12, an endoplastic reticulum (ER) resident caspase, through tumor necrosis factor receptor-associated factor 2-dependent mechanism in response to the ER stress. J Biol Chem, 276 (17):13935-13940.

Yoshida H, et al. 2001. XBP1 mRNA is induced by ATF6 and spliced by IRE1 in response to ER stress to produce a highly active transcription factor. Cell, 107 (7): 881-891.

Zhu X, et al. 1996. Structural analysis of substrate binding by the molecular chaperone DnaK. Science, 272 (5268): 1606-1614.

第4章 功能蛋白质的分离纯化

蛋白质的分离与纯化是透彻研究其结构与功能的必要步骤。蛋白质的来源广泛，但是纯化不同蛋白质（天然和重组的）所采用的方案基本相似，包括蛋白质表达、初步回收及初步纯化、高分辨率层析纯化。对于任何一个特定蛋白质，纯化方案的确定都主要取决于目标蛋白本身的理化性质。蛋白质由氨基酸组成，所以蛋白质的理化性质与氨基酸的组成密切相关，如两性电离及等电点、紫外吸收等。所有蛋白质都具有胶体性质、沉淀性和凝固性等特性，根据蛋白质的这些物理化学特性，采用盐析、透析、电泳、层析及超速离心等均可对蛋白质进行分离纯化。本章简单介绍蛋白质分离纯化的基本原理及方法。

4.1 蛋白质的物理化学性质

4.1.1 蛋白质的两性电离和等电点

蛋白质由氨基酸组成，其分子中除两端的游离氨基和羧基外，侧链中还有一些解离基，如谷氨酸、天冬氨酸残基中的γ-羧基和β-羧基，赖氨酸残基中的ε-氨基，精氨酸残基的胍基和组氨酸的咪唑基，它们是在一定的溶液 pH 条件下都可以解离成带负电荷或正电荷的基团。当蛋白质溶液处于一定 pH 范围时，蛋白质解离成正负离子的趋势相等，即成为兼性离子（净电荷为零），此时溶液的 pH 成为蛋白质的等电点（isoelectric point，pI）。处于等电点的蛋白质分子，在电场中保持静止。当溶液的 pH 大于等电点时，该蛋白质带负电荷，反之则带正电荷。

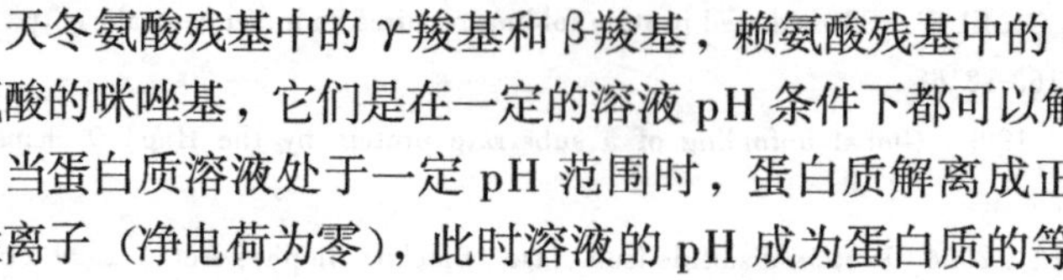

在人体内存在种类丰富的蛋白质，它们的等电点有所不同，但是大多数接近于5.0。通常体液在 pH7.4 的情况下，大多数蛋白质解离成阴离子带负电荷，少数含碱性氨基酸较多的蛋白质，其等电点偏于碱性，被称为碱性蛋白质，如鱼精蛋白、神经营养因子和组蛋白。反之，含酸性氨基酸较多的蛋白质，等电点就偏酸性，被称为酸性蛋白质，如胃蛋白酶和丝蛋白。

4.1.2 蛋白质的胶体性质

蛋白质分子质量一般为 10 000～1 000 000Da，在溶液中形成的颗粒直径为 1～100nm，属于胶体颗粒的范围，所以蛋白质具有胶体性质。蛋白质的亲水性胶体溶液的稳定性主要取决于其表面的水化层和电荷层。蛋白质的表面含有较多亲水基团，从而具有强烈地吸引水分子的作用，使蛋白质分子表面常为多层水分子所包围，称为水化层。水化层可以阻止蛋白质颗粒因相互聚集而沉淀。蛋白质在非等电点溶液中形成电荷层，同性电荷排斥，防止蛋白质颗粒相聚沉淀。因此，如果破坏蛋白质的水化层和电荷层，蛋白质分子间就因引力而聚集。与低分子质量的物质相比，蛋白质胶体溶液的性质为溶液扩散慢、黏度大、不能透过半透膜。蛋白质的这些特殊性是蛋白质分离纯化的基础。最简单的利用蛋白质胶体性质对蛋白质进行纯化的方法就是透析法，即将蛋白质溶液放入半透膜内，小分子物质可透过半透膜，大分了质量的蛋白质分子则留在半透膜内。

4.1.3　蛋白质的变性

在某些物理和化学因素作用下，蛋白质的严密结构被破坏，导致蛋白质若干物理化学性质、生物学性质的改变，这种现象称为蛋白质变性（denaturation）。如果变性蛋白质只是空间构象的破坏，一般认为蛋白质发生变性是次级键（如二硫键）的破坏，并不涉及一级结构的改变。引发蛋白质变性的因素分为物理因素和化学因素两类。使蛋白质发生变性的物理因素包括高温、高压、紫外线、X 射线照射、超声波、剧烈震荡和搅拌等。常见的化学因素有强酸、强碱、重金属、有机溶剂、浓尿素和十二烷基磺酸钠（SDS）等。这些理化因素都可使蛋白质变性，球状蛋白变性后，溶解度明显降低。蛋白质变性伴随着理化性质的改变，如结晶体消失、黏度和呈色性增加、易被蛋白质水解酶水解，这些特性的改变都与蛋白质空间结构破坏、松散、分子伸长、分子的不对称性增加及氨基酸残基侧链外露等密切相关。结构的破坏导致蛋白质生物学功能的丧失，如生物酶失去催化能力、金属蛋白失去金属结合能力、激素丧失调节功能、抗体不能再特异地与抗原结合等。

大多数蛋白质变性时空间结构受到严重破坏，不能恢复原有结构，称为不可逆变性。但有些蛋白质在变性后，仍可恢复其活性，称为可逆变性。例如，化脓链球菌中血红素转运蛋白在强酸作用下变性后，再经过透析除去酸，转换至中性含有尿素的缓冲溶液中，又可恢复其血红素铁结合特性。但在 100℃变性的胃蛋白酶和血红蛋白就不能恢复其活性。

有些蛋白质变性后，其疏水侧链外露，肽链融合相互缠绕，继而发生聚集并从溶液中析出，这种现象称为蛋白质沉淀。变性蛋白质分子虽然一般易于沉淀，但在一定条件下某些变性的蛋白质也可以不发生沉淀。由于蛋白质本身所形成的亲水胶体颗粒具有表面的水化层和电荷层两种稳定因素，无外加条件时，不会互相聚集。但是当水化层或电荷层受到破坏时（如调解 pH 到等电点或加脱水剂）蛋白质便容易聚集析出。

通常蛋白质遇到强酸或强碱变性后，仍能处于溶解状态，但是当将蛋白质溶液的 pH 调至其等电点时，则变性蛋白质立即凝结成絮状的不溶解物，这种现象被称为变性蛋白质的结絮作用（flocculation）。结絮作用形成的絮状物仍能再溶于强酸或强碱中，如果再受热，则絮状物变为坚固的凝块，该凝块不易溶于强酸或强碱，这种现象称为蛋白质凝固（protein coagulation）。蛋白质发生凝固是蛋白质变性后继续发展的结果，它的特点是结构松散，长肽链混乱如麻并互相缠绕，扭成一团，凝固后的蛋白质不能再恢复其原来的结构。

4.1.4 蛋白质的紫外吸收

由于蛋白质分子含有共轭双键的酪氨酸、苯丙氨酸和色氨酸，因此蛋白质溶液在280nm 处具有特异的紫外吸收峰。蛋白质溶液在一定浓度范围内，在 280nm 处的吸光度与其浓度成正比，因此研究中利用这一性质测定蛋白质浓度。由于蛋白质的紫外吸收峰受 pH 变化的影响，故应用此法时要注意溶液的 pH 要与标准曲线制定时的 pH 一致。

紫外线吸收法测定蛋白质含量的优点是快速、简便、节约蛋白质样品，低浓度盐存在时不干扰测定。因此，广泛应用于各种类型柱层析分离中监测蛋白质的洗脱情况。此法虽然方便但也存在一定的缺点：①在测定与标准蛋白质中酪氨酸和色氨酸百分含量差异较大的蛋白质时，结果有一定的误差；②若样品中存在核酸等吸收紫外吸收的物质，对浓度的测定会出现较大的影响。不同蛋白质和核酸的紫外线吸收是不同的，即使经过校正，测定结果仍然存在一定的误差，但是这种测量方法的结果可作为初步定量的依据。该法可测定的蛋白质浓度为 0.1～1.0mg/ml。

4.1.5 蛋白质的呈色反应

4.1.5.1 茚三酮反应

蛋白质水解时产生的氨基酸可与水化茚三酮发生作用。茚三酮水合物被还原，其还原产物可与氨基酸加热分解产生的氨结合，再与另一个茚三酮分子缩合成为蓝紫色化合物，这种化合物的最大吸收峰在 570nm 处，在此波长处的吸收值与氨基的浓度成正比，因此可作为测定蛋白质浓度的方法。

4.1.5.2 双缩脲反应

蛋白质在稀碱性溶液中与硫酸铜发生反应，呈现紫红色产物，被称为双缩脲反应 (Levin and Brauer，1951)。分子中含有两个以上—CO—NH—键的化合物都呈此反应，蛋白质分子中的氨基酸之间以肽键相连，因此蛋白质都能与双缩脲试剂发生反应，而氨基酸无此反应。

$$H_2N-\overset{\overset{\displaystyle O}{\|}}{C}-NH_2 \xrightarrow{加热} H_2N-\overset{\overset{\displaystyle O}{\|}}{C}-\overset{\displaystyle H}{N}-\overset{\overset{\displaystyle O}{\|}}{C}-NH_2+NH_3$$

4.1.5.3 米伦反应

蛋白质溶液中加入米伦试剂（如亚硝酸汞、硝酸汞以及硝酸与亚硝酸的混和液），蛋白质首先沉淀，经过加热变为红色沉淀，此为酪氨酸的酚核所特有的反应，因此含有酪氨酸的蛋白质均呈米伦反应（Millon reaction）。

4.2　蛋白质的分离方法

4.2.1　以溶解度为基础的分离方法

4.2.1.1　盐析

多数白蛋白类的蛋白质在纯水中即可溶解，但是球蛋白的溶解需要少量的盐离子协助。几乎所有的蛋白质在溶液中盐离子浓度升高的情况下，水分子从蛋白质表面逐渐转移到盐离子表面，使蛋白质分子相互作用的机会增多，进而导致蛋白质分子间相互作用引起聚集并沉淀，该现象称为盐析。不同蛋白质分子发生盐析所需要的盐离子浓度各不相同，因此通常在蛋白质溶液中加入不同量的中性盐，使即将分离的蛋白质与杂质分离开来。pH、温度和离子强度等因素对蛋白质盐析程度都有一定的影响，因此可以通过改变温度和 pH，以及逐步提高盐浓度的方法，从混合蛋白质样品中分离得到不同的蛋白质，这就是分级沉淀的方法。常用的盐有硫酸铵、硫酸钠和氯化钠等。

硫酸铵在水溶液中的溶解度大并且不易受到温度的影响，在实际应用过程中，通常采用硫酸铵的质量百分比浓度来表示。可以先使用硫酸铵分级沉淀法，以确定目的蛋白存在于硫酸铵的哪个质量百分比浓度段。首先采用某段低浓度盐将杂蛋白去除，再将盐浓度调到高段浓度，使目的蛋白沉淀出来，这是蛋白质分离纯化最初步骤中较有效的方法。

4.2.1.2　有机溶剂分级

有机溶剂的极性对蛋白质溶解度的影响主要包括两个方面：①加入能与水混溶的有机溶剂，降低了水和蛋白质间的作用力，导致蛋白质脱水；②有机溶剂降低了溶液的介电常数，在这种环境中，蛋白质分子间的作用力得到增强，引发蛋白质分子沉淀。加入有机溶剂沉淀蛋白质是粗提蛋白质常用方法之一。但是由于有机溶剂也改变了蛋白质的结构，所以在蛋白质发生沉淀的同时也发生了变性。为避免蛋白质变性地发生，通常在0℃以下的低温中使用有机溶剂进行蛋白质分级。常用的有机溶剂是乙醇和丙酮，最经典的例子是利用乙醇对血浆中的蛋白质进行分级。混合蛋白质样品做双向电泳前，通常用这两种有机溶剂让蛋白质沉淀，然后反复清洗除盐，排除盐离子对蛋白质等点聚焦的影响。

4.2.1.3　结晶

蛋白质从溶液中缓慢析出，并且按照一定的晶格形式排列，形成晶体。蛋白质结晶在蛋白质的空间结构解析研究中非常重要，因为只有获得好的蛋白质晶体，才可以进一步进行 X 射线衍射解析结构。但是在实验中，蛋白质析出时经常得到的晶体是多晶而非单晶。在生长原理方面，多晶的形成与蛋白质沉淀相同，不同的是单晶形成的速度缓慢。

4.2.2 以分子大小为基础的分离方法

4.2.2.1 透析和超滤

蛋白质分子是高分子化合物，因此可以用一些简单的方法将蛋白质分子与小分子物质分开，从而使蛋白质从混合物中得以分离。透析和超滤两种方法都是根据蛋白质分子质量对蛋白质进行分离。这两种方法都是将蛋白质分子与无机盐为主的小分子分开。透析是将含有蛋白质的混合物放入半透膜制成的透析袋中，再将透析袋浸入透析液中进行分离，通过膜内外离子的不断交换，去除蛋白质样品中的某些盐或交换样品的缓冲溶液。半透膜的膜孔具有不同的规格，半透膜一般是采用赛璐珞和赛璐酚等材料做成的透明袋，对通过的蛋白质分子具有一定的选择性。透析袋使用前要用 0.5mol/L 的 EDTA 煮 0.5h，以便去除附着的重金属和核酸酶，弃去 EDTA 溶液，换上超纯水再煮几次，最后储存在 0.01% NaN_3 水溶液中（4℃）防止细菌污染。在透析过程中，大分子质量的蛋白质不能透过半透膜而滞留在透析袋内，而小分子物质可以自由进出透析袋，最终使它在透析袋内外的浓度相同，即达到平衡，这时需要更换新的透析液反复透析几次，可以使小分子物质完全被去除。

与透析有所不同，超滤是利用离心力或压力使水和小分子物质通过外力作用强制性通过半透膜，使蛋白质分子由于分子质量较大而截留在半透膜上。目前已有商品化的超滤膜，它们可以截留不同分子质量（如 3kDa、8kDa、10kDa、30kDa 和 50kDa）的蛋白质，利用这种超滤膜并配合使用相关的超滤装置，就能非常方便快速的以一个特定的分子质量为界限分离蛋白质混合物。超滤的作用除对蛋白质进行粗略分离外，还可以让蛋白质样品转换到目的缓冲液中，更重要的是可以达到浓缩样品的目的。

4.2.2.2 超离心

超离心技术是 20 世纪 20 年代由瑞典科学家 Swedberg 发明的。其实验原理是根据不同分子质量的蛋白质在超离心力场的作用下的沉降速度不同对蛋白质进行地分离。不同蛋白质利用离心机分离主要采用两种方式，即沉降速度法和沉降平衡法。沉降速度法主要用于分离沉降系数不同的物质，这种方法采用差速离心，即逐步分级加大离心力。首先利用一个较低速度进行离心，使沉降系数大的物质沉淀，其他物质仍保留在溶液中；然后取上清溶液在更大的离心场中再离心，又会获得一些沉淀物质，如此反复多次，便可使蛋白质混合物逐级按沉降系数的不同而被分开。该方法在细胞膜蛋白的制备过程中经常用到。沉降平衡法用于分离密度不同的物质。首先在离心管中制造一个密度环境，包括单一密度、连续密度或梯度密度，使介质的最大密度大于分离物的最大密度。而后加入待分离物，在离心力的作用下，当分离物的密度与介质密度相等时，分离物即停留在与其密度相等的区域，从而达到分离的目的。目前后者在研究中用到得比较多。

4.2.2.3 凝胶过滤

凝胶过滤也称为分子筛。这类层析的基本原理是多孔的载体对不同体积和形状的分子排阻能力不同，从而对混合物进行分离，当不同分子质量蛋白质分子流经凝胶层析柱时，比凝胶珠孔径大的分子不能进入珠内网状结构，随溶剂在凝胶珠之间的空隙向下运动并流出层析柱；相反比凝胶孔孔径小的分子进入网状结构，所以通常是分子质量大的蛋白质在前，分子质量小的蛋白质在后［图4-1（a）］；如果分子质量相同的蛋白质分子经过分子筛，则线性分子在前、球状分子在后。凝胶过滤层析主要是针对水溶性分子，所以凝胶过滤与超离心有些相似。目前常用的凝胶有交联葡聚糖凝胶、聚丙烯酰胺凝胶和琼脂糖凝胶等。

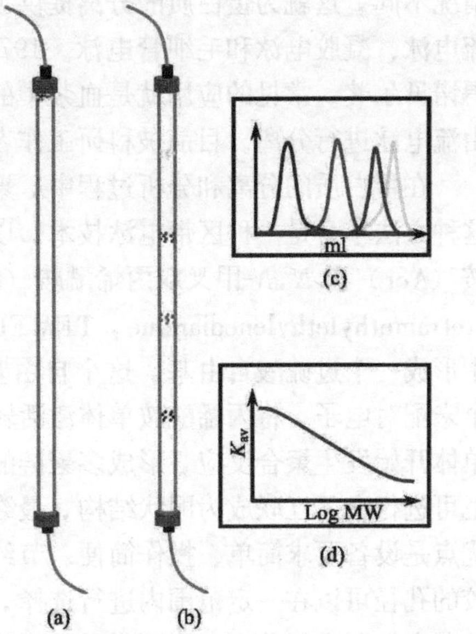

图4-1 凝胶过滤层析分离蛋白质的基本原理
（a）将混合样品加入层析柱；（b）高分子质量蛋白质先流出，低分子质量蛋白质后流出；（c）利用紫外检测器确定洗脱液；（d）利用方程估算未知蛋白质的分子质量：$K_{av}=(V_e-V_o)/(V_t-V_o)$，其中$V_e$是流出体积；$V_o$是有效体积；$V_t$是总体积

凝胶过滤层析的载体可以根据它们的孔径尺寸划分为多种型号。每种型号都有特定的分级范围，一旦蛋白质样品分子质量超出分级范围，即使分子质量有大有小，但载体的排阻情况基本相同，导致蛋白质混合物不能有效分离。因此用凝胶过滤层析方法分离样品，要根据所要纯化样品的分子质量选择合适的凝胶过滤层析基质。

凝胶过滤层析除对蛋白质混合物进行分离外，还有个重要功能，即提供蛋白质分子质量信息。要精确地测定样品的分子质量，首先要用一系列分子质量不同的标准样品，先分别用大于载体上限的分子和小于下限的分子，测得它们的洗脱体积，用以标定凝胶柱的V_o和V_i。而后再测定一系列已知分子质量的标准样品在柱上的洗脱体积V_e，所得的一系列（V_e-V_o）/（V_t-V_o）和标准样品的分子质量的对数呈线性关系［图4-1（b）］。待测分子质量的样品V_e，用（V_e-V_o）/（V_t-V_o）从标准曲线上可以求得未知样品的分子质量［图4-1（c）］。

凝胶过滤层析在蛋白质样品的分离纯化过程中已经被广泛使用，但使用过程中有些问题必须引起重视。首先，样品的上样体积不能过大，否则影响层析的分辨率，所以进行凝胶过滤的样品应尽量浓缩。其次，整个分离过程中蛋白质样品被不断地稀释，不利于进一步的实验分析，所以层析后样品通常需要超滤浓缩。

4.2.3 以静电作用为基础的分离方法

4.2.3.1 电泳

电泳是指带电颗粒（如不处于等电点状态的蛋白质分子）在外电场的作用下向着与其带电性相反的电极移动的现象。不同的蛋白质在不同的pH条件下，在电场中泳动的情况不同，这就为蛋白质的分离提供了一个重要依据。电泳有许多不同类型，包括自由流电泳、凝胶电泳和毛细管电泳。1973 年瑞典科学家 Tisellius 因发明自由流电泳而获得诺贝尔奖。常见的应用就是血浆中的白蛋白、α-球蛋白、β-球蛋白和 γ-球蛋白利用自由流电泳进行分离。目前被科研工作者较多用到的是毛细管电泳和凝胶电泳。

在蛋白质的分离和分析过程中，聚丙烯酰胺凝胶电泳技术已经得到了广泛的使用。这种方法本身是一种区带电泳技术，以聚丙烯酰胺作为载体。聚丙烯酰胺凝胶由丙烯酰胺（Acr）和 *N*,*N*-甲叉双丙烯酰胺（Bis）经共聚合形成，在聚合过程中四甲基乙二胺（tetramethylethylenediamine，TEMED）和过硫酸铵是激发者。首先过硫酸铵在水溶液中形成一个过硫酸自由基，这个自由基进一步激活 TEMED 作为一个电子载体提供一个未配对电子，将丙烯酰胺单体激活转化成为一个自由基，被激活的单体和未被激活的单体开始发生聚合反应，形成多聚链的延伸，同时通过 Bis 的作用，一些延伸的多聚链也可进行交叉互联成为网状结构，最终聚合成凝胶状。聚丙烯酰胺凝胶电泳技术方法的优点是设备要求简单、操作简便、节约样品。为配合不同蛋白质混合物分离的需要，凝胶的孔径可以在一定范围内进行选择，改变凝胶或缓冲液的某些成分，就可以按照不同的分离机制进行分离。聚丙烯酰胺凝胶电泳技术在使用过程中同时具备三种效应，即浓缩效应、分子筛效应和电荷效应。

4.2.3.2 等电聚焦

等电聚焦（isoelectric focusing，IEF）是近年来发展起来的一种高分辨率的蛋白质分离技术。这种方法是在具有 pH 梯度的介质中分离蛋白质混合物，同时也可以用于测定蛋白质的等电点。各种蛋白质分子在外电场作用下，在介质中向等于其等电点的 pH 处移动，并在该位置聚焦成一个窄条带。现在它已经成为被科研工作者广为使用的蛋白质分析和制备技术。蛋白质分子在 IEF 时在含有载体两性电解质形成的一个连续而稳定的线性 pH 梯度环境中进行电泳，这一点与常规电泳有所不同。在 IEF 中，通常使用的载体两性电解质是脂肪族多氨基多羧酸（或磺酸型、或羧酸磺酸混合型），其电泳的 pH 范围有 3～10、4～6.6、6～8 和 8～10 等，可应用于大多数蛋白质等电点（pI）的范围，可用于精细分离蛋白质。IEF 的使用不仅达到了根据等电点对蛋白质进行分离的目的，同时也达到了浓缩蛋白质的效果。在目前流行的双向电泳中，在对混合蛋白质样品进行分离过程时，首先利用等点聚焦进行第一向分离，然后利用聚丙烯凝胶电泳进行第二向分离。

4.2.3.3 离子交换层析

离子交换层析（ion exchange chromatography，IEC）是以离子交换剂为固定相，依据流动相中的蛋白离子与交换剂上的平衡离子进行可逆交换时结合力大小的差别而进行分离的一种层析方法（Crabb，1994）。这种方法实际上属于吸附层析范畴，被广泛应用于对蛋白质样品的分离。离子交换层析所用的通常是带有电荷的树脂或纤维素组成的载体，这种载体称为离子交换树脂。根据载体的电荷性质，离子交换层析可分为阳离子交换层析和阴离子交换层析，相应的带有正电荷的为阴离子交换树脂；反之为阳离子交换树脂。当蛋白质处于不同 pH 条件下，其带电状况也不同。阴离子交换基质结合带有负电荷的蛋白质，被留在层析柱上，通过提高洗脱液中的盐浓度，将吸附在层析柱上的蛋白质洗脱下来，其中结合较弱的蛋白质首先被洗脱下来（图 4-2）；反之阳离子交换基质结合带有正电荷的蛋白质，结合的蛋白质可以通过逐步增加洗脱液中的盐浓度或提高洗脱液的 pH 来进行洗脱。

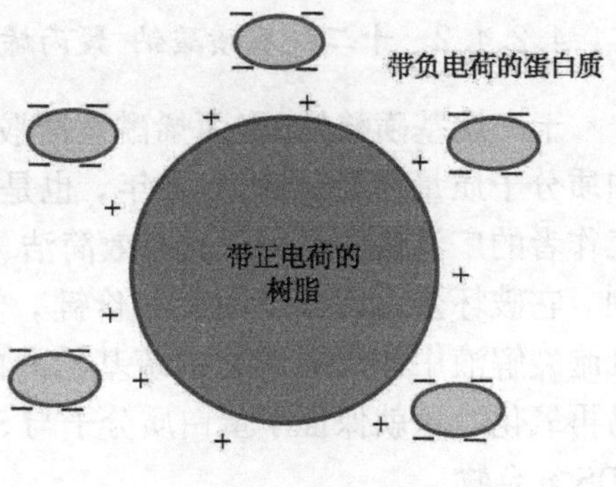

图 4-2　离子交换层析的原理

按照树脂上可解离基团的解离度，用于离子交换的树脂又可分为强离子交换树脂和弱离子交换树脂。通常吸附在强离子交换树脂上的物质，要用强酸性或碱性溶液进行洗脱。因此这种方法对多数具有生物活性的蛋白质不太适合，因为它们在酸性和碱性条件下都不稳定。所以通常使用弱离子交换树脂，但是当测定蛋白质结构或蛋白质序列时，不必考虑蛋白质活性，则可任意选用强离子交换树脂或弱离子交换树脂，只要达到分离的目的就行。

离子交换层析也可以浓缩蛋白质样品，并且根据离子交换层析所用的树脂的类型以及样品洗脱的条件，可以提供蛋白质的带电类型。另外，由于离子交换树脂价格低廉，目前被广泛应用于蛋白质样品的制备过程中。当然，这种技术也在适用范围上有一定的局限性，因此它主要适用于亲水性蛋白质的分离。

4.2.4　以疏水作用为基础的分离方法

4.2.4.1　疏水层析

组成蛋白质的 20 种氨基酸中有 8 种属于疏水性氨基酸，包括丙氨酸、缬氨酸、亮氨酸、异亮氨酸、色氨酸、甲硫氨酸、苯丙氨酸和脯氨酸，这些疏水氨基酸在蛋白质中的含量直接决定了蛋白质的疏水性。疏水层析的原理是基于蛋白质表面以亲水性的基团为主，而各种蛋白质表面的亲水和疏水平衡情况各不相同，当基质上接有疏水基团时，其就可以在适当条件下和蛋白质分子中的疏水部位相互作用，从而达到对亲水性不同的蛋白质进行分离和纯化的目的。疏水层析进行时，首先在高盐条件下使疏水蛋白质吸附在基质的疏水基团上，然后通过适当降低盐浓度或用疏水的方式使疏水柱上吸附的蛋白质逐渐解离。由于离子强度的存在能增强蛋白质分子的表面疏水作用，因此疏水层析通常在盐沉淀或离子交换层析后进行。各种离子溶液对疏水作用的促进效果各不相同。阴离子按照促进疏水作用的能力从强到弱排序：SCN^-、I^-、ClO_4^-、NO_3^-、Br^-、Cl^-、CH_3COO^-、SO_4^{2-}、PO_4^{3-}；阳离子按照降低疏水作用的能力从强到弱排序：NH_4^+、Rb^+、K^+、Na^+、Cs^+、Li^+、Mg^{2+}、Ca^{2+}、Ba^{2+}。除此之外，pH、温度和去垢剂等因素也能对疏水层析产生一定的影响。疏水配体的种类很多，可以是直链的烷基，也可以是芳香族的苯环。目前广泛使用的反相高压液相柱（如 C-3、C-8 和 C-18）都属于疏水层析柱。

4.2.4.2　十二烷基磺酸钠-聚丙烯酰胺凝胶电泳

十二烷基磺酸钠-聚丙烯酰胺凝胶电泳（SDS-PAGE）被用来分离和简单鉴定蛋白质分子质量已经长达30多年，也是最常用的蛋白质分离方法。这种方法受到科研工作者的广泛认同是因为它高效简洁、灵敏度高和重复性好。SDS是一种阴离子去垢剂，它破坏蛋白质分子间的共价键，使蛋白质变性从而改变其原有的构象，尤其在细胞裂解液中加入强还原剂巯基乙醇的情况下，蛋白质分子内的二硫键已被还原不易再氧化，这就保证了蛋白质分子与SDS的充分结合，从而形成带负电荷的蛋白质-SDS复合物。

在进行SDS-PAGE实验前，为排除蛋白质所带电荷对电泳行为的干扰，首先将带有长脂肪链的SDS和蛋白质中的残基通过疏水作用并按照1.4∶1的比例混合，使蛋白质本身的电荷被表面结合的SDS所覆盖，使所有与SDS结合的蛋白质几乎带相同的电荷，经过这样处理的蛋白质在凝胶中泳动的速率与本身的电荷无关，而主要取决于蛋白质的分子质量。因此SDS-PAGE不仅可以用于对蛋白质的分离和鉴定，当有标准蛋白质作参照同时电泳时也可用于分子质量的估测，但用这种方法测定的分子质量有10%的误差。

4.2.5　以生物活性为基础的蛋白质分离方法

蛋白质分子是生命功能的执行者，因此几乎不同来源的蛋白质都具有特定的生物学功能，它们在执行功能过程中与其他生物分子间存在很多特异性的相互作用，如我们熟悉的抗原-抗体、蛋白质-金属、酶-底物或抑制剂、激素-受体和相互作用的蛋白质分子等，它们之间都能够专一而可逆的结合，这种结合力就称为亲和力。所以将与蛋白质分子相互作用的物体作为配体，固定在层析载体上，配合以合适的缓冲溶液和实验条件，就可以通过亲和作用对蛋白质进行非常特异有效地分离，这种以生物活性为目的的分离方法称为亲和层析（Matejtschuk，1997）。亲和层析的分离原理是利用分子间亲和力的特异性和可逆性，将相互作用的一个分子固定在载体上而对另一个分子进行分离纯化。这类层析已广泛用于具有特定功能的蛋白质地分离，如用Ni-NTA层析柱分离幽门螺杆菌中的镍存储蛋白HPN，就是利用该蛋白与镍的高亲和力从而进行纯化的。

近几十年来，亲和层析技术得到了人们的高度重视从而也获得了迅速的发展。对于那些分离流程长、浓度低、杂质多、采用常规方法难以进行分离的生物分子来说，亲和层析常被称为目前最具选择性和最有效的分离方法。在亲和层析时特别需要注意的是，将配体和载体连接时方法尽量温和，一定要保留配体的生物活性，同时样品被结合在固定化配体后，所用的解离条件也应尽可能温和，以免样品或配体失活。

亲和层析中有4种常用的技术，包括固定化金属亲和层析（IMAC）、免疫亲和层析、凝集素亲和层析和染料亲和层析。下面对这4种方法进行简单介绍。

（1）固定化金属亲和层析技术的原理是利用蛋白质与金属间的特异性及可逆性的亲和力。固定化金属离子亲和层析技术主要用来分离纯化带有组氨酸标签的蛋白质。它的原理是组氨酸的咪唑基团、半胱氨酸的巯基、色氨酸的吲哚基团可提供电子，与金属离子结合。用螯合剂［如亚胺二乙酸（iminodiacetate）、IDA 或 NTA］将常用的包括 Ni^{2+}、Co^{2+}、Zn^{2+}、Cu^{2+} 和 Fe^{3+} 的金属离子固定在固体表面会减少蛋白质-金属相互反应的自由度，蛋白质也因此不容易失活，在后续的分离纯化过程中仍然保持较高活性（Sun et al.，2005）。当蛋白质分子中这些氨基酸残基与金属离子结合后，含这些残基的蛋白质在亲和层析柱中受到阻滞，然后通过冲洗去掉非特异结合蛋白，最后用洗脱液（可为 EDTA、乙酸溶液或高浓度咪唑溶液）洗脱目的蛋白，再透析脱盐、浓缩、冷冻干燥就获得高浓度的目的蛋白，并且蛋白质的生物活性不受影响。

融合蛋白的构建是基因工程技术的重要内容之一，而表达出的蛋白质如何纯化也是关键的技术步骤。运用该技术制备的固定化 Ni^{2+} 亲和层析胶可特异性吸附带有 His-tag 纯化标记的蛋白质，并通过亲和层析快速纯化基因工程中表达的目的蛋白。例如，我们课题组在表达化脓性链球菌中的血红素铁转运脂蛋白 SiaA 时，是利用 pBAD/His 融合表达系统，表达了带有 6 个组氨酸标签的 SiaA，然后利用 Ni-NTA 固定化金属亲和柱进行纯化。这种层析方法除纯化表达的目的蛋白外，还可用于分离细胞内的金属蛋白，我们已经应用各种固定金属亲和层析的方法建立了链球菌的金属结合蛋白谱，为细菌中金属运输机制的研究提供了重要基础。近年来该技术得到不断的发展，2004 年 Pinkse 等（2004）将金属氧化物二氧化钛（TiO_2）引进于磷酸化蛋白组学领域，利用 TiO_2 与磷酸化肽段上的磷酸基团的亲和能力实现对磷酸肽的相对富集，TiO_2 亲和树脂已经在蛋白磷酸化的研究中得到广泛应用，并提供了大量重要的磷酸化修饰的信息。因此，该项技术的实用性很强，在将来的生命科学研究领域以及生物制药中应用前景是非常广阔的。

（2）免疫亲和层析利用固化抗体作为亲和吸附剂，吸附相应的抗原，使抗体可以通过各种化学偶联程序固定在适当的支持基质上（图 4-3）（Harris，2001）。过去常用纯化的抗原制备哺乳动物的多抗，但是这种方法会被其他蛋白质干扰，大大降低抗原结合目标蛋白的能力。随着制备技术地不断发展，人们开始开发单克隆抗体技术，它可以大量制备特异性针对靶抗原的抗体，因此促进了免疫亲和技术的应用。现在应用较多的免疫亲和层析技术中的微珠基质是蛋白 A 或蛋白 G 微珠。这种免疫亲和层析柱制备比较容易，由于抗体分子是通过 Fc 段与微珠基质结合的，所以抗原结合片段（Fab）可与抗原最大限度地发生作用。根据抗体与蛋白 A 或蛋白 G 的亲和力，可以选用蛋白 A 或蛋白 G 微珠。通常在使用中将蛋白 A 用于与小鼠单抗 IgG2a、IgG2b 和 IgG3 亚类抗体交联，而将蛋白 G 用于 IgGl 类抗体。蛋白 G 用于与大鼠单抗的交联，对于各种多克隆抗体，蛋白 A 适用于家兔、人、猪、豚鼠、狗或猫的抗体，而蛋白 G 适用于小鼠、大鼠、绵羊、马、驴、牛或山羊的多克隆抗体。在长期的应用过程中，免疫亲和层析方法也暴露出一些缺陷，首先，在科研成本上相对比较高，常用的抗体价格都不便宜；其次，在操作方面亲和柱可能出现配体流失，并且有些结合蛋白较难洗脱下来。尽管有这样的不足，免疫亲和层析的确具有较高的生物特异性，因此在实验室和工业界都有广泛应用。

（3）凝集素亲和层析主要用于纯化各种糖蛋白，凝集素可以促进红细胞和其他细胞凝集。凝集素是植物、脊椎动物和一些无脊椎动物合成的一组蛋白质，它们能结合各种

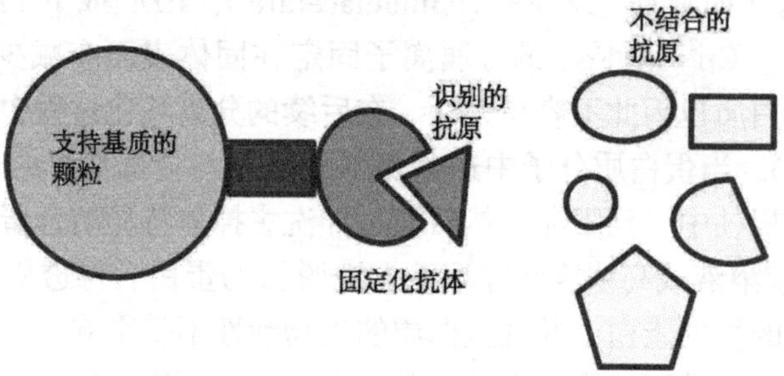

图 4-3　免疫亲和层析原理

单糖。在血型糖蛋白 A、红细胞膜凝集素受体等的分离中，α-D-甲基甘露糖苷或 α-D-吡喃葡萄糖苷的糖蛋白，麦胚凝集素可以特异的与 *N*-乙酰氨基葡萄糖或 *N*-乙酰神经氨酸结合，洗脱时只需用相应的单糖或类似物，就可以将待分离的糖蛋白洗脱下来。例如，洗脱伴刀豆球蛋白 A 吸附的蛋白质可以用 α-D-吡喃甘露糖苷或 α 凝集素。

（4）染料亲和层析是指染料配基能通过共价链牢固地结合到亲和载体上的亲和层析技术。这种方法的优点是使用的染料配基价格便宜，并且可以大量地结合目的蛋白，配基性质比较稳定，不易为物理或化学因素降解，因此染料配体是在试验中被优选的基团特异性配基。目前染料亲和层析在实验中已经得到了广泛的应用，如在生物试验中常用的碱性磷酸酶已经成功地用染料配基亲和层析进行了纯化。三嗪染料可以共价结合到高分子基质葡聚糖上，它被固定在一种琼脂糖胶上作为亲和配基使用。常用的染料亲和配基包括普施安蓝 MX3G、普施安红 H-3B 和普施安黄。活性染料存在一些缺点，即染料配基通常具有一定毒性、对蛋白质分子特异性较差、容易与蛋白质发生非特异性相互作用。然而某些染料的结构与核苷酸辅酶（如 NADH）类似，因此通常结合脱氢酶；X 射线晶体学证实了结合发生在这些依赖核苷酸的酶类与核苷酸的交叠处。研究发现这些染料也可结合其他一些蛋白质，但具体机理仍有待研究。通过一系列实验找到一种与特定目的蛋白很好结合的染体配基是可以实现的，但是产品回收纯度不高，特别是当分离复杂体系时难度更大。

参考文献

Crabb J. 1994. Techniques in Protein Chemistry. London: Academic Press.

Harris E. 2001. Protein Purification Techniques. Oxford: Oxford University Press.

Levin R, Brauer R W. 1951. The biuret reaction for the determination of proteins; an improved reagent and its application. J Lab Clin Med, 38 (3): 474-480.

Matejtschuk P. 1997. Affinity Seperation. Oxford: IRL Press.

Pinkse M W, et al. 2004. Selective isolation at the femtomole level of phosphopeptides from proteolytic digests using 2D-NanoLC-ESI-MS/MS and titanium oxide precolumns. Anal Chem, 76 (14): 3935-3943.

Sun X, et al. 2005. Application of immobilized metal affinity chromatography in proteomics. Expert Rev Proteomics, 2 (5): 649-657.

第5章 蛋白质体外研究——结构与功能研究

蛋白质研究的重点之一是复杂蛋白质混合物中目的成分的分离、纯化及单个蛋白质功能的研究，其最终目的是研究蛋白质结构与功能之间的关系，了解酶、蛋白质功能以及在某些疾病中蛋白质的致病机制等。蛋白质特定的分子结构是其实现生物功能的基础，而对高分辨率蛋白质结构的测定目前主要依赖两种手段：核磁共振谱（nuclear magnetic resonance，NMR）和晶体 X 射线衍射。其他物理效应实验，如穆斯鲍尔（Mössbauer）谱、X 射线吸收光谱（X-ray absorption，XAS）、电子顺磁共振谱（electron paramagnetic resonance，EPR）、圆二色谱（circular dichroism，CD）与核磁共振和 X 射线衍射结合可以在蛋白质结构功能研究方面获得更多有价值的信息（Ge and Sun，2009）。

5.1 核磁共振谱

核磁共振（NMR）是 20 世纪 40 年代发展起来的一种探测技术，1945 年美国哈佛大学 Purcel 和斯坦福大学 Bloch 教授几乎同时独立的观察到核磁共振吸收现象，也就是把具有奇数个核子（包括质子和中子）的原子核置于磁场中，再施加以特定频率的射频场，就会发生原子核吸收射频场能量的现象，他们二人因此获得了 1952 年的诺贝尔物理学奖；1965 年前后，瑞士科学家 Ernst 引入并发展了脉冲傅里叶变换核磁共振，同时随着超导技术的发展，出现了超导磁体谱仪，大大提高了核磁共振的分辨率和灵敏度，1971 年比利时科学家 Jeener 首次提出二维核磁共振谱的思想，后来 Ernst 用密度算符从理论上对二维核磁共振原理进行了详尽的描述，使二维核磁共振技术得到了飞速的发展，Ernst 也因此获得了 1992 年诺贝尔化学奖；1979 年瑞士科学家 Wüthrich 首先将二维核磁共振技术应用于蛋白质溶液的构象研究，并于 1982 年发表了用二维核磁共振技术对蛋白质氢谱进行分析的系统方法，他也因此获得了 2002 年诺贝尔化学奖。

核磁共振是磁矩不为零的原子核在外加恒定磁场作用下自旋能级产生塞曼分裂，从而对特定频率的电磁波产生共振吸收的现象。核磁共振技术通过原子核迟豫过程可以在原子水平上对蛋白质多位点的动力学特性进行研究，能提供分子的化学结构和分子动力学的信息，具有其他研究手段不可比拟的优越性，已成为结构解析及物质理化性质表征的常规技术手段，在物理、化学、生物、医药和食品等领域得到了广泛的应用。20 世纪 90 年代以来，随着三维、四维核磁共振技术的发展以及 900GHz 超导核磁共振仪的出现，使研究大分子质量的生物分子结构成为可能。现在核磁共振技术已经发展成为化合物结构鉴定、蛋白质溶液构象测定和动力学研究中最重要的手段。此外，核磁共振仪也被用来研究蛋白质与其他小分子的相互作用，如药物分子与靶蛋白的结合、复合物的溶液结构和动力学等，这为建立和发展能够进行有效并且快捷地设计及发现先导化合物的核磁共振技术平台提供了实验基础。与X射线衍射不同的是，核磁共振可以应用于溶液中的蛋白质，因此可以在更接近生理环境（pH、盐浓度、温度等）的状态下对蛋白质三维结构进行研究。20世纪末常规的核磁共振研究实验可以对分子质量小于25kDa的蛋白质结构进行测定，近年来随着蛋白质标记技术和核磁脉冲技术的出现，以及核磁共振谱仪硬件的不断发展，核磁共振技术已经突破25kDa的分子质量限制。成功的对一些分子质量大到几万道尔顿，甚至几十万道尔顿的蛋白质或蛋白质复合物进行了结构研究（Fiaux et al.，2002）。

核磁共振技术的局限主要是它固有的较低的灵敏度，这在一定程度上限制了它在蛋白质研究中的广泛应用。例如，对应自旋1/2核，整个系统的自旋在上下两个能级的数目差为

$$\Delta N = \gamma h B_0 N(4\pi kT)^{-1}$$

其中，γ为磁旋比［^{1}H的γ为2.667 52×10^8rad/（T·S）］；h为普朗克常数（h=6.626×10^{-34} J·S）；k为Boltzmann常数（k=1.381×10^{-23}J/K）；T为体系的绝对温度；N为体系中自旋总数。在常温及14.1T（600MHz）的磁场中，氢核上下能级的数目差只有4.8×$10^{-5}$$N$，因此核自旋的塞曼裂分很小，使核磁共振实验灵敏度非常低，为了提高信号灵敏度，需要的样品量就很大，一般要求样品有毫摩尔量级的浓度；分子运动相关时间也随分子质量的增大而增大，从而导致谱线增宽，使谱图分辨困难，同时自旋扩散现象明显，破坏了核overhauser效应（nuclear overhauser effect，NOE）强度与距离的对应关系，给核磁共振方法的应用施加了一个分子质量的上限；用异核多维谱虽然能提高分辨率，但实验中的多步相关转移又会降低灵敏度；核磁共振实验时间较长，要求蛋白质样品在长时间内具有高的相对稳定性；所有这些问题制约着核磁共振在蛋白质研究中的应用，包括测定蛋白质的溶液结构、研究蛋白质-配体的相互作用以及蛋白质在溶液中的分子动力学。围绕这些问题，人们通过不断努力，在蛋白质核磁共振的研究领域不断取得新的进展。

5.1.1 适用于核磁共振研究的蛋白质样品制备

目前，生物大分子核磁共振的主要实验对象是^{1}H、^{13}C、^{15}N和^{31}P；对于蛋白质来说，则为^{1}H、^{13}C和^{15}N。对于分子质量小于10kDa的蛋白质，一般可以使用未标记的样品通过采集二维氢谱进行化学位移归属和结构解析；对于分子质量为10～25kDa的蛋白质，由于氢谱重叠比较严重，需要同时进行^{13}C和^{15}N标记，采集一系列的^{1}H、^{13}C和^{15}N的三共振谱图进行化学位移归属和结构解析。在大肠杆菌表达蛋白质时，使用^{15}N标记的氮源［如$^{15}NH_4Cl$、$(^{15}NH_4)_2SO_4$］及^{13}C标记的碳源（如^{13}C-葡萄糖、^{13}C-甘油）分别作为唯一氮源和碳源，得到了整体同位素标记的蛋白质（Hibler et al.，1989；Muchmore et al.，1989）。除了完全由^{13}C/^{15}N标记的样品外，还可以制备具有某种特殊标记的样品，如某些特殊标记的氨基酸，或侧链基团，以及特殊标记蛋白质肽链中的某一部分。大分子质量蛋白质核磁共振的分辨率及灵敏度都会降低，这主要是由于分子越大，其横向弛豫T_2时间越短，并造成谱宽变宽及核磁共振信号的减弱。以^{2}H取代^{1}H，使T_2时间变长，使核磁共振技术可应用在更高分子质量的蛋白质上。早期

以^2H取代^1H的目的只是为了通过选择性观察少数质子化的残基，从而简化一维的氢谱，提高核磁共振谱图的解析效率。^2H标记的比例越高，其三维共振实验灵敏度增加得越多，对蛋白质肽链的判定就有很大的帮助。然而过高比例的^2H标记限制了样品在侧链上与质子相关实验的应用，而这些实验对侧链的判定、NOE 的测量及结构的确定有非常大地影响。

5.1.1.1　分步同位素标记

分步同位素标记（segmental isotope labeling）就是在进行蛋白质表达时，将蛋白质分子分成几个片段在细菌中分别表达，并且在表达时只对一个片段进行标记，其他部分不标记，然后将各部分连接在一起形成完整的只有某个特定片段标记的蛋白质。重复这一过程并且改变标记的片段，得到一系列不同片段标记的蛋白质。用核磁共振技术解析标记部分的结构，然后将其他部分的结构以同样的方法解决，最后得到整个蛋白质的溶液结构。在蛋白质分段和重新组合的生物化学实验中采用了转移拼接（transsplicing）或化学接合的方法（Otomo et al.，1999；Xu et al.，1999）。

5.1.1.2　整体$^2H/^{13}C/^{15}N$-同位素标记

由于^1H-NMR 在运用于蛋白质等大分子时，即便是二维光谱，信号的重叠也相当严重。因此多维异核核磁共振技术对于蛋白质结构的研究具有举足轻重的地位。异核核磁共振所使用的样品必须是 1/2 的核，如^{13}C、^{15}N 等。在大肠杆菌表达蛋白质时，使用^{15}N标记的氮源［如$^{15}NH_4Cl$、$(^{15}NH_4)_2SO_4$］及^{13}C标记的碳源（如^{13}C-葡萄糖、^{13}C-甘油）作为唯一氮源和碳源，这样表达出来的蛋白质便会是^{15}N或^{13}C标记。

5.1.1.3　选择性同位素标记

选择性同位素标记常用于制备非极性残基质子化的蛋白质样品，这有利于蛋白质疏水性核的研究（Metzler et al.，1996；Torchia et al.，1988）。随着研究的蛋白质分子质量的增大，核磁共振光谱越来越复杂。往往需要依赖各种不同的同位素标记技术来简化光谱，进而提高光谱分析的效率和成功率。选择性同位素标记便是其中一种有用的技术。所谓选择性指的是选择某一种氨基酸残基，当利用大肠杆菌表达蛋白质时，加入具有^{15}N或^{13}C的某种氨基酸于培养液中，便可选择性的将该种氨基酸以^{15}N或^{13}C标记。相对于全面性标记蛋白质的光谱，如^1H、^{15}N HSQC，氨基酸选择性标记的样品的光谱大大简化，仅出现该种氨基酸种类的信息。

5.1.1.4　反标记

约束蛋白质结构的最重要来源是氢核之间的 NOE 信号，氘代样品的使用虽然提高了分辨率和灵敏度，但是减少了可观测的氢核数目，在一定程度上影响了结构的解析。在蛋白质的纯化过程中，表面的酰胺基D^N能够交换回H^D，疏水核心的酰胺基D^N则通过变性处理等方法交换回H^N，而与碳原子相连的 D 则不能交换回 H。这样就只能够观测到酰基基团之间的 NOE 信号，而仅依靠这些 NOE 约束解析出的溶液结构分辨率较低。某些关键基团质子化而其他位置均高度氘代将有利于对蛋白质结构的测定，因为选择性的把蛋白质某些残基上的质子全部或部分用氘取代，减少了质子的数目，使^{1}H-NMR谱的重叠概率降低，并且能够通过延长弛豫时间使^{13}C和^{15}N的谱峰的分辨率提高（Rosen et al.，1996）。最合适的质子化基团为蛋白质结构的疏水核心中Val、Leu和Ile的甲基，因为这些残基之间具有长程疏水相互作用，是稳定整个分子折叠的重要因素；甲基通常是特殊标记的目标基团，因为甲基的自由旋转会使甲基上^{13}C和^{1}H的分辨率提高，目前已经有了成本较低、容易普及的甲基标记方法（Goto et al.，1999）。综合利用CH_3-CH_3、CH_3-NH和NH-NH之间的NOE约束信息，所得到的蛋白质结构的正确性和精度有明显提高（Tjandra and Bax，1997）。

5.1.1.5 无细胞体系蛋白质的表达

在制备核磁共振样品时，传统使用的蛋白质表达体系为细菌和酵母等，这些都是基于细胞的表达体系。为了满足核磁共振研究的高浓度要求，研究诸如转录、翻译、DNA复制等过程，特别是研究那些具有毒性的、易于水解的、或不稳定的基因产物时，有必要使用无细胞体系（Kigawa et al.，1995；Pratt，1984）。无细胞蛋白质表达体系也就是含有蛋白质表达所需的所有成分，包括氨基酸、能量（ATP）及核糖体和tRNA等的真核无细胞体系或原核无细胞体系，将其置于适当的条件下即可在活体外合成蛋白质。无细胞蛋白质表达体系相较体内表达体系具有如下优点：不受细胞生理限制可较大量表达毒性蛋白，适于高通量表达；产物活性和溶解度增加；反应时间短，下游处理少，不受细胞内蛋白酶的降解。这种技术在氨基酸选择性稳定同位素标记蛋白质（amino acid-selective stable isotope labeling，ASSIL）的合成中可避免蛋白质在活体内表达时产生的同位素转移（scrambling）问题，而这个问题在选择性标记Asp及Ser时尤为突出。无细胞体系蛋白质合成主要分为流式（continuous flow system）和批式（batch system）两种。使用流式体系，蛋白质合成的反应时间可达到20～30h，产量可达300mg/L反应混合物（Baranov and Spirin，1993），虽然流式体系效率较高，但需要较多昂贵的具有同位素标记的原料，在合成同位素标记蛋白质中并不适用；批式体系产率虽相比较流式体系低，但是所需要的原料较少，而且产率亦可达100mg/L反应混合物。

近年来，在无细胞蛋白质表达系统基础上，Kainosho等（2006）开发出一种新的标记方法（stereo array isotope labeling，SAIL），即在无细胞合成蛋白质体系中使用立体异构标记的氨基酸，使目的蛋白中各种氨基酸残基侧链的甲基、亚甲基等基团中仅保留特定的一个氢原子，其他的氢原子则以氘原子取代。使用这种蛋白质表达体系在核磁共振结构解析中具有以下优点：①极大地降低了氢原子密度，延长了横向弛豫时间；②结构约束所必需的氢原子得以保留，能够提供足够的距离约束信息NOE；③大部分氢被氘取代，极大地简化了谱图，克服了谱峰重叠的障碍。目前该方法的缺点是原料昂贵，如果SAIL标记氨基酸的成本能够降低，在将来也许能够成为广泛适用的蛋白质标记技术。

5.1.2 用于蛋白质溶液三维结构测定的同核二维实验

在蛋白质结构解析中，二维核磁共振技术具有如下优点：可以记录氢原子对之间以及官能基团上的氢原子间的相互作用；谱图分辨率高，易于分辨各种单一的波峰。蛋白质研究中最常用的几种谱有同核（如^1H-^1H）或异核（^1H-^{13}C）相关谱（correlated spectroscopy，COSY）、全相关谱（total correlation spectroscopy，TOCSY）、NOE 相关谱（nuclear overhauser enhancement spectroscopy，NOESY）和旋转坐标系 NOE 谱（rotating frame overhauser effect spectroscopy，ROESY）。COSY（Aue et al.，1976）是二维核磁共振谱中最简单的，常被用来鉴定质子对之间的偶合关系；偶合信息用二维图形显示，分辨率提高，信息量提高；交叉峰（cross peak）与对角峰（diagonal peak）的相位差为 90°，如果交叉峰位吸收线形，对角峰就为色散线形，因此普通 COSY 只能以绝对值方式表示，谱分辨率受影响，而且缺少精细结构，结构信息有所损失，灵敏度较差，在蛋白质结构功能研究中已经较少使用。为了克服上述缺点，采用量子滤波的双量子滤波相关谱（double-quantum filtered COSY，DQF-COSY）（Bax，1982）利用时间相位比例增量法记录谱图，通过特殊的相循环，能够检出两个或两个以上自旋间的偶合相关，滤去不参与偶合的信号（主要是对角峰），这样可以明显改善对靠近对角线的交叉峰的识别，其每一个交叉峰都由若干个正负相间的信号组成，这些信号构成的相敏精细结构包含有质子间复杂的主动和被动偶合关系和偶合常数等信息。如果没有信号的重叠，自旋体系从 DQF-COSY 上就可以容易被识别，但实际上所有的蛋白质或多或少存在核磁共振信号重叠的问题，并且随着分子质量增加而更加严重。因此必须借助其他二维核磁共振技术，如 TOCSY、NOESY 等，所以这些技术起到了相辅相成的作用。

TOCSY 谱具有比 COSY 谱更高的灵敏度，可应用于自旋体系（残基类型）的识别，相关峰的所有分量都具有相同的相位，不会产生分量之间的自抵消，并且交叉峰和对角峰都具有吸收型线形（Jeenen et al.，1979）。在 TOCSY 的脉冲序列中包含有旋锁定的步骤，从而使得相偶合的自旋之间产生交叉极化转移的现象。含有两个或两个以上自旋的体系，磁化矢量可以沿偶合链传递，如果各向同性混合时间足够长，磁化矢量可以从一端传到另一端，从而将一个自旋体系的全部自旋相关联；在 TOCSY 中可以通过调节混合时间，观察到自旋体系中远程相关信息。NOESY（Kumar et al.，1980）用于鉴定质子在空间的邻近关系，因为在空间上相互接近的质子之间会产生交叉弛豫现象，即 NOE 效应。NOESY 谱形态与 COSY 类似，但是谱中的交叉峰不表示质子间的化学键关系，而表示质子间的距离。质子间的距离在一定程度上决定了蛋白质的结构，是核磁共振测定蛋白质三维结构的重要参数。化学交换也会产生 NOE 效应，NOESY 的脉冲序列无法区分交叉弛豫和化学交换产生的磁化迁移，这需要借助 ROESY 实验。ROESY 采用类似 TOCSY 的自旋锁定的脉冲序列，但是交叉弛豫产生的 NOE 与对角峰相反，而化学交换产生与对角峰相同的交叉峰。

5.1.3　用于蛋白质溶液三维结构测定的异核多维实验

原子核周围局部化学环境的差别决定了蛋白质分子中每一个原子核都具有独特的化学位移。核磁共振谱图解析的第一步是就是化学位移的归属（或指认），也就是获得蛋白质分子中能产生核磁共振信号的各个原子的化学位移值。化学位移的归属分为主链和侧链两个部分，主要通过对一系列核磁共振谱图的解析来获得，其中最常用的为异核多

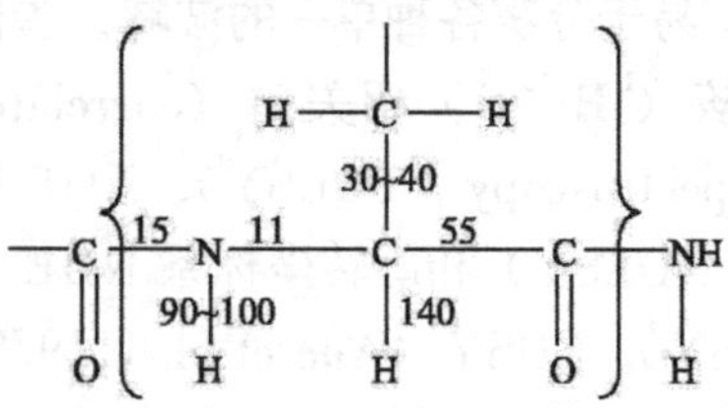

图 5-1　肽段主链上的偶合常数

C 为^{13}C；N 为^{15}N；单位为 Hz

维谱。将用于主链化学位移指认、顺序识别及侧链归属的主要异核三维实验列于表 5-1。异核谱的优势在于以下两点。①异核偶合强，极化转移的时间（1/2 J，J 为标量偶合常数，代表以共价键相连的原子之间的标量偶合作用，它决定了极化转移效率的高低）短、效率高，使异核核磁共振实验的灵敏度高，从而使异核多维脉冲序列在蛋白质研究中的广泛应用成为可能。图 5-1 显示了肽链中有关核之间的偶合常数（Wüthrich，1986）。^{1}H-^{1}H 偶合常数一般只有几个赫兹，而^{1}H-^{13}C 和^{1}H-^{15}N的偶合常数分别为 125～160Hz、90～110Hz。②异核谱图的化学位移拓展宽，如^{1}H 谱中蛋白质的 α 质子一般为 4.0～5.5ppm①、^{13}C 谱中 Cα 为 40～70ppm、^{1}H$_{N}$ 为 7.5～10.5ppm，而^{15}N 谱中^{15}N 为 100～140ppm，因此异核谱的分辨率高。

表 5-1　主链化学位移指认、顺序识别及侧链归属的主要异核三维实验

实验名	建立核自旋的相关
主链顺序归属和主链^{1}H、^{13}Cα、^{13}CO 和^{15}N 化学位移指认	
HNCACB	$^{13}C_i^{\beta}/^{13}C_i^{\alpha}$-$^{15}N_i$-$^{1}H_i^{N}$
	$^{13}C_i^{\beta}/^{13}C_i^{\alpha}$-$^{15}N_{i+1}$-$^{1}H_{i+1}^{N}$
HN（CO）CACB	$^{13}C_i^{\beta}/^{13}C_i^{\alpha}$-$^{15}N_{i+1}$-$^{1}H_{i+1}^{N}$
HNCA	$^{1}H_i^{N}$-$^{15}N_i$-$^{13}C_i^{\alpha}$
	$^{1}H_i^{N}$-$^{15}N_i$-$^{13}C_{i-1}^{\alpha}$
HN（CO）CA	$^{1}H_i^{N}$-$^{15}N_i$-$^{13}C_{i-1}^{\alpha}$
HNCO	$^{1}H_i^{N}$-$^{15}N_i$-$^{13}CO_{i-1}$
侧链脂肪^{1}H、^{13}C 的归属	
HCCH-COSY	$^{1}H^{\alpha}$-$^{13}C^{\alpha}/^{13}C^{\beta}$-$^{1}H^{\beta}$
HCCH-TOCSY	$^{1}H^{\alpha}$-$^{13}C^{\alpha}/^{13}C^{\beta}/\cdots{}^{1}H^{\beta}$

5.1.3.1　主链的顺序归属实验

主链化学位移归属是指获得蛋白质肽链骨架上各原子，包括^{15}N、^{1}HN、^{13}CO、^{13}C$^{\alpha}$和^{1}H$^{\alpha}$ 的化学位移，可以通过横向弛豫优化光谱（transverse relaxation optimized spectroscopy，TROSY）实验将第 i 个主链酰胺基 N 和 HN 的化学位移与第 i 或 i-1 个 CO 或 C$^{\alpha}$/C$^{\beta}$ 的化学位移关联起来。TROSY 技术最早是针对^{15}N-^{1}H 自旋体系发展起来的，主要包括 HNCA、HN（CO）CA、HN（CO）CACB、HNCACB 和 HNCO，它的理论基础是由于 J 偶合的作用，在不存在去偶合的情况下能在^{15}N-^{1}H 相关谱上观察到 4 个信号，它们具有不同的横向弛豫速率。其中横向弛豫速率最小的信号，其偶极-偶极（dipole-dipole，DD）相互作用和化学位移各向异性（chemical shift anisotropy，CSA）效应是相互抵消的。理论计算出在磁场强度约为 1.1GHz 时，^{15}N-^{1}H 的 TROSY 效应最大，即信号衰减最慢。虽然

① ppm=10^{-6}，后同。

目前磁体制造技术还未能达到这个理论场强，但是利用高场（如800MHz或900MHz）进行TROSY实验，CSA和DD相互作用强度在一个数量级上，可以大部分或完全相互抵消，在很大程度上提高了谱图的质量。目前TROSY技术被整合进三共振及NOESY等核磁实验中（Zhu and Yao，2008；Salzmann et al.，1998），特别是Kay研究组利用四自旋系统甲基基团发展了甲基TROSY脉冲技术（Tugarinov et al.，2003），使用氘代的蛋白质样品可以实现化学位移的归属和结构解析。

如图5-2所示，在三维HNCA实验中，可以得到的是前一残基以及同一残基内的CA与酰胺N和H的偶合相关；而从HN（CO）CA只得到酰胺N和H与前一残基的CA相关。因此通过HNCA和HN（CO）CA两个实验，不仅能得到残基内的H、N、CA以及前一残基CA的化学位移，而且可以得到残基间的连接信息（Cavanagh et al.，1996）。

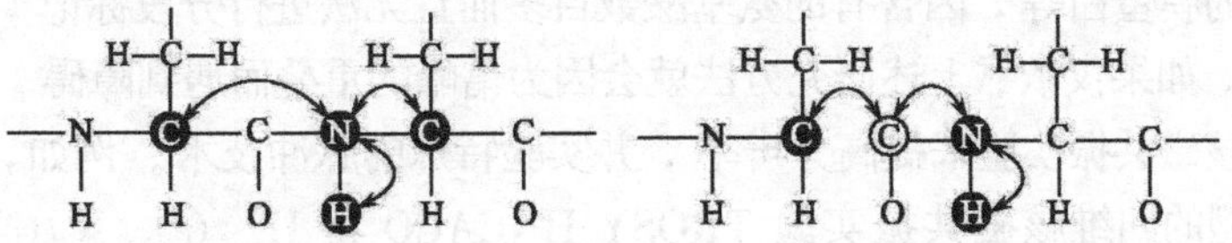

图5-2　三维HNCO（左）和HN（CO）CA（右）的磁化转移图

对应与HNCA和HN（CO）CA实验，HN（CO）CACCB和HNCACB也是相互对应的一组实验。HN（CO）CACB提供了前一个残基的CB和CA信息；HNCACB则提供了自身和前一个残基的信息。这两个实验相结合可以找出前后残基的联系，确定$^{13}C^{\beta}$的化学位移，而且因为以CB和CA对应的两个谱峰做参考，所以这一对实验比HNCA和HN（CO）CA更常用来对主链进行序列归属。在HNCO实验中，酰胺$^{1}H^{N}$的磁化矢量传导^{15}N，并在t_1期间演化，接着经^{15}N、^{13}CO的^{1}J偶合，传递到羰基^{13}C上，并在t_2期间发展，最后回传到NH基团的^{1}H上。所以HNCO主要提供前一个残基的羰基碳的化学位移，而且由于羰基^{13}C的化学位移分散在170～186ppm，因此这个实验通常被用来确认是否在其他谱中有重叠。

HN（CO）CACB、HNCACB、HNCO、HNCA和HN（CO）CA 5个实验基本上可以提供主链上的所有原子化学位移的信息。除此之外，H（CA）NH、HCACO和HCA（CO）N实验可以提供一些顺序连接信息。^{1}H-^{15}N NOESY-HSQC和^{1}H-^{15}N TOCSY-HSQC实验通常用作^{15}N全标记蛋白质的主链NH分析。若HSQC谱中交叉峰重叠不严重，则3D ^{15}N NOESY-HSQC与3D ^{15}N-TOCSY-HSQC谱的联用可完成主链的顺序识别；否则需借助三共振三维谱，甚至四维谱来完成主链的顺序识别。

对于某些低分子质量的蛋白质，谱峰的重叠不是很严重，研究中仅需克服横向弛豫的问题，应用氘代、特殊标记和TROSY技术通常能够达到结构解析的目的。例如，大肠杆菌外膜蛋白OmpX一共含有148个氨基酸残基，当它与表面活性剂DHPC结合后，则形成分子质量大约为60kDa的胶束，Wüthrich研究组制备了完全^{2}H、^{13}C、^{15}N-标记的蛋白质样品，在30℃条件下进行了TROSY类型的3D ^{15}N-NOESY-HSQC以及其他核磁共振实验［HNCA、HNCACB、HNCO、HN（CO）CA等］，从而得到了主链化学位移的完全归属。在此基础上利用TROSY类型的^{15}N-NOESY-HSQC获得主链酰胺基团之间的中长程 NOE 约束，然后计算出蛋白质整体折叠状态信息（Fernandez et al.，2001）。该研究组进一步制备了整体^{2}H、^{13}C、^{15}N-标记背景下选择性氢代 Val-$\gamma^{1,2}$、Leu-$\delta^{1,2}$和 Ile-δ^{1} 甲基基团的 OmpX 蛋白质样品，它们将 TROSY 脉冲技术整合到传统的（H）CC（CO）NH-TOCSY 和 H（CC）（CO）NH-TOCSY 实验中，完成了对这几个特殊标记的甲基基团的化学位移归属（Hilty et al.，2002）；并应用部分^{13}C 标记的方法得到了 Val 和 Leu 两个末端甲基的立体异构归属（Hilty et al.，2003）；最后从^{15}N-NOESY-HSQC 和^{13}C-NOESY-HSQC 谱图中得到了足够的酰胺-酰胺、甲基-甲基及甲基-酰胺之间的 NOE 距离约束，并辅以二面角等其他约束，成功得到了高分辨率的三维结构（Fernandez et al.，2004）。

某些高分子质量蛋白质，或蛋白质的二聚体、多聚体、蛋白质-核酸复合物以及溶于表面活性剂中的膜蛋白等，因含有的氨基酸数目多而且无法进行分段标记，可观测信号的数目大大增多，如果仅依靠上述研究方法就会因为谱峰的重叠而遇到障碍。在这种情况下需要利用四维核磁共振实验来提高分辨率，并实验特殊的脉冲技术。例如，Kay 研究组利用 TROSY 类型的四维核磁共振实验 TROSY-HNCACO 将 H^{N}（i）、N（i）、C^{α}（i，i-1）和 CO（i，i-1）关联起来，TROSY-HNCOCA 将 H^{N}（i）、N（i）、C^{α}（i-1）和 CO（i-1）关联起来，TROSY-$HNCO_{i-1}CA_{i}$ 则将 HN（i）、N（i）、C^{α}（i）和 CO（i-1）关联起来（Tugarinov et al.，2002；Konrat et al.，1999；Yang and Kay，1999）；并辅之以 3D TROSY 类型的 HNCO、HN（CA）CO、HNCACB、HN（CO）CACB 及基于 TROSY 的 4D ^{15}N，^{15}N-NOESY 等实验，完成了具有 723 个氨基酸残基，单体分子质量达 82kDa 的苹果酸合酶 G（malate synthase G，MSG）主链 HN、N、C^{α}、CO 及侧链 C^{β} 95% 以上化学位移的归属（Tugarinov et al.，2002），并解析得到了溶液结构（Tugarinov et al.，2005）。为了得到 Val、Leu 和 Ile 残基的甲基基团的归属，Kay 研究组制备了整体^{2}H、^{13}C、^{15}N-标记背景下选择性氢代 Val、Leu 和 Ile-δ^{1} 甲基基团的蛋白质样品，并采取了新的脉冲程序（Tugarinov and Kay，2003），从而保证磁矩在传递过程中不会分叉，提高了实验的灵敏度。三维核磁共振实验 Ile、Leu-（HM）CM（CGCBCA）NH、Val-（HM）CM（CBCA）NH、Ile、Leu-HM（CMCGCBCA）NH 和 Val-HM（CMCBCA）NH 的脉冲利用 COSY 传递甲基磁矩到酰胺基，将甲基基团的$^{13}C_{m}$ 或$^{1}H_{m}$ 化学位移与主链的酰胺基关联起来；另外，三维核磁共振实验 HMCM［CG］CBCA、Ile、Leu-HMCM（CGCBCA）CO 和 Val-HMCM（CBCA）CO 的脉冲利用 COSY 传递甲基磁矩至主链羰基基团，再传递回甲基的“和回路线”方法，将甲基的$^{13}C_{m}$ 和$^{1}H_{m}$ 化学位移与主链的羰基关联起来。四维^{13}C，^{13}C-NOESY 实验对 MSG 蛋白质中 Val、Leu 和 Ile 残基的甲基进行了归属分析（Tugarinov and Kay，2003a）；^{1}H-^{15}N TROSY 及甲基 TROSY 的三维、四维 NOESY 实验，获得了蛋白质结构解析所需要的酰胺-酰胺、甲基-甲基及甲基-酰胺之间的 NOE 距离约束，并且测量了在结构计算中作为长程取向约束的酰胺^{1}H-^{15}N 的残余偶极-偶极相互作用（residual dipolar couplings，RDC），以及^{13}CO 基团在各向同性和各向异性溶液中的化学位移变化值（Tugarinov and Kay，2003b）。利用上述的结构约束条件及化学位移预测得到的二面角约束，以及 Val 残基$^{3}J_{C^{\gamma}N}$ 和$^{3}J_{C^{\gamma}CO}$三键偶合常数得出的 χ^{1} 角约束，计算出 MSG 蛋白质的整体溶液结构（Tugarinov et al.，2005）。

5.1.3.2 侧链共振峰的归属实验（3D HCCH-COSY 和 HCCH-TOCSY）

侧链化学位移归属的目的在于获得各个氨基酸残基侧链基团上产生核磁共振信号的原子的化学位移值，常见的用于侧链信号归属的实验有（H）CCH-TOCSY、（H）CC（CO）NH-TOCSY、^{15}N-TOCSY-HSQC、H（C）CH-TOCSY、H（CC）（CO）NH-TOCSY、H（C）CH-COSY 和（H）CCH-COSY。对于^{15}N/^{13}C 或^{13}C 标记的蛋白质样品，在三维 HCCH-COSY 和 HCCH-TOCSY 实验中，磁化矢量由α质子开始传递，经过单键^{1}H-^{13}C 约 140Hz 的强偶合传递到^{13}C$^{\alpha}$，再经单键^{13}C-^{13}C30～40Hz 的偶合沿侧链 C-C 传递到^{13}C$^{\beta}$；然后经^{1}H-^{13}C 异核偶合传递到^{1}H$^{\beta}$。对于^{13}C，在 HCCH-COSY 实验中，磁化矢量只沿直接键连的^{13}C-^{13}C 传递；而在 HCCH-TOCSY 实验中，^{13}C 的磁化矢量可沿侧链基团的整个^{13}C-^{13}C 链传递下去，因此这两个实验结合起来能够对侧链共振峰进行归属。（H）CCH-TOCSY、（H）CC（CO）NH-TOCSY 和^{15}N-TOCSY-HSQC 这三个实验适用于分子质量小于 20kDa 的蛋白质：^{15}N-TOCSY-HSQC 通过^{1}H 核之间的全相关磁矩混合将主链酰胺基 HN（*i*）与侧链上所有的 HC 关联起来；（H）CC（CO）NH-TOCSY 和 H（CC）（CO）NH-TOCSY 则通过^{13}C 之间的 TOCSY 磁矩混合将主链酰胺基 HN（*i*）与第 *i*-1 个氨基酸残基侧链上所有的^{13}C 或 HC 关联起来。H（C）CH-TOCSY、（H）CCH-TOCSY、H（C）CH-COSY 和（H）CCH-COSY 在实验时通过^{13}C之间的 TOCSY 磁矩混合或 COSY 磁矩传递将侧链的 C-H 关联起来。

5.1.3.3 氨基酸自旋系统的识别

许多氨基酸具有独特的自旋体系，具有独特的 COSY 和 TOCSY 谱图。在 20 种常见氨基酸残基中有 15 种残基含有一个自旋体系。而甲硫氨酸（Met）、色氨酸（Trp）、酪氨酸（Tyr）、组氨酸（His）和苯丙氨酸（Phe）具有两个自旋系统：甲硫氨酸残基因为具有一个硫原子，εCH_2 与 αCH-βCH_2-γCH_2 片段不相连；另外 4 种芳香族氨基酸，即色氨酸、酪氨酸、组氨酸和苯丙氨酸芳香环上质子与 αCH-βCH_2 片段不相连。丝氨酸（Ser）、半胱氨酸（Cys）、天冬氨酸（Asp）、天冬酰胺（Asn）、色氨酸、酪氨酸、组氨酸和苯丙氨酸属于 AMX 自旋系统；谷氨酸（Glu）、谷酰胺（Gln）和甲硫氨酸属于 AM（PT）X 自旋系统；脯氨酸（Pro）和精氨酸（Arg）属于 A_2（T_2）MPX；而甘氨酸（Gly）、丙氨酸（Ala）、缬氨酸（Val）、亮氨酸（Leu）、异亮氨酸（Ile）、苏氨酸（Thr）和赖氨酸（Lys）残基具有独特的自旋系统，与其他残基不同。

自旋体系的识别一般分别分析 D_2O 和 H_2O 中的 DQF-COSY 和 TOCSY 谱图，这样可以分别得到不活泼质子、活泼酰胺及氨基酸残基中其他质子自旋系统，从而完成完全自旋体系的识别。①甘氨酸残基两个相同的 αH 之间的偶合常数很大（约 15Hz），因此在 H_2O 的 DQF-COSY 谱图高场部分质子间呈现很强的交叉峰，H_2O 中的 TOCSY 谱的指纹区成对出现 NH 与 αH 的相关峰。②丙氨酸和苏氨酸残基含有甲基信号，因为甲基信号较强、线宽较宽，偶合链短，比较特征易辨认，苏氨酸的 βH/γH 交叉峰与丙氨酸的 αH/βH 交叉峰在 DQF-COSY 谱上位置相似，丙氨酸和苏氨酸残基可以根据偶合链长度通过 TOCSY 谱图辨别。③缬氨酸、异亮氨酸和亮氨酸残基也含有甲基，自旋偶合链比丙氨酸和苏氨酸长，较易分开。缬氨酸的 $\beta H/\gamma CH_3$、异亮氨酸的 $\beta H/\gamma CH_3$ $\beta CH_2/\gamma CH_3$ 和亮氨酸的 $\gamma H/\delta CH_3$ 交叉峰在 DQF-COSY 谱中位置相似，但是缬氨酸和亮氨酸残基的侧链含有异丙基，在 DQF-COSY 谱高场区呈现一个 CH 与两个 CH_3 的交叉峰；而亮氨酸偶合链比缬氨酸长，在 TOCSY 谱图上可观察到亮氨酸残基的 βH 以及 γH 与两个 δCH_3 偶合，并且缬氨酸 βH 的化学位移（chemical shift）通常比亮氨酸的 γH 低高场区长一些。④AMX 自旋体系的残基 βH 的化学位移通常为 2.5ppm 左右，在 D_2O 的 DQF-COSY 谱上有 8 个 αH/βH 交叉峰，αH 与 βH 的偶合常数决定了交叉峰的精细结构，偶合常数大则峰比较强，反之则弱，有时甚至消失在噪声中；丝氨酸残基的两个 βH 都在低场（<4.0ppm），容易识别；天冬酰胺残基能观察到侧链的 δNH_2 与 βH 的 NOE 信号；几个芳香氨基酸有两个自旋体系，色氨酸、酪氨酸和苯丙氨酸残基至少有一个 βH 和芳香环质子间距离小于 3Å，组氨酸残基的也为 0.23～0.38Å，可以通过 NOE 信号来识别：D_2O 的 DQF-COSY 和 TOCSY 谱图可以识别芳香环自旋体系，其中在 DQF-COSY 的低场区组氨酸残基有很弱的 C_2-H/C_4-H 交叉峰，C_2-H 化学位移低于 C_4-H，色氨酸残基的 C_4-H/C_5-H、C_6-H/C_7-H 交叉峰比 C_5-H/C_6-H 交叉峰强，酪氨酸残基有很强的 $C_{(3,5)}$-H/$C_{(2,6)}$-H 交叉峰；而在 TOCSY 谱上，组氨酸与酪氨酸残基的交叉峰相对于 DQF-COSY 没有增强，但色氨酸残基能观察到 C_4-H 到 C_7-H 的接力相关峰。⑤长链的甲硫氨酸、赖氨酸、精氨酸、谷氨酰胺、谷氨酸和脯氨酸残基的 βH 以及 γCH_2 偶合信号在同一区域，它们的 βH 化学位移在 2.2ppm 左右，其中甲硫氨酸、谷氨酰胺和谷氨酸残基的 βH 比 γH 高场，而赖氨酸、精氨酸和脯氨酸残基的 βH 与 γH 化学位移相若或低场，并且后三种氨基酸通常位于蛋白质表面，在 DQF-COSY 谱上常能观察到两个较强的 αH/βH 交叉峰，在 H_2O 中的 DQF-COSY 谱上常能观察到精氨酸侧链 NH/δH 交叉峰，赖氨酸侧链 NH/εH 交叉峰。

5.1.3.4 核磁共振信号的序列归属

上面所述残基自旋系统的识别确定了质子自旋系统属于哪种氨基酸残基，进一步的工作是能够确定质子自旋系统属于一级结构中的哪个残基，也就是进行序列归属。早在 1980 年 Wüthrich 和合作者对一系列蛋白质的高分辨率晶体结构进行统计分析时，发现相邻残基的 NH 与 αH、βH 之间的距离至少有一个短到足够可以产生 NOE 效应（Wüthrich et al.，1984）。所以序列归属主要根据已有的蛋白质一级序列的信息，利用 NOESY 谱上的序列 NOE 信息，即残基 i 的 αH 与残基 i+1 的 NH 的 $d_{\alpha N}$（i，i+1）相关、残基 i 与残基 i+1 的 NH 之间的 d_{NN}（i，i+1）相关、残基 i 的 βH 与残基 i+1 的 HN 的 $d_{\beta N}$（i，i+1）相关（Wüthrich，1986；Wüthrich et al.，1982；Wagner and Wüthrich，1982）。

1）序列归属法

在完成顺序识别和侧链共振峰归属的基础上，根据 ^1H-^1H 中短程 NOE（图 5-3）、化学位移指数（chemical shift index，CSI）（Wishart et al.，1992）和酰胺质子的交换速率等因素确定二级结构单元。酰胺质子与溶剂的慢交换意味着酰胺质子形成了氢键，或处于分子内部，因此可用来推测氢键约束条件（Cavanagh et al.，1996）。正常实验条件下，如果实验所得化学位移值大于或小于化学位移参考值 ±0.1ppm，则分别给予+1 或−1 的标示，在化学位移参考值 ±0.1ppm 范围内的则给予 0 的标志。以 α 质子为例，区域密度大于 70% 的任何大于等于 4 个不被+1 中断的−1 标记对应一个 α 螺旋单元；任何大于等于 3 个不被−1 中断的+1 标示对应一个 β 伸展片段；其他情况则对应无规卷曲。不同的二级结构单元有其特征的 ^1H-^1H 的短程相互作用，而这些短程作用足以在 NOESY 谱上出现 NOE 交叉峰。例如，在 α 螺旋中，第 i 个残基和第 $i+3$ 个残基之间以及第 i 个残基和第 $i+4$ 个残基之间存在短程作用；而在 β 折叠中，因为肽链处于完全伸展状态，除顺序 $d_{\alpha N}$ 外，还存在链间的 ^1H-^1H 的短程相互作用（Wüthrich，1986）。序列归属主要分析 NOESY 谱中 NH-NH、NH-αH、NH-βH 相关区域，首先比较 H_2O 与 D_2O 中的 NOESY 谱，把 D_2O 中出现的芳香环质子的信号从 H_2O 的谱上除掉；再与 TOCSY 和 COSY 谱比较，将残基内的 NOE 相关信号除掉；一些由于 NH 与残基内质子间过小的偶合常数或过大线宽而未出现的信号可能会在 NOESY 谱中出现，这些信号也要剔除；剩下的 NOE 信号为残基间的，被应用于序列归属。在蛋白质肽链上，每个氨基酸上分别有 NH 和 α 质子，为第一个氨基酸残基内（NH1 与 αCH1）及残基间（αCH1 与 NH2）的 NOE；同样，对第二对氨基酸残基中的 αCH2 而言，可以找到残基内（NH2 与 αCH2）及残基间（αCH2 与 NH3）的 NOE，依次类推。可借助 NOE 的联结，先由 NH1 开始，通过 NOE 的作用，找到 CH1，再由 CH1 接到下一个残基的 NH2，依次类推，即 NH1→CH1→NH2→CH2→ NH3→CH3→ NH4→CH4 等，这就是蛋白质肽链核磁共振谱的序列归属确定。理想状况下序列 NOE 效应能从 N 端残基一直延伸到 C 端残基，实际上往往会中断，主要是因为：若干残基的 NH 化学位移重叠或简并；NH 与 αH 偶合常数过小或线宽过大导致残基内 NH-αH 的相关峰消失；照射水峰引起信号消失；脯氨酸没有酰胺质子，序列 NOE 中断。因此实际操作过程中通常需要结合不同 pH 和温度下的 NOESY 谱来进行序列归属，同时利用 H-D 交换速率的差异，将样品溶解在 D_2O 中测定 COSY、TOCSY 和 NOESY，交换慢的 NH 在谱上显示出来，交换快的 NH 就被氘化，这样可以减少谱峰重叠。

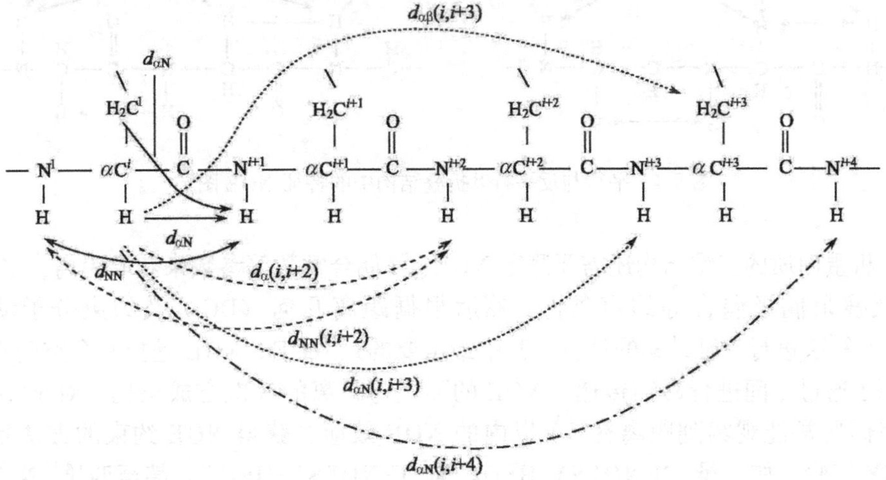

图 5-3 中短程 ^1H-^1H 的 NOE

在序列归属过程中可以从最容易辨认的氨基酸残基入手，如甘氨酸、丙氨酸、缬氨酸、亮氨酸、异亮氨酸、酪氨酸、谷氨酸和组氨酸等，如果蛋白质一级序列中含有不止一个这些残基，可先鉴定一个二肽，如果这个二肽在一级序列中是唯一的，就可以以该二肽为突破口，进行序列归属。

2）主链导向归属法

主链导向归属（main chain directed assignment，MCD）法是根据二级结构单元的特征环状 NOE 图来进行序列归属的方案（Englander and Wand，1987）。主链导向归属法的优点是可以不用事前对未知的自旋体系作具体的识别，只要分清是 AMX 系统还是长链氨基酸就可以对氨基酸的种类做出判断，并且能克服 NOE 交叉峰的多重归属问题，可以直接得到二级结构；该方法的限制是分子内必须有规则二级结构存在，不适用于包含有大的弧形肽段或缺少规则二级结构的蛋白质。α 螺旋的主链导向归属法与序列归属法基本相同，其环状 NOE 图由 d_{NN}（i，$i+1$）、$d_{\beta N}$（i，$i+1$）和 $d_{\beta N}$（i，i）构成，这些 NOE 是与序列 NOE 相关的；对于平行和反平行的 β 折叠结构，主链导向归属法的环状 NOE 图明显不同于序列归属法，它们包括在序列上分开的、相邻链段之间的残基。对于反平行 β 折叠，其 MCD 图包括两圈 NOE，内圈包括 5 个 NOE：$d_{\alpha N}$（i，$i+1$）、$d_{\alpha N}$（i，$j+1$）、$d_{\alpha N}$（j，$j+1$）、$d_{\alpha N}$（j，$i+1$）和 $d_{\alpha\alpha}$（i，j），其中 i 和 j 分别是相反二股链上的残基；其外圈也包括 5 个 NOE：$d_{\alpha N}$（i，i）、$d_{\alpha N}$（i-1，i-1）、$d_{\alpha N}$（i-1，i）、$d_{\alpha N}$（i，$j+1$）和 d_{NN}（$j+1$，i-1）。对于平行 β 折叠，MCD 包括 2 个 COSY 交叉峰和 4 个 NOE 交叉峰：H^N（i）-H^α（i）、H^N（$i+1$）-H^α（$i+1$）、$d_{\alpha N}$（i，$i+1$）、$d_{\alpha N}$（$i+1$，$j+1$）、$d_{\alpha N}$（j，$j+1$）和 $d_{\alpha N}$（j，i）（图 5-4）。

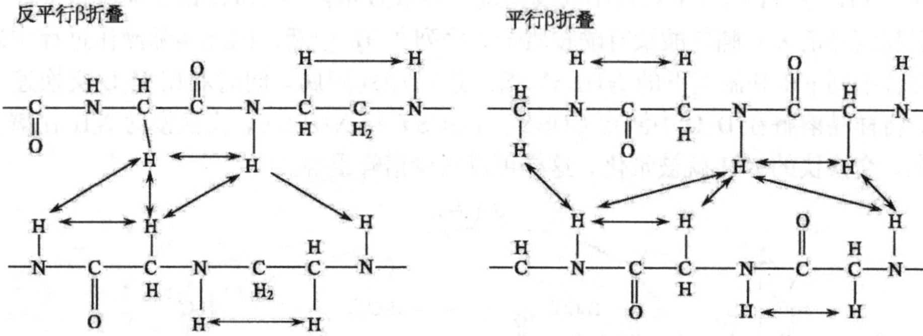

图 5-4　平行与反平行 β 折叠结构中的特征 NOE 图式

解析蛋白质的三维结构还需要测定 NOE、J 偶合常数等参数来获取距离、二面角、氢键及残余偶极偶合等约束条件，然后根据距离几何（DG）及约束分子动力学（RMD）算法进行三维结构的计算。其中最重要的是 NOE，NOE 是指两个空间距离接近的原子通过空间进行磁矩传递，NOE 的强度与距离的 6 次方成正比。对于 ^1H 核来说，我们通常能观察到距离在 5Å 以内的 NOE 效应。获得 NOE 约束的方法是采集 NOESY 实验，如三维 ^{15}N-NOESY-HSQC 和 ^{13}C-NOESY-HSQC，甚至四维 ^{15}N、^{13}C 或 ^{13}C、^{13}C-NOESY（Kay，1995；Sattler et al.，1999）。角度约束最常用的是蛋白质不同的二级结构区（α 螺旋和 β 折叠）的二面角 φ 和 ψ，二面角的不同引起化学位移与无规卷曲朝着不同的方向偏移。因此可以利用化学位移指数（Wishart and Sykes，1994）或基于数据库搜索的 TALOS（Cornilescu et al.，1999a）通过主链 CO、C^{α}、C^{β}、H^{α} 等原子的化学位移来进行二面角预测，或者通过测定三键 *J* 偶合常数来获得（Vuister and Bax，1993）。氢键的约束则需要依靠蛋白质在重水中主链酰胺基的氢-氘交换实验（Dempsey，2001）、NOE 交叉峰及初步的二级结构信息获得。此外，通过二维核磁共振实验，H（N）CO 可以直接探测到酰胺基团与 CO 原子之间的通过氢键作用形成的 *J* 偶合，从而实现对氢键的直接观测（Cornilescu et al.，1999b）。测量残余偶极偶合是近年来应用较多的一个实验方法（Bax，2003；Prestegard et al.，2004），它能够提供蛋白质分子内各个化学键的取向信息，并能够提供长程的结构信息。例如，不同结构域或二级结构区之间的相对空间取向是蛋白质溶液结构的解析中常用的一种重要约束。在通常情况下水溶液中的蛋白质分子运动是各向同性的，因此偶极偶合作用在空间上的净效应为零。测定残余偶极偶合的先决条件是通过一定的方法，如具有顺磁特性的蛋白质能够自发在磁场中产生趋向性的排列，或者把蛋白质溶解于具有一定程度各向异性的溶剂中使之产生微弱的空间取向特异性，使得偶极相互作用不能完全抵消，从而产生较弱的“残余偶极偶合”。在瞬态蛋白质相互作用的研究中，可以使用顺磁弛豫增强（paramagnetic relaxation enhancement）技术，通过顺磁探针来获得长程结构约束（Clore et al.，2007）。

5.1.3.5　*溶液结构的计算*

蛋白质溶液结构计算包括初始结构的生成、NOE 信号归属、结构计算及结构精修，是一个多步骤、循环推进的过程。初始结构可以是来源于同一个蛋白质的晶体结构，也可以是同源建模得到的结构，通常的情况是需要在化学位移基础上通过 NOE 约束计算出一个相对粗糙的结构模型［目前有一些自动化 NOE 归属的软件包可以代替人工来完成这一过程，常用的有 ARIA（Linge et al.，2003）及 CYANA 软件中的 CANDID 模块（Güntert et al.，1997）］，初始结构选择的正确性对于后续结构计算非常重要。在化学位移基础上得到的初始结构只能代表蛋白质整体的折叠状况，需要对 NOE 信号进行进一步的分析和归属，生成结构约束，再利用结构计算软件，如 ANSO（Guntert et al.，1993）、SANE（Duggan et al.，2001）、Xplor-NIH（Schwieters et al.，2003）、CNS（Brunger et al.，1998）和 CYANA 等进行进一步的计算。各种结构计算软件采用 Cartesian 空间的分子动力学或扭转角动力学等算法，但它们都必须利用唯一的或模糊的 NOE 约束以及其他约束进行结构计算。“NOE 信号归属-结构计算”过程需要循环进行，直到没有异常的 NOE 约束条件，并且最大化的利用观测到的 NOE 信号，在该过程中这就需要对谱图进行人工分析，对化学位移和 NOE 归属的错误进行纠正，因此是蛋白质溶液结构解析中最为重要而繁琐的一步。结构的精修主要利用分子动力学软件，如 CNS、Xplor-NIH、AMBER（Case et al.，2002）、INSIGHT II、CHARMN 等在合适的力场以及溶剂存在情况下进行模拟退火。CYANA、CNS、Xplor-NIH 和 AMBER 可以利用残余偶极偶合作为一种结构约束进行结构计算。

5.1.3.6　蛋白质动力学

蛋白质的三维结构主要依靠氢键、盐键、范德华力相互作用、疏水相互作用维系。蛋白质分子在不同的环境，如不同的温度和压力下具有柔性，内部的结构会略有不同，在蛋白质-蛋白质以及蛋白质与配基相互作用过程中，不仅蛋白质结构会发生变化，同时其动力学性质也会变化。蛋白质的柔性及运动性与功能有密切关系，如酶不仅需要足够的整体刚性来识别特定的底物，同时需要足够的柔性与运动性来诱导与底物的结合。由于蛋白质是一个残基间相互偶联的动力学系统，配基结合将会引起动力学信息在蛋白质内部传递，引起别构效应，是影响蛋白质折叠、分子识别、酶催化、结合和释放底物分子等生物过程的重要因素。核磁共振波谱技术特别适合研究蛋白质的动力学，通过自旋-晶格弛豫时间、自旋-自旋弛豫时间以及异核 NOE 的分析能在接近生理条件下提供溶液中蛋白质不同基团丰富的动力学信息。早在 20 世纪 60 年代，一维核磁共振技术就已经被应用于研究酶的动力学；90 年代起，二维异核液相核磁共振对蛋白质进行多位点的动力学研究得到了极大地发展。目前人们对于蛋白质动力学与其结构、功能的关系有了更深的认识；同时相应的脉冲技术也得到了发展。

蛋白质主链在快速时间尺度（皮秒）的运动以及慢速时间尺度（毫秒）的运动与分子结合配体的特异性和亲和力大小密切相关，与蛋白质的生物功能密切相关。酶催化、蛋白质折叠和蛋白质-蛋白质相互作用等都是发生在慢速时间尺度内的构象交换。核磁共振的弛豫过程（原子核自旋受到邻近环境磁场，如偶极-偶极相互作用、化学位移各向异性、核电四极矩与电场梯度的静电偶合作用等的涨落影响，引起原子核自旋的核磁信号的弛豫）与分子的微观运动相关联，并且包含了蛋白质分子的信息，可以作为探针来获得蛋白质分子的动力学特性。如果邻近磁场的涨落速率在皮秒和纳秒之间，就是快运动；通常用于蛋白质动力学研究的宏观可测弛豫参数包括：纵向弛豫速率 R_1、横向弛豫速率 R_2 及异核稳态 NOE 效应。将这些宏观可测量参数与分子的微观运动相互联系起来的是谱密度函数 $J(w)$，用来描述相互作用哈密顿（Hamiltonian）的无规运动的统计平均，也就是不断变化的局部磁场在频率为 w 处的幅度。

5.1.3.7　用核磁共振研究蛋白质相互作用

蛋白质-蛋白质、蛋白质-核酸、蛋白质-配体相互作用对于蛋白质功能的研究是必不可少的组成部分。尽管酵母双杂交、GST-pull down、免疫共沉淀、串联亲和纯化技术（tandem affinity purification，TAP）、表面等离子共振谱（surface plasma resonance，SPR）、等温量热计（isothermal titration calorimetry，ITC）、噬菌体展示、动态光散射、电泳迁移和荧光去偏振等实验可以在离体情况下研究蛋白质相互作用；双杂交系统、荧光共振能量转移的显微镜和流式细胞仪分析、双分子荧光互补（bimolecular fluorescence complementation，BIFC）、激光扫描共焦显微镜等方法可研究活细胞中的蛋白质共定位以及相互作用；或者使用二维凝胶或二维液相色谱与同位素标记和质谱结合的蛋白质组学方法、生物信息学方法研究及预测蛋白质相互作用等。但是如果需要知道二者相互作用的界面，以及蛋白质相互作用涉及的氨基酸残基，并对药物设计和筛选提供指导性的信息，则结构的信息是必不可少的（Fu，2004）。

蛋白质分子的结构具有一定的柔性，蛋白质-蛋白质以及蛋白质与配基相互作用是动态的、是弱相互作用（解离常数 K_d 常常大于 10^{-4} mol/L），在作用过程中不仅蛋白质结构会发生变化，同时其动力学性质也会变化。许多瞬时存在的复合物是非常不稳定的，因此很难得到能够用于结构研究的晶体。由于蛋白质是一个残基之间相互偶联的动力学系统，配基结合将会引起动力学信息在蛋白质内部传递，引起别构效应。核磁共振波谱技术特别适合研究瞬时存在、不稳定的复合物。通过滴定实验，根据对 ^1H-^{15}N HSQC 化学位移的扰动，可以在接近生理条件下确定蛋白质相互作用界面。该方法十分灵敏，对 K_d 为 10mmol/L 的非常弱的蛋白质-蛋白质相互作用也能被检测（Takeuchi and Wagner，2006；Vaynberg and Qin，2006）。两维 NOE 效应转移谱（TRNOESY）是另一种研究蛋白质与蛋白质，特别是蛋白质与肽相互作用的方法。近年来采用融合蛋白的方法，如把麦芽糖结合蛋白（MBP，42kDa）与整合素 β 亚基末端肽融合，用 TR-NOESY 方法研究它与 α 亚基末端肽之间的弱相互作用。将蛋白质放在定向介质中，如噬菌体或聚丙烯酰胺，蛋白质会部分定向。残存的偶极-偶极相互作用可以提供生物大分子中某些矢量，如 H^N-H、C-H 相对于外磁场的取向，从而可以确定复合物中 A、B 两个蛋白质的相对取向。为结构计算提供除 NOE 外的另一种约束。化学位移扰动实验、残余偶极-偶极相互作用实验及定点突变实验，可以与计算方法结合起来获得蛋白质复合物的模型（Dominguez et al.，2003）。除上述方法外，为了研究蛋白质的功能，人们希望获得蛋白质复合物的三维结构，但是获得弱相互作用的复合物的晶体也是十分困难的。PDB 数据库中 K_d 大于 10^{-4} mol/L 的复合物十分有限，过去几年中，一些 K_d 为 10^{-4}～10^{-3} mol/L 的蛋白质复合物的结构陆续用核磁共振方法解析（Takeuchi and Wagner，2006），采用的是半滤波的 NOE 效应谱（half-filtered NOESY）。在这些实验中 ^{15}N 和 ^{13}C 标记的蛋白质 A，与未标记的蛋白质 B 混合，或作相反的标记。如果蛋白质的浓度足够高，具有高灵敏的核磁硬件条件（如高场谱仪、低温探头），可以检测到分子间的 NOE，从而得到复合物的结构。

下面是一个利用核磁共振研究剪切体部件及转录调控因子（spliceosomal component and transcriptional co-regulator，SKIP）内无序结构的肽段与 PPIL1（PPIL1 是脯氨酸顺反异构酶超家族中 cyclophilin 家族的成员）结合发生的无序-有序的转变例子（Xu et al.，2006）。前体 mRNA 剪接过程对于绝大多数的真核基因表达都是不可缺少的，SKIP 在剪接体活化激活过程中加入 45S snRNP，参与了剪接体活化过程。多种生化试验证实 PPIL1 与剪接体蛋白质 SKIP 的氮端（SKIPN）可以结合（结合常数为 10^{-7} mmol/L 量级）。当 SKIPN 与 PPIL1 结合后，PPIL1 结构保持不变，而 SKIPN 的前 21 个氨基酸（残基 59～79，PBF）构象发生很大的变化，由无序变为有序的结构。其中 PPIL1 中 PBF 可能的结合位点见图 5-5。PPIL1 中的 Ile-128 和 Tyr-28 发生了较大的化学位移，它们可能与 SKIPN（残基 59～129）发生了疏水作用，这是因为疏水性的 Ile-128 甲基基团和 Tyr-28 的方向环指向蛋白质的表面；Trp-29 的侧链也指向蛋白质结构的表面，也可能与 SKIPN 发生一定的相互作用；在 PPIL1-PBF 复合物形成过程中，Leu-27 NH-O′ Pro-12、Leu-98 NH-O′ Gly-130 和 Phe-129 NH-O′ Leu-98 三个氢键弱化，使β1和β2以及β5和β7之间的分子内作用力减弱。这些结构上的变化使得PPIL1的部分残基能够与PBF发生相互作用。SKIPN无序-有序的转化为剪接体中内源性无结构的蛋白质可能发挥重要生物学功能提供了一个重要例证。

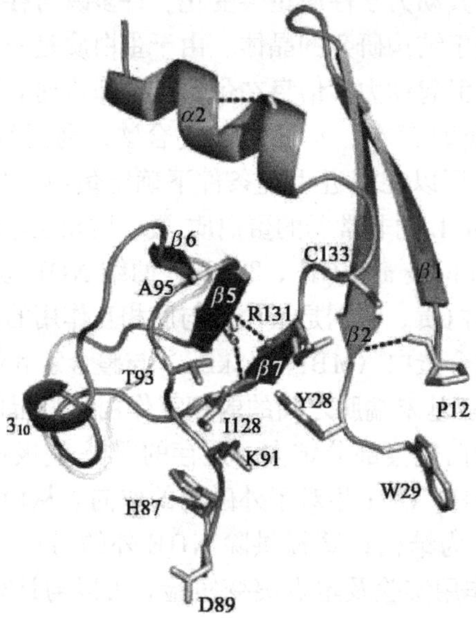

图5-5　根据化学位移扰动得到的PPIL1中PBF可能的结合位点（Xu et al.，2006）

PPIL1中可能与SKIP结合的除甘氨酸外的氨基酸残基的侧链以棍状模型标注；在PPIL1-PBF复合物中的氢键以虚线标示

5.1.3.8　用核磁共振研究金属离子与蛋白质相互作用

金属蛋白质功能的实现一般都和其金属结合位点的结构密切相关，一般是利用金属的氧化还原性质或配位化学特性来实现其特定的生物学功能。因此金属蛋白质参与生化反应的同时往往又伴随着金属离子周围微弱的结构变化。从结构和功能角度来讲，蛋白质内的金属结合位点可以定义为：蛋白质内的金属离子以及构成金属离子最近邻配位层的配位体。这些配位体有的是来自于蛋白质肽链（主链、侧链、N端、C端）的N、O、S等原子，称为内源配体，它们是蛋白质中金属离子最主要配位体来源；有的则是来自于外部的O、N等原子，称为外源配体，如H_2O、NO、O_2等。不是所有的结合到蛋白质上的金属都能够起到某种生物学功能，具有生物学意义的这类金属元素包括镁、钙、钼、钨、镉、汞、第一序列的过渡金属（但不包括钪、钛和铬）等。金属离子可以包围在大环分子内，如卟啉（porphyrin）和咕啉（corrin），然后整个分子又通过共价作用或非共价作用（如疏水作用等）束缚于蛋白质中，其在生物学上执行的功能包括电子传递、氧分子的结合以及多种类型反应的催化作用。在这些大环分子中，金属离子d轨道的电子密度会强烈的非定域化到大环分子形成大的π键上，从而使金属离子的性质和大环分子紧密联系在一起。最为典型的就是亚铁血红素中铁的电子特性和化学反应性都与处于其他环境中的铁有极大的不同。

金属离子与蛋白质结合会引起蛋白质上金属离子结合部位氨基酸残基周围的化学环境发生变化，从而引起这些残基化学位移的改变，因此抗磁金属离子与蛋白质的结合位点可通过化学位移扰动方法（chemical shift perturbation）测定（Pellecchia et al.，2000）。化学位移扰动方法采用抗磁金属离子滴定实验，逐步改变结合位点附近残基谱学参数（如化学位移、线宽等）。如果自由态和结合态的蛋白质构象化学交换速率慢于两种状态下化学位移的变化（$k_{ex}\leqslant\Delta\omega$），则可以分别观测到两组共振信号分别对应自由态和结合态。在这种情况下，自由态和结合态蛋白的化学位移不随金属离子浓度的增加发生改变，但信号强度会相应地发生改变，由此可以测出金属离子结合蛋白的摩尔比例；当自由态和结合态的蛋白质构象化学交换速率快于两种状态下化学位移的差异（$k_{ex}\geqslant\Delta\omega$），则只能观测到一组权重平均的化学位移信号，其化学位移数值与金属离子的浓度有关。通过拟合金属离子浓度与蛋白质化学位移的变化曲线，可以计算出金属离子与蛋白质相互作用的解离常数 K_d。当自由态和结合态的蛋白质构象化学交换速率与两种状态下化学位移的差异相当（$k_{ex}\approx\Delta\omega$），则蛋白质结合位点上的残基谱峰会发生展宽，通过分析谱峰线形，可以确定结合位点并估算亲和力。

除了蛋白质三维结构的变化，金属离子与蛋白质的结合还会引起蛋白质的动力学变化，特别在金属离子结合位点附近蛋白质的柔性可能会明显改变。核磁共振弛豫测量方法能够在原子水平提供皮秒到纳秒时间尺度的分子内运动信息以及微秒到毫秒时间尺度的构象化学交换信息（Ishima and Torchia，2000），而这正是很多酶反应的特征时间尺度。蛋白质骨架动力学信息可以通过测量骨架酰胺基团的 R_1、R_2 弛豫速率以及异核 ^1H-^{15}N NOE 获得（Mandel et al.，1995）；侧链动力学可以通过测量甲基基团的 ^{13}C、^1H 和 ^2H 的弛豫速率获得（Kay，2005）。一般来说，纵向弛豫速率 R_1 和异核 ^1H-^{15}N NOE只对皮秒到纳秒时间尺度的分子内运动敏感，而横向弛豫速率 R_2 还对微秒到毫秒时间尺度的构象化学交换运动敏感。异核 ^1H-^{15}N NOE 往往被用来定性描述皮秒到纳秒时间尺度的分子内运动。

1）钙调蛋白

钙调蛋白（calmodulin，CaM）是真核生物细胞中的细胞质溶胶蛋白，钙调蛋白的外形类似哑铃，有2个球形的末端，中间被一个长而富有柔性的螺旋结构相连，两端各有2个 Ca^{2+} 结构域，每个结构域可以结合1个 Ca^{2+}，这样，一个钙调蛋白可以结合4个 Ca^{2+}。钙调蛋白结合 Ca^{2+} 后构象相当稳定（Barbato et al.，1992）。在非刺激的细胞中，处于自由态的钙调蛋白（apo-CaM）与 Ca^{2+} 的亲和力很低；而受刺激的细胞 Ca^{2+} 浓度升高，Ca^{2+} 与钙调蛋白结合形成钙-钙调蛋白复合物（calcium-calmodulin complex，Ca^{2+}-CaM），并引起钙调蛋白构象的很大变化，增强了钙调蛋白结合配体的亲和力。Apo-CaM 和 Ca^{2+}-CaM 的三维结构表明 CaM 蛋白在结合 Ca^{2+} 后三维结构发生了很大的改变（Babu et al.，1988；Finn et al.，1995），自由态的 apo-CaM 蛋白形成一个堆积非常紧密的结果，呈“关闭”状态，亲水性残基位于蛋白质表面，疏水性残基埋在内部；结合钙后，钙调蛋白结构变成“打开”状态，很多疏水性残基裸露出来，改变了4个 α 螺旋的相对取向（Ikura，1996），如图5-6所示。

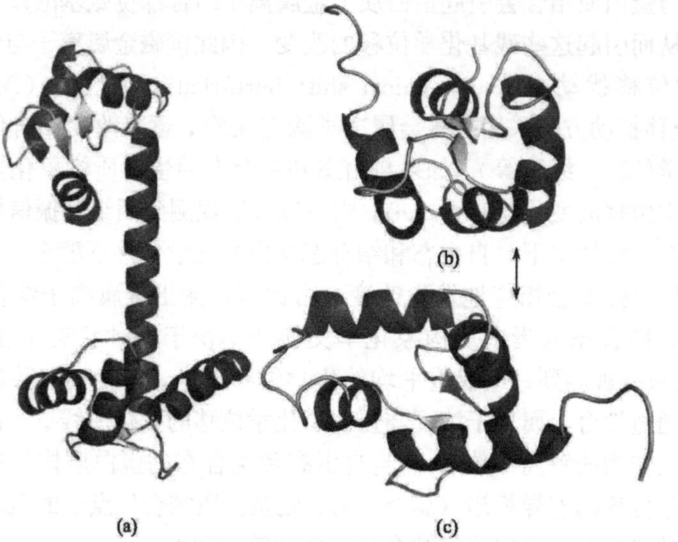

图 5-6　钙调蛋白

(a) 钙调蛋白晶体结构（PDB：3CLN）；(b)“封闭”的自由钙调蛋白 C 端溶液结构（PDB：1CMF）；(c)“打开”的钙结合钙调蛋白 C 端溶液结构（PDB：1CMG）

研究表明，钙调蛋白在结合 Ca^{2+} 前就存在“打开”和“封闭”两种状态平衡，但主要倾向于“封闭”状态（Evenas et al.，1999；Malmendal et al.，1999）。当结合一个 Ca^{2+} 后，平衡倾向于“打开”状态。“打开”和“封闭”状态之间的构象交换动力学已经用核磁共振方法进行了详细的研究（Evenas et al.，1999）。在三种不同温度下测定的 ^{15}N NMR 动力学描述快速内运动的序参数表明，除卷曲区可能由于构象交换引起一定程度的结构无序外，钙调蛋白整体仍处于有序折叠。通过测量 R_{ex} 和 R_2 迟豫速率，可以研究“打开”和“封闭”两种状态之间的构象交换过程以及 Ca^{2+}-CaM 与 apo-CaM 之间的化学构象交换过程。钙调蛋白结合钙后，钙结合区无规卷曲的序参数变化，即皮秒至纳秒时间尺度上的骨架柔性降低。R_{ex} 在微秒至毫秒时间尺度上描述“打开”和“封闭”两种状态之间的构象化学交换速率，可以看出，Ca^{2+} 的结合几乎影响了钙调蛋白的整个肽链的骨架柔性，几乎所有钙调蛋白残基都参与了构象化学交换过程。

2）锌指蛋白

有些金属离子蛋白即使在没有结合金属离子时仍然以天然折叠构象存在。例如，蓝铜蛋白 azurin，其天然折叠构象含有一个金属离子结合位点，能够结合一个铜离子，因此金属离子对这类蛋白质的正确折叠不起关键性的作用。而锌指蛋白不同，只有在结合锌离子后，锌指蛋白才能折叠成正确的构象。

1983 年，锌指结构首先从非洲爪蟾（*Xenopus*）的转录因子（translation factor）IIIA（TFIIIA）中发现。TFIIIA 是一个位点特异地核酸结合蛋白，能够调控 5S RNA 转录为 DNA；该蛋白同 5S RNA 形成大的复合体，与一段大约 45 个碱基对的 DNA 序列结合并且保护这段 DNA 不会被核酸酶所分解。在 TFIIIA 中有 7～11 个锌离子，每个锌都同一段大约 30 个氨基酸序列上的 2 个半胱氨酸和 2 个组氨酸配位形成四面体构型。锌离子不直接参与 DNA 的结合，而是起结构性作用，对于蛋白质折叠成正确的、能够与 DNA 作用的三级结构起着决定作用。根据与锌离子结合的氨基酸不同，锌指蛋白可以分为许多亚家族，其中像 TFIIIA 这种包含有 2 个半胱氨酸和 2 个组氨酸的锌指蛋白保守序列在蛋白质组中是最普遍的，被称为 Krüppel-like（Cys2His2，C2H2）型锌指蛋白，其他亚类包括 C2HC、C2C2、C2HCC2C2、C2C2C2C2 等。锌指蛋白中所含的锌指的数目不一，一般为 1～37 个，它们均由一个外显子编码而来。一般来说，与 DNA 发生较强的接触一般需要至少 3 个锌指。锌指结构广泛分布于动植物和微生物中，人类基因组中可能有约 1% 的序列编码含有锌指结构的蛋白质。

C2H2 型锌指蛋白可以根据 N 端的结构域分为四大类：FAX（finger-associated box）、FAR（finger-associated repeat）、POZ 或 Zin（pox virus and zinc finger）和 KRAB（Krüppel-associated box）型。C2H2 型锌指蛋白符合下面的标准：①每个锌指中有 1 个或多个由约 30 个氨基酸组成的重复单元，通常为 Phe/Tyr-X-Cys-$X_{2\text{-}5}$-Cys-X_3-Phe-X_5-Leu-X_2-His-$X_{3\text{-}5}$-His-X_5；②2 个半胱氨酸和 2 个组氨酸之间的距离保守；③在重复单元上有 2 个保守的带芳香环侧链的氨基酸（通常是苯丙氨酸和酪氨酸）以及 1 个疏水性的亮氨酸；④在锌存在时，三维结构类似手指，保守的 2 个半胱氨酸一般位于其中 1 个 β 折片上或 2 个 β 折片之间的连接环上；另外 2 个保守组氨酸位于碳端的 α 螺旋上，在 2 条反向的 β 折片后面连接 1 个 α 螺旋区域（图 5-7），从而形成特定的 ββ-α 球状的二级结构，位于 β 折片中的碱性氨基酸与磷酸骨架上的羰基氧广泛地形成氢键；而 α 螺旋中的极性氨基酸则整齐地排列在一侧，形成极性残基族，与 DNA 双螺旋中的大沟结合，形成稳定的 DNA-蛋白质结合模式。螺旋进入 DNA 大沟后，这些具有特定空间结构的极性氨基酸作为氢供体或氢受体读出其中的识别信息，从而锌指蛋白通过与双链 DNA、单链 DNA 及 RNA 的结合发挥转录调节及 RNA 剪接等功能。当碱基与残基结构互补，并处于适当距离内时，便形成氢键，从而达到相互接触和特异结合。可见，金属离子的配位部位为蛋白质与 DNA 的相互作用提供结构基础。锌指蛋白上的某些氨基酸在 DNA 识别中发挥重要的作用，每个特定氨基酸序列的锌指能够特异识别 DNA 上的 3～5 个碱基对，相邻锌指持续识别连续的 DNA 序列形成它们特定的作用靶位点。例如，在鼠转录因子 Zif268 中含有 3 个连续的锌指结构，其中 α 螺旋上的氨基酸与双链 DNA 的其中 1 条主链通过主要氢键特异结合（图 5-8），这种结合使 DNA 的大沟变宽，以有利于锌指结构的环绕。DNA 和锌指结构之间的作用力还包括疏水和磷酸接触力：α 螺旋上的 1 个组氨酸咪唑，一方面通过其 N_δ 与 DNA 主链上的磷酸双酯氧生成氢键，另一方面通过 N_ε 与锌配位，这种结合方式使锌指结构与 DNA 之间接触紧密。生物体之所以选择锌作为核酸调控蛋白的结构性因子，

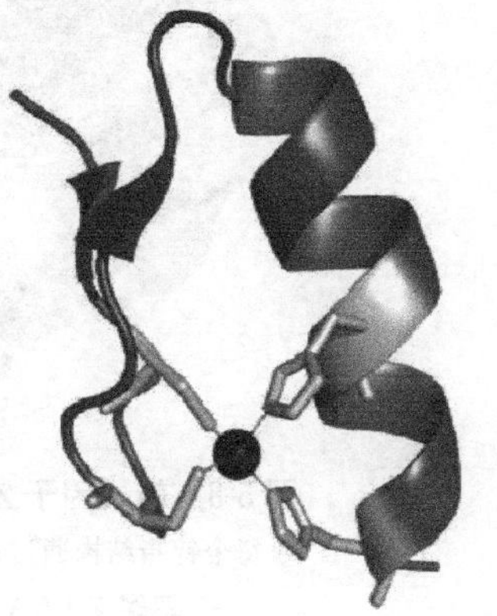

图 5-7　单一 C2H2 型锌指结构域的三维结构以及 2 个半胱氨酸和 2 个组氨酸与锌离子螯合的结构

一方面源自锌的丰度比较高，另一方面源自锌（II）比较稳定，没有其他氧化还原态，这对于避免 DNA 损伤非常重要。

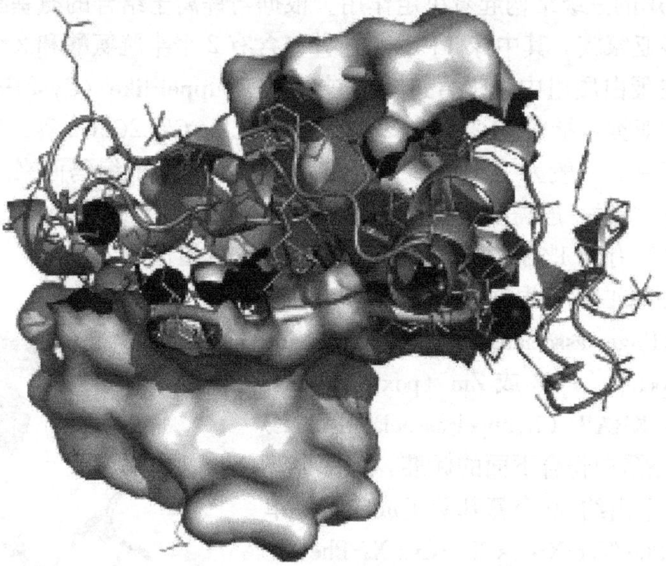

图 5-8 转录因子 Zif268 的 3 个锌指结构域与 DNA 结合的示意图
每个锌指结构通过氮端一个 α 螺旋上的精氨酸、组氨酸和天冬氨酸与
双螺旋 DNA 大沟上的 3 个碱基对（主要是鸟嘌呤）接触

5.2 晶体 X 射线衍射

晶体 X 射线衍射是研究蛋白质立体结构，以及蛋白质与其他分子相互作用最有效的技术。这项技术可以测定蛋白质的二级、三级和四级结构，在分辨率足够（<1Å）的情况下可以鉴别氨基酸残基的侧链，因此晶体 X 射线衍射不仅可以确定蛋白质的一级结构，而且可以分辨氢原子、一些氨基酸残基侧链的构象以及它们可能出现的各向异性，从而可以阐明某些酶（如胆固醇氧化酶、β 内酰胺酶、丝氨酸蛋白酶、丙糖磷酸异构酶和内切葡聚糖酶）的催化机制。晶体 X 射线衍射技术有如下固有的局限性：①样品必须是晶体，但并非所有的样品都易于结晶，尤其是占蛋白质总数 30% 的膜蛋白难以结晶；②尽管晶体 X 射线衍射测到的温度因子可以反映分子柔性，但不能反映生物大分子动态变化的速率。尽管存在局限性，晶体 X 射线衍射仍然是阐明生物大分子空间结构最主要的技术，可以提供在原子分辨率下有关蛋白质和核酸片段空间结构最完整的信息，为结构生物学的发展做出了重大贡献。

5.2.1 晶体及晶体中的对称性

5.2.1.1 晶体的基本概念

晶体是原子（或离子、分子）在空间周期性排列构成的固体物质，具有三维周期性结构。晶体与气体、液体及非晶态固体的本质区别是，晶体结构上长程有序。这种周期性结构使得晶体具有共同性质：晶体中原子周期排布的周期很小，宏观观察分辨不出微观的不连续性，因此晶体内部各部分的宏观性质，如化学组成、密度是相同的；晶体的周期性结构中，不同方向上原子排列情况不同，使得不同方向上物理性质，如电导率、热膨胀系数、折光率、机械强度等具有各向异性；自发形成多面体外形；具有确定的熔点；晶体的理想外形和内部结构具有对称性；晶体结构的周期和X射线波长相当，可作为三维光栅使X射线产生衍射现象。

在晶体中，原子（或离子、分子）周期性重复排列，能够通过平移在空间中重复排列的基本结构单元称为结构基元。结构基元的特点是：化学组成相同、空间结构相同、排列取向相同和周围环境相同。结构基元确定后，可以不管它具体内容和具体结构，用一个抽象的、在结构单元中具有相同位置的几何点来表示，每个点称为点阵点（简称阵点）。点阵就是从晶体中无数结构单元中抽象出来的一组点阵点。点阵反映了晶体中结构基元的周期排列方式，具有如下特点：连接其中任意两点的矢量进行平移，均能使点阵复原，在此意义上点阵应由无限数目的点构成。实际上晶体具有一定的大小，并且通常会有一定程度的缺陷，点阵式其实是晶体理想化的抽象模型和近似处理方法。因此结构基元表示晶体周期性变化的具体内容，点阵代表晶体重复周期大小和规律。

点阵单位。①分布在同一直线上的点阵称为直线点阵，在直线点阵中，连接相邻两个点阵点的向量称为直线点阵的素向量，用 a 表示。$2a$、$3a$、$4a$ 等称为复向量。素向量 a 的长度 a 称为直线点阵的点阵参数。②平面点阵是分布在平面上的点阵，选择任意一个阵点作为原点，连接两个最相邻的阵点作为素向量 a，再在其他某个方向上找到最相邻的一个点，做素向量 b（有无数种方式）。素向量 a 和 b 的长度 a、b，以及两者的夹角 $\gamma=\widehat{ab}$ 称为平面点阵的点阵参数。选择的素向量将各点阵点连线，平面点阵划分为一个个并置堆砌的平面四边形格子，称为平面格子。其中的每个平面四边形为一个电位。平面四边形单位顶点上的阵点，对每个单位的平均贡献为1/4，内部的阵点贡献为1。根据平面四边形单位中点阵点的数目，分为素单位和复单位。③空间点阵式分布在三维空间的点阵。选择任一点阵点为原点，分别和相邻的3个点阵点相连，构成3个互不平行的素向量 a、b、c。3个素向量的长度 a、b、c 以及彼此之间的夹角 $\alpha=\widehat{bc}$、$\beta=\widehat{ac}$、$\gamma=\widehat{ab}$ 称为空间点阵的点阵参数。按照选择的素向量，将点阵点连上线，把空间点阵划分为并置堆砌的平行六面体（每个顶点为8个平行六面体共有）格子，被称为晶格。划分出的每个平行六面体为一个单元，顶点上的点阵点对每个单元平均贡献为1/8，面上的点阵点对每个单位贡献为1/2，内部的点阵点对每个单位贡献为1。根据平面六面体单位中点阵点的数目，分为素单位和复单位。

空间点阵可以根据素向量划分为晶格，用晶格切割实际晶体，得到一个个并置堆砌的平行六面体。它们包含了晶体的具体组成物质，称为单位晶胞，简称晶胞（unit cell）。晶胞是晶体结构中的基本重复单位。晶胞不等同于结构基元，只含有一个结构基元的晶胞是素晶胞，否则是复晶胞。晶胞不一定是最小的重复单元，只有素晶胞是最小的重复单元。对于已经选取的单位晶胞，它有两个基本要素：①晶胞参数：晶胞的大小和形状，由长度 a、b、c 和它们之间的夹角 α、β、γ 规定；②坐标参数，即晶胞内部各个原子的坐标位置，若从原点指向原子的向量可表示为 $r = xa + yb + zc$，则原子的坐标参数为（x、y、z）。晶体结构和点阵结构之间对应关系为：结构基元＝点阵点；晶棱＝直线点阵；晶面＝平面点阵；素晶胞＝素单位；复晶胞＝复单位。

5.2.1.2　晶体的宏观对称性

在理想结晶多面体上所表现出来的最突出的规律首先是晶体形态的对称性，可以作为连续、均匀，并具有有限的理想外形的研究对象，通常称为宏观对称性。不改变物体中任意两点之间的距离，在空间进行变换，变换前后物体的位置在物理上无法区分，称为对称操作。对称操作时必须借助一定的几何要素（点、线、面）来进行，这些几何要素称为对称元素。当一个物体中的全部对称操作的集合满足群的4个基本性质，即封闭性、结合律、单位元素、逆元素时，这些对称操作的集合构成一个对称操作群。对称操作中有限晶体的质量中心必须保持不动，否则操作前后在物理上可以分辨，这种操作称为点操作。因此晶体在宏观观察中表现出来的对称因素一定要以质量中心为公共点，在进行对称操作时公共点保持不动，这种点对称操作构成的群称为点群。

晶体宏观对称要素可以归纳为下列4种：对称中心、对称面、旋转对称轴（旋转轴）和旋转反演轴（反演轴），相应的对称操作就是反演、反映、旋转和旋转反演4种。其中1次反演轴等效于对称中心；2次反演轴等效于对称面。所以宏观对称要素可以概括为两类，即旋转轴和反演轴，下面分别进行描述。①对称中心 i：若晶体中所有的点在经过某一点反演后能复原，则该点被称为对称中心。②对称面 m：晶体通过某一平面做镜像反映而能复原，则该平面称为对称面或晶面，对称面通常是晶棱或晶面的垂直平分面或多面角的平分面，且必定通过晶体的几何中心。③旋转对称轴 L^n：围绕晶体中一根固定直线作为旋转对称轴，整个晶体绕它旋转 $2\pi/n$ 角度后而能复原，称晶体具有 n 次对称轴，旋转过程中能使图形相同部分重复的最小转角称为基转角 α，α 与 n 的关系为 $n = 360°/\alpha$（n＝1、2、3、4、6；α＝360°、180°、120°、90°、60°）。由于晶体具有点阵结构，其对称元素就要受到空间点阵的限制，因此不会存在5次和高于6次的对称轴，晶体中的对称轴必定通过晶体的几何中心。④旋转反演轴 L_i^n：若晶体绕某一轴回转一定角度（$360°/n$），再继续对该中心点进行反演并且能够复原时，此轴为旋转反演轴。相对应的对称操作是围绕此直线的旋转并且对直线上一个定点的反演操作。与旋转轴一样，旋转反演轴也只有1次、2次、3次、4次、6次5种。1次旋转反演轴 L_i^1 相应的对称操作为旋转360°后再反演，由于360°的旋转使图形回复到起始位置，结果与单纯的反演相同，所有1次旋转反演轴等效于对称中心 i；L_i^2 相应的对称操作为旋转180°后再反演，可以代之以垂直于2次旋转反演轴的对称面反映而直接重复，因此2次旋转反演轴等效于垂直它的对称面 m；L_i^3 次旋转反演等同于 L^3 次转轴加上对称中心 i 的总效果；L_i^6 次旋转反演等同于 L^3 次转轴加上垂直于该轴的对称面的总效果。综上所述，在晶体的宏观对称性中，只有8种最基本的对称元素，即 L^1、L^2、L^3、L^4、L^6、i、m、L_i^4。

晶体的宏观外形可能只含有一个对称轴，也可能含有多个对称轴，把上面8种对称元素不同组合可以得到各种宏观对称性，但是晶体除了对称性，还必须具有周期性，因此这些元素的组合不是任意的，各个对称元素必须至少相交于一点，称为点群中心；利用数学方法能导出这8种对称元素可以有的组合数为32种，构成了晶体32种宏观对称类型，即32种点群。①无对称元素的三斜晶系：1、$\bar{1}$；②对称元素为一个2次轴（或对称面）的单斜晶系：2、m、$2/m$；③对称元素为3个相互垂直的2次轴或2个相互垂直的对称面的正交晶系：222，$mm2$，mmm；④对称元素为在一个方向上有4次轴4或$\bar{4}$的四方晶系：4、$\bar{4}$、$\bar{4}2m$、$4/m$、422、$4mm$、$4/mmm$；⑤对称元素为在一个方向上有3次轴3或$\bar{3}$的三方晶系：3、$\bar{3}$、$3m$、32、$\bar{3}m$；⑥对称元素为在一个方向上有6次轴6或$\bar{6}$的六方晶系：6、$\bar{6}$、$6/m$、$\bar{6}2m$、$6mm$、622、$6/mmm$；⑦对称元素为4个按立方体对角线排列的方向上有3次轴的立方晶系：23、$m\bar{3}$、432、$\bar{4}3m$、$m\bar{3}m$。

5.2.1.3　晶体的微观对称性

晶体内部结构原子排列的对称性称为微观对称性，它是具有无限地平移对称性。宏观对称操作至少要求一点不动，而微观对称操作要求全部点都动，因此当宏观对称元素一旦与平移结合起来即可形成新的微观对称元素。微观对称元素除了旋转轴和反演轴，还包括平移轴。平移变换与旋转或反演的联合操作产生了新的复合对称要素——螺旋轴和滑移面，下面分别介绍。①平移轴，晶体结构具有空间点阵表征的周期性，这种周期性是平移对称操作的基础。平移轴是一个方向，相应的对称操作是沿此方向的平移，也就是当图形沿此方向移动一定距离后可使图形相同部分重复，这种平移操作组合的对称群称为平移群，用 $\boldsymbol{T}_{mnp}=m\boldsymbol{a}+n\boldsymbol{b}+p\mathbf{c}$ 表示，其中 m、n、p=0、±1、±2……。因此平移群的表达式反映晶体内部结构周期性的代数形式，连接点阵中任意两点的矢量必定属于平移群 $\boldsymbol{T}$ 中的一个平移矢量，而属于平移群 $\boldsymbol{T}$ 中的任何矢量必定通过点阵中的二个结点，因此平移群矢量之组合仍属于平移群。②滑移面，对称要素为平面，相应的对称操作作为对此平面的反映以及沿平行于此平面的某一方向平移的联合操作，即当图形经过平面反映后再接着以沿平行于平面的某一方向平移一定距离后可使图形相同部分重复。滑移面的平移方向既可以是平行于晶胞棱，平移量为晶胞棱长度一半的轴滑移；也可以是平行于晶胞的面对角线或体对角线，平移量为对角线长度一半的对角滑移。还有一种特殊的滑移，平移量是面对角线或体对角线的1/4，这种滑移称为金刚石滑移。③螺旋轴 n_s，对称要素为直线，绕直线旋转一定角度后再接着沿此直线方向平移一定距离，结果可使图形相同部分重复，因此螺旋轴是一种复合对称要素。螺旋轴的轴次 n 只能等于1、2、3、4、6，所包含的平移转换及平移距离等于沿螺旋轴方向结点间距的 s/n，s为小于 n 的自然数。螺旋轴根据其轴次和平移距离的大小可分为2_1、3_1、3_2、4_1、4_2、4_3、6_1、6_2、6_3、6_4、6_5共11种螺旋轴。

5.2.2　X射线衍射方程

5.2.2.1　Bragg 方程

1912年Max von Laue证明X射线可以对晶体发生衍射，Lawrence Bragg在William Bragg关于X射线下晶体附近照相盘斑点模式的工作基础上阐明了晶体结构和它的衍射模式之间的联系，提出了“Bragg 法则”，认为如果 X 射线被系列原子剖面反射，就会产生“聚焦效应”。从 Bragg 开始的所有的结晶学都以一个基本阵列为中心，该阵列是位于检测器附近的晶体被 X 射线源照射产生的，目前的检测方法常用电荷偶合器件（charge-coupled device，CCD），再通过同步辐射（一种 X 射线的强来源）加强。

晶体的空间点阵可按不同方向划分为一系列平行而且等间距的平面点阵，不同族的点阵面用点阵面指标或晶面指标（hkl）表示。当 X 射线照射到晶体上，对于一族（hkl）平面中的一个点阵面，若要求面上各点的散射线同向而且互相加强，则要求入射角 θ 和衍射角 θ' 相等，入射线、衍射线和平面法线在同一平面内，才能保证光程一样，对于相邻两个平面的间距 d_{hkl}，有 Bragg 方程

$$2d_{\mathrm{hkl}}\sin\theta_n = n\lambda$$

对于点阵面间距为 d_{hkl} 的 n 级衍射，衍射面间距为

$$d_{\mathrm{nhnknl}} = d_{\mathrm{hkl}}/n$$

Bragg 方程即可转化为

$$2d_{\mathrm{hkl}}\cdot\sin\theta_{\mathrm{hkl}} = \lambda$$

5.2.2.2 倒易点阵

在 X 射线晶体学中，倒易点阵的应用非常广泛，各种衍射现象的几何学、衍射公式的推导、现代衍射仪器的设计和应用、衍射数据的处理，以及用衍射数据测定晶体结构的许多环节，都离不开倒易点阵，其是研究晶体衍射性质的重要概念和数学工具。晶体点阵由从晶体的周期性结构直接推引出的三个不共面的单位矢量 $\boldsymbol{a}$、$\boldsymbol{b}$、$\boldsymbol{c}$ 规定。该晶体的倒易点阵单位矢量 $\boldsymbol{a}^*$、$\boldsymbol{b}^*$、$\boldsymbol{c}^*$ 则由下面数学表达式定义：

$$\boldsymbol{a}\cdot\boldsymbol{a}^* = 1;\boldsymbol{a}\cdot\boldsymbol{b}^* = 0;\boldsymbol{a}\cdot\boldsymbol{c}^* = 0$$

$$\boldsymbol{b}\cdot\boldsymbol{a}^* = 0;\boldsymbol{b}\cdot\boldsymbol{b}^* = 1;\boldsymbol{b}\cdot\boldsymbol{c}^* = 0$$

$$\boldsymbol{c}\cdot\boldsymbol{a}^* = 0;\boldsymbol{c}\cdot\boldsymbol{b}^* = 0;\boldsymbol{c}\cdot\boldsymbol{c}^* = 1$$

或者定义为

$$\boldsymbol{a}^* = \boldsymbol{b}\cdot\boldsymbol{c}/V;\ \boldsymbol{a}^* = \boldsymbol{c}\cdot\boldsymbol{a}/V;\ \boldsymbol{a}^* = \boldsymbol{a}\cdot\boldsymbol{b}/V$$

其中，V 是晶胞的体积

$$V = \boldsymbol{c}\cdot(\boldsymbol{a}\cdot\boldsymbol{b})$$

由晶体电子 $\boldsymbol{L}$ 推引得到相应的倒易点阵 $\boldsymbol{L}^*$，符合点阵定义，每一倒易点阵点 hkl 和晶体点阵中的一组衍射面相应。倒易点阵和晶体点阵有相同的原点及对称性。倒易点阵和正点阵之间有如下主要关系：①正点阵单位矢量与倒易点阵单位矢量满足 $\boldsymbol{a}^* = \boldsymbol{b}\cdot\boldsymbol{c}/V$、$\boldsymbol{a}^* = \boldsymbol{c}\cdot\boldsymbol{a}/\mathrm{V}$ 和 $\boldsymbol{a}^* = \boldsymbol{a}\cdot\boldsymbol{b}/V$ 的关系，它对正点阵单位矢量完全是对称的；②倒易点阵中从原点到某一倒易结点的矢量方向与正点阵中同指数的晶面正交，矢量长度等于该晶面族面间距的倒数；③正点阵与倒易点阵互为倒易关系；④倒易晶胞体积与正晶胞体积互为倒易，即 $V\cdot V^* = 1$。

5.2.2.3　Ewald 球

利用倒易点阵和反射球的概念可以为衍射反向描绘出一幅简明的图像：按照晶体点阵的所处方位，画出相应的倒易点阵，沿入射 X 射线的方向并通过倒易点阵的原点画一条直线，在此直线上选一点做圆心（**S**），以 $1/\lambda$ 为半径，做一个反射球（Ewald 球），使得球面和倒易点阵原点 **O** 相切。在晶体转动过程中，当一个倒易点阵点 hkl 和反射球面相遇时，从球心到该点的射线即是衍射指标为 hkl 的衍射方向。

将 Bragg 方程改写为

$$\sin\theta = (1/d_{hkl})/(2/\lambda)$$

在 Ewald 球中，$1/\lambda$ 为反射球半径、AO 为直径，它等于 $2/\lambda$；P 为圆周上任意点，圆周角 ΔAPO 恒等于 90°，若 OP 长度等于 $1/d_{hkl}$，矢量 **OP** 即为倒易点阵矢量 $\boldsymbol{H}_{hkl}$，则以 H 表示为

$$\sin\theta = \mathbf{OP}/(\mathrm{AO}) = (1/d_{hkl})/(2/\lambda)$$

满足 Bragg 方程，而球心 S 到 P 点的连线和入射 X 射线的夹角为 2θ，2θ 为衍射角，SP 的方向为衍射方向。各种收集衍射数据的方法都是根据反射球和倒易点阵的关系设计的，不同的方法利用不同的条件使倒易点阵点和反射球相遇，从而符合衍射条件，并在连接反射球心到球面上该倒易点阵点的衍射方向上记录衍射角度。衍射的方向反映了产生该衍射的晶面间距离的信息。

5.2.3　晶体结构测定

5.2.3.1　相角问题

相角 α_{hkl} 的物理意义是指某一晶体在 X 射线照射下，晶胞中全部产生衍射 hkl 的光束周相与处在晶胞原点的电子在该方向上散射光的周相之间的差值。选择晶胞原点的位置不同，相角的数值一般也不相同，相对的相角值是和已选定的原点相对应的。如果能够计算出所有衍射线的强度，再代入相应的相角，就可以得到电子密度函数 $\rho(xyz)$。但由于收集衍射强度，经过校正、统一和还原推出的只是结构振幅 $|F_{hkl}|$，而得不到相角 α_{hkl}。这就是晶体结构测定中的“相角问题”，它是研究晶体结构分析方法的关键问题。

5.2.3.2　晶体结构测定方法

晶体结构的测定实际上也就是测定相角。晶体学家发展了很多方法用以获得初始衍射相角：同晶置换法（isomorphous replacement）、反常散射法（anomalous scattering）、分子置换法（molecular replacement）、直接法（direct method）及 Patterson 函数法。上述这些方法互相配合共同解决相角问题。得到初始模型后，可以用差分 Fourier 法来修正模型，得到最终结构。当要解析一个晶体的结构时，如果完全无法利用已经测定的晶体衍射相角，可以用同晶置换法、反常散射法和直接法；如果可以利用已知晶体的衍射相角，可采用差分 Fourier 法和分子置换法。下面简略描述各种解决相

角问题的方法。

(1) 同晶置换法。同晶置换法是最早的直接测定相角的方法。同晶置换法是指两种或两种以上的晶体，它们具有相同的对称性、相同的晶胞参数、相同的空间群、相似的晶胞大小和形状、绝大多数原子的种类及其在晶胞中的位置相同，只是个别原子用不同的原子置换。一般来说，小分子晶体不能进行同晶置换，因为置换原子的大小差异常常会引起配位数及晶胞参数的改变。而蛋白质晶体中蛋白质分子做有规则的固定排列，空隙中充满处于半流动状态的水分子或母液中的其他溶剂分子。若将蛋白质晶体浸泡在含重金属离子或含重原子组成的小分子溶剂中，重原子通过空隙通道进入蛋白质晶体内部，置换晶胞中某些位置的溶剂分子，形成同晶置换晶体。这些重原子对 X 射线产生较大的衍射，对衍射点的强度有明显的差异，根据这些差异可以确定重原子的位置，进而推算出蛋白质晶体衍射光的相角。理论上，若是只获得一组重原子衍生物数据 (single isomorphous replacement)，经过计算后的解并不唯一，因此通常会结合数个不同的重原子衍生物所得到的数据以求得到更精确的相角。

(2) 反常散射法。较重的原子会吸收特定波长的 X 射线，利用接近重原子吸收边的 X 射线进行衍射实验时，会产生不寻常的 X 射线散射或吸收现象，称为反常散射，此现象可以导致衍射振幅及相角的改变，这一方法通常与同晶置换法结合使用。经由一个或数个不同波长的 X 射线照射，记录产生的不同衍射结果，可依次计算出相角。若使用单个波长，称为单波长反常散射法；若使用数个不同 X 射线波长，称为多波长反常散射法。实验室 X 射线光源由于很难改变波长，反常散射实验需要利用可变波长的同步辐射光源来完成。通常使用硒代甲硫氨酸来取代甲硫氨酸，培养出的蛋白质晶体在硒的吸收边进行衍射实验，并运用反常散射的方法计算出蛋白质晶体的衍射相角。

(3) 分子置换法。如果三维结构未知的蛋白质与另一个已经解出结构的蛋白质在氨基酸序列上具有较强的同源性，这两个蛋白质结构可能类似，可以利用分子置换法来计算未知蛋白质的相角。将已知结构蛋白质的模型晶胞中的分子置于未知蛋白质晶体中通过旋转和平移操作，使其和目标分子达到最大重叠，进而根据这一初始结构模型计算未知晶体衍射点的相角。

(4) 直接法。直接法就是直接从衍射的结构振幅数据包含的信息中推引出相角的方法。尽管 X 射线衍射实验中一般只能获得结构振幅的数值而无法得到相关相角的信息，但是衍射强度分布的统计规律却能反映出晶体是否具有对称中心对称性的特征。直接法以电子密度分布的特性作为处理问题的出发点：晶胞中电子密度恒大于或等于零，且不互相重叠，每个原子的电子集中分布在原子核附件的 100pm 的半径范围内。

(5) Patternson 函数法。Patternson 函数法用结构振幅的数值作为 Fourier 级数的系数，给出晶胞中每一对原子间矢量端点的峰，峰的位置表示每一对原子在空间的相对位置，峰的高度与这两个原子所包含的电子数目的乘积成比例。如果晶胞中有 N 个原子，则相应的在矢量空间有 N^2 个原子间矢量峰。实际应用时常用重原子法，因为重原子含有的电子多，散射能力强，产生的 Patternson 峰特别显著，再配合其他信息很容易确定出重原子在晶胞中的位置。

5.2.4 X射线衍射技术在研究蛋白质结构功能中的应用

5.2.4.1 含铂药物与生物大分子的作用

20世纪60年代，Rosenberg等（1969）最先发现铂配合物对于肿瘤细胞生长具有抑制作用并开展了铂类配合物治疗肿瘤的实验，1979年顺铂成为美国FDA批准上市的第一个铂配合物抗癌药物。目前铂抗癌药物（如顺铂和卡铂）已经被世界范围内用于治疗多种恶性肿瘤，尤其是睾丸癌和卵巢癌（Guo and Sadler，1999）。它们被认为具有类似的抗肿瘤机制，也就是通过铂结合核DNA上的鸟嘌呤位点从而产生DNA内链交联以及DNA弯曲，最后导致细胞的程序性死亡（Cohen and Lippard，2001）。顺铂是通过被动扩散或主动转运（通过铜转运蛋白Ctrl）进入细胞的（Ishida et al.，2002；Lin et al.，2002），这可以解释其有高系统毒性以及许多肿瘤产生的耐药性（Martin et al.，2008）。因此需要发展一种智能的肿瘤特异性分配系统（Bruijnincx and Sadler，2008）[如将铂金属药物包裹于大分子瓜环与脱铁铁蛋白（Yang et al.，2007）中]具有以下两个优点：①防止药物被如谷胱甘肽、含硫醇蛋白这类亲核体降解；②通过加强渗透及保留影响提高药物对肿瘤特异性地识别（Kratz et al.，2008）。

虽然铂与核酸之间的相互作用十分重要，但只有很少一部分的顺铂与核DNA反应；依据不同位点结合的动力学平衡（Deubel，2004；2002；Reedijk，2003），铂-蛋白质复合物实际上决定了是激活抗肿瘤物质还是使药物失活（Martin et al.，2008）。当铂复合物（如顺铂、逆铂、卡铂或奥沙利铂）以3∶1物质的量进入蛋白质溶液后，在电喷雾质谱中单铂-细胞色素c（Cyt c）物种被发现为主要成分（Casini et al.，2006）。因为铂（II）具有“软”的特点，因此在Cyt c中唯一的一个Met65被认为是优先的结合位点，His26与His33提供二级结合位点。对牛红细胞超氧化物歧化酶（beSOD）X射线晶体结构分析中意外地发现铂与His19的Nε、两个氯离子及一个松散结构的水分子结合[图5-9（a）]（Calderone et al.，2006）。这个发现说明beSOD与铂的结合比较特殊，也就是遵循氨配体从铂释放；这个发现与Lau和Deubel（2005）的理论研究相符：在特定的大分子微环境下，氨的缺失是可行的，可能代表了顺铂的一个灭活途径，因为两个氨配体，即所谓的“非离开群体”，是铂药物生物活性所必需的（Reedijk，2003）。同一个实验课题组所做的一个类似的研究中（Casini et al.，2007），发现在鸡蛋的溶菌酶中铂与His15的Nε、两个氨分子以及一个可能存在的水分子结合[图5-9（b）]。两个研究中铂结合位点的不同暗示了特定的蛋白质微环境确定是氨还是氯被释放（Lau and Deubel，2005）。这两个铂蛋白的结构提示组氨酸残基可能是铂的结合位点，但对于铂（II）药物优先与氮还是含硫基团结合仍存在争论（Deubel，2004；2002；Hahn et al.，2001；Reedijk，1999）。

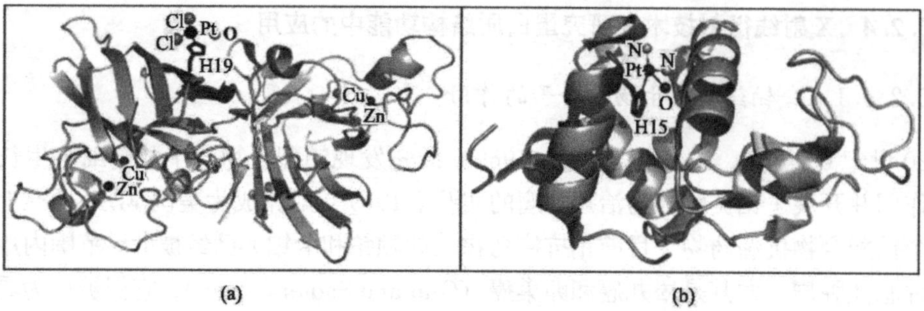

图 5-9　牛红细胞超氧化物歧化酶和蛋清菌酶结构示意图

(a) 牛红细胞超氧化物歧化酶 (beSOD) (PDB：2AEO)；(b) 蛋清溶菌酶 (PDB：2I6Z)。铂 (II) 结合位点的变型平面突出表示。在铂化 beSOD 中铂 (II) 原子与组氨酸-19，2 个氯离子及一个水分子 (Pt-O 长度，0.352nm) 结合；在蛋清溶菌酶中铂与组氨酸 15 及 2 个氨分子、一个水分子 (Pt-O 长度，0.391nm) 结合

顺铂药物在使用过程中出现了较强的抗药性，人们发现这种抗药性可能来源于配对修复蛋白 (如 HMG) 的作用。图 5-10 是 Lippard 报道的一个顺铂-DNA-HMG 的复合物结构 (Ohndorf et al.，1999)，在该晶体结构中，HMG 的凹面与结合了顺铂的 16 个碱基 DNA 增宽的小沟接触。在这个结构中 DNA 的螺旋参数与没有蛋白质时不同，说明 HMG 结合到 DNA 上后引起了 DNA 的扭曲：DNA 向大沟方向扭曲大约 61°，蛋白质并不以铂核为中心，而是向 DNA 的 3′端偏移了 2 个碱基。铂核与相邻的 2 个嘌呤 G_8 和 G_9 的 N7 键结合，键长大约为 2Å。铂核的其中一个 NH_3 配体与 G_8 的磷酸氧距离为 3.2Å；Phe-37 的芳香环插入 DNA 的一个由 G_8 和 G_9 构成的疏水区域。蛋白质通过 N 端的 α 螺旋 I 和 II 与 DNA 的 3′端小沟上的糖磷酸基发生作用以稳定整个复合物结构。这个复合物结构在一定程度上解释了某些肿瘤细胞对顺铂产生抗药性的原因，为发展新的高效抗肿瘤药物提供了一定思路。

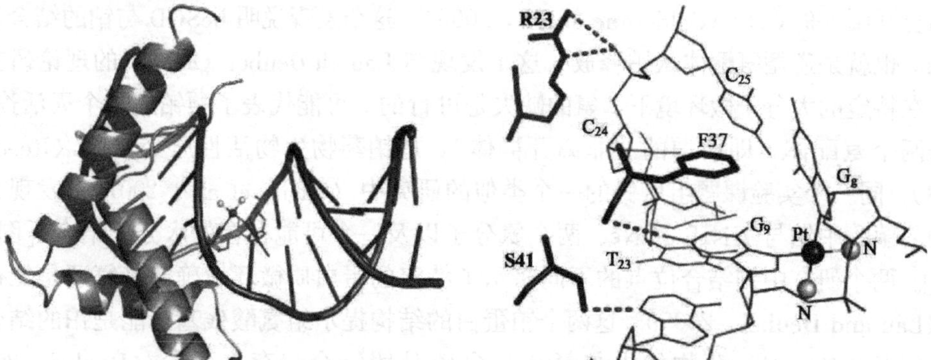

图 5-10　(a) 顺铂-DNA-HMG 的 X 射线晶体衍射结构 (PDB：1CKT)；(b) 铂中心的蛋白质-DNA 相互作用：Phe-37 的芳香环与 G_8 两个平面构成夹角 74°，羰基与 G_9 的环外氨基在氢键范围内 (3.1Å)。Ser-41 和 Arg-23 与 A_{10} 的 N3 以及 C_{25} 的 O3 形成强氢键作用

5.2.4.2　蓝铜蛋白

蓝铜蛋白之所以得名是由于在600nm附近具有强的配体→金属电荷转移吸收，这类蛋白质的电子顺磁共振光谱（electron paramagnetic resonance，EPR）属于1型铜(II)中心，具有高波谱分裂因子（*g*值）和低各向异性超精细系数（*A*值），意味着未成对电子比其他铜（II）配合物更具有离域性。蓝铜中心既存在于较小的含单个铜离子的蛋白质［如质体蓝素（plastocyanin）和蓝蛋白（azurin）］中，也存在于复杂的酶(如多铜氧化酶）中，后者在多种可识别的位置上含有4个或更多的铜离子。在生物体的光合作用以及呼吸系统中有一个由128个氨基酸构成的蓝蛋白，它与细胞色素 c_{551} 及亚硝酸盐还原酶协同完成氧化-还原反应。为了完成电子转移以及在 Cu^{2+} 和 Cu^{+} 之间的氧化还原转化，铜的配位环境必须能同时允许两种氧化态的配位。在如图5-11所示的蓝蛋白结构中，铜离子分别与半胱氨酸-112及组氨酸-46和组氨酸-117配位，键长为2.00～2.15Å，形成了一个畸变的三角平面构型；在三角平面的两侧，甲硫氨酸-121侧链上的硫原子及甘氨酸-45在肽链上的羰基氧与铜离子之间形成了较长（大约3.1Å）的键。这种配位环境同时满足了铜（I）对软性含硫配体及铜（II）对较硬含氮配体的需要。当活性中心的铜在+2和+1间转化时，配位结构基本保持不变，这使得快速的电子转移成为可能。

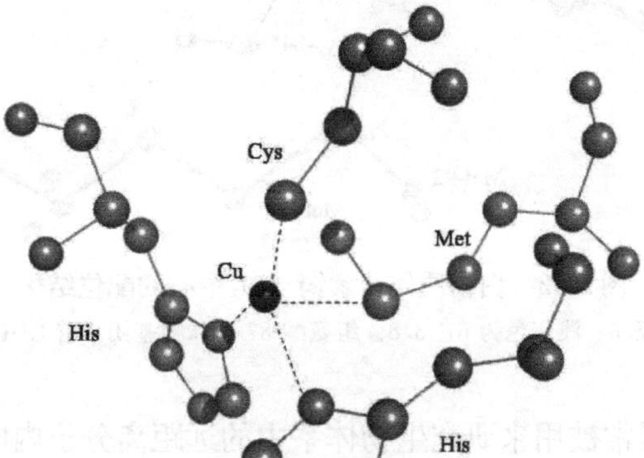

图5-11　蓝蛋白中铜中心的配位结构

质体蓝素是高等植物和藻类光合作用中必需的一个电子转移蛋白，它从细胞色素f获得电子，然后转移给光系统I（photosystem I）。质体蓝素的四级结构与蓝蛋白类似，只是其是一个更小的蛋白质，有97～105个氨基酸，分子质量大约为11 000Da。质体蓝素的还原电位比蓝蛋白稍大，不具有双硫键。铜离子活性中心的配位构型为畸变四面体，分别与提供氮原子的组氨酸-37、组氨酸-87，以及提供硫原子的半胱氨酸-84和甲硫氨酸-92配位。铜离子中心内置于由8个β折片构成的内壁疏水性的桶形中。质体蓝素的结构中有2个可能的结合氧化还原小分子位点，分别称为北区（距离铜离子中心6Å的疏水位点）和东区（距离铜离子中心15Å的酸性位点）。北区把铜离子活性中心包围在内，组氨酸-87 的咪唑基团能够帮助电子转移，从结合细胞色素 f 及光系统 I 的疏水表面伸出；而东区构成了一个带负电荷的表面，能够吸引结合其他带正电荷的电子转移蛋白质、分子或底物。当质体蓝素处于自然的还原态时，组氨酸-87 的 pK_a 大约为 5；当组氨酸-87 质子化后，铜（I）配位结构变成平面三角形，组氨酸-87 的咪唑基团沿着 C^{γ}-C^{β} 旋转 180°（图 5-12）。由于结构的变化，氧化电位升高，使质体蓝素失去生物活性。在某些情况下，如在阳光曝晒下，植物类囊体内或细菌的外周胞质内的酸性很高（pH<6），组氨酸-87 的质子化成为一个调低生物体光合成的可能途径。这被称为质体蓝素的酸转化，这个过程非常迅速，在 pH5 和 25℃条件下大约为 $2\times10^4\ s^{-1}$。组氨酸与溶剂水分子之间的直接质子交换没有这么迅速，一般需要一种缓冲物质，特别是需要磷酸根离子作为催化剂，以帮助组氨酸与水分子之间的质子交换。

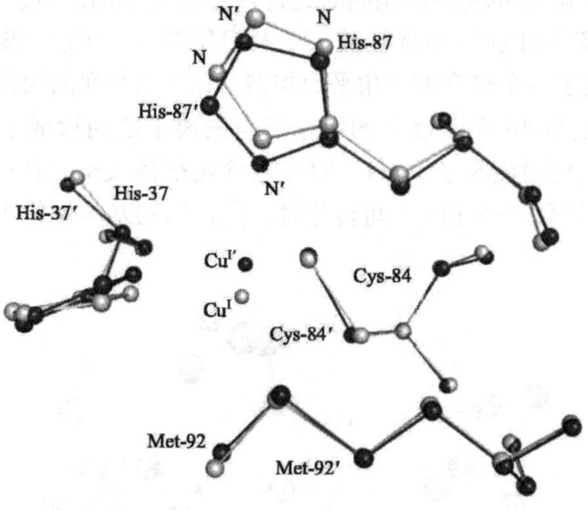

图 5-12　白杨质体蓝素铜（I）中心的配位结构

黑色为 pH 7.8；浅灰色为 pH 3.8。组氨酸-87 的咪唑基团沿着 C^{γ}-C^{β} 旋转 180°

蓝蛋白及质体蓝素常被用来研究生物体系中的远距离分子内电子转移。在这两种蛋白质中，铜离子中心距离蛋白质表面大约 7Å，在电子转移中起到电子受体或供体的作用。将含铷氧化还原化合物连接到铜离子中心附近处于蓝蛋白表面的组氨酸来研究电子转移，发现组氨酸-35 及其周边的若干个氨酸在电子转移过程中起着重要作用：在 pH 高于 8 的环境中，组氨酸-35 咪唑上的质子会离去，从而可以与蛋白质肽骨架上的甲硫氨酸-44 的氧原子及甘氨酸-37 的氮原子通过水分子形成氢键，引起蛋白质构型上的变化，从而引起电子转移速率上的变化。在蓝蛋白的表面富集含负电荷的区域，在组氨酸-117 的周边有若干疏水性氨基酸，这种结构上的特征使得其他蛋白质（如细胞色素 c_{551} 或亚硝酸盐还原酶）可以接触蓝蛋白，以完成电子的转移。

5.2.4.3　*碳酸酐酶*

碳酸酐酶存在于脊椎动物的红细胞和许多动物的各种组织及植物的叶中，是生物体内非常重要的一种蛋白酶，对光合作用、呼吸、（去）钙化、pH 调控有着重要的作用。

例如，在人的红细胞中，碳酸酐酶的含量仅次于血红蛋白，具有对碳酸和重碳酸离子迅速转换的作用。正是由于碳酸酐酶功能的多样性，在高等生物体内通常具有几种异构体。虽然 1933 年人们已经从血液中提取出碳酸酐酶，但直到 1940 年才在动物红细胞研究中确定碳酸酐酶含有锌。图 5-13 是其中一个二型人碳酸酐酶（human carbonic anhydrase II）的结构，蛋白质含有 259 个氨基酸，脯氨酸含量最高，没有二硫键，分子质量大约为 30kDa。在生命体系中，碳酸酐酶不仅选择性的识别 CO_2 和 HCO_3^- 作为催化底物和产物，也能不规律的识别磷酸酯、羧酸酯和醛类等分子。在上述反应中，以人碳酸酐酶 B 催化 CO_2 的可逆水合过程研究最多，已提出多种动力学机理。另外，碳酸酐酶也与卤素离子、羧酸根、酚、醇、咪唑、酸酸酰胺、硫酰胺、SCN^- 等结合，这些分子或离子能够抑制碳酸酐酶的催化活性。

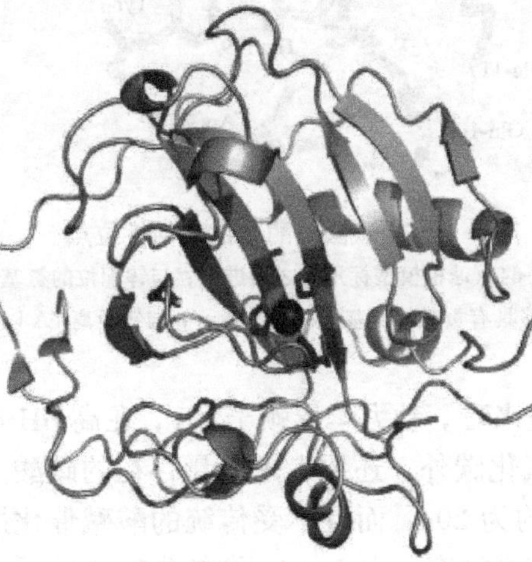

图 5-13　二型人碳酸酐酶的结构及锌结合位点的几何构型

晶体结构研究显示人碳酸酐酶 B 的锌活性中心位于一个深 15Å 的开口于蛋白质表面的由缬氨酸-143、缬氨酸-121、色氨酸-209 及亮氨酸-198 构成的疏水的锥形槽底部（图 5-14），锌（II）离子与 3 个组氨酸的咪唑侧链配位，它们是组氨酸-94、组氨酸-96 及组氨酸-119，在无底物存在的情况下，锌（II）离子还同一个与其他氨基酸侧链（苏氨酸-199，该氨基酸继续与谷氨酸-106 形成氢键）或其他水分子通过氢键键合的水分子或氢氧根离子（取决于 pH）配位，从而形成畸变四面体构型。在活性中心有一些水分子（图 5-14）具有重要的结构和催化功能，特别是具有传递质子的作用，其中苏氨酸-199 和组氨酸-64 构成了一个质子转移通道。与锌（II）离子配位的水分子被活化，在催化二氧化碳的水合过程中酶的 His_3ZnOH 形式是活性物质，而在催化碳酸氢根的脱水过程中 His_3ZnOH_2 是活性物质，来自模拟化合物的动力学研究为此提供了强有力的证据。在研究对硝基乙酸苯酯的水解过程中，间接测得人碳酸酐酶 B 中配位水分子的酸离解常数 pK_a 为 6.8。组氨酸-64 通过氢键作用使 His_3ZnOH 较易形成，同时降低了 His_3ZnOH_2 被 H_2O 取代时的反应能垒。苏氨酸-199 不仅与谷氨酸-106 组成一个氢键网络来稳定 His_3ZnOH 结构，同时在 His_3ZnOCO_2H 中间体形成后的质子转移过程中直接影响碳酸氢根单齿和双齿配位的转变。由缬氨酸-143、缬氨酸-121、色氨酸-209 及亮氨酸-198 构成的疏水锥形槽的功能被认为是将二氧化碳固定在该疏水空腔内，以便 His_3ZnOH 对二氧化碳直接进行亲核进攻。

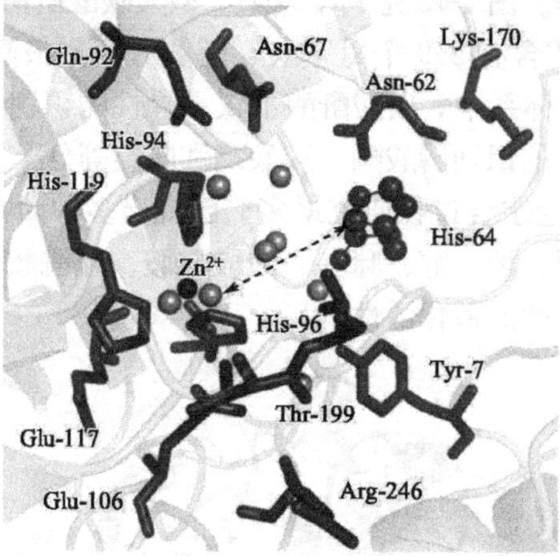

图 5-14　人碳酸酐酶 B 的锌活性位点

质子转移在锌配位的水与组氨酸-64（球棍模型标示）之间进行；与锌配位的氨基酸（组氨酸-94、组氨酸-96 和组氨酸-119）以及对于质子转移具有贡献的氨基酸以线性标示；与锌距离 7Å 以内的水分子以浅灰色球标示

从二氧化碳的水解反应来看，动力学依赖于 pH，在高 pH 时反应较快。在该水溶液中，除要考虑溶解的二氧化碳外，还要考虑少量存在的碳酸。CO_2 的水化过程非常慢，在 25℃时的半衰期大约为 20s，而且不受传统的酸碱催化影响。对于非极性分子 CO_2 来说，要想极化它，就必须有一个 Lewis 酸在进攻 O 的同时还要有一个 Lewis 碱来进攻 C（也就是常说的"推拉效应"或"双官能团催化"）。对于碳酸酐酶来说，组氨酸-64 会使与锌（II）配位的水分子发生去质子化，而形成一个可以亲核进攻 CO_2 中 C 的氢氧根基团；尽管锌（II）本身在一定程度上能够吸引、定位并且线性地极化 CO_2、Zn…O=C=O，而真正有效进攻 O 的是氢键体系中存在的酸性的质子。由于直接进攻 CO_2 的是水分子的离解产物 H^+ 和 OH^-，所以一般认为在碳酸酐酶催化过程中，决速步骤是水的自离解。一个简单的反应过程列于下式，其中 E 代表不含锌（II）的碳酸酐酶。

$$[\text{E-Zn-OH}]^+ \xrightarrow{CO_2} [\text{E-Zn(OH)}CO_2]^+ \rightarrow [\text{E-Zn-}HCO_3]^+ \xrightarrow{H_2O} [\text{E-Zn-}H_2O]^{2+} + HCO_3^-$$

$$[\text{E-Zn-}H_2O]^{2+} \xrightarrow{-H^+} [\text{E-Zn-OH}]^+$$

在中间体中碳酸氢根的配位结构，一般认为是形成了一个非对称的（3N、2O）构型。金属离子与碳酸氢根离子形成的配合物在水中通常具有较好的溶解度，并且不稳定，会转化为较稳定的碳酸盐化合物。下面是一个较详细的碳酸酐酶催化反应机理（图 5-15）：与锌离子配位的水分子离解掉一个质子（i），并通过水分子之间形成的氢键网络转移到组氨酸-64上，该质子接着传递到其他分子上（ii）；与锌配位的氢氧根离子会快速的通过氢键与已经被锌离子部分激活的 CO_2 反应形成中间态（iii）；通过中间体，得到反应产物（iv）；最后不稳定的碳酸氢根配体被水分子取代（v）。

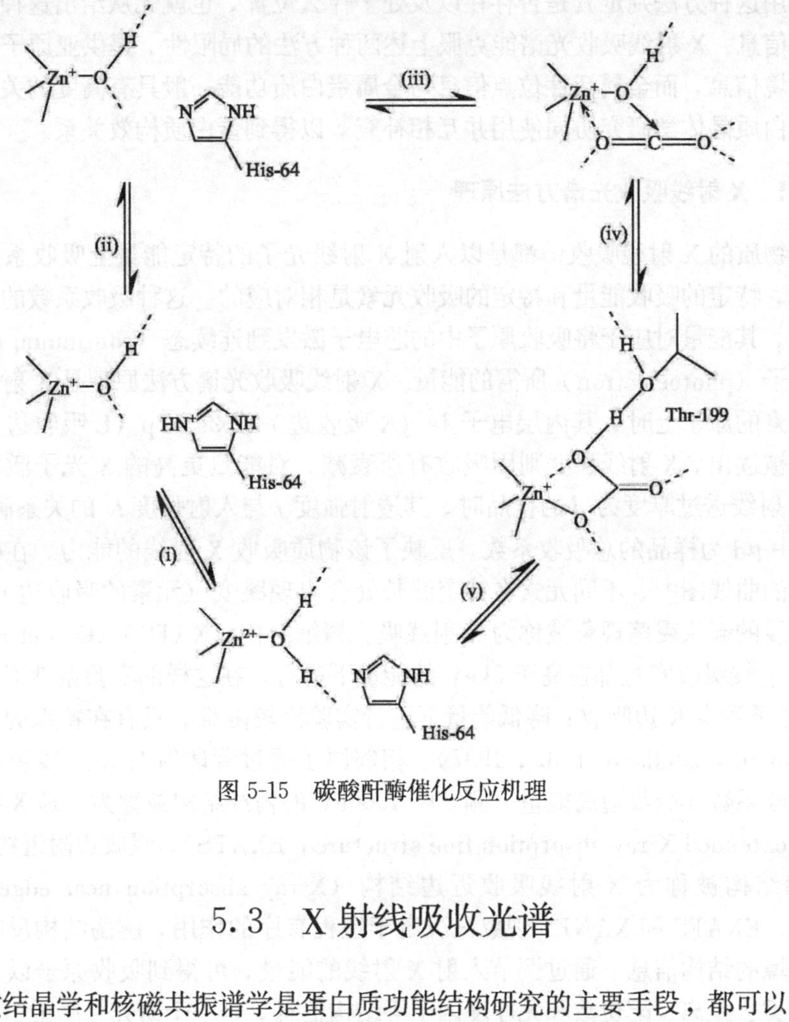

图 5-15　碳酸酐酶催化反应机理

5.3　X 射线吸收光谱

蛋白质结晶学和核磁共振谱学是蛋白质功能结构研究的主要手段，都可以给出蛋白质整体三维结构，但是对于占蛋白质总数40%左右的金属蛋白质中的金属位点局域结构的研究，两种方法都存在明显的不足。金属蛋白质是利用金属的氧化还原性质和配位化学特性来实现其特定的生物学功能的，它们参与一些基础的生物化学反应。金属蛋白质参与这些生物化学反应的同时往往伴随着金属离子周围微弱的结构变化，而了解这种微弱的结构变化是研究金属蛋白质活性机理的前提，但这种结构变化很小，以至于具有原子分辨水平甚至亚原子分辨水平的结构数据才能够区分这些变化。晶体学数据的分辨率一般在2Å左右甚至更低，具有原子分辨水平的晶体结构数据（≤1.2Å）在整个蛋白质数据库（protein data bank，PDB）库中的数量还是很小的一部分。X射线吸收光谱所测得的金属蛋白质的金属中心结构的精确度和准确度可以和小分子晶体结构数据相媲美，优于大多数用X射线衍射得到的蛋白质晶体结构数据（分辨率大多为1.5～3Å），这是因为蛋白质晶体对 X 射线的衍射能力有限，并且在数据采集过程中蛋白质发生光致还原和辐射损伤，以及蛋白质样品一般存在微观不一致性。核磁共振结构的分辨水平往往比晶体学数据还要低。更重要的是有些金属离子（如锌离子）没有核磁共振信号，就不能使用这种方法判定其是否存在以及处于什么位置，也就无从给出这种金属离子的局域结构信息。X 射线吸收光谱能克服上述两种方法的局限性，提供亚原子分辨率的金属局部环境信息，而金属活性位点信息与金属蛋白质功能一般具有高度的关联性，从而可以和蛋白质晶体学研究协同使用并互相补充，以得到蛋白质构效关系。

5.3.1　X 射线吸收光谱方法原理

任何物质的 X 射线吸收谱都是以入射 X 射线光子的特定能量上吸收系数的突然增长为特征，特定的吸收能量和特定的吸收元素是相对应的。这种吸收系数的突然增长称为吸收边，其能量对应于将吸收原子中的芯电子激发到连续态（continuum state）产生一个光电子（photoelectron）所需的能量。X 射线吸收光谱方法原理是 X 射线照射到样品中某元素的原子上时，其内层电子 1s（K 吸收边）或 2s、2p（L 吸收边）的电子吸收能量后被逐出，X 射线强度则因吸收有所衰减，对能量更高的 X 光子激发出连续光谱。当 X 射线透过厚度为 d 的样品时，其透射强度 I 与入射强度 I_0 的关系满足 $I = I_0 \cdot e^{-\mu d}$，其中 μd 为样品的总吸收系数，反映了该物质吸收 X 射线的能力，在吸收系数对入射波长的曲线图中，不同元素在特定波长处会出现跳变（元素的吸收边）。吸收边高能量侧曲线的起伏震荡现象被称为 X 射线吸收精细结构（XAFS）（Gao et al.，2007）。大多数 X 射线吸收实验都在高于 5keV 的能量下进行，在这样的实验条件下，原子数高于 22 的原子发生 K 边吸收；降低能量下进行实验比较困难，只有在特殊的条件下才能进行（Congiu-Castellano et al.，1997）。相邻原子通过背散射对 X 射线吸收能量谱的调制，吸收系数在吸收边高能量一侧 30～1000eV 的精细结构被称为广延 X 射线吸收精细结构（extended X-ray absorption fine structure，EXAFS），吸收边附近约 50eV 范围内的精细结构被称为 X 射线吸收近边结构（X-ray absorption near edge structure，XANES）。EXAFS 和 XANES 现象只决定于短程有序的作用，震荡结构反映了吸收原子周围环境的结构信息，通过调节入射 X 射线的能量，可得到吸收原子以及近邻配位原子的种类、距离、配位数和无序度因子等结构信息，是一个研究金属蛋白质中金属结合位点区域结构的成熟技术（Ascone et al.，2005）。

在吸收边前出现的一些小的分立的结构特征对应的是吸收原子中的芯电子从芯能级到能级较高的未占据态的跃迁。在这个区域中，X 射线光子的能量还较低，不足以将光电子激发至连续态。较高能级的未占据态一般是吸收原子与配位原子的原子轨道杂化得到的分子轨道。芯电子获得 X 射线光子的能量后，向这些未占据轨道跃迁。因此 XANES 谱的边前结构是由吸收原子的电子结构决定的。随着 X 射线光子能量的增加，光电子获得足够的能量被激发至连续态。在 XANES 区域，光电子获得的动能较小，出射的光电子波与近邻原子的原子势相互影响，主要发生多重散射过程（multiple scattering），即光电子被近邻原子多次散射后回到中心原子；随着光电子动能的增加，进入 EXAFS 区域，单次散射过程成为主导，光电子经过近邻原子的一次散射就回到了中心原子。被近邻原子散射回到中心原子的光电子波函数能够与出射的光电子波函数发生相互作用，这种作用随着 X 射线光子能量的变化（导致光电子动能变化）而变化，从而改变出射波的强度，反映为吸收原子的吸收系数随着入射 X 射线光子能量的增加而发生震荡。

当光电子的能量改变时，其波长也随之改变。在特定能量 E1 上，出射波和背散射波具有的相位差令它们发生干涉，因此增加了入射 X 射线被吸收的概率，也就是吸收系数增加；在另一个能量 E2 上，出射波和背散射波的相位差令它们发生相消干涉，因此吸收系数减小。这种来自于近邻原子的背散射波对出射光电子波的调制就是 XAS 信号产生的真正机制。EXAFS 谱能告诉我们吸收原子周围配位原子的数目、类型和距离，也就是吸收原子周围近邻原子的情况；对 XANES 谱定性分析可以知道吸收原子的氧化态和局域结构的对称性等电子结构和立体结构信息，而对 XANES 进行定量分析会涉及复杂的多重散射理论和计算，但可以得到精确地吸收原子周围区域的立体空间结构。

5.3.2　X 射线吸收光谱方法的优势和局限

下面以对金属蛋白质中金属位点的局域结构研究为例说明 X 射线吸收光谱方法研究的优势和局限性。首先，X 射线吸收光谱方法具有很高的空间分辨率，通过 EXAFS 方法得到的键长数据可以精确到 0.02Å，能很好的确定金属离子因为发生氧化-还原反应或配位变化而导致的局域结构变化。如前文所述，金属蛋白质对基础生物化学反应的参与是同金属原子周围微弱的结构变化同时产生的，了解金属离子中心的高分辨率结构是研究这类蛋白质活性机理的前提。

其次，X 射线吸收光谱对所要研究的元素具有选择性，因此可以独立研究一种元素而不会和样品中存在的其他元素相互干扰。对于含有不止一种金属原子的蛋白质，如细胞色素氧化酶（cytochrome oxidase）或固氮酶（nitrogenase），可以选择性的研究每种金属原子的局域结构。对于细胞色素氧化酶，就同时进行 Fe 和 Cu 的 X 射线吸收光谱研究。这些研究结果可以综合起来，用以研究含有多种金属离子的原子团簇的结构。在金属蛋白质中，如果两种不同金属原子的距离很接近（<6Å），它们就可以发生互相的背散射，此时将两种原子的吸收谱结合起来进行结构分析往往是非常有利的。X 射线吸收光谱的元素特定性还令其适合研究含有几个多肽、脂类分子、色素分子和其他金属原子的生物体系。光合体系 II 中的 Mn 制复合体的 X 射线吸收光谱研究就是这样的一个例子。为了保持 Mn 制复合体的氧制备活性，它只能被纯化到一种特定的结构单元，此单元除了含有几个嵌在一个脂类双分子层的多肽分子外，还含有一个细胞色素 b_{559} 和一个铁-醌受体。

X 射线吸收光谱方法的一个很重要的优势是金属原子不会对 X 射线吸收光谱“沉默”。某些样品可能对电子顺磁共振、核磁共振等谱学手段不响应，但总是对 X 射线吸收光谱手段响应。例如，含锌的金属蛋白质的研究就是这样的情形，因为锌离子没有未成对电子，是反磁性的，无论是 EPR 还是核磁共振都得不到锌离子的信号。另外，X 射线吸收光谱方法还有一个非常重要的优点，就是不受样品的物理状态的限制，而只对金属位点的局域结构敏感。样品可以是粉末、溶液，或者就是生物样品最经常使用的冷冻溶液状态。这使得样品不必再制成单晶来检测金属离子的局域结构。这种对样品状态的宽容性使我们可以通过加入抑制剂或酶的底物来俘获酶循环过程中的中间状态或修改某些位点，或产生其他的化学改变。反应的中间态可以通过这种方法得到，样品可以制成冷冻溶液，直接进行测试，而不必设法结晶中间产物。这种样品制备和俘获中间产物的技术已经在研究几个生物体系的反应机理上发挥了重要作用。例如，光合体系 II 中的 Mn 制复合体并没有被结晶出来，而是在它的原生态进行了研究，由此得到了这个生物学上重要反应的关于结构和机理的一些非常有价值的信息。

X 射线吸收谱自然也有它的局限性，X 射线对生物样品的损伤是生物样品 X 射线吸收光谱实验的一个很大问题。然而，通过一些恰当的防范措施，还是可以在基本不损伤样品的前提下完成实验。最严重的损伤来自于样品同 X 射线照射样品时产生的自由基及水合电子（hydrated electron）的反应。可以通过低温的方法降低自由基和水合电子的扩散能力。非常重要的是，在任何可能的情况下，都要在 X 射线照射样品的前后使用其他方法检验样品的完整性。使用液氦低温保护器，使样品处于氦气中，可以极大地减少样品被 X 射线损害的危险，但仍然要确保生物化学样品在实验中的完整性。

认识到 EXAFS 具有内在的本质上的局限性，而不仅仅是纯实验上的限制也是很重要的。一个最常见的问题就是它很难区分原子序数差别非常小的背散射原子（C、N、O 或 S、Cl 或 Mn、Fe），因此在从具有不同原子序数的原子间确定原子种类时，必须非常小心。因为即使是使用原子序数差别很大的不同背散射原子拟合 EXAFS 谱，也可能得到同样好的拟合结果（如 Mn 或 Cl），但它们到吸收原子的距离是不同的。当处理较大距离的傅里叶峰时，这个问题更容易发生。另外，在桥连的多核中心（multinuclear center），3Å 以上的傅里叶峰并不总能确定其归属。3Å 以上的峰可能来自于第二或第三配位层的散射，如氨基酸的咪唑环或亚铁血红素的吡咯环，还可能来自于成桥金属原子的散射。

5.3.3　生物体系 X 射线吸收光谱方法研究现状

X 射线吸收光谱方法和生物学的结合始于 20 世纪 70 年代，一方面是由于 X 射线吸收理论解释上的突破，使 X 射线吸收光谱用于研究多种不同的非晶物质（如玻璃和金属蛋白质）的局域结构成为可能；同时高强度的同步辐射 X 射线光源的发展，使得极低浓度样品的测量可以进行，而恰恰绝大多数的生物样品都属于这种情形。因此在 70 年代 X 射线吸收光谱方法开始应用于生物分子结构的研究。X 射线吸收光谱在生物学上的应用集中于金属蛋白质和金属酶中金属位点的结构，这和两个因素有关，一是生物学的发展使得金属蛋白质中金属位点的结构和功能的关系这一问题的重要性日益凸显出来；二是在金属的 K 边（Ca 到 Mo）X 射线能区上测试。因为没有蛋白质基体、水和空气对 X 射线的吸收而引起对测试结果的干扰，而金属蛋白质中包含的金属的 K 边恰好在这个能区上，非常适合利用 X 射线吸收光谱方法进行研究。这样的工作从 70 年代就开始了，当时主要是利用 EXAFS 方法对几种重要的金属酶的金属位点进行了结构上的分析，后来从 XANES 谱定性的得到吸收原子的电子结构的信息。

5.3.3.1　EXAFS

将EXAFS用于分析金属蛋白质中金属位点的结构比较早，可以追溯到20世纪70年代末80年代初，如对固氮酶中Fe-Mo辅因子结构的研究（Wolff et al.，1979）、对铁-硫蛋白位点结构的研究（Teo and Shulman，1982）等。因为那时无论是EXAFS理论还是基于同步辐射光源的实验条件都已经成熟，而且EXFAS有着成熟的理论和光谱分析方法，同时对金属离子周围配位体配位距离的测定又非常精确（可以达到0.02Å），因此将其用于金属蛋白质活性位点的研究例子很多。EXAFS能够给出定量的结构信息，但是有两个缺点，一是只能给出配位的平均键长，不能给出立体结构的信息；二是对于极低浓度的蛋白质样品，EXAFS谱的质量往往不好，信噪比低。

5.3.3.2　XANES

对XANES谱的定量分析是量子力学的多体问题，涉及复杂的多重散射计算，因此一般对XANES谱的分析都是定性的比较，即定性的比较同一样品不同状态的结构特性，对其电子结构或几何结构的变化加以推测，或是与结构已知的模型化合物进行比较得到结构方面的信息。利用X射线吸收光谱测定钼铁固氮酶分离体以及与铁蛋白形成的稳定复合体中铁钼辅因子的金属局部结构（Corbett et al.，2005），发现两者的钼局域结构没有明显变化，而高质量的钼K边和L边XANES数据为研究固氮酶循环中的其他中间态提供了基础。Ascone等（2008）利用XANES研究了牛血清白蛋白（bovine serum albumin，BSA）与含铷金属药物NAMI-A的结合环境。NAMI-A相对于其他含铷抗癌药物具有较高的还原电位，因此在谷胱甘肽或维生素C作用下，由三价还原成二价（Reisner et al.，2008；Groessl et al.，2007）。但是铷K边和L_3边XANES数据清晰地表明与牛血清白蛋白结合后，铷中心保持为三价。硫K边XANES谱保持不变，而氯K边XANES发生了变化。这是因为在NAMI-A结合到牛血清白蛋白后2个氯离子被2个水分子取代参与到铷的配位中心（Messori et al.，2000）。

XANES谱不但包含丰富的电子结构信息，更和金属位点周围的立体几何结构直接相关，因此人们一直尝试克服理论计算的复杂性，直接从XANES谱计算吸收原子周围的结构。1986年Natoli等给出了第一个基于完全多重散射计算的XANES谱计算方法——CONTINUUM（Benfatto et al.，1986）；1998年美国华盛顿大学开发了一个从头计算（ab initio）X射线吸收光谱的软件包FEFF 8.0（Ankudinov et al.，1998），该软件包使用自洽muffin-tin势和完全多重散射方法同时计算XANES、局域电子态度、费米能和电荷转移，整个计算基于一个有效单电子相对论自洽实空间Green函数和含有芯空穴的终态势的全多重散射理论，对所计算的体系没有任何结构对称或周期调节限制，可适用于复杂和无序体系。原则上可以使用CONTINUUM或FEFF 8.0计算已知结构的理论谱，并和实验XANES谱进行半定量的比较，从而得到一定的结构信息。对无机化合物的结构研究的工作比较多，它们都是利用CONTINUUM来计算XANES谱。对金属蛋白质中金属位点研究的工作很少，最近的工作是由Mijovilovich和Meyer-Klaucke（2003）完成的，他们使用FEFF 8.0软件包计算了人体酪氨酸羟化酶（tyrosine hydroxylase）中2-组氨酸-1-羧酸酯模块（motif）中Fe（II）位点以及β-内酰胺酶（β-lactamase）中双锌位点的理论XANES谱，以此考察了第一和第二配位层原子对吸收谱的影响，并在此基础上讨论了两种酶的催化机理。

使用XANES谱获得定量的吸收原子周围局域结构的第一个工作于2001年发表（Della Longa et al.，2001），作者使用MXAN（一个新开发的能够通过对XANES谱进行拟合得到吸收原子局域结构的程序）研究了肌红蛋白的活性中心与CO结合时及CO脱除过程的中间态几何构型。随后的几篇文章比较详细地介绍了MXAN的理论基础和计算方法。MXAN对所要拟合的结构没有对称性的要求，使用于无机和有机体系，尤其适合于金属蛋白质中心中金属位点局域结构的研究。它通过特定的搜索方式寻找恰当的局域结构，使基于完全多重散射计算的理论谱和实验谱尽可能达到一致。MXAN方法是目前唯一能够使用金属蛋白质的XANES谱定量给出吸收原子周围局域结构的手段，但远没有得到广泛使用。首先可能是这种方法出现的时间还很短，仍处于不断完善过程中，因此仅仅在很小的范围内使用。其次，这种方法涉及的理论和计算过程都比较复杂，为生物学家们使用这种方法带来了一定的障碍。

5.3.4　X射线吸收光谱在金属蛋白质研究中的应用

阿尔茨海默氏病（AD）是一种神经逐步退行性疾病，伴有β-淀粉样蛋白（Aβ，含有42个氨基酸）沉积。Aβ通常是以可溶的形式出现在生物液体中，它的结构从自然状态过渡到β片层聚集形态，并伴随增加神经毒素的功能。越来越多的证据表明在AD影响的大脑中，过渡金属（如铜、铁）参与了淀粉样蛋白沉淀升高的反应，铜在Aβ中准确的结合位点可能是AD病因的关键（Strozyk and Bush，2006）。目前X射线吸收光谱对Aβ（1-40）-Cu^{2+}的研究中发现蛋白质与金属离子之间是以1∶1的比例结合，说明Cu^{2+}可能与3个组氨酸（His-6、His-13、His-14）上3个氮键合（键长0.185～0.194nm）并与2个氧原子（一个键长0.200nm，来自Tyr-10；另一个键长0.191nm，属于一个水分子或另一个氨基酸）相连的（Stellato et al.，2006）。

为了了解金属插入的过程、簇合物的形成及在不同生长阶段金属蛋白质的表达调控，可以采用高通量的X射线吸收光谱方法（Scott et al.，2005；Shi et al.，2005；Chance et al.，2004）。迄今为止，这一领域所有已公布的工作都与结构基因组学有关，其目的是确定一个蛋白功能家族中至少一个蛋白质的3D结构，从而为家族的其他蛋白质提供一个模板。迄今，结构基因组中心从纯化蛋白质到最后3D结构的确定，成功的比率仅为10%～15%（Bonanno et al.，2005）。Scott和同事设计了一个一英尺①宽的聚碳酸酯材质的具有25孔、每孔直径1.5mm的样品固定装置，放入X射线吸收光谱液氦低温器。在最初的研究计划中，焦酚火球菌2200个开放读码框（ORF）中的大部分通过高通量技术被克隆纯化并用X射线结晶或核磁共振的方法对其结构进行检测。每次操作，可以对25个开放读码框检测样本同时进行，样品量只需要3μl。通过X射线荧光检测金属离子Co、Ni、Cu和Zn的分布，继而通过XANES及EXAFS进一步

① 1英尺=0.3048m

分析，得到关于金属结合位点的结构可以用以构建一个金属结合位点序列的数据库（Scott et al.，2005）。

5.4　穆斯鲍尔谱

5.4.1　穆斯鲍尔效应

5.4.1.1　γ射线及其特点

γ射线是波长极短（10^{-8} cm以下）的电磁波。当不稳定的原子核从它具有较高能量的激发态跃迁到较低能级或基态时，放出γ射线，这种过程称为γ跃迁。γ射线宽度很窄，就像一把非常精确的尺子，能够反映物质结构的非常精细的信息，即超精细相互作用方面的信息，这是原子光谱、分子光谱所不能做到的。

5.4.1.2　穆斯鲍尔效应——γ射线无反冲共振吸收

穆斯鲍尔效应（Mössbauer effect），即晶格束缚中的原子核发射和吸收γ光子时原子核无反冲发射和共振吸收γ射线的现象。这个效应由德国物理学家穆斯鲍尔于1958年首次在实验中实现。理论上当原子核由激发态跃迁至基态，发出一个γ光子，当这个光子遇到另一个同样的原子核时，就被共振吸收。而实际上由于原子核在放出光子时自身具有一个反冲动量，从而使光子的能量减小，这就造成相同原子核的发射谱和吸收谱有一定差异，很难实现共振吸收。1957年穆斯鲍尔提出实现γ射线共振吸收的关键是消除反冲效应，并且提出把发射和吸收光子的原子核置于固体晶格中，出现反冲效应的就是整个晶体，而晶体的质量远远大于单一的原子核的质量，反冲能量就减少到可以忽略不计的程度。穆斯鲍尔效应涉及固体中核激发态核基态能级间的共振跃迁，因此核的能级结构决定了谱形状及各效应参数。由于穆斯鲍尔效应对γ射线能量十分敏感，因此可用来探测由于共振原子核附近的物理和化学环境变化而引起的共振γ射线能量的细微变化，穆斯鲍尔谱线宽与核激发态平均寿命所决定的自然线宽在同一数量级，远远小于原子核-核外环境间超精细相互作用引起的核能级的移动和分裂，因此具有极高的能量分辨率，可有效鉴别物质内不同的超精细相互作用，用于金属蛋白质结构功能研究时可以提供金属结合位点的局域结构信息（Dunham et al.，1993）。

5.4.2　穆斯鲍尔谱学及其特点

5.4.2.1　穆斯鲍尔谱学

穆斯鲍尔谱是γ射线无反冲共振吸收作用产生的特征谱线，它一般反映穆斯鲍尔核和它周围电磁场间超精细相互作用的性质和强度。利用穆斯鲍尔效应，通过原子核-核外环境间的超精细相互作用来对物质做微观结构分析的科学，通常称为穆斯鲍尔谱学。它反映核外电荷配置和自旋密度分布的详细情况，由此得到物质微观结构的多种信息。

5.4.2.2　超精细相互作用

原子核及其核外环境（壳层电子、邻近配位体电荷及晶体构造等）是一个相互联系的整体，因此原子核的周围环境，如壳层电子配置情况、晶体分布情况等都会影响原子核的能级。这种原子核和核外环境（电场和磁场）之间细微的相互作用称为超精细相互作用。它从本质上反映了物质结构的基本信息，是研究物质微观结构的最直接、最有效、最准确、最可靠的参量。主要有以下 3 种超精细相互作用：同质异能位移（化学位移）、四极矩分裂和磁超精细分裂。与超精细相互作用相关的超微观结构一般称为超精细结构。

5.4.2.3　穆斯鲍尔谱的一些重要理论参数

下面是穆斯鲍尔谱中的几个重要理论参数。①同质异能位移 δ：同质异能位移是由于原子核不是一个几何点而是占据一定体积引起的，能直接反映核外电子的配置情况，常用于确定价态和自旋态，本质上是由穆斯鲍尔核电荷与核所在电场之间的静电作用引起的。如果核在激发态和基态半径不同，则同质异能位移可以不为零，这与穆斯鲍尔核周围电子配置情况相关，因此同质异能位移可以得到化学键性质、价态、氧化态、配位基的电负性等化学信息；如果放射源中穆斯鲍尔核所处的化学状态和吸收体完全相同，则同质异能位移总是为零，所得谱线共振吸收最大处既是谱仪零速率处；同质异能位移可正可负，δ为正，从放射源到吸收体在核处的电子电荷密度增加、原子核体积减小，δ为负，从放射源到吸收体在核处的电子电荷密度减小、原子核体积增加；不同基态的穆斯鲍尔谱源测量同一吸收体的穆斯鲍尔谱的 δ不同；穆斯鲍尔原子处于不同价态和不同自旋状态时，δ一般不同；同质异能位移与温度效应共同决定谱线中心位置。②核四极矩分裂 Q_s：多数原子核是轴对称的椭球形，电四极矩 Q 表征核电荷分布偏离球对称的程度。如果原子核电荷分布是球对称的，则 $Q=0$；否则，$Q \neq 0$。Q 和外电场之间的相互作用引起能级分裂，出现两个亚能级，在穆斯鲍尔谱上有两条特征谱峰，两谱峰之间的距离称为四极矩分裂，两峰的中心相对零速率是化学位移 δ。四极矩分裂是穆斯鲍尔谱的一个重要参数，反映原子的对称性；表面化学吸附物质的存在改变电场梯度，测量表面四极分裂的大小变化，可以提供表面状况的信息。穆斯鲍尔谱对周围电场强度梯度的变化十分敏感，可以对原子核周围的电荷分布对称性方面提供有用的信息。③磁超精细分裂：磁超精细分裂是由于穆斯鲍尔核处于核外电子形成的磁场而引起核能级进一步分裂。磁场可以是外加的磁场，也可以是样品的内磁场，能够反映外层电子的填充情况及离子的轨道角动量信息。

5.4.3　铁蛋白的穆斯鲍尔谱

穆斯鲍尔谱具有分辨率高、灵敏度高、抗干扰能力强、对蛋白质样品无破坏、设备和测量简单，可同时提供金属活性位点的多种物理和化学信息，不要求对蛋白质样品进行特别的纯化和结晶处理等特点。但穆斯鲍尔谱在应用上还是有限制的，主要是因为只有少数核有穆斯鲍尔效应，且许多必须在低温及外加磁场下进行。目前发现具有穆斯鲍尔效应的化学元素（不包括超铀元素）只有 42 种，在室温下仅^{57}Fe的 14.41keV 和^{119}Sn的 23.87keV 核跃迁有较大的穆斯鲍尔效应。穆斯鲍尔谱学方法常与快速冷冻猝灭法联合使用，扑捉反应的活性中间体并研究铁的局域结构细节变化来研究含铁酶（如非血红素二铁酶和 α-酮戊二酸双加氧酶的氧激活作用）的反应机理（Krebs et al.，2005）；同时利用密度泛函理论计算穆斯鲍尔参数，将实验测得的 α-酮戊二酸双加氧酶的穆斯鲍尔参数与由模式系统计算给出的结果对照，用来推测反应中间体的结构。

测定生物样品时常遇到的一个困难是生物大分子中铁的含量低，而且^{57}Fe的天然丰度低（约 2.17%），如果使用天然样品，则为了保证测定所必需的最低含铁量，就要使用不合理的样品厚度。以血红蛋白为例，需使用 6cm 厚度方能达到 0.1mg 铁/cm^2 的要求，如果样品的分子质量越大，其含铁量越低，则所需样品厚度越大。当然原则上可以将样品进行浓缩，但是在这种处理过程中可能使蛋白质变性，另外实际操作也有许多困难，如测定分子质量 11kDa 的菠菜铁氧化还原蛋白，所需样品量为 500mg 蛋白质，这相对应从 30kg 的菠菜中提取所得产物，是很困难的工作。解决此类问题的一个有效方法是使用增丰的^{57}Fe代替原来样品中的铁，可以使样品的共振吸收截面提高 40 倍。

5.5　电子顺磁共振谱

电子顺磁共振（electron paramagnetic resonance，EPR）也称为电子自旋共振(electron spin resonance，ESR)，其研究对象是具有未偶合电子的顺磁性物质，包括具有奇数电子的原子（如氢、氮、碱金属原子)、内电子层未充满的离子、总角动量不为零的分子、反应过程或其他过程产生的自由基（分子中含有一个未成对电子的物质）以及固体晶格缺陷(一个电子、多个电子或空穴陷落在缺陷中或其附近，形成一个具有单电子的物质，如面心、提心等）等。对物质电子顺磁共振谱的研究，可以获得有关分子的状态及周围环境的信息。由于其测量灵敏度高，可达约 10^{-18} mol/L；样品不受破坏并对化学反应无干扰，电子顺磁共振谱技术是目前检测未成对电子等顺磁性物质的一种最直接、最灵敏的方法，在物理、化学、生物和医学等许多领域中得到越来越广泛的应用（Swartz et al.，1972)。

5.5.1　电子顺磁共振基本原理

电子顺磁共振基本原理是分子中未成对电子在外加磁场作用下会趋于定向，其磁场与外加磁场平行或反平行；在外加磁场足够强时，从一种状态跃迁至另一种状态，同时伴有电磁辐射的吸收，由此可以分析物质中未成对电子及其与环境的相互作用，从而得到有关的物质结构和动态信息。设一个为偶电子的本征磁矩为 μ，在外加静磁场 H_0 的作用下，其相互作用的能量表达式为

$$E=-\mu\cdot H_0$$

其中，$\mu=g\beta\hat{S}$；$\hat{S}$为自旋算符；β为波尔磁子。

g 是无量纲的因子，称为 g 因子。对于无轨道角动量的分子和自由电子 $g=g_e=2.0023$，它反映电子的自旋角动量和轨道角动量对本征磁矩的贡献，反映自旋运动和轨

道运动之间的相互关系，是电子顺磁共振谱的一个极其重要的参数。关于顺磁物质的 g 因子，大体上可以分为以下 3 种情形。①对无轨道角动量的电子，其 g 因子正好等于 g_e，如自由基电子。②自由原子的情况，即原子不受任何分子场和晶体场作用，如氢、氧等气体原子。此时，对于非重原子，电子的总自旋角动量 S 和总轨道角动量 L 通过“L-S 偶合”成为总角动量 $J=L+S$，而伴随总角动量 J 就有相应的合成磁矩 $\mu_J=-g_J\beta\hat{S}$（g_J 为 Lande g 因子）。③对于处在分子场和晶体场的原子核离子来说，它们 g 因子的理论并不这样简单，而具有各向异性的特征，因为这时将有很强的电场作用于原子上，就不像在原子光谱理论中那样把不成对电子看做是束缚在单一原子中，这些内电场作用于原子的轨道态上，使能级发生变动，所有从电子共振谱线观察到的 g 值也发生改变。实践证明，不少固体的谱线明显依赖于晶体样品在磁场中的取向。

各向异性表现在谐振磁场的数值与磁场相对应晶体（或分子）轴的取向有关。我们把这种取向的依赖关系归因于 g 因子的变更。习惯上在 g 的右下角标以场的取向。如果分子的主轴用 X、Y、Z 做标记，那么 g_{xx} 就是表明磁场 H 沿分子的 X 轴方向的 g 因子，即 $g_{xx}=hv/\beta H_x$。g 因子的各向异性通常写成二级张量的形式。

如果分子含有立方体、四面体或八面体对称，则 X 轴、Y 轴、Z 轴的 g 值均相同。因此 $g_{xx}=g_{yy}=g_{zz}$。在这种情况下，g 因子为各向同性，可用一个值来表示。若顺磁物质是在低黏滞性的溶液中，则由于分子无规则运动，g 因子各向异性都被平均掉，g 因子表现出各向同性，这时 g 因子可以认为是对所有取向取平均值的有效值。

如果分子含有一个 n 重对称轴，而且 $n\geqslant 3$，则称之为轴对称分子。在这种情况下，如果对称轴为 Z，则 X 轴与 Y 轴的 g 值相同，即 $g_{xx}=g_{yy}\neq g_{zz}$；通常用 $g_{//}$ 代表平行与对称轴 Z 的 g 因子；用 $g_{\perp}$ 代表垂直于此轴的 g 因子，即 $g_{//}=g_{xx}=g_{yy}$，$g_{\perp}=g_{zz}$。

晶体在磁场中某一给定方向的 g 因子为 $g^2=g_{xx}^2\cos^2\theta_x+g_{yy}^2\cos^2\theta_y+g_{zz}^2\cos^2\theta_z$；其中 θ_x 为 X 轴与磁场 H 间的夹角，其余类推，在轴对称的条件下，$g^2=g_{//}^2\cos^2\theta_z+g_{\perp}^2(\cos^2\theta_y+\cos^2\theta_x)$；3 个方向余弦存在下述关系式：$\cos^2\theta_x+\cos^2\theta_y+\cos^2\theta_z=1$；因此 $g^2=g_{//}^2\cos^2\theta_z+g_{\perp}^2\sin^2\theta_z$。

在低黏滞性的溶液中，g 因子表现为各向同性，因此宏观上是求得 g 的平均值。如果在垂直于恒磁场 H_0 的方向上施加一频率为 v 的电磁波，且满足条件 $hv=g\beta H_0$。则处于不同能级的电子将发生受激跃迁，即处于低能态的电子吸收能量 hv 跃迁至高能态，发生共振吸收现象；而位于高能态的电子释放能量 hv 跃迁到低能态，发生共振发射现象。共振吸收或共振发射现象称为电子顺磁共振。

5.5.2 电子顺磁共振自旋标记

电子顺磁共振波谱技术在 1945 年被发现，被应用到化学和生命科学的研究中，尤其是近年在生物体内各种蛋白酶（如铜锌超氧化物歧化酶）的活性中心金属离子（Lieberman et al.，1982）或金属蛋白质［如含 Cu（II）、Co（II）、Fe（II）、Fe（III）、Mn（II）、Mn（III）、Mo（V）］以及 $\{Fe_2O\}^{3+}$、$\{Fe_4S_4\}^{+,3+}$ 金属原子簇蛋白质的金属离子所处化学环境的研究中得到了广泛应用。这一方法非常灵敏，可以检测浓度低达微摩尔每升范围的高自旋铁离子；1965 年 McConnell 通过自旋标记技术使含有自由基的化合物与蛋白质偶联结合，进而通过自旋标记物的顺磁共振研究，了解蛋白质中被自旋标记的氨基酸残基局部环境的物理、化学性质。这些顺磁的报告基团或分子就是自旋标记（spin label）或自旋探针（spin probe），目前常用的标记物主要是氮氧自由基［如胆固醇氧化亚氮、脂肪酸氧化亚氮、doxyl-硬脂酸（DSA）、3，2-碘乙酸-丙谷胺（IPSL）、顺丁烯二酰亚胺（MSL）、1-烃氧基-2，2，5，5-四甲基-D3-吡咯啉-3-甲基磺酸酯（MTSSL）及 2，2，6，6-四甲基哌啶-1-烃氧基-4-氨基-4-羧酸（TOAC）等］，其结构形式如图 5-16 所示，结构式中的 R 是根据不同需要选择的烷烃、芳香基或其他有机取代基。自旋标记电子顺磁共振谱可以提供酶和蛋白质结构及功能等许多信息，包括酶的催化速率、变性机制、基团间的距离、蛋白质的对称性及活性部位的几何构象等，这使得电子顺磁共振谱技术在生物医学研究中得到了更广泛地应用（Jacobsen et al.，2005；Fu et al.，2003；Stone et al.，1965）。近年来顺磁共振技术得到相应的发展，建立了位置定向的自旋标记（site-directed spin labeling，SDSL），也就是对半胱氨酸残基具有特异性的甲硫代磺酸自旋标记（MTSL）和双半胱氨酸自旋标记，此方法可以实现在溶液中对大分子蛋白质甚至膜蛋白等的检测，并且能够进行蛋白质折叠的实时检测，这种方法从常规 X 波段电子顺磁共振发展到高频、停流（stopped-flow）及时间分辨（time-resolved，TR）的电子顺磁共振技术（Mollaaghababa et al.，2000；Berliner，1998；Shin et al.，1993），逐渐成为研究酶和蛋白质二级和三级结构、确定活性位置空间构象及其变化的不可替代的重要方法。

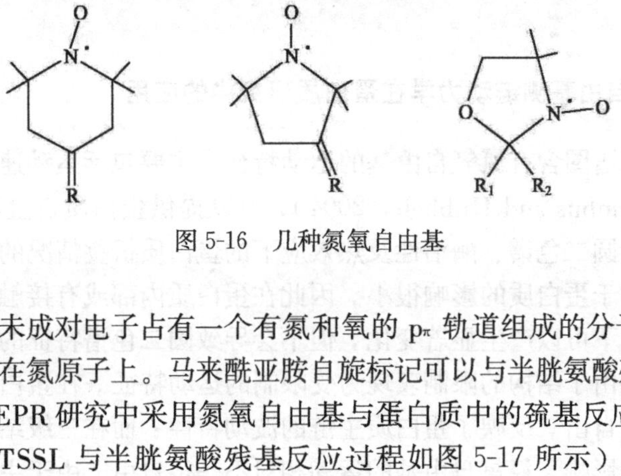

图 5-16　几种氮氧自由基

氮氧自由基的未成对电子占有一个有氮和氧的 p_{π} 轨道组成的分子轨道，大部分未成对电子密度定域在氮原子上。马来酰亚胺自旋标记可以与半胱氨酸残基形成稳定的共价硫醚键。SDSL-EPR 研究中采用氮氧自由基与蛋白质中的巯基反应得到的顺磁性侧链加入蛋白质（MTSSL 与半胱氨酸残基反应过程如图 5-17 所示）（Hubbell et al.，1998），其中蛋白质中的巯基可为蛋白质氨基酸序列中的半胱氨酸残基或通过定点突变技术加入半胱氨酸残基。

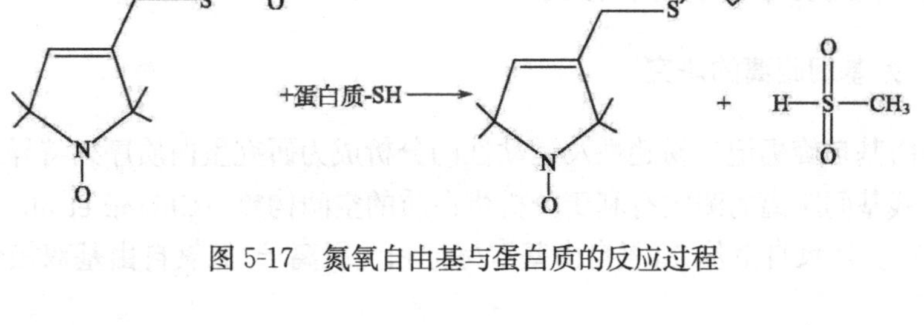

图 5-17　氮氧自由基与蛋白质的反应过程

5.5.3 氮氧自由基侧链易趋性在蛋白质研究中的应用

通过类似“氮氧自由基扫描”的方法，也就是利用顺磁性的氮氧自由基逐个取代蛋白质序列中的某个氨基酸，可以检测蛋白质侧链的易趋性（accessibility）。氮氧自由基侧链易趋性是通过分析溶液中的氮氧自由基与其他顺磁性粒子（如氧和金属离子的复合物）的碰撞频率得到的，通过这些参数可以确定蛋白质某些区域的二级结构，以及氮氧自由基标记区域在蛋白质的位置倾向（Subczynski et al.，2005；Gouldson et al.，2004）。应用带有电荷的顺磁性粒子与暴露在溶液中的氮氧自由基侧链的碰撞频率分析，可用于附近静电势的检测。

Koteiche 等（2005）利用冷冻电子显微镜（cryo-EM）和 SDSL-EPR 对热激蛋白 Hsp16.5 进行研究，通过氮氧自由基易趋性发现了 Hsp16.5 的 N 端结构域的特征，并建立了相应的原子模型；Altenbach 等（2005）利用连续波功率饱和的电子顺磁共振技术研究 T4 溶菌酶 14 个部位的氮氧自由基侧链的易趋性，得到绝对海森堡交换率参数 Pi，溶液中的顺磁性来自 Ni-EDDA，通过与晶体衍射技术数据比较可以了解 T4 溶菌酶在结晶和溶液状态的结构差别；Nelson 等（2005）利用定向突变和 SDSL-EPR 研究磷酸化引起的平滑肌肌球蛋白的结构变化，发现肌球蛋白 N 端（前 24 个氨基酸）在磷酸化后运动性发生了显著变化，其中前 17 个氨基酸的旋转幅度显著增加。

5.5.4 氮氧自由基侧链动力学在蛋白质研究中的应用

电子顺磁共振谱图含有氮氧自由基的运动特征，主要包括运动速率、运动的各向异性及幅度等（Columbus and Hubbell，2004），可以提供蛋白质折叠和蛋白质动态特性的指纹图谱。通过圆二色谱、酶活性及热效应下的蛋白质折叠情况的研究，表明氮氧自由基本身的震动对于蛋白质的影响很小，因此在蛋白质内部或有接触的位点，氮氧自由基在热稳定的条件下可以产生显著变化，但不会导致圆二色谱特征的改变，位于蛋白质内部的氮氧自由基由于结构的限制表现为受限制的运动特征，在蛋白质环状部位，氮氧自由基的运动较为自由，反映了蛋白质主链的波动特性；而在三级结构的接触部位，由于受到周围结构的影响，氮氧自由基的运动相对不是很自由。由于主链波动性产生的氮氧自由基侧链的动力学特征为溶液中蛋白质结构的研究提供了很有用的手段，Mchaourab 采用定点突变和 SDSL-EPR 研究 T4 溶菌酶的运动性，他们把 T4 溶菌酶的 30 个氨基酸突变为巯基反应的活性部位，研究了蛋白质主链的运动对氮氧自由基侧链的扰动影响，以及这些运动与结构之间的关系（McHaourab et al.，1996）。

5.5.5 残基间距离的研究

氮氧自由基自旋标记、易趋性及运动性的分析成为研究蛋白质序列特异二级结构的有力手段，残基间距离的测定有利于分析蛋白质的空间构象（Chiang et al.，2005；Jeschke，2002）。氮氧自由基-氮氧自由基双标记和金属离子-氮氧自由基双极性相互作用两种 SDSL-EPR 方法可用于残基间距离的测定。在冷冻溶液中，对于内部标记矢量的完全慢运动，残基间的距离可通过定点突变形成的两个氮氧自由基之间的双极性相互作用而得到（Rabenstein and Shin，1995）。在内部标记矢量完全快速运动的情况下（如在分子质量小于15kDa 的水溶性蛋白质分子中），自旋-自旋弛豫比较明显，同样自旋标记间的距离也可以得到检测（McHaourab et al.，1997）。分子间的距离可以通过检测活性部位展开时分析链弯曲度，以及分子结晶状态活性部位闭合时分子结构状态来实现。对金属蛋白质中分子内距离的测定，在室温下可以利用金属离子-氮氧自由基相互作用来实现，并适用于不同大小的分子，在单一金属离子的蛋白质分子中，可进行多位点自旋标记以检测分子内距离（Voss et al.，1995）。

利用多频、脉冲及连续波电子顺磁共振技术可以检测蛋白质分子之间的距离（为5～80Å），为蛋白质相互作用及蛋白质折叠过程的研究提供依据，可用于底物跨膜转运、膜通道的开闭、基因调控及信号转导的研究（Steinhoff，2004）。其中脉冲傅里叶变换顺磁共振（PET-EPR）通过对弛豫时间［横向和纵向弛豫时间 T_1、T_2 反映自旋-晶格或自旋-自旋之间的能量交换，与分子运动特性密切相关，在分子动力学研究中有重要应用（Karplus，1959）］的检测，以及偶极-偶极、自旋标记间和自旋标记与过渡金属离子的相互作用，对未知结构的蛋白质氨基酸间的距离进行检测，实现对 SDSL-EPR 标记蛋白质样品结构的解析（Rink et al.，1997）。

5.5.6　结构改变的时间分辨分析

方向定位自旋标记的一个重要应用是通过对氮氧自由基运动性的检测，进行时间分辨的结构改变分析，这种蛋白质三级结构的折叠现象可以在毫秒或纳秒范围内检测，目前已经实现了对细菌视紫红质（bacteriorhodopsin）环体的刚性运动及膜上改变的分析（Rink et al.，1997）。Farahbakhsh 等（1993）在研究 MTSL 选择性标记的视紫红质胞质终端的 C 和 G 单环过程中，首先选择性标记 Cys140（4，4′-二硫吡啶封闭活泼的 Cys316）或 Cys316（4，4′-二硫吡啶保护活泼的 Cys316，再用 *N*-乙基马来酰亚胺封闭 Cys140，接着用二硫苏糖醇解除 Cys316 保护）两个半胱氨酸残基，然后以 MTSL 对 Cys 进行化学修饰。在普通 X 波段电子顺磁共振出现 α 和 β 强弱定量的两个波谱成分，光激活后只有标记 Cys140 的两种波谱成分的相对数量有明显的变化，说明 Cys140 是光活性位置。

5.5.7　电子顺磁共振研究金属离子与蛋白质的相互作用

在顺磁共振波谱的研究中，g 因子和超精细偶合常数（A）是最重要的、最基本的波谱参数，因为它们能反映出顺磁粒子所处局部磁场的性质，提供有关分子结构的信息。其中 g 因子在本质上反映了分子内部磁场的特征，这种局部磁场主要来自于电子的轨道磁矩，此外还有复杂的分子场或晶格场的作用。g 因子在某种意义上与核磁共振中的化学位移具有相同的意义。对于典型的轴对称配合物的顺磁共振波谱，在高场会有一个较强的共振峰（$g_{\perp}$），而在低场区的共振峰则较弱（$g_{/\!/}$）。低场区获得的参数 $g_{/\!/}$

和 $A_{//}$ 对 Cu（II）配合物周围环境的变化非常敏感，通常可以用来研究 Cu（II）的不同的配位类型。

图 5-18 是低温下测得的不同 pH 条件下（分别是 pH 4.0、5.2、6.9 和 8.0）Cu（II）-再生素蛋白配合物固体膜样品的电子顺磁共振谱图。由图中可以看出，Cu（II）-再生素蛋白的电子顺磁共振谱图具有各向异性，呈现典型的轴对称特征，且有着比较明显的 pH 依赖性，随着 pH 由 4.0 增加到 8.0，低场区域的四重分裂超精细结构（平行峰）向高场移动。通常 Cu（II）化合物原子配体种类与 $g_{//}$ 和 $A_{//}$ 之间存在着一定的规律：当 $A_{//} > 1.6 \times 10^{-2}\ cm^{-1}$、$g_{//} < 2.3$ 时，主要是氮元素参与配位；当 $A_{//} < 1.8 \times 10^{-2}\ cm^{-1}$、$g_{//} > 2.3$ 时，主要是氧元素参与配位；如果是硫元素参与配位，则 $A_{//}$ 非常小（Swartz et al.，1972）。同时 $g_{//}/A_{//}$ 值可用作含 Cu（II）化合物平面四方配合物畸变程度的估量，通常 $g_{//}/A_{//} = 135 \sim 250$cm 时，配合物具有畸变四面体构型；当 $g_{//}/A_{//} = 105 \sim 135$cm 时，配合物为平面四方构型（Gersmann and Swalen，1962）。Cu（II）-再生素蛋白配合物在各个 pH 条件的 $g_{//}/A_{//}$ 值均为 105～135cm，表明Cu（II）-再生素蛋白配合物主要是平面四配位结构，这种结构来自畸变八面体，即 Cu（II）与肽键及其侧链中的 N、O 元素或水分子中的 O 元素形成变性八面体，其中 Cu（II）与 4 个配位原子组成平面四配位结构，另外 2 个配位原子垂直于该平面，且作用力非常弱，通常可以忽略（Peisach and Blumberg，1974），故形成平面四配位结构。随着 pH 增大，平行峰向高场移动，$g_{//}$ 值逐渐减小，垂直峰位置几乎不变，其 $g_{\perp}$ 保持在 2.05 左右；此外 Cu（II）-再生素蛋白配位体系中的配位原子发生了变化，随着 pH 增加，从 3N1O（铜离子与三氮一氧配位）到 4N（铜的四氮配位），这个发现可以解释为随着 pH 的增加，有更多的组氨酸裸露出来，从而有利于 Cu（II）与 N 的配位。

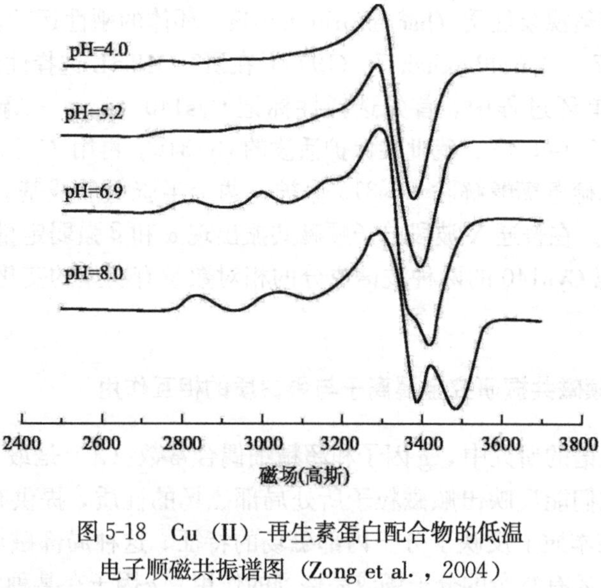

图 5-18　Cu（II）-再生素蛋白配合物的低温电子顺磁共振谱图（Zong et al.，2004）

5.6　圆 二 色 谱

从 20 世纪 80 年代以来，结构生物化学得到了迅速地发展，蛋白质等生物大分子结构的测定逐渐成为生命科学领域研究的热门课题（Greenfield，1996），X 射线晶体衍射要求蛋白质以晶体形式存在，对于结构复杂、柔性的蛋白质来说，得到晶体结构是比较困难的；核磁共振技术能检测出溶液状态下分子质量较小的蛋白质结构，可对分子质量较大的蛋白质很难解析其结构。圆二色谱是研究溶液中蛋白质结构的一种快速、简单、准确的方法。圆二色现象是由光学活性物质对左右圆偏振光的吸收率之差引起的，按照圆二色产生的机理，可将其分为：①由电子跃迁引起的圆二色（CD），又称 ECD；②由分子振动引起的振动圆二色（vibrational circular dichroism，VCD）；③荧光 CD；④拉曼旋光。本节主要介绍电子跃迁引起的 CD 现象及利用紫外 CD 光谱技术分析蛋白质二级和三级结构以及一些基于 CD 的实验技术。

5.6.1　蛋白质的圆二色性

手性是两种物质具有不能折叠的三维镜像对映异构体，它们具有相同的分子式，但其原子或原子基团在空间的配置不同，互为镜像。手性物质通常具有偏光性（optical rotation）：当一束圆偏振光通过一种具有手性的光活性介质时，因介质对左右偏振光的折射率不同而引起不同的通过速率，使叠加产生的平面偏振光的偏振方向发生改变，产生旋光性。偏振面旋转的角度称为旋光度，对光源而言，偏振面按顺时针方向旋转的，称为右旋，用“+”号表示；偏振面按逆时针方向旋转的，称为左旋，用“−”号表示。旋光性在波长上的变化称为旋光色散（optical rotary dispersion，ORD），用参数偏振光旋转角 α 表示。

由于手性介质对左右圆偏振光的摩尔吸光率（ε_l 和 ε_r）不同，产生一个差值 $\Delta\varepsilon = \varepsilon_l - \varepsilon_r$，使得左右旋圆偏振光通过介质后振幅也将不同，这样两者叠加而形成椭圆偏振光。CD 常用摩尔椭圆率［θ］表示，定义为最小椭圆轴和最大椭圆轴比率的正切值，单位为（deg · cm^2）/dmol。

蛋白质是由氨基酸通过肽键连接而成的具有特定结构的生物大分子，具有一级结构、二级结构、三级结构和四级结构几个结构层次，主要的光学活性生色基团是肽链骨架中的肽键、芳香族氨基酸残基、二硫桥键及某些蛋白质辅基。蛋白质即使是完全相同的氨基酸序列，蛋白质的折叠结构不同也可引起其光学活性生色基团的光学活性的差异，从而导致其圆二色性也有较大差异。根据电子跃迁的能级大小，蛋白质的 CD 光谱可分为 3 个波长范围（Sreerama and Woody，2004a）：①250nm 以下的远紫外区的圆二色性由肽键 $n \rightarrow \pi^*$ 电子跃迁引起；②250～300nm 的近紫外区，主要由侧链芳香基团的 $\pi \rightarrow \pi^*$ 电子跃迁引起；③300～700nm 的紫外-可见光光谱区，主要由蛋白质辅基等外在生色基团引起的。远紫外 CD 主要应用于蛋白质二级结构的解析，近紫外 CD 主要解释三级结构信息，紫外-可见光 CD 主要用于辅基的偶合分析。蛋白质中 α 螺旋或 β 折叠结构产生的 CD 信号反映了蛋白质的折叠构象，根据 CD 数据可以估算一个未知结构蛋白的α螺旋、β折叠和转角的比例，因此 CD 波谱学是功能蛋白质研究的有力工具。

5.6.2 远紫外 CD 预测蛋白质二级结构方法

5.6.2.1 基本原理

远紫外区 CD 光谱主要反映蛋白质氨基酸间肽键的圆二色性。在蛋白质规则二级结构中，肽键是高度有序排列的，其排列方向性决定了肽键能级跃迁的分裂情况，也就是决定了 CD 谱带的位置和吸收的强弱。二级结构不同的蛋白质在 CD 谱图显示各种不同的特征谱峰：α螺旋结构在靠近 192nm 有一个正的谱峰，并且在 222nm 和 208nm 处表现出两个负的特征肩峰谱带；β折叠的 CD 光谱在 216nm 有一个负谱峰，在 185～200nm 有一个正谱峰；β转角在 206nm 附近有一个正 CD 谱峰，而左螺旋 P2 结构在相应的位置有负的 CD 谱峰（Adler et al.，1973）。

一定波长范围的蛋白质远紫外 CD 光谱能够提供可靠的二级结构信息。CD 数据拟合计算蛋白质二级结构的基本原理是：假设在波长λ处的 CD 信号 θ（λ）是蛋白质中各种二级结构组分及由芳香基团引起的噪声的线性加和，$\theta(\lambda)=\sum f_i \theta(\lambda)\ i+$噪声。$\theta(\lambda)\ i$是第 i 个二级结构成分的 CD 信号值，f_i 为第 i 个二级结构成分的含量分数，$\sum f_i$规定值为 1；通过目前已知蛋白质（或称参考蛋白）二级结构的 CD 数据库，曲线拟合未知蛋白或多肽的 CD 数据，便可估算未知蛋白或多肽的二级结构。

5.6.2.2 蛋白质二级结构的算法

早期蛋白质二级结构拟合计算主要采用多聚氨基酸为参考多肽：Greenfield 等（1969）采用多聚 L-lys 作参考数据，建立α螺旋、β折叠及无规卷曲等二级结构参考 CD 光谱曲线，计算出不同波长的 θ（λ），假定一些不同的 X^{β} 值，并认为 CD 值是α螺旋含量（X^{H}）、β折叠含量（X^{β}）、无规卷曲（X^{R}）三者的加和值，即 $X^{H}+X^{\beta}+X^{R}=1$，分别求出它们相应的计算曲线，找出与实验曲线最接近的参考曲线，该参考曲线的 X^{β} 及 X^{R} 即认为是该蛋白质的相应结构含量。由于这种方法简单易行，因此一直应用于粗略比较蛋白质或多肽的二级结构变化研究中。但是，这种方法存在的问题是蛋白质参考体系过于简单，计算后不能全面真实地反映二级结构信息，急需补充和完善该参考体系。后来，研究者（Sreerama and Woody，2000；Hennessey and Johnson，1981）在这基础上增加了参考蛋白质数量，并假设各个波长的［θ］值是 3 种构象［θ］值的代数和，即

$$[\theta]_{\lambda i}=X^{H}[\theta]_{H,\lambda,i}+X^{\beta}[\theta]_{\beta,\lambda,I}+X^{R}[\theta]_{R,\lambda,i}$$

利用已知参考蛋白质（肌红蛋白、溶菌酶、乳酸脱氢酶、木瓜酶及核糖核酸酶）的二级结构（已知 X^{H}、X^{β} 及 X^{R}），运用最小二乘法曲线计算拟合待测蛋白质的二级结构。近年来由于 CD 技术的不断完善，将更多的已知蛋白质作为测定未知蛋白质或多肽二级结构的参考蛋白质，并且在计算算法上也有了进一步的改进。现今的蛋白质 CD 拟合二级结构的主要算法有最小二乘法、单值分解及神经网络方法等，以待检测蛋白质代替参考蛋白质数据库中结构相似的某种蛋白质，多次计算取代后的收敛性，从而计算待

检测的未知蛋白质二级结构。至今共有 5 种变性蛋白质和 56 种非变性参照蛋白质被使用，包括 Johnson（1999）报道的在 178～260nm 中的 29 种，Keiderling 等报道的在 185～240nm 的 5 种，Yang 等报道的 6 种（190～240nm），Sreerama 等（1999）报道的 3 种球蛋白（185～240nm），以及 Fasman 等报道的 13 种膜蛋白（190～240nm）(Sreerama and Woody，2004b；Sreerama and Woody，2000；Sreerama et al.，1999；Johnson，1999；Pancoska et al.，1995；Hennessey and Johnson，1981；Chang et al.，1978)，它们的 CD 波长均在远紫外区，过去的研究已经利用蛋白质结构研究的 X 射线衍射或核磁共振技术测定其精确结构。当计算未知蛋白质二级结构时，利用这些参考蛋白质，从而拟合计算 α 螺旋、平行 β 折叠、反平行 β 折叠、β 转角、P2 构象及无规卷曲等二级结构。当然因为参考蛋白质库的有限性难以反映生物界中种类丰富 、功能多样的蛋白质的二级结构，利用这样的方法拟合蛋白质的二级结构存在着一定的局限性，尽管如此，CD 拟合蛋白质二级结构的方法一直被沿用并得到了不少的发展 。目前已经报道的利用 CD 谱计算蛋白质二级结构的计算方法和拟合程序较多：采用多级线性回归（multilinear regression)的 LINCOMB、MLR 等（Brahms S and Brahms J，1980；Chang et al.，1978；Chen and Yang，1971；Saxena and Wetlaufer，1971；Greenfield and Fasman，1969)；采用峰回归（ridge regression）的 CONTIN（Provencher and Glockner，1981)；采用单值分解(singular value decomposition）的 SVD（Manavalan and Johnson，1987；Hennessey and Johnson，1981)；采用凸面限制（convex constraint analysis）的 CCA（Perczel et al.，1992a；1992b；Perczel et al.，1991;)；采用神经网络（neural net）的 K2D（Sreerama and Woody，1994a；Bohm et al.，1992)；采用自洽方法（self-consistent method）的 SELCON (Sreerama et al.，1999；Sreerama and Woody，1994a；1994b；Sreerama and Woody，1993）以及联用方法 CDSSTR（Johnson，1999）等。下面将简单介绍几种比较准确并且现在比较常用的计算拟合方法。

SELCON 是一种自洽算法（Abeysinghe et al.，2001；Sreerama et al.，1999；Sreerama and Woody，2000；1994b；1993;)，其计算程序为 SELCON3。SELCON 的算法是先假设待测蛋白质的二级结构与某种参考蛋白质相同，然后用待测蛋白质测量的 CD 谱取代参考蛋白质的 CD 谱，利用单值分解算法和局部线性化模型反复计算取代后的收敛性。拟合结果满足如下 4 个规则的平均值（Sreerama et al.，2000；Sreerama and Woody，2000)：①总数规则，拟合后各二级结构分量之和应为 0.95～1.05；②分数规则，每种二级结构的分量应大于 −0.025；③光谱规则，实验和计算光谱之间的均方根应小于 0.25Δε；④螺旋规则，α 螺旋结构的分量由参考蛋白质决定。SELCON3 运行速度快，能较好地评估球蛋白中 α 螺旋、β 折叠和 β 转角结构的分量，计算程序补充后，还可计算左手螺旋 P2 的分量，但对高分量 β 折叠结构的计算尚有不足之处。

CONTIN 采用峰回归算法。目前最新的拟合程序是 CONTINLL，在程序计算过程中假定待测未知蛋白质的 CD 光谱（C_λ^{obs}）是 N 个已知空间构象的参考蛋白质 CD 光谱的线性组合，拟合计算要满足使下面函数的值最小：

$$\sum_{\lambda_1}^{n}(C_\lambda^{cal}-C_\lambda^{obs})^2+\alpha^2\sum_{j=1}^{n}(v_j-N^{-1})^2$$

其中，C_λ 为波长 λ 处的 CD 光谱；α 为调节因子；v_j 为用第 j 个参考蛋白质线性拟合得出的计算光谱 C_λ^{calc} 的拟合系数。计算限制条件为：每种二级结构的分量≥0，同时各种二级结构的分量之和为 1。调节因子 α 可以对拟合范围进行调整。与 SECLON 相比，CONTINLL 的优势是对 β 转角的计算准确度较高。

CDSSTR 算法是综合上面两种方法的特点而发展起来的一种新的计算拟合方法，其显著优点是只需要较少的参考蛋白质，就能得到较准确的拟合结果。运用 CDSSTR 拟合计算时，首先对参考蛋白质进行组合，并且由每个组合计算得到的结果应满足 3 个基本条件：①各二级结构分量之和应为 0.95～1.05；②各二级结构的分量应大于 −0.03；③实验光谱与计算光谱间的均方根应小于 0.25Δε。这种计算拟合方法最后的结果是能满足以上 3 个规则所有结果的平均值。研究表明对 CD 数据进行拟合时，将 SELCON、CONTIN 和 CDSSTR 3 种算法联合使用，可以提高预测蛋白质二级结构的准确性。目前常用的计算蛋白质二级结构的软件——CDpro 软件包中已经包含了以上 3 种算法。

另外一种算法——K2D 采用神经网络的算法（Sreerama and Woody，1994b；Andrade et al.，1993；Bohm et al.，1992），网络中有 3 种单元：①输入单元从外部接受 CD 光谱信号，然后将这些将信息输送到其他单元；②输出单元负责接收其他单元传入的信号，并输出蛋白质二级结构拟合结果；③隐藏单元能接受来自其他单元的信号，并能发出信号到其他单元。K2D 算法的输入层包含有 83 个单元，对应 178～260nm 中 83 个波长数据；在隐藏层中有 45 个单元；输出层有 5 个单元，分别对应 α 螺旋、平行和反平行 β 折叠、β 转角及其他二级结构的分量。与其他算法比较，该方法对蛋白质结构中 α 螺旋和反平行 β 折叠拟合结果较好。研究发现用两个隐藏层进行计算可以得到更好的结果，不过需要的计算时间比较长。

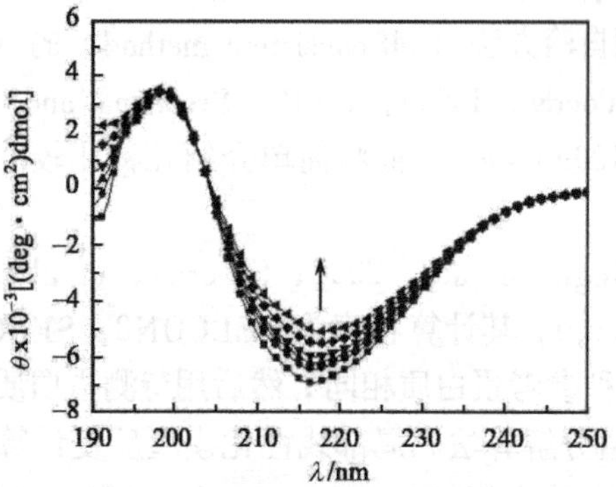

图 5-19　Hpn蛋白的 CD 图谱（Ge et al.，2006）
箭头所指方向表示逐渐向蛋白质中滴加相当于蛋白质 0～5 倍摩尔浓度的镍离子

图 5-19 是幽门螺杆菌中的镍存储蛋白 Hpn 在 20mmol/L Tris-HCl 中的远紫外 CD 谱图（Ge et al.，2006），从图中我们清晰地看到不含金属的 Hpn 谱图在 217nm 有一个负吸收峰，在 197nm 有个正吸收峰，说明在该蛋白质中存在 α 螺旋、β 折叠、β 转角和无序形式。当滴加硫酸镍时，217nm 的负吸收峰逐渐增加，说明金属引发了蛋白质构象的变化。通过 CDPro 计算显示当加入 5 倍摩尔浓度的镍离子时，α 螺旋从 20% 减少到 10%，而 β 折叠从 22% 增加到 37%。

5.6.2.3　远紫外 CD 预测蛋白质二级结构的问题

虽然远紫外 CD 预测蛋白质二级结构已经被广泛使用，但这种方法目前仍存在一定的问题。首先，蛋白质的生物功能非常广泛，它们的结构丰富多样并具有多变性，现在使用的 CD 光谱法仅将蛋白质简单地分为 4～5 个二级结构元件，不能充分体现蛋白质结构的多样性。α 螺旋和 β 折叠的长度对 [θ] 值有一定的影响，利用不同螺旋长度的蛋白质数据拟合的结果存在很大的误差，并且受环境影响较大。其次，由于二硫键及芳香氨基酸在远紫外 CD 光谱区也有不同强度的 CD 峰，远紫外 CD 光谱是包括肽键、芳香氨基酸及二硫键在内的 [θ] 值的贡献的加和，这对以肽键电子跃迁产生 CD 光谱为主要依据的远紫外 CD 光谱拟合预测蛋白质产生干扰，甚至可能产生错误的结果，对后续的试验造成误导。因此利用 CD 数据预测未知蛋白质时，同时应该多结合未知蛋白质（包括其他谱学在内）的相关信息，尽量采用相似结构的参考蛋白质拟合预测其二级结构。

5.6.3　近紫外 CD 光谱

构成蛋白质的芳香族氨基酸残基（如色氨酸、酪氨酸、苯丙氨酸）及二硫键处于不对称微环境时，在近紫外区 250～320nm 具有 CD 信号。例如，色氨酸在 290nm 及 305nm 处有两个特征 CD 峰；而酪氨酸的 CD 峰在 275nm 及 282 nm 处；苯丙氨酸在 255nm、260nm 及 270nm 3 处有较弱但是相对尖锐的峰；二硫键的信息反映在整个近紫外 CD 谱上。因此蛋白质近紫外 CD 光谱的形状与大小由几方面因素共同决定：①蛋白质中芳香族氨基酸的种类及含量；②环境因素，包括氢键、极性基团及极化率等；③空间位置结构。近紫外 CD 光谱可作为一种反映芳香族氨基酸及二硫键所处微环境变化的光谱探针。近紫外 CD 光谱的测量与远紫外光谱相似，但是需要的蛋白质溶液的浓度一般比远紫外 CD 测量的高 1～2 个数量级，可在 1cm 的方形石英池中进行。

5.6.4　CD 在功能蛋白质研究中的应用

5.6.4.1　比较蛋白质构象

蛋白质在执行一定的生物学功能时，本身结构经常发生一定的修饰，如化学修饰或特定蛋白质的遗传修饰。CD 可以比较天然的和发生修饰的蛋白质结构（Tafreshi et al.，2007；Protasevich et al.，1997），Tafreshi 等（2007）利用 CD 光谱发现了荧光素酶的序列 356 位置的精氨酸发生突变后引起蛋白质重折叠但未发生聚集。

5.6.4.2　热稳定性研究

根据特定波长处的 CD 光谱特征可以检测蛋白质热稳定性，可以连续跟踪一系列温度下蛋白质远紫外和近紫外 CD 区的变化，检测样品在一定 pH、缓冲溶液、糖、盐或氨基酸改变的热稳定性。很多蛋白质去折叠后发生聚集或沉淀等，可以通过冷却样品然后再升温来检测去折叠反应是否可以重复，以确定可逆性。对样品的长期稳定性来说，溶剂环境要比溶解温度重要，如果溶解过程是可逆的，蛋白质折叠的热动力学过程可以从 CD 数据中获得。跟踪整个远紫外 CD 区域可以确定蛋白质在高温下是失去部分二级结构还是简单的构象变化。虽然有时蛋白质去折叠的形式是确定的，但与自然状态的二级结构完全不同。

5.6.5 CD测量样品的准备与条件选择

CD是一种灵敏定量的光谱技术，样品准备和测量条件的选择直接决定蛋白质构象计算准确性，特别是当蛋白质CD信号出现在低于195nm的真空紫外区时，实验对所使用的试剂和缓冲体系的要求比较高。测试用的蛋白样品中不应含有具有光吸收的杂质，磷酸盐和Tris-HCl可作为缓冲体系。CD光谱对蛋白质含量要求相对低(0.01～0.2g/L)，要求测量时溶液紫外最大的吸收不超过2。虽然稀溶液可降低蛋白质分子发生聚集的概率，但是如果太稀，则导致蛋白质过多地吸附在容器壁上，无法保证实验的准确性。确定蛋白质的精确浓度是CD光谱法计算样品二级结构的关键，一般可利用蛋白质在280nm附近的消光系数来计算浓度，但此处吸收信号与蛋白质的构象有关，这种方法的误差达5%，比较精确的方法是定量氨基酸分析或双缩脲方法；也可以在完全变性条件下测定芳香氨基酸残基的吸收，从而确定蛋白质的准确浓度。

参考文献

Abeysinghe R D, et al. 2001. p53-independent apoptosis mediated by tachpyridine, an anti-cancer iron chelator. Carcinogenesis, 22 (10): 1607-1614.

Adler A J, et al. 1973. Circular dichroism and optical rotatory dispersion of proteins and polypeptides. Methods Enzymol, 27: 675-735.

Altenbach C, et al. 2005. Accessibility of nitroxide side chains: absolute Heisenberg exchange rates from power saturation EPR Biophys J, 89 (3): 2103-2112.

Andrade M A, et al. 1993. Evaluation of secondary structure of proteins from UV circular dichroism spectra using an unsupervised learning neural network. Protein Eng, 6 (4): 383-390.

Ankudinov A L, et al. 1998. Real-space multiple-scattering calculation and interpretation of x-ray-absorption near-edge structure. Phys Rev, B58: 7565-7576.

Ascone I, et al. 2005. Metallogenomics and biological X-ray absorption spectroscopy. J Synchrotron Radia, 12 (1): 1-3.

Ascone I, et al. 2008. Exploiting soft and hard X-ray absorption spectroscopy to characterize metallodrug/protein interactions: the binding of [*trans*-$RuCl_4$ (Im) (dimethylsulfoxide)] [ImH] (Im = imidazole) to bovine serum albumin. Inorg Chem, 47 (19): 8629-8634.

Aue W P, et al. 1976. Two-dimensional spectroscopy. Application to nuclear magnetic resonance. J Chem Phys, 64 (5): 2229-2246.

Babu Y S, et al. 1988. Structure of calmodulin refined at 2.2 Å resolution. J. Mol. Biol., 204 (1): 191-204.

Baranov V I, Spirin A S. 1993. Gene expression in cell-free system on preparative scale. Methods Enzymol, 217: 123-142.

Barbato G, et al. 1992. Backbone dynamics of calmodulin studied by ^{15}N relaxation using inverse detected two-dimensional NMR spectroscopy: the central helix is flexible. Biochemistry, 31 (23): 5269-5278.

Bax A. 1982. Two-dimensional Nuclear Magnetic Resonance in Liquids. 1. Dordrecht. D. Reidel Publishing Company: 212.

Bax A. 2003. Weak alignment offers new NMR opportunities to study protein structure and dynamics. Protein Sci, 12 (1): 1-16.

Benfatto M, et al. 1986. Multiple-scattering regime and higher-order correlations in x-ray-absorption spectra of liquid solutions. Phys Rev B Condens Matter, 34 (8): 5774-5781.

Berliner L J. 1998. Biological Magnetic Resonance. New York: Plenum Press: 444.

Bohm G, et al. 1992. Quantitative analysis of protein far UV circular dichroism spectra by neural networks. Protein Eng, 5 (3): 191-195.

Bonanno J B, et al. 2005. New York-Structural GenomiX Research Consortium (NYSGXRC): a large scale center for the protein structure initiative. J Struct Funct Genomics, 6 (2-3): 225-232.

Brahms S, Brahms J. 1980. Determination of protein secondary structure in solution by vacuum ultraviolet circular dichroism. J Mol Biol, 138 (2): 149-178.

Bruijnincx P C, Sadler P J. 2008. New trends for metal complexes with anticancer activity. Curr Opin Chem Biol, 12 (2): 197-206.

Brunger A T, et al. 1998. Crystallography & NMR system: a new software suite for macromolecular structure determination. Acta Crystallogr. D Biol Crystallogr, 54 (Pt 5): 905-921.

Calderone V, et al. 2006. Structural investigation of cisplatin-protein interactions: selective platination of His19 in a cuprozinc superoxide dismutase. Angew Chem Int Ed Engl, 45 (8): 1267-1269.

Case D A, et al., 2002. Amber 7 program. San Francisco: University of California.

Casini A, et al. 2006. Exploring metallodrug-protein interactions by ESI mass spectrometry: the reaction of anticancer platinum drugs with horse heart cytochrome *c*. ChemMedChem, 1 (4): 413-417.

Casini A, et al. 2007. ESI mass spectrometry and X-ray diffraction studies of adducts between anticancer platinum drugs and hen egg white lysozyme. Chem Commun, (2): 156-158.

Cavanagh J, et al. 1996. Protein NMR Spectroscopy: Principle and Practice. Salt Lake City: Academic Press: 587.

Chance M R, et al. 2004. High-throughput computational and experimental techniques in structural genomics. Genome Res, 14 (10B): 2145-2154.

Chang C T, et al. 1978. Circular dichroic analysis of protein conformation: inclusion of the beta-turns. Anal Biochem, 91 (1): 13-31.

Chen Y H, Yang J T. 1971. A new approach to the calculation of secondary structures of globular proteins by optical rotatory dispersion and circular dichroism. Biochem Biophys Res Commun, 44 (6): 1285-1291.

Chiang Y W, et al. 2005. The determination of pair distance distributions by pulsed ESR using Tikhonov regularization. J Magn Reson, 172 (2): 279-295.

Clore G M, et al. 2007. Elucidating transient macromolecular interactions using paramagnetic relaxation enhancement. Curr Opin Struct Biol, 17 (5): 603-616.

Cohen S M, Lippard S J. 2001. Cisplatin: from DNA damage to cancer chemotherapy. Prog Nucleic Acid Res Mol Biol, 67 (1): 93-130.

Columbus L, Hubbell W L. 2004. Mapping backbone dynamics in solution with site-directed spin labeling: GCN4-58 bZip free and bound to DNA. Biochemistry, 43 (23): 7273-7287.

Congiu-Castellano A, et al. 1997. Aluminum site structure in serum transferrin and lactoferrin revealed by synchrotron radiation X-ray spectroscopy. BioMetals, 10 (4): 363-367.

Corbett M C, et al. 2005. Mo K-and L-edge X-ray absorption spectroscopic study of the ADP. AlF_4—stabilized nitrogenase complex: comparison with MoFe protein in solution and single crystal. J Synchrotron Radiat, 12 (Pt 1): 28-34.

Cornilescu G, et al. 1999a. Protein backbone angle restraints from searching a database for chemical shift and sequence homology. J Biomol NMR, 13 (3): 289-302.

Cornilescu G, et al. 1999b. Identification of the hydrogen bonding network in a protein by scalar couplings. J Am Chem Soc, 121 (12): 2949-2950.

Della Longa S, et al. 2001. Quantitative analysis of x-ray absorption near edge structure data by a full multiple scattering procedure: the Fe-CO geometry in photolyzed carbonmonoxy-myoglobin single crystal. Phys Rev Lett,

87 (15): 155-501.

Dempsey C E. 2001. Hydrogen exchange in peptides and proteins using NMR spectroscopy. Prog Nucl Mag Res Sp, 39 (2): 135-170.

Deubel D V. 2002. On the competition of the purine bases, functionalities of peptide side chains, and protecting agents for the coordination sites of dicationic cisplatin derivatives. J Am Chem Soc, 124 (20): 5834-5842.

Deubel D V. 2004. Factors governing the kinetic competition of nitrogen and sulfur ligands in cisplatin binding to biological targets. J Am Chem Soc, 126 (19): 5999-6004.

Dominguez C, et al. 2003. HADDOCK: a protein-protein docking approach based on biochemical or biophysical information. J Am Chem Soc, 125 (7): 1731-1737.

Duggan B M, et al. 2001. SANE (structure assisted NOE evaluation): an automated model-based approach for NOE assignment. J Biomol NMR, 19 (4): 321-329.

Dunham W R, et al. 1993. Mössbauer spectroscopy of metalloproteins and the use of Fourier transforms. Eur. J Biochem, 214 (1): 1-8.

Englander S W, Wand A J. 1987. Main-chain-directed strategy for the assignment of ^{1}H NMR spectra of proteins. Biochemistry, 26 (19): 5953-5958.

Evenas J, et al. 1999. Backbone dynamics and energetics of a calmodulin domain mutant exchanging between closed and open conformations. J Mol Biol, 289 (3): 603-617.

Farahbakhsh Z T, et al. 1993. Photoactivated conformational changes in rhodopsin: a time-resolved spin label study. Science, 262 (5138): 1416-1419.

Fernandez C, et al. 2001. Transverse relaxation-optimized NMR spectroscopy with the outer membrane protein OmpX in dihexanoyl phosphatidylcholine micelles. Proc Natl Acad Sci USA, 98 (5): 2358-2363.

Fernandez C, et al. 2004. NMR structure of the integral membrane protein OmpX. J Mol Biol, 336 (5): 1211-1221.

Fiaux J, et al. 2002. NMR analysis of a 900K GroEL-GroES complex. Nature, 418 (6894): 207-211.

Finn B E, et al. 1995. Calcium-induced structural changes and domain autonomy in calmodulin. Nat Struct Biol, 2 (9): 777-783.

Fu, H. 2004. Protein-Protein Interactions: Methods and Applications. Totowa: Humana Press.

Fu Z, et al. 2003. The structure of the inter-SH2 domain of class IA phosphoinositide 3-kinase determined by site-directed spin labeling EPR and homology modeling. Proc Natl Acad Sci USA, 100 (6): 3275-3280.

Güntert P, et al. 1997. Torsion angle dynamics for NMR strcuture calculation with the new program DYANA. J Mol Biol, 273 (1): 283-298.

Gao Y, et al. 2007. Advanced nuclear analytical techniques for metalloproteomics. J Anal At Spectrom, 22 (8): 856-866.

Ge R, Sun H. 2009. Metallomics: an integrated biometal science. Sci China Ser B-Chem, 52 (12): 2055-2070.

Ge R, et al. 2006. Expression and characterization of a histidine-rich protein, Hpn: potential for Ni2+ storage in Helicobacter pylori. Biochem J, 393 (Pt 1): 285-293.

Gersmann H R, Swalen J D. 1962. Electron paramagnetic resonance spectra of copper complexes. J Chem Phys, 36 (12): 3221-3233.

Goto N K, et al. 1999. A robust and cost-effective method for the production of Val, Leu, Ile (δ^1) methyl-protonated ^{15}N-, ^{13}C-, ^{2}H-labeled proteins. J Biomol NMR, 13 (4): 369-374.

Gouldson P R., et al. 2004. Toward the active conformations of rhodopsin and the beta2-adrenergic receptor. Proteins, 56 (1): 67-84.

Greenfield N, Fasman G D. 1969. Computed circular dichroism spectra for the evaluation of protein conformation. Biochemistry, 8 (10): 4108-4116.

Greenfield N J. 1996. Methods to estimate the conformation of proteins and polypeptides from circular dichroism data. Anal Biochem, 235 (1): 1-10.

Groessl M, et al. 2007. Structure-activity relationships for NAMI-A-type complexes (HL) [*trans*-$RuCl_4L$ (*S*-DMSO) ruthenate (III)] (L = imidazole, indazole, 1,2,4-triazole, 4-amino-1, 2, 4-triazole, and 1-methyl-1, 2, 4-triazole): aquation, redox properties, protein binding, and antiproliferative activity. J Med Chem, 50 (9): 2185-2193.

Guntert P, et al. 1993. The program ANSO for computer-supported collection of NOE upper distance constraints as input for protein structure determination. J Biomol NMR, 3 (5): 601-606.

Guo Z, Sadler P J. 1999. Metals in medicine. Angew Chem Int Ed Engl, 38 (11): 1513-1531.

Hahn M, et al. 2001. Interaction of cisplatin with methionine-and histidine-containing peptides: competition between backbone binding, macrochelation and peptide cleavage. J Biol Inorg Chem, 6 (5-6): 556-566.

Hennessey J P Jr, Johnson W C Jr. 1981. Information content in the circular dichroism of proteins. Biochemistry, 20 (5): 1085-1094.

Hibler D W, et al. 1989. Isotopic labeling with hydrogen-2 and carbon-13 to compare conformations of proteins and mutants generated by site-directed mutagenesis, I Methods Enzymol, 177: 74-86.

Hilty C, et al. 2002. Side chain NMR assignments in the membrane protein OmpX reconstituted in DHPC micelles. J Biomol NMR, 23 (4): 289-301.

Hilty C, et al. 2003. Stereospecific assignments of the isopropyl methyl groups of the membrane protein OmpX in DHPC micelles. J. Biomol. NMR, 27 (4): 377-382.

Hubbell W L, et al. 1998. Recent advances in site-directed spin labeling of proteins. Curr Opin Struct Biol, 8 (5): 649-656.

Ikura M. 1996. Calcium binding and conformational response in EF-hand proteins. Trends Biochem Sci, 21 (1): 14-17.

Ishida S, et al. 2002. Uptake of the anticancer drug cisplatin mediated by the copper transporter Ctrl in yeast and mammals. Proc Natl Acad Sci USA, 99 (22): 14298-14302.

Ishima R, Torchia D A. 2000. Protein dynamics from NMR. Nat Struct Biol, 7 (9): 740-743.

Jacobsen K, et al. 2005. Determination of the orientation of T4 lysozyme vectorially bound to a planar-supported lipid bilayer using site-directed spin labeling. Biophys J, 88 (6): 4351-4365.

Jeenen J, et al. 1979. Investigation of exchange processes by two-dimensional NMR spectroscopy. J Chem Phys, 71 (11): 4546-4553.

Jeschke G. 2002. Distance measurements in the nanometer range by pulse EPR. Chemphyschem, 3 (11): 927-932.

Johnson W C. 1999. Analyzing protein circular dichroism spectra for accurate secondary structures. Proteins, 35 (3): 307-312.

Kainosho M, et al. 2006. Optimal isotope labelling for NMR protein structure determinations. Nature, 440 (7080): 52-57.

Karplus M. 1959. Contact electron-spin coupling of nuclear magnetic momentss. J Chem Phys, 30 (1): 11-15.

Kay L E. 1995. Pulsed field gradient multi-dimensional NMR methods for the study of protein structure and dynamics in solution. Prog Biophys Mol Biol, 63 (3): 277-299.

Kay L E. 2005. NMR studies of protein structure and dynamics. J Magn Reson, 173 (2): 193-207.

Kigawa T, et al. 1995. Cell-free synthesis and amino acid-selective stable isotope labeling of proteins for NMR analysis. J Biomol NMR, 6 (2): 129-134.

Konrat R, et al. 1999. A 4D TROSY-based pulse scheme for correlating ^1HN_i, $^{15}N_i$, $^{13}C^{\alpha i}$, $^{13}C^{\beta i\text{-}1}$ chemical shifts in high molecular weight, ^{15}N, ^{13}C, ^2H labeled proteins. J Biomol NMR, 15 (4): 309-313.

Koteiche H A, et al. 2005. Atomic models by cryo-EM and site-directed spin labeling: application to the N-terminal region of Hsp16.5. Structure, 13 (8): 1165-1171.

Kratz F, et al. 2008. Prodrug strategies in anticancer chemotherapy. ChemMedChem, 3 (1): 20-53.

Krebs C, et al. 2005. Rapid freeze-quench ^{57}Fe Mössbauer spectroscopy: monitoring changes of an iron-containing active site during a biochemical reaction. Inorg Chem, 44 (4): 742-757.

Kumar A, et al. 1980. A two-dimensional nuclear Overhauser enhancement (2D NOE) experiment for the elucidation of complete proton-proton cross-relaxation networks in biological macromolecules. Biochem Biophys Res Commun, 95 (1): 1-6.

Lau J K, Deubel D V. 2005. Loss of amine from platinum (II) complexes: implications for cisplatin inactivation, storage, and resistance. Chemistry, 11 (9): 2849-2855.

Lieberman R A., et al. 1982. A study of the electron paramagnetic resonance properties of single monoclinic crystals of bovine superoxide dismutase. J Biol Chem, 257 (1): 336-344.

Lin X, et al. 2002. The copper transporter CTR1 regulates cisplatin uptake in *Saccharomyces cerevisiae*. Mol. Pharmacol., 62 (5): 1154-1159.

Linge J P, et al. 2003. ARIA: automated NOE assignment and NMR structure calculation. Bioinformatics, 19 (2): 315-316.

Malmendal A, et al. 1999. Structural dynamics in the C-terminal domain of calmodulin at low calcium levels. J. Mol Biol, 293 (4): 883-899.

Manavalan P, Johnson W C Jr. 1987. Variable selection method improves the prediction of protein secondary structure from circular dichroism spectra. Anal Biochem, 167 (1): 76-85.

Mandel A M, et al. 1995. Backbone dynamics of *Escherichia coli* ribonuclease HI: correlations with structure and function in an active enzyme. J Mol Biol, 246 (1): 144-163.

Martin L P, et al. 2008. Platinum resistance: the role of DNA repair pathways. Clin Cancer Res, 14 (5): 1291-1295.

McHaourab H S, et al. 1996. Motion of spin-labeled side chains in T4 lysozyme. Correlation with protein structure and dynamics. Biochemistry, 35 (24): 7692-7704.

McHaourab H S, et al. 1997. Conformation of T4 lysozyme in solution. Hinge-bending motion and the substrate-induced conformational transition studied by site-directed spin labeling. Biochemistry, 36 (2): 307-316.

Messori L, et al. 2000. A spectroscopic study of the reaction of NAMI, a novel ruthenium (III) anti-neoplastic complex, with bovine serum albumin. Eur J Biochem, 267 (4): 1206-1213.

Metzler W J, et al. 1996. Incorporation of $^{1}H/^{13}C/^{15}N$- (Ile, Leu, Val) into a perdeuterated, ^{15}N-labeled protein: potential in struture determination of large proteins by NMR. J Am Chem Soc, 118 (28): 6800-6801.

Mijovilovich A, Meyer-Klaucke W. 2003. Simulating the XANES of metalloenzymes-a case study. J Synchrotron Radiat, 10 (Pt 1): 64-68.

Mollaaghababa R, et al. 2000. Time-resolved site-directed spin-labeling studies of bacteriorhodopsin: loop-specific conformational changes in M. Biochemistry, 39 (5): 1120-1127.

Muchmore D C, et al. 1989. Expression and nitrogen-15 labeling of proteins for proton and nitrogen-15 nuclear magnetic resonance. Methods Enzymol, 177: 44-73.

Nelson W D, et al. 2005. Site-directed spin labeling reveals a conformational switch in the phosphorylation domain of smooth muscle myosin. Proc Natl Acad Sci USA, 102 (11): 4000-4005.

Ohndorf U M, et al. 1999. Basis for recognition of cisplatin-modified DNA by high-mobility-group proteins. Nature, 399 (6737): 708-712.

Otomo T, et al. 1999. Improved segmental isotope labeling of proteins and application to a larger protein. J Biomol NMR, 14 (2): 105-114.

Pancoska P, et al. 1995. Comparison of and limits of accuracy for statistical analyses of vibrational and electronic circular dichroism spectra in terms of correlations to and predictions of protein secondary structure. Protein Sci, 4 (7): 1384-1401.

Peisach J, Blumberg W E. 1974. Structural implications derived from the analysis of electron paramagnetic resonance spectra of natural and artificial copper proteins. Arch Biochem Biophys, 165 (2): 691-708.

Pellecchia M, et al. 2000. Structural insights into substrate binding by the molecular chaperone DnaK. Nat Struct Biol, 7 (4): 298-303.

Perczel A, et al. 1991. Convex constraint analysis: a natural deconvolution of circular dichroism curves of proteins. Protein Eng, 4 (6): 669-679.

Perczel A, et al. 1992. Analysis of the circular dichroism spectrum of proteins using the convex constraint algorithm: a practical guide. Anal Biochem, 203 (1): 83-93.

Perczel A, et al. 1992. Deconvolution of the circular dichroism spectra of proteins: the circular dichroism spectra of the antiparallel beta-sheet in proteins. Proteins, 13 (1): 57-69.

Pratt J M., 1984. Coupled transcription-translation in prokaryotic cell-free systems, *In* Hames B D, Higgins S J, Transcription and Translation: a Practical Approach, Oxford: IRL Press: 179-209.

Prestegard J H, et al. 2004. Residual dipolar couplings in structure determination of biomolecules. Chem Rev, 104 (8): 3519-3540.

Protasevich I, et al. 1997. Conformation and thermal denaturation of apocalmodulin: role of electrostatic mutations. Biochemistry, 36 (8): 2017-2024.

Provencher S W, Glockner J. 1981. Estimation of globular protein secondary structure from circular dichroism. Biochemistry, 20 (1): 33-37.

Rabenstein M D, Shin Y K. 1995. Determination of the distance between two spin labels attached to a macromolecule. Proc Natl Acad Sci USA, 92 (18): 8239-8243.

Reedijk J. 1999. Why does cisplatin reach Guanine-N7 with competing S-donor ligands available in the cell? Chem Rev, 99 (9): 2499-2510.

Reedijk J. 2003. New clues for platinum antitumor chemistry: kinetically controlled metal binding to DNA. Proc Natl Acad Sci USA, 100 (7): 3611-3616.

Reisner E, et al. 2008. Electron-transfer activated metal-based anticancer drugs. Inorg Chim Acta, 361 (6): 1569-1583.

Rink T, et al. 1997. Spin-labeling studies of the conformational changes in the vicinity of D36, D38, T46, and E161 of bacteriorhodopsin during the photocycle. Biophys J, 73 (2): 983-993.

Rosen M K, et al. 1996. Selective methyl group protonation of perdeuterated proteins. J Mol Biol, 263 (5): 627-636.

Rosenberg B, et al. 1969. Platinum compounds: a new class of potent antitumour agents. Nature, 222 (5191): 385-386.

Salzmann M, et al. 1998. TROSY in triple-resonance experiments: new perspectives for sequential NMR assignment of large proteins. Proc Natl Acad Sci USA, 95 (23): 13585-13590.

Sattler M, et al. 1999. Heternuclear multidimensional NMR experiments for the structure determination of proteins in solution employing pulsed field gradients. Prog Nucl Mag Res Sp, 34 (2): 93-158.

Saxena V P, Wetlaufer D B. 1971. A new basis for interpreting the circular dichroic spectra of proteins. Proc Natl Acad Sci U S A, 68 (5): 969-972.

Schwieters C D, et al. 2003. The Xplor-NIH NMR molecular structure determination package. J Magn Reson, 160 (1): 65-73.

Scott R A, et al. 2005. Bottlenecks and roadblocks in high-throughput XAS for structural genomics. J Synchrotron Radiat, 12 (1): 19-22.

Shi W, et al. 2005. Metalloproteomics: high-throughput structural and functional annotation of proteins in structural genomics. Structure, 13 (10): 1473-1486.

Shin Y K, et al. 1993. Colicin E1 binding to membranes: time-resolved studies of spin-labeled mutants. Science, 259 (5097): 960-963.

Sreerama N, et al. 1999. Estimation of the number of alpha-helical and beta-strand segments in proteins using circular dichroism spectroscopy. Protein Sci, 8 (2): 370-380.

Sreerama N, et al. 2000. Estimation of protein secondary structure from circular dichroism spectra: inclusion of denatured proteins with native proteins in the analysis. Anal Biochem, 287 (2): 243-251.

Sreerama N, Woody R W. 1993. A self-consistent method for the analysis of protein secondary structure from circular dichroism. Anal Biochem, 209 (1): 32-44.

Sreerama N, Woody R W. 1994a. Poly (pro) II helices in globular proteins: identification and circular dichroic analysis. Biochemistry, 33 (33): 10022-10025.

Sreerama N, Woody R W. 1994b. Protein secondary structure from circular dichroism spectroscopy. Combining variable selection principle and cluster analysis with neural network, ridge regression and self-consistent methods. J Mol Biol, 242 (4): 497-507.

Sreerama N, Woody R W. 2000. Estimation of protein secondary structure from circular dichroism spectra: comparison of CONTIN, SELCON, and CDSSTR methods with an expanded reference set. Anal Biochem, 287 (2): 252-260.

Sreerama N, Woody R W. 2004a. Computation and analysis of protein circular dichroism spectra. Methods Enzymol, 383: 318-351.

Sreerama N, Woody R W. 2004b. On the analysis of membrane protein circular dichroism spectra. Protein Sci, 13 (1): 100-112.

Steinhoff H J. 2004. Inter-and intra-molecular distances determined by EPR spectroscopy and site-directed spin labeling reveal protein-protein and protein-oligonucleotide interaction. Biol Chem, 385 (10): 913-920.

Stellato F, et al. 2006. Metal binding in amyloid beta-peptides shows intra-and inter-peptide coordination modes. Eur Biophys J, 35 (4): 340-351.

Stone T J, et al. 1965. Spin-labeled biomolecules. Proc Natl Acad Sci USA, 54 (4): 1010-1017.

Strozyk D, Bush A I, 2006. The role of metal ions in neurology. An introduction, *In*: Sigel A, Sigel H, Sigel R. Metal Ions in Life Sciences. Chichester Wiley: 1-7.

Subczynski W K., et al. 2005. Concentration by centrifugation for gas exchange EPR oximetry measurements with loop-gap resonators. J Magn Reson, 176 (2): 244-248.

Swartz H M, et al. 1972. Biological Applications of Electron Spin Resonance. New York: Wiley-Interscience: 569.

Tafreshi N, et al. 2007. The influence of insertion of a critical residue (Arg356) in structure and bioluminescence spectra of firefly luciferase. J Biol Chem, 282 (12): 8641-8647.

Takeuchi K, Wagner G. 2006. NMR studies of protein interactions. Curr Opin Struct Biol, 16 (1): 109-117.

Teo, B-K, Shulman R G. 1982. X-ray absorption studies of iron-sulfur proteins and related compounds, *In*: Spiro T G, Iron-Sulfur Proteins. New York: Wiley: 343-366.

Tjandra N, Bax A. 1997. Direct measurement of distances and angles in biomolecules by NMR in a dilute liquid crystalline medium. Science, 278 (5340): 1111-1114.

Torchia D A., et al. 1988. NMR signal assignments of amide protons in the alpha-helical domains of staphylococcal nuclease. Biochemistry, 27 (14): 5135-5141.

Tugarinov V, et al. 2005. Solution NMR-derived global fold of a monomeric 82-kDa enzyme. Proc Natl Acad Sci USA, 102 (3): 622-627.

Tugarinov V, et al. 2003. Cross-correlated relaxation enhanced ^{1}H-^{13}C NMR spectroscopy of methyl groups in very high molecular weight proteins and protein complexes. J Am Chem Soc, 125 (34): 10420-10428.

Tugarinov V, Kay L E. 2003a. Ile, Leu, and Val methyl assignments of the 723-residue malate synthase G using a new labeling strategy and novel NMR methods. J Am Chem Soc, 125 (45): 13868-13878.

Tugarinov V, Kay L E. 2003b. Quantitative NMR studies of high molecular weight proteins: application to domain orientation and ligand binding in the 723 residue enzyme malate synthase G. J Mol Biol, 327 (5): 1121-1133.

Tugarinov V, et al. 2002. Four-dimensional NMR spectroscopy of a 723-residue protein: chemical shift assignments and secondary structureof malate synthase G. J Am Chem Soc, 124 (34): 10025-10035.

Vaynberg J, Qin J. 2006. Weak protein-protein interactions as probed by NMR spectroscopy. Trends Biotechnol, 24 (1): 22-27.

Voss J, et al. 1995. A method for distance determination in proteins using a designed metal ion binding site and site-directed spin labeling: evaluation with T4 lysozyme. Proc Natl Acad Sci USA, 92 (26): 12295-12299.

Vuister G W, Bax A. 1993. Quantitative *J* correlation: a new approach for measuring homonuclear three-bond $J(H^N H^\alpha)$ coupling constants in ^{15}N-enriched proteins. J Am Chem Soc, 115 (17): 7772-7777.

Wüthrich K. 1986. NMR of Proteins and Nucleic Acids. New York: Wiley: 320.

Wüthrich K, et al. 1984. Polypeptide secondary structure determination by nuclear magnetic resonance observation of short proton-proton distances. J Mol Biol, 180 (3): 715-740.

Wüthrich K, et al. 1982. Sequential resonance assignments as a basis for determination of spatial protein structures by high resolution proton nuclear magnetic resonance. J Mol Biol, 155 (3): 311-319.

Wagner G, Wüthrich K. 1982. Sequential resonance assignments in protein ^1H nuclear magnetic resonance spectra. J Mol Biol, 155 (3): 347-366.

Wishart D S, Sykes B D. 1994. The ^{13}C chemical-shift index: a simple method for the identification of protein secondary structure using ^{13}C chemical-shift data. J Biomol NMR, 4 (2): 171-180.

Wishart D S., et al. 1992. The chemical shift index: a fast and simple method for the assignment of protein secondary structure through NMR spectroscopy. Biochemistry, 31 (6): 1647-1651.

Wolff T E, et al. 1979. The molybdenum-iron-sulfur cluster complex $[Mo_2Fe_6S_9(SC_2H_5)_8]^{3-}$, a synthetic approach to the molybdenum site in nitrogenase. J Am Chem Soc, 101 (16): 4630-4632.

Xu C, et al. 2006. Solution structure of human peptidyl prolyl isomerase-like protein 1 and insights into its interaction with SKIP. J Biol Chem, 281 (23): 15900-15908.

Xu R, et al. 1999. Chemical ligation of folded recombinant proteins: segmental isotopic labeling of domains for NMR studies. Proc Natl Acad Sci USA, 96 (2): 388-393.

Yang D, Kay L E. 1999. TROSY triple-resonance four-dimensional NMR spectroscopy of a 46 ns tumbling protein. J Am Chem Soc, 121 (11): 2571-2575.

Yang Z, et al. 2007. Encapsulation of platinum anticancer drugs by apoferritin. Chem Commun, 2007 (33): 3453-3455.

Zhu G, Yao X. 2008. TROSY-based NMR experiments for NMR studies of large biomolecules. Prog Nucl Mag Res Sp, 52 (1): 49-68.

Zong X H, et al. 2004. Effect of pH and copper (II) on the conformation transitions of silk fibroin based on EPR, NMR, and Raman spectroscopy. Biochemistry, 43 (38): 11932-11941.

第6章　细胞内蛋白质的定位研究

真核细胞结构高度有序，根据细胞内的空间特点和功能不同，将细胞分成不同细胞器或细胞区域，如内质网、高尔基体、细胞核、线粒体、胞浆和细胞膜等。真核细胞中绝大部分的蛋白质均由细胞质中的核糖体合成，但许多蛋白质最终在其他的地方行使功能，如各种细胞器、细胞器的膜间隙、细胞质膜及细胞外。蛋白质只有被运输到正确的亚细胞区域才能参与细胞的正常生命活动。如果蛋白质定位发生偏差，对细胞功能甚至生命体将产生重大影响。另外，蛋白质在细胞内不是静止不动的，通常通过在不同细胞器之间的穿梭以及亚细胞环境里的运动发挥作用。

细胞根据蛋白质是否携带分选信号以及分选信号的特征，选择性地将各种蛋白质送到细胞不同部位，这一过程称为蛋白质运输（protein trafficking）或蛋白质分选（protein sorting）。细胞外的蛋白质经胞吞作用进入细胞内部，同样经历分选和靶向运输过程。细胞内蛋白质的分选和运输对于维持细胞的正常结构与功能、完成各种生命活动非常重要，在许多情况下，蛋白质的异常转位与细胞的病理变化密切相关（Hu et al.，2005；van Meer and Sprong，2004；Lodish et al.，2000）。

6.1　细胞内蛋白质的分选信号

一个哺乳动物细胞含有近1万种、约10^{10}个蛋白质分子。除去少数蛋白质是在线粒体的核糖体上合成外，绝大部分蛋白质是由细胞核DNA编码，在细胞质的核糖体上合成的。一些基本原理控制着细胞中蛋白质的分选。首先，被分选的蛋白质带有特定分选信号，当新生蛋白质还结合在核糖体时，这些分选信号即被识别和解码。其次，需要一种定向机制将每一个蛋白质运送到目的地。在多数情况下，需要胞质的专门分子将胞质编码的蛋白质运送到目的细胞器或膜上。最后，细胞中的目的细胞器或膜必须在其膜的胞质一侧具有一种特异受体识别底物蛋白质，确保底物蛋白质被运送到正确的目的地。蛋白质的分选和靶向运输经常需要多个步骤，经过多次分选和运输才能完成。目的地不同，蛋白质运输的途径和方式也不同（Schatz，1998）。

6.1.1　信号假说

真核细胞蛋白质有些在细胞基质中合成，有些在糙面内质网上合成，这些不同合成部位是如何分配的呢？又是由什么信号决定蛋白质的最终定位呢？Svasti和Milstein（1972）观察到从骨髓瘤细胞提取的免疫球蛋白分子N端比分泌到细胞外的免疫球蛋白分子N端多一段肽段。Blobel和Sabatini等根据实验结果提出了早期的信号假说（Blobel and Dobberstein，1975；Devillers-Thiery et al.，1975；Blobel and Sabatini，1970；Sabatini and Blobel，1970），认为①分泌型蛋白质的合成始于细胞质游离的核糖体；

②新合成多肽的 N 端通过自由碰撞与内质网膜接触，利用其疏水性插入内质网膜，引导蛋白质继续合成，以袢环形式穿过内质网膜；③若合成为膜蛋白，则由一个或多个停止转移信号将蛋白质锚定在内质网膜上，若是分泌型蛋白，则进入内质网腔。1999 年，布洛伯尔（Günter Blobel，美国）因发现“蛋白质具有内在的信号支配它们在细胞内的转运和定位”而获诺贝尔生理学或医学奖，从此，蛋白质的定向研究得到了广泛关注。

随着新蛋白复合物的发现，信号假说得以补充：核糖体与糙面内质网的结合受 mRNA 特定的密码序列［可以翻译成信号肽（signal peptide）］调节，带有这种密码序列的新生肽才能与核糖体一起结合到糙面内质网的特定部位。因此，核糖体与内质网的结合是功能性的结合，具有瞬时性特征，并保证了新合成蛋白质的矢量释放。信号肽的两个基本作用是：①与信号识别颗粒（signal recognition partical，SRP）结合，引导核糖体结合到内质网上；②利用信号序列的疏水性，引导新生肽的跨膜转运。蛋白质的分选信号包括信号肽、信号斑（plaque signal）及非肽类定位信号。

6.1.1.1　信号肽

信号肽又称为前导肽（prepeptide）或前导序列（presequence），为线性蛋白质一级结构，通常位于新生肽链 N 端，长度为 3～60 个氨基酸残基。而定位于过氧化物酶体（peroxisome）的蛋白质，其分选信号多位于新生肽链的 C 端。一般情况下，信号肽序列对所引导的蛋白质没有特殊的要求，特定的信号肽序列决定了特定蛋白质在细胞内的定位。信号肽可位于多肽链的任何部位，完成分选任务后常被信号肽酶切除。一般情况下，对于分泌蛋白来说，信号肽序列位于多肽链的 N 端，当蛋白质跨过膜结构以后，信号肽序列会被切除。而对于膜蛋白来说，它可能有类似的可以切割的 N 端信号肽，也可能是由跨膜的疏水结构域决定膜蛋白的定位（Tjalsma et al.，2000）。

6.1.1.2　信号斑

信号斑定义为多肽链不同部位的几个特定氨基酸序列经折叠后形成的斑块区，具有分选信号功能。信号斑存在于蛋白质的三维结构中，完成分选任务后仍然存在。

原核细胞的一些分泌性蛋白 N 端也带有信号肽序列。信号肽没有严格的专一性，如大鼠胰岛素原蛋白无论是接上真核还是原核细胞的信号肽，均可通过大肠杆菌细胞膜分泌到细胞外。利用遗传工程技术可以证明信号肽序列对蛋白质运输和定位的重要性。例如，通过基因工程手段将定位于内质网的信号肽重组到细胞质的其他蛋白质，同样会引导这些蛋白质进入内质网。另外，实验结果证明具有同样目的地的各种信号肽可以互换，尽管它们的氨基酸序列相差较大，将这些信号肽重组到任何蛋白质上都可引导它们到达同一目的地。值得注意的是，在信号肽识别过程中，信号肽的物理特性（如疏水性）往往比具体的氨基酸序列更重要。

目前对信号斑的结构了解还很少，因为目前的实验手段分析信号斑非常困难。信号斑是蛋白质折叠后的三维结构，很难将信号斑从一个蛋白质重组到另一个蛋白质上，且容易破坏信号斑的三维结构。

6.1.1.3　非肽类定位信号

定位于溶酶体中的蛋白质氨基酸序列并非高度同源，但都含有特定的糖链结构甘露糖-6-磷酸。甘露糖-6-磷酸及其受体为目前研究得比较清楚的非肽类蛋白质定位信号。到目前为止，对滞留在细胞质的蛋白质定位信号还很不了解。许多细胞质中的蛋白质 N 端被酰基化，酰基化是否为蛋白质滞留在细胞质的信号，还需要进一步研究确定。

长久以来，科学家认为酸性脂能够引导蛋白质定位于细胞膜。2008 年 *Science* 杂志报道了一种单价酸性脂可以精确调控蛋白质在细胞内的“定位”，人类红细胞中最主要的一种单价酸性脂为磷脂酰丝氨酸（PS）。之前，加拿大多伦多大学儿童医院（HSC）小组在 *Science* 杂志上发表文章，认为靶向细胞质膜因含有很多单价酸性脂 PS 才促进了 K-Ras 和其他一些类似蛋白质的定位（Yeung et al.，2006）。随后斯坦福大学迈尔实验室（Meyer）证明，是多价的酸性脂 PIP_2 和 PIP_3 促进 K-Ras 等蛋白质靶向到细胞质膜。虽然这些多价脂浓度低，但由于其多价性，产生的静电相互作用更强（Heo et al.，2006）。最新研究中，美国科学家开发并利用了一种新型生物传感器乳黏素（lactadherin，乳汁中的一种糖蛋白），其能以非钙依赖的方式与 PS 结合，与 PS 结合的位点位于 C2 结构域（Lact-C2）。利用 Lact-C2 构建的 PS 荧光生物探针能够探测 PS 在细胞中的精确分布，研究发现 PS 存在于细胞质膜的胞质测微区，在细胞内涵体和溶酶体也有定位（Yeung et al.，2008）。

6.1.2　细胞内蛋白质转运方式

信号假说揭示了细胞中的蛋白质在合成后通过与生俱来的“地址签”找到自己的最终目的地。对于绝大部分的蛋白质来说，细胞质中游离的核糖体开启其 mRNA 的翻译，通过共翻译转运（cotranslational translocation）或翻译后转运（posttranslational translocation）到达特定的目的地，即具体的转运方式主要取决于蛋白质的信号肽序列信息（Marrichi et al.，2008）。两种转运方式所需要的调节因子对能量的要求也有区别，翻译后转运的标志性调节因子是几种 ATP 依赖的蛋白质，如原核生物中的 SecA 蛋白，真核生物中的 HSP70、HSP40 和最近鉴定的 ASNA1 蛋白；共翻译转运主要由高度保守的具有 GTP 酶活性的信号识别颗粒 SRP 进行调节（Cross et al.，2009）。最近的研究表明，SRP 也可以参与翻译后转运过程（Abell et al.，2004）。

6.1.2.1　共翻译转运

蛋白质在核糖体上开始合成不久，其新生态链 N 端形成的信号肽引导核糖体到达内质网膜，信号肽穿过膜进入内质网腔并继续进行蛋白质合成，新合成多肽链可游离于内质网腔成为可溶性蛋白，也可插入内质网膜成为跨膜蛋白。以这种方式合成的蛋白质小部分滞留在内质网，大部分将运送到高尔基体进行进一步分选和运输。这种转运是在蛋白质合成过程中同时进行的，因此称为共翻译转运。属于这种转运方式的蛋白质运输主要有：①从内质网经高尔基体到细胞外的运输，称为生物合成-分泌途径（biosynthetic secretory pathway）；②从内质网经高尔基体到内体和溶酶体的运输；③从内质网经高尔基体到细胞表面（细胞质膜）的运输（图6-1）。共翻译转运是在翻译后转运的基础上进化了的转运方式，具有更多转运蛋白质的优势，避免了翻译后转运的诸多缺点如一些折叠情况比较复杂的蛋白质的合成及膜蛋白的转运（Cross et al.，2009）。

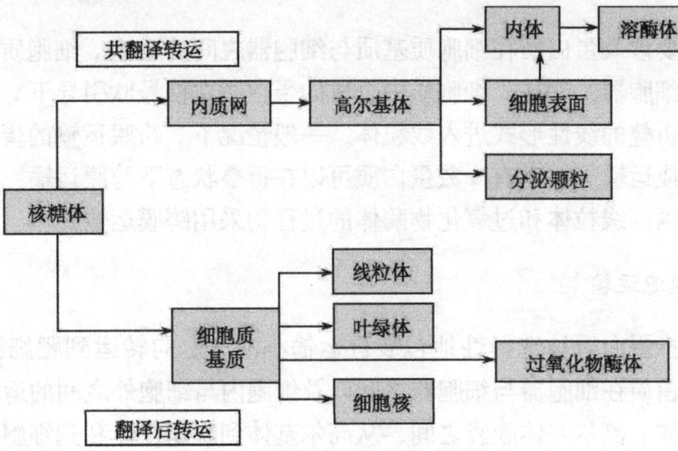

图6-1　共翻译转运和翻译后转运

6.1.2.2　翻译后转运

细胞内大部分蛋白质是通过共翻译方式进行转运的；也有部分蛋白质是在细胞质完成翻译，然后被运送到目的地的。这些蛋白质在细胞质核糖体上合成后被立即释放到细胞质，一些不带分选信号的蛋白质滞留在细胞质中；而大多数蛋白质带有分选信号，细胞则根据分选信号的种类将蛋白质运送到细胞不同部位。这种转运是在蛋白质完全合成后进行的，因此称为翻译后转运。属于这种转运方式的蛋白质运输主要有转运到线粒体的蛋白质、叶绿体的蛋白质、过氧化物酶体的蛋白质（转运到过氧化物酶体的蛋白质在其C端带有信号肽序列）及转运到细胞核的蛋白质，后者要借助核孔穿过核膜（图6-1）。近年来，体外实验发现有少量蛋白质可以通过翻译后转运方式运送到内质网，这种情况在酵母中最为多见。

6.1.3　蛋白质分选运输的途径

蛋白质在细胞质与细胞器或细胞核之间、细胞器与细胞器之间以及细胞内与细胞外之间的运输有三种不同机制，即门控运输（gated transport）、跨膜运输（transmembrane transport）和膜泡运输（vesicular transport）。这三种运输机制都与信号肽引导和靶细胞器上受体蛋白的识别有关。

6.1.3.1　门控运输

门控运输主要涉及蛋白质在细胞质基质与细胞核之间的运输，如核孔选择性地主动运输大分子物质，并允许小分子物质自由进出细胞核的机制。门控运输可介导细胞质基质的蛋白质向细胞核内运输，也可介导细胞核内的大分子向细胞质运输。这一部分内容不作详细介绍。

6.1.3.2 跨膜运输

跨膜运输主要涉及蛋白质在细胞质基质与细胞器之间的运输，细胞质中的蛋白质通过跨膜运输进入细胞器。例如，细胞质中合成的蛋白质在信号肽引导下，通过线粒体膜上的易位子以解折叠的线性形式进入线粒体。一般情况下，跨膜运输的蛋白质必须呈非折叠状态才能完成运输，但也有少数蛋白质可以在折叠状态下跨膜运输。蛋白质从细胞质基质进入内质网、线粒体和过氧化物酶体的过程均采用跨膜运输。

6.1.3.3 膜泡运输

膜泡运输是指蛋白质被选择性地包装进运输小泡，定向转运到靶细胞器的运输方式，主要涉及蛋白质在细胞器与细胞器之间以及细胞内与细胞外之间的运输。蛋白质从内质网到高尔基体、高尔基体膜囊之间、从高尔基体到晚期内体和到细胞表面，以及从细胞表面到溶酶体的运输都是通过膜泡运输的方式完成的（Klumperman，2000；Allan and Balch，1999）。

在膜泡运输过程中，供膜（来自细胞器或细胞膜）通过出芽（budding）方式形成运输小泡，需要运输的膜成分（膜蛋白和膜脂）和可溶性分子分别被装进运输小泡的膜和腔中。运输小泡根据不同表面标志在细胞内进行靶向运输，被靶细胞器的表面受体所识别，通过特异性的停靠（docking）和融合（fusion）过程，将其内容物运送到靶细胞器或细胞外（Cereijido et al.，2003；Pfeffer，2003；Martin，1997）。

1）运输小泡的形成

已知有三类代表性的衣被蛋白，运输小泡根据不同的衣被蛋白参与不同的运输途径（图 6-2）。

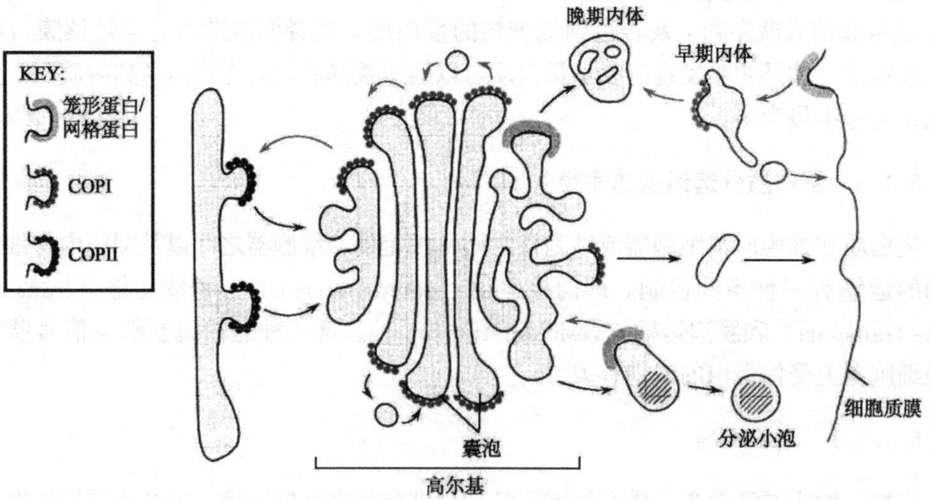

图 6-2 三种类型的有被小泡介导不同的运输途径（Alberts et al.，2002）

（1）笼形蛋白/网格蛋白（clathrin）：细胞质膜到溶酶体，高尔基体到晚期内体。

（2）COPI：高尔基体膜囊之间，高尔基体到内质网。

（3）COPII：内质网到高尔基体（Antonny and Schekman，2001）。

A. 笼形蛋白衣被小泡

笼形蛋白衣被小泡的发现最早，其介导从高尔基体到内体、溶酶体和植物液泡的运输，并介导细胞质膜到内膜系统的运输。笼形蛋白分子由 3 条重链和 3 条轻链组成，形成 3 个曲臂的形状（triskelion）。笼形蛋白形成的衣被包括衔接蛋白（adaptin），其位于笼形蛋白与配体受体复合物之间，起着连接作用（Kirchhausen，2002）[图 6-3（a）]。

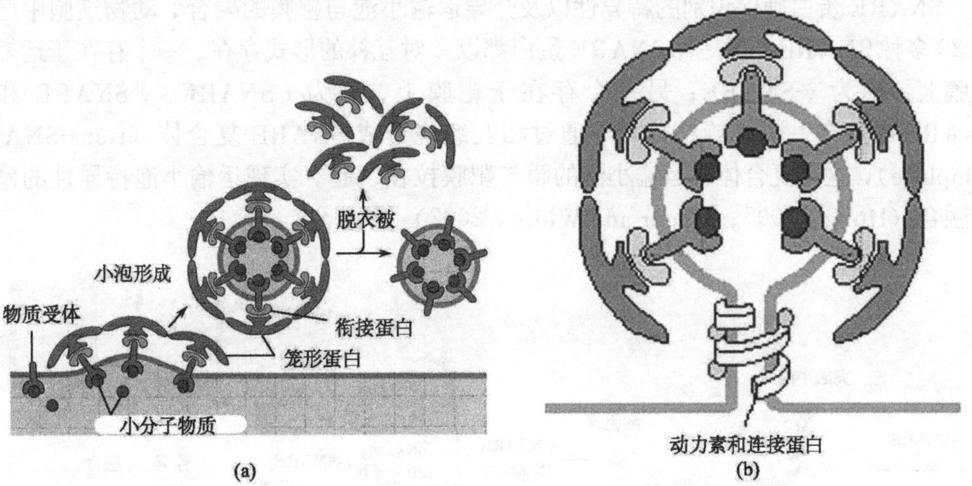

图 6-3　笼形蛋白衣被小泡的形成和融合（Alberts et al.，2002）

笼形蛋白衣被小泡形成时，可溶性蛋白动力素（dynamin）聚集围绕在小泡颈部，并召集其他可溶性蛋白聚集在小泡颈部，将颈部的膜尽可能地拉近（小于 1.5nm），以促进膜融合，掐断（pinchoff）衣被小泡（Bonifacino and Glick，2004）[图 6-3（b）]。动力素是一种 GTP 酶，可以调控小泡出芽脱离膜的速率。当衣被小泡从小泡的膜上释放后，衣被很快解体（Jones et al.，1998）。一种 Hsp70 家族的分子伴侣（molecular chaperone）充当衣被解体的 ATP 酶，辅蛋白（auxillin）可以激活这种 ATP 酶。

B. COPI 衣被小泡

COPI 衣被小泡表面覆盖 COPI 衣被，参与生物合成-分泌途径中蛋白质从高尔基体到内质网的逆向运输以及在高尔基体膜囊之间的运输。COPI 衣被主要成分是衣被蛋白 I（coatmer protein I，简称 COPI），其为 7 个亚基组成的复合体，即 α-、β-、β′-、γ-、δ-、ε-、ζ-COPI，分子质量为 20～160kDa，有些亚基的氨基酸序列与衔接蛋白相似，说明它们具有相似的起源和功能。

C. COPII 衣被小泡

COPII 衣被小泡表面覆盖 COPII 衣被，参与蛋白质从内质网到高尔基体的运输。COPII 衣被的主要成分是衣被蛋白 II（coatmer protein II，COPII），其为 5 个亚基组成的复合体。

2）膜泡运输——定向机制

运输小泡在细胞内的运输高度有序，对靶膜的识别具有高度选择性和专一性。根据来源和运送蛋白质的不同，运输小泡带有不同的表面标志，而靶膜上也有相应受体识别小泡的表面标志。这种特异定向识别机制主要由两类蛋白质执行，即SNARE（soluble NSF attachment protein receptor）蛋白和Rab蛋白（targeting GTPase）。SNARE蛋白介导运输小泡的特异性停靠和融合，Rab蛋白促进和调节运输小泡的停靠和融合。

A. SNARE蛋白

SNARE蛋白确保识别的特异性以及介导运输小泡与靶膜的融合，动物细胞中已发现20多种SNARE。每一种SNARE蛋白都以一对互补的形式存在，一个存在于运输小泡膜上，称为v-SNARE；另一个存在于靶膜上，称为t-SNARE。v-SNARE和t-SNARE都具有一个螺旋结构域，通过相互缠绕形成SNARE复合体（trans-SNARE complexe），这个复合体将运输小泡的膜与靶膜拉在一起，实现运输小泡特异性的停靠和融合（Hong，2005；Finger and White，2002）[图6-4（a）]。

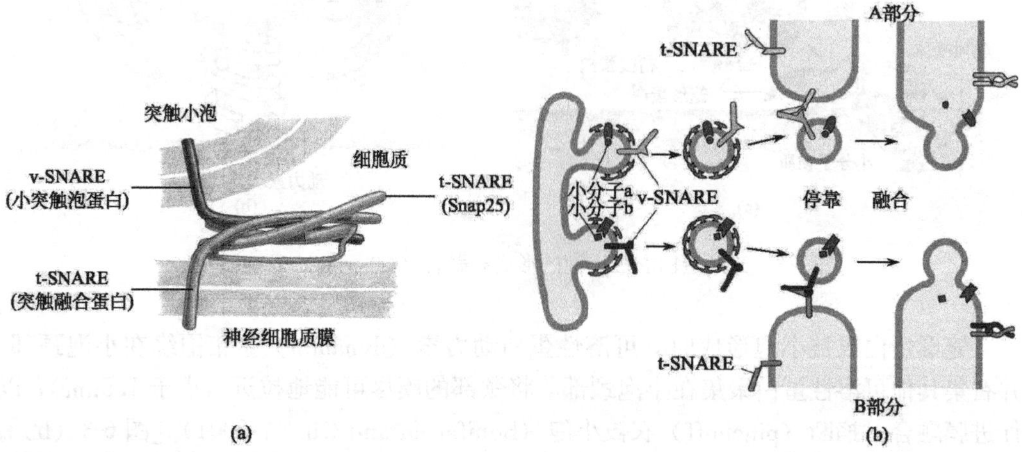

图6-4 t-SNARE和v-SNARE作用示意图（Alberts et al.，2002）

停靠和融合是两个分开的过程，停靠只需要小泡膜与靶膜足够靠近，使突出于脂双层的膜蛋白相互作用即可；而融合需要两个膜非常靠近，当两个膜的距离小于1.5nm时，脂分子可在两个膜之间流动，水分子则从两膜的亲水表面离开。融合过程需要特殊融合蛋白参与以克服能量障碍。SNARE蛋白相互作用的专一性决定小泡运输的专一性，并保证小泡运输的有序进行。结合在一起的v-SNARE和t-SNARE分开后可再循环利用［图6-4(b)］。实验证明包含相互匹配的SNARE的两个脂质体可以发生融合但速度较慢，说明体内除SNARE蛋白外，还需要其他蛋白质参与运输小泡和靶膜的融合。

B. Rab蛋白

Rab蛋白也称为targeting GTPase，属于单体GTP酶，结构类似于Ras。目前已经证明存在30余种Rab蛋白。不同膜具有不同的Rab蛋白，每一种细胞器至少含有一种

Rab。Rab 与衣被召集的 GTP 酶相似，起到分子开关作用，当结合 GDP 时失活，进入细胞质中；结合 GTP 时激活，进入细胞膜、内膜和运输小泡膜上，调节 SNARE 复合体的形成，起到促进和调节运输小泡的停靠和融合的作用。Rab 的调节蛋白与其他 G 蛋白类似。Rab 还具有许多效应因子（effector），帮助运输小泡聚集和靠近靶膜，促进 SNARE 释放其抑制因子（Lupashin and Waters，1997）。

与衣被募集的 GTP 酶一样，Rab 蛋白也在膜与细胞质基质间循环利用。在细胞质中 Rab 蛋白结合 GDP 呈非活性状态，在 GEF 作用下 Rab 蛋白与 GTP 结合活化，以 Rab-GTP 的形式进入运输小泡膜中。当运输小泡靠近靶膜时，Rab-GTP 与靶膜相应的 Rab 蛋白效应子结合，介导小泡停靠过程，同时帮助 v-SNARE 与 t-SNARE 配对（图 6-5）。当小泡与靶膜融合后，Rab 蛋白水解与其结合的 GTP，以 Rab-GDP 形式释放到细胞质基质中循环利用。在细胞质基质中，Rab-GDP 与 GDP 解离抑制物（GDI）结合，抑制 Rab 蛋白与 GDP 解离。

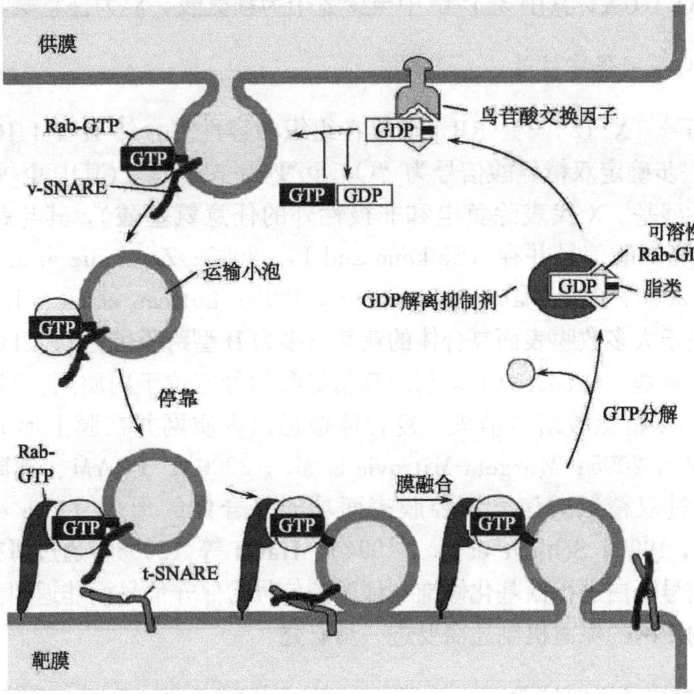

图 6-5　Rab 蛋白作用示意图（Alberts et al.，2002）

6.2　内质网定位信号和蛋白质运输

内质网（endoplasmic reticulum，ER）是一种生物膜细胞器，脂类和蛋白质占膜成分的一半左右，占细胞总体积的 10% 以上。根据其是否结合核糖体分为糙面内质网（rough ER，rER）和光面内质网（smooth ER，sER）。内质网在细胞内蛋白质的合成、分选和运输过程中起着非常重要作用。rER 主要负责某些膜蛋白和分泌蛋白合成、蛋白质核心糖基化、蛋白质酰基化及新生肽折叠与组装等；sER 主要参与磷脂合成、胆固醇及固醇类激素合成与代谢、钙离子储存、肝细胞内质网葡萄糖代谢与解毒等过程（Jiang et al.，2008）。本部分内容主要讲解内质网滞留蛋白的定位信号、可溶性蛋白与膜蛋白定位内质网腔或内质网膜的转运过程等。

6.2.1 内质网定位信号

内质网是蛋白质合成的主要场所，合成的蛋白质在内质网中正确折叠后运送到目的地发挥作用（Sato and Nakano，2007；Bethune et al.，2006；Otsu et al.，2006；Imreh et al.，2003）。内质网蛋白定位信号可分为保守信号和返回信号（Stornaiuolo et al.，2003）。保守信号中研究较多的为 II 型内质网膜蛋白的双精氨酸信号［X（2，3）-RR］，返回信号研究较多的为内质网腔蛋白的“H/KDEL”信号及 I 型内质网膜蛋白的双赖氨酸信号（UUUX，其中 3 个 U 中至少 2 个为赖氨酸，X 为任意氨基酸）。

6.2.1.1 内质网保守信号

双精氨酸信号［X（2，3）-RR］最早在组织相容性复合体 II（MHCII）中发现。Zerangue 等进一步确定双精氨酸信号为“Ö<Φ/Ψ/R-R-X-R”（其中 Φ/Ψ 代表芳香族或大分子疏水性残基，X 代表除负电和非极性外的任意氨基酸），其与跨膜信号相距 16～46Å，与双亮氨酸信号并存（Shikano and Li，2003；Zerangue et al.，2001；Eskandari et al.，2000；Bakke and Dobberstein，1990；Lotteau et al.，1990）。双精氨酸信号主要存在于大多数膜表面复合体的亚基（多为 II 型跨膜蛋白），如 G 蛋白偶联 γ-氨基异丁酸受体亚基（GABAB1）即利用双精氨酸信号定位于内质网。当 GABAB1 与 GABAB2 结合后双精氨酸信号消失，复合体被运出内质网并在膜上形成功能复合体（Gassmann et al.，2005；Margeta-Mitrovic et al.，2000）。TRAM、钾离子通道亚基 Kir 1.1 等也通过双精氨酸信号调控膜表面功能复合体的形成（Yoo et al.，2005；Zerangue et al.，1999；Schutze et al.，1994）。Hardt 等（2003）通过研究发现仅有极少数双精氨酸信号蛋白进行糖基化修饰，证明该信号为保守信号而非返回信号。双精氨酸信号蛋白在内质网的保留机制还需要进一步研究。

6.2.1.2 内质网返回信号

逃逸的内质网蛋白进入运输小泡并在高尔基体膜囊结构中被修饰，介导其重新返回内质网的信号称为返回信号。

1）内质网腔蛋白的返回信号

内质网腔蛋白主要的返回信号是“H/KDEL”，在哺乳动物中为“KDEL”（Munro and Pelham，1987），在酵母中为“HDEL”（Pelham et al.，1988）。例如，“HDEL”介导蛋白二硫键异构酶（PDI）的返回，“ADEL/DDEL/HDEL”介导免疫球蛋白重链结合蛋白（BiP）的返回，“HIEL/KDEL”介导三酰甘油水解酶（TGH）返回等（Gilham et al.，2005）。另外，也有报道“KDEL”信号存在于少数 II 型跨膜蛋白中

(Tang et al., 1992)。

具有返回信号的蛋白质可能通过“H/KDEL”与COPI间接相互作用返回内质网腔(Stornaiuolo et al., 2003)。例如，内质网的分子伴侣蛋白受体相关蛋白（RAP），其C端的“HNEL/KDEL”保证RAP返回内质网腔（Bu et al., 1997)。因为高尔基体和内质网腔的pH不同（Sweet and Pelham, 1992），RAP的“H/KDEL”在高尔基体中结合ERD2p，而在内质网中RAP被释放（Lewis and Pelham, 1992)。干扰ERD2.1、ERD2.2的表达后，RAP的定位明显受到影响，说明带有“H/KDEL”信号的蛋白质通过ERD蛋白与COPI相互作用返回内质网腔。

2）内质网膜蛋白的返回

Nilsson等在腺病毒3中发现了双赖氨酸信号（UUUX)，其主要存在于I型内质网膜蛋白中，不同种属间具有一定的保守性（Gaynor et al., 1994; Nilsson et al., 1989)。赖氨酸附近氨基酸也会影响定位效率，若两侧氨基酸为丝氨酸或丙氨酸时则能介导蛋白质定位且定位效率较高；若两侧是氨基乙酸或脯氨酸时则定位效率较低(Townsley and Pelham, 1994)。

双赖氨酸信号主要通过直接与COPI亚基相互作用而使蛋白质返回内质网膜（Cosson and Letourneur, 1994)。例如，Crosslinking利用多种实验证明COPI的α-、β′-、γ-、δ-和ζ-5个亚基与双赖氨酸信号具有相互作用（Zerangue et al., 2001)。

内质网逃逸的蛋白质主要通过COPI运输小泡将其送回内质网（Kreis et al., 1995)，因此通过研究蛋白质信号片段与运输小泡COPI各亚基的相互作用就能区分保守信号与返回信号。例如，在研究甲硫蛋白（TPN）定位信号时，Pausson等（2005）发现具有“KKXX”序列的TPN能与COPI相互作用，而C端突变后TPN则不能与COPI相互作用，说明“KKXX”为TPN的定位信号，且该信号通过COPI返回内质网。

另有一种方法，蛋白质转运到高尔基体后会被修饰，利用不同的糖基化程度也可以区分保守信号与返回信号。例如，在酵母中，高尔基体具有*N*-寡糖转移酶活性，可将底物蛋白质α-1,6-苷露糖糖基化，α-1,6-苷露糖糖基化修饰的蛋白质通过返回信号返回内质网（Gaynor et al., 1994)。哺乳动物细胞中运出的内质网蛋白被*N*-乙酰氨基半乳糖转移酶修饰，因此可被*N*-乙酰氨基半乳糖（GalNAc）的亲合素识别并着色的蛋白质通过返回信号返回内质网（Martire et al., 1996)。此外，经过高尔基体修饰的蛋白质可以抵抗内切糖苷酶H（endo H）的酶切效应，这些蛋白质的返回也依赖返回信号。

6.2.1.3 内质网的其他定位信号

内质网蛋白也有许多定位信号不具有明确性和广泛性。例如，内质网定位蛋白的跨膜结构域，不同蛋白质分别利用跨膜二级结构、跨膜长度或疏水性等作为定位信号，如Ryanodine受体（RyR）通过其第4个跨膜区（Bhat and Ma, 2002）与第1个跨膜区(Meur et al., 2007）定位于内质网。高尔基体定位的Rer1通过识别特定的跨膜结构而将蛋白质返回内质网（Sato et al., 2001），如Rer1蛋白识别Sec12（Sato et al.,

2003)、γ-分泌酶（Kaether et al.，2007；Spasic et al.，2007）等的跨膜结构域，通过COPI将其返回内质网。

少数内质网蛋白通过特殊二级结构定位。Mallabiabarrena等（1995）利用点突变发现Tyr-177、Leu-180和Arg-183在CD3-ε定位中的作用保守。核磁共振显示以Tyr-177与Leu-180为基础形成的α螺旋使二者并列靠近，紧接着通过β转角结构，使得Arg-183靠近Leu-180，此二级结构可能促使此蛋白质定位于内质网。

有些内质网蛋白同时存在两种定位信号。例如，C端的“KDEL”与N端的疏水区共同协助钙网蛋白（CRT）定位于内质网（Afshar et al.，2005）；Secl2的N端信号区和C端疏水区都能单独完成内质网定位（Sato et al.，1996）；CLN6通过C端疏水区和N端胞质区完成内质网定位等（Heine et al.，2007）。

有些蛋白质通过与其他内质网蛋白相互作用而定位于内质网。BAP31在很多内质网膜蛋白的定位中起作用，如CYP2C2 N端29个氨基酸的膜结构通过与BAP31相互作用而定位于内质网（Szczesna-Skorupa and Kemper，2006）、CRP通过与具有“HIEL/HTEL”的羧酸酯酶相互作用而定位于内质网（Yue et al.，1996）、UGT通过与神经酰胺半乳糖转移酶相互作用而定位于内质网等（Kabuss et al.，2005）。

此外，许多病毒蛋白含有内质网定位信号。例如，风疹病毒的结构蛋白E1通过其跨膜区和C端序列使E1定位于内质网（Hobman et al.，1997）；丙肝病毒（HCV）核心蛋白通过C端疏水区中Leu-139、Val-140、Leu-144使其定位于内质网，完成病毒组装（Okamoto et al.，2004）。内质网蛋白定位信号的研究有助于了解病毒的包装过程，为这些疾病的机制研究及新药的开发提供实验依据。

目前主要集中研究单个蛋白质在一级结构层面上的定位信号情况，而很多蛋白质可能是通过几个结构域相互作用形成二级结构进行定位的，因此对内质网蛋白定位信息的研究必须深入探索定位蛋白的二级结构。另外，利用生物信息学方法高通量研究内质网蛋白定位信号依赖于内质网蛋白数据库的形成。随着高通量自动分析、质谱技术及生物信息学研究的深入，将会更加系统地揭示内质网蛋白定位信号的情况。

6.2.2 可溶性蛋白到内质网腔的转运

大多数蛋白质从细胞质基质到内质网的运输是通过共翻译进行转运的。由于新生肽链一端进入内质网时，其余部分正在合成，蛋白质不需要伴侣蛋白就可以防止未成熟的蛋白折叠，也不需要ATP水解提供能量，可利用其自身合成过程中释放的能量进行跨膜转运。按照这种方式合成和转运的蛋白质有两类：一类是可溶性蛋白，全部穿膜进入内质网腔；另一类是跨膜蛋白，穿插于内质网膜中，共翻译转运避免了疏水的跨膜区域直接暴露在胞质环境中，确保了跨膜蛋白的正确插入和组装。这两类蛋白质以同样的分选信号和类似机制穿入内质网膜。共翻译转运避免了很多翻译后转运的缺点，后者直接将新生链暴露于细胞质。近来发现，少数蛋白质通过翻译后转运的方式进入内质网（Cross et al.，2009；Lippincott-Schwartz et al.，2000；Nickel and Wieland，1998）。

内质网蛋白质的共翻译转运和跨膜运输是在核糖体、蛋白质分选信号、信号识别颗粒及其受体、蛋白质转运子等多种结构分子协同作用下完成的。

内质网蛋白质的分选信号位于多肽链 N 端，不同内质网蛋白的信号肽有很大差异，但它们有一个共同特点，即信号肽有 5～10 个疏水氨基酸序列。内质网蛋白在胞质核糖体上合成时，首先合成 N 端信号肽，信号肽一旦从核糖体露出，随即与信号识别颗粒（signal recognition particle，SRP）结合，形成核糖体-信号肽-SRP 复合体。复合体很快与位于内质网膜的 SRP 受体结合，引导核糖体附着到内质网膜（图 6-6）（Cross et al.，2009）。

SRP：1981 年发现 SRP，它是一种核糖核酸蛋白复合体，沉降系数为 11S，含有 SRP9、SRP14、SRP19、SRP54、SRP68 及 SRP72 6 条多肽和一个 7S（长约 300 个核苷酸）的 scRNA，具有 GTPase 活性。SRP9 和 SRP14 形成 Alu 区域，介导多肽链翻译转运过程中的合成停止事件。SRP 带有 3 个结合位点，即核糖体结合位点、信号肽结合位点和 SRP 受体结合位点，其作用是识别并结合刚刚暴露在核糖体外的信号肽。SRP 识别不同的信号肽主要是依据信号肽不同的疏水程度和二级结构。例如，信号肽的中心区域刚从核糖体露出时会形成 α 螺旋，以便 SRP 的识别。在真核生物中，SRP 将大部分正在翻译的分泌蛋白和膜蛋白引导到内质网膜，而在原核生物中是将正在翻译的核糖体引导到细胞质膜。当 SRP 与核糖体和信号肽结合后，可诱导蛋白质暂停合成，保证核糖体有足够时间在完成多肽链合成前到达并结合于内质网膜，使多肽链不至于释放到细胞质基质（Cross et al.，2009）。

停靠蛋白（docking protein，DP）：即 SRP 在内质网膜的受体蛋白，又称为 SRP 受体（SR），由两个蛋白质亚基组成，即 SRα 和 SRβ。当 SRP 与核糖体上的信号肽结合后，其构象发生了变化，这种变化更有利于 SRP 与其内质网膜的受体停靠蛋白结合。SRP 和停靠蛋白都具有 GTP 酶活性，在二者结合时互相激活对方的 GTP 酶活性以调节多肽的转运过程。在这个过程中，SRP RNA 加速 SRP-停靠蛋白复合物的形成，并刺激 GTP 水解。停靠蛋白的功能是与核糖体-信号肽-SRP 复合体结合，并把它们引导至内质网的蛋白质转运子（translocon，又称为易位子），之后，SRP 与停靠蛋白因 GTP 水解而解离，并回到细胞质进行循环利用（Cross et al.，2009）。

内质网的蛋白质转运子是由 3 个或 4 个蛋白质复合体组成的 Sec61 复合体。每一个蛋白质复合体包含 3 个跨膜蛋白，组装成炸面圈样结构，中间为水溶性孔道，供多肽链穿膜。转运子的中央孔道不会一直开放，以免核糖体离开后内质网的小分子漏出。一般认为核糖体离开后，转运子的内质网腔面孔道被相应蛋白质堵塞，或者转运子本身构型发生变化关闭转运子的中央孔道。只有转运子与核糖体结合时孔道才短暂开放，让多肽链进入内质网腔。因此，可溶性蛋白 N 端信号肽有两种功能，一种功能是在细胞质基质被 SRP 识别，引导合成中的多肽链到达内质网膜；另一种功能是被蛋白质转运子识别，作为起始跨膜信号与蛋白质转运子结合，让多肽链其余部分通过转运子的中央孔。信号肽附近有一个酶切位点，当多肽链 N 端通过转运子中央孔时，信号肽酶识别这一位点并将信号肽切除，使多肽链释放到内质网腔内而信号肽留在转运子上。随后蛋白质转运子侧向开放，让信号肽弥散到脂双层而很快被其他蛋白酶降解。

可溶性蛋白的共翻译转运和跨膜过程如图 6-6 所示，蛋白质的 mRNA 与细胞质内的核糖体结合后，N 端疏水的信号肽序列首先合成并从核糖体出口释放，被 SRP 识别并结合，在真核生物中出现肽链延伸终止。SRP 与其在内质网膜上的受体停靠蛋白结合，后者将核糖体-多肽复合物引导至闭合的转运子附近。SRP-停靠蛋白的复合物被 GTP 酶水解，复合物构象改变，使 SRP 脱离信号肽，转运子的孔道开放，肽链在内质网上继续合成，信号肽引导新生肽链进入内质网腔，信号肽进入内质网腔后立即被信号肽酶切除，这与膜蛋白信号肽的加工方式不同，后续肽链在内质网膜继续合成，进入内质网腔，直到肽链翻译完成，翻译体系解散。共翻译转运的优势是当多聚核糖体结合同一条 mRNA 翻译转运时，因只需要一次新生肽链和内质网膜的识别过程，所以提高了转运效率（Cross et al.，2009）。

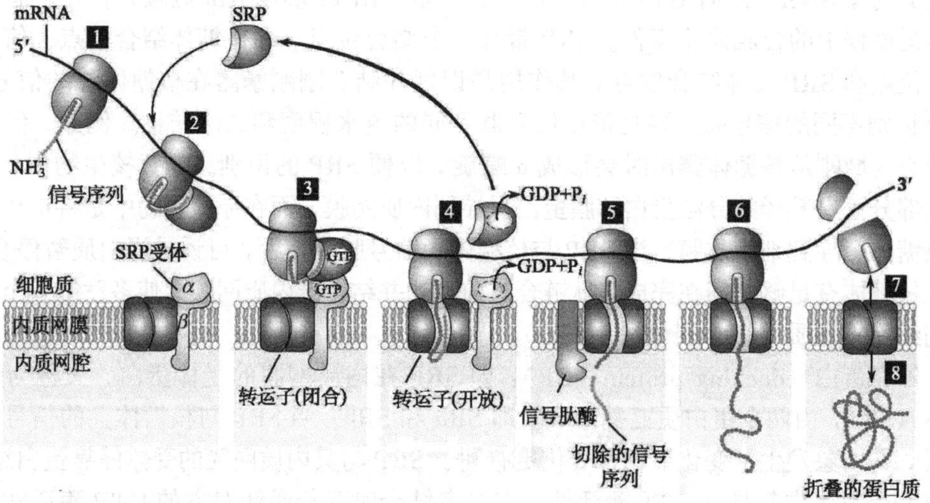

图 6-6　分泌型蛋白的共翻译转运过程（Alberts et al.，2002）

上述内质网蛋白的合成和转运过程是通过典型共翻译转运方式进行的，而蛋白质到其他细胞器（如线粒体、过氧化物酶体）的转运则是通过翻译后转运方式进行的。这就解释了为什么只有内质网膜有核糖体附着，而其他细胞器没有。近年来，一些体外实验表明并不是所有内质网蛋白都以共翻译转运方式穿膜，少数蛋白通过翻译后转运进入内质网腔，并与线粒体蛋白跨膜相同。内质网蛋白的翻译后转运需要 ATP 水解提供能量，也需要伴侣蛋白，而且 ATP 依赖的蛋白可以结合到完整翻译的多肽链上，直到多肽链开始进行跨膜转运为止。这种翻译后转运在酵母和细菌质膜（在进化上与内质网相关）中更为普遍。

正如第 2 章所详述，内质网的大多数蛋白质经过一系列加工修饰，并正确折叠后，通过相应运输方式到达高尔基体再继续被修饰、或直接到达其他相应目的地发挥功能、或通过相应机制返回内质网中。

6.2.3　跨膜蛋白到内质网膜的转运

跨膜蛋白运输过程比可溶性蛋白复杂，它靠疏水区滞留在内质网膜，分为单次跨膜型和多次跨膜型。跨膜蛋白运输过程有几个起始步骤，即从细胞质基质到内质网膜的转运，与可溶性蛋白一样，也是由SRP、SRP受体及内质网蛋白质转运子协同完成。转运过程的后续过程与跨膜信号位置和数目有关，不同跨膜蛋白跨膜转运过程不同。

下面通过介绍几个关键名词来解释内质网膜蛋白的共翻译转运过程。

起始转移信号（start-transfer signal）：蛋白质N端信号序列除了作为信号肽被SRP识别外，还具有起始跨膜转移的作用。膜蛋白共翻译转运过程中，信号肽序列N端始终朝向内质网细胞质侧，插入蛋白质转运子后与孔道内信号肽结合位点（受体）结合，后续的多肽链序列以袢环形式通过转运子孔道（图6-7）。

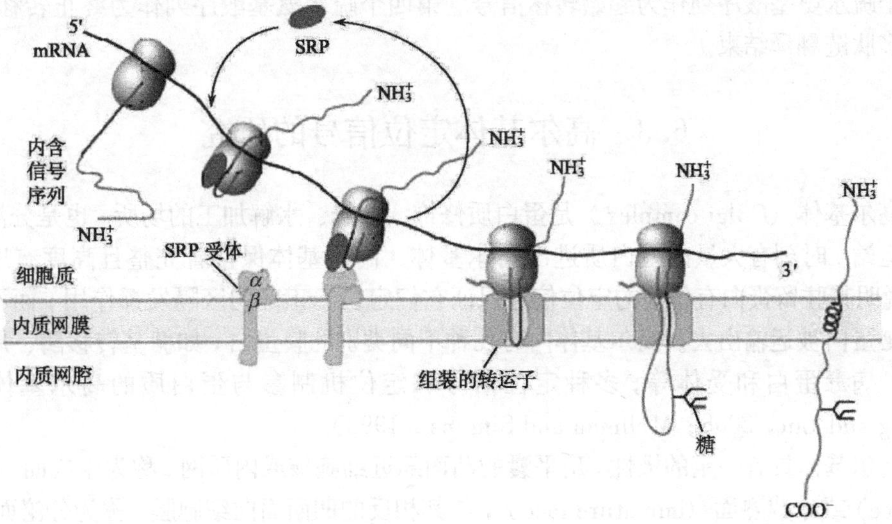

图6-7　单次跨膜蛋白的共翻译转运过程（Alberts et al.，2002）

内含信号序列（internal signal sequence）：又称内含信号肽（internal signal peptide），位于N端，但具信号序列的作用。它作为膜蛋白共翻译转运的信号肽被SRP识别，同时作为起始转移信号。疏水内含信号序列不可切除，是膜蛋白的一部分。如果膜蛋白有一个内含信号序列，那么合成的蛋白质就是单次跨膜蛋白（图6-7）。在共翻译转运过程中，内含信号序列首先作为信号肽与SRP共同将核糖体结合到内质网膜，然后作为起始转移信号与蛋白质转运子结合引导新生肽跨膜。

停止转移肽（stop-transfer peptide）：单次跨膜蛋白的形成不但与内含信号序列有关，也与终止转移肽相关。对于因停止转移信号形成的单次跨膜蛋白来说，该蛋白只有一个停止转移信号序列，而没有内含转移信号，但N端需要一个信号序列作为转移起始信号。该蛋白在N端信号序列作用下进行共翻译转运，当停止转移信号进入孔道后，与孔道内结合位点结合，使孔道不能继续转运多肽。N端信号序列可被切除，被切除后形成单次跨膜蛋白。

二次跨膜蛋白与多次跨膜蛋白：二次跨膜在蛋白质中有两个跨膜疏水区，一个是起始转移信号，另一个是停止转移信号。起始转移信号启动蛋白质穿膜，与蛋白质转运子结合，然后多肽链其余部分继续穿膜直至停止转移信号与转运子孔道位点结合，成为二次跨膜蛋白。两个穿膜信号均以跨膜α螺旋形式留在内质网膜，通过转运子侧向开口进入脂双层。在了解二次跨膜蛋白形成方式后，不难推测多次跨膜蛋白一定含有多个内含信号序列和多个停止转移信号。

DNA 重组技术实验表明，起始转移信号与终止转移信号的区别主要在于它们穿膜过程的相对次序。SRP 对一个非折叠多肽链从 N 端到 C 端进行识别，核糖体露出的第一个疏水氨基酸序列即是起始转移信号，启动穿膜过程；第二个疏水氨基酸序列则是终止转移信号，位于两个信号之间的肽链可以穿膜进入内质网腔。然后 SRP 继续识别，第三个疏水氨基酸序列作为起始转移信号，第四个疏水氨基酸序列作为终止转移信号，直到多肽链翻译结束。

6.3 高尔基体定位信号的研究

高尔基体（Golgi complex）是蛋白质修饰、分选、水解加工的场所，也是分泌物质的转运站，时刻有大量的蛋白质进出高尔基体。高尔基体保持着完整且高度有序的结构，说明其驻留蛋白有精确的定位信号保证它们定位于正确的区隔发挥作用，而不会随着分泌蛋白被运输出去。高尔基体内有几种不同类别的膜蛋白，如糖基转移酶、周缘膜蛋白、病毒蛋白和受体等，多种定位信号和定位机制参与蛋白质的高尔基体定位（Wang and Liu，2008；Mellman and Simons，1992）。

高尔基体具有一定的极性，扁平囊的凸面靠近细胞核或内质网，称为生成面（forming face）或未成熟面（immature face），与其相反的凹面面向细胞膜，称为分泌面（secreting face）或成熟面（mature face）。高尔基体的膜囊结构组成各不相同，根据膜囊的形态结构、细胞化学反应和执行的功能，将高尔基体分为 3 个组成部分，即顺面高尔基网状结构（*cis* Golgi network，CGN）、高尔基中间膜囊（medial Golgi stack）和反面高尔基网状结构（*trans* Golgi network，TGN）（Mellman and Simons，1992）。

CGN 靠近内质网，该结构的主要功能是分选来自内质网新合成的蛋白质和脂类，并将其大部分转入高尔基体中间膜囊，将小部分返回内质网。

高尔基体中间膜囊位于 CGN 和 TGN 之间，主要执行多数糖基的修饰、糖脂的形成及高尔基体有关的多糖合成。TGN 位于高尔基体反面最外层，主要负责蛋白质的分选和修饰，并将分泌蛋白由分泌泡输出细胞或运向溶酶体。

高尔基体驻留蛋白主要执行高尔基体功能，并维持高尔基体自身结构完整。高尔基体驻留蛋白主要包括具有单次跨膜蛋白（Ⅰ型和Ⅱ型）、具有多次跨膜蛋白、周缘膜蛋白（peripheral Golgi protein）和腔内可溶性蛋白（Gleeson，1998）。大多数已知定位于高尔基体的膜蛋白，如糖基转移酶、糖基化酶均为Ⅱ型膜蛋白，其 N 端位于细胞质，C 端位于高尔基体腔。定位于 TGN 的Ⅰ型膜蛋白，蛋白质取向与Ⅱ型膜蛋白相反。

6.3.1 高尔基体糖基转移酶的定位信号

一般认为，糖基转移酶是高尔基体最特征性的酶。目前，根据糖基转移酶的精确定义和分类，高尔基体中至少需要100～200种不同的糖基转移酶以合成所有已知的糖原结合碳氢链（Kornfeld R and Kornfeld S，1985）。不同的糖基转移酶序列相差很大，从一级结构中很难找出潜在的高尔基定位信号。但它们的三级结构却非常相似，即典型Ⅱ型膜蛋白三级结构（Paulson and Colley，1989）：N端约10个氨基酸残基位于细胞质基质侧，然后为一个16～25个氨基酸残基的疏水跨膜结构域；C端为位于高尔基体腔内的催化结构域，通过一段柔性茎区与跨膜区相连。茎区的可能作用是将催化结构域远离膜脂双层，使其更有利于接近底物。

目前对3个糖基转移酶，即半乳糖基转移酶（galactosyltransferase，GalT）、*N*-乙酰葡糖胺基转移酶（*N*-acetylglucosaminyltransferase，GlcNAcTⅠ）和唾液酸转移酶（sialyltransferase，ST）的定位信号研究的比较全面。

GalT主要定位于高尔基的反面膜囊和TGN（Rabouille et al.，1995），有的也在细胞表面的异位定位（Berger，2002）。大量研究表明，GalT的高尔基体定位信号主要由其跨膜区介导（Cho and Cummings，1997；Yamaguchi and Fukuda，1995；Aoki et al.，1992），其他区域（如细胞质基质侧N端和茎区）起一定的辅助作用（Evans et al.，1993）。

GlcNAcTⅠ在不同细胞类型中主要定位于高尔基体中间膜囊或反面膜囊（Burke et al.，1992）。最初，Burke等（1992）在COS细胞中证实GlcNAcTⅠ的跨膜区及其两侧序列可以将卵清蛋白定位于高尔基体。通过分析GlcNAcTⅠ定位的大量数据，很难确定GlcNAcTⅠ的跨膜区和其两侧序列中哪些对GlcNAcTⅠ定位是必需的，说明不同细胞类型对定位信号的要求可能不同（Uliana et al.，2006；Opat et al.，2000；Nilsson et al.，1996；Burke et al.，1992；Tang et al.，1992）。

在肠杯状细胞中，ST分布于高尔基反面膜囊和TGN。在肠吸收细胞中，ST分布于整个高尔基体（Berger et al.，1995）。大量研究表明，ST的跨膜区及其两侧序列和ST的茎区可能都是ST的定位信号，说明ST很可能存在多种定位机制，在一定程度上解释了ST在不同细胞的不同定位（Fenteany and Colley，2005；Tang et al.，1995；Colley et al.，1992；Wong et al.，1992；Colley et al.，1989）。

6.3.2　病毒蛋白在高尔基体的定位信号

大多数病毒在细胞质膜上成熟，但也有一些病毒在高尔基体上装配，如冠状病毒、痘病毒等（Griffiths and Rottier，1992）。定位于高尔基体的病毒蛋白包括Ⅰ型膜蛋白和多次跨膜的膜蛋白。与高尔基体糖基转移酶类似，大多数病毒蛋白的跨膜区是其定位的关键结构，细胞质基质侧N端序列对少数病毒蛋白的高尔基体定位也很重要（Gleeson，1998）。

6.3.3　周缘膜蛋白在高尔基体的定位信号

高尔基体定位的周缘膜蛋白是指定位于高尔基体胞质基质侧的不同种类的蛋白质，如运输小泡的包被组分，许多参与组装的蛋白质（如GTP酶）及其调控蛋白都结合在高尔基体的胞质基质侧（Cukierman et al.，1995）。一些参与信号转导的蛋白质家族也定位于高尔基体膜，可能参与高尔基体自身功能调控。另外，一未知功能的卷曲蛋白家族作为高尔基体自体抗原参与自体免疫反应（Holleran et al.，1996）。周缘膜蛋白的存在也是高尔基体膜与其他细胞器膜区别的一个特征，目前还不清楚其确切的定位机制。

6.3.4　高尔基体的其他驻留蛋白定位信号

高尔基体的其他驻留蛋白包括回收受体（retrieval receptor）、基质和细胞骨架结合蛋白。回收受体包括多次跨膜的带有“KDEL/HDEL”信号的受体蛋白，这些受体只有与配体结合后才会返回内质网（Gleeson，1998），推测受体本身具有高尔基体定位信号。第一个定位于高尔基体腔内的可溶性蛋白发现于 1996 年（Gleeson，1998），对这类蛋白质的高尔基体定位机制研究还比较初步。

近年来，许多高尔基体驻留蛋白被确定，并在其定位机制方面取得一定进展。总的来说，高尔基体蛋白的定位很复杂。一方面，高尔基体包含几种不同类型的驻留蛋白；另一方面，从糖基转移酶的研究来看，某一特定的蛋白质可能包含多种定位信号和多种定位机制，或者不同的细胞类型对定位信号的要求不尽相同。

6.4　细胞核的定位信号研究

真核细胞核的核孔复合体（nuclear pore complex，NPC）是细胞核内外物质交换的主要通道，小分子物质能够自由通过 NPC 或通过被动扩散进入细胞，而分子质量大于 50kDa 的蛋白质必须通过主动转运进入细胞核。这些蛋白质拥有特殊的核定位信号（nuclear localization signal，NLS），能被相应的核转运蛋白（karyopherins）识别。NLS 具有多样性，包括经典核定位信号（classical NLS，cNLS）、转运蛋白 β2 识别的 NLS 以及其他类型的 NLS。每一类型的 NLS 具有相似性，但并不具有完全保守的氨基酸序列。不同 NLS 对应不同核输入机制，而同一个蛋白质可能同时拥有几个功能性 NLS（Zhao et al.，2009）。

6.4.1　细胞核定位信号

6.4.1.1　经典核定位信号

经典核定位信号（cNLS）是指其序列组成和转运机制研究得最清楚、存在最广泛的 NLS。cNLS 一般分为两类：①单分型 NLS（monopartite NLS），最早在 SV40 病毒大 T 抗原中发现，其野生型氨基酸序列为 Pro-Lys-Lys-Lys-Arg-Lys-Val，单个氨基酸突变型 NLS（Pro-Lys-Tyr-Lys-Arg-Lys-Val）就失去了其细胞核定位功能。在其他蛋白质中也发现 SV40 T 抗原 NLS 的同源序列，其基本结构表示为 Lys-Arg/Lys-X-Arg/Lys（Adam et al.，1989；Kalderon et al.，1984）；②双分型 NLS（bipartite NLS），由两簇碱性氨基酸残基组成，两簇碱性序列之间被 10～12 个非保守氨基酸残基间隔，其序列通式可以表示为 R/K（X）$_{10\text{-}12}$RRKK（Dingwall et al.，1988）。

6.4.1.2　转运蛋白β2识别的核定位信号

经典核定位信号通常被核转运受体importinα/β1识别，非经典核定位信号在序列上没有明显规律性，由importinβ同系物识别。近年来，Lee等（2006）以内输蛋白β2（transportin，又称为转运蛋白）为研究对象，在这一领域率先取得突破性进展。转运蛋白-NLS被称为PY-NLS，与PY同样保守的是与其间隔2～5个氨基酸残基的1个或2个碱性氨基酸（通常是精氨酸或赖氨酸），因此转运蛋白β2识别的核定位信号（PY-NLS）羧基端序列通式表示为R/K/H-$X_{(2\text{-}5)}$-P-Y。

PY-NLS中部保守肽段一般由4～6个氨基酸残基组成，其组成形式分为两类，一类PY-NLS为Φ-G/A/S-Φ-Φ（Φ为疏水性氨基酸），也把这种NLS命名为疏水性PY-NLS，即hPY-NLS；另一类PY-NLS的中心区域由一串碱性氨基酸组成，称为碱性PY-NLS，即bPY-NLS。目前，将PY-NLS通式用于蛋白质定位预测已经取得初步进展，发现了81个新的转运蛋白底物（Zhao et al.，2009）。

6.4.1.3　其他类型的核定位信号

前面提到的cNLS和PY-NLS都属于信号肽形式，核定位信号也可以是信号斑。例如，STAT1（signal transducers and activators of transcription 1）亚基聚合时，每个亚基的几个碱性氨基酸彼此靠近形成一个被importinα识别的空间表位，发挥NLS作用（Fagerlund et al.，2002）。其他核定位信号有如用NLS预测软件得到的但不一定发挥功能的NLS［称为假核定位信号（pseudo NLS）］、隐秘性核定位信号，以及多核定位信号（在一个核蛋白中存在不止一个有功能的NLS）等。

6.4.2　细胞核输出信号

大分子从细胞核输出到细胞质，如新装配的核糖体亚基和各种RNA分子的输出，同样需要选择性运输系统帮助通过核孔复合物。这种运输系统主要由位于核输出大分子的核输出信号（nuclear export signal）和与其相应的核输出受体（nuclear export receptor）组成。不同大分子的核输出信号在结构上不同，有些序列富含亮氨酸，目前还不清楚核输出信号是否具有共同特征。

6.5　蛋白质向线粒体的运输

最近的蛋白质组学研究证明，线粒体含有1000（酵母）～1500种（人）不同的蛋白质，而99%的线粒体蛋白由细胞核DNA编码并在细胞质中合成，进而输入到线粒体的不同部位以发挥作用（Chacinska et al.，2009；Pagliarini et al.，2008；Neupert and Herrmann，2007；Rassow and Pfanner，2000）。线粒体自身合成的少数蛋白质主要定位于线粒体内膜，并与从细胞质输入的蛋白质组成复合体。

蛋白质在细胞质核糖体上合成后很快运送到线粒体。线粒体的前蛋白（或称蛋白原）可以分为两类，一类为定位于线粒体膜间隙、内膜和基质的蛋白质，它们都包含有

N 端 15～40 个氨基酸组成的典型线粒体定位信号肽，可以被信号肽酶切除。线粒体信号肽特点是序列中带正电荷氨基酸和疏水氨基酸交替排列，形成两性 α 螺旋结构，使带正电荷氨基酸位于 α 螺旋一侧，而疏水氨基酸位于 α 螺旋另一侧，这种构象（而不是具体的氨基酸序列）可以被相应的受体识别（Wiedemann et al.，2004；Abe et al.，2000）。线粒体信号肽通过和线粒体膜上的受体结合介导前蛋白穿过线粒体外膜和内膜。约 30% 定位于线粒体的蛋白质不包含此信号肽，它们的定位信号包含在成熟的氨基酸序列中，不能被信号肽酶切除（Pfanner and Geissler，2001），即另一类前蛋白带有各种各样的内部定位信号（如定位于外膜以及一些定位于膜间隙和内膜的蛋白质）使定位于外膜和内膜的多次跨膜蛋白具有更加隐蔽的定位信号（Wiedemann et al.，2004；2001）。

线粒体的蛋白质转运子是几种多亚基组成的蛋白质复合体，即 TOM 复合体（translocase of the outer membrane）、TIM 复合体（translocase of the inner membrane）和 SAM 复合体（sorting assembly machinery）。TOM 复合体使细胞质合成的蛋白质穿过线粒体外膜，TIM 复合体（包括 TIM23 和 TIM22 两种）的功能是使蛋白质穿过线粒体内膜，SAM 复合体的功能是将蛋白质整合进外膜。TOM 和 TIM 分别是线粒体外膜和内膜的转运酶，它们的一些组分起着线粒体蛋白受体的作用，另一些组分则构成蛋白质的转运孔道。例如，TOM20 和 TOM70 可以识别并结合前蛋白，起蛋白质受体的作用；然后前蛋白被转运到 TOM22，继而到转运孔道 TOM40。前蛋白通过 TOM 复合物后，利用不同的机制分别到达线粒体外膜、膜间隙、内膜和基质（Chacinska et al.，2009；Neupert and Herrmann，2007；Dolezal et al.，2006）。其中可能有的机制：①带有信号肽的前蛋白被转运到内膜的转运酶 TIM23 复合物处，转运酶 TIM23 通过构象变化形成通道穿过内膜，并和线粒体基质中的 mtHSP70 协作，驱动前蛋白穿过内膜进入基质中；②很多疏水性的内膜前蛋白（包括多次跨膜蛋白）在膜间隙的分子伴侣协助下插入内膜 TIM22 复合物；③外膜的前蛋白通过分选和装配复合物 SAM 的协助整合进线粒体外膜（Wiedemann et al.，2004）。

关于对 TOM 转运酶的分子调控机制的研究最近有新的进展，即 TOM 可以被 CK2 和 PKA 激酶磷酸化，CK2 促进 TOM 复合物的生成，而 PKA 激酶则抑制 TOM 复合物的生成（Schmidt et al.，2011）。

6.6 过氧化物酶体的定位信号

过氧化物酶体的蛋白质通过翻译后转运方式输入。1987 年，首次在萤火虫荧光素酶中发现过氧化物酶体定向信号（peroxisome targeting signal，PTS），命名为 PTS1（Sacksteder and Gould，2000）。PTS1 是一个保守的 C 端 Ser-Lys-Leu 三肽序列（简称 SKL 序列）或其变形体形式，在过氧化物酶体基质蛋白中这种定向信号最多，如过氧化氢酶。另有一种被称为 PST2 的九肽信号也可以将蛋白质定位到过氧化物酶体基质。九肽信号靠近 N 端或在蛋白质内部，普遍性较低（Swinkels et al.，1991）。PTS1 和 PTS2 负责大多数蛋白质向过氧化物酶体基质的运输（Dalbey and von Heijne，2009）。

过氧化物酶体的膜蛋白也是在细胞质基质中合成的，但它们不含 SKL 信号肽，它们具体通过什么机制插入膜还不清楚。详细的蛋白质向过氧化物酶体的运输过程可参阅相关文献（Eckert and Erdmann，2003；Smith and Schnell，2001）。

遗传性疾病 Zellweger 综合征，也称为脑肝肾综合征，患者细胞中的过氧化物酶体是空的，没有基质蛋白，但过氧化物酶体的膜正常，说明这种遗传缺陷只影响过氧化物酶体基质蛋白的运输，而不影响膜蛋白的运输；患者的肝脏、脑、肾脏功能严重障碍，往往在出生后即死亡。对不同 Zellweger 综合征患者的细胞进行培养和遗传学研究，发现了 8 种不同基因的突变，而任何一种突变都可引起同样的过氧化物酶体病变，说明至少有 8 种蛋白质参与过氧化物酶体基质蛋白的运输。

6.7　细胞外的蛋白质分选和运输

细胞外的蛋白质等大分子物质不能直接通过细胞膜进入细胞，而是通过胞吞作用（endocytosis）进入细胞，胞吞作用是所有细胞不可缺少的生理功能，它负责给细胞提供营养、内化细胞表面受体及突触传递（Clague，1998）。

6.7.1　受体介导胞吞

配体通过与相应受体的特异性结合吸附在细胞表面，通过受体-配体结合的胞吞作用称为受体介导胞吞（receptor-mediated endocytosis），它是细胞特异高效摄取胞外大分子的胞吞方式。细胞膜上具有摄取大分子的特异性受体，受体与配体识别结合，激发了胞吞过程。配体与受体形成的复合物在细胞质膜上的网格蛋白有被小凹内聚集，有被小凹主要是由细胞质内的衣被蛋白装配形成的，如网格蛋白 clathrin 蛋白。有被小凹被多边形的 clathrin 衣被包裹，形成网格蛋白有被小泡，将浓缩的配体-受体复合物带进细胞，有被小泡从细胞质膜上内化后则进行解衣被过程，然后与早期内体（early endosome）融合。早期内体具有多种功能，可以调节细胞质膜和胞内各种细胞器膜之间的交换或转运，如解衣被之后的膜蛋白和脂类结构可能被运回细胞质膜得到重复利用，或继续前进进入晚期内体（late endosome）或溶酶体被降解。配体-受体复合物在早期内体的低 pH 环境中进行处理和分选。大多数胞吞物质最终经晚期内体到达溶酶体，在那里被降解。受体介导胞吞具有选择性浓缩作用，成百倍地增加配体摄入，即使胞外浓度较低的大分子也能被较多地摄入而不伴随大量液体（Kikuchi and Yamamoto，2007）。

受体介导胞吞最典型的例子是哺乳动物摄取胆固醇的过程。大多数胆固醇在血液中以胆固醇酯形式存在于脂蛋白颗粒，即低密度脂蛋白（LDL）。细胞需要摄入胆固醇时，产生 LDL 受体插入细胞膜，LDL 受体逐渐扩散到网格蛋白有被小凹处，LDL 颗粒即与其受体胞外结构域结合。LDL 受体的细胞质基质侧有一个由 4 个氨基酸（Asn-Pro-Val-Tyr）组成的胞吞信号可直接结合衔接蛋白，然后在小泡出芽过程中将 LDL 颗粒摄入网格蛋白有被小泡（图 6-8）。为了制造新膜，细胞需要不断地摄入胆固醇，如果这种摄入过程被阻断，胆固醇就会在血液中聚集引起动脉粥样硬化。实际上，正是通过对动脉粥样硬化易感患者的研究才首次阐明受体介导胞吞的机制。

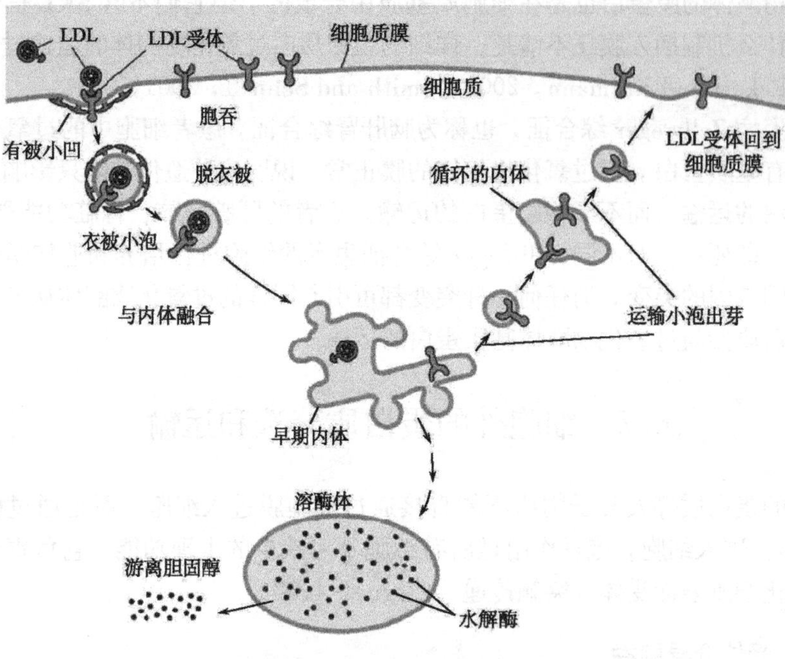

图 6-8　细胞摄入胆固醇的过程（LDL 颗粒）(Alberts et al. , 2002)

6.7.2　从内体到溶酶体的运输

1955 年，溶酶体（lysosome）结构被 de Duve 和 Novikoff 首次发现。它是单层膜围绕、内含多种酸性水解酶类的囊泡状细胞器，主要功能是降解细胞吞噬的物质、参与细胞质的自噬作用及水解从细胞质转到溶酶体膜的蛋白质等。溶酶体具有异质性，形态大小和内含水解酶种类均可能有很大差别，其标志酶为酸性磷酸酶。根据其生理功能的不同阶段可将溶酶体分为初级溶酶体（primary lysosome）、次级溶酶体（secondary lysosome）和残体（residual body）。初级溶酶体与包含待降解物质的膜小泡融合，形成次级溶酶体，残体只包含一些难消化的或消化速度很慢的物质，而酶活性基本消失(Zhang et al. , 2009；Luzio et al. , 2000)。

胞吞物质从早期内体到晚期内体，最后到溶酶体的过程还不十分清楚，每个转运过程所需的时间因细胞而异。早期内体储存了最大量的内吞物质，受早期内体酸性环境的影响，内吞的配体和其受体解离，大部分受体被重新运回细胞表面重复利用，早期内体可以沿微管向细胞内部方向移动。在移动过程中，早期内体的膜不断内陷、脱落，形成内部小泡，将胞吞的膜蛋白收集到内部小泡膜上。当早期内体结束其分选功能时，即开始接受来自高尔基体的溶酶体膜糖蛋白和溶酶体酶，形成晚期内体。晚期内体通过和溶酶体融合形成杂交的细胞器结构，并开始对胞吞物质进行降解，这个杂交的细胞器可以重新生成溶酶体（图 6-9）(Perret et al. , 2005；Luzio et al. , 2000；Mellman, 1996)。

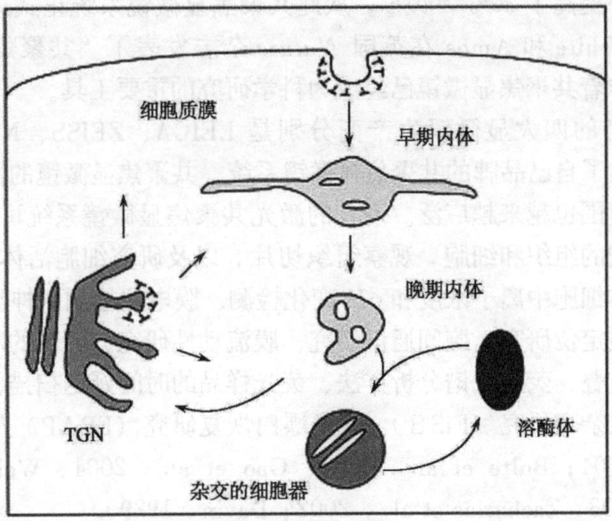

图 6-9　从细胞膜到溶酶体的胞吞过程（Luzio et al.，2000）

6.8　蛋白质定位的研究方法

随着人类基因组计划的实施和推进，生命科学研究已进入后基因组时代，研究重点集中到功能基因组学。蛋白质的亚细胞定位研究是蛋白质组学研究的重要内容，也是蛋白质功能研究的重要方面。

借助分子生物学手段（突变体构建）结合激光扫描共聚焦显微镜和电子显微镜，定性和定量分析蛋白质在组织和细胞内的定位情况，是目前主流的蛋白质定位研究方法。蛋白质定位研究方法包括激光扫描共聚焦显微镜技术、免疫电镜技术、免疫组织化学技术、免疫印迹法、差速离心法及生物信息学方法，由于篇幅限制，这里只重点介绍目前被广泛使用的激光扫描共聚焦显微镜技术（Lippincott-Schwar and Manley，2009；Hibbs，2004；Rossner and Yamada，2004）。

6.8.1　激光扫描共聚焦显微镜研究蛋白质定位

6.8.1.1　激光扫描共聚焦显微镜的基本介绍

1）共聚焦显微镜的发展历史

激光扫描共聚焦显微镜（laser scanning confocal microscope，LSCM），简称共聚焦显微镜，是目前生物和医学领域中最先进的荧光成像和细胞分析工具之一。1957 年，美国科学家 Marvin Minsky 最早提出共聚焦系统概念，在美国申请了共聚焦显微镜技术的专利。后来经过 30 年的漫长发展，1984 年全球第一台商品化共聚焦显微镜由 Biorad 公司推出，型号为 SOM-100，其扫描方式为台阶式扫描系统。随后不久，Biorad 公司推出与生物荧光显微镜相配套的光束扫描共聚焦系统，其利用计算机进行图像处理，将光学成像的分辨率提高了30%～40%，从此共聚焦显微镜系统正式进入生命科学研究领域。1987年，White和Amos在英国*Nature*杂志发表了“共聚焦显微镜时代的到来”的文章，标志着共聚焦显微镜已经成为科学研究的重要工具。

目前全球知名的四大显微镜生产商分别是LEICA、ZEISS、NIKON和OLYMPUS，它们均推出了自己品牌的共聚焦显微镜系统。共聚焦显微镜的性能在不断地改进和更新，应用的范围也越来越广泛。现在的激光共聚焦显微镜系统可以观察各种染色、非染色及荧光标记的组织和细胞，观察组织切片，以及研究细胞活体的生长发育特征。具体应用包括活体细胞中离子浓度和pH变化检测、膜电位检测、神经递质研究、细胞骨架研究、蛋白质定位研究、胞间通讯研究、膜流动性研究、荧光的断层扫描、多重荧光的断层扫描及重叠、荧光光谱分析方法、荧光样品的时间延迟扫描、荧光共振能量转移分析、荧光原位杂交研究（FISH）、荧光漂白恢复研究（FRAP）及三维图形重建等（Ando et al.，2004；Bolte et al.，2004；Gao et al.，2004；Webb et al.，2004；Knight et al.，2003；Zacharias et al.，2002；Davin，1989）。

2）共聚焦显微镜的基本原理和结构

共聚焦显微镜是在传统荧光显微镜成像基础上采用共轭聚焦装置，主要系统包括激光光源、自动显微镜、扫描模块（包括共聚焦光路通道和针孔、扫描镜、检测器）、数字信号处理器、计算机及图像输出设备（显示器、彩色打印机）等（Holmes et al.，2006）。

共聚焦显微镜利用激光束经照明针孔形成的点光源逐点或逐线扫描焦平面的每个点，焦平面上被照射的点经过探测针孔（pinhole）成像，然后经过光电倍增管（photomultiplier tube，PMT）或冷电耦器件（cCCD）逐点或逐线接收，迅速在计算机显示屏上显示为荧光图像（图6-10）。照明针孔与探测针孔相对于物镜焦平面是共轭的，也就是说照明针孔与探测针孔具有共同的焦平面，焦平面上的点同时聚焦于照明针孔和发射针孔，而焦平面以外的点不会在探测针孔处成像，这种成像方式被称为共聚焦，通过共聚焦方式得到的图像是样品的光学横断面，克服了普通显微镜图像模糊的缺点。

结合计算机进行图像处理以及利用高精度控制器件，共聚焦显微镜的横向分辨率达100～200nm，纵向分辨率达500nm，远远优于非共聚焦的普通荧光显微镜，共聚焦显微镜是一种分辨力极高的光学显微镜。共聚焦针孔的应用很大程度地提高了图像的信噪比，能够实现样品的断层扫描和成像。

3）共聚焦显微镜应用的优势

共聚焦显微镜的应用具有以下优势：①增强二维及三维图像处理功能，重现立体三维图像，并可在不同观察方向对不同深度样品进行成像分析；②排除了焦平面以外杂散光的干扰，成像更加清晰；③采用了激光单色光照明系统，能够进行更短波长的照明，所以其分辨力比常规光镜高1.4倍，达130nm；④也可以选择红外波长激发，增加对样品的穿透力；⑤可进行非侵入性无损断层扫描，即光切片（optical sectioning），最薄可达500nm，纵向分辨率大大提高；⑥可以搭配多种新技术联合使用，如荧光漂白后恢复技术（fluorescence recovery after photobleaching，FRAP）、荧光寿命成像（fluorescence lifetime imaging microscopy，FLIM）、荧光共振能量转移技术（fluorescence resonance energy transfer，FRET）和全内反射荧光显微术（total internal reflection fluo-

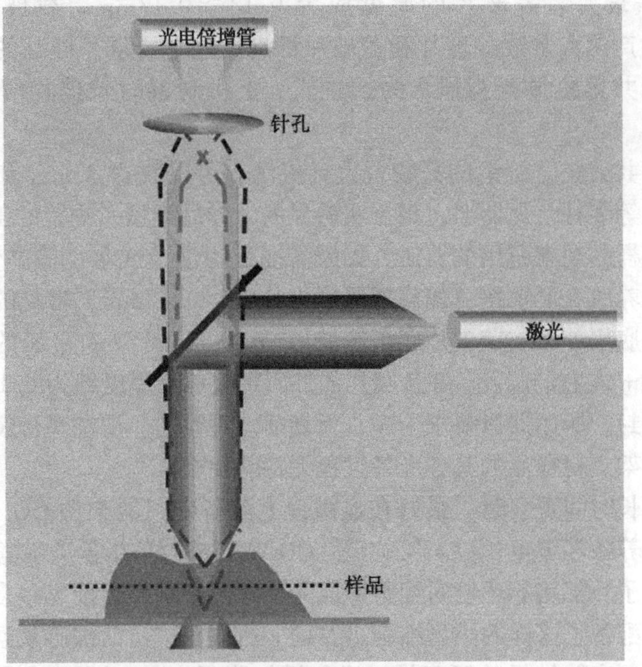

图 6-10　共聚焦显微镜的基本原理示意图

[illegible]）等（Trachc and Meininger，2008；Murray，2007；Li et al.，2006；Schneckenburger，2005）。

4）共聚焦显微镜应用的局限性

共聚焦显微镜的应用也存在一些局限性：①共聚焦全幅图像的成像速度低；②共聚焦用 PMT 探测器灵敏度相对较低；③共聚焦对环境要求恒温恒湿；④共聚焦系统复杂，价格、运行和常规维护成本相对较高；⑤激光存在荧光漂白作用及细胞毒性；⑥很难应用于大范围内离子浓度、pH 及构型的快速变化检测；⑦难应用于极弱信号、极弱荧光的观察。

共聚焦显微镜系统非常复杂，对操作者要求较高，操作者须经过专门培训，熟练掌握共聚焦的操作规范，才可以上机操作。条件不允许的情况下应由专人操作共聚焦显微镜系统及维护整套系统。

6.8.1.2　共聚焦显微镜样品的要求

1）器皿要求

共聚焦显微镜样品与荧光显微镜样品制备基本相同，不同的是样品的厚度和对器皿的要求。准备样品时首先要考虑选用合适的样品器皿。一般可粗略将要观察的样品分为两类，即固定样品的观察和活细胞样品的观察，固定样品一般为免疫荧光标记的细胞爬片和组织切片，通常选用载玻片和盖玻片，活细胞样品的观察必需使用特殊的培养皿（王珺等，2009）。

载玻片和盖玻片：盖玻片的厚度应为0.13～0.17mm，载玻片厚度为1.0～1.2mm，国内生产的大多数载玻片和盖玻片都满足这个要求。样品的其他准备过程无特殊要求。由于共聚焦显微镜通常为倒置式，上机观察时盖玻片应朝下放置在载物台上。

常见器皿：共聚焦显微镜的载物台设计灵活，可以放置35mm和50mm平皿、培养皿及灌流系统等多种常见器皿。根据实验目的、样品类型、物镜的工作距离及载物台配置等条件确定样品观察所用的器皿。如果需要使用油镜或水镜等高分辨力的物镜时，必需选用合适培养皿，要求培养皿底部厚度为0.13～0.17mm。常见的如商品化的培养皿（又称为玻璃底培养皿或盖玻片底培养皿）是在35mm塑料平皿的圆形底部中央打出一个直径10mm左右的圆孔，并从圆孔的外面粘上一片厚度约为0.17mm透光性极好的盖玻片进行密封。所用器皿要求干净、无划痕。观察时，要在显微镜的载物台上配置相应的培养皿支架。对样品的其他准备过程无特殊要求。

进行活细胞长时间观察时，最好在显微镜上配备专门的小型CO_2培养箱，以维持细胞在正常的培养条件下生长（37℃、5% CO_2），在这样的培养环境下得出的结果更可信，因为排除了外部培养环境对细胞造成的不必要影响。目前，很多购买了共聚焦显微镜的实验室都配备了这样的小型细胞培养箱，所以在进行活细胞观察实验时，要尽量使用此装置，保证实验结果的可靠性。进行活细胞观察时，还可以采用专门的灌流系统，可以不断更新培养基，以保持细胞在正常的生长环境内被观察。

2）样品制备

利用荧光显微镜和共聚焦显微镜进行观察的样品，必须发出荧光才可以观察，但是大多数样品本身不发荧光，必须经过染色处理。样品中荧光的来源主要有如下几种：自发荧光（autofluorescence，如叶绿体和血红素等）、荧光染色、免疫荧光、荧光蛋白标记、诱发荧光（induced fluorescence）及酶致荧光（enzymatically produced fluorescence）等，其中大部分荧光素的激发和发射波长均可在仪器自带软件的染料信息库中找到。

对于自发荧光的样品来说，其内源物质发光，不需要染色，制备时只需按照常规的动物、植物细胞培养和固定操作即可。其他的样品，如荧光染料染色样品的制备、免疫荧光样品的制备、外源转染样品的制备等都必须经过专门的染色处理过程，这里不进行详细介绍。

6.8.1.3 常用荧光激发光源和荧光探针

荧光激发光源和荧光探针在很大程度上决定了实验的成败和图像的质量，所以合理搭配激发光源和荧光探针非常重要。下面分别介绍几种常见的荧光激发光源和荧光探针（Fernandez-Suarez and Ting，2008；Hodgson et al.，2008）。

1）荧光激发光源

目前，荧光激发光源有多种，包括荧光显微镜经常使用的高压汞灯、氙灯或卤素灯等，以及共聚焦显微镜经常使用的激光光源。荧光激发光源的选择应根据实验目的、实验材料及实验室条件进行选择。下面介绍几种常见的光源。

A. 高压汞灯

高压汞灯（HBO）用石英玻璃制作，中间呈球形，内部填充一定量的汞。工作时两个电极间放电引起水银蒸发，使球内气压迅速升高，当水银完全蒸发时，球内气压可达 50～70 个标准大气压①，这个过程一般需 5～15min，所以实验前高压汞灯时要预热 15min 左右。汞灯发射出很强的紫外和蓝紫光，足够激发各类荧光物质，而被荧光显微镜普遍采用。

汞灯光源寿命有限，如 200W 超高压汞灯在每次使用 2h 的情况下，平均寿命约为 200h。每次开启后工作时间越短，平均使用寿命越短，如开启一次只工作 20min 左右，寿命则降低 50%，推荐每次观察样品的时间为 1～2h，超过 90min，汞灯发光强度会逐渐下降，应避免频繁点燃光源。汞灯熄灭后，须等灯泡充分冷却后才可再点燃（约 30min）。超高压汞灯散发热能比较多，工作环境温度不能太高。

汞灯发射光峰值为 365nm、405nm、435nm、545nm、575nm、615nm、690nm，如图 6-11 所示。汞灯发射窄波峰的发光光谱，荧光显微镜主要利用它在紫外短波区的发光。常用的有 200W、100W 和 50W3 种不同型号的灯。汞灯发射光强比较大，对荧光较强样品进行观察时，可通过添加滤光片减弱汞灯光强，以减小对样品的光照损伤。强光直接照射样品容易引起荧光猝灭，即光照破坏了荧光分子结构，使其不能发光。一般情况下，染料分子比荧光蛋白质对光更敏感、更容易猝灭。所以，进行样品观察时，每次连续观察时间应小于 5min，以尽量保护样品的荧光。

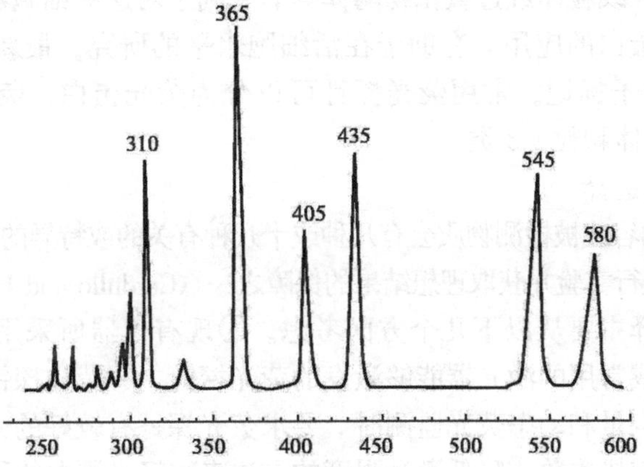

图 6-11　汞灯的部分发射谱线

B. 氙灯

氙灯（XBO）是利用氙气放电而发光的光源，具有以下特点。①发出的光谱能量分布接近日光，色温约为 6000K。②在有效寿命内光谱能量分布稳定，几乎不变。③灯的光、电参数一致性好，工作状态受外界条件影响较小。④灯点燃后，瞬时即达稳定的

① 1 标准大气压＝1.013×10^5 Pa。

光输出；灯熄灭后，可瞬时再点燃。

该灯与高压汞灯不同，自紫外区至近红外区是一条连续光谱。在可见光区，氙灯与白光十分相似。它适用于荧光光度测量，进行激发和发射光谱的检测。

C. 激光光源

共聚焦显微镜多采用激光光源，以下是几种常见激光器及激光波长。

（1）氩离子激光器（Ar^+）：458nm（CFP），477nm，488nm（FITC、GFP、Fluo-3），514nm（罗丹明123、TEXAS红、YFP、Fluo-3）。

（2）氦-镉激光器（He-Cd）：442nm（丫啶橙、荧光素、福尔根-希夫试剂），325nm（Hoeschst、DAPI）。

（3）氦-氖激光器（He-Ne）：543nm（DsRed），594nm，633nm（叶绿素、mitotracker deep red）。

（4）氪离子激光器（Kr^+）：紫外-可见区，647nm（叶绿素）。

（5）倍频氖激光器（YAG）：532nm。

（6）氩-氪激光器：488nm，568nm，647nm。

2）荧光探针

荧光探针的发展非常迅速，目前可用的荧光染料光谱覆盖了从可见光到红外光的整个范围。美国Molecular Probes公司可提供约2000种荧光探针，每年该公司都会推出新的荧光探针。有些荧光染料可以在特定细胞结构中积累，如细胞核、内质网、高尔基体、液泡、内涵体、线粒体或过氧化物酶体等，有利于对这些细胞器的研究。从水母或珊瑚中发现的荧光蛋白的应用，有助于在活细胞水平的研究。最新设计的量子点（Q-dot）则适合于单分子标记。常用荧光探针可以分为荧光蛋白、荧光染料（化学大分子）、量子点（半导体颗粒）3类。

A. 荧光探针的选择

通常每项检测内容或被检测物质会有几种或十几种有关的或特异的荧光探针。选择合适的荧光探针是有效进行实验并获取理想结果的保障之一（Cardullo and Hinchcliffe，2007）。

荧光探针的选择主要从以下几个方面考虑。①现有仪器所采用的激光器和激发波长，尽量选用现有或常用的激光器能够激发的荧光探针。②荧光探针的光稳定性和光漂白性。在进行荧光定量和动态荧光监测时，要求荧光探针有较好的光稳定性，当然，也可以通过减少激光扫描次数或降低激光强度的方法来减轻光漂白的程度。但有些监测荧光分子运动的实验（如膜流动性或细胞间通讯的检测时），要求荧光探针既要有一定的光稳定性又要有一定的光漂白性（因为要用到荧光漂白后恢复技术FRAP）。③荧光探针的特异性和毒性。尽量选用特异性高、毒性小的探针。④荧光探针适用的pH。大多数荧光探针适用于细胞的生理条件，如果要检测样品的pH未在正常生理范围内，应选用适用于该环境pH的荧光探针。⑤荧光探针的激发和发射光谱。当对样品进行双重或多重标记（一般至多三重标记）时，尤其在共定位分析的实验中，应优先考虑荧光探针的激发和发射谱。以尽量避免激发串扰和发射串扰（或渗透）现象，并在采集图像时最好选用顺序激发方式，即每次只激发和收集一种荧光探针的荧光。当两种或两种以上的荧光探针同时被同一波长的激光激发时，它们的发射光谱会有部分重叠，这种现象称为激发串扰。由于出现了不同荧光探针发射光谱的重叠，两种或两种以上的荧光探针在同时采用各自的收集滤光片进行发射光收集时，很容易出现一个检测通道检测到两种或两种以上染料的发射光，这种现象称为渗透（bleed-through），或发射串扰。⑥荧光探针的疏水性。许多荧光探针是疏水性的，很难进入细胞，需使用乙酰羟甲基酯（acetoxymethyl，AM）形式，即荧光探针与 AM 结合后变成不带电荷的亲脂性化合物，易于通过细胞质膜进入细胞。进入细胞后荧光探针的 AM 被非特异性酯酶水解。去掉 AM 的荧光探针可与细胞的靶结构结合，有效发挥作用，且不易渗出质膜，如钙离子探针 Fluo-3。

B. 荧光探针的性质

荧光探针的性质包括荧光探针的激发光谱和发射光谱、寿命、对环境的敏感性、光稳定性及染料分子间的相互作用，由于篇幅的限制这里只介绍荧光探针的激发光谱和发射光谱。

激发光谱和发射光谱是任何荧光探针的基本特征，依赖于荧光生色团（fluorophore）所处的外界环境，荧光生色团是荧光探针的发光结构。激发波长和发射波长决定使用什么样的光源，选择什么样的滤光片（Valeur，2002；Patterson et al.，2001）。

荧光染料的发射波长大于其激发波长，两者的差值称为斯托克斯（Stokes）位移。有些染料的斯托克斯位移较小，有些染料的斯托克斯位移较大。染料的斯托克斯位移越大，其激发光谱和发射光谱的重叠就越少，有助于提高荧光染料检测的分辨率。在此基础上染料的激发和发射光谱越窄，这些染料越容易区分。当选择用于研究共定位的荧光染料时，几种荧光染料的光谱必须要能足够分开（Bolte and Cordelieres，2006；Tsien and Waggoner，1995）。

图 6-12（a）为 Fluo-3 荧光染料与 Ca^{2+} 结合以后的激发和发射光谱，图 6-12（b）为 DAPI 与 DNA 结合以后的激发和发射光谱，从图中可以明显看出，Fluo-3 荧光染料的斯托克斯位移较小，激发和发射光谱的重叠比较大，使激发光源和发射光收集滤光片的选择受到一定的限制；而 DAPI 的斯托克斯位移较大，激发和发射光谱的重叠比较小，能比较方便地选择激发光源和发射光收集的滤光片。

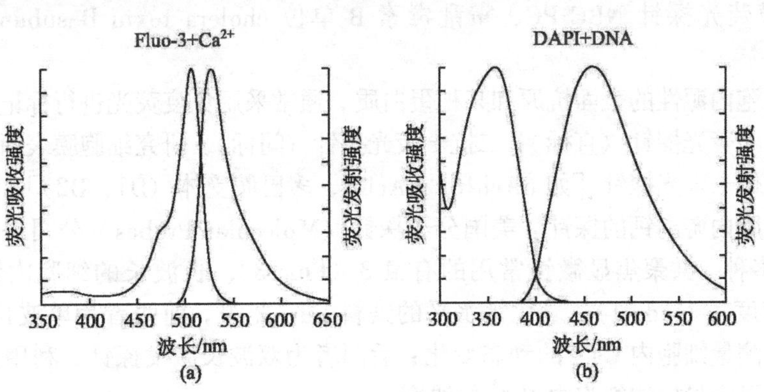

图 6-12　两种荧光染料的激发和发射光谱

（a）Fluo-3 和 Ca^{2+} 结合后；（b）DAPI 和 DNA 结合后。两个图中，靠近左侧的波峰分别代表二者的激发光谱；靠近右侧的波峰分别代表二者的发射光谱

C. 荧光探针的种类

以下荧光探针种类内容多数来自网站 http：//yiqi.ebioe.com/LSCMmicroscope.htm 和 http：//222.216.4.165：8088/periodical/periodical.articles/jgswxb/jgsw99/jgsw9902/990216.htm。

（1）绿色荧光蛋白：绿色荧光蛋白（green fluorescent protein，GFP）是从维多利亚水母中分离出来的，受紫外线激发会发出绿色荧光，并由此得名。GFP 的发光基团是环状三肽，发光时无需辅助因子，无需作用底物。GFP 分子质量小，能与多种不同蛋白质的 N 端或 C 端融合并保持蛋白质的天然特性不变，可方便用于蛋白质细胞器定位研究。近年来发展了 GFP 多种突变体，通过引入各种点突变使发光基团的激发光谱和发射光谱均发生变化，有蓝色荧光蛋白（blue fluorescence protein，BFP）、青色荧光蛋白 CFP（cyan fluorescent protein，CFP）、黄色荧光蛋白（yellow fluorescent protein，YFP）和红色荧光蛋白 DsRed 等（Day and Schaufele，2008；Nagai et al.，2002）。

大量实验表明，GFP 可用来标记细胞核、细胞骨架、线粒体、质膜、中心体和高尔基体等细胞器，以及采用基因工程方法生产 GFP 标记的抗原或抗体进行亚细胞定位研究。GFP 已经成为一种全新的报告蛋白，在基因表达、蛋白质定位及蛋白质-蛋白质相互作用研究中得到广泛应用（Ormo et al.，1996）。

（2）细胞器、受体、蛋白质的探针：适用于线粒体的荧光探针较多，如线粒体绿色荧光探针（Mitotracker Green FM）、线粒体橘色荧光探针（Mitotracker Orange CMTMRos）、线粒体荧光探针（DA SPMI）、线粒体荧光探针（DA SPEI）、膜电位探针（JC-1）、罗丹明 123（Rhodamine 123）等（Haugland，1996）。适用于高尔基体常用的荧光探针有高尔基胆固醇敏感的绿色荧光探针 NBD ceramide、较稳定的氟硼荧类高尔基绿色荧光探针 BODIPY ceramide 等。适用于内质网的荧光探针主要有长链的羰花菁染料 Dil、短链羰花菁染料 DiOC6（3）。适用于溶酶体的荧光探针有溶酶体绿色荧光探针 LysoTracker Green DND-26、溶酶体蓝色荧光探针 LysoTracker Blue、溶酶体红色荧光探针 LysoTracker Red、弱碱性胺 DAMP、中性红（neutral red）。适用于细胞膜的有细胞膜荧光探针 NBC-PC、霍乱毒素 B 单位 cholera toxin B subunit（CT-B）-Alexa 594。

研究细胞内源性的表面抗原和某种蛋白质，通常采用免疫荧光进行标记，分为两种形式：一抗＋荧光探针（直标）；二抗＋荧光探针（间标）。研究细胞膜表面受体的探针一般采用配体＋荧光探针［如 nAchR、mAchR、多巴胺受体（D1、D2）］的标记方法。

（3）细胞内游离钙的探针：美国分子探针（Molecular Probes）公司提供的钙荧光探针有 20 多种，共聚焦显微镜常用的有氟 3（Fluo-3）、长波长的细胞内钙离子染料 Rhod-1、印度-1（Indo-1）、量化钙水平的染料 Fura-2 等，前两者为单波长激发探针，可直接定性测量细胞内 Ca^{2+} 的动态变化；后两者为双波长激发探针，利用其发射比率进行计算，可定量检测细胞内 Ca^{2+} 的浓度。

（4）细胞内活性氧的探针：根据活性氧（ractive oxygen species，ROS）的种类不同，有多种探针可以选择，常用的如 2，7-二氯二氢荧光素乙酰乙酸（dichlorodihydrofluorescein diacetate，H2DCFDA）（Haugland，1996），其还原状态不发荧光，只有进入细胞后，被活性氧氧化后变成二氯荧光素（dichlorofluorescein，DCF）才能发荧光，所以使用前尽量避免其被空气氧化。

（5）膜电位的探针：最常用的膜电位荧光探针为 $DiBAC_4$（3），属于带负电荷的阴离子慢反应染料（Bräuner et al.，1984）。该探针本身不发荧光，进入细胞后与蛋白质结合才发出荧光。荧光强度增加，表明膜电位增加，荧光强度降低，表明膜电位降低。

线粒体膜电位的测量常用 Rhodamine 123 等（Grouselle et al.，1990），Rhodamine 123 是一种亲脂性阳离子荧光探针，与 $DiBAC_4$（3）的表示形式相反，当线粒体内膜附近负电荷增加时，荧光强度也增加。

（6）DNA 和 RNA 的探针：核酸的荧光探针种类很多（Haugland，1996），常用的如吖啶橙（acridine orange，AO）和碘化丙啶（PI），既可标记 DNA 又可标记 RNA。AO 激发波长为 492nm，发射波分别为 530nm/640nm，可进行双通道观察，活细胞的胞核显示黄绿色荧光（530nm/640nm）、胞质显示绿色荧光（530nm），死细胞显示红色荧光（640nm）。PI 不能进入完整的细胞膜，常用于检测细胞凋亡、细胞核定位、膜损伤和核酸定量等。激发波长为 493 nm，发射波长为 630nm。

Hoechst33342、Hoechst33258 和 DAPI 都是 DNA 的特异性荧光染料，细胞毒性小、特异性强。与 DNA 结合后都可以被紫外光激发，发出亮蓝色荧光，分辨率高。

（7）pH 的探针：偏中性 pH 的荧光探针常用的有半萘酚罗丹荧（SNARF）类（SNARF-1、SNARF-calcein）、钙黄绿素（SNAFL）类（SNAFL-1、SNAFL-calcein）和 2′,7′-二（羧乙基）-5（6）一羧基荧光素（BCECF）等（Haugland，1996），均为疏水性探针，需使用 AM 形式协助其进入细胞。

异硫氰酸荧光素葡聚糖（FITC-dextran）适用于 pH 为 4～6 的情况（Ohkuma et al.，1982），如检测溶酶体的 pH，该探针不能透过质膜，但可通过胞饮作用进入溶酶体，因此应选择分子质量较小有利于胞饮作用的葡聚糖（dextran）。

（8）细胞间通信的探针：细胞间通信的检测通常借助荧光光漂白恢复技术（fluorescence recovery after photobleaching，FRAP）和荧光探针 6-羧基荧光乙酰乙酸（6-carboxyfluorescein diacetat，CFDA）。CFDA 不易穿膜，需使用 AM 形式协助其进入细胞。

（9）细胞膜流动性的探针：细胞膜流动性的检测通常借助 FRAP 技术和标记细胞膜磷脂的荧光探针 NBD-C6-HPC（Yguerabide et al.，1982）。在温度稍高时 NBD-C6-HPC 会进入细胞，因此应在低于常温环境下实验。

6.8.1.4　共聚焦显微镜用于蛋白质定位的研究

目前，在大多数细胞生物学实验室中，共聚焦显微镜是比较容易实现的精确观察细胞内蛋白质定位的最佳方法。然而，利用光学显微镜进行蛋白质定位的研究一直面临着图像不够清晰的问题。很多情况下，研究工作者不得不在叠加的像素中对定位问题进行简单的定性评价，有时要面临非常复杂的图像进行选择性的分析。而大多数的图像分析是对整个图像的像素强度进行统计分析，有些软件分析工具非常复杂，使选用合适的分析方法变得非常困难。尤其大部分的共定位情况需要个性化分析方法，全面的分析工具不一定是所有定位事件都需要的，因为细胞内包括多种多样形态学的细胞结构，从线性结构（细胞骨架）、网格样结构、均质结构（小囊泡）、内吞泡或空泡结构，到更复杂的不均质高尔基体、网状内质网结构。在三维空间内，这些细胞器中的标记蛋白质可以以部分共定位或完全共定位的形式存在。

光学显微镜的分辨率是有限的，提示低于光学分辨率的小结构或目标在二维或三维空间上的图像都是不清楚的。常见问题是：两个荧光素是定位在同一个细胞结构上还是定位于三维空间内两个不同结构上呢？需要注意的是荧光素尺寸在纳米范围内，远远小于光学显微镜的分辨率。任何共定位描述的真实性不仅受限于对细胞器的三维结构和亚细胞区室化分布的清楚理解，还受限于荧光标记技术的质量与可靠性，换言之，共定位描述的真实性受限于荧光标记物的特异性与可靠性。当然，整个光学系统的完美性和图像采集过程也会对结果造成一定影响。因此，光学系统、成像技术、荧光标记技术及荧光图像分析技术都会影响蛋白质共定位的观察结果。本部分内容一方面举例分析利用共聚焦显微镜成像技术完成的典型蛋白质定位实验，另一方面主要集中探讨共定位图像分析和数据处理，使读者更加深入了解共定位的研究方法。

1）举例分析典型的蛋白质共定位实验

本部分所涉及的实验结果，个别未标明数据来源的为出自笔者完成或参与完成的实验结果，在本书中不再标明出处。

A. 细胞内蛋白质与线粒体的共定位研究

GFP 通道：激发波长为 488nm，收集为 BP 500～550nm；DsRed 通道：激发波长为 543nm，收集为 BP 600～650nm

目前，有多种线粒体标记物，包括荧光蛋白和各种特异性的染料，这里选择线粒体的荧光蛋白融合质粒 DsRed-Mit 对线粒体进行标记。首先，利用 GFP 荧光蛋白各种各样的突变体标记目标蛋白，并对培养的细胞株进行外源融合质粒转染。如图 6-13（a）所示，肺腺癌细胞（ASTC-a-1）共转染绿色荧光蛋白-Bax（GFP-Bax）和红色荧光蛋白标记线粒体（DsRed-Mito）质粒。在静息的细胞中，Bax 蛋白在整个细胞中基本上是均匀分布的，细胞核中也有分布，从 Bax 和线粒体的叠加图上可以看出，只有少数的 Bax 定位于线粒体（黄色代表共定位）。图 6-13（b）中同样共转染了 GFP-Bax 和 DsRed-Mito 质粒，与图 6-13（a）不同的是对细胞进行了促凋亡的药物处理，明显观察到 GFP-Bax 蛋白发生了聚集，从叠加图上可以看出 Bax 和线粒体有大量的共定位，说明 Bax 聚集在线粒体上。因此，通过这两组实验不但观察到了静息细胞中 Bax 的定位情况，也观察到了在对细胞进行有意义的药物处理后，Bax 蛋白定位发生改变，这种方法有助于对 Bax 蛋白生物功能的研究。

需要说明的是，每个通道的图像颜色并没有统一的规定和要求，一般情况下是根据荧光蛋白的发射谱进行选择的，如 CFP、YFP 和 DsRed 的发射峰值分别在 476nm、527nm 和 583nm 左右，在可见光范围内，这几个发射峰值附近分别对应蓝色、黄色和红色，所以，观察这 3 种荧光蛋白的通道颜色一般分别设置为蓝色、黄色和红色。但并不是说这些颜色的选择是固定不变的。根据实验目的，在必要情况下（如多种颜色标记样品时），每个通道选择的颜色可以随意更改，目的只有一个，即清楚地区分所观察的结构。

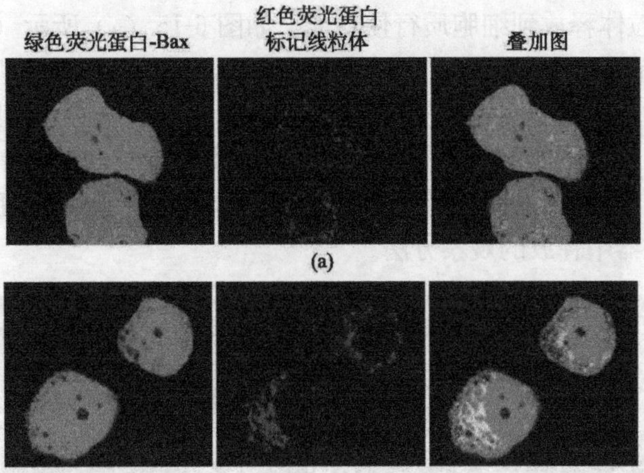

图 6-13 蛋白质与线粒体的共定位观察（另见彩图）

另外，当借助外源转染的融合质粒研究某种生物刺激对细胞的生物学效应时，一定要对质粒的用量进行适当控制。一般来讲，质粒的使用量不宜过大。过量表达在很大程度上会影响靶蛋白在细胞中的正常功能。例如，Bax 蛋白是 Bcl-2 家族中一个重要的促进细胞凋亡蛋白，过量表达会使其在线粒体上聚集，进而直接（未进行凋亡因子刺激）引起细胞凋亡。如图 6-14 所示，在 22mm 直径的小培养皿中，当 Bax 质粒的转染量为 0.125μg 时，大多数细胞中 Bax 均匀分布，无明显的聚集，细胞活性正常；当 Bax 质粒的转染量为 0.25μg 时，多数表达 Bax 的细胞出现了 Bax 聚集的现象（图 6-14 箭头），但对细胞的活性影响不是很大；当 Bax 质粒的转染量为 0.75μg 时，绝大多数表达 Bax 的细胞出现 Bax 大量聚集（图 6-14 箭头），细胞活性受到严重影响，大多数表达 Bax 蛋白的细胞走向凋亡（结果未显示）。因此，当我们使用外源转染方法研究某种蛋白质在某种生物刺激中扮演的角色时，一定要做预实验摸索适合的转染量，避免出现由于这种蛋白质过表达造成的生物效应而影响正确结论的得出。

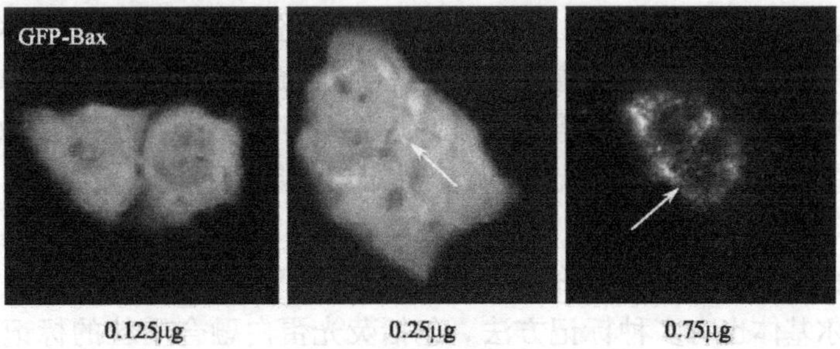

图 6-14 不同的 Bax 转染量对细胞活性的影响

肺腺癌细胞中转染 GFP-Bax 质粒；激发波长：488nm；发射收集滤光片：BP 500～550nm

B. 蛋白质从线粒体的释放

细胞色素 c（Cyt c）在正常细胞中定位于线粒体，某些病理状况下的细胞或凋亡细胞中，Cyt c 从线粒体释放到细胞质行使功能。如图 6-15（a）所示（Tehranchi et al.，2003），在正常骨髓细胞中，Cyt c（绿色）和线粒体（红色）表现为明显的共定位，图像左上角为插入的放大细胞图像，使共定位更突出，这是一种常用的图像表示方法，即通过插入放大的图片或图像的某个局部来突出要描述的特征。在图 6-15（b）中，在病理状态下的骨髓细胞中，扩散的绿色代表 Cyt c 从线粒体释放到了细胞质中。这个实验代表蛋白质从细胞器中释放的观察方法。

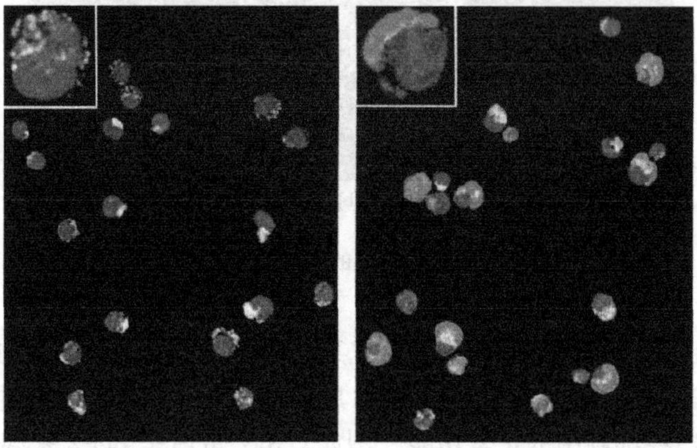

图 6-15　正常骨髓（a）和病理状态的骨髓（b）中 Cyt c 的分布和释放观察（Tehranchi et al.，2003）（另见彩图）

绿色：免疫荧光技术标记的 Cyt c（FITC 标记的二抗）；红色：MitoTracker 标记的线粒体；蓝色：标记的细胞核；黄色代表绿色和红色的叠加，即 Cyt c 和线粒体的共定位。放大倍数：40×；插入图像放大倍数：100×

实验采用免疫荧光标记技术，即借助标记了荧光染料的二抗实现对细胞内源性蛋白质的标记。这个方法的优势为直接观察细胞内源性的蛋白质定位情况，排除了外源转染质粒的干扰，更加真实地反映细胞内的生理情况。另外，利用免疫荧光技术染色时，基本上每个固定细胞都可以着色，可观察的细胞量比较多，而外源质粒转染方法受质粒转染效率的影响。但其也有局限性，如由于细胞中很多蛋白质内源性表达水平比较低，导致免疫荧光技术不易检测到比较清晰的定位信息；噪声大、背景值高，减低了检测图像的对比度，图像相对比较模糊；需要具有所研究蛋白质的荧光标记抗体（一抗或二抗），尤其是新发现蛋白质的荧光标记抗体这个条件难以满足，而且一般而言，荧光标记抗体价格比较昂贵，增加了实验成本。

C. 细胞内蛋白质与高尔基体的共定位研究

目前，高尔基体也有多种标记方法，包括荧光蛋白融合质粒的标记和染料分子标记，下面选用染料分子氟硼荧光 BODIPY TR ceramide（红色）标记高尔基体（图 6-16）。实验采用免疫荧光技术（Gangalum et al.，2004），在 U373MG 细胞中使用 FITC 标记的二抗（绿色）对 anti-αB，即 anti-αB-crystallin 的抗体进行染色，DAPI 标记细胞核。BODIPY TR ceramide（红色）为高尔基体膜的特异性染料。叠加图（merged）显示 αB-crystallin 蛋白与高尔基体的共定位特征。

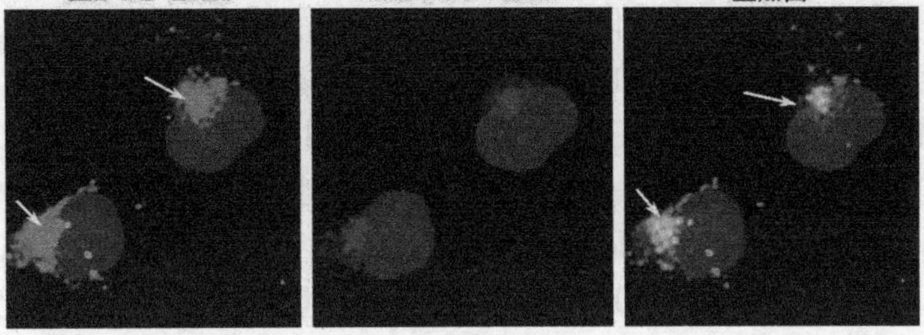

图 6-16　蛋白质与高尔基体的共定位观察（Gangalum et al.，2004）（另见彩图）
Bar：20μm

D. 动态观察活细胞内蛋白质定位的变化

目前，基本上所有厂家的共聚焦显微镜都配备了小型活细胞工作站，即在显微镜上配备小型培养箱，以及温度和 CO_2 浓度控制装置，以保证在正常培养条件下（37℃、5% CO_2）对活细胞进行长时间观察，可视化的实验结果更接近生理情况，更可信。而且，长时间的动态观察结果能揭示更深层次、更精确的分子作用机制（Suen et al.，2008）。如图 6-17 所示，在肺腺癌细胞中转染 GFP-Bax 质粒，在活细胞工作站中实时记录紫外线（UVC）处理细胞后（凋亡刺激）Bax 的动态转位过程。从图中可以观察到，UVC 处理后约 80min 时 Bax 开始出现聚集，动态精细的 Bax 聚集过程都展现在时间序列（time-series）图像上。因此，很多细胞内发生的动态分子事件都可以借助这种方法进行记录，有助于我们更加精确地了解细胞内神秘的分子调控机制。

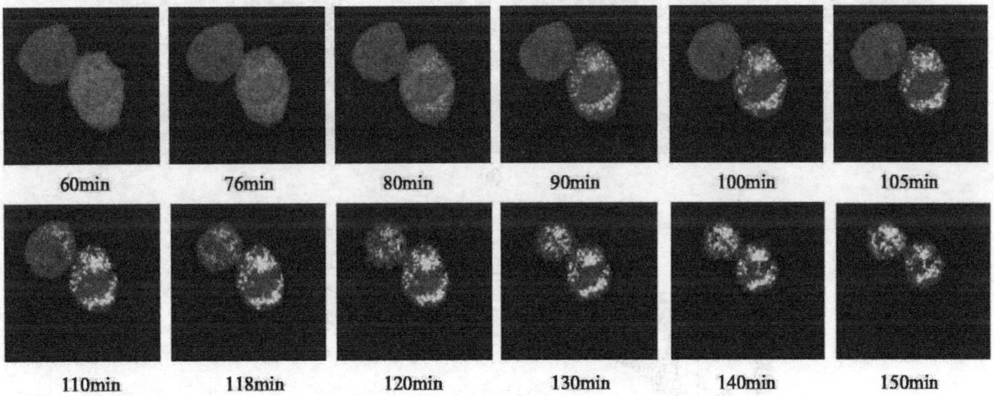

图 6-17　UVC 诱导 Bax 的动态转位过程
激发波长：488nm；发射收集滤光片：BP 500～550nm

另外，基于荧光探针研究活细胞中各类分子迁移特性的技术称为荧光漂白后恢复技术（FRAP）。FRAP 通过利用较强的激光直接照射漂白细胞中感兴趣区域（region of interest，ROI）的荧光，较强的激光照射破坏了荧光分子结构，使其不能发光。漂白后 ROI 的荧光分子数大大减少，甚至完全消失（Day and Schaufele，2008）。随后当只有漂白区和未漂白区荧光分子之间存在交互扩散运动时，荧光漂白区才能重新出现荧光，通过分析 ROI 的荧光强度变化可以推测荧光分子的动力学特性。

图 6-18 为野生型 GAD65-GFP（WT）和突变型 GAD65-GFP（C30，45A）在 COS-7 细胞中的表达，利用 FRAP 技术对两个细胞的 ROI（图中圆圈所示区域）分别进行漂白，中间图像 $t=0$ 表示漂白结束的时刻，左侧为漂白前的细胞图像，右侧为漂白结束后 350s 时的细胞图像，明显可以观察到漂白后荧光的恢复情况（Kanaani et al.，2008）。图 6-18（c）是对两个 ROI 的荧光强度进行量化分析，上面曲线代表图 6-18（b）突变型漂白后的恢复情况，下面曲线代表图 6-18（a）野生型漂白后的恢复情况。从图 6-18（c）中可以明显看出，漂白后两种蛋白质的强度都很快恢复，但恢复的程度

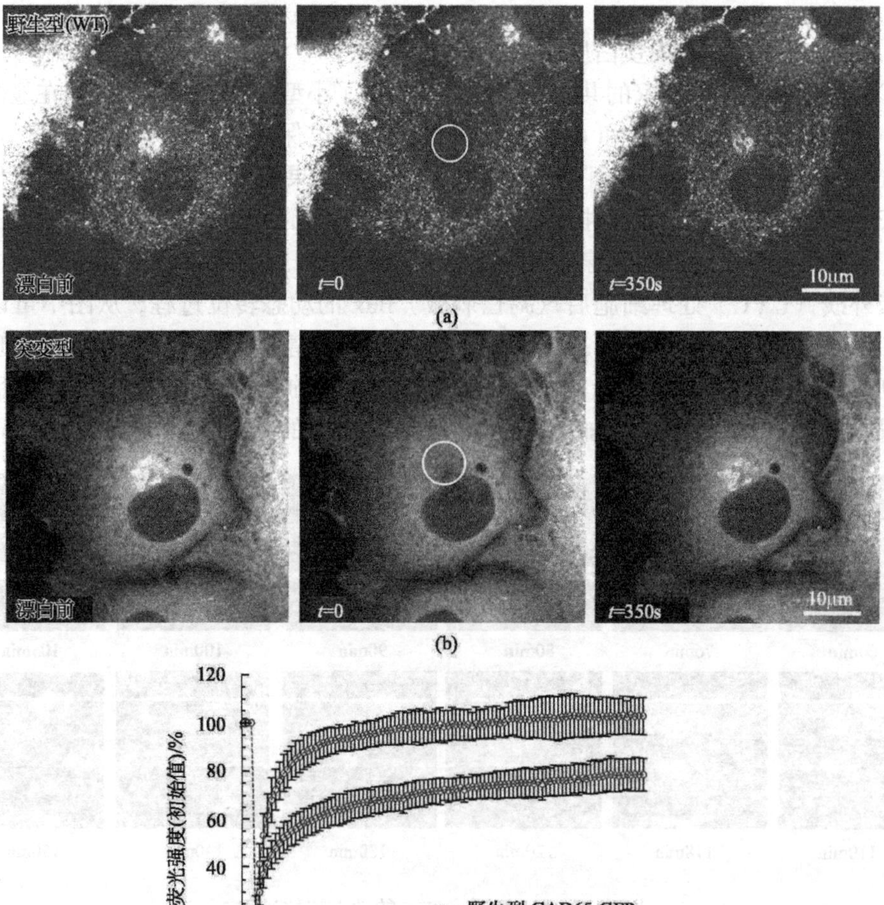

图 6-18　FRAP 技术分析蛋白质的定位和扩散（Kanaani et al.，2008）

COS-7 细胞，转染野生型 GAD65-GFP（a）或突变型 GAD65-GFP（b），对 ROI（圆圈所示）进行 FRAP 实验。（c）两个曲线中，强度均为平均值±标准差，$n=10$ 个细胞

和速率不同。此技术不仅可以明确某种蛋白质是否真实的定位于某种细胞结构中，漂白后恢复的速率还可以反映这种蛋白质在细胞内的存在形式，如是以自由扩散还是形成较大复合物的形式存在。

E. 细胞内两个蛋白质的共定位研究

在细胞生物学的研究过程中，除了要观察确定蛋白质与细胞器的共定位外，两个蛋白质的共定位也是经常面临的问题。目前，利用光学显微镜进行成像时，一般认为如果在光学分辨率下能够观察到两个蛋白质具有共定位，那么，这两个蛋白质必定发生了相互作用，所以，通过光学技术观察两个蛋白质是否存在共定位也成为一种辅助验证两个蛋白质发生相互作用的重要方法。长时间动态观察活细胞中两个或多个蛋白质的共定位情况，以及共定位发生的改变，将为细胞生物学者带来更多更有价值的信息。因此，在条件许可情况下，应尽量探讨活细胞中蛋白质共定位的变化信息。图 6-19 是利用免疫荧光技术观察 Cyt c 和 Bcl-2 两个蛋白质的共定位情况，结合外源转染方法，即首先在 RPTC 细胞（rat kidney proximal tubular cell）中转染带有线粒体定位序列的 Bcl-2 质粒，表达后引导 Bcl-2 定位于线粒体，然后分别使用 Cyt c 和 Bcl-2 的一抗对表达后固定的细胞样品进行免疫荧光标记，最后运用共聚焦显微镜进行观察（Bhatt et al.，2008）。从图 6-19 中可以看出，定位于线粒体的 Cyt c 和经过处理定位于线粒体的 Bcl-2 有很好的共定位发生，所以将外源转染质粒方法和免疫荧光技术灵活地结合，可达到特殊的实验目的，给细胞生物学工作者带来了很多方便。

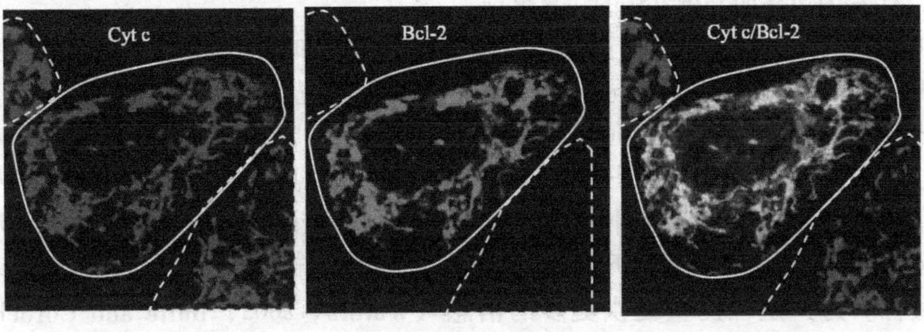

图 6-19　两个蛋白质共定位的观察（Bhatt et al.，2008）（另见彩图）

RPTC 细胞中通过使用 Cyt c 和 Bcl-2 的抗体，利用免疫荧光技术观察二者的共定位

2）蛋白质定位分析-技术陷阱

对于共定位实验来说，最好保证不同荧光蛋白的表达或标记染料在细胞中的水平基本一致。对于共聚焦显微镜不同颜色通道来说，它们在 *Z* 轴方向观察到的厚度比较类似，而且 *Z* 轴方向的光学切片越薄越能避免样品不同平面之间的颜色干扰（Brown，2007）。

A. 图像配准注意事项

对于标记了两种以上荧光分子的样品来说，由于每个颜色的光从激发到收集过程中所使用的光学元件不同，所以，来自样品同一平面不同颜色的发射波长分别进入不同的检测器，得到不同通道的图像。不同波长的光在 X、Y、Z 方向会产生一定位移，产生位移的原因有：不同滤光片的形状不一样，以及物镜对不同颜色的光产生的焦点不同

(Keller，2006；North，2006；Rietdorf and Stelzer，2006；Manders，1997)。

对于多重标记的样品来说，不同分光镜之间进行切换时，如果这些分光镜位置稍有改变，就会导致不同颜色图像的图像中心和X、Y位置改变，这会干扰共定位实验的结果。如果使用多色分光镜，就能避免反光镜的切换，尽量减少由于切换分光镜造成的图像中心改变。同时由于分光镜切换需要时间，而使用多色分光镜对记录一些快速的细胞反应过程（小于1min）尤其适用。但需要注意的是，使用多色分光镜时，光的收集效率降低（Rietdorf and Stelzer，2006）。

如果不同通道图像之间的位移影响了实验结果，则应请显微镜技术工程师对显微镜的硬件或图像加工软件进行校正，将不同波长的焦点调整到同一个位置。

B. 激光强度的选择和平均扫描模式的应用

一般情况下，较强的发射光会产生高对比度的图像。如果激发光功率太高，远远超过激发焦点体积内所有荧光团所需要的光强，将会导致激发饱和。再增加光强，也不会增加焦平面的信号强度，而且会导致更多非焦平面的荧光团被同时激发，降低共聚焦Z轴的分辨率，增加光漂白和光毒性。所以，建议从尽可能低的激发光功率开始，根据需要逐渐增加激发光功率（Brown，2007）。

进行平均（mean）扫描模式成像时，图像信号得以加强而噪声被平均掉了，因为每次成像时产生噪声的点都是完全随意的，不是在一个固定的像素点上，而信号出现的位置则是固定的，每次扫描都会出现（Brown，2007）。

C. 伪彩图像叠加分析方法的注意事项

利用伪彩图像叠加方法进行共定位分析是比较常用和简单的分析方法，主要是利用视觉效应观察不同颜色图像在同一个像素点的共定位情况。例如，前面例子中观察到的实验结果，红色通道和绿色通道的图像叠加（overlay）后，共定位地方显示为黄色图像。定性观察方法最好能显示出不同颜色荧光团同时出现在同一个最小3D体积内，受显微镜分辨率所限制，这个最小3D体积至少比大部分较大的蛋白质复合物还要大一个数量级。利用量化方法统计分析整个图像强度的空间分布信息，以及不同通道之间强度的相关性，为共定位测量提供更多的信息（Waters，2009；Bolte and Cordelieres，2006；Day and Schaufele，2005）。

然而，此方法的局限性也是比较明显的。黄色像素点的出现高度依赖于每个通道的荧光强度值，只有当两个通道的荧光强度值比较接近时，叠加图像才能给出比较可信的共定位结果；当两个通道的荧光强度不相同时，出现黄色共定位则比较少，这种情况下需要对一个通道的图像进行加工，将两个通道的强度调整到比较接近的程度。这通常通过对强度直方图拉伸来实现。然而，直方图拉伸可能导致观察假象，因为图像不能反映分子强度分布的真正情况（如出现强度饱和时）。另有一个方法是使用专门调色板增强共定位的视觉效应。

共定位分析的精确度依赖于荧光色团标记的特异性，以及不同波长图像之间的正确配准。串扰问题和样品的自发荧光问题是蛋白质定位研究的难题。进行共定位分析时必须进行校正或避免类似情况的出现。不同波长图像之间的位移限制了高分辨率共定位检测的精确性，因此，在进行共定位分析前必须进行位移的检测和校正（Rietdorf and

Stelzer，2006）。

D. 共焦镜的分辨率选择

共焦镜有多个分辨率可以选择，如 512×512、1024×1024 等，需要明确的是所采用的分辨率越大、图像文件尺寸越大、采样时间越长，优点是能分辨出更小（大于光学分辨率）、更细节的结构。相反，采用的分辨率越小、图像文件尺寸越小、采样时间越短、成像速度较快，可以观察细胞形状等，但不适合观察更细节的结构（Brown，2007）。

E. 背景阈值和增益的设置

共聚焦显微镜的操作软件具有背景值设定的功能，操作者通过设定背景阈值（offset）将图像背景定义为黑色（black）。需要注意的是，如果将背景阈值设得太高，细胞内低强度的细节结构信息将会丢失。当对高强度的背景图像进行校正时，图像采集时的原始特征仍然会保持；当对图像进行量化分析时，背景阈值的设置起到很大作用，可能会导致严重的量化误差。例如，图像上两个点的强度分别是 200 和 100，则一个点亮度是另一点亮度的 2 倍。然而，如果将背景阈值设为 50，则这两个点的强度分别是 150 和 50，强度相差了 3 倍。当对比多标记样品时或计算图像的强度比率时，背景误差更突出。在成像时，0 强度的像素是不会被检测到的，但是在对图像进行量化分析之前减掉图像的平均背景非常重要。同样，如果激发光功率或普通光源的强度、PMT 的增益或相机的曝光时间设置得太高或太长时，检测器会饱和，图像上的特征就会丢失（Brown，2007）。

另外，需要注意的是，在对荧光通道进行成像时，尽量不要使用相差物镜或 DIC 光学插件，因为相差物镜的相差环（phase ring）、DIC 棱镜（DIC prism）和检偏器（analyzer）均会降低发射光的收集效率（Frigault et al.，2009）。

大部分分析软件都提供了一个检查强度高和低的程序，或寻找强度范围的程序（LUT）。此程序应用后，如果图像上出现红色，代表图像已经饱和了；如果出现蓝色，代表蓝色区域的像素强度为 0。一般要求图像出来一点点蓝色，不要出现红色，这些可以通过图像增益和背景阈值进行调节，即图像采集时的参数设定应满足信号的强度不为 0，但也不饱和。

归纳来讲，通过增加激发光的强度（普通光源或激光）、检测器的敏感性（增益）、相机的曝光时间（对于 LSM 来说，即为降低扫描速度）可以保证荧光信号足够亮，接近检测器的饱和水平。然而，降低激发光强和缩短曝光时间（对于 LSM 来说，即进行快速扫描）更有利于活细胞成像或比较暗的样品成像，因为对于后者来说这样做可以降低光毒性和光漂白。

F. 动态范围的选择和线性模式成像

一般来讲，最好使用检测器的全动态范围，即对于 8-bit 检测器来说，最好选用 $2^8=256$个强度阶层进行成像；对于 12-bit 检测器来说，使用 $2^{12}=4096$ 个强度阶层进行成像（Brown，2007）。

成像软件的一个共同现象是在图像显示设置中，默认以线性关系（linear relationship）显示整个检测器动态范围内的像素。例如，使用 8-bit 检测器，有 256 个强度阶层，但是当对一个比较暗的样品成像时，可能只用到 64 个强度灰阶，这个数据只占显示强度的 25%，剩下强度灰阶则是空着，而图像上将显示为黑色。其实需要的信息已经在图像上显示了，观看时只需要简单调节显示设置即可，如调到“min/max”或“自动”模式下进行观看。后两种模式有利于图像成像以后的观看，它们可以使较暗图像在屏幕上显得比较亮。但请注意，样品其实不像在“min/max”或“自动”模式下观看起来的那么亮，而且样品具有不同亮度时，在这种模式下看起来亮度类似。

一般来说，比较模糊的特征（如细胞的层行足板或细胞边缘）可以通过改变图像的显示模式来增强，如“min/max”或“自动”模式。只改变图像亮度和对比度不是非常有效的方法，如为了显示较暗地方而增加亮度时，可能会使原来较亮地方出现饱和，遮盖信号。显示设置的改变并没有改变原始数据，不过这些后期的图像处理应在图片的说明中加以注释。

G. 荧光图像的串扰问题

我们现在以两种广泛用于免疫标记的染料 FITC 和 Cy3 为例进行蛋白质共定位分析。FITC 的激发峰为 494nm；而 Cy3 有一个小的激发峰为 514nm，最大激发峰为 554nm（图 6-20）。如果我们用窄带的 488nm 激光同时激发 FITC 和 Cy3，在 488nm 处 Cy3 尽管有很小的吸收，但仍能够造成 Cy3 和 FITC 发生激发串扰（图 6-20）。当使用 488nm 激光和 543nm 激光分别顺序激发 FITC 和 Cy3 时，FITC 的发射光谱有一部分和 Cy3 的发射光谱一致（图 6-20），从而在 Cy3 的检测通道中可以检测到 FITC 发射光的一些渗透（bleed-through）。如果在宽视野荧光显微镜中，使用宽光谱的滤光片过滤汞灯或氙灯等光源的激发光代替共聚焦显微镜的单色激光光源时，这些串扰的情况将变得更糟（Bolte and Cordelieres，2006）。

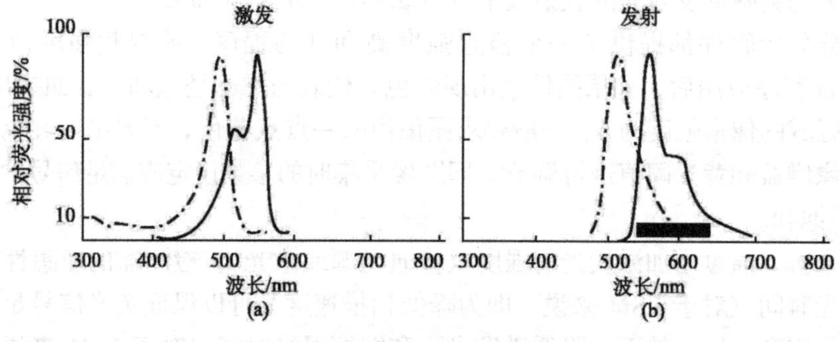

图 6-20 FITC 和 Cy3 的激发光谱和发射光谱（Bolte and Cordelieres，2006）
虚线：FITC 的激发光谱（最大激发波长 490nm）和发射光谱（最大激发波长 520nm）；
实线：Cy3 的激发光谱（最大激发波长 552nm）和发射光谱（最大激发波长 570nm）。

因此，必须使用一些简单策略避免串扰和渗透。首先，使用单染料标记样品做为对照，可以由探测器检测出染料的渗透现象。其次，使用激光扫描显微镜采集图像时尽量避免同时激发多种颜色的荧光基团，尽量采用顺序（sequentially）激发和采集不同颜色的光，即每次只激发和收集一种荧光探针的荧光，这样做可以尽量避免不同荧光通道之间的激发串扰和发射光谱渗透。

另有一种解决串扰问题的方法是利用光谱分离技术，它是一种非常简单的数学算法。光谱分离技术软件包经常和显微镜厂商的图像获取软件打包在一起。利用光谱分离技术主要通过两种方法对光谱渗透进行校正，以增强共聚焦显微镜的颜色分辨率。一种方法是使用软件中预存染料的光谱形状或用单标记样品作为对照测量的光谱形状，对多标记样品收集到的原始图像进行光谱解卷积运算；另一种方法则比较简单，通过实验检测给定的光学系统的渗透因子，然后利用这个参数校正图像的每个像素（Bolte and Cordelieres，2006；Zimmermann et al.，2003）。

对于激发谱有严重串扰的样品来说，必须确定每个染料对总信号的贡献。对于双标或多重标记的样品来说，采集图像时首先将不同颜色通道尽量采用相同的参数设置单独测出每一个染料的光谱参数，如每个颜色通道的针孔（pinhole）、增益（gain）和背景阈值要尽量一致。这样采集的数据可以用来评价不同荧光团之间的串扰程度，也可以在采集数据后再对图像进行调节校正，同时保留原始图像的参数设置（Bolte and Cordelieres，2006）。

同样以使用 FITC 和 Cy3 这两种染料为例，通过滤光片 A 和滤光片 B 分别收集发射光。利用 FITC 单标记样品，假设 FITC 通过滤光片 A 后得到强度为 a_{FITC}，通过滤光片 B 后得到强度为 b_{FITC}；同样方法测出 Cy3 单标记样品通过两个滤光片的强度值。然后使用 FITC 和 Cy3 双标记样品，此时通过滤光片 A 后得到强度为 $a_{FITC}+a_{Cy3}$，因为滤光片 A 检测到的 FITC 图像已经掺杂了 Cy3 荧光；同样现象也发生在 Cy3 检测通道中，即通过滤光片 B 后得到强度为 $b_{FITC}+b_{Cy3}$。用单标记样品检测的结果可以用来评估 FITC 荧光对 Cy3 图像产生的串扰，以及后者对前者图像产生的串扰，从而得到更加可靠的 FITC（$a_{FITC}+a_{Cy3}$）和 Cy3（$b_{FITC}+b_{Cy3}$）图像。通过测量单标记 FITC 和 Cy3 分别在两种激发波长下，在 FITC 和 Cy3 探测通道收集到的平均荧光强度并进行比率计算(FITC∶Cy3)。这个比率是一个常数，代表在给定实验条件和固定参数下荧光染料的干扰特性。最后，双标记样品在每个通道得到强度会被重新分配，从而还原出没有串扰的信号图像。当然，后续计算过程都是软件自己处理，一般我们需要做的就是利用分别单标记样品得出每个单染料的光谱形状即可（Bolte and Cordelieres，2006）。

有些荧光染料的发射光也可以通过荧光共振能量转移（FRET）传递给其他的染料(Li et al.，2006；Jares-Erijman and Jovin，2003)，详细的介绍见第 7 章。值得注意的是，为了避免荧光共振能量转移复杂化共定位数据，选择第一个荧光染料，需要其发射光光谱尽可能避开第二个荧光染料的激发光谱。光源和滤光片的选择则是获得正确光谱的第二步。我们已经了解单色光激发可以降低一次同时激发多种荧光染料的风险性，但是有时仍然不能完全排除串扰。在普通宽视野荧光显微镜中，一般选用汞灯和氙灯作为光源，它们的输出光谱覆盖从紫外光到红外光的范围，非常容易造成激发光的串扰(Bolte and Cordelieres，2006)。

另外，进行蛋白质定位研究时，选择合适物镜非常有助于获得最佳分辨率。物镜最好是选用高质量、高数值孔径（NA＞1.3）。物镜应该校正色差和球差。色差是由于镜片对不同波长的光汇聚的焦点不同而造成的。球差则是由于镜片系统对图像中心和边缘成像不在一个平面上造成的。同时矫正以上两种误差的物镜被称为平场消色差物镜，共聚焦显微镜通常都配备此类物镜。在进行蛋白质定位分析时，我们推荐使用浸入式物镜（水镜或油镜），可以降低由介质折射率变化产生的误差（Bolte and Cordelieres，2006）。

H. 图像处理注意事项

虽然光学系统已经尽可能完美了，但是我们有时得到的仍是不能完美描述生物学特征的图像。噪声是成像的一个主要问题，在校正图像噪声前，我们先明确噪声来源。照明系统如汞灯或氙灯不是持续性光源，可以作为"闪烁"光源。在一段长时间内，一个视场内每个角落都会被同样光子数撞击，然而，激发荧光素的光子数目在很短时间间隔（微秒）内和其邻近区域接收的光子数是不相等的。同样，一个荧光素发射的光子依赖于光子回到基态的可能性。这种所谓的光子噪声将在图像上留下点状的背景噪声。因此，推测光子噪声可以通过增加 CCD 相机的曝光时间或降低共聚焦显微镜的扫描速度达到部分克服，也可以收集连续扫描的几张图像进行平均扫描。来自检测器的噪声（电子噪声或暗电流）可以通过冷却检测器得以降低。这些噪声可使物体的清晰轮廓线信息丢失，然而，通过去卷积运算可以将非焦平面光重新分配到它的原来层面。当然，荧光素的天然特征或准备样品时产生的噪声也可以损伤图像质量。在大多数情况下，图像采集以后就不能再更改了，除非是来自一个均匀背景的图像。更多图像加工步骤，如光谱解串扰可以针对具体问题给出更好的结果，读者可以查阅相应的图像加工手册（Bolte and Cordelieres，2006）。

3）共定位的检测

图像叠加方法有助于在二维图像上对共定位的发生进行视觉评估，然而，它们不能反映荧光探针在三维结构中的实际情况，也不能反映 *Z* 轴方向的共定位情况。而且，叠加方法不适合量化分析；因为分子数量的相对数可能出错（Bolte and Cordelieres，2006）。

为了克服这些问题，图像分析功能是非常重要的。有两个基本评价共定位事件的方法，一个方法是对图像整体强度进行统计，以强度相关系数（intensity correlation coefficient-based，ICCB）为基础进行分析；另一个方法是以研究目标为基础的分析方法（object-based analysis），由于篇幅限制对后者不做详细介绍。

下面我们仅以 ICCB 作为基础的分析方法为例，介绍其在共定位分析方面的应用。①对于完全共定位情况的分析已经有典型模型，即通过复制一个植物细胞 Golgi 染色的原始图像并将其分配到两个不同颜色通道中进行分析［图 6-21（a）］（Boutte et al.，2006）。②对于各通道具有不同强度的完全共定位情况分析，是通过使用两个不同内质网标记物同时对内质网进行标记完成的［图 6-21（b）］（Kluge et al.，2004）。③只有局部共定位分析是使用不同微管正端跟踪蛋白质共标记哺乳动物细胞进行的［图 6-21（c）］（Galjart，2005；Schuyler and Pellman，2001）。④荧光信号排出的观察分析，是通过在哺乳动物细胞中对线粒体和细胞核进行染色标记得到的［图 6-21（d）］。

A. 以皮尔森系数为基础的相关分析方法

ICCB 主要借助统计方法评价荧光强度之间的相关性，已成为基础图像分析工具或更专业图像分析软件的常用技术。使用这种方法，统计性分析双通道中绿色和红色像素的荧光强度相关性。大部分情况下使用相关系数测量两个变量之间的线性强度关系，即对绿色和红色荧光像素强度的灰度值进行测量。

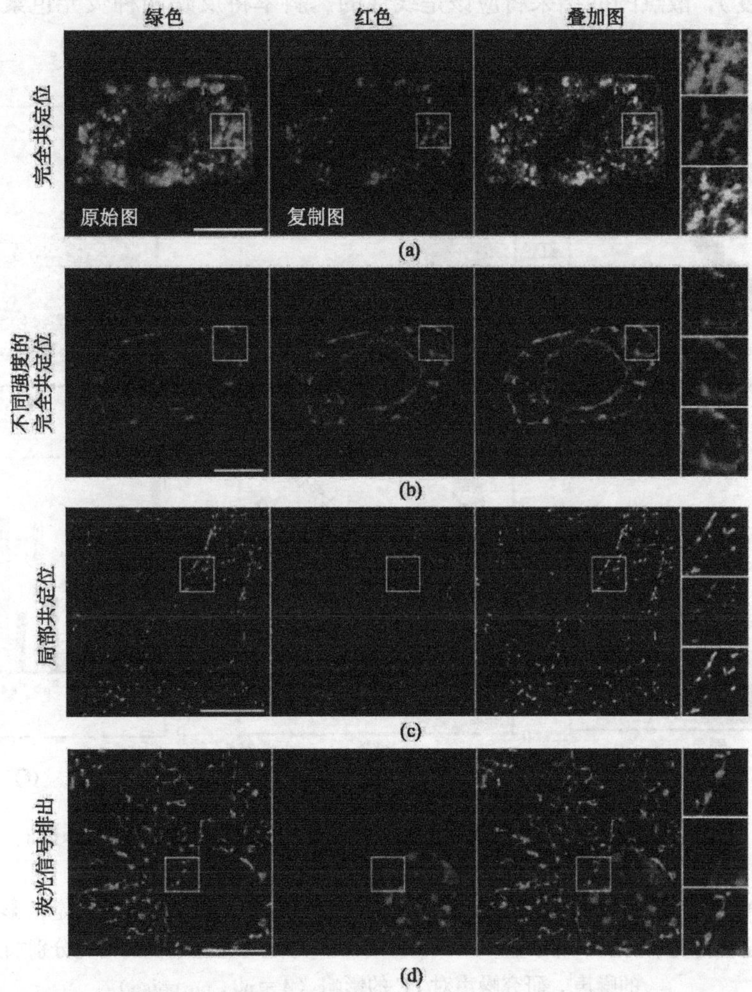

图 6-21　共定位分析的参考图像（Bolte and Cordelieres，2006）（另见彩图）

(a) 固定的标记了 Golgi 的玉米根细胞，完全共定位分析；(b) 固定的标记了内质网的玉米根细胞，完全共定位分析，但两个通道的荧光强度不一致；(c) 固定的 HeLa 细胞中，微管正端追踪蛋白 EB1 和 CLIP-170 染色，局部共定位分析；(d) 固定的 HeLa 细胞中，线粒体和细胞核染色，荧光信号排出的分析。刻度尺，10μm。这些图像代表共定位实验经常遇到的 4 种情况

测量一个像素在两个通道相关性的简单方法是在两个图像上分别得出像素的灰度值。所得结果显示为像素的分配图，称为散点图或荧光缩影图（fluorogram）（图 6-22）。绿色通道图像的像素强度作为散点图的 x 轴坐标，红色通道的像素强度值作为散点图的 y 轴坐标。在软件中，每个像素的强度值代表了其在散点图中出现红色和绿色的频率。首先，我们不考虑噪声和低背景的影响，直接观察散点图去看大量的像素是否只代表了一种重要信号［图 6-22（e)］。其次，在两种信号都出现的地方，我们将根据情况描述他们的相关性为较强、较弱或不存在，结果可以是阳性或阴性。如果两种标记的染料强度是互相成比例的，以及对两种染料的检测是在线性范围内进行的（均没有达

到饱和的程度），散点图的结果将应该是线性的。斜率将反映两种荧光色素的相对量化值，由它们各自的检测灵敏度进行调控（Bolte and Cordelieres，2006）。

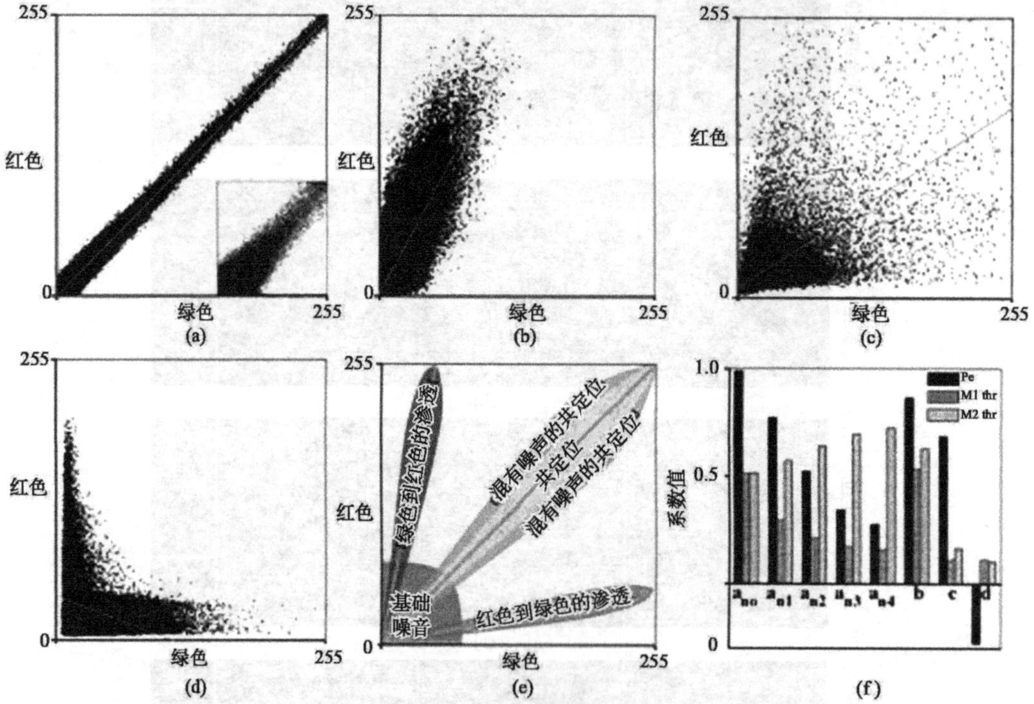

图 6-22　利用 JACoP 进行共定位分析；皮尔森系数和 Manders' 系数；散点图（Bolte and Cordelieres，2006）

对应图 6-21 中 4 种共定位情况的散点图（a）～（d)。(e) 解释噪声和渗透对共定位影响的散点图。(f) 在不同的定位情况下的皮尔森系数和 Manders' 系数。通过对完全定位的情况分别加入不同水平的噪声，研究噪声对 PC 的影响（A＝n0，no noise）

在实际应用中，对于完全共定位的情况来说［图 6-22（a)］，图像上的点沿一条线形式分布。这种分布扩散形式和拟合线有关，可能是利用皮尔森系数（Pearson's coefficient，PC）进行计算的。因为大部分 ICCB 工具是以 PC 或其衍生物为基础的，在此对 PC 进行详细介绍。线性分布模式描述了通过线性回归计算得来两个图像强度之间的线性关系。线性斜率近似提供了两个荧光色素的联系相关性。PC 对这种近似值的可信性进行了评估。它的值从 1 到－1，1 代表完全阳性相关性，－1 代表阴性相关性，0 代表没有相关性。这种方法被应用到间期细胞核的 DNA 复制时间和空间行为检测中（Bolte and Cordelieres，2006；Manders et al.，1992)。

图 6-22 中的（a）～（d）是分别对应于图 6-21 4 种共定位情况的散点图。完全共定位情况下［图 6-22（a)］，像素沿着一条直线分布，直线斜率依赖于两个通道的荧光强度比率，分布扩散情况利用系数 PC 进行量化分析。当红色通道和绿色通道的荧光强度完全相关时，PC＝1［图 6-22（f)，a_{n0}，black bar］。图 6-22（b）中，在两个通道荧

光强度比例不同的完全共定位情况下，导致像素分布向红色轴倾斜（红色荧光强度较大），拟合直线的斜率也随之改变，更接近较强通道所在的轴。所以说两个信号的荧光强度对共定位的观察都很重要。值得注意的是，即使红色通道和绿色通道仍处于完全共定位情况下，PC 也会下降［图 6-22（f），b，black bar］。在只有部分共定位情况下［图 6-22（c）］，散点图的点形成相对均匀云状，像素强度分布偏离了轴向，PC 为 0.69，小于 1［图 6-22（f），c，black bar］。在荧光色素排出实验中［图 6-22（d）］，像素是沿着散点图的坐标轴方向分布的，PC 为负值［图 6-22（f），d，black bar］。这个分析结果对染料排出的观察起着较好地指示作用。散点图形状和 PC 可以评价共定位的情况，尤其是完全共定位的时候。然而，局部共定位和荧光色素排出情况则很难利用散点图形状和 PC 进行分辨，尤其是有噪声的图像（Bolte and Cordelieres，2006）。

噪声和渗透对散点图形状和 PC 的影响如图 6-22（f）所示，说明只使用 PC 评价共定位，结果比较模糊，因为结果在很大程度上受噪声以及整个样品荧光强度的均质性影响。所以，必须去除噪声和背景。从非接近 1 的数值，尤其中间范围的 PC（−0.5～−0.5)不能得出结论。当图像受到渗透干扰时，PC 同样不能反映真实的共定位情况(图 6-22（e)），因为校正后像素形成比较窄的云团出现在散点图上，分布形式接近于一个或两个轴，这种情况下，PC 趋向于−1 或 1，但不能代表任何生物相关性（Bolte and Cordelieres，2006）。

尽管大部分标准图像分析软件中都带有共定位分析软件包，散点图联合 PC 适用于共定位的初期评价，尤其适用于鉴定渗透及特殊信号共表达情况。然而，这个分析方法不能严格地对共定位事件进行评价。PC 定义两个信号之间的线性相关性，但是如果一个样品包括两个或更多荧光强度不相同的信号时，PC 则不再适用。线性回归将分散的点拟合成一个，导致 PC 下降。最好的替代方法是将间隔拟合，结果中一个图像可以有几个 PC。

其他评价共定位程度的参数如 Manders 系数、Costes 方法、Van Steensel 方法和 Li 方法，读者可以通过 Bolte 和 Cordelieres（2006）的综述进行查阅。这里不再逐一详述。

B. 图像互相关光谱分析技术

荧光互相关光谱（fluorescence cross-correlation spectroscopy，FCCS）技术可以检测荧光标记的生物大分子之间的相互作用，其主要通过分析荧光强度振动的时间相关性，分析体积是由激发光的光束焦点定义的微小观察体积。荧光强度的振动来自这个微小体积内荧光分子浓度的变化，两个标记分子的振动通过两个通道检测器同时记录，两种分子在时间上的相关性决定了它们的运动属性、相互作用的分子数目以及没有发生相互作用的分子数目（Schwille et al.，1997）。

图像互相关光谱（image cross-correlation spectroscopy，ICCS）分析技术利用了与 FCCS 相同的原理，不同的是，ICCS 分析技术借助 LSM 收集荧光分子振动在空间上的互相关性，而不是时间上的相关性进行分析。这个方法可用于观察比较慢的 ($0\sim10^{-10}\ cm^2/s$)动态运输过程，如细胞质膜蛋白的运动情况，或固定细胞蛋白的定位情况，以及精确测量在单个图像上相互作用分子的浓度，甚至适用于一些荧光分子表观浓度较高的情况。对于活细胞观察来说，时间序列图像主要记录空间上和时间上荧光分子的振动情况。ICCS 分析技术已经成功应用于活细胞观察，这里我们主要关注 ICCS 分析技术分析荧光分子在空间上的变化，以及对单个图像的分析应用（Costantino et al.，2005；Wiseman et al.，2004；Wiseman and Petersen，1999；Petersen et al.，1993）。

当标记的荧光分子浓度处于细胞较常规浓度水平时，一些通用共定位算法可能引起较大误差；当两个通道中标记的荧光分子密度不相同时，可以利用 ICCS 分析技术进行相对精确的共定位比率分析，尤其在总体荧光分子密度增大的情况下更适用。对于 ICCS 分析技术来说，当两个标记的荧光分子数目比例小于 10 时，比较适用；当比例大于 10 时，ICCS 分析技术是受限制的，这通过互相关功能（cross-correlation function）变性的拟合曲线表现出来。当用来激发的两个激光器没有匹配好时，导致两个激光器激发两个不相同体积，使两个通道图像出现较大位移，在这种情况下，只要保证所有像素都发生了相同位移，ICCS 分析技术也是适用的。

ICCS 分析技术方法的主要缺点是在分析的图像中，要求荧光分子的图像具有相对均匀的空间分布，不均质结构的存在如果大于光学分辨率，或结构边缘大于光学分辨率，都可以扭曲空间相关功能，这使常规拟合出现困难（Comeau et al.，2006）。

C. 共定位检测的结语

这里我们总结了比较常用的共定位分析方法，尽管不是非常详尽，但指出了这些方法的优势和缺点。对各向同性的结构进行共定位分析时一般可以采用 Van Steensel 方法进行分析，因为它能够分辨出共定位、排出和不相关的信号（van Steensel et al.，1996）。当具有明显的完全共定位而且又没有噪声时，简单的 ICCB 技术方法（如 PC 方法）非常有效，可以从图像上得出数学化的估计值（Bolte and Cordelieres，2006）。

目前，共定位分析方法普遍采用 PC，但是当荧光分子浓度比较高时，PC 是不适用的，这一点非常重要。在共定位事件分析时，两种标记的荧光分子浓度在很大程度上影响了共定位结果。这些共定位分析方法的作用是互补的，在不同实验目的和实验条件下各有优势和缺点。当相互作用的分子比例＜10%～20％时，ICCS 分析技术不太适用，在这种情况下可以选用自动共定位分析技术（automatic colocalization），这是因为 ICCS 分析技术的取样时间比较长。当分子浓度比较高时，或相互作用的分子比例＞0.6 时，ICCS 分析技术是比较适用的。而未详细提到的基于目标的分析方法使用图形中心或强度中心将倾向于扩大结论，因为它们只考虑被结构占有的图像区域（Comeau et al.，2006）。

细胞生物过程中蛋白质和亚细胞器之间存在动态的共定位关系，所以对蛋白质亚细胞水平的蛋白质共定位量化研究变得非常重要。最近，共聚焦显微镜技术的进步使其成为一个研究共定位事件近乎完美的工具，对图像进行合理分析成为细胞生物学家面临的新挑战。然而，图像只代表显示的真实性，必须谨慎选用采集样品空间信息的方法，最小化可能破坏信号采集忠实性的干扰信息。这可以通过正确选择合适的图像采集系统，以使目标尺寸和特性适合共定位分析，并最小化所有形式的噪声。荧光显微镜或共聚焦显微镜只是对蛋白质共定位评估向前推进了一步，我们还可以通过生化方法进行补偿分析，也可以通过电子显微镜进行分析。

6.8.2　免疫电镜技术

免疫电镜技术（immunoelectron microscopy，IEM）又称为免疫细胞化学技术（immunocytochemistry），是在免疫组织化学技术（immunohistochemistry）基础上发展起来的。它利用抗原与抗体的特异性结合，利用电子显微镜在超微结构水平上对标记物进行定位、定性及半定量的研究方法，为在正常和病理情况下精确定位各种抗原、细胞结构与功能关系的研究提供了有效手段。目前，免疫电镜技术经历了铁蛋白标记技术、酶标记技术及胶体金标记 3 个主要发展阶段（罗土炎等，2008）。

1971 年，Faulk 和 Taylor 将兔抗沙门氏菌抗血清与胶体金颗粒结合，利用免疫细胞化学技术检测沙门氏菌的表面抗原，标志着胶体金开始在免疫组织化学技术中的应用，即免疫金染色（IGS）。此后，胶体金与抗胶原血清、植物血凝素、卵白蛋白、人免疫球蛋白轻链、牛血清白蛋白等分别进行结合应用。1981 年，Danscher 建立了用银显影液增强光学显微镜下金颗粒的免疫金银染色法（immunogold-sliver staining，IGSS），使检测灵敏性显著提高，其特点为：①样品可以进行复染，如在病理切片上进行病毒抗原的标记；②制备的样品可以永久保存；③安全制备具感染性的样品；④可以标记免疫酶反应，金标记可以使用普通的光学显微镜和电子显微镜进行观察（Larochelle and Magar，1993）。1986 年，彩色免疫金银染色在 IGSS 的基础上成功建成，结果更加鲜艳。胶体金技术的逐步发展和完善，使其被广泛应用于医学和生物学研究的众多领域。应用胶体金为标记物的免疫金染色与免疫金银染色法在光学显微镜和电子显微镜下对细胞和组织的结构进行单标记、双标记或多标记观察，完成定位、定性及定量研究。

6.8.2.1　免疫胶体金技术的基本原理和特点

免疫胶体金技术（immunogold labelling technique）是以胶体金作为标记物标记抗原抗体结合的技术。胶体金是由氯金酸（$HAuCl_4$）在还原剂作用下（如白磷、抗坏血酸、柠檬酸钠、鞣酸等）聚合形成特定大小的金颗粒，颗粒之间的静电排斥力保证它们在水溶液中呈溶胶状态，称为胶体金。蛋白质等大分子物质吸附到胶体金颗粒表面的反应过程即为胶体金标记，推测吸附的机理是蛋白质的正电荷与胶体金颗粒表面负电荷相互吸引的结果。胶体金可以标记很多大分子，如与免疫球蛋白、牛血清白蛋白、葡萄球菌 A 蛋白（SPA）、糖蛋白、多肽缀合物、激素、毒素、酶和抗生素等非共价结合（萨仁高娃等，2007）。

免疫金标记技术显示的原理是高电子密度的金颗粒在显微镜下呈黑褐色，当金颗粒在抗原处大量聚集时，肉眼可见红色或粉红色斑点，可用于定性或半定量的快速免疫检测。

胶体金是目前应用最为广泛的免疫电镜标记物，主要具有以下几个特点：①胶体金制备相对比较容易，颗粒均匀，大小可控制，用不同大小的金颗粒分别标记不同的抗体，对样品进行双重和多重标记；②对组织和细胞的非特异性吸附几乎没有；③能够标记多种生物大分子物质，并且不影响它们的生物活性；④胶体金本身有鲜艳的橘红色，可用肉眼观察，也可用分光光度计进行定量分析，对分辨率要求比较高时，可用光学显微镜、电子显微镜观察，电子显微镜包括透射电镜和扫描电镜；⑤灵敏度高，不影响原有超微结构的观察，显色结果可长期保存。

胶体金最早用于电子显微镜水平的研究，发展快，主要用于研究：①细胞悬液或单层培养的细胞表面抗原；②单层培养细胞内的抗原；③组织抗原（Yan et al.，1999；Cai，1993）。

6.8.2.2 胶体金免疫电镜技术存在的关键问题

1）染色标本的固定

免疫电镜标本的固定需要考虑组织的抗原性和细胞超微结构是否受损。一般来讲，常规的固定技术会引起抗原部分或完全消失，所以，需要使用一些特殊的固定液，如过碘酸盐-赖氨酸-多聚甲醛固定液（PLP）、4%多聚甲醛固定液、多聚甲醛-低浓度的戊二醛固定液（PG）及苦味酸-多聚甲醛固定液。有研究者使用1%～2%多聚甲醛加0.01%～0.05%戊二醛比较理想。对于抗原性较强的标本，可采用4%多聚甲醛加0.05%～0.5%戊二醛进行固定（Lu et al.，2004）。

2）包埋剂的选择

胶体金免疫电镜通常采用包埋后染色，对抗原常造成较大的破坏。最常用的电镜包埋剂为Epon812，它需要标本在包埋前彻底脱水及60℃聚合，对抗原破坏较大（陈云等，2002）。为了减少对组织抗原性的破坏，不少实验室采用低温包埋剂、透明合成树脂及水溶性包埋剂（乙二醇甲酯）。也有研究者采用低温长时间聚合，如45℃ 3天，或55℃过夜，以减少聚合反应对抗原性的破坏（Lu et al.，2004）。

3）特异性吸附问题

获得理想标记的重要条件是具有效价高、特异性强、稀释度合适的一抗，以及活性稳定的免疫金探针。随着抗体逐渐被稀释，背景蛋白的影响减弱。尤其在检测某种新抗原时，可利用方阵滴定确定一抗和金标抗体的稀释比例。还可使用高盐及含去污剂的缓冲液洗脱减少背景污染，通常的缓冲液如含2.5%氯化钠和1% Triton X-100的缓冲液。对于孵育时间来说，一般一抗24h（4℃），金探针常温2h。在实际工作中，可用正常羊血清（1∶50、1∶100）或1%牛血清白蛋白作为封闭剂，以阻断非特异性吸附（Lu et al.，2004）。

近年来，随着电子显微镜技术的不断更新和发展，其应用领域越来越广泛。免疫电镜技术为研究抗原的亚细胞定位提供了有力工具。利用双标或多标免疫电镜技术，可同时观察不同抗原在细胞表面和细胞内的定位情况（Kaito et al.，2006；Shah et al.，2006）。需要注意的是，电子显微镜成本昂贵、操作和组成都比较复杂，且具有高压和电子辐射等不利因素。随着研究技术的进步和实践经验的积累，电子显微镜技术的不利因素会逐渐得到改善，最终使电子显微镜更方便更广泛地为大家服务。

6.8.2.3 胶体金免疫电镜技术应用举例

I型干扰素（IFN）通过转录途径上调细胞内多种效应分子的表达，其中一些分子具有抗丙型肝炎病毒（HCV）病毒的活性，如PKR蛋白激酶（其活性受RNA的调节），通过抑制蛋白质合成而具有抗HCV病毒的功能。图6-23是IFN-α刺激外周血单核细胞

(PBMC)，用透射电子显微镜观察胶体金颗粒标记的PKR激酶的定位情况。从图中可以看出，经IFN-α刺激后，PKR激酶在细胞质和细胞核中均有分布，而且细胞质中的泡状结构（如箭头所示）出现了明显增强的PKR定位（MacQuillan et al.，2009）。

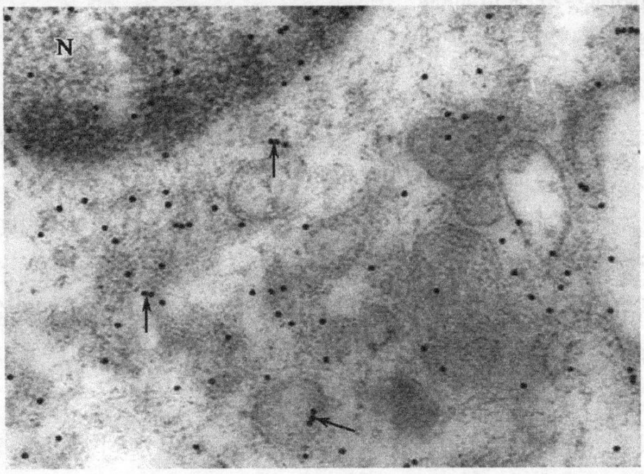

图6-23　IFN-α刺激后，PKR激酶在PBMC细胞超微结构中的定位（MacQuillan et al.，2009）
PBMC细胞，1000U/ml IFN-α孵育24h，经4%多聚甲醛固定，PKR一抗孵育，用链霉素偶联15nm的金颗粒进行标记，利用透射电子显微镜观察。放大倍数114 000；N：细胞核

6.8.3　免疫组织化学技术

1941年，Coons等借助免疫荧光技术在组织切片上首次观察到细胞的抗原，标志着免疫组织化学（immunohistochemistry，IHC）技术的开始，之后，IHC技术得到了快速发展。目前，根据标记物种类的不同可以将免疫组织化学技术分为免疫荧光法、免疫酶法（辣根过氧化物酶标记）、免疫铁蛋白法、免疫金法（胶体金颗粒标记）及放射免疫自显影法等。免疫组织化学技术灵敏度高、特异性强，并能有机结合形态研究与功能研究，已经成为一种稳定可靠的技术而被广泛应用于常规诊断和基础研究中（Ramos-Vara，2005）。

6.8.3.1　免疫组织化学技术的原理

免疫组织化学技术是利用特异性抗体标记细胞和组织原位的抗原，并利用组织化学的方法进行显色的技术，借助显微镜（普通光学显微镜或荧光显微镜）实现对抗原的定位、定性、定量检测。组织或细胞中凡是能作为抗原或半抗原的物质，如蛋白质、多肽、氨基酸、多糖、磷脂、受体、酶、激素、核酸及病原体等均可用相应的特异性抗体进行检测（Ramos-Vara，2005）。

随着免疫组织化学技术的不断发展，如ABC染色法（avidin-biotin complex）或SP染色法的出现，即使抗体被稀释上千倍、上万倍甚至上亿倍仍可与组织和细胞中的抗原结合，保证了该技术的高敏感性。利用特异性的抗体，免疫组织化学技术可以同时观察一种或多种抗原的定位，借助微阵列技术免疫组织化学技术可以同时检测几百种组织中的某种特异性抗原的存在（Ramos-Vara，2005）。

6.8.3.2 免疫组织化学技术的几个关键问题

1）组织固定和抗原-抗体反应液

在免疫组织化学技术操作过程中，组织固定环节非常重要，对于离体组织来说应早取材、早固定。固定往往决定着抗原-抗体反应的结果，然而组织的加工处理可以影响抗原的活性，这也是非常重要的步骤。甲醛固定好以后，可以对组织进行脱钙处理，这有利于出现好的结果。多克隆抗体和单克隆抗体的等电点均为 6.0～9.5，在使用全血清作为一抗来源时，抗原-抗体反应在 pH 为 6.5～8.5 时基本比较稳定，而单克隆抗体则对 pH 的变化非常敏感。大量的实验证据表明，对于大部分单克隆抗体和多克隆抗体来说，0.05～0.1mol/L Tris 缓冲液（pH 6.0）可以作为它们最合适的稀释缓冲液（Ramos-Vara，2005）。

2）抗原修复

抗原-抗体的识别主要依赖于抗原的三维结构，而固定过程往往改变抗原的三级结构而影响抗体的识别，所以需要通过抗原修复技术使抗原决定族重新暴露，尤其在使用交联非凝固固定技术时更加必要。常用的修复方法包括酶消化修复、热诱导的修复（Ramos-Vara，2005）。

3）细胞通透

一般使用 Triton X-100、蛋白酶 K 等通透液处理细胞，使抗体充分进入细胞进行结合反应。例如，Triton X-100 可溶解细胞膜、细胞核膜、细胞器膜的脂类使抗体进入细胞质和细胞核，推荐使用。

4）抑制内源性过氧化物酶活性降低背景染色

当使用辣根过氧化物酶（HRP）标记抗体时，为了进一步减少组织和细胞中内源性过氧化物酶的干扰，尤其在红细胞、中性粒细胞、单核细胞、嗜酸性细胞及出血和坏死的组织中等，建议免疫组织化学染色前对样品进行 0.003%～3% H_2O_2（溶剂为甲醇）稀释液的预处理，以抑制内源性过氧化物酶活性。如果是检测细胞表面抗原，这种预处理则不合适，这种情况下可以选用 0.3% H_2O_2（溶剂为 1% 叠氮化钠或蒸馏水）（Ramos-Vara，2005）。

6.8.4 免疫印迹法和差速离心法研究蛋白质定位

免疫印迹法（immunoblotting test，IBT），也被称为蛋白质印迹法（Western blotting）。对已知蛋白质的表达，可用一抗进行检测；对新基因的表达产物，可通过构建融合蛋白，对所带标签的抗体进行检测。差速离心法是交替使用低速和高速进行离心，用不同强度离心力使不同质量的物质分级分离的方法，尤其适用于混合样品中沉降系数差别较大组分的分离。差速离心法结合蛋白质印迹法，可观察到蛋白质在各亚细胞结构中的分布，这也是目前比较常用的、比较准确的蛋白质定位研究方法。

6.8.5 生物信息学方法研究蛋白质定位

定位组（localizome）是近年来提出的新概念，主要是指利用遗传学方法进行大规模蛋白质定位的研究，使定位实验规模化和通量化。目前在哺乳动物中，定位组研究取得了很大进展。有研究组通过表达融合 GFP 的 cDNA，已经定位了 200 多个人类新蛋白，启动了一项称为“GFP-cDNA 定位”的计划，专门对人类新基因进行大规模定位研究，其研究进展公布于网址：http：//gfp-cdna. embl. de/（Guo et al. ，2005）。

蛋白质亚细胞定位的信息越来越重要，近年来兴起的生物信息学在这方面也开展了广泛研究，其中数据库的构建、亚细胞定位分析及定位预测的进展将加速生物信息学在这方面的应用。生物信息学方法将与其他蛋白质定位的研究方法相互补充、相互验证，为更好地理解蛋白质的功能和生物学意义做出贡献。关于亚细胞相关的数据库构建（表 6-1）、亚细胞定位分析及定位预测（表 6-2）方面的综述可参阅相关文献（Zhang et al.，2007）。

表 6-1　亚细胞定位数据库

数据库	网址
LOCATE[6,8]	http：//locate. imb. uq. edu. au
小鼠亚细胞数据库[9]	http：//tap. med. utoronto. ca/～mts/
酵母亚细胞数据库[10]	http：//ygac. med. yale. edu
拟南芥亚细胞数据库[11]	http：//aztec. stanford. edu/gfp/
MitoProteome[12]	http：//www. mitoproteome. org/
LOCtarget[13]	http：//www. rostlab. org/services/LOCtarget/
LOC3D[14]	http：//cubic. bioc. columbia. edu/db/LOC3d/
PSORTdb[15]	http：//db. psort. org/
DBSubloc[7]	http：//www. bioinfo. tsinghua. edu. cn
Organelle DB[16]	http：//organelledb. lsi. umich. edu
PA-GOSUB[17]	http：//www. cs. ualberta. ca/～bioinfo/PA/GOSUB

注：上标数字表示参考文献在 Zhang 等（2007）中出现的文献编号。

资料来源：Zhang 等，2007。

表 6-2　常用的亚细胞定位预测在线服务

数据库	网址
ChloroP	http：//www. cbs. dtu. dk/services/ChloroP/
SignalP	http：//www. cbs. dtu. dk/services/SignalP/
NNPSL	http：//predict. sanger. ac. uk/nnpsl
PSORT	http：//psort. ims. u-tokyo. ac. jp/
PSORT-B	http：//www. psort. org/psortb/
TargetP	http：//www. cbs. dtu. dk/services/TargetP/
SubLoc	http：//www. bioinfo. tsinghua. edu. cn/SubLoc/
PLOC	http：//www. genome. ad. jp/SIT/ploc. html
PSLT	http：//www. mcb. mcgill. ca/～hera/PSLT
ESLpred	http：//www. imtech. res. in/raghava/eslpred/
MultiLoc	http：//www-bs. informatik. uni-tuebingen. de/Services/MultiLoc/
GNBSL	http：//166. 111. 24. 5/webtools/GNBSL/index. htm
Cello	http：//cello. life. nctu. edu. tw/
Proteome Analyst	http：//www. cs. ualberta. ca/%7Ebioinfo/PA/Sub/index. html

资料来源：Zhang 等，2007。

参考文献

陈云等. 2002. Lowicryl k4M 低温包埋显示甲状腺球蛋白的免疫电镜法. 中国组织化学与细胞化学杂志, 11: 225-226.

罗土炎, 等. 2008. 免疫电镜技术及其在动物病毒学中的应用. 中国农学通报, 24: 117-119.

萨仁高娃, 等. 2007. 胶体金免疫电镜技术及其应用. 内蒙古医学院学报, 29: 373-377.

王珺, 等. 2009. 激光共聚焦显微镜的应用技术. 现代仪器, 15 (4): 50-52.

易生物仪器. 2011-01-12. 激光共聚焦显微镜的原理与应用范围. http: //yiqi. ebioe. com/LSCMmicroscope. htm.

Dalbey R E, von Heijne G. 2009. Protein Targeting, Transport, and Translocation. 万平、张彦琼译. 北京: 科学出版社: 195-208.

Abe Y, et al. 2000. Structural basis of presequence recognition by the mitochondrial protein import receptor Tom20. Cell, 100 (5): 551-560.

Abell B M, et al. 2004. Signal recognition particle mediates posttranslational targeting in eukaryotes. EMBO J, 23: 2755-2764.

Adam S A, et al. 1989. Identification of specific binding-proteins for a nuclear location sequence. Nature, 337 (6204): 276-279.

Afshar N, et al. 2005. Retrotranslocation of the chaperone calreticulin from the endoplasmic reticulum lumen to the cytosol. Mol Cell Biol, 25 (20): 8844-8853.

Alberts B, et al. 2002. Molecular Biology of the Cell. 4th ed. New York: Garland Science.

Allan B B, Balch W E. 1999. Protein sorting by directed maturation of Golgi compartments. Science (Washington D C), 285 (542): 63-66.

Ando R, et al. 2004. Regulated fast nucleocytoplasmic shuttling observed by reversible protein highlighting. Science, 306: 1370-1373.

Antonny B, Schekman R. 2001. ER export: public transportation by the COPII coach. Curr Opin Cell Biol, 13 (4): 438-443.

Aoki D, et al. 1992. Golgi retention of a trans-Golgi membrane-protein, balactosyl-transferase, requires cysteine and histidine-residues within the membrane-anchoring domain. Proc. Natl. Acad. Sci. USA, 89 (10): 4319-4323.

Bakke O, Dobberstein B. 1990. Mhc class-ii-associated invariant chain contains a sorting signal for endosomal compartments. Cell, 63 (4): 707-716.

Berger E G. 2002. Ectopic localizations of Golgi glycosyltransferases. Glycobiology, 12 (2): 29R-36R.

Berger E G, et al. 1995. Comparative localization of mannose-6-phosphate receptor with 2, 6 sialyltransferase in Hepg2 cells-an analysis by confocal double immunofluorescence microscopy. Eur J Cell Biol, 67 (2): 106-111.

Bethune J, et al. 2006. COPI-mediated transport. J Membrane Biol, 211 (2): 65-79.

Bhat M B, Ma J. 2002. The transmembrane segment of ryanodine receptor contains an intracellular membrane retention signal for Ca^{2+} release channel. J Biol Chem, 277 (10): 8597-8601.

Bhatt K, et al. 2008. Effects of targeted Bcl-2 expression in mitochondria or endoplasmic reticulum on renal tubular cell apoptosis. Am J Physiol-Renal, 294 (3): F499-F507.

Blobel G, Dobberstein B. 1975. Transfer of proteins across membranes. I. Presence of proteolytically processed and unprocessed nascent immunoglobulin light chains on membrane-bound ribosomes of murine myeloma. J Cell Biol, 67 (3): 835-851.

Blobel G, Sabatini D D. 1970. Controlled proteolysis of nascent polypeptides in rat liver cell fractions. I. Location of the polypeptides within ribosomes . J Cell Biol, 45 (1): 130-145 .

Bolte S, Cordelieres F P. 2006. A guided tour into subcellular colocalization analysis in light microscopy . J Microsc, 224: 213-232 .

Bolte S, et al. 2004. FM-dyes as experimental probes for dissecting vesicle trafficking in living plant cells . J Microscopy-Oxford, 214: 159-173 .

Bonifacino J S, Glick B S. 2004. The mechanisms of vesicle budding and fusion . Cell, 116 (2): 153-166 .

Boutte Y, et al. 2006. The plasma membrane recycling pathway and cell polarity in plants: studies on PIN proteins . J Cell Sci, 119 (7): 1255-1265 .

Bräuner T, et al. 1984. Comparative measurements of membrane potentials with microelectrodes and voltage-sensitive dyes . Biochim Biophys Acta, 771 (2): 208-216 .

Brown, C M. 2007. Fluorescence microscopy-avoiding the pitfalls . J Cell Sci, 120: 1703-1705 .

Bu G J, et al. 1997. ERD2 proteins mediate ER retention of the HNEL signal of LRP's receptor-associated protein (RAP). J Cell Sci, 110: 65-73 .

Burke J, et al. 1992. The Transmembrane and Flanking Sequences of Beta-1, 2-N-Acetylglucosaminyltransferase-I Specify Medial-Golgi Localization . J Biol Chem, 267 (34): 24433-24440 .

Cai W Q. 1993. Colocalization of vasoactive substances in endot helial cells of human umbilical vessel . Cell Tissue Res, 274 (1): 533 .

Cardullo R A, Hinchcliffe E H. 2007. Digital manipulation of brightfield and fluorescence images: noise reduction, contrast enhancement, and feature extraction . Methods Cell Biol, 81: 285-314 .

Cereijido M, et al. 2003. Membrane targeting . Prog Biophys Mol Biol, 81 (2): 81-115 .

Chacinska A, et al. 2009. Importing mitochondrial proteins: machineries and mechanisms . Cell, 138: 628-644 .

Cho S K, Cummings R D. 1997. A soluble form of alpha 1, 3-galactosyltransferase functions within cells to galactosylate glycoproteins . J Biol Chem, 272 (21): 13622-13628 .

Clague M J. 1998. Molecular aspects of the endocytic pathway . Biochem J, 336: 271-282 .

Colley K J, et al. 1989. Conversion of a Golgi-apparatus sialyltransferase to a secretory protein by replacement of the Nh2-terminal signal anchor with a signal peptide . J Biol Chem, 264 (30): 17619-17622 .

Colley K J, et al. 1992. The signal anchor and stem regions of the beta-galactoside alpha-2, 6-sialyltransferase may each act to localize the enzyme to the Golgi-apparatus . J Biol Chem, 267 (11): 7784-7793 .

Comeau J W, et al. 2006. A guide to accurate fluorescence microscopy colocalization measurements . Biophys J, 91: 4611-4622 .

Cosson P, Letourneur F. 1994. Coatomer interaction with Di-lysine endoplasmic-reticulum retention motifs . Science, 263 (5153): 1629-1631 .

Costantino S, et al. 2005. Accuracy and dynamic range of spatial image correlation and cross-correlation spectroscopy . Biophys J, 89 (2): 1251-1260 .

Cross B C, et al. 2009. Delivering proteins for export from the cytosol . Nat Rev Mol Cell Biol, 10 (4): 255-264 .

Cukierman E, et al. 1995. The arfl gtpase-activating protein-zinc-finger motif and golgi-complex localization . Science, 270 (5244): 1999-2002 .

Davin M S. 1989. Confocal scanning optical microscopy and its applications for biological specimens . J Cell Sci, 94: 175-182 .

Day R N, Schaufele F. 2005. Imaging molecular interactions in living cells . Mol Endocrinol, 19: 1675-1686 .

Day R N, Schaufele F. 2008. Fluorescent protein tools for studying protein dynamics in living cells: a review . J Biomed Opt, 13: 031202 .

Devillers-Thiery A, et al. 1975. Homology in amino-terminal sequence of precursors to pancreatic secretory proteins. Proc Natl Acad Sci USA, 72 (12): 5016-5020.

Dingwall C, et al. 1988. The nucleoplasmin nuclear location sequence is larger and more complex than that of Sv 40 large T-antigen. J Cell Biol, 107 (3): 841-849.

Dolezal P, et al. 2006. Evolution of the molecular machines for protein import into mitochondria. Science, 313: 314-318.

Eckert J H, Erdmann R. 2003. Peroxisome biogenesis. Rev Physiol Biochem Pharmacol, 147: 75-121.

Eskandari S, et al. 2000. Pentameric assembly of a neuronal glutamate transporter. Proc Natl Acad Sci USA, 97 (15): 8641-8646.

Evans S C, et al. 1993. Dominant negative mutation in cell-surface beta-1, 4-galactosyltransferase inhibits cell-cell and cell matrix interactions. J Cell Biol, 120 (4): 1045-1057.

Fagerlund R, et al. 2002. Arginine/lysine-rich nuclear localization signals mediate interactions between dimeric STATs and importin alpha 5. J Biol Chem, 277 (33): 30072-30078.

Fenteany F H, Colley K J. 2005. Multiple signals axe required for alpha 2, 6-sialyltransferase (ST6Gal I) oligomerization and Golgi localization. J Biol Chem, 280 (7): 5423-5429.

Fernandez-Suarez M, Ting A Y. 2008. Fluorescent probes for super-resolution imaging in living cells. Nat Rev Mol Cell Biol, 9: 929-943.

Finger F P, White J G. 2002. Fusion and fission: membrane trafficking in animal cytokinesis. Cell, 108 (6): 727-730.

Frigault M M, et al. 2009. Live-cell microscopy-tips and tools. J Cell Sci, 122: 753-767.

Galjart N. 2005. Clips and clasps and cellular dynamics. Nat Rev Mol Cell Biol, 6 (6): 487-498.

Gangalum R K, et al. 2004. Small heat shock protein alpha B-crystallin is part of cell cycle-dependent Golgi reorganization. J Biol Chem, 279 (42): 43374-43377.

Gao D J, et al. 2004. Self-reporting arabidopsis expressing pH and [Ca^{2+}] indicators unveil ion dynamics in the cytoplasm and in the apoplast under abiotic stress. Plant Physiol, 134 (3): 898-908.

Gassmann M, et al. 2005. The RXR-type endoplasmic reticulum-retention/retrieval signal of GABA (B1) requires distant spacing from the membrane to function. Mol Pharmacol, 68 (1): 137-144.

Gaynor E C, et al. 1994. Signal-mediated retrieval of a membrane-protein from the Golgi to the Er in yeast. J Cell Biol, 127 (3): 653-665.

Gilham D, et al. 2005. Triacylglycerol hydrolase is localized to the endoplasmic reticulum by an unusual retrieval sequence where it participates in VLDL assembly without utilizing VLDL lipids as substrates. Mol Biol Cell, 16 (2): 984-996.

Gleeson P A. 1998. Targeting of proteins to the Golgi apparatus. Genes Dev, 109 (5-6): 517-532.

Griffiths G, Rottier P. 1992. Cell biology of viruses that assemble along the biosynthetic pathway. Semin Cell Biol, 3 (5): 367-381.

Grouselle M, et al. 1990. Effect of local anaesthetics on mitochondrial membrane potential in living cells. Biochem J, 271 (1): 269-272.

Guo L H, et al. 2005. Progress on subcellular proteomics. Chin. J. Biochem. Mol Biol, 21 (2): 143-150.

Hardt B, et al. 2003. (Arg) 3 within the N-terminal domain of glucosidase I contains ER targeting information but is not required absolutely for ER localization. Glycobiology, 13 (3): 159-168.

Haugland R P. 1996. Handbook of Fluorsecent Probes and Research Chemicals. 6th ed. USA: Molecular Probes Inc.

Heine C, et al. 2007. Topology and endoplasmic reticulum retention signals of the lysosomal storage disease-related membrane protein CLN6. Mol Membrane Biol, 24 (1): 74-87.

Heo W D, et al. 2006. PI (3, 4, 5) P3 and PI (4, 5) P2 lipids target proteins with polybasic clusters to the plasma membrane. Science, 314 (5804): 1458-1461.

Hibbs A R. 2004. Confocal Microscopy for Biologists. New York: Springer.

Hobman T C, et al. 1997. Characterization of an endoplasmic reticulum retention signal in the rubella virus E1 glycoprotein. J Virol, 71 (10): 7670-7680.

Hodgson L, et al. 2008. Design and optimization of genetically encoded fluorescent biosensors: GTPase biosensors. Methods Cell Biol, 85: 63-81.

Holleran E A, et al. 1996. Centractin (ARP1) associates with spectrin revealing a potential mechanism to link dynactin to intracellular organelles. J Cell Biol, 135 (6): 1815-1829.

Holmes T J, et al. 2006. Handbook of Biological Confocal Microscopy. New York: Springer: 468-487.

Hong W J. 2005. SNAREs and traffic. Biochim Biophys Acta Mol Cell Res, 1744 (2): 120-144.

Hu Y H, et al. 2005. High-throughput subcellular protein localization using cell arrays. Biochem Soc T, 33: 1407-1408.

Imreh G, et al. 2003. ER retention may play a role in sorting of the nuclear pore membrane protein POM121. Exp Cell Res, 284 (2): 173-184.

Jares-Erijman E A, Jovin T M. 2003. FRET imaging. Nat Biotechnol, 21 (11): 1387-1395.

Jiang P, et al. 2008. Research progress in location signal of endoplasmic reticulum proteins. Lett Biotechnol, 19 (6): 895-899.

Jones S M, et al. 1998. Role of dynamin in the formation of transport vesicles from the trans-Golgi network. Science, 279 (5350): 573-577.

Kabuss R, et al. 2005. Endoplasmic reticulum retention of the large splice variant of the UDP-galactose transporter is caused by a dilysine motif. Clycobiology, 15 (10): 905-911.

Kaether C, et al. 2007. Endoplasmic reticulum retention of the gamma-secretase complex component Pen2 by Rer1. EMBO Rep, 8 (8): 743-748.

Kaito M, et al. 2006. Morphology of hepatitis C and hepatitis B virus particles as detected by immunogold electron microscopy. Med Mol Morphol, 39 (2): 63-71.

Kalderon D, et al. 1984. A short amino-acid sequence able to specify nuclear location. Cell, 39 (3): 499-509.

Kanaani J, et al. 2008. A palmitoylation cycle dynamically regulates partitioning of the GABA-synthesizing enzyme GAD65 between ER-Golgi and post-Golgi membranes. J Cell Sci, 121 (4): 437-449.

Keller H E. 2006. Objective lenses for confocal microscopy. *In*: J B. Handbook of Biological Confocal Microscopy. New York: Springer-Verlag New York: 145-160.

Kikuchi A, Yamamoto H. 2007. Regulation of Wnt signalling by receptor-mediated endocytosis. J Biochem, 141 (4): 443-451.

Kirchhausen T. 2002. Clathrin adaptors really adapt. Cell, 109 (4): 413-416.

Kluge C, et al. 2004. Subcellular distribution of the V-ATPase complex in plant cells, and *in vivo* localisation of the 100 kDa subunit VHA-a within the complex. BMC Cell Biol, 5: 29 doi: 10.1186/1471-2121-5-29.

Klumperman J. 2000. Transport between ER and Golgi. Curr Opin Cell Biol, 12 (4): 445-449.

Knight M M, et al. 2003. Live cell imaging using confocal microscopy induces intracellular calcium transients and cell death. Am. J. Physiol. Cell Physiol, 284: C1083-1089.

Kornfeld R, Kornfeld S. 1985. Assembly of asparagine-linked oligosaccharides. Annu Rev Biochem, 54: 631-664.

Kreis T E, et al. 1995. COPs regulating membrane traffic. Annu Rev Cell Dev Bi, 11: 677-706.

Larochelle R, Magar R. 1993. The application of immunogold silver staining (IGSS) for the detection of transmissible gastroenteritis virus in fixed tissues . J Vet Diagn Invest , 5 (1): 16-20 .

Lee B J, et al. 2006. Rules for nuclear localization sequence recognition by karyopherin beta 2. Cell, 126 (3): 543-558.

Lewis M J, Pelham H R B. 1992. Ligand-induced redistribution of a human kdel receptor from the Golgi-complex to the endoplasmic-reticulum. Cell, 68 (2): 353-364.

Li I T, Pham E, Truong K. 2006. Protein biosensors based on the principle of fluorescence resonance energy transfer for monitoring cellular dynamics. Biotechnol Lett, 28: 1971-1982.

Lippincott-Schwartz J, Manley S. 2009. Putting super-resolution fluorescence microscopy to work. Nat Methods, 6: 21-23.

Lippincott-Schwartz J, et al. 2000. Secretory protein trafficking and organelle dynamics in living cells. Annu Rev Cell Dev Bi, 16: 557-589.

Lodish H, et al. 2000. Molecular Cell Biology. 4th ed. New York: W. H. Freeman and Company.

Lotteau V, et al. 1990. Intracellular-transport of class-Ii Mhc molecules directed by invariant chain. Nature, 348 (6302): 600-605.

Lu Z, et al. 2004. Defects in immunoelectron microscopic staining and its solution. J Diag Pathol, 11 (4): 278-280.

Lupashin V V, Waters M G. 1997. t-SNARE activation through transient interaction with a Rab-like guanosine triphosphatase. Science, 276 (5316): 1255-1258.

Luzio J P, et al. 2000. Lysosome-endosome fusion and lysosome biogenesis. J Cell Sci, 113 (Pt 9): 1515-1524.

MacQuillan G C, et al. 2009. Ultra-structural localisation of hepatocellular PKR protein using immuno-gold labelling in chronic hepatitis C virus disease. J Mol Histol, 40 (3): 171-176.

Mallabiabarrena A, et al. 1995. A tyrosine-containing motif mediates Er retention of Cd3-epsilon and adopts a helix-turn structure. EMBO J, 14 (10): 2257-2268.

Manders E M M. 1997. Chromatic shift in multicolour confocal microscopy. J Microsc, 185: 321-328.

Manders E M M, et al. 1992. Dynamics of 3-dimensional replication patterns during the S-phase, analyzed by double labeling of DNA and confocal microscopy. J Cell Sci, 103: 857-862.

Margeta-Mitrovic M, et al. 2000. A trafficking checkpoint controls GABA (B) receptor heterodimerization. Neuron, 27 (1): 97-106.

Marrichi M J, et al. 2008. Genetic toggling of alkaline phosphatase folding reveals signal peptides for all major modes of transport across the inner membrane of bacteria. J Biol Chem, 283: 35223-35235.

Martin T F J. 1997. Stages of regulated exocytosis. Trends Cell Biol, 7 (7): 271-276.

Martire G, et al. 1996. Different fate of a single reporter protein containing KDEL or KKXX targeting signals stably expressed in mammalian cells. J Biol Chem, 271 (7): 3541-3547.

Mellman I. 1996. Endocytosis and molecular sorting. Annu Rev Cell Dev Bi, 12: 575-625.

Mellman I, Simons K. 1992. The Golgi-complex-invitro veritas. Cell, 68 (5): 829-840.

Meur G, et al. 2007. Targeting and retention of type 1 ryanodine receptors to the endoplasmic reticulum. J Biol Chem, 282 (32): 23096-23103.

Munro S, Pelham H R B. 1987. A C-terminal signal prevents secretion of luminal Er proteins. Cell, 48 (5): 899-907.

Murray J M. 2007. Practical aspects of quantitative confocal microscopy. Methods Cell Biol, 81: 467-478.

Nagai T, et al. 2002. A variant of yellow fluorescent protein with fast and efficient maturation for cell-biological applications. Nat Biotechnol, 20: 87-90.

Neupert W, Herrmann J M. 2007. Translocation of proteins into mitochondria. Annu Rev Biochem, 76: 723-749.

Nickel W , Wieland F T . 1998 . Biosynthetic protein transport through the early secretory pathway . Histochem Cell Biol , 109 (5-6) : 477-486 .

Nilsson , T , et al . 1989 . Short cytoplasmic sequences serve as retention signals for transmembrane proteins in the endoplasmic-reticulum . Cell , 58 (4) : 707-718 .

Nilsson T , et al . 1996 . The role of the membrane-spanning domain and stalk region of N-acetylglucosaminyltransferase I in retention , kin recognition and structural maintenance of the Golgi apparatus in HeLa cells . J Cell Sci , 109 : 1975-1989 .

North A J . 2006 . Seeing is believing? A beginners' guide to practical pitfalls in image acquisition . J Cell Biol , 172 : 9-18 .

Ohkuma S , et al . 1982 . Identification and characterization of a proton pump on lysosomes by fluorescein-isothiocyanate-dextran fluorescence . Proc Natl Acad Sci USA , 79 (9) : 2758-2762 .

Okamoto K , et al . 2004 . Intramembrane proteolysis and endoplasmic reticulum retention of hepatitis C virus core protein . J Virol , 78 (12) : 6370-6380 .

Opat A S , et al . 2000 . Medial Golgi but not late Golgi glycosyltransferases exist as high molecular weight complexes . Role of Luminal domain in complex formation and localization . J Biol Chem , 275 (16) : 11836-11845 .

Ormo M , et al . 1996 . Crystal structure of the Aequorea victoria green fluorescent protein . Science , 273 (5280) : 1392-1395 .

Otsu M , et al . 2006 . Dynamic retention of Ero1 alpha and Er1 beta in the endoplasmic reticulum by interactions with PDI and ERp44 . Antioxid Redox Sign , 8 (3-4) : 274-282 .

Pagliarini D J , et al . 2008 . A mitochondrial protein compendium elucidates complex I disease biology . Cell , 134 : 112-123 .

Patterson , G , et al . 2001 . Fluorescent protein spectra . J Cell Sci , 114 : 837-838 .

Paulson J C , Colley K J . 1989 . Glycosyltransferases-structure , localization , and control of cell type-specific glycosylation . J Biol Chem , 264 (30) : 17615-17618 .

Pausson K , et al . 2005 . The double lysine motif of tapasin is a retrieval signal for retention of unstable major histocompatibility complex (MHC) class I molecules in the endoplasmic reticulum (ER) . Immunology , 116 : 55 .

Pelham H R B , et al . 1988 . Sorting of soluble Er proteins in yeast . EMBO J , 7 (6) : 1757-1762 .

Perret E , et al . 2005 . Evolving endosomes : how many varieties and why? Curr . Opin Cell Biol , 17 (4) : 423-434 .

Petersen N O , et al . 1993 . Quantitation of membrane-receptor distributions by image correlation spectroscopy-concept and application . Biophys J , 65 (3) : 1135-1146 .

Pfanner N , Geissler A . 2001 . Versatility of the mitochondrial protein import machinery . Nat Rev Mol Cell Biol , 2 : 339-349 .

Pfeffer S . 2003 . Membrane domains in the secretory and endocytic pathways . Cell , 112 (4) : 507-517 .

Rabouille C , et al . 1995 . Mapping the distribution of Golgi enzymes involved in the construction of complex oligosaccharides . J Cell Sci , 108 : 1617-1627 .

Ramos-Vara J A . 2005 . Technical aspects of immunohistochemistry . Vet Pathol , 42 (4) : 405-426 .

Rassow J , Pfanner N . 2000 . The protein import machinery of the mitochondrial membranes . Traffic , 1 (6) : 457-464 .

Rietdorf J , Stelzer E H K , 2006 . Special optical elements , *In* : Pawley J B . Handbook of Biological Confocal Microscopy . New York : Springer-Verlag New York , Inc : 43-58 .

Rossner M , Yamada K M . 2004 . What's in a picture? The temptation of image manipulation . J Cell Biol , 166 : 11-15 .

Sabatini D D , Blobel G . 1970 . Controlled proteolysis of nascent polypeptides in rat liver cell fractions . II . Location of the polypeptides in rough microsomes. J Cell Biol, 45 (1): 146-157.

Sacksteder K A, Gould S J. 2000. The genetics of peroxisome biogenesis. Annu Rev Genet, 34: 623-652.

Sato K, Nakano A. 2007. Mechanisms of COPII vesicle formation and protein sorting. Febs Lett, 581 (11): 2076-2082.

Sato K, et al. 2001. Rer1p, a retrieval receptor for endoplasmic reticulum membrane proteins, is dynamically localized to the Golgi apparatus by coatomer. J Cell Biol, 152 (5): 935-944.

Sato, K, et al. 2003. Rer1p, a retrieval receptor for ER membrane proteins, recognizes transmembrane domains in multiple modes. Mol Biol Cell, 14 (9): 3605-3616.

Sato M, et al. 1996. Endoplasmic reticulum localization of Sec12p is achieved by two mechanisms: Rer1p-dependent retrieval that requires the transmembrane domain and Rer1p-independent retention that involves the cytoplasmic domain. J Cell Biol, 134 (2): 279-293.

Schatz G. 1998. Protein transport-The doors to organelles. Nature, 395 (6701): 439-440.

Schmidt O, et al. 2011. Regulation of mitochondrial protein import by cytosolic kinases. Cell, 144 (2): 227-239.

Schneckenburger H. 2005. Total internal reflection fluorescence microscopy: technical innovations and novel applications. Curr Opin Biotechnol, 16: 13-18.

Schutze M P, et al. 1994. An N-terminal double-arginine motif maintains type-ii membrane-proteins in the endoplasmic-reticulum. EMBO J, 13 (7): 1696-1705.

Schuyler S C, Pellman D. 2001. Microtubule "plus-end-tracking proteins": the end is just the beginning. Cell, 105 (4): 421-424.

Schwille P, et al. 1997. Dual-color fluorescence cross-correlation spectroscopy for multicomponent diffusional analysis in solution. Biophys J, 72 (4): 1878-1886.

Shah A K, et al. 2006. Changes in esophageal motility after porfimer sodium photodynamic therapy for Barrett's dysplasia and mucosal carcinoma. Dis Esophagus, 19 (5): 335-339.

Shikano S, Li M. 2003. Membrane receptor trafficking: Evidence of proximal and distal zones conferred by two independent endoplasmic reticulum localization signals. Proc Natl Acad Sci USA, 100 (10): 5783-5788.

Smith M D, Schnell D J. 2001. Peroxisomal protein import: the paradigm shifts. Cell, 105 (3): 293-296.

Spasic D, et al. 2007. Rer1p competes with APH-1 for binding to nicastrin and regulates gamma-secretase complex assembly in the early secretory pathway. J Cell Biol, 176 (5): 629-640.

Stornaiuolo M, et al. 2003. KDEL and KKXX retrieval signals appended to the same reporter protein determine different trafficking between endoplasmic reticulum, intermediate compartment, and Golgi complex. Mol Biol Cell, 14 (3): 889-902.

Suen D-F, et al. 2008. Mitochondrial dynamics and apoptosis. Genes Dev, 22: 1577-1590.

Svasti J, Milstein C. 1972. The complete amino acid sequence of a mouse k light chain. Biochem J, 128: 427-444.

Sweet D J, Pelham H R B. 1992. The saccharomyces-cerevisiae Sec20 gene encodes a membrane glycoprotein which is sorted by the hdel retrieval-system. EMBO J, 11 (2): 423-432.

Swinkels B W, et al. 1991. A novel, cleavable peroxisomal targeting signal at the amino-terminus of the rat 3-ketoacyl-CoA thiolase. EMBO J, 10 (11): 3255-3262.

Szczesna-Skorupa E, Kemper B. 2006. BAP31 is involved in the retention of cytochrome P4502C2 in the endoplasmic reticulum. J Biol Chem, 281 (7): 4142-4148.

Tang B L, et al. 1995. Cell-type differences in Golgi retention signals for transmembrane proteins. Eur J Cell Biol, 66 (4): 365-374.

Tang B L, et al. 1992. Retention of a type-ii surface-membrane protein in the endoplasmic-reticulum by the Lys-Asp-

Glu-Leu sequence. J Biol Chem, 267 (10): 7072-7076.

Tang B L, et al. 1992. The transmembrane domain of N-glucosaminyltransferase-I contains a Golgi retention signal. J Biol Chem, 267 (14): 10122-10126.

Tehranchi R, et al. 2003. Granulocyte colony-stimulating factor inhibits spontaneous cytochrome c release and mitochondria-dependent apoptosis of myelodysplastic syndrome hematopoietic progenitors. Blood, 101 (3): 1080-1086.

Tjalsma H, et al. 2000 Signal peptide-dependent protein transport in Bacillus subtilis: a genome-based survey of the secretome. Microbiol Mol Biol Rev, 64 (3): 515-547.

Townsley F M, Pelham H R B. 1994. The Kkxx signal mediates retrieval of membrane-proteins from the Golgi to the Er in yeast. Eur J Cell Biol, 64 (1): 211-216.

Trache A, Meininger G A, 2008. Current Protocols in Microbiology. *In*: Total internal reflection fluorescence (TIRF) New York: John Wiley & Sons, Inc: Unit 2A. 2. 1-2A. 2. 22.

Tsien R Y, Waggoner A. 1995. Handbook of Biological Confocal Microscopy. New York: Plenum Press.

Uliana A S, et al. 2006. Cytoplasmic tails of SialT2 and GalNAcT impose their respective proximal and distal Golgi localization. Traffic, 7 (5): 604-612.

Valeur B. 2002. Molecular Fluorescence: Principles and Applications. Berlin: Wiley-VCH Weinheim.

van Meer G, Sprong H. 2004. Membrane lipids and vesicular traffic. Curr Opin Cell Biol, 16 (4): 373-378.

van Steensel B, et al. 1996. Partial colocalization of glucocorticoid and mineralocorticoid receptors in discrete compartments in nuclei of rat hippocampus neurons. J Cell Sci, 109: 787-792.

Wang L X, Liu Z M. 2008. Localization of proteins to the Golgi apparatus. Lett Biotechnol, 19 (1): 115-119.

Waters J C. 2009. Accuracy and precision in quantitative fluorescence microscopy. J Cell Biol, 185 (7): 1135-1148.

Webb D J, et al. 2004. FAK-Src signalling through paxillin, ERK and MLCK regulates adhesion disassembly. Nat Cell Biol, 6: 154-161.

Wiedemann N, et al. 2004. The protein import machinery of mitochondria. J Biol Chem, 279 (15): 14473-14476.

Wiedemann N, et al. 2001. The three modules of ADP/ATP carrier cooperate in receptor recruitment and translocation into mitochondria. EMBO J, 20: 951-960.

Wiseman P W, et al. 2004. Spatial mapping of integrin interactions and dynamics during cell migration by image correlation microscopy. J Cell Sci, 117: 5521-5534.

Wiseman P W, Petersen N O. 1999. Image correlation spectroscopy. II. Optimization for ultrasensitive detection of preexisting platelet-derived growth factor-beta receptor oligomers on intact cells. Biophys J, 76 (2): 963-977.

Wong S H, et al. 1992. The 17-residue transmembrane domain of beta-galactoside alpha-2, 6-sialyltransferase is sufficient for Golgi retention. J Cell Biol, 117 (2): 245-258.

Yamaguchi N, Fukuda M N. 1995. Golgi retention mechanism of beta-1, 4-galactosyltransferase-membrane-spanning domain-dependent homodimerization and association with alpha-tubulins and beta-tubulins. J Biol Chem, 270(20): 12170-12176.

Yan Y B, et al. 1999. Improvement of immunocolloidal gold labeling techniques in mat rix collagen. Di-er Junyi Daxue Xuebao, 20 (1): 13.

Yeung T, et al. 2008. Membrane phosphatidylserine regulates surface charge and protein localization. Science, 319 (5860): 210-213.

Yeung T, et al. 2006. Receptor activation alters inner surface potential during phagocytosis. Science, 313 (5785): 347-351.

Yguerabide J, et al. 1982. Lateral mobility in membranes as detected by fluorescence recovery after photobleaching.

Biophys J, 40 (1): 69-75.

Yoo D, et al. 2005. A phosphorylation-dependent export structure in ROMK (Kir 1.1) channel overrides an endoplasmic reticulum localization signal. J Biol Chem, 280 (42): 35281-35289.

Yue C C, et al. 1996. Identification of a C-reactive protein binding site in two hepatic carboxylesterases capable of retaining C-reactive protein within the endoplasmic reticulum. J Biol Chem, 271 (36): 22245-22250.

Zacharias D A, et al. 2002. Partitioning of lipid-modified monomeric GFPs into membrane microdomains of live cells. Science, 296: 913-916.

Zerangue N, et al. 2001. Analysis of endoplamic reticulum trafficking signals by combinatorial screening in mammalian cell. Proc Natl Acad Sci USA, 98 (5): 2431-2436.

Zerangue N, et al. 1999. A new ER trafficking signal regulates the subunit stoichiometry of plasma membrane K-ATP channels. Neuron, 22 (3): 537-548.

Zhang L, et al. 2009. The lysosome and neurodegenerative diseases. Acta Biochim Biophys Sin (Shanghai), 41 (6): 437-445.

Zhang S, et al. 2007. Bioinformatics research in subcellular localization of protein. Prog Biochem Biophys, 34 (6): 573-579.

Zhao, Y Y, et al. 2009. Categories and research strategies of nuclear localization signal. Chin. J Biochem Mol Biol, 25 (8): 683-689.

Zimmermann T, et al. 2003. Spectral imaging and its applications in live cell microscopy. Febs Lett, 546 (1): 87-92.

第7章 蛋白质相互作用研究

蛋白质之间的相互作用是指生物体内以及细胞环境里不同蛋白质分子之间的非共价连接。这种相互作用作为蛋白质分子的一种物理化学特性是蛋白质分子执行其生物学功能的主要手段，同时也是活细胞生命过程中大多数生理活动的主要形式。不同蛋白质分子在特定的时间与空间里进行有序的、可调控的结合，参与和主导了细胞增殖、存活、衰老、凋亡以及各种生理代谢过程，如DNA复制、修补和转录，蛋白质合成、转运和降解，信号转导等。因此，对蛋白质生物学功能的认知不可避免地要通过对蛋白质之间相互作用的研究来实现。越来越多的证据表明，对蛋白质相互作用的研究不仅有助于揭示细胞在正常生理环境下各种生理过程的分子机制，而且也是阐释细胞各种非正常生理现象的有效手段，如细胞癌变与病原微生物的入侵。许多细胞癌变机制与细胞信号转导的调节异常密切相关，而细胞信号转导则主要是通过一系列的蛋白质相互作用来完成的。此外，很多病原微生物对宿主的入侵与致病也往往是借助于病原体本身的蛋白质与宿主细胞蛋白质的相互作用来达到目的的。因此，蛋白质相互作用的研究对明确细胞病变机理并从中寻找治疗疾病的新方法、新药物也有重大的应用意义。

7.1 蛋白质相互作用的结构学基础

蛋白质与蛋白质之间的相互作用从本质上来说是分布在两个相互作用分子表面的某些氨基酸组成的三维连续界面之间的结合，因此，对蛋白质相互作用的研究在很大程度上将涉及对蛋白质结构的研究，尤其是对其参与相互作用的界面，即所谓的相互作用域（domain of interaction）三维结构的鉴定和解析，以及它们的物理化学特性和生物学功能的研究。对相互作用结构域的研究不仅有助于我们对蛋白质相互作用机制的理解，而且在下游研究中为筛选寻找相互作用拮抗物起着关键作用。

7.1.1 蛋白质相互作用的亲和力

亲和力对于蛋白质相互作用来说是个决定性的因素，亲和力的大小和变化决定了蛋白质相互作用的特异性和动态性。如同其他亲和反应一样，两个蛋白质分子之间的亲和力可以由两者复合体结合与解离这两个可逆反应的平衡常数，即结合平衡常数 K_a 与解离平衡常数 K_d 来表示。在最简单的反应模式中，假设结合反应与解离反应处于平衡状态，且反应中不发生任何其他化学反应，蛋白质的结合模式为单位点结合，那么此时的反应式为 $A+B \Leftrightarrow AB$，其中A和B分别为游离态的A蛋白质和B蛋白质，AB为A蛋白质与B蛋白质复合体，结合平衡常数为 $K_a=[AB]/[A][B]$，解离平衡常数为 $K_d=[A][B]/[AB]$。为了更加直观方便，在实际中人们更多地使用蛋白质复合体的解离常数 K_d（$1/K_a$）来表示两个组成蛋白质的亲和力，并以物质的量浓度 mol/L 为单位。A

蛋白质和B蛋白质的亲和力与解离常数 K_d 的大小成反比。解离常数 K_d 越小，则表示亲和力越大。表7-1为一些代表性的蛋白质相互作用的解离常数。从表中可以看到，一般蛋白质相互作用反应的解离常数为 $10^{-16}\sim10^{-5}$ mol/L。而一般抗原与抗体之间反应的解离常数为 $10^{-11}\sim10^{-5}$ mol/L（Albert et al.，2007）。

表7-1 代表性的蛋白质相互作用解离常数

复合物[a]	K_d/(mol/L)	方法[b]
PDEαβ：PDEγ	1.3×10^{-10}	activity
	5×10^{-11}	fl. an.
	1×10^{-11}	fl. an.
	$<1\times10^{-10}$	activity
TαGTPγS：PDEγ	$<1\times10^{-10}$	int. fl.
TαGDPγS：PDEγ	1.3×10^{-9}	int. fl.
CAPcAMP：RNApolh	3×10^{-5}	fl. an.
	1×10^{-6}	fl. an.
T7 gene 2.5 protein：T7DNA polymerase	1.1×10^{-6}	fl. an.
γ-repressor（二聚体到四聚体）	2.3×10^{-6}	int. an.
γ-repressor（单聚体到二聚体）	2×10^{-8}	l. z. gf.
Citrate synthase：malate dehydrogenase	1.3×10^{-6}	fl. an.
P85（P12K）：tyrosine-phosphorylated peptide from PDGF	5.2×10^{-8}	SPR
CheY：CheA	3×10^{-8}	SPR
CheA：CheW	1.3×10^{-5}	eq. gf.
VAMP2：syntaxinA	4.7×10^{-6}	SPR
EGF：EGF receptor	4.1×10^{-7}	SPR
PKA-C：PKA-R	2.3×10^{-10}	SPR
PRI：angiogenin	7×10^{-16}	fluorescence，exch
Ras：raf	5×10^{-8}	GST ppt'n
NusB：S10	1×10^{-7}	sucrose grandient Sed'n
NusA：core RNA polymerase	1×10^{-7}	sucrose grandient Sed'n
		fluorescebee tag
Trypsin：pancreatic trypsin inhibitor	6×10^{-14}	kinetics，comp'n

注：PDE，磷酸二酯酶；TαGTPγS，络合GTPγS的转导蛋白亚单位；TαGDP，络合GDP的转导蛋白亚单位；CAPcAMP，络合cAMP蛋白；Citrate synthase，柠檬酸合成酶；malate dehydrogenase，苹果酸酶；PDGF，血小板衍生生长因子；VAMP2，囊泡相关膜蛋白-2；syntaxin，突触融合蛋白；angiogenin，血管生长素；PKA-C，蛋白激酶A的催化亚单位；PKA-R，蛋白激酶A的调节亚单位；Trypsin，胰蛋白酶；pancreatic trypsin inhibitor，胰腺胰蛋白酶抑制剂；fl. an.，荧光各向异性；int. fl.，内在荧光；l. z. gf.，大孔平衡凝胶过滤；SPR，表面等离子共振；exch，交换；ppt'n，沉淀；sucrose，蔗糖；grandient，梯度；Sed'n，沉降；kinetics，动力学；comp'n，竞争；activity，活性。

资料来源：修改自Phizicky and Fields，1995。

7.1.2　蛋白质相互作用与蛋白质结构

两个蛋白质分子之间的相互作用力来源于二者表面氨基酸侧链之间形成的非共价键，主要为疏水键。由于非共价键是相对来说比较弱的相互作用力（力量是共价键的 1/300～1/30），为构成相对稳定的复合体，两个蛋白质分子之间必须形成足够数量的非共价键，这就要求两个分子之间必须在一定程度具有形态上和电荷上的互补性以形成相连接的界面。这个界面应具有足够大的疏水区。一般而言，蛋白质复合体的界面面积为 (1600±400) $Å^2$ (Liddington，2004)。在传统理论上，这种形态互补性由两个相互连接的具有固定形态特征的折叠结构域来提供，如在抗原-抗体或蛋白酶-抑制剂复合体里 (Janin et al.，2003)。然而，近年来对参与信号转导的蛋白复合体结构特性的研究表明这种互补性也可以通过一个折叠的结构域诱导一段非折叠的松散序列的构象变化来实现 (Ingrid et al.，2001)。换句话说，一个蛋白质作为单体存在时所拥有的一段非折叠的松散的序列可以在与另一个蛋白质形成复合体时受诱导，转变成折叠的并与互作蛋白质上另一折叠结构域有互补性的结构域（Pokutta and Weis，2000；Michael et al.，1999；Doyle et al.，1996；Meador et al.，1993)。可见，蛋白质的结构特征对其相互作用有举足轻重的作用。理论上我们可以通过搜查网上数据库里有关蛋白质结构的数据来预测两个蛋白质是否拥有具备形态和电子互补性的结构域从而进行相互作用，至少在第一种结构域-结构域相互作用的情况下。当然，实际上两个结构域的相互作用也受其他因素的影响，如环境水分子对结构域形状的影响以及结合过程中氨基酸残基的移位等。

7.1.3　蛋白质相互作用结构基元或结构域

运用生物学实验方法和对蛋白质氨基酸序列及其结构特征的分析，人们发现蛋白质中某些具保守性的氨基酸短序列（通常由 30～120 个氨基酸组成）对蛋白质之间的相互作用具有决定性的作用，这些序列中的氨基酸突变或缺失直接导致蛋白质相互作用能力丧失。这些在文献中有时被称为结构基元（structural motif）、有时被称为结构域（domain）的结构单元具有一定的结构特征和进化稳定性，是蛋白质相互作用界面的关键组成部分或全部。它们广泛存在于参与细胞信号转导、细胞周期调控及泛素-蛋白酶体降解等系统的蛋白质中，尤其脚手架蛋白通常拥有一个以上的类似结构域。迄今人们已经鉴定并归纳出至少 200 个氨基酸参与蛋白质相互作用的结构域。下面简单介绍几个具有代表性的蛋白质相互作用结构域。

7.1.3.1　亮氨酸拉链

亮氨酸拉链（leucine zipper）主要存在于一些真核细胞转录因子等的 DNA 连接区域。这些具有碱性亮氨酸拉链结构域的区域一方面通过碱性结构域与 DNA 结合，另一方面通过亮氨酸拉链形成同源或异源二聚体结构，典型的亮氨酸拉链氨基酸序列有 32 个氨基酸左右，每隔 6 个氨基酸就有一个亮氨酸，即在氨基酸序列的第 1、第 7、第 14、第 21（依此类推……）位置均为亮氨酸 [图 7-1（a）]。亮氨酸拉链的二级结构为 α 螺旋，在这种结构里氨基酸序列每绕一圈为 3.6 个残基，使得每隔两圈就会在螺旋的同侧出现一个亮氨酸。由于亮氨酸为疏水性氨基酸，而且一般在第 3 与第 4 位置上也为疏水残基，来自不同蛋白质分子的平行并列的亮氨酸拉链结构就可以通过亮氨酸侧链以及其他疏水氨基酸侧链间形成的疏水键相互连接以促成两个蛋白质分子之间的二聚化[图 7-1 (b)]。这样通过亮氨酸残基连接而形成的平行排列的 α 螺旋对称二聚体因而得名亮氨酸拉链。具亮氨酸拉链结构的代表性转录因子有酵母的 GCN4 及高级真核细胞里的 c-Jun、c-Fos、c-Myc 和 CREB。c-Fos 通过与 c-Jun 结合形成对 DNA 具有高亲和力的转录因子 AP1。

c-Fos LQAETDQLEDEKSALQTEIANLLKEKEKLEFIL

c-Jun LEEKVKTLKAQNSELASTANMLREQVAQLKQKV

(a)

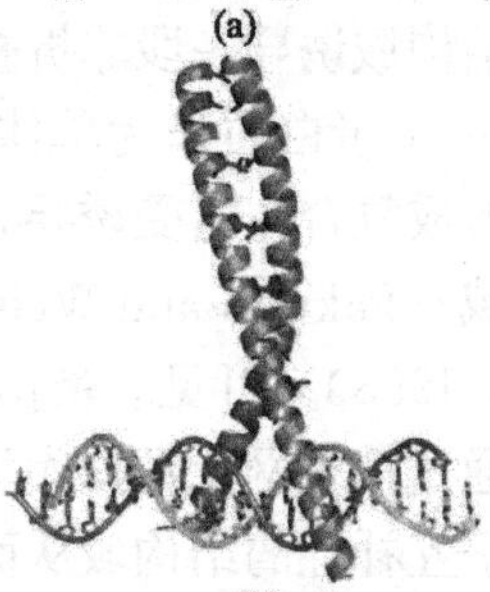

(b)

图 7-1　亮氨酸拉链的一级 (a) 与二、三级结构 (b)（另见彩图）

(a) c-Fos 与 c-Jun 中亮氨酸拉链的序列，红色框中上面标有黑点的是特定位置 (1，7，……) 上的亮氨酸；(b) 亮氨酸拉链二级结构示意图，红色为特定位置 (1，7，……) 上的亮氨酸，下方的双螺旋代表被带有亮氨酸拉链的细胞转录因子所识别的 DNA 片段

7.1.3.2　SH2 结构域

SH2 (Src homology 2 domain) 是由约 100 个氨基酸残基组成的结构域，首先被发现于反转录病毒的致癌蛋白 v-Fps 中。人们随后发现它广泛存在于信号转导通路里的蛋白酪氨酸激酶、磷酸酶、磷脂酶、脚手架蛋白、接头蛋白、骨架蛋白及转录因子和骨架蛋白等蛋白质分子中（图 7-2）。SH2 结构域具有一个类似三明治的三维结构：两个 α 螺旋中间夹着一个反向平行的 β 片层。SH2 能够识别含有磷酸化酪氨酸的特定序列，通过它自身结构里的一个孔穴识别磷酸化酪氨酸，与另一个孔穴识别配体里 C 端的 3～6 个氨基酸残基共同决定其特异性。SH2 蛋白的广泛存在及其相互作用的特异性决定了这个结构域的重要性。早在 1991 年，SH2 结构域就被认为是蛋白质相互作用结构域的典型代表 (Koch et al.，1991)。SH2 蛋白在细胞信号转导通路、基因转录、细胞骨架和蛋白质泛素化调控甚至病原微生物与宿主细胞相互作用等细胞生理过程中均担当关键的角色 (Pawson et al.，2001)。

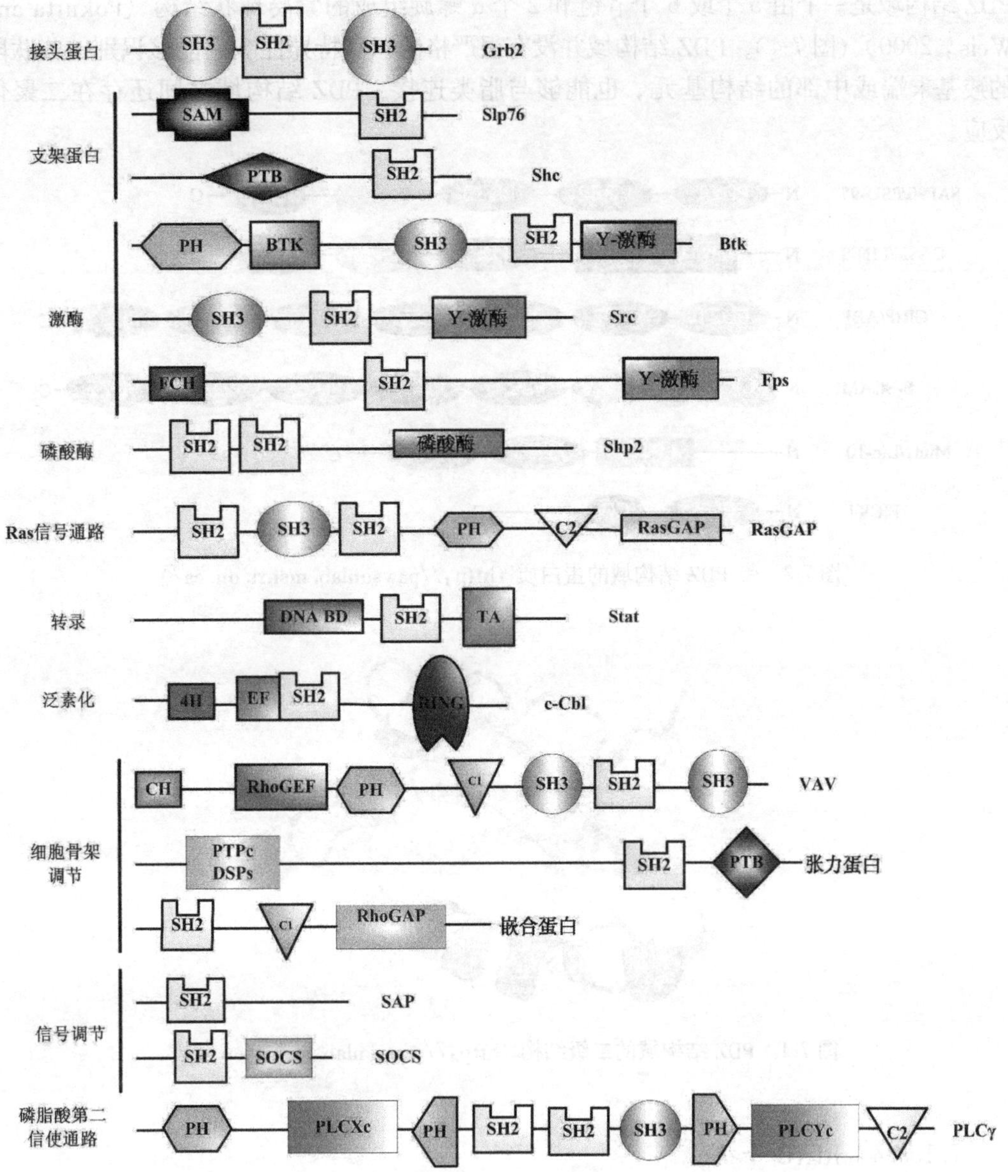

图 7-2　带 SH2 结构域的蛋白质分子种类与代表性蛋白质结构示意图（修改自 Pawson et al.，2001）

7.1.3.3　PDZ 结构域

PDZ（postsynaptic density 95，PSD-95；discs large，Dlg；zonula occludens-1，ZO-1）的名字来源于几个首先被发现拥有此结构域的不同蛋白质名称（PSD-95、Dlg 和 ZO-1）中的首写字母。它由 80～90 个氨基酸残基组成，是一个较为常见的相互作用结构域，在脚手架蛋白中尤为常见，有时其以多个串联的形式存在于同一个蛋白质分子中(图 7-3)。已知的 PDZ 蛋白基本上都是细胞质蛋白，参与细胞信号转导与蛋白质运输。

PDZ 结构域是一个由 5 个或 6 个 β 链和 2 个 α 螺旋组成的紧凑球状结构（Pokutta and Weis，2000）（图 7-4）。PDZ 结构域并没有很严格的识别特异性，它能够识别一些肽段的羧基末端或中部的结构基元，也能够与脂类连接。PDZ 结构域之间还存在二聚化反应。

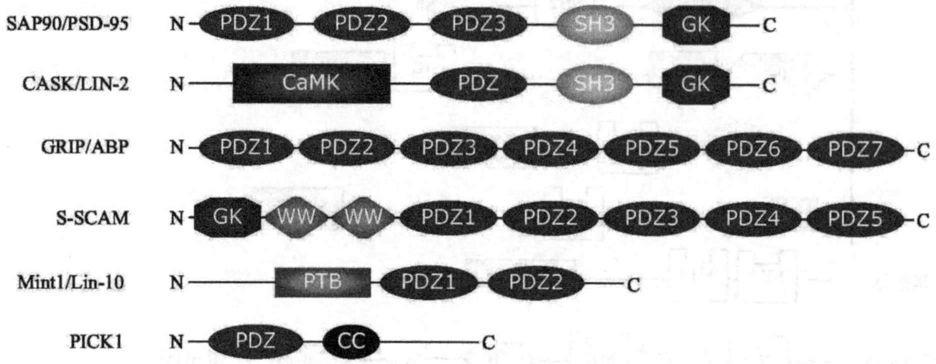

图 7-3　带 PDZ 结构域的蛋白质（http://pawsonlab.mshri.on.ca/）

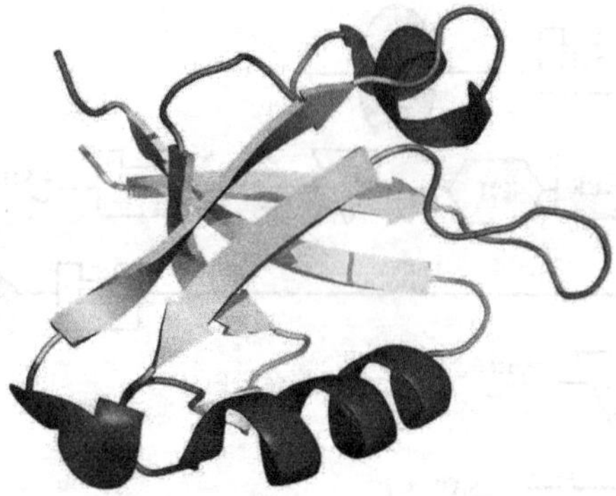

图 7-4　PDZ 结构域的二级结构（http://pawsonlab.mshri.on.ca/）

7.1.3.4　RING 手指

RING（really interesting new gene）手指由 40～60 个氨基酸残基组成，它的参照序列为

[C]-[X2]-[C]-[X9-39]-[C]-[X1-3]-[H]-[X2-3]-
[C/H]-[X2]-[C]-[X9-39]-[C]-[X2]-[C]

从参照序列中可以看出，RING 手指与锌手指相似，在特定位置上也含有连接锌离子的半胱氨酸残基或组氨酸残基，因此也有人认为 RING 手指是锌手指的一个特别类型。但是作为蛋白质相互作用结构域，它的三维结构和功能却与锌手指相异。RING 手指蛋白主要参与泛素化-蛋白酶体降解通路，RING 手指结构域是一类泛素连接酶（RING type E3 ligases）的特征结构域。这类泛素连接酶通过同时与泛素 E2 结合酶和

被泛素化底物的相互作用，促使泛素链从 E2 结合酶向底物的转移。RING 结构域在这个过程中起到识别 E2 结合酶的作用。

7.1.4　蛋白质相互作用研究的发展

蛋白质相互作用研究的发展具有不言而喻的重要性和必然性，但主要由于技术手段的限制，对蛋白质相互作用的研究在长时间里都只停滞在零星的、非系统性和低通量的水平上。在 20 世纪 90 年代以前，科学家们普遍运用经典的生物化学与分子生物学技术，如酶联免疫吸附检测法、免疫共沉淀或亲和层析研究蛋白质之间的相互作用。蛋白质相互作用研究取得飞跃性发展始于 1989 年酵母双杂交系统的建立与使用。这个利用酵母细胞转录因子的模块化特征建立起来的蛋白质相互作用检测系统标志着蛋白质相互作用研究从非系统性和低通量水平向系统性的、高通量水平的历史性飞跃，因为运用酵母双杂交技术对细胞 cDNA 文库进行大规模筛选可以在理论上鉴定与某一特定蛋白质相互作用的所有蛋白质，包括已知的和未知的蛋白质。从那以后，蛋白质相互作用的研究吸引了越来越多科学家的注意，蛋白质相互作用的发现也产生了暴发性的剧增。图 7-5 是 1977～2007 年 30 年间有关酵母蛋白间相互作用的报道数量变化情况。

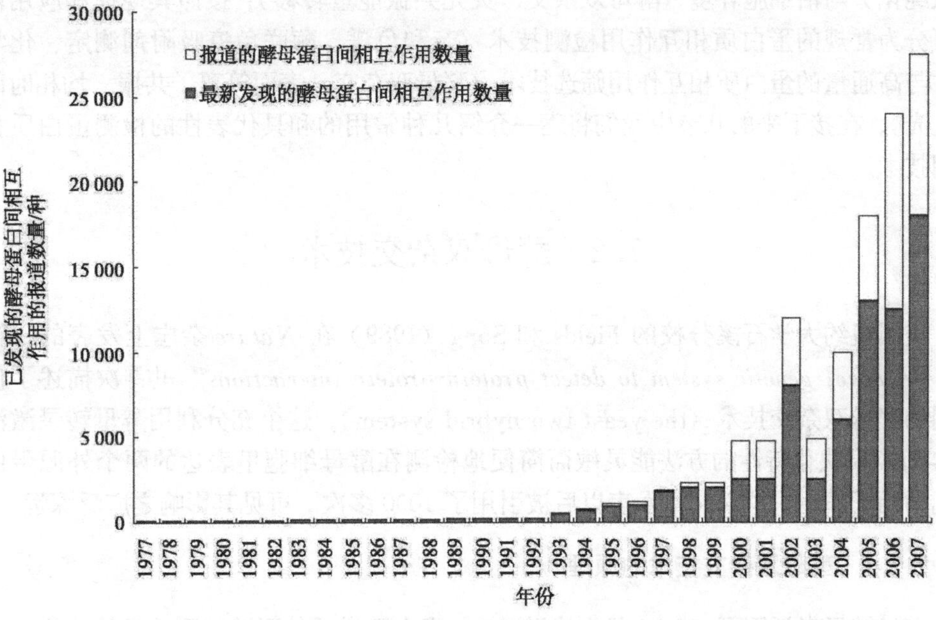

图 7-5　1977～2007 年有关酵母蛋白间相互作用的报道数量变化情况
(Current Opinion in Biotechnology)

从图 7-5 可以看出，1989 年是一个明显的分界点，从这一年开始，蛋白质间相互作用的报道数量呈抛物线形增长。许多首先在酵母中发现的蛋白质相互作用随后在其他生物体中也获得确认。随后，科学家们基于改善和补充酵母双杂交系统也发明了酵母双杂交的各类派生技术，如反向酵母双杂交、酵母单杂交、酵母三杂交、细菌双杂交、核外双杂交及双分子荧光互补等。其他研究蛋白质相互作用的高通量技术也纷纷问世并迅速发展，如表面等离子共振技术和时间分辨荧光技术等。近年来，蛋白质相互作用研究的迅猛发展使它已逐渐成为一门独立学科。继基因组、蛋白质组后，科学家们提出了一个新的概念：相互作用组（interactome）。这个概念由一位法国科学家 Jacq 于 1999 年首次提出，是指一个细胞里所存在的所有相互作用（Sanchez et al.，1999）。但一般所指的是细胞里所有蛋白质的相互作用。由此而派生出来的学科：相互作用组学（interactomics）通过运用高通量蛋白质筛选技术和高通量蛋白质鉴定技术对细胞中所有蛋白质相互作用进行鉴定并据此建立整个相互作用网络。目前已建立的蛋白质相互作用组的生物种类已至少包括幽门螺旋杆菌、酵母、果蝇、恶性疟原虫、线虫和人类。相互作用组学的研究使得对蛋白质研究更具系统性、功能性与动态性。

迄今各种在细胞中或体外检测蛋白质相互作用的技术有二三十种，可按照不同的方法将它们分类：按照检测技术原理可分为生物学（酵母双杂交、免疫共沉淀）、生物化学（亲和色谱、化学交联）和生物物理学方法（等温滴定量热法、核磁共振谱）；按照检测环境可分为离体（亲和色谱、表面等离子共振）、拟细胞环境（免疫共沉淀、亲和串联纯化）与活细胞环境（酵母双杂交、荧光共振能量转移）；按照其规模和应用范围则可分为常规的蛋白质相互作用检测技术（亲和色谱、酶联免疫吸附剂测定、化学交联）与高通量的蛋白质相互作用筛选技术（酵母双杂交、表面等离子共振、均相时间分辨荧光）。在接下来的几节中我们将逐一介绍几种常用的和具代表性的检测蛋白质相互作用技术。

7.2　酵母双杂交技术

美国纽约大学石溪分校的 Fields 和 Song（1989）在 *Nature* 杂志上发表的一篇文章：“*A novel genetic system to detect protein-protein interactions*”里首次描述了他们发明的酵母双杂交技术（the yeast two-hybrid system）。这个充分利用酵母转录激活因子 GAL4 模块化特性的方法能灵敏而简便地检测在酵母细胞里表达的两个外源蛋白质之间的相互作用。这篇文章发表以后被引用了 1000 多次，可见其影响之广泛深远。

7.2.1　酵母双杂交技术的原理

酵母转录激活因子 GAL4 具有协助 RNA 聚合酶激活其下游基因转录的功能，这个功能通过两个结构域的协作来完成：N 端结构域（氨基酸 1～147）为 DNA 结合域（DNA binding domain，DBD），具有识别受调控基因启动子中特异 DNA 序列 UAS 的功能；C 端结构域（氨基酸 768～881）为转录激活域（activation domain，AD），具有激活受调控基因转录的功能。在 20 世纪 80 年代已有科学家们发现当利用分子生物学工程手段把 GAL4 分子中连接 DBD 与 AD 这两个结构域的中间片段（氨基酸 148～767）删掉后再通过其他方式把两个结构域连接起来时，所形成的人工复合体依然具有野生 GAL4 的转录激活功能。Fields 和 Song（1989）发现这种连接方式也可以是两个蛋白质之间的相互作用。当我们表达一个与 BD 融合在一起的 X 蛋白和一个与 AD 融合在一起的 Y 蛋白，而且 X 蛋白与 Y 蛋白能够相互作用时，GAL4 的 DNA 结合域与转录激活域就通过这种方式被连接起来而形成了一个具转录激活活性的复合体。这种转录激活活性可以通过一些报告基因的表达来测定（图 7-6）。

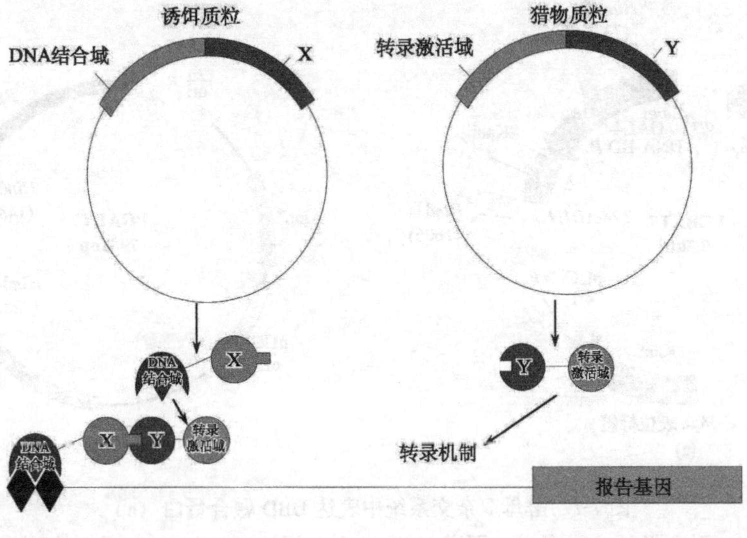

图 7-6　酵母双杂交技术的原理（Clontech 公司的 MatchMaker 系统原理图）

酵母双杂交技术可以被用来检测两个指定蛋白质之间的相互作用，然而真正使它广受欢迎的原因是人们可以利用它来筛选一个在 cDNA 文库里跟某一个指定蛋白质相互作用的已知或未知的蛋白质。在这种情况下，这个指定蛋白质 X 与 DBD 融合在一起，被称为诱饵蛋白（bait）。为了获得更好的特异性和灵敏度，除了原来 GAL4 蛋白的 DBD，较为常用的是来源于细菌 LexA 蛋白的 DBD。同时被筛选的 cDNA 文库里的所有蛋白质［猎物蛋白（prey）］与 GAL4 的 AD 形成融合蛋白。常用的转录激活因子的 AD 有来自于酿酒酵母的 GAL4、来自于单纯疱疹病毒的 VP16 及细菌的 B42。在普遍使用的酵母双杂交系统中，酵母菌株为经过遗传工程修改过的实验室酿酒酵母菌株（*Saccharomyces cerevisiae*），如 HF7 或 L40 等。这些菌株都具有像组氨酸（His-3）、尿嘧啶（Ura-3）、色氨酸（Trp-1）和亮氨酸（Leu-2）等营养缺陷基因型，并带有整合到基因组里的、受 LexA 操纵子调控的 LacZ 和生物合成基因 His 等报告基因。双杂交系统所用的酵母菌株除组氨酸营养缺陷基因型外，还具有其他营养缺陷基因型，这些营养缺陷基因型可以被用来作为其他报告基因的遗传背景（如 Ade-2、Lys-2 或 Ura-3），或作为质粒筛选标记基因的遗传背景（如 Trp-1 和 Leu-2）。BDB-融合蛋白和 AD-融合蛋白通过两个穿梭载体在酵母里进行瞬时表达。十多年来，通过遗传工程产生了许多表达 BDB 和 AD 融合蛋白的载体，近年来许多生物公司生产和出售各类酵母双杂交技术的试剂盒，如 Clontech 的 MatchMaker 系统和 Invitrogen 的 ProQuest 系统中也都包含了各自的融合蛋白载体。这些载体虽然名称不同但实质结构与作用都大同小异，除了前面提到的 BDB 或 AD 结构域和多克隆位点外，一般都带有 pUC ori（或 pBRori）和 2μm ori 以分别保证在细菌与酵母里的复制，抗氨苄西林（ampicillin）和卡那霉素（kanamycin）等抗生素的基因保证在细菌里的筛选，以及 Trp-1 和 Leu-2 等标记基因以保证在酵母里的筛选（图 7-7）。

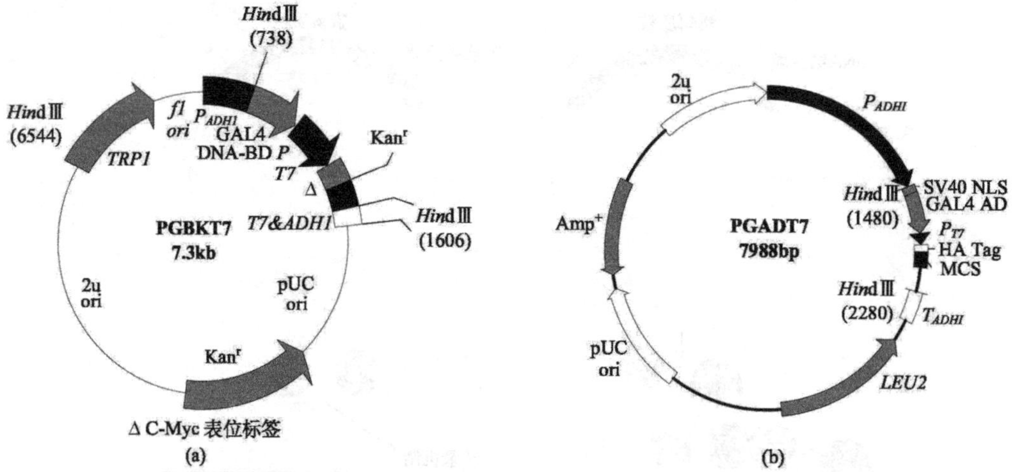

图 7-7　酵母双杂交系统中表达 DBD 融合蛋白（a）
及 AD 融合蛋白（b）的载体图谱（Clontech 公司的 MatchMaker 系统的示意图）

蛋白质相互作用的测定一般通过生长在固体培养基上的酵母菌中 LacZ 编码的半乳糖苷酶活性和营养缺陷型测试来完成。半乳糖苷酶活性可以通过酵母菌在含 X-gal 培养基上的蓝色显色反应来测定，而生物合成基因 *His* 的表达则可以通过营养缺陷型测试来鉴定：*His* 基因的表达使具有组氨酸（His-3）营养缺陷基因型的酵母能在缺乏组氨酸的培养基中生长。在实际操作中，由于 BDB 融合蛋白载体和 AD 融合蛋白载体分别带有 Trp-1 与 Leu-2 筛选标记，所以只有在 His-培养基、Trp-培养基和 Leu-培养基上生长的酵母才是阳性克隆，而阴性克隆则只能在 Trp-培养基、Leu-培养基上生长。

7.2.2　酵母双杂交技术的方法

酵母双杂交系统检测两个指定蛋白质相互作用的过程比较简单，可分为 3 个步骤：①利用分子生物学手段分别构建两个融合蛋白的表达载体；②通过共转化或有性交配的方式在酵母菌里同时表达两个融合蛋白；③报告基因表达的测试。构建融合蛋白表达载体运用的是常见的分子生物学技术，如 PCR 扩增和 DNA 限制性内切核酸酶酶切等，在许多像 Sambrook 与 Russell 的分子克隆实验指南等分子生物学实验手册里都可以查到。

酵母双杂交系统采用化学转化的方法把融合蛋白表达载体导入酵母中，利用这种方法转化酵母的效率比转化细菌的要低，一般不超过 10^6/μgDNA。化学转化实验首先利用 0.1mol/L 乙酸锂对处于对数生长期（OD_{600}＝0.5～1.0）的酵母菌细胞壁进行穿透，然后混合感受态酵母细胞、载体质粒、运载 DNA（如变性修剪的鲑鱼精子 DNA）与 40% 的聚乙烯乙二醇在热激（42℃）的条件下把质粒转入酵母中。

把 BDB 融合蛋白载体和 AD 融合蛋白载体一起转化到酵母里可以通过共转化或顺序转化两种方式来实现。前者把两个质粒的混和物一起同时转化到酵母里；而后者则先转化一个质粒，进行筛选，然后再转化第二个质粒。利用顺序转化的方法会得到较高的共转化效率。一般在检测两个指定蛋白质相互作用的小规模酵母转化实验时都采用共转化方式，若转化效率太低和进行 cDNA 文库筛选实验时则应采用顺序转化的方法。另有一种把两个融合蛋白表达载体导入酵母细胞的方法是，首先把两个载体分别转化到具有不同性别因子（MATa 和 MATα）的单倍体酵母菌里，然后通过两者有性交配融合（mating）的方式来获得。这种方法由于部分地摆脱了酵母转化效率的限制并且在利用不同诱饵蛋白对同一 cDNA 文库进行多次筛选时比较方便，所以目前在 cDNA 文库筛选实验中被广泛采用。

利用酵母双杂交系统对 cDNA 文库进行筛选所涉及的技术与前文提到的大致相同。对 cDNA 文库进行筛选过程的实施大致可分为 4 个步骤：①获得或构建 DBD-融合诱饵蛋白的表达载体及 AD-融合 cDNA 文库；②在酵母里表达 DBD-融合诱饵蛋白及 AD-融合 cDNA 文库；③通过报告基因活性测试筛选阳性克隆分离阳性克隆质粒，测序，鉴别候选蛋白；④检验相互作用特异性。整个过程的详细实验操作步骤在许多实验手册或试剂盒技术说明里均可找到（可能各有微小差异），所以不在这里赘述。接下来本章仅着重介绍此过程中一些应注意的事项。

由于酵母双杂交系统的检测基础是在细胞核里进行的报告基因激活，所以诱饵蛋白的选择和构建主要需要注意两个方面：①诱饵蛋白必须不具备自激活活性，不能是基因转录激活因子，因此在对 cDNA 文库进行筛选之前，必须对诱饵蛋白进行自激活活性测试，即在仅表达诱饵蛋白的酵母里检测报告基因的表达水平；②融合诱饵蛋白必须能够进入细胞核内，所以诱饵蛋白的选择应尽量避免膜蛋白或其他有可能妨碍融合蛋白入核的蛋白，或者可以选择膜蛋白中的可溶性片段作为诱饵。

AD-融合 cDNA 文库可以通过向生物公司（如 Clontech 和 Invitrogen 等）购买获得或自己构建。根据课题的需要，cDNA 文库可以有不同的来源，如生物种类、组织、细胞种类和发育阶段等。cDNA 文库的构建可参考 Sambrook 与 Russell 的分子克隆实验指南。鉴别一个 cDNA 文库质量好坏的一个重要指标是它的代表性和随机性，是指一个 cDNA 文库必须具有一定的克隆数目 N 以保证低丰度 cDNA 在文库里出现的概率 P。两者之间的关系可由下列公式来确定：

$$N = \ln(1 - P)/\ln(1 - 1/n)$$

其中，N 为 cDNA 文库所包含克隆的数目；P 为低丰度 cDNA 存在于文库中的概率；$1/n$ 为任何一种指定的低丰度的 mRNA 占总 mRNA 的分数，要求任何一种低丰度 mRNA 在文库中出现的概率大于 0.99。一般来说，一个好的人类 cDNA 文库的克隆数目不应少于 10^6，以确保它有良好的代表性和随机性。基于同样原理，在一次酵母双杂交筛选实验中，被筛选的克隆数最好不少于 10^6。这个数目也受酵母转化效率的影响，为了保证达到这个标准，在进行交配实验之前必须确定预转化文库的转化效率，以计算每微克文库DNA所能得到的转化子数目，一般在一次好的转化实验中，这个数目应不小于10^5。

经过报告基因活性测试而获得的阳性克隆酵母菌里应含有与诱饵蛋白相互作用的候选目的蛋白。但因为酿酒酵母细胞具有质粒兼容性，在一个阳性克隆酵母菌里可能含有几个表达不同蛋白质的AD-融合蛋白质粒，所以在得到阳性克隆酵母菌后应把AD-融合蛋白质粒抽提出来，转化细菌，抽取质粒，再重新转化酵母，以验证与BDB-融合诱饵蛋白的相互作用。

获得阳性克隆后，它的特异性必须首先通过酵母双杂交系统再次得到验证，可以通过以下几个实验进行验证：①在单独转化阳性克隆的酵母里检测报告基因的活性；②在共转化阳性克隆以及BDB融合蛋白空载体的酵母里检测报告基因的活性；③在共转化阳性克隆以及BDB-无关联蛋白融合蛋白载体的酵母里检测报告基因的活性。其中第二个实验是验证时必需的同时也是较为常用的。

7.2.3 酵母双杂交技术的优点与缺点

相对于传统的研究蛋白质相互作用的生物化学方法，酵母双杂交技术的一个突出优点就是相互作用的检测是在酵母活细胞环境里进行的，这使得检测结果具有更可靠的生理意义。同时由于酵母细胞比高级真核细胞拥有更为简单的结构，以及人们对酵母遗传背景和生理机制较为透彻的了解，在实际操作和方法研究上有较大的简便性、可靠性和发挥空间。另外，运用酵母双杂交技术避免了如GST下拉等体外亲和技术时所必须经过的，在细菌里表达真核细胞蛋白和纯化整个繁复的过程，不需要解决如融合蛋白表达水平过低、可溶性不佳与纯化效率不高等问题。检测结果源于报告基因表达的积累效应，使得酵母双杂交技术具有较高的灵敏性，能够检测到相对微弱或暂时的蛋白质相互作用。酵母菌的使用也使得对cDNA文库进行高通量大规模的筛选成为可能，利用这种筛选方法还可以直接获得阳性克隆的cDNA片段以方便进行后续更深入的蛋白质相互作用与功能的研究。经过十几年的迅速发展，酵母双杂交系统已发展成为一种十分成熟的技术，在市场上可以很容易地找到不同生物公司商业化的各种试剂盒、文库和载体等实验材料。另外，由酵母双杂交系统衍生出了许多相似的技术，其中有针对某种特殊情形的、有某种特殊用途的，也有基于改善酵母双杂交技术的不足之处的，这使人们在需要解决某一具体问题时有不同的选择和方法。

如同所有的技术一样，尽管酵母双杂交系统有令人赞叹的效率、发展过程和对蛋白质研究领域的巨大影响，它也存在着一些缺点和不足之处。首先，一个比较突出的问题是由于诱饵融合蛋白与猎物融合蛋白必须在细胞核内相互作用才能导致报告基因的表达。这就在很大程度上限制了它的应用范围，因为任何完整的膜蛋白都可能无法进入细胞核内与互作伙伴结合。其次，由于诱饵融合蛋白与猎物融合蛋白都是超表达的外源蛋白，它们在酵母细胞里的折叠与翻译后修饰也可能不尽正确和完整，从而会影响它们之间的相互作用，导致出现许多假阳性和假阴性。

7.2.4　酵母双杂交系统中的假阳性和假阴性

在酵母双杂交筛选中经常会出现一些假阳性克隆，这些本来不应该出现的，或并非实验者期望得到的“阳性克隆”可能来自于如前文所述的特定的技术条件限制，有些则似乎是不可避免的。第一类假阳性克隆是那些所谓的黏性蛋白（sticky protein），它们几乎出现于每一次酵母双杂交筛选并在阳性克隆中占一定的比例。这些蛋白质往往是一些分子伴侣/热激蛋白、核糖体蛋白和蛋白酶体亚单位，可以与大多数蛋白质尤其是折叠不太正确的蛋白质或融合蛋白相互作用，但在大多数情况下这些蛋白质都不是实验者所希望得到的。第二类假阳性克隆是一些非实义克隆，是指那些有着错误读码框的cDNA克隆。这里所说的错误读码框是指AD结构域以后的cDNA的读码框，而并非整个AD-cDNA的重组DNA的读码框。这些克隆一般是在AD-cDNA文库构建时出现的一些赝品（artifact）。由于读码框的改变，理论上这样的重组DNA翻译得到的融合蛋白应与有正确读码框的重组DNA翻译得到的融合蛋白不符。不过值得注意的是，有时这样的假阳性克隆也有可能是真阳性克隆。笔者曾经在不止一次的筛选中得到过与同一cDNA的正确和错误读码框相对应的不同cDNA片段，通过进一步的确认证明了具正确读码框的cDNA克隆为真阳性克隆，说明具有错误读码框的cDNA也可能翻译正确序列的蛋白质，这种情况可能来源于酵母菌里蛋白质合成过程中产生的移码现象。第三类假阳性克隆就是上面提到的具有自激活活性的克隆，这类蛋白质必须同时具有激活转录因子的活性以及识别LexA操纵子的能力，比较少见。第四类假阳性克隆是由于错定位而与诱饵蛋白相互作用的蛋白质，就是说在正常生理条件下两个蛋白质不可能定位在同一个地方，因而不可能发生相互作用。

除了假阳性，酵母双杂交系统里也会有假阴性，是指与诱饵蛋白应存在相互作用的，但在筛选过程中被漏掉或没有被筛选出来的候选蛋白。这些蛋白质包括：①不在被筛选的cDNA库里的或极低丰度的cDNA克隆；②对酵母菌生长有毒性因而不能表达的蛋白质；③不能被正确定位到酵母细胞核里的蛋白质；④折叠或翻译后修饰不正确、不完整的蛋白质。

7.2.5　酵母双杂交系统的衍生（扩展）技术

7.2.5.1　反向酵母双杂交技术

反向酵母双杂交技术（reverse yeast two hybrid）利用*URA3*作为报告基因。*URA3*基因所编码的蛋白质是乳清酸核苷5′-磷酸脱羧酶（ODCase）。在培养基里加入5′-氟乳清酸的情况下，5′-氟乳清酸在ODCase的作用下被转变为对酵母菌有毒的代谢产物5′-氟尿嘧啶，因而阻碍酵母菌的生长。这就形成了一个与经典的酵母双杂交系统相反的负性筛选系统：当BDB-融合蛋白与AD-融合蛋白不存在相互作用时，*URA3*不表达，酵母菌能在培养基里生长；当BDB-融合蛋白与AD-融合蛋白存在相互作用时，*URA3*表达，酵母菌不能在培养基里生长。这个系统可以被用来鉴别或验证一些影响蛋白质相互作用的因素，如用来筛选影响相互作用能力的突变体（Vidal et al.，1996a）。

7.2.5.2 酵母单杂交技术

酵母单杂交技术（yeast one hybrid）可被用来筛选鉴定与特定的靶 DNA 序列相互作用的蛋白质（Vidal et al.，1996b）。与酵母双杂交系统相比，单杂交系统用靶 DNA 序列代替了报告基因启动子中 LexA 或 GAL4 操纵子结合 BD 的位点序列，因此不再需要 BD 融合蛋白。用这样一个系统筛选一个 AD-cDNA 文库，可以筛选出能与靶 DNA 序列相互作用的蛋白质（图 7-8）。

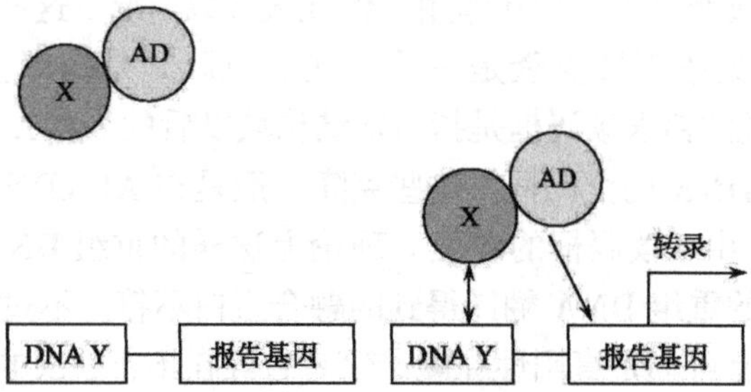

图 7-8 酵母单杂交原理图

7.2.5.3 细菌双杂交技术

继酵母双杂交系统之后，许多建立在细菌里的双杂交系统也纷纷问世，如基于征募 RNA 聚合酶（RNAP）的转录激活系统（ Dove and Hochschild，2004；Joung et al.，2000；Dove et al.，1997)、利用 λ 噬菌体抑制剂（λcI）的转录抑制系统（Hu et al.，2000)、基于小鼠二氢叶酸还原酶片段互补的双杂交系统（Pelletier et al.，1998）及基于腺甘酸环化酶信号级联反应重建的双杂交系统（Karimova et al.，1998)。但与酵母双杂交系统相比，大多数细菌双杂交系统都不广为人知，得不到广泛的推广和应用。相对于酵母，利用细菌来建立双杂交系统有一定的优势，最突出的是细菌生长速度更快，具有更高的转化效率，因此可以保证更高通量的文库筛选。另外，由于细菌里没有细胞核结构，因此避免了酵母双杂交系统里核定位的问题。然而在细菌里，真核细胞蛋白质不能得到正确的翻译后修饰并且由此而影响其正确折叠，这也许正是妨碍细菌双杂交系统更受重视和欢迎的主要因素。

7.2.5.4 酵母三杂交技术

在某些情况下，两个蛋白质间的相互作用需要其他分子的参与，这些分子可以是蛋白质、多肽或 RNA。三杂交系统（three hybrid system）正是一种用来鉴别和分离这些能够介导两个蛋白质间相互作用的分子的衍生技术，其原理是建立在酵母双杂交之上的。简单地说，它只是在同时表达 BDB-融合蛋白和 AD-融合蛋白的酵母菌里表达第三个分子，看它是否能够起到桥梁的作用以介导两个融合蛋白的相互作用。例如，小配体三杂交系统（small ligand three-hybrid system）是利用可以渗透的二聚体化学诱导物作桥梁将 AD 融合蛋白和 BD 融合蛋白连接到一起，激活报告基因的表达（图 7-9）。

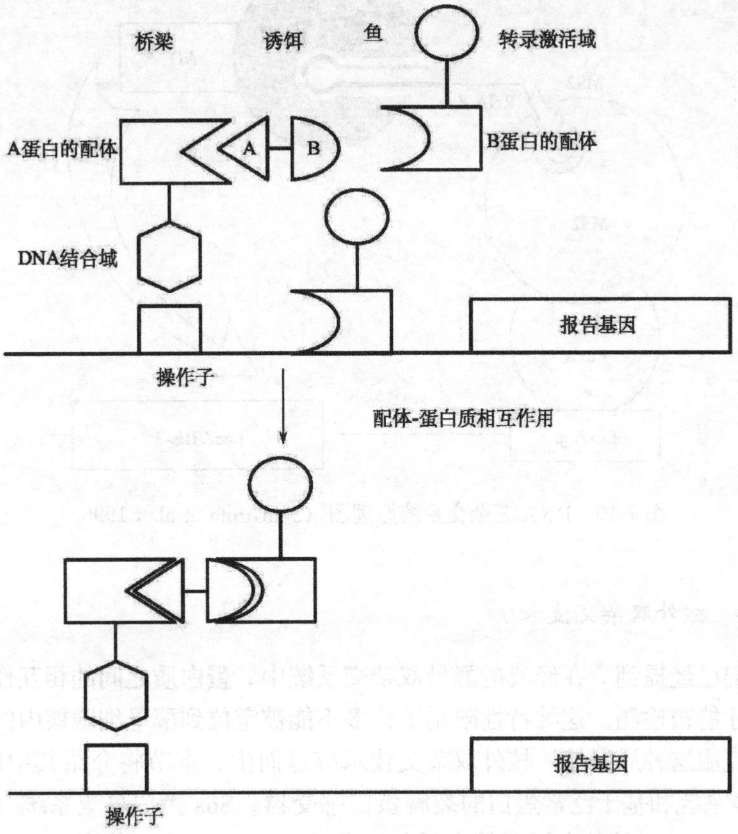

图 7-9　小配体三杂交系统原理图（Licitra and Liu，1996）

Licitra 和 Liu（1996）把 FK506 与地米塞松（dexamethasone）通过共价键连接成异二聚体。然后利用这个系统筛选出与 FK506 有特异性相互作用的蛋白质，证明这种方法鉴定蛋白质与小分子间的相互作用的可行性。

另一个 RNA 三杂交系统（RNA three-hybrid system）用于检测 RNA 与蛋白质之间的相互作用。与前面的小配体三杂交系统相比，这个系统利用一个 RNA 分子来代替小配体二聚体。此 RNA 可以是一个天然的 RNA 分子，也可以是一个由重组 DNA 转录而来的杂交 RNA，它的一部分与一个已知蛋白质结合，另一部分可以被用来筛选新的 RNA 结合蛋白。因此这种技术既可以检测由 RNA 介导的两个蛋白质之间的相互作用，也可以筛选鉴定新的 RNA 结合蛋白。SenGupta 等（1996）利用 RNA 噬菌体衣壳蛋白能识别结合其基因组内一种 RNA 茎环结构（RNA X）的特性，将 RNA 噬菌体衣壳蛋白与 LexA 融合，构建成可用于寻找与 RNA 相互作用的蛋白 Y 的酵母三杂交系统（图 7-10）。

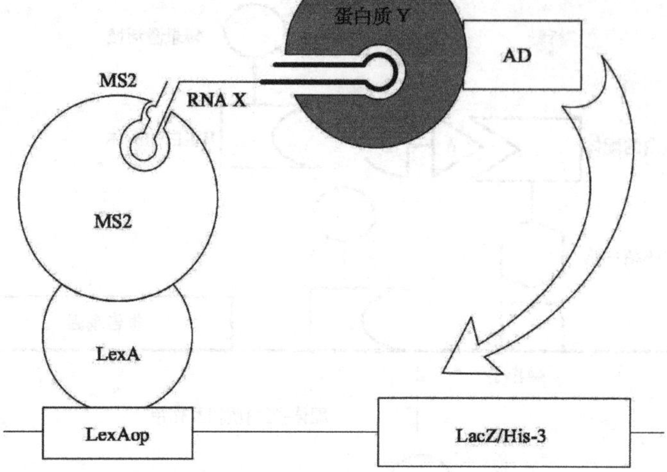

图 7-10　RNA 三杂交系统原理图（SenGupta et al.，1996）

7.2.5.5　核外双杂交技术

前文我们已经提到，在经典的酵母双杂交系统中，蛋白质之间的相互作用必须在细胞核内发生才能被检测。这种特性限制了许多不能被定位到酵母细胞核内的蛋白质相互作用。为了克服这种局限性，核外双杂交技术应运而生。本节将介绍其中的两个代表：Sos 蛋白募集系统和基于泛素蛋白的裂解蛋白感受器。Sos 蛋白募集系统（Sos recruitment system，SRS）的基本原理是将两个待测蛋白 X 和蛋白 Y 分别与哺乳动物细胞的一种鸟苷酸交换因子 Sos 蛋白以及与锚定在细胞膜上的 Src 肉豆蔻烯化信号蛋白融合，并在一种 *cdc25-2* 基因温度敏感型突变的酵母菌株内共表达。由于该菌株中 *cdc25-2* 基因编码的 EGF 蛋白在 36℃条件下不能激活细胞膜上的 Ras 蛋白，细胞无法在 36℃条件下生长。但如果待测蛋白 X 与蛋白 Y 之间发生相互作用就能把 Sos 蛋白招募到细胞膜上并激活附近的 Ras 蛋白，从而激活 Ras 途径，使该酵母能够在 36℃条件下生长（图 7-11）。

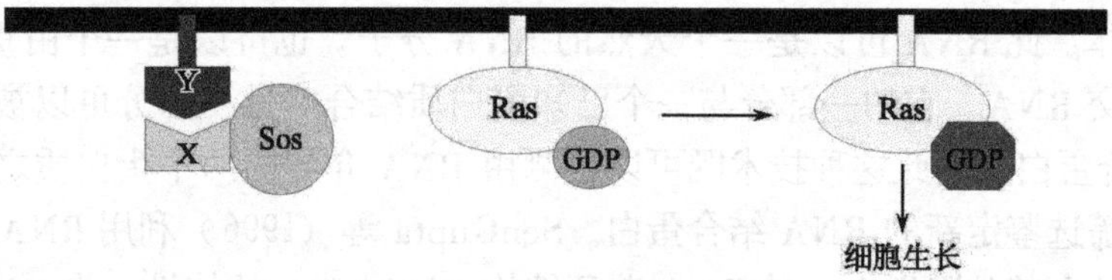

图 7-11　Sos 蛋白募集系统原理图

Aronheim 等（1997）利用此技术鉴别到了一个与 c-Jun 相互作用的 AP-1 抑制因子 JDP2。

基于泛素蛋白的裂解蛋白感受器（ubiquitin-based split protein sensor，USPS）的原理是建立在这样一个事实的基础上：即真核细胞中泛素蛋白与它的底物之间新生成的融合蛋白会被泛素蛋白的特异蛋白酶 UBPS 迅速切开，而这种切割只有当泛素蛋白正确折叠时才会发生。前期研究表明，泛素蛋白基因的 N 端和 C 端即使分开，只要在同一个细胞内共表达，它们仍能正确折叠。然而在此系统中，泛素蛋白 N 端片段带有妨碍其与 C 端正确折叠的点突变。如果将待测蛋白 X 与之融合，再将待测蛋白 Y 与下游接有报告蛋白的正常泛素蛋白 C 端片段融合，并使它们共表达于同一个细胞内。在待测蛋白 X 与蛋白 Y 不存在相互作用的情况下，泛素蛋白 N 端与 C 端片段之间不能自然形成正确的折叠。只有当蛋白 X 和蛋白 Y 之间发生相互作用时才能克服点突变的影响，使泛素蛋白的两端形成正确折叠，从而导致 UBPS 切除与 C 端片段连接的报告蛋白。在不同的系统变种中，与 C 端片段连接的报告蛋白可以是二氢叶酸还原酶（Johnsson and Varshavsky，1994），然后通过检测酶活性来鉴定蛋白质相互作用；也可以是重组转录激活因子 LexA-VP16。后者被从泛素蛋白 C 端片段切下之后会进入细胞核内激活特定的报告基因，如 LacZ 和 His3 等（Laser et al.，2000）。

7.3　免疫共沉淀技术

免疫共沉淀（co-immunoprecipitation，CO-IP）技术以抗体和抗原的专一性免疫亲和作用为基础，是研究蛋白质-蛋白质相互作用的经典方法，也是确定两种蛋白质在细胞生理环境内相互作用的有效方法。由于细胞内蛋白质-蛋白质相互作用受多种因素影响，所以没有一种方案或实验条件适用于所有免疫共沉淀实验，在多数情况下都需要通过不同条件的摸索和试探来确定合适的实验条件。本节内容的目的在于介绍免疫共沉淀技术的基本原理，以及操作流程过程中的关键注意事项以备读者选用合适的实验方案。

7.3.1　免疫共沉淀技术的基本原理

与体外亲和层析技术相似，免疫共沉淀技术是建立在通过免疫沉淀技术（immunoprecipitation，IP）对特定靶蛋白纯化反应的基础上的。IP 被广泛用来进行抗原蛋白质的检测和纯化。IP 的原理是利用抗原蛋白质与抗体（包括单克隆抗体和多克隆抗体）特异性结合形成免疫复合物，并利用细菌蛋白质的“A 蛋白/G 蛋白”（protein A/G）可以特异性结合到抗体（免疫球蛋白）的 Fc 片段来完成的（图 7-12）。目前实验室经常使用的“Protein A/G”，生产公司已经预先将其稳定结合在琼脂糖磁珠上，利用其具有较大的质量，能够采用离心的方法从细胞裂解液的混合物中分离出抗原-抗体-Protein A/G 琼脂糖磁珠复合物，这些免疫复合物的成分可以使用 SDS-PAGE 进行分离，通过蛋白质印迹法检测鉴定抗原的成分。

对于免疫共沉淀来说，其操作过程基本与 IP 类似，不同的是，在免疫共沉淀实验中，裂解液中与靶抗原结合的其他蛋白质也会一起被捕获下来。当细胞在非变性条件下进行裂解时，细胞内完整存在的许多蛋白质-蛋白质的相互作用会被保留下来。如果使用蛋白质 X 的抗体进行免疫沉淀蛋白质 X，那么与蛋白质 X 在体内结合的蛋白质 Y 也

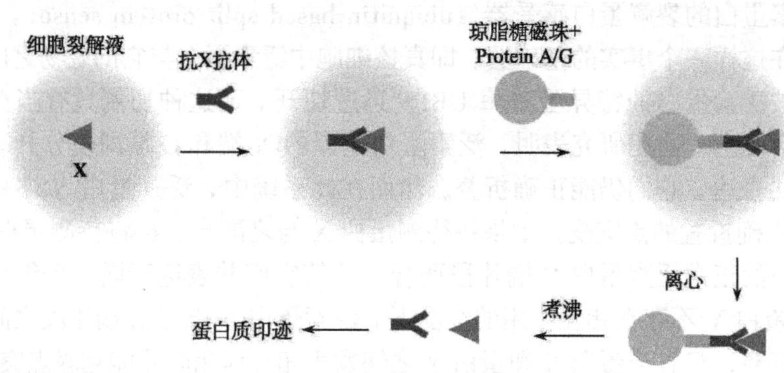

图 7-12 IP 作用过程示意图

同时被沉淀下来（图 7-13），蛋白质 Y 的沉淀是基于与蛋白质 X 的物理性相互作用实现的，所以称为免疫共沉淀。这种方法常用于测定两种目标蛋白质是否在体内存在相互作用、在体内结合，也可用来确定所选特定蛋白质的新的作用伙伴。

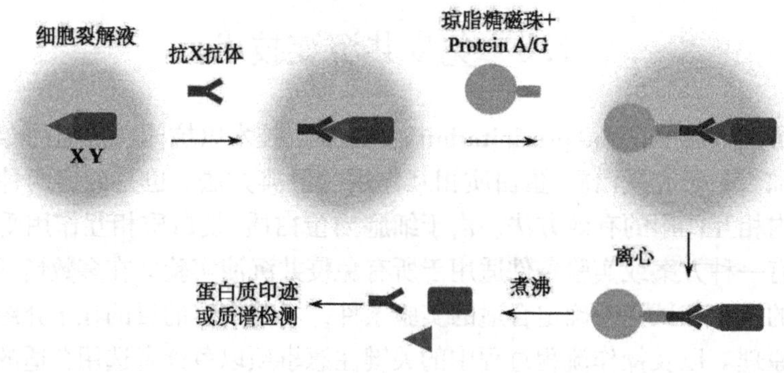

图 7-13 CO-IP 作用过程示意图

如果实验的目的是为了检测两种已知的蛋白质是否在体内存在相互作用，则第二种蛋白质利用其抗体通过蛋白质印迹法进行检测；如果实验目的是发现新的结合伙伴，可以通过直接对胶上蛋白质进行染色来确定，或通过二维电泳、质谱等技术鉴定分离得到的蛋白质。

7.3.2 A 蛋白和 G 蛋白

A 蛋白（protein A）：由金黄色葡萄球菌产生的一种细胞壁成分，天然 Protein A 的分子质量为 42kDa，含有 4 个免疫球蛋白 Fc 片段结合位点，其中 2 个具有活性。而实验用来纯化抗体的 A 蛋白，一般为重组的 Protein A，含有 4 个免疫球蛋白 Fc 片段的结合位点。

G 蛋白（protein G）：由链球菌产生的一种细胞壁成分，能够结合多种免疫球蛋白的 Fc 片段。Protein G 对不同种属的免疫球蛋白或同一种属不同类型的免疫球蛋白亲和力不同。

Protein A 和 Protein G 对不同种属的免疫球蛋白的亲和力如表 7-2 所示，实验者可以根据自己所使用的抗体类型选择合适的 Protein A 或 Protein G。否则目前市场上也可购买到混合型的 Protein A /G 琼脂糖珠以保证结合不同类型抗体的效率。

表 7-2　Protein A 和 Protein G 对不同种属 Ig 的亲和力对比

Ig 种属、亚型	Protein A	Protein G
人类 IgG1	++++	++++
人类 IgG2	++++	++++
人类 IgG3	—	++++
人类 IgG4	++++	++++
人类 IgA	++	—
人类 IgD	++	—
人类 IgE	++	—
人类 IgM	++	—
小鼠 IgG1	+	++++
小鼠 IgG2a	++++	++++
小鼠 IgG2b	+++	+++
小鼠 IgG3	++	+++
小鼠 IgM	+/—	—
大鼠 IgG1	—	+
大鼠 IgG2a	—	++++
大鼠 IgG2b	—	++
大鼠 IgG2c	+	++
大鼠 IgM	+/—	—
兔子 Ig	++++	+++
仓鼠 Ig	+	++
天竺鼠 Ig	++++	++
牛 Ig	++	++++
羊 Ig	+/—	++
山羊 Ig	+/—	++
猪 Ig	+++	+++
鸡 Ig	—	+

7.3.3　免疫共沉淀实验结果的特异性与真实性

对免疫共沉淀实验结果的真实性进行验证时，主要考虑下面几点：①共沉淀下来的蛋白质是因为加入了抗原蛋白的抗体而得到的，使用单克隆抗体帮助减少污染发生的可能性。②抗体的特异性问题，设置对照，在抗原蛋白不表达的细胞裂解液中添加抗体后不引起共沉淀的发生。③蛋白质间的相互作用是发生在细胞中，而不是由于细胞的裂解过程引起的，这个干扰的排除需要结合蛋白质的定位实验（Hammond and Cech，1998）。

7.3.4　免疫共沉淀实验的关键注意事项

7.3.4.1　细胞裂解条件

正确选择细胞的裂解液对免疫共沉淀实验的成败具有决定性作用，细胞裂解液的成分是决定细胞裂解强度的关键因素。细胞裂解液成分的搭配应满足如下的平衡。一方面裂解液的强度应足够大，以保证细胞或组织能够充分裂解，以及保证释放蛋白质的复合体形式。如果裂解液的强度不够，则会导致可溶性蛋白浓度过低，或目的蛋白仍与其他的细胞结构或蛋白质结合，封闭了目的蛋白的抗原决定簇，严重影响其与抗体的结合。另一方面裂解液的裂解强度不能太大，防止解离了待测的蛋白质复合体影响结果。这里有一个基本的原则，即应选用比较温和的裂解液强度。

选择细胞裂解液成分时，应考虑以下两个方面的因素：第一，变性剂的种类和浓度，在免疫共沉淀实验中一般采用比较温和的非离子型变性剂（一般为低于 1% 的 NP-40 或 Triton X-100），适当配合低浓度的离子型变性剂，如低于 0.2% 的 SDS 和0.5%～1% 的 DOC（sodium deoxycholate）；第二，裂解液中的盐离子浓度。一般裂解液里采用的盐离子是 120～1000mmol/L 的 NaCl 或 KCl。盐浓度越高则裂解强度越大。每次实验的裂解条件都可能不一样，需要通过预实验来确定。最后需要注意的是细胞裂解液中必须加蛋白酶抑制剂防止蛋白质水解，常用的蛋白酶抑制剂如表 7-3 所示。

表 7-3　常用的蛋白酶抑制剂

蛋白酶抑制剂种类	功能
PMSF	抑制丝氨酸蛋白酶（如胰凝乳蛋白酶、胰蛋白酶、凝血酶）和巯基蛋白酶（如木瓜蛋白酶）
EDTA	抑制金属蛋白水解酶
胃蛋白酶抑制剂（pepstatin）	抑制酸性蛋白酶，如胃蛋白酶、血管紧张肽原酶、组织蛋白酶 D 和凝乳酶
抑蛋白酶肽（leupeptin）	抑制丝氨酸和巯基蛋白酶，如木瓜蛋白酶、血浆酶和组织蛋白酶 B
胰蛋白酶抑制剂（aprotinin）	抑制丝氨酸蛋白酶，如血浆酶、血管舒缓素、胰蛋白酶和胰凝乳蛋白酶
蛋白酶抑制剂（Cocktail SetI）	广谱蛋白酶抑制剂（MERCK 公司）

7.3.4.2　对抗体的要求

多抗与抗原具有相对较高的亲和性，多抗的多个结合位点有助于抗原抗体形成稳定的免疫复合物。单抗特异性好，但亲和力相对较差，当其与抗原的亲和力小于一定程度时，这种单抗即不能用于免疫共沉淀技术，所以，并不是所有的单抗都适用于免疫共沉淀检测。使用抗体前应仔细检查抗体的说明书，避免发生以上的问题。

如果检测细胞内源性的蛋白质-蛋白质相互作用时，必须使用对照抗体，对照抗体可以是和试验用的抗体同种属的 IgG（常用），或同种属的另一类单抗。这里，建议对照抗体的使用量（μg）应和实验用抗体的量一致，这可以通过查看抗体的浓度确定或通过预实验来确定。

7.3.4.3　预洗的必要性

进行共沉淀之前，在细胞裂解液中加入 Protein A/G 琼脂糖磁珠和对照 IgG 预洗细胞裂解液，目的是为了去除与抗体和磁珠具有非特异性结合的蛋白质，降低背景。在进行蛋白质印迹法检测时，可以用全细胞裂解液作为对照，检查共沉淀的效率。在涉及琼脂糖磁珠的操作时，建议使用剪掉移液枪头的尖端，这样方便于对琼脂糖磁珠进行取样同时也减少对它们的损伤。

7.3.4.4　抗体重链和轻链的干扰问题

在共沉淀过程中，一般都存在多个蛋白质和靶抗原一起被捕获沉淀下来的情况。免疫复合物经过煮沸变性后，用来沉淀的抗体的重链（50kDa）和轻链（25kDa）也出现在变性的混合物中，如图 7-13 所示中的 X 抗体的重链和轻链，这些混合物在经过 SDS-PAGE 电泳分离后，抗体的重链和轻链也会出现在 SDS-PAGE 胶中，所以会干扰其他被沉淀下来的蛋白质的检测。

一个解决方法是，用来沉淀的抗体和进行蛋白质印迹法检测的抗体选用不同的种属。例如，用来沉淀 X 蛋白的抗体种属为鼠源（图 7-13），免疫共沉淀后，进行蛋白质印迹法检测时，检测 X 蛋白或 Y 蛋白的种属应选用非鼠源的（如兔源），这样，检测 X 蛋白或 Y 蛋白的二抗（抗兔的二抗）将检测不到用来做共沉淀的 X 蛋白的重链和轻链，排除了其的干扰。

另外，目前出现的多种形式的二抗，也可以用来解决这个干扰问题。例如，有些二抗只识别 IgG 的天然形式，而不识别变性的或简化的 IgG 重链和轻链；有些二抗只识别 IgG 的轻链，不管是天然形式还是变性形式的轻链，但不识别任何形式的重链，这种二抗可以排除重链的干扰。

7.3.5　免疫共沉淀技术的优点与不足

免疫共沉淀技术有以下几个优点：①免疫共沉淀技术所研究的蛋白质均是在细胞内经过正确翻译修饰后的天然蛋白质，能够真实反映正常生理条件下蛋白质-蛋白质间的相互作用；②在非变性条件下裂解细胞，细胞内存在的完整蛋白质-蛋白质间的结合被保持下来，因此能够反映生理条件下相关蛋白质的相互作用；③蛋白质的相互作用在生理状态下进行，避免了人为因素的影响，所以分离得到的是天然状态的蛋白质相互作用复合物（Chen and Liu，2009）。

但是，这种方法也有其局限性：①所检测得到的两种蛋白质的结合可能是非直接的，而是借助第三者在中间所起的桥梁作用进行结合的；② 可能检测不到瞬时的或低亲和力蛋白质-蛋白质相互作用；③该方法高度依赖于所使用的针对目标蛋白的抗体，若使用纯度和亲和性不高的抗体则会影响所捕获目的蛋白的效率及检测的背景，也容易造成假阳性的实验结果，设置正确的对照非常重要；④与蛋白质亲和层析相比，免疫共沉淀技术的灵敏度不高，一般是因为免疫共沉淀的抗原浓度低于亲和层析中的蛋白质浓度所引起的，而目的抗原只有达到一定浓度才能与抗体结合形成沉淀复合物（Hammond and Cech，1998）。

蛋白质相互作用的研究方法有多种，并在不断地改进和发展过程中。每种技术都有其优缺点，研究者需要根据自己的实验目的选择合适的研究方法。蛋白质相互作用的研究容易出现假阳性和假阴性的实验结果，所以同时选择两种以上的研究方法对实验结果进行充分验证非常必要（Hammond and Cech，1998）。

7.4 GST 融合蛋白沉降技术

Kaelin 等（1991）首次运用了 GST 沉降技术（又译为 GST 下拉），他们将成视网膜细胞瘤基因产物（retinoblastoma gene product，pRB）中的 T/ElA 结合区域与日本血吸虫谷胱甘肽-*S*-转移酶（glutathione-*S*-transferase，GST）构建成融合蛋白，并根据 GST 与谷胱甘肽结合的原理，在许多人类肿瘤细胞裂解液中有效的分离出了能与 pRB 相互作用的多种细胞内蛋白质。Orlinick 和 Chao（1996）将鼠源 Fas 抗原的细胞内序列与 GST 构建成融合蛋白，在肿瘤细胞裂解液中检测出 3 种能与 Fas 相互作用的蛋白质，自此以来，GST 沉降技术被广泛采用，成为研究蛋白质相互作用的常规技术（Grgurevich et al.，1999；Hunter et al.，1999；Sun et al.，1999；Posern et al.，1998）。

7.4.1 GST 融合蛋白沉降技术原理

谷胱甘肽是由甘氨酸、半胱氨酸和谷氨酸结合而组成的三肽。其中，半胱氨酸上的巯基为活性基团，易脱氢被氧化，故谷胱甘肽常简写为 GSH（Nicolet，1930）。谷胱甘肽有还原型（GSH）和氧化型（G-S-S-G）两种形式，在生理条件下绝大多数谷胱甘肽以还原型的形式存在，见图 7-14。

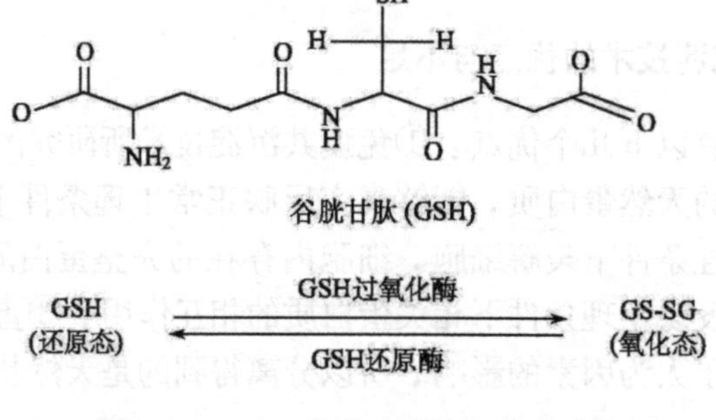

图 7-14　GSH 分子式及体内存在形式

人类肝细胞含丰富的谷胱甘肽-*S*-转移酶（glutathione-*S*-transferase，GST）。主要以分子质量约为 58.5kDa 的二聚体形式存在于肝细胞质、内质网及线粒体。GST 具有多种同工酶，催化谷胱甘肽发生结合反应，形成硫醚氨酸，见图 7-15。

$$\text{GSH-SH+CDNB} \xrightarrow{\text{GST}} \text{GSH-S-CDNB}$$

CDNB:1-氯-2, 4-二硝基苯

图 7-15　GSH 与 GST 的反应方程式

细菌表达的 GST 融合蛋白主要用于蛋白质的表达与亲和纯化，也可以将 GST 融合蛋白作为探针，与溶液中的特异性搭档蛋白结合，然后根据谷胱甘肽琼脂糖球珠能够沉淀 GST 融合蛋白的能力来确定相互作用的蛋白质，该方法只用于确定体外的蛋白质相互作用，在蛋白质相互作用研究中有很广泛的应用。

GST 沉降技术的主要操作流程如图 7-16 所示，首先构建靶蛋白-GST 的表达质粒，导入细菌或细胞中表达出相应的靶蛋白-GST 融合蛋白，提取该融合蛋白，然后将其固定在谷胱甘肽亲和树脂上充当诱饵蛋白，将含有目的蛋白的溶液过柱，利用亲和层析原理纯化目的蛋白，从而在目的蛋白溶液中捕获与之相互作用的猎物蛋白（目的蛋白），然后通过蛋白质印迹法鉴定两种蛋白质间的相互作用或筛选相应的目的蛋白。诱饵蛋白和猎物蛋白均可通过细胞裂解物、纯化的蛋白质、表达系统及体外转录翻译系统等方法获得。

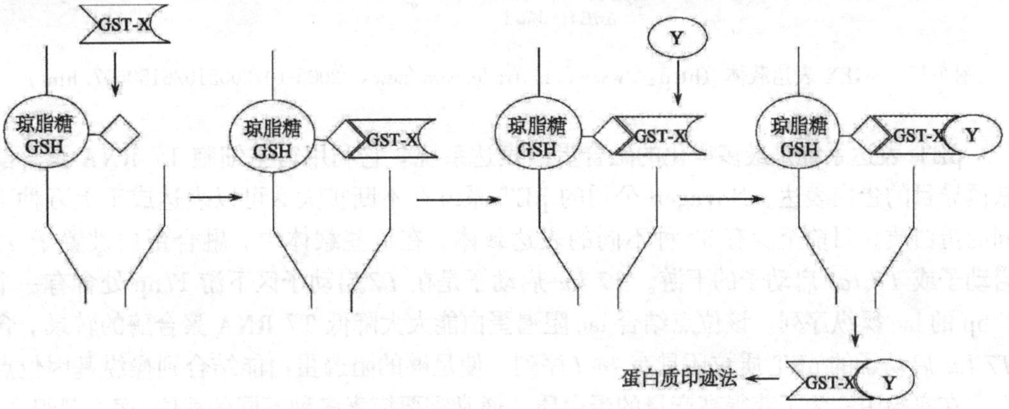

图 7-16　GST 融合蛋白沉降技术的主要操作流程示意图

7.4.2　GST 融合蛋白沉降技术中的关键技术

下面我们将概述常规克隆、表达和纯化 GST 融合蛋白及 Pull down 实验中涉及的方法，然后介绍可能遇到的问题、原因和解决办法。

7.4.2.1　构建融合蛋白的载体

1) pGEX 表达系统和 pET 表达系统

pGEX 表达载体常用来构建在细菌中表达 GST 标签的融合蛋白，具有许多原核表达载体的特点：*E. coli* pBR 322 的复制起始区、氨苄西林抗性基因（Amp^r）、大肠杆菌本身的聚合酶（不需要 T7 RNA 聚合酶）、受 *lac* 抑制子（$lacI^q$）抑制而保持关闭状态的强启动子 *Tac*。加入非水解性乳糖类似物——IPTG，可以失活 *lac* 抑制子，从而激活 *Tac* 启动子。*GST* 基因位于启动子下游，然后是多克隆位点（multiple cloning site，MCS），含有许多常用的限制性酶切位点，可插入感兴趣的 cDNA（图 7-17）。

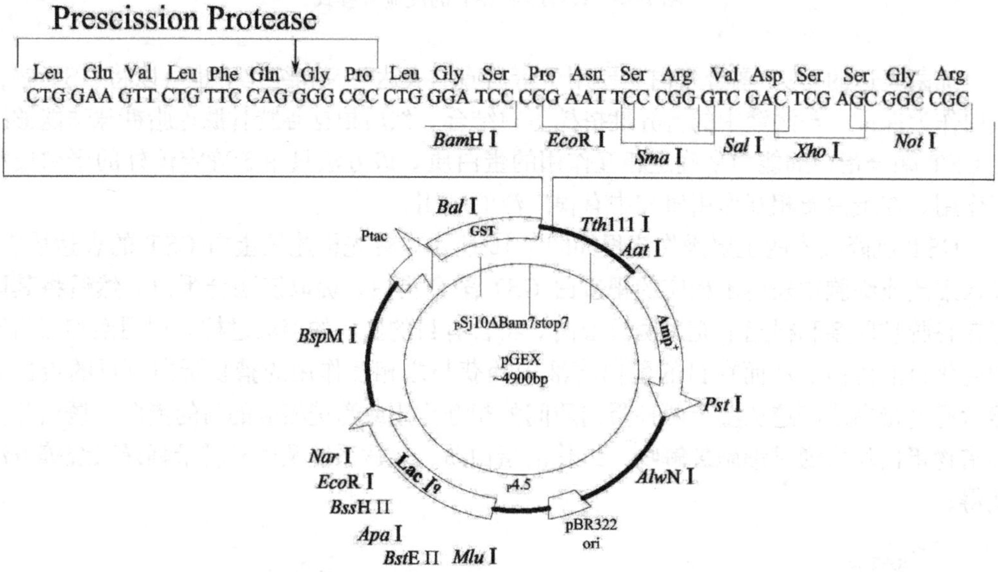

图 7-17　pGEX 表达载体（http://www.ebiotrade.com/newsf/2005-10/20051026150607.htm）

pET 表达系统是最多样化的融合蛋白表达系统，它利用宿主细胞 T7 RNA 聚合酶来诱导目的蛋白表达。Novagen 公司的 pET 系统在不断扩大，可以表达成千上万种不同的蛋白质。目前至少有 33 种不同的表达载体，在这些载体中，融合蛋白被置于 *T7* 启动子或 *T7 lac* 启动子的下游。*T7 lac* 启动子是在 *T7* 启动子区下游 17bp 处含有一个 25bp 的 lac 操纵序列。该位点结合 lac 阻遏蛋白能大大降低 T7 RNA 聚合酶的转录，含 *T7 lac* 启动子的 pET 质粒还具有 *lacI* 序列，使足够的阻遏蛋白能结合到操纵基因位点上。在实验中，为了获得高产量的蛋白质，通常需要摸索多种不同的载体/宿主菌组合。同时 pET 表达系统还提供了多种标签系统，如高可溶性的 N 端 Nus · Tag 和 GST · Tag 融合标签、上游的 His · Tag 和 S · Tag 融合标签、C 端的 HSV · Tag 和 His · Tag 融合标签等。这些载体在 5′端标签和目标序列之间含有凝血酶、因子 Xa 或肠激酶等蛋白酶酶切位点，可在纯化后选择性去除一个或多个标签。目标蛋白的表达与纯化没有单一策略或条件，所以进行优化是必要的。

2）克隆策略

通过 PCR 等传统的分子生物学方法（Albert et al.，2007）把感兴趣目的蛋白的 cDNA 插入表达载体，插入的 cDNA 必须与 GST 基因具有相同的读码框，可通过 DNA 测序确认所构建质粒的正确性。

7.4.2.2 表达纯化融合蛋白

成功构建和验证表达载体后，则需将构建的载体转化到合适的细菌宿主中进行表达。常用来表达蛋白质的 *E. coli* 系细菌为 BL21 (DE3) pLys。此菌株带有表达 T7 溶菌酶基因的质粒 pLys，T7 溶菌酶是 T7 RNA 聚合酶的天然抑制物，能减少融合蛋白的背景表达水平，但不影响 IPTG 的诱导。DE3 是一种整合在细菌基因组上的携带 T7 RNA 聚合酶基因和 *lacI* 基因的 λ 噬菌体，因此该菌能表达受 *T7* 启动子控制的融合蛋白，如 pET 载体。DE3 噬菌体在 IPTG 未诱导时便有一定程度的 T7 RNA 聚合酶的表达，而 pLys 质粒表达 T7 溶菌酶抑制 T7 RNA 聚合酶，降低其在未诱导细胞中转录目的基因的能力；IPTG 诱导后，*lac* 抑制子失活，宿主细胞表达大量的 T7 RNA 聚合酶，从而激活 *T7* 启动子诱导目的基因的表达（图 7-18）。

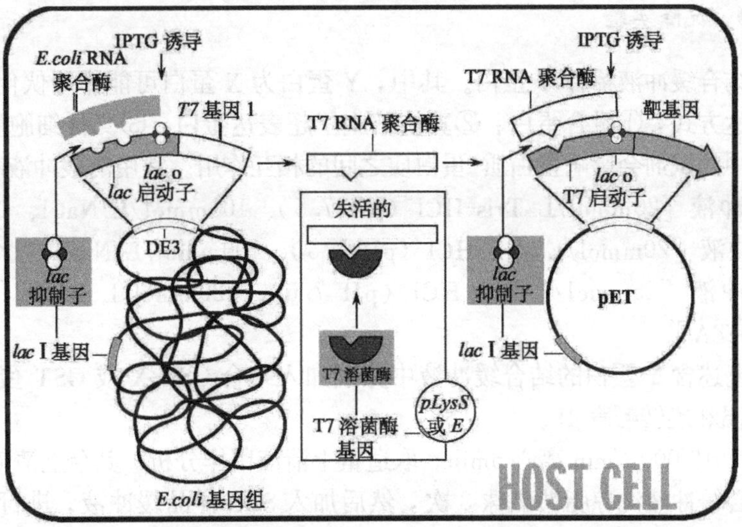

图 7-18 BL21 (DE3) pLys 表达菌株（http://ask.bbioo.com/ask/show-609.html）

1）转化和诱导蛋白质表达

(1) 用标准的分子生物学方法（Albert et al.，2007）转化表达载体进入 *E. coli* 菌系，然后把菌液涂布于含 Amp 的筛选平板上，正面向上放 30min，待菌液完全吸收后倒置培养皿，37℃培养过夜。

(2) 第二天（生长 12～16h 后）随机挑取单克隆菌落，接种到含 Amp 的 LB 液体培养基中 37℃振荡培养 12～16h。

(3) 生长 12～16h 后，取适量菌液按 1：50 转接于含 Amp 的 LB 液体培养基中，37℃培养至 OD 值为 0.6～0.8，加入终浓度为 0.1～0.5mmol/L 的 IPTG 37℃振荡培养 3～4h 或室温下振荡培养过夜，并设 IPTG 未诱导对照组。离心收集 1.5ml 菌液，进行 SDS-PAGE 表达分析。

2）蛋白质提取

(1) 4℃、8000r/min 离心 15min，收集细菌培养液。

(2) 弃去上清，约每克湿菌重加 3ml 预冷的溶菌酶裂解缓冲液，重悬沉淀，超声裂菌。4℃、15 000r/min 离心 15min，将上清液和沉淀分别保留。

(3) 在 *E. coli* 上清液中加入适量的谷胱甘肽-琼脂糖匀浆（含 50% 填充液，已用裂解缓冲液预冲洗过），然后在 4℃下混匀 1h 以上。每毫升谷胱甘肽-琼脂糖匀浆（含 50% 填充液）约能结合 10mg 的 GST 融合蛋白（GE 公司）。

(4) 孵育后，必须冲洗谷胱甘肽-琼脂糖磁珠。首先用裂解缓冲液＋1mol/L NaCl 冲洗 2 次，接着用裂解缓冲液冲洗 2 次，最后用无 Triton X-100 的裂解缓冲液冲洗 3 次。此时，可将结合在谷胱甘肽珠子上的表达蛋白质洗脱、酶切或进行 pull down 实验。

7.4.2.3 沉降实验

(1) 用结合缓冲液稀释 Y 蛋白。其中，Y 蛋白为 X 蛋白可能作用伙伴，Y 蛋白一般有 3 种表达方式：①融合蛋白；②真核细胞里超表达蛋白；③真核细胞里内源蛋白。结合缓冲液中的试剂会影响蛋白质-蛋白质之间的相互作用。常用的缓冲液有以下 3 种：①NP-40 缓冲液［20mmol/L Tris-HCl（pH 7.5）、100mmol/L NaCl、1% NP-40］；②Triton缓冲液［20mmol/L Tris-HCl（pH 7.5）、100mmol/L NaCl、1% TX-100］；③RIPA 缓冲液［25mmol/L Tris-HCl（pH 7.6）、120mmol/L NaCl、1% NP-40、1mmol/L EDTA］。

(2) 在上述含 Y 蛋白的结合缓冲液中分别加入结合 GST-X 或 GST 蛋白的琼脂糖磁珠，4 ℃ 温和旋转孵育 4h。

(3) 4℃、10 000r/min 离心 5min，取适量上清液留作分析，其余上清液去掉。

(4) 结合缓冲液洗琼脂糖磁珠 3 次，然后加入 SDS 样品缓冲液，进行蛋白质印迹法分析。

7.4.2.4 可能遇到的问题、原因和解决办法

蛋白质在表达过程中往往由于培养基或诱导条件不够优化，而出现表达水平过低的问题，为了得到最大的表达量，实验者首先须优化各个反应条件，如培养基的种类、诱导的时间、温度。目的蛋白的溶解性取决于多种因素，如各自的蛋白序列。在许多情况下，载体、宿主菌株的选择及培养条件的改变均可改善被表达蛋白的可溶性。

如果目的蛋白多为不可溶性的包涵体形式，这可能是宿主菌的表达产率过高，超过了细菌正常的代谢水平，细菌的蛋白质水解能力达到饱和，使表达产物积累，同时由于合成速度过快，没有足够的时间进行折叠，二硫键易错误配对，蛋白质间的非特异性结合增多，蛋白质达不到足够的溶解度等。因此我们可以尝试让细菌在 30℃下过夜或增加细菌数量或采用低拷贝的载体等来改善这点。同时，我们可以用尿素复性法来溶解包体。首先加入尿素等强变性剂溶解包体，强变性剂可打断包体蛋白质分子内和分子间的各种化学键，使多肽舒展；对于含半胱氨酸的蛋白质，包体中通常含有链间形成的二硫

键和链内的非活性二硫键，则还需加入还原剂，如巯基乙醇、二硫基苏糖醇（DTT）；然后通过缓慢去除变性剂使目的蛋白从完全舒展状态恢复到正常的折叠结构，同时还需去除还原剂使二硫键正常形成。

如果表达毒性蛋白，则转化合适的细菌宿主 BL21（DE3）pLys；如果表达非毒性蛋白但表达量低，则采用含 *T7* 启动子的 pET 表达系统。此外，在自然界里大多数密码子具重复性，即多个密码子（tRNA）对应一个氨基酸，由于在每个生物种群里各种同义密码子（tRNA）分为主要密码子和稀有密码子，而密码子使用偏性影响基因的表达速度与水平，见表 7-4。为提高表达水平，实验者必须替换稀有密码子或表达相应的 tRNA 基因，如采用 pRARE 表达系统（Novagen 公司）。如果 mRNA 形成次级结构，可以使用同义沉默突变替换相关序列避免二级结构的形成，从而提高蛋白质表达水平。

表 7-4　*E. coli* 细胞系密码子使用偏性

	密码子	氨基酸[2]	%	比例	密码子	氨基酸	%	比例	密码子	氨基酸	%	比例	密码子	氨基酸	%	比例	
U	UUU	Phe[F]	1.9	0.51	UCU	Ser[S]	1.1	0.19	UAU	Tyr[Y]	1.6	0.53	UGU	Cys[C]	0.4	0.43	U
	UUC	Phe[F]	1.8	0.49	UCC	Ser[S]	1.0	0.17	UAC	Tyr[Y]	1.4	1.47	UGC	Cys[C]	0.6	0.57	C
	UUA	Leu[L]	1.0	0.11	UCA	Ser[S]	0.7	0.12	UAA	STOP	0.2	0.62	UGA	STOP	0.1	0.30	A
	UUG	Leu[L]	1.1	0.11	UCG	Ser[S]	0.8	0.13	UAG	STOP	0.03	0.09	UGG	Trp[V]	1.4	1.00	G
C	CUU	Leu[L]	1.0	0.10	CCU	Pro[P]	0.7	0.16	CAU	His[H]	1.2	0.52	CGU	Arg[R]	2.4	0.42	U
	CUC	Leu[L]	0.9	0.10	CCC	Pro[P]	0.4	0.10	CAC	His[H]	1.1	0.48	CGC	Arg[R]	2.2	0.37	C
	CUA	Leu[L]	0.3	0.03	CCA	Pro[P]	0.8	0.20	CAA	Gln[Q]	1.3	0.31	CGA	Arg[R]	0.3	0.05	A
	CUG	Leu[L]	5.2	0.55	CCG	Pro[P]	2.4	0.55	CAG	Gln[Q]	2.9	0.69	CGG	Arg[R]	0.5	0.08	G
A	AUU	Ile[I]	2.7	0.47	ACU	Thr[T]	1.2	0.21	AAU	Asn[N]	1.6	0.39	AGU	Ser[S]	0.7	0.13	U
	AUC	Ile[I]	2.7	0.46	ACC	Thr[T]	2.4	0.43	AAC	Asn[N]	2.6	0.61	AGC	Ser[S]	1.5	0.27	C
	AUA	Ile[I]	0.4	0.07	ACA	Thr[T]	0.1	0.30	AAA	Lys[K]	3.8	0.76	AGA	Arg[R]	0.2	0.04	A
	AUG	Met[M]	2.6	1.00	ACG	Thr[T]	1.3	0.23	AAG	Lys[K]	1.2	0.24	AGG	Arg[R]	0.2	0.03	G
G	GUU	Val[V]	2.0	0.29	GCU	Ala[A]	1.8	0.19	GAU	Asp[D]	3.3	0.59	GGU	Gly[G]	2.8	0.38	U
	GUC	Val[V]	1.4	0.20	GCC	Ala[A]	2.3	0.25	GAC	Asp[D]	2.3	0.41	GGC	Gly[G]	3.0	0.40	C
	GUA	Val[V]	1.2	0.17	GCA	Ala[A]	2.1	0.22	GAA	Glu[E]	4.4	0.70	GGA	Gly[G]	0.7	0.09	A
	GUG	Val[V]	2.4	0.34	GCG	Ala[A]	3.2	0.34	GAG	Glu[E]	1.9	0.30	GGG	Gly[G]	0.9	0.13	G
		U				C				A				G			

资料来源：http://www.sci.sdsu.edu/~smaloy/MicrobialGenetics/topics/in-vitro-genetics/codon-usage.html.

在纯化过程中，蛋白质往往出现降解现象，可以通过添加蛋白酶抑制剂缩短超声破碎的时间，同时注意低温操作，并通过更换宿主细菌等方法来改善。例如，BL21 具有

lon 和 ompT 蛋白酶缺陷的优点，因此成为应用最广的宿主菌。

在 pull down 过程中，如果出现许多非特异性连接背景过高的现象，可能是由于 GST 融合蛋白量过多以及孵育冲洗条件不够严格所至，可以通过适当减少 GST 融合蛋白的量、提高去污剂浓度以及离子浓度、增加冲洗的时间和次数来解决。如果没有检测到蛋白质相互作用，可以适当增加 GST 融合蛋白的量、增加结合反应的时间、降低去污剂浓度以及离子浓度；如若上述方法仍不能改善，则需考虑 GST 标签是否阻碍蛋白质相互作用，如是可以更换其他标签系统，常见的标签系统见表 7-5。

表 7-5 常见的融合蛋白标签系统

标签	亲和原理	氨基酸数量/个	特点
硫氧还蛋白	金属螯合（钴、镍）	109	溶解性，催化二硫键形成
GST	谷胱甘肽	220	溶解性
CBD	纤维素基质	114～156	只纯化有效折叠，细菌周质定位
麦芽糖结合蛋白（MBP）	直链淀粉（amylose）	400	细菌周质定位
NusA	金属螯合（钴、镍）	495	溶解性
His	金属螯合（钴、镍），抗体	6～10×His	小标签，内含体表达蛋白
T7	抗体	11	小标签

7.4.3 GST 融合蛋白沉降技术的优点与缺点

GST 融合蛋白沉降技术是验证酵母双杂交系统有效的体外实验技术之一，近年来越来越受到广大研究者的青睐。由于 GST 与谷胱甘肽的结合力相当强而不易被一般的缓冲液解离，同时 GST 融合蛋白能在细菌和哺乳动物细胞中大量表达，这些大量的 GST 融合蛋白就能与固定在琼脂糖上的谷胱甘肽结合，因此能够在体外被高效的纯化。GST 与嵌合的诱饵蛋白之间有一段长的柔性连接段，使得 GST 和诱饵蛋白形成两个各自独立的功能域，因此 GST 并不阻碍猎物蛋白与诱饵蛋白之间的相互作用，许多研究者已经将 GST pull down 技术视为分析蛋白质与蛋白质相互作用的有效工具（Albert et al.，2007）。其优点是简单易行，同时由于诱饵蛋白是在更自然的环境下与可能的目的蛋白孵育，因而增强了蛋白质相互作用的有效性。缺点是蛋白质浓度对实验有一定影响，而且相互作用的效率也可能受细胞裂解时所用缓冲液的影响，因此需要对每个蛋白质复合物的分析条件都必须进行优化。融合蛋白具有高通量性、高选择性的特点，由于融合蛋白的多样性以及表达系统的多样性（如细菌、果蝇、哺乳动物），该方法能够研究蛋白质在复杂体系中的相互作用。但该方法的成败取决于是否能够得到足够多、并保持蛋白质活性的重组融合蛋白，且能避免内源性诱饵蛋白的干扰。

7.5 荧光共振能量转移技术

近年来生命科学领域出现了一种崭新技术：荧光共振能量转移（fluorescence resonance energy transfer，FRET），它能够定时、定量、定位、无损伤检测活细胞内蛋白质-蛋白质之间的相互作用（王进军等，2003），是目前研究蛋白质相互作用比较成熟、已被广泛应用的几种方法之一。本节主要介绍 FRET 的原理、FRET 荧光探针的配对、FRET 的检测方法等，以备读者参考选用合适的实验方案。

7.5.1　荧光共振能量的原理

7.5.1.1　荧光共振能量转移

荧光共振能量转移（FRET）包含两种主要机制：一种机制为供体单重态与受体单重态之间的共振能量转移，由 Förster（1948）最早阐明其机制，所以称为 Förster 共振能量转移（Förster resonance energy transfer），其缩写也是 FRET，这两个概念容易混淆。另一种机制为供体三重态与受体单重态之间的共振能量转移，即德克斯特电子传递机制（Dexter，1953），其有效范围为 1.0～1.5nm。针对 1～10nm 的距离来说，Förster 共振能量转移的发生概率很大，为主要的发生机制。目前文献中 FRET 的含义一般是用 Förster 共振能量转移指代了荧光共振能量转移的概念，本书中也沿用这一习惯用法。

Förster 推导的 FRET 效率与供体和受体间距离的关系如下：

$$E = 1/[1 + (r/R_0)^6]$$

其中，R_0 为 Förster 半径，指能量传递效率等于 50% 时，供体与受体之间的距离。FRET 效率依赖于所用染料的光谱特性及它们的相对方向，对于已定的供体受体对来说，可将 R_0 认为是不变的恒量；r 为供体与受体之间的距离（张志毅等，2007）。

荧光共振能量转移需要两个探针，即荧光供体（donor）与荧光受体（acceptor）。如果两个荧光基团相距为 1～10nm，且一个荧光基团（供体）的发射光谱与另一个荧光基团（受体）的吸收光谱重叠，当供体被入射光激发时，则通过偶极-偶极耦合作用将其能量以非辐射方式传递给受体分子，供体分子不发射荧光或发射的荧光减弱，受体分子吸收能量由基态跃迁到激发态，在其再衰变到基态的过程中发射荧光，这一过程称为荧光共振能量转移。

7.5.1.2　FRET 产生的条件

下面以 GFP 的两个突变体 CFP、YFP 为例简要说明 FRET 的原理：CFP 的发射光谱与 YFP 的吸收光谱有相当的重叠［图 7-19（a）］，当它们距离较远，没有 FRET 时，激发 CFP 只能检测到 CFP 的发射光［图 7-19（b）］。当它们足够接近时，激发 CFP，CFP 将会把能量高效率地共振转移至 YFP 的发色基团上，可以检测到 YFP 的发射荧光，即发生了 FRET，而 CFP 的发射荧光将减弱或消失。两个发色基团之间的能量转换效率与它们之间的空间距离的 6 次方成反比，对空间位置的改变非常灵敏（Sekar and Periasamy，2003；Elangovan et al.，2002；Pollok and Heim，1999）。

产生 FRET 的主要条件为：①供体与受体的空间距离要足够靠近，需≤10nm；②供体的发射光谱与受体的吸收光谱需要具有一定的重叠，符合能量匹配条件；③供体

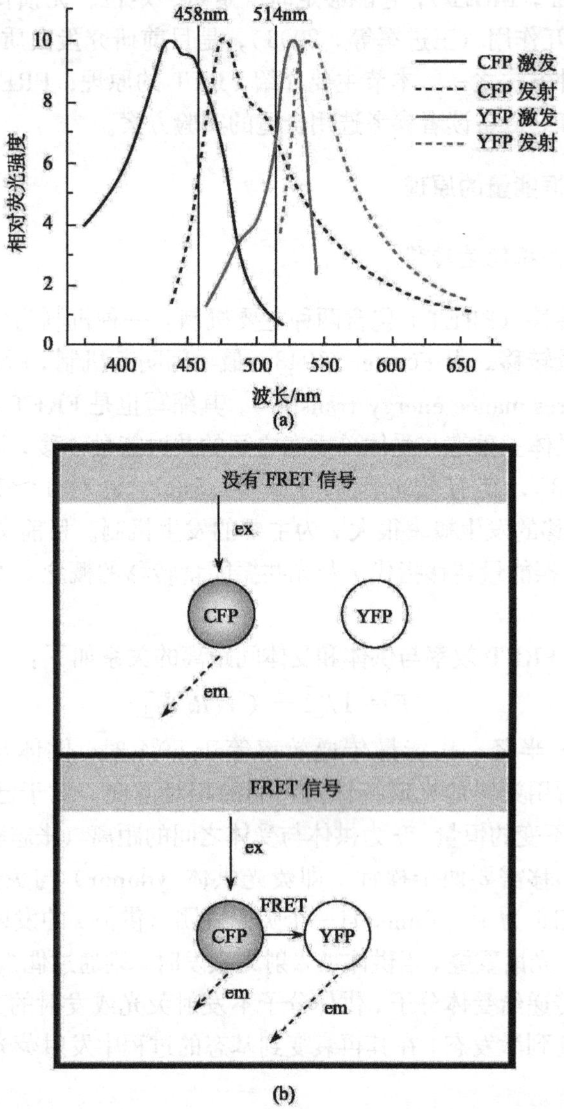

图 7-19 (a)：CFP 与 YFP 的激发谱和发射谱，图上标出了 458nm 和 514nm 的位置；(b)：FRET 发生示意图［图 (b) 引自 Zeiss 公司技术支持内容］

与受体的偶极具一定的空间取向，这是偶极-偶极耦合作用的条件。

7.5.2　FRET 探针

FRET 探针主要分为以下几类：荧光蛋白、有机荧光染料、镧系染料和量子点。

7.5.2.1　荧光蛋白

以绿色荧光蛋白（GFP）及其突变体的应用最为广泛，GFP 是从维多利亚水母中分离出来的，受紫外线激发而发出绿色荧光，近年来发展出 GFP 多种突变体，可以发出不同颜色的荧光，如蓝色荧光蛋白（BFP）、青色荧光蛋白（CFP）、黄色荧光蛋白（YFP）、红色荧光蛋白（RFP）及 DsRed 等（Mizuno et al.，2001；Lewis and Daunert，1999）。这些突变体使 FRET 方法用来研究活细胞内蛋白质-蛋白质间相互作用成为可能，常见的 FRET 对组合有 BFP/GFP、BFP/YFP、CFP/YFP、BFP/RFP、CFP/RFP。

CFP 和 YFP 是目前最常用的荧光蛋白供体受体对。如图 7-20 所示，Zhang 和 Allen（2007）利用 FRET 原理设计了检测蛋白激酶活性的报道探针（KAR），探针由 4 部分组成：蛋白激酶的底物（substrate）序列、底物序列磷酸化后的结合域（phosphoamino acid binding domain，PAABD）、CFP 和 YFP。在细胞中加入刺激物叉头（forkhead）[图 7-20（b）]，其与底物结合，使探针的构象发生变化，使 CFP 和 YFP 的距离足够靠近，此时，激发 CFP 时（434nm）CFP 的发射光可以激发 YFP，所以，可以探测到 YFP 的发射光（526nm），表明探针的 FRET 升高了。当用磷酸酶处理时，使底物去磷酸化，探针的构象向左侧［图 7-20（b）］变化，CFP 和 YFP 的距离增大，使 FRET 减小或消失。通常情况下，利用 YFP/CFP 的发射比率（ratio）图像表示探针的 FRET 变化，可以借助伪彩图像进行显示，这里由蓝色到红色代表 FRET 由低到高的变化。这里发射比率升高，代表 FRET 增加，激酶的活性增加；相反，发射比率降

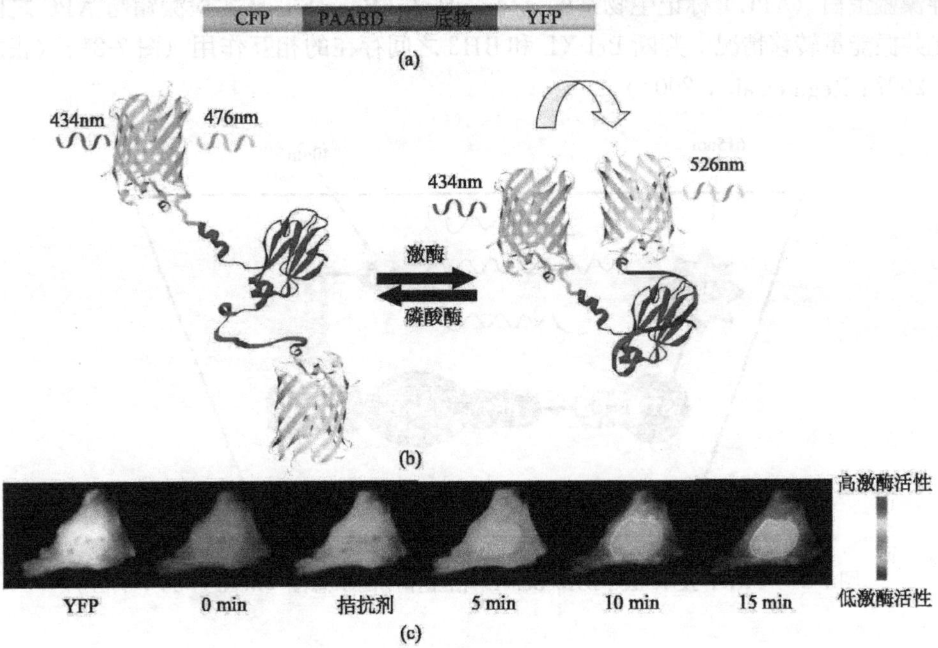

图 7-20　利用 FRET 原理构建的激酶活性报道探针（Zhang and Allen，2007）（另见彩图）

（a）激酶活性报道探针（KAR）的线性结构示意图；（b）KAR 磷酸化前后的结构变化示意图；（c）将蛋白激酶 A 的报告蛋白 AKAR 转染细胞，加入叉头刺激，使蛋白激酶 A 磷酸化而激活，活化的蛋白激酶 A 与其底物结合，使 AKAR 构象变化，FRET 增加。图中所示为 YFP/CFP 的发射比率图像，伪彩模式显示，由蓝色到红色代表 FRET 由低到高的变化

低，代表 FRET 下降，磷酸酶的活性增加 [图 7-20（c）]。

7.5.2.2 有机荧光染料

有机荧光染料种类繁多、应用广泛，可根据需要选择适合的染料，并可以和其他类探针配对使用。常见的 FRET 对，如 Alexa488/RHOD-2、FITC/RHOD-2、GFP/RHOD-2、CY3/CF5、FITC/CY3 及 Alexa488/Alexa594 等（Antia et al.，2006）。

7.5.2.3 镧系元素

镧系元素属于稀土元素，常与传统的有机染料联用，组成 FRET 对。常用的镧系元素有钐（Sm）、铕（Eu）、铽（Tb）和镝（Dy）。镧系染料的特点为：①灵敏度高、稳定性好；②染料的激发光和发射光波长的 Stokes 位移大，超过 200nm，如 Eu 的激发波长峰值为 340nm，发射波长峰值为 615nm，相差 290nm，相互之间不会产生干扰；③荧光的半衰期长，比普通荧光物质半衰期长 5 或 6 个数量级（如 Eu、Tb），因而可用时间分辨荧光检测仪在激发后延迟一定时间再测量荧光，可避免非特异性荧光的干扰，即为时间分辨荧光共振能量转移（time resolution FRET，TR - FRET）的概念。

Rega 等（2007）分别用 His-tag 和生物素标记 Bcl-XL 及 BH3 区域研究二者的相互作用。利用 His 和生物素的抗体分别对二者进行标记，然后用 Eu 染料标记 His 抗体，用异藻蓝蛋白（APC）标记生物素的抗体，通过 TR-FRET 技术检测铕与 APC 之间的荧光共振能量转移情况，判断 Bcl-XL 和 BH3 之间存在的相互作用（图 7-21）（张志毅等，2007；Rega et al.，2007）。

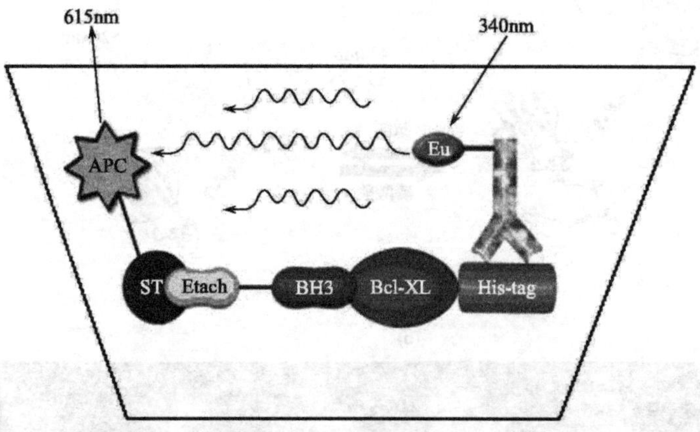

图 7-21 FRET 技术检测 BH3-Bcl-XL 相互作用的示意图（Rega et al.，2007）

7.5.2.4 量子点

量子点是一种被激发后产生荧光的纳米颗粒，直径为 1～100nm。其特点如下：①激发波长范围很宽，发射光谱也很宽，优点是单个量子点的荧光发射谱峰值狭窄而对称；②量子点大小的改变可以调节量子点的发射光谱与受体分子的吸收光谱的重叠程度；③荧光发射是有机荧光染料发射光强的 20 倍，稳定性比有机荧光染料强 100 倍以上（孟磊和宋增璇，2004）。

所以，量子点作为一种新型的荧光探针正在被广泛采用。例如，通过利用量子点 QD 565 标记雌激素受体β（ER2β）的单克隆抗体，同时利用有机荧光染料 Alexa Fluor（AF）标记 ER2β 的多克隆抗体，然后检测 QD 565 与 AF 之间的 FRET，计算出探针之间的距离为 8～9nm（张志毅等，2007；Wei et al.，2006）。

7.5.3　荧光共振能量转移效率的检测方法

常用的 FRET 效率检测方法主要包括 3 种：受体敏感发射的检测、受体荧光漂白恢复的检测及荧光探针发射光谱的变化检测。目前，FRET 效率的一个主要检测工具就是借助共聚焦显微镜进行分析，一方面研究人员可以使用显微镜厂家自带的专业 FRET 测量和分析软件，另一方面也可以根据 FRET 原理自己设计光路。对于前一种方法，各个厂家的分析软件不尽相同，而且都配有详细的操作指南，这里不再详述。对于后一种自己设计实验方案的情况，因为它比较方便快捷、成本低，不用花费大量资金购买 FRET 测量和分析的软件而经常遇到。

需要提醒读者的是，我们接下来讲到的 3 种 FRET 效率的检测方法均侧重于 FRET 效率升高或降低的相对值，所以设置合适的对照组非常重要，如果要得到 FRET 效率的绝对值，建议采用专业的 FRET 分析软件进行计算，或利用适合自己实验情况的 FRET 效率计算的公式进行计算。

7.5.3.1　检测的受体敏感发射

下面我们以 CFY 和 YFP 这对 FRET 探针组合以及 Zeiss 公司的共聚焦显微镜（LSM 510 Meta）为例，介绍 FRET 检测的实验光路设计和检测方法。首先介绍一下所使用的 FRET 探针，C 激酶活性报告（ckinase activity reporter，CKAB）质粒是利用 FRET 原理设计的监测细胞内 PKC 激酶活性的一个报告探针，CKAR 融合蛋白由 4 部分组成，即 CFP、FHA2 连接序列、PKC 底物结构域和 YFP（图 7-22），从图中可以看出，FRET 降低时代表 PKC 的激活；FRET 升高代表磷酸酶活性升高，PKC 活性降低，从这可以看出，FRET 探针的设计没有确切的方向（Violin et al.，2003）。

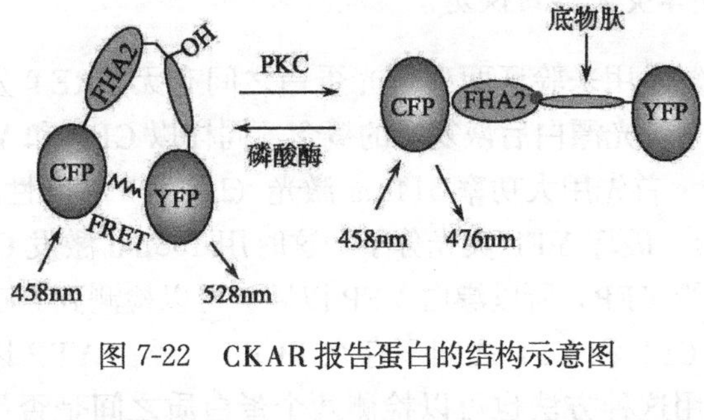

图 7-22　CKAR 报告蛋白的结构示意图

首先，将 CKAR 报告蛋白转染细胞，表达后置于共聚焦显微镜的载物台上，如在活细胞内进行实时研究，建议载物台上配置专业的小型 CO_2 培养箱。监测 CKAR 融合蛋白的荧光时，CFP 使用 458nm 波长的激光激发，激发光经过分光滤光片 HFT458/514 后照射到样品上，发射的荧光信号经过分光片 NFT515 分成 CFP 和 YFP（也称为 FRET 通道）两个通道，采用带通滤光片 BP470～500nm 收集 CFP 发射的光，长通滤光片 LP530nm 的滤光片收集 YFP/FRET 通道的光。另外，可以再勾选 Ratio 通道，Ratio 通道的强度选用通道 FRET/CFP。这里需要指出，CFP 或 YFP/FRET 通道的收集也可以采用 Meta 多通道探测器而不用滤光片，通过 Meta 多通道探测器可以随意设置收集的带宽。

如图 7-23 所示，转染 CKAR 的细胞经过相应的刺激后，CFP 通道的发射强度逐渐升高，而 YFP/FRET 通道的发射强度逐渐降低，即 Ratio 通道的强度降低，FRET 降低，这表明 PKC 被激活了。

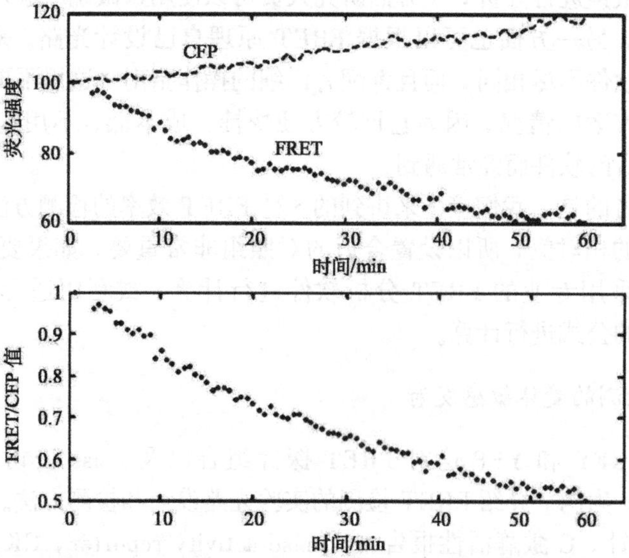

图 7-23　刺激因子作用后，CFP、FRET 的强度及 Ratio 强度的变化曲线（Violin et al.，2003）

7.5.3.2　检测受体荧光漂白恢复

受体荧光漂白恢复是用来验证两种荧光蛋白之间有无 FRET 发生的另一种常用方法，它不同于 FRAP（荧光漂白后恢复）的概念。同样以 CFP 和 YFP 为例，二者足够靠近又存在 FRET 时，首先用大功率 514nm 激光（100%）特异性激发 YFP（FRET 受体），使之发生光漂白，破坏 YFP 荧光分子，这时用 458nm 激发 CFP 的时候，CFP 的发射能量则不能转移给 YFP，所以漂白 YFP 以后，可以检测到 CFP 的荧光强度有明显的上升；反之，如果 CFP 和 YFP 之间不存在 FRET，漂白 YFP 以后，CFP 的荧光强度则无明显变化。利用这种方法也可以检测两个蛋白质之间是否足够靠近而存在相互作用。

7.5.3.3　检测荧光探针发射光谱的变化

荧光探针发射光谱的检测也是一种比较常用的检测 FRET 效率的方法，并以此来判断蛋白质-蛋白质相互作用，这需要借助生物发光分光光度计或多功能酶标仪来完成。在实验过程中，采用供体的激发波长激发整个样品（贴壁细胞或悬浮细胞均可），收集整个样品的发射谱变化，主要观察供体和受体荧光发射峰值处的发射强度变化。

同样，以由 CFP 和 YFP 这对 FRET 探针组成的 CKAR 报道质粒为例，介绍实验的设计过程。细胞中转染 CKAR 质粒、融合蛋白表达后，对细胞进行相应的处理，利用生物发光分光光度计或多功能酶标仪在 96 孔板中或比色皿中检测样品的发射谱变化。如图 7-24 所示，在 LS55 型荧光磷光生物发光分光光度计上进行荧光发射光谱的分析，激发波长 433nm（主要激发 CFP）、激发狭缝 10nm、发射狭缝 15nm、扫描速度 200nm/s、步径 2nm。在图 7-24 的结果中可以观察到随着佛波酯（PMA）刺激时间的延长，细胞样品的荧光发射光谱逐渐变化。PMA 处理后，CFP 的发射峰逐渐升高，而 YFP 的发射峰逐渐降低，说明 PMA 激活了 PKC，引起 CKAR 融合蛋白的 FRET 下降。

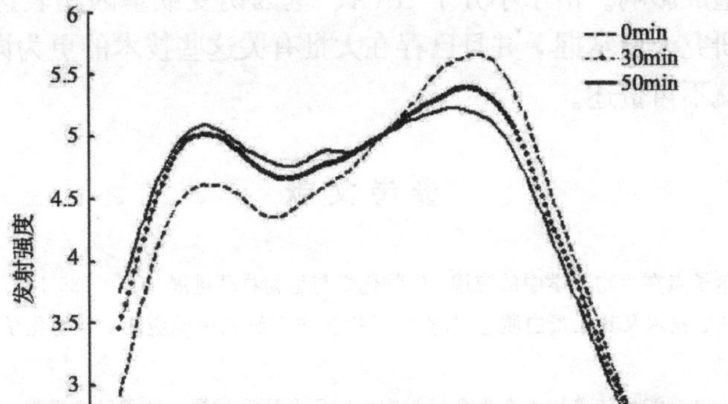

图 7-24　佛波酯（PMA）处理前后，CKAR 的发射光谱随时间的变化（Gao et al.，2006.）
在进行软件分析时，将未转染质粒的细胞的荧光强度作为背景减去

传统的研究方法不断发展，为蛋白质-蛋白质相互作用的研究提供了非常方便的检测条件，但这些传统研究手段存在不少缺陷，多数生物化学与分子生物学方法（如免疫共沉淀、免疫荧光等）应用的前提都是要破碎细胞或固定细胞，无法做到在活细胞生理条件下实时动态研究蛋白质-蛋白质间的相互作用。

FRET 技术的应用结合基因工程、时间分辨和显微技术等正好弥补了这一缺陷。FRET 技术可以无损伤检测活细胞内蛋白质-蛋白质的相互作用，其在相关生命科学领域中的应用包括：蛋白质-蛋白质相互作用的分析、蛋白质结构的分析、激酶活性变化

的研究、膜蛋白流动性的研究等（王进军等，2003）。随着仪器设备的不断更新和检测方法的改进与完善，FRET 技术在生命科学领域中的应用会更加广泛，以活体细胞和动物为研究载体，在生理条件下实时动态地阐明分子间的相互作用规律，提高对生命活动基本规律的认识。

7.6 蛋白质相互作用功能意义的研究策略

对蛋白质相互作用的研究除了利用不同技术检测和证实两个互作伙伴之间的结合之外，还包括对其功能意义地确认及机理地阐述。蛋白质相互作用的功能意义是指所研究的蛋白质相互作用在细胞生理活动中所起的作用和所扮演的角色。具体来说，对蛋白质相互作用功能意义的研究是检验此相互作用是否能介导两个互作伙伴各自或共同的功能，包括已知的或新的功能。一般而言，蛋白质相互作用功能的确认在于寻求建立一种蛋白质相互作用与蛋白质特定活性之间的特异性相关关系。具体研究策略是运用小分子 RNA 干扰、丧失蛋白质相互作用能力的点突变体和缺失突变体、野生型或突变性的蛋白质超表达等手段干扰待测蛋白质的表达与相互作用，然后检查是否对该蛋白或其互作伴侣的某一功能造成影响。由于小分子 RNA、基因诱变或基因超表达等分子生物学技术已被绝大多数研究人员掌握，并且已存在大批有关这些技术的更为详尽专业的教科书或参考书，本文就不再赘述。

参 考 文 献

孟磊，宋增璇．2004．量子点在生物医学中的应用．生物化学与生物物理进展，31：185-187．

王进军，等．2003．FRET 技术及其在蛋白质-蛋白质分子相互作用研究中的应用．生物化学与生物物理进展，30：980-984．

张志毅，等．2007．荧光共振能量转移技术在生命科学中的应用及研究进展．电子显微学报，26：620-624．

Albert B，et al．2007．Molecular Biology of the Cell．4th ed．London：Garland Science．

Antia M，et al．2006．Single molecule fluorescence studies of surface-adsorbed fibronectin．Biomaterials，27：679-690．

Aronheim A，et al．1997．Isolation of an AP-1 repressor by a novel method for detecting protein-protein interactions．Mol Cell Biol，6：3094-3102．

Chen M，Liu J．2009．Research techniques for protein-protein interactions．Biotechnology Bulletin，1：50-55．

Dexter D L．1953．A theory of sensitized luminescence in solid．J Chem Phy，21：836-850．

Dove S L，et al．1997．Activation of prokaryotic transcription through arbitrary protein—protein contacts．Nature，386：627-630．

Dove S L，Hochschild A．2004．A bacterial two-hybrid system based on transcription activation．Methods Mol Biol，261：231-246．

Doyle D A，et al．1996．Crystal structures of a complexed and peptide-free membrane protein-binding domain：molecular basis of peptide recognition by PDZ．Cell，85：1067-1076．

Elangovan M，et al．2002．Dynamic imaging using fluorescence resonance energy transfer．Biotechniques，32：1260-1265．

Fields S，Song O．1989．A novel genetic system to detect protein-protein interactions．Nature，340：245-246．

Förster T . 1948 . Intramolecular energy migration and fluorescence . Ann Phys , 2 : 55-59 .

Gao X , et al . 2006 . Single cell analysis of PKC activation during proliferation and apoptosis induced by laser irradiation . J Cell Physiol , 206 : 441-448 .

Grgurevich S , et al . 1999 . The Csk homologous kinase , Chk , binds tyrosine phosphorylated paxillin in human blastic T cells . Biochem Biophys Res Commun , 256 : 668-675 .

Hammond P W , Cech T R . 1998 . Evidence for limited base-pairing during primer elongation and dGTP as an effector of translocation . Biochemistry , 37 : 5162-5172 .

Hu J C , et al . 2000 . Eschefchia coli one—and two-hybrid systems for the analysis and identification of protein —protein interactions . Methods Mol Biol , 20 : 80-94 .

Hunter S , et al . 1999 . Fyn associates with Cbl and phosphorylates tyrosine 731 in Cbl , a binding site for phosphatidylinositol 3-kinase . J Biol Chem , 274 : 2097-2106 .

Ingrid R , et al . 2001 . The guanine nucleotide-binding switch in three dimensions . Science , 294 (5545) : 1299-1304 .

Janin J , et al . 2003 . CAPRI : a critical assessment of predicted interactions . Proteins , 52 (1) : 2-9 .

Johnsson N , Varshavsky A . 1994 . Split ubiquitin as a sensor of protein interactions *in vivo* . Proc Natl Acad Sci , 91 : 10340-10344 .

Joung J K , et al . 2000 . A bacterial two —hybrid selection system for studying protein-DNA and protein-protein interactions . Proc Natl Acad Sci USA ., 97 : 7382-7387 .

Kaelin W G , et al . 1991 . Identification of cellular proteins that can interact specifically with the T /E1A binding region of the retinoblastoma gene product . Cell , 64 : 521-532 .

Karimova G , et al . 1998 . A bacterial two-hybrid system based on a reconstituted signal transduction pathway . Proc Natl Acad Sci USA ., 95 : 5752-5756 .

Koch C A , et al . 1991 . SH2 and SH3 domains : elements that control interactions of cytoplasmic signaling proteins . Science , 252 : 668-674 .

Laser H , et al . 2000 . A new screen for protein interactions reveals that the Saccharomyces cerevisiae high mobility group proteins Nhp6A/B are involved in the regulation of the GAL1 promoter . Proc Natl Acad Sci , 97 : 13732-13737 .

Lewis J C , Daunert S . 1999 . Dual detection of peptides in a fluorescence binding assay by employing genetically fused GFP and BFP mutants . Analytical Chemistry , 71 : 4321-4327 .

Licitra E J , Liu J O . 1996 . A three-hybrid system for detecting small ligand-protein receptor interactions . Proc Natl Acad Sci USA , 93 : 12817-12821 .

Liddington R C . 2004 . Structural basis of protein-protein interactions . Methods Mol Biol , 261 : 3-14 .

Meador W E , Means A R , Quiocho F A . 1993 . Modulation of calmodulin plasticity in molecular recognition on the basis of x-ray structures . Science , 262 : 1718-1721 .

Michael B , et al . 1999 . Sequence-specific and phosphorylation-dependent proline isomerization : a potential mitotic regulatory mechanism . Science , 278 : 1957-1960 .

Mizuno H , et al . 2001 . Red fluorescent protein from Discosoma as a fusion tag and a partner for fluorescence resonance energy transfer . Biochemistry , 40 : 2502-2510 .

Nicolet B H . 1930 . The structure of glutathione . Science , 71 : 589-590 .

Orlinick J R , Chao M V . 1996 . Interactions of cellular polypeptides with the cytoplasmic domain of the mouse Fas antigen . J Biol Chem , 271 : 8627-8632 .

Pawson T , et al . 2001 . SH2 domains , interaction modules and cellular wiring . Trends Cell Biol , 11 : 504-511 .

Pelletier J N , et al . 1998 . Oligomerization domain—directed reassembly of active dihydrofolate reductase from rationally designed fragments . Proc Natl Acad Sci USA , 95 : 12141-12146 .

Phizicky E M , Fields S . 1995 . Prorein-protein interactions-methods for detection and analysis . Microbio Rev , 59 : 94-123 .

Pokutta S, Weis W. 2000. Structure of the dimerization and β-catenin-binding region of α-catenin. Mol Cell, 5: 533-543.

Pollok B A, Heim R. 1999. Using GFP in FRET-based applications. Trends Cell Biol, 9: 57-60.

Posern G, et al. 1998. Development of highly selective SH3 binding peptides for Crk and CRKL which disrupt Crk-complexes with DOCK180, SoS and C3G. Oncogene, 16: 1903-1912.

Rega M F, et al. 2007. Robust lanthanide-based assays for the detection of anti-apoptotic Bcl-2-family protein antagonists. Bioorganic Chemistry, 35: 113-120.

Sanchez C, et al. 1999. Grasping at molecular interactions and genetic networks in Drosophila melanogaster using Fly-Nets, an Internet database. Nucleic Acids Research, 27: 89-94.

Sekar R B, Periasamy A. 2003. Fluorescence resonance energy transfer (FRET) microscopy imaging of live cell protein localizations. J Cell Biol, 160: 629-633.

SenGupta D, et al. 1996. A three-hybrid system to detect RNA-protein interactions in vivo. Proc Natl Acad Sci USA, 93: 8496-8501.

Sun J B, et al. 1999. Intranasal administration of a Schistosoma mansoni glutathione S-transferase-cholera toxoid conjugate vaccine evokes antiparasitic and antipathological immunity in mice. J Immunol, 163: 1045-1052.

Vidal M, et al. 1996a. Genetic characterization of a mammalian protein-protein interaction domain by using a yeast reverse two-hybrid system. Proc Natl Acad Sci USA, 93: 10321-10326.

Vidal M, et al. 1996b. Reverse two-hybrid and one-hybrid systems to detect dissociation of protein-protein and DNA-protein interactions. Proc Natl Acad Sci USA, 93: 10315-10320.

Violin J D, et al. 2003. A genetically encoded fluorescent reporter reveals oscillatory phosphorylation by protein kinase C. J Cell Biol, 161: 899-909.

Wei O D, et al. 2006. Development of an open sandwich fluoroimmunoassay based on fluorescence resonance energy transfer. Analytical Biochemistry, 358: 31-37.

Zhang J, Allen M D. 2007. FRET-based biosensors for protein kinases: illuminating the kinome. Mol Biosyst, 3: 759-765

第8章 蛋白质组学

著名的人类基因组计划在2000年取得突破性的进展，破解了人全部约39 000个基因中的95%。目前为止，已经发现和定位的功能基因约有29 000个，其中酶占10.28%、核酸酶占7.5%、转录因子占6.0%、信号分子占1.2%、受体分子占5.3%、选择性调节分子占3.2%。这是在中心法则被提出以来，人类首次对自身核酸水平遗传信息的系统探索。随着人类基因组计划的完成，人类基因的注释与确认已成为生命科学面临的最重要任务之一，从而进入了功能基因组学时代。传统的研究策略主要采用基因芯片、基因表达序列分析等方法从mRNA角度分析基因的表达水平变化。当前研究已经表明，基因的mRNA表达水平与蛋白质水平并不完全呈正相关关系，它们之间的相关系数大约只有0.3（Gry et al.，2009）。因为在从基因到蛋白质的过程中，存在mRNA的剪接、蛋白质翻译调控、蛋白质翻译后修饰、蛋白质的成熟剪接、蛋白质的亚细胞定位和蛋白质与蛋白质的相互作用等过程。

蛋白质是生命活动的功能执行体，对蛋白质结构和功能的阐述，将有助于阐明生命在正常生理条件下或病理条件下的作用机制。因此，人类基因组中绝大部分基因及其功能都有待于在蛋白质水平上得到揭示与阐述。所以在人类基因组计划完成后，对应于基因组，澳大利亚科学家Wilkins等在1995年首次提出蛋白质组（proteome）这一新概念。它是指一种基因组所表达的全部蛋白质。然而，一个基因组所表达的蛋白质是随着时空变化而变化的，在不同阶段、不同生理状态、病理条件下，其所表达的蛋白质是动态变化的。因此，当前的蛋白质组学研究主要集中于功能蛋白质组学。其主要研究在某特定因素、特定阶段、特定生理病理条件下所表达的差异蛋白质。

基因经过转录翻译成蛋白质后，往往需要经过翻译后修饰（如磷酸化、糖基化、烷基化、甲基化、SUMO化等）才具有生物学功能。同时，蛋白质都具有一定的半衰期，其处在一种合成与降解的动态平衡中。而蛋白质的主要降解途径，即泛素化降解，往往需要蛋白质发生泛素化修饰后才能被蛋白酶体识别而导致其降解。因此，蛋白质的修饰组学（如磷酸化蛋白质组学、糖蛋白质组学等）是蛋白质组学研究的一个重要内容。

细胞内基因所表达的蛋白质，往往不是独立发挥其生物学功能的，总是需要与其他生物大分子（如蛋白质、RNA、DNA）发生相互作用，形成复合体，共同发挥其生物学功能。因此，研究细胞内蛋白质-蛋白质相互作用的相互作用组学也是阐明蛋白质生物学功能的一个重要方向。

8.1 蛋白质组学概论与研究方法

8.1.1 蛋白质的高通量分离策略

由于基因的拼接和蛋白质的翻译后修饰，人类的基因虽然大约只有3万个，但其表达的蛋白质可以达到十几万个甚至更多。一个生物的基因组学是静态的，但是其表达的蛋白质是随着时间、空间动态变化的。一个细胞内的蛋白质有上万种，并且其拷贝数可能存在几个数量级的差异。因此，在对细胞内复杂的蛋白质混合物进行蛋白质组学分析时，必须先将其分离成单个蛋白质或比较简单的蛋白质组分，然后才能对这些蛋白质进行鉴定和翻译后修饰的分析及修饰位点的确认。

如何对细胞、组织或体液中所包含的成千上万的蛋白质进行高通量有效分离，是蛋白质组学研究首先需要解决的问题。理想的蛋白质分离方法应具备高分辨率、高重复性，能够依据它们的特性，同时将成千上万个蛋白质有效分离，并且还需要和后续的蛋白质质谱鉴定技术有效的兼容。

8.1.1.1　二维双向凝胶电泳的原理与方法

二维双向凝胶电泳（two-dimensional gel electrophoresis，2DE）的概念最早是由Smithies和Poulik在1956年提出的（Smithies and Poulik，1956）。1985年，O'Farrell和Klose对其进行了优化，建立了高分辨率的二维双向凝胶电泳（O'Farrell et al.，1977）。其原理是：蛋白质首先根据等电点的不同在pH梯度胶内进行等电聚焦分离，然后转到SDS-PAGE聚丙烯酰胺凝胶电泳上，按照它们分子质量的大小进行第二次分离。

早期的等电聚焦以低浓度聚丙烯酰胺凝胶为介质，载体两性电解质在外加电场的作用下在聚丙烯酰胺凝胶中形成pH梯度。载体两性电解质是一些可溶性的两性小分子，当电压加在载体两性电解质混合物中时，最高等电点值（pI值）的两性分子移到负极，而最小pI值的两性分子移到正极，其他pI值的两性分子按照它们的pI值在这中间分布，从而形成一个连续梯度的pH梯度。但是由于合成两性分子的重复性差以及pH梯度不稳定性引起的漂移现象，导致2DE的重复性很差，限制了其的广泛应用。20世纪80年代出现了固相化的pH梯度（immobilized pH gradient，IPG）等电聚焦胶条，排除了pH梯度不稳定导致的漂移现象，使2DE的重复性大大提高，2DE技术进入了快速发展和广泛应用的阶段。

固相pH梯度IPG胶条是由8种pI值不同的丙烯酰胺衍生物，按照一定的比例混合，在聚合过程中，形成连续pH梯度的固相胶条。其具有重复性好、易处理、上样量大，无电渗透等特点，可以实现重复性非常高的等电聚焦分离。

蛋白质是由20种氨基酸按照不同的排列组合形成的。由于构成蛋白质氨基酸的侧链在一定pH条件下可以电离，从而导致蛋白质带一定的电荷。在某一pH溶液中，当蛋白质的净电荷数为零时，此pH即为此蛋白质的pI值。由于不同的蛋白质由不同的氨基酸组成，所以每个蛋白质具有不同的pI值，它是蛋白质的一个理化常数。当蛋白质进入pH梯度胶条中时，如果蛋白质所处环境的pH与其pI值不一致，蛋白质就将带一定的电荷（正电或负电）。当pH低于其pI值，蛋白质带正电；反之，带负电；相同时，蛋白质分子则不带电。此时，如果外加一个电压，带电的蛋白质分子就会向其正极或负极迁移，一直迁移到与蛋白质pI值相同的IPG胶条的pH位置，此时蛋白质净电荷数为零，从而在电场中不再迁移。因此，在IPG胶条中的蛋白质分子，在外加电场的作用下，均将迁移到其 pI 值位置而停止移动，从而依据蛋白质的等电点达到蛋白质分离的目的。这就是 2DE 中第一维等电点聚焦的原理。

在蛋白质聚焦之后，二维分离采用传统的十二烷基硫酸钠-聚丙烯酰胺凝胶电泳（SDS-PAGE）进行。其根据蛋白质的分子质量而非所带电荷数进行分离。SDS 是一种阴离子去污剂，能破坏蛋白质之间和蛋白质内部间的氢键，与蛋白质的疏水区结合，破坏蛋白质折叠结构，能稳定的、均一的存在于蛋白质溶液中。SDS 与蛋白质结合形成的络合物所带电荷数远远大于蛋白质原带有电荷数，以致蛋白质原带电荷数可以忽略不计，从而消除了不同蛋白质分子之间原有电荷数的差异，其电泳迁移的快慢完全取决于其分子质量的大小。当蛋白质分子质量为 15～200kDa，蛋白质迁移率与其分子质量呈正相关。聚丙烯酰胺凝胶是由丙烯酰胺和甲叉双丙烯酰胺聚合形成的网状结构，具有分子筛的功能。凝胶通过其分子筛作用，增强蛋白质迁移时所依赖于其分子质量大小的分离能力。分子筛效应取决于凝胶孔径的大小，而凝胶孔径的大小由单体浓度来决定。凝胶浓度越高，分子筛孔径越小，越有助于分离分子质量较小的蛋白质分子。

由于蛋白质首先需要基于其所带电荷数进行等电聚焦分离，像一个离子一样在电场的作用下发生迁移运动，所以在等电聚焦的蛋白质溶液中，对其他离子的含量要求非常低，否则非蛋白质的其他离子也会在电场的作用下（因为其分子质量小）优先迁移，导致蛋白质分子不能有效的等电聚焦。一般要求蛋白质溶液的离子浓度低于 10μmol/L。因为上述原因，蛋白质样品准备的好坏是决定 2DE 分离的最关键因素和最重要的一步。我们常规用来裂解、变性、助溶蛋白质的试剂（如 SDS、DTT、NP-40 和 Triton X-100 等）是离子型或两性型，不适合 2DE 样品准备。所以，在准备 2DE 的蛋白质样品时往往采用尿素、硫脲、CHAPS 等无离子型或两性型试剂来裂解细胞、组织或置换、溶解体液蛋白质样品。如果不是采用此方法收集的蛋白质组分，往往需要经过脱盐处理以降低蛋白质溶液中离子的浓度。脱盐的方法包括硫酸铵沉淀（盐析）、冰丙酮沉淀、三氯乙酸沉淀（TCA 沉淀）、透析和超滤等。

蛋白质分子经过 2DE 分离后，按照其等电点和分子质量不同二维地分布在 2DE 胶上，经过硝酸银、考马斯亮蓝、荧光染色、负染等方法对蛋白质染色，从而有效的将蛋白质点显示出来。我们可以基于对应蛋白质点灰度、荧光的强弱，比较不同处理、不同生理病理条件、不同时间等情况下，细胞、组织和体液（血清、尿液、腹水等）内某种蛋白质含量的高低，从而获得某因素作用的差异蛋白质点，然后采用质谱技术鉴定其是什么蛋白质。

尽管 2DE 技术是蛋白质组学研究中蛋白质分离的一种主要策略，但也存在一些局限性，主要表现在以下几个方面。①由于目前商业上可以利用的 IPG 胶条上只能分离 pH 3～11 的蛋白质，所以极酸和极碱的蛋白质不能在 2DE 上的得到有效分离。②由于疏水性蛋白质（如膜蛋白）不能在蛋白质提取过程中有效地溶解于极性的常规 2DE 裂解溶液中，导致膜蛋白等疏水蛋白不能在 2DE 胶上显现。③蛋白质分子是在 2DE 等电聚焦的水化阶段随着 IPG 胶条的重泡涨渗透进入到 IPG 胶条中，分子质量大于 200kDa 的蛋白质分子比较难进入到 IPG 胶条中，另外，分子质量小于 10kDa 的蛋白质分子容易扩散，导致 2DE 不能分离分子质量偏大或偏小的蛋白质分子。④人类基因组含有约 3

万个基因，但其表达的蛋白质有 8 万种以上，如果考虑它们的化学修饰（如磷酸化、糖基化和酰基化）不同，基因编码的蛋白质种类高达 20 万种之多，然而在 2DE 分析中，即使使用当前最宽的 24cm 的 IPG 胶条，最多也只能分离染色到 3000 多个蛋白质点。并且细胞内蛋白质之间的动态变化达 1～8 个数量级（细胞中的蛋白质拷贝数可以为 10^1～10^8）。这些因素导致在 2DE 胶上低丰度蛋白质往往被高丰度蛋白质所掩盖而不能被检测到。⑤尽管 2DE 的重复性得到很大的改善，但同样的操作人员、同样的样品、同样的仪器设备，几次操作，得到的 2DE 图谱很难一模一样。特别用 2DE 胶进行比较蛋白质组学研究时，重复性对差异蛋白质点的确定很重要，一般采用 3 次在 2DE 胶上重复出现的差异蛋白质点才认为是差异蛋白质点。⑥2DE 实验工作量大、耗时、费力，并且难以自动化。尽管当前差异蛋白质点的挖取和酶解已经分别有了自动切点系统和酶解系统，但在 2DE 的差异图谱分析方面当前还不能实现自动化。因此，发展新型高分辨率、高通量的蛋白质或蛋白质肽段分离方法已经成为蛋白质组学发展的关键因素。

8.1.1.2　液相色谱的原理与方法

基于 2DE 技术存在的上述局限性，高压液相色谱、毛细管电泳和毛细管电色谱等分离技术在蛋白质组学研究中显示出了巨大的优势和活力。这些分离技术不依赖凝胶作为分离介质，称为非凝胶技术，具有高效、快速、自动化程度高、灵敏度高、分辨率高等优点，并且对各种蛋白质均适用，包括 2DE 分离技术不能有效分离的疏水性蛋白、膜蛋白、极酸极碱的蛋白质、分子质量小于 10kDa 或大于 200kDa 的蛋白质等，已经成为蛋白质组学研究中蛋白质或肽段分离的主流技术。

在蛋白质分离鉴定过程中，高压液相色谱往往需要与质谱联接，从而产生了一维色谱-质谱技术、二维色谱-质谱技术，甚至三维色谱-质谱技术。由于在蛋白质组学研究中，最常采用的质谱离子源是电喷雾电离源（ESI）和基质辅助激光解吸电离子源(MALDI)，它们都要求在质谱分析时不要引入过高的盐浓度，因此，不管是几维色谱-质谱技术，一般均是将没有盐存在的反相高压液相色谱与质谱联用进行蛋白质的分离鉴定。

一维色谱-质谱技术：如前文所述，其只是反相高压液相色谱与质谱联用。其中的反相液相色谱是基于蛋白质酶解肽段疏水性的差异对肽段进行分离，通过采用不同浓度配比的挥发性有机酸（如甲酸）/乙氰对结合在 C_{18} 填料上的蛋白质肽段进行梯度洗脱，从而实现蛋白质肽段的分离鉴定。这种技术往往用于对单一蛋白质或比较简单的蛋白质混合样品进行分离。对于复杂的蛋白质样品，往往需要在分离之前采用其他方法进行预分离处理。例如，采用 SDS-PAGE 技术先将蛋白质混合样品依据分子质量进行预分离，将凝胶切割成不同的条带，然后分别进行胶内酶解；或采用液相等电聚焦系统，依据蛋白质等电点的不同，将蛋白质混合物分成不同的组分（fraction）；或采用离线的阳离子或阴离子交换色谱，依据蛋白质肽段电荷数的不同，预先分成不同的组分。然后将每个组分的蛋白质（需要单独酶解）或蛋白质肽段，采用一维色谱-质谱技术进行进一步的分离鉴定。

二维色谱-质谱技术：其是在一维色谱-质谱的基础上，在反相液相色谱前再加一个离子交换色谱。离子交换色谱是通过溶质分子在离子交换色谱固定相上保留能力的不同而实现样品分离的。具体为，不同的蛋白质或蛋白质肽段分子带有不同的电荷数，它们与离子交换色谱固定相表面的电荷具有不同的静电相互作用，利用不同浓度的盐（往往需要采用易挥发性盐，如 NH_4Cl）作为流动相进行洗脱，从而实现蛋白质肽段的分离。这种组合是当前在蛋白质组学研究中使用最广泛的一种色谱-质谱联合技术。包括阴离子交换色谱和阳离子交换色谱，但阳离子应用更广泛一些。除了以离子交换色谱作为二维色谱外，还使用体积排阻色谱、反相液相色谱、亲和色谱等色谱与反相液相色谱联用组成二维色谱。

三维色谱-质谱技术：有些研究是为了更有效的利用液相色谱在蛋白质组学研究中的优势，实现蛋白质肽段的更有效分离、降低离线的工作量、实现样品分析处理的更高自动化。有些研究实现了离子交换—亲和—反相液相色谱的三维联用，发现三维色谱—质谱联用技术具有更高的分辨率，能鉴定到更多种类的蛋白质。

尽管液相色谱-质谱技术在蛋白质分离鉴定上具有更多优势，但其缺点是一次只能单独分析一个样品，不能像 2DE 技术一样实行多组平行实验，且其本身不能对样品进行差异蛋白质组学分析，需要在分析前对蛋白质肽段进行标记（如 SILAC、iTRAQ、ICAT、^{18}O 等）才能进行差异蛋白质组学研究。

8.1.2　蛋白质的高通量鉴定策略

在质谱被用于对蛋白质进行鉴定以前，Edman 降解法是主要的蛋白质测序方法。它是一种化学测序法，即用异硫氰酸苯酯（phenyl isothiocyanate，PITC）标记蛋白质的 N 端氨基酸，然后采用专一性肽链外切酶从蛋白质分子的 N 端依次切断末端肽键，使 N 端氨基酸依次从蛋白质分子上水解下来，通过高压液相色谱技术检测切下来的氨基酸，循环进行，从而实现对蛋白质序列的测定。但是，Edman 降解法一般只能测定 50 个氨基酸以内的蛋白质序列，并且操作非常繁琐，花时很长，难以实现高通量的分析。

质谱技术在 20 世纪 30～40 年代就已经在使用，但主要应用于一些小分子物质组成和结构的测定，其主要通过测定样品离子的质荷比（m/z）来判断。此方法没有在蛋白质鉴定上应用主要是受当时电离技术的限制。随着 80 年代两种新软电离技术的出现和成熟，导致质谱技术鉴定生物大分子（如蛋白质）成为可能并得到广泛的应用。这两种新软电离技术为基质辅助激光解吸电离（matrix-assisted laser desorption ionization，MALDI）和电喷雾电离（electrospray ionization，ESI）技术。

8.1.2.1　基质辅助激光解吸电离-飞行时间质谱

基质辅助激光解吸电离的原理是将蛋白质酶解肽段与基质分子共同结晶，在激光照射下，基质分子吸收激光能量，并将能量转移给多肽分子使蛋白质多肽电离。基质在此过程中扮演极其关键的角色，在此过程中，基质吸收了激光的大部分能量并气化，同时将多肽分子带入气相，并使多肽分子带上正电荷或负电荷，多肽分子只吸收少量的能量，以防多肽中氨基酸之间化学键的断裂。目前使用的基质包括芥子酸（3，5-二甲氧基-4-羟基肉桂酸，SA）、龙胆酸（2，5-二羟基苯甲酸，DHB）、α-氰基-4-羟基肉桂酸

(CCA)、吡啶甲酸 (PA) 和 3-羟基吡啶甲酸 (3HPA) 等。

离子化的多肽样品在基质辅助激光解吸电离-飞行时间-质谱仪 (MALDI-time of flight-mass spectrometry，MALDI-TOF-MS) 中进行鉴定。离子源中每一脉冲激光产生的多肽离子首先需要经过一个电场，获得动能后再进入一个无电场的真空飞行管道中进行飞行。质量轻的离子飞行得快，先到达检测器；而质量重的多肽离子，飞行速度慢，晚到达质量检测器。依据爱因斯坦定律，离子的飞行时间与其质荷比 (m/z) 的平方根成正比。所以，依据飞行时间可以测出此多肽离子的质荷比。这种质谱分析方法只能分析蛋白质的多肽指纹图 (PMF)。当前已经具有第二代基质辅助激光解吸电离质谱仪，即 MALDI-TOF/TOF-MS，其具有两个真空无电场的飞行管道，多肽离子进行第二次诱导断裂，进行第二次飞行时间检测，可以进一步实现对多肽离子的测序。

8.1.2.2 电喷雾-串联质谱

电喷雾电离的原理是从质谱仪进样毛细管柱流出的含多肽液滴，在高压电场作用下带电，带电的液滴在氮气甚至空气的作用下，液滴中的溶剂不断蒸发，使其表面积不断缩小，而其表面电荷密度不断增加，导致电荷之间的库仑斥力也不断增大。当这个斥力与液滴表面张力达到雷利极限时，液滴便会爆裂为许多带电的小液滴。这些小液滴按照上面的原理重复爆裂，直至爆裂到一个小液滴只含有一个带电的多肽分子为止，达到将多肽样品离子化的目的。

经过上述步骤，多肽样品在质谱仪的离子源处离子化后，离子源后连接的多级质量分析器及碰撞器可以分析离子结构碎片的质荷比。具体而言就是，离子化的多肽分子在一级质量分析器中进行过滤，即从总离子谱中选择需要进一步分析的母离子 (precursor ion) 进入碰撞室，母离子在碰撞室内进一步被碰撞诱导裂解 (collision induced desorption，CID) 为更多的碎片离子 (子离子)，然后在二级质量分析器中检测这些子离子的质荷比。通过将母离子的信息与子离子的信息进行对接，可以获知母离子的信息。

当前，电喷雾电离-串联质谱 (ESI-MS/MS) 质谱分析仪一般均与高压液相色谱在线联用，通过高压液相色谱将复杂的多肽混合物按照其不同特性进行分离，尽量获得比较单一的多肽。这些多肽由于其不同特性，将在不同时间进入到质谱仪的离子源处进行离子化并进入下游在质量分析器中进行质荷比检测。

目前常用的质量分析器主要包括三重四极杆分析器、离子阱分析器和四极杆-飞行时间质量分析器以及这些不同分析器组合而成的杂交质谱。例如，LTQ-Orbitrap 质谱分析仪就是由线性离子阱和轨道阱质量分析器组合而成的杂交质谱分析仪。

8.2 定量蛋白质组学原理与方法

前文所述的 2DE 和反相高压液相色谱 (LC) 分离以及质谱分析只能鉴定蛋白质，不能直接分析蛋白质表达水平的差异。而细胞内的蛋白质在不同阶段、不同病理条件、不同生理条件、不同作用因素下，其表达水平及翻译后修饰都会发生动态变化。绝大多数蛋白质组学研究的目的是为了获得在两个或更多个条件下，蛋白质表达量的差异。例如，分析在不同发育阶段、不同癌变阶段、正常条件和病理条件下、药物处理前后、不同细胞周期等条件下，细胞、组织或体液内蛋白质含量的变化。如何分析蛋白质在不同时空、不同因素作用下的表达变化，目前有基于2DE胶的定量分析策略和基于非2DE胶的定量分析策略。

8.2.1 基于2DE胶的定量分析策略

来自各种条件下的蛋白质混合物样品，基于其等电点和分子质量的不同，经过等电点聚焦和SDS-PAGE分离后，需要采用不同的显色方法将在2DE胶上的蛋白质分子显示出来，如硝酸银染色、考马斯亮蓝染色、氨基黑染色、负染（目前最常用的基于金属离子的染色，如氯化铜、氯化锌）、印度红染色、SYPRO染色及放射性同位素标记等；或者先用不同荧光染料标记不同来源的蛋白质，如用Cy3标记正常细胞内的蛋白质，Cy5标记肿瘤细胞内的蛋白质，然后将其等量混合，再进行2DE分离。

这些用来染色蛋白质的染料需要符合3个条件：①在蛋白质染色时，具有足够高的灵敏度；②在一定的线性范围内，染色的深浅（染色的灰度值或荧光值）与蛋白质的含量呈正相关；③染色后的蛋白质在后续的酶解、鉴定过程中能与质谱兼容，即不影响后续的质谱鉴定分析。

然后通过比较不同2DE胶上对应蛋白质点的灰度值高低或同一2DE胶上相同蛋白质点不同荧光的强弱，发现蛋白质表达水平的差异，获得某因素、某条件下的差异蛋白质，经过质谱鉴定出此差异蛋白质。

如上所述，目前主要有两种基于2DE胶上蛋白质染色进行定量蛋白质组学分析的方法，即传统的染色方法和荧光染料先与蛋白质结合再在特定的波长下进行荧光扫描的染色方法。

8.2.2.1 传统染色方法

1）理论与原理

传统染色方法先将蛋白质混合物经过2DE分离，然后用染料与2DE胶上的蛋白质进行反应显色，将2DE胶上的蛋白质显示出来。目前使用最多、最广泛的是硝酸银染色（银染）和考马斯亮蓝R-250染色（考染）。

银染的方法有100多种，主要分为酸性硝酸银染色和碱性硝酸银染色。酸性硝酸银染色的原理是：2DE胶在酸性条件下（往往采用冰醋酸）与硝酸银孵育，蛋白质中的自由氨基能够与银离子结合，凝胶上蛋白质空白区结合的银离子由于结合不牢固而被洗掉，然后在碱性条件下（往往采用碳酸钠），甲醛将结合在蛋白质点上的银离子还原为金属银，从而实现蛋白质点的显色。碱性硝酸银染色的原理是：用氨水与硝酸银反应形成银氨复合物，银氨复合物再与2DE胶上的蛋白质结合，然后在酸性条件下，甲醛将银氨复合物还原为金属银，实现蛋白质点的显色。由于氨的不稳定性以及酸性染色背景浅，使酸性银染更适合于蛋白质的定量分析，故而使用比较普遍。

银染是非放射性染色方法中灵敏度最高的染色方法，其灵敏度可达1～10ng。尽管其有这么高的灵敏度，但此数量级的蛋白质酶解肽段往往达不到后续质谱鉴定的灵敏度，这是由分析质谱的灵敏度所决定的。有时为了能达到质谱检测的灵敏度，往往将多块 2DE 胶上的同一个蛋白质点放在一起进行酶解；或者加大蛋白质上样量进行 2DE 分析和染色，然后将与此对应的蛋白质点进行酶解。

另外，银染只有在一定的线性范围内染色的深浅（灰度值）才与蛋白质含量呈正相关，这对蛋白质差异定量分析的准确性很重要。同时，银染的蛋白质与后续的质谱鉴定的兼容性比较差。例如，银染的蛋白质点进行酶解时脱色不充分，残留的金属银会在 MALDI 板上结晶析出而难以去除，从而破坏 MALDI 板，如果脱色过度，又将导致蛋白质的大量损失。

考染是另外一种使用比较普遍的染色方法，其是在甲醇/乙醇/乙酸溶液体系中，用考马斯亮蓝 R-250 对蛋白质进行染色，在乙醇/乙酸溶液中进行反复脱色。此方法的优点是：染色过程简单、操作简便、背景低，与后续的质谱鉴定具有较好的兼容性，也具有比较好的线性关系。但缺点是：灵敏度比较低，只能检测到最低 100ng 的蛋白质，比银染要低 2～3 个数量级。目前有一个改良的考马斯亮蓝染色方法，其灵敏度比传统的考染高提高 1～2 个数量级，其最低的灵敏度达 1～10ng 蛋白质。具体配方和操作流程如下所述。

2DE 胶在染色液（0.25g 考马斯亮蓝 R-250＋454ml 甲醇＋46ml 冰醋酸）中水浴煮 5min 后，在摇床上摇 10min 进行染色。倒掉染色液，加入脱色液（85ml 冰醋酸＋50ml 甲醇＋885ml 水）中水煮脱色 5min，摇床上脱色 30min 左右，再加脱色液，这样循环脱色几次，即可。

此改良考染法比传统考染法灵敏度高，花时比较短，几个小时就可以获得染色结果。传统考染法往往需要染色过夜，脱色也需要 12h 以上，花费的时间比较多，并且染色比较容易褪色。而改良考染法比较难以脱色，就是在胶内酶解时，其脱色也比传统考染难；并且在染色时，在水浴中煮的时间越长，越难脱色。

2DE 胶上的蛋白质经过银染、考染等方法染色后，在其上的蛋白质点就可以呈现出来，一般其蛋白质点染色的深浅（灰度值的大小）与其含量呈正相关。为了能够相对定量地分析比较蛋白质点灰度值的差异，首先需要将 2DE 胶进行透射模式下的高清扫描，从而保证光密度值与 2DE 胶上蛋白质点含量的正相关，最后获得 2DE 图像。然后采用 PDQuest 和 ImageMaster 等软件，对不同处理条件下（如肿瘤细胞药物处理前后，癌变组织与正常组织等）2DE 胶上的对应蛋白质点配对和灰度值比较，从而获得差异蛋白质点。往往需要重复 2DE 分析 3 次以上，3 次总是出现的差异蛋白质点才算是真正的差异蛋白质点。最后将这些差异蛋白质点切出，分别进行胶内酶解，获得酶解蛋白质肽段，进行质谱分析。

来源于 2DE 胶上的蛋白质酶解肽段组成比较单一，一般采用 MALDI-TOF/TOF-MS 质谱进行蛋白质鉴定，这样就可以快速有效地鉴定蛋白质。也可以采用 LC (ESI) -MS/MS 质谱进行鉴定，但一般较少使用，因为此方法比较费时，操作也比较繁琐，但当需要进一步鉴定此蛋白质的化学修饰（如磷酸化、糖基化等）时，更常采用此方法。

银染、考染等常规染色方法在蛋白质组学研究的早期阶段是一种比较常用的蛋白质差异定量的方法。其是通过同时比较两块或以上 2DE 胶上蛋白质点灰度值的差异来发现差异蛋白质点，由于不同 2DE 胶之间存在系统误差，特别是染色的时间长短导致 2DE 背景色的不同，它们之间的条件很难保证一致，导致其应用受到一定的限制。

2）应用实例

EB 病毒与多种肿瘤的发生发展密切相关，作为一个外界环境致病因子，对其基因组功能分析发现其编码的潜伏膜蛋白 1（latent membrane protein 1，LMP1）是一个重要的瘤蛋白。在 LMP1 的羧基末端存在 3 个功能性结构域 CTAR1、CTAR2 和 CTAR3，它们通过募集信号衔接分子 TRAF、TRADD 和 JAK3 异常激活 NF-κB、AP-1 和 STAT 3 条信号转导通路。激活的转录因子 NF-κB、AP-1 和 STAT 进而调节下游靶基因 EGFR、cyclin D1、MMP9、survivin 等的表达，同时也通过某种机制调节一些下游蛋白质的磷酸化。但是，受 LMP1 调节的信号分子和下游功能效应蛋白质分子还远没有得到阐明，并且可能还存在未证实的由 LMP1 介导的新的信号转导通路。

基于信号转导分子大多数是低丰度蛋白质，且往往需要发生磷酸化，我们采用磷酸基团金属亲和纯化（PMAC）技术、2DE 技术结合银染法和考染法，分析受 LMP1 调控的磷酸化蛋白质分子（Yan et al.，2006）。

在用 PMAC 技术富集磷酸化蛋白质之前，我们需要对 PMAC 的富集效果进行评价，以不会发生磷酸化的 α-微管蛋白为代表，采用蛋白质印迹法检测各组分中是否含有非磷酸化蛋白质，发现磷酸化蛋白质组分中不存在非磷酸化蛋白质；以已经证实发生酪氨酸磷酸化的蛋白质 p-EGFR 为酪氨酸磷酸化蛋白质代表，以已经证实发生丝氨酸磷酸化的蛋白质 p-p65 为丝氨酸磷酸化蛋白质代表，采用蛋白质印迹法检测各组分中是否含有磷酸化蛋白质，说明非磷酸化蛋白质组分中不存在磷酸化蛋白质。上述结果表明，PMAC 技术可以有效地将磷酸化蛋白质与非磷酸化蛋白质分开。

在此基础上，我们采用 PMAC 技术分别富集 CNE1 细胞与 CNE1-LMP1 细胞内的磷酸化蛋白质，通过 2DE 技术分离富集的磷酸化蛋白质，然后采用银染和考染比较 LMP1 表达有无细胞内磷酸化蛋白质的差异，经 PDQuest 图像分析软件处理获得两者的差异磷酸化蛋白质图谱（图 8-1）。CNE1-LMP1 细胞磷酸化蛋白质谱中的蛋白质点与 CNE1 细胞磷酸化蛋白质谱中对应的蛋白质点配对比较，在银染图谱中，比值大于 5 倍，认为其磷酸化上调，小于 0.2 倍，认为其磷酸化下调，即发生去磷酸化；对于考染结果，比值大于 2 倍，认为其磷酸化上调，小于 0.5 倍，认为其磷酸化下调，即发生去磷酸化。重复 3 次，将 3 次实验中共同发生变异的差异蛋白质点进行统计分析，一共获得磷酸化上调的蛋白质点 39 个，磷酸化下调的蛋白质点 4 个。

在磷酸化蛋白质图谱中，与一般蛋白质图谱比较，我们可以看到，有许多呈串联排布的蛋白质点，每一个成簇的串联蛋白质点，它们事实上极可能是存在不同磷酸化修饰的同一种蛋白质。因为在蛋白质修饰中，只有磷酸化与酰基化对蛋白质分子质量影响较小，如磷酸化修饰只改变分子质量 80Da 或 98Da，在 12.5% 的 2DE 胶上几乎显示不出来。但由于本研究是采用 PMAC 技术分离纯化得到的磷酸化蛋白质，从而排除发生酰基化修饰的蛋白质。并且蛋白质发生磷酸化修饰后，其 pI 值将减小。因此，可以认为成簇串联排布的蛋白质点是发生磷酸化修饰的同一种蛋白质。

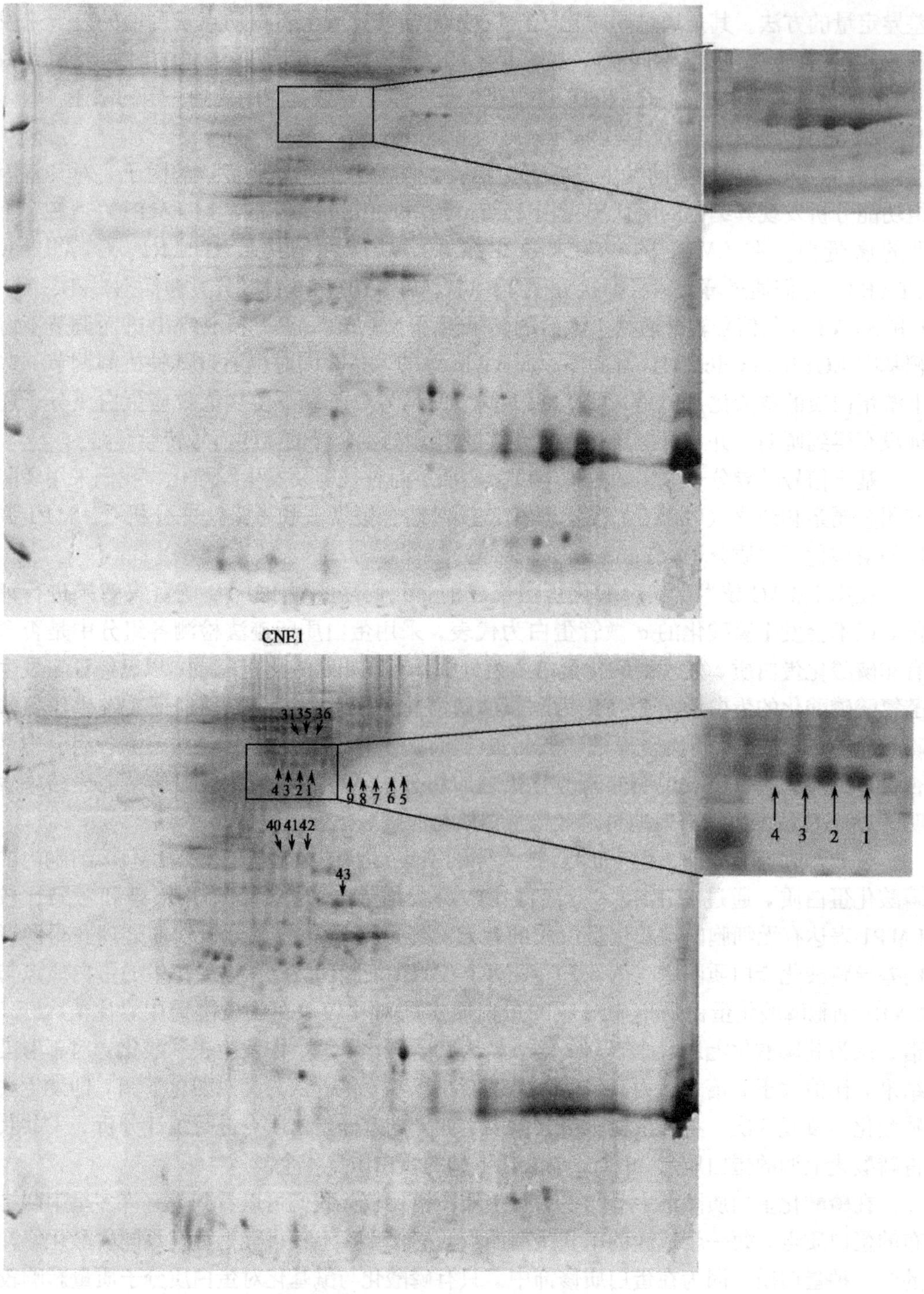

图 8-1　CNE1 与 CNE1-LMP1 细胞磷酸化蛋白质 2DE 考染图谱

用 PMAC 技术分别富集鼻咽癌细胞 CNE1 和 LMP1 稳定表达细胞 CNE1-LMP1 总蛋白质中的磷酸化蛋白质进行 2DE 分离，考染（Yan et al.，2006）

结果显示，43 个蛋白质点在 LMP1 的调控下表现出显著的磷酸化差异，从中我们鉴定到 25 个受 LMP1 调控的新的信号分子或下游功能效应蛋白质分子，包括膜联蛋白 A2（annexin A2）、Hsp27、膜联蛋白 I（annexin I）、stathmin、碱性转录因子 3（basic transcription factor 3）、孔蛋白（porin）、假定 NF-κB 激活蛋白（putative NF-κB activating protein）等信号分子或下游功能效应蛋白质分子以及一些蛋白激酶，如微管相关丝氨酸/苏氨酸蛋白激酶样蛋白（microtubule associated serine/threnine kinase-like）、依赖性 I 型 beta 调节链蛋白激酶（EC2.8.1.38）[protein kinase（EC2.8.1.38）camp-dependence type I beta regulatory chain]。虽然它们在 LMP1 介导的信号转导通路中的功能还没有确定，但在这些鉴定的蛋白质分子中相关研究已经证实 annexin A2、Hsp27、annexin I、stathmin、basic transcription factor 3 和 porin 是磷酸化蛋白质分子，参与不同的信号转导通路。

同时，在 2DE 胶上，我们发现许多呈串联排布的蛋白质点，它们分别可能是不同磷酸化修饰的同一蛋白质亚型，我们进一步用 MALDI-TOF 质谱技术证实了它们确实是同一种蛋白质分子，进而用蛋白质修饰软件 ProMOST 演示了不同磷酸化修饰的同一蛋白质亚型在 2DE 胶上的分布，结果与在实验 2DE 胶上的分布一致，进一步说明这些成串联分布的蛋白质点分别为不同磷酸化修饰的同一蛋白质亚型。

我们以鉴定的蛋白质分子 annexin A2 为实例，采用传统的信号转导通路研究策略，建立 LMP1 与鉴定的下游功能效应蛋白质分子之间的关系（Yan et al.，2007；Luo et al.，2008）。本研究发现 LMP1 对 annexin A2 蛋白的表达水平没有影响。进一步用免疫沉淀结合泛抗酪氨酸磷酸化蛋白质抗体和泛抗丝氨酸磷酸化蛋白质抗体进行免疫印迹，发现 LMP1 调节 annexin A2 丝氨酸磷酸化，而对其酪氨酸磷酸化没有影响。通过采用 PKC 激酶抑制剂发现经典型 PKC 调节 annexin A2 的丝氨酸磷酸化。为了证明 PKC 能够直接磷酸化 annexin A2，通过采用免疫沉淀技术和体外激酶分析，表明 PKC 直接调控 annexin A2 的磷酸化。

为了确定 annexin A2 在 LMP1 的调节下发生丝氨酸磷酸化后具有什么样的功能，我们分析了 LMP1 对 annexin A2 移位入核的影响。结果显示，LMP1 可以促使 annexin A2 移位入核，并且呈能量和温度依赖性，说明 annexin A2 的入核是一个主动过程，而不是被动扩散入核。通过抑制 PKC 介导的 annexin A2 丝氨酸磷酸化，可以抑制 LMP1 介导的 annexin A2 移位入核，说明 LMP1 调节的 annexin A2 移位入核与 annexin A2 的丝氨酸磷酸化有关（图 8-2）。为了确定 annexin A2 上调控其入核的磷酸化位点，通过定点突变实验，我们发现 annexin A2 的丝氨酸 25 在调控 annexin A2 入核中扮演主要的角色。从而确定了 LMP1 通过介导 PKC 信号通路来调节 annexin A2 的丝氨酸磷酸化而导致其入核的分子机制，首次提出了 annexin A2 参与鼻咽细胞癌变的分子模型。

8.2.1.2　荧光胶内差示电泳技术

1）理论与原理

传统的、基于染色的 2DE 胶技术，是通过胶与胶之间的比较进行差异蛋白质分析，由于胶与胶之间重复性不完全一致的问题，影响了定量差异分析的准确性。当前出现的

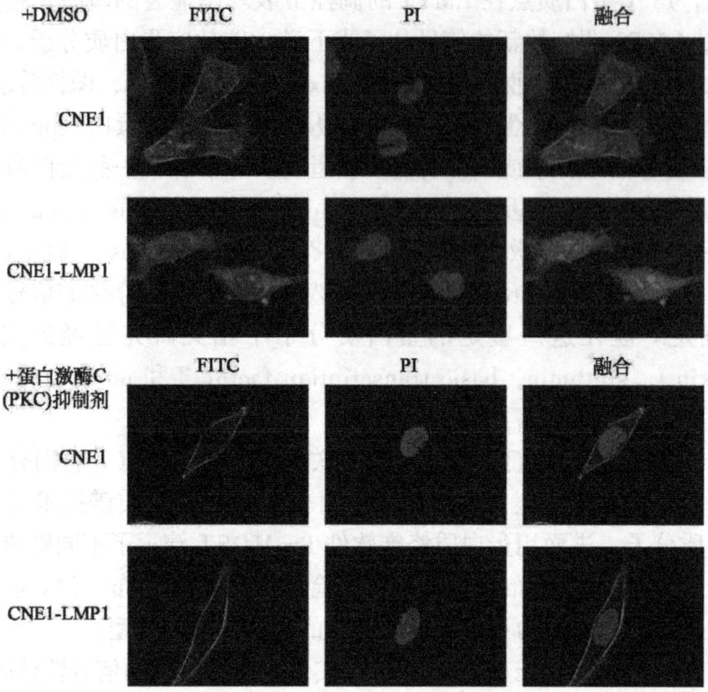

图 8-2 LMP1 通过激活蛋白激酶 C（PKC）信号通路调控 annexin A2 的丝氨酸磷酸化，annexin A2 的丝氨酸磷酸化介导其移位入核（Yan et al.，2007）

荧光胶内差示电泳技术（different in-gel electrophoresis，DIGE）是将不同荧光染料标记的蛋白质样品等量混合，用单一的 2DE 胶进行分离，在不同波长激光地激发下，发出不同荧光，从而实现对两个蛋白质样品之间差异的定量分析（Lilley and Dupree，2006）。DIGE 技术克服了 2DE 过程中不同凝胶间重复性差的问题，使蛋白质点的匹配、差异定量分析更准确。

在 DIGE 分析中，首先需要用不同荧光染料 CyDyes 共价标记蛋白质分子，然后等量混合后才进行传统的 2DE 分析。CyDyes 染料上带的单个正电荷可以弥补赖氨酸在反应时的正电荷损失，防止了等电点的偏离。另外，这几种 CyDyes 染料的分子质量是匹配的，使每个标记的蛋白质分子质量增加了约 500Da。这样同一种蛋白质标记了这几种染料的任何一种后，其在 2DE 胶上迁移位置是相同的，不会因为标记了不同的荧光染料而存在位置的偏移。但在蛋白质荧光标记过程中，样品组分中不能含有伯胺组分，因为其将与蛋白质竞争性结合荧光染料。另外，2DE 实验中裂解液中的两性电解质、DDT 等也影响染料的标记效率。在蛋白质的标记中，当前有两种标记技术，即最小标记和饱和标记。

最小标记技术是依据 *N*-羟基琥珀酰亚胺衍生的荧光染料 CyDyes，与蛋白质上赖氨酸（Lys）侧链的氨基基团反应进行标记。通常采用 3 种 CyDyes 染料，即 Cy2、Cy3、Cy5，它们分别标记蛋白质样品和内标。例如，Cy3 标记肿瘤组织蛋白质样品，Cy5 标记肿瘤对应正常组织蛋白质样品，上述两种蛋白质样品等量混合后用 Cy2 标记作为内标，然后将 3 种标记的蛋白质样品等量混合进行 2DE 分析。在进行差异定量分析时，Cy2 起着重复胶之间的数据校正和归一化作用。采集 CyDyes 标记的 2DE 蛋白质图像需要使用激光扫描成像系统，目前比较普遍使用的是 GE Healthcare 公司的 Typoon 激光扫描系统。分别用激发波长/发射波长为 488nm/520nm、532nm/580nm 和 633nm/680nm 的激光对 Cy2、Cy3、Cy5 标记的蛋白质进行荧光扫描（Alban et al.，2003；Tonge et al.，2001）。

最小标记，言外之意就是通过优化条件让每个蛋白质分子上只标记上一个染料分子，即使多个赖氨酸被标记，但双标记的蛋白质所占比例很低以致检测不到。在这种标记条件下，一般标记的蛋白质只占整体蛋白质的 3%～5%，其可以避免蛋白质标记后溶解性降低的问题，可使显现的蛋白质能够比较准确的定量。但是，在最小标记情况下，大量的蛋白质没有被标记上，这导致低丰度蛋白质点难以检测到，存在差异蛋白质信息大量丢失的现象。

饱和标记技术与最小标记技术相反（Zhou et al.，2002a），其是采用类似 Cy3、Cy5 的新型荧光染料，通过染料上含有的碘乙酰胺活性基团与蛋白质上的半胱氨酸（Cys）残基反应，去尽量饱和蛋白质上所有的半胱氨酸反应位点，因此需要更多的荧光染料。这种含碘基团的染料容易被 2DE 常规裂解液的组分硫脲所降解。饱和标记技术比最小标记技术具有更高的灵敏度，其可以分析 5μg 的蛋白质样品，而最小标记技术最少需要 50μg 的蛋白质样品，这对稀缺样品非常适应。但在饱和标记过程中，需要预先根据蛋白质 Cys 含量进行蛋白质与染料比例的优化，才能获得较好的 2DE 图谱，这个过程比较耗时、费钱。而且，因为染料疏水的作用，在标记过程中会产生 5%～25% 的标记蛋白质沉淀，导致一些低丰度蛋白损失而不能在 2DE 胶上显示出来。另外，尽管是饱和标记，但也不是蛋白质 100% 的被全部标记，通常只有 80% 左右的蛋白质能被标记，还有可能赖氨酸（Lys）也同时被标记，从而影响定量分析的准确度。同时，大量的标记试剂会产生噪声干扰 MS 的鉴定。目前采用饱和标记技术进行 DIGE 分析的研究报道还不是很多。

在 DIGE 分析中，为了排除系统误差，在实验设计时，通过交叉染色可以有效地消除定量分析时的系统误差。例如，在第一块 2DE 胶中，Cy3 标记药物处理前的细胞内蛋白质样品，Cy5 标记药物处理后肿瘤细胞内蛋白质样品，上述两种蛋白质样品等量混合后用 Cy2 标记作为内标；在第二块 2DE 胶中，用 Cy5 标记药物处理前的细胞内蛋白质样品，Cy3 标记药物处理后的肿瘤细胞内蛋白质样品，上述两种蛋白质样品等量混合后用 Cy2 标记作为内标。

与传统基于染色分析的 2DE 方法相比，DIGE 在避免不同胶之间重复性差需要定量分析等问题上具有非常明显的优势。但是与传统 2DE 相比，DIGE 技术也有其存在的问题。尽管不同染料标记的蛋白质样品，其分子质量和等电点没有明显地改变，在 2DE 中不会发生偏移，但是标记的蛋白质与相同的而未标记的蛋白质相比，它们在 2DE 胶上的位置发生了偏移而不在同一位置（大部分未标记蛋白质在标记蛋白质的稍偏低位置），这对我们下一步挖取差异蛋白质点进行质谱鉴定产生影响，可能存在蛋白质点被其他未标记蛋白质点污染的问题。鉴于以上问题，当前通过在切胶挖点前，用传统染料（如 Sypro Ruby 蛋白质染料或考马斯亮蓝染色）对 2DE 胶进行染色以找到需要切取的差异蛋白质点位置，再取点进行后续的质谱分析；或者在进行 DIGE 分析时，同时跑一块 2DE 胶用传统考马斯亮蓝或 Sypro Ruby 蛋白质染料进行染色，依据 DIGE 分析差异蛋白质点信息，在传统染色 2DE 胶上进行挖取对应的差异蛋白质点。

2）应用实例

前列腺癌是当今男性中最普遍的实体肿瘤。致死的主要原因是前列腺癌发生了远处转移。目前的预测方法和成像技术还不足以发现前列腺癌淋巴结的转移。为了发现前列腺癌淋巴结转移的早期诊断标记物，采用蛋白质组学 DIGE 技术比较了 10 例前列腺增生组织样品、10 例原位前列腺癌组织样品、8 例前列腺淋巴结转移组织样品之间蛋白质表达的差异（ Pang et al. ，2010）。具体是先将每一种相同类型的组织蛋白组成一个样品集合（pool），从而形成 3 个样品集合。然后用 Cy3 和 Cy5 交叉标记这 3 种样品集合相同数量的蛋白质样品，以用 Cy2 标记由这 3 种蛋白质样品组成的集合蛋白质样品作为内对照。然后将标记好的蛋白质样品等量混合，进行 2DE-DIGE 分析。

经过 DeCyder 软件分析，共 2018 个蛋白质点被配对，其中 80 个蛋白质点在原位前列腺组织与淋巴结转移前列腺癌组织中表现出明显的差异，经过 MALDI-TOF/TOF-MS 分析，鉴定了 58 种差异蛋白质，其中在淋巴结转移前列腺癌中，表达上调的有 35 个，表达下调的有 23 个（图 8-3）。它们中的 e-FABP5、MCCC2、PPA2、Ezrin、SLP2

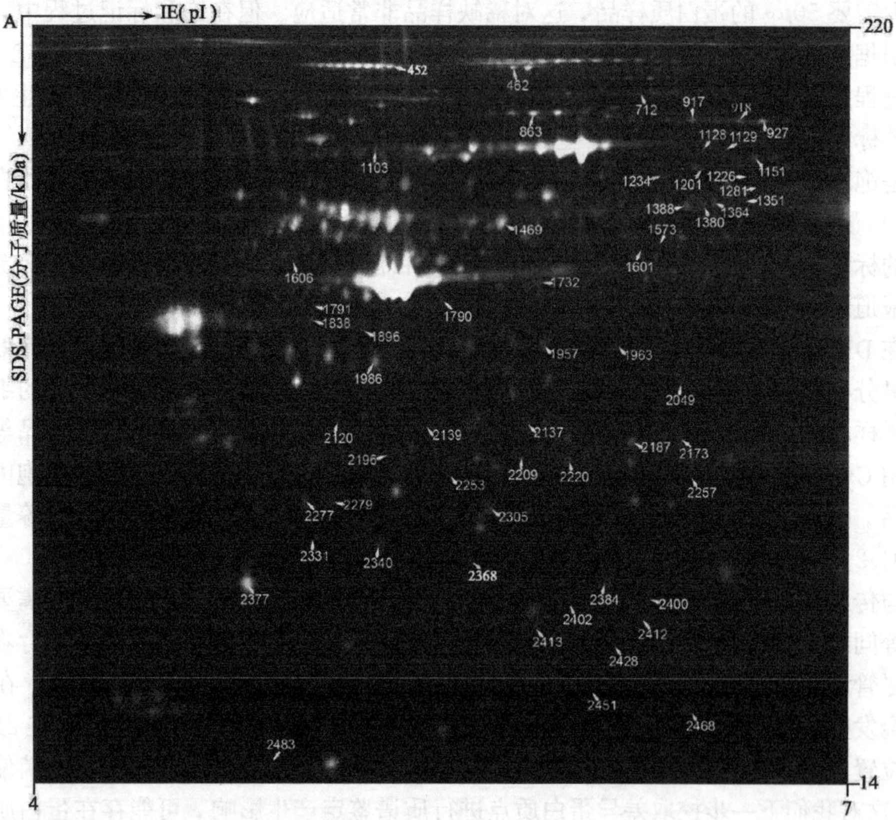

图 8-3　原位前列腺癌组织与淋巴结转移前列腺癌组织细胞蛋白质 DIGE 图谱（Pang et al. ，2010）

和 SM22 被发现与肿瘤转移有关。经过实时 PCR、蛋白质印迹法和免疫组织化学进一步分析，与原位前列腺癌相比，发现 e-FABP5、MCCC2、PPA2、Ezrin 和 SLP2 的表达水平在淋巴结转移前列腺癌中表达上调，而 SM22 的表达水平下调。基于体液样品，特别是血清样品在临床应用上的便利性，进一步分析原位前列腺癌患者血清与淋巴结转移前列腺患者血清中 e-FABP5 含量的变化，发现 e-FABP5 的含量在淋巴结转移前列腺癌患者血清中具有更高的水平。以上结果表明，e-FABP5、MCCC2、PPA2、Ezrin、SLP2 的表达上调，SM22 的表达下调可以作为前列腺癌淋巴结转移的标记物。

染色或 DIGE 技术均是基于 2DE 基础上的定量蛋白质组学方法，它们均受 2DE 本身缺陷的影响，极端等电点的蛋白质（等电点小于 3 或大于 12）、分子质量过大或过小的蛋白质（分子质量小于 10kDa 或大于 200kDa）、低丰度蛋白质、疏水蛋白质（膜蛋白）等类型的蛋白质分子在 2DE 分析中都不容易获得分离鉴定。

8.2.2　基于非胶的定量分析策略

如前文所述，当前最主要的蛋白质/肽段的分离方法有 2DE 和 LC。一般用 LC 直接质谱串联进行蛋白质/肽段的分离鉴定。但是一次高压液相色谱-串联质谱（LC-MS/MS）分析只能获得一个样品的信息，多个样品需要分多次进行 LC-MS/MS 分析。由于蛋白质或肽段的质谱响应值受许多难以控制的因素影响，特别是肽段的离子化效率更易受其他各种因素的影响，因此不能对同一肽段不同批次质谱检测获得的信号强度进行定量比较。目前，最常用的方法是用不同同位素标记分别标记不同来源的蛋白质或肽段样品，然后等量混合。如果标记的是蛋白质，还需要将混合的标记蛋白质进行酶解形成肽段，然后进行 LC-MS/MS 分析。在这个过程中，在蛋白质或酶解后的蛋白质多肽中引入不同同位素（如 D、^{13}C、^{15}N、^{18}O）标记的小分子，用来识别不同样品来源的蛋白质肽段。因为不同标记的肽段，其化学性质是一样的，标记不会改变肽段的基本特征，也就不会改变肽段在 LC 分离中的滞留时间，不同同位素标记的肽段几乎同时进入到质谱中，这样就可以确保在同一次质谱扫描中两者的离子化效率是一致的，此时肽段谱峰信号成对出现。基于同一肽段被不同同位素标记所导致的肽段质荷比相差几个道尔顿，可以在质谱谱峰图上找到同一肽段对应的不同同位素标记的谱峰，根据它们的峰高或峰面积，就可定量分析出某一肽段在不同样品之间含量的差异。当前对蛋白质或肽段标记的方法分为体外化学标记法和体内代谢标记法。最常用的体外化学标记法包括 ICAT、iTRAQ 和 ^{18}O；最常用的体内代谢标记为 SILAC。除此之外，还有当前最新的、正在发展的、但尚不成熟的非标定量分析方法，即不需要同位素进行标记的分析方法。

8.2.2.1　同位素亲和标签技术

1）理论与原理

Gygi（1999）等率先建立了同位素亲和标签（isotope-coded affinity tag，ICAT）技术。其由 3 个部分组成，即活性反应基团（碘乙酰胺），可特异性地与蛋白质肽段上的半胱氨酸残基（Cys）反应；引入稳定同位素的连接子；亲和标签（生物素）用来分离含 Cys 的多肽。连接子含有 8 个氢原子，称为“轻”ICAT，D_0；连接子含有 8 个氘原子，称为“重”ICAT，D_8。“重”ICAT 与“轻”ICAT 质量正好相差 8Da。

ICAT 技术的具体流程如下所述。①提取获得不同样品的蛋白质，如肿瘤组织与对应肿瘤正常组织蛋白质，或药物处理前的肿瘤细胞与药物处理后的细胞蛋白质，分别用“轻”ICAT 和“重”ICAT 与不同样品蛋白质反应，ICAT 的反应基团会专一地与蛋白质中的半胱氨酸残基共价结合，如用 D_0 标记正常细胞蛋白质，D_8 标记相应癌细胞蛋白质。②待充分反应后，将二者等量混合，再用胰蛋白酶水解，获得酶解蛋白质肽段。③通过一个生物素亲和层析柱分离，凡含有 Cys 的多肽被 ICAT 试剂修饰被吸附在亲和柱上，其他多肽则在柱上无保留而与含有 Cys 的多肽分离，亲和柱上吸附的多肽用甲醇溶液洗脱。④再对标记的蛋白质肽段进行 LC-MS/MS 串联质谱分析。一对肽段峰总是一前一后成对出现在质谱图上，且分子质量正好相差 8Da 或 4Da（肽段带两个电荷）。根据峰的相对强度，对两种样品中同一种蛋白质进行相对定量分析，并可将质谱检测数据提交数据库检索，鉴定相对应的蛋白质。

相对目前其他定量蛋白质组研究方法，ICAT 定量有如下优点：①因为蛋白质分离是在肽段水平上进行的，任何来源（组织、细胞和体液等）的蛋白质样品，不管其分子质量大小、等电点大小、疏水性如何，均可进行定量分析；②通过亲和选择含有半胱氨酸残基的肽段，降低了后续质谱分析的复杂性；③烷基化反应即使在有盐、去垢剂及稳定剂存在下都可以进行；④因为 ICAT 的技术建立在色谱分离的基础上，任何促进蛋白质溶解的试剂均可用；⑤能够直接测量和鉴定低丰度蛋白质。⑥ICAT 与任何类型的免疫、物理分离方法兼容，能很好地定量分析微量蛋白质。

但是 ICAT 技术也存在以下缺点，有待改进：①只能分析含有半胱氨酸残基的蛋白质，不含半胱氨酸的蛋白质信息将被丢失；②ICAT 的分子质量约为 500Da，在这个 MS/MS 分析过程中，ICAT 一直保留在每个肽段上，这对肽段来说是一个很大的修饰物，会影响肽段的检测并增加数据搜索分析的复杂性，尤其对一些小于 8 个氨基酸的肽段更是如此；③标记肽段由于接头的加入使得标记离子在磁撞诱导解离（Collision induced dissociation，CID）条件下 MS/MS 图谱更加复杂，从而增加二级图谱解析的难度；④当标记的多肽含有两个半胱氨酸残基时，在单电荷条件下，其质荷比相差 16 时，与肽段的氧化修饰难以区分开，这对定量和鉴定带来困难；⑤ICAT 的标记效率，不可能是 100% 的标记，目前最高的标记也只有 80%；⑥在 ICAT 标记时，ICAT 试剂对高丰度蛋白质标记的倾向性，导致低丰度蛋白质标记的效率低下而不能被后续鉴定和定量分析到。

基于 ICAT 技术存在以上不足，目前对 ICAT 试剂进行了改进，发展了一些改进的 ICAT 技术。最具代表性的是可裂解同位素亲和标签（cleavable ICAT，cICAT）技术（Hansen et al.，2003）、固相同位素亲和标签（solide-phase ICAT，sICAT）技术(Zhou et al.，2002b)、磷酸化蛋白同位素亲和标签（phosphprotein isotope-coded affinnity tag，PhIAT）技术（Goshe et al.，2001）和可视同位素亲和标签（visible ICAT，vICAT）技术（Lu et al.，2004）。

cICAT 试剂同 ICAT 试剂一样（Hansen et al.，2003）也由 3 部分组成，包括与蛋白质上半胱氨酸残基特异反应的活性基团、含 9 个同位素 ^{12}C 或 ^{13}C 标签的可裂解连接子和亲和纯化标签生物素。cICAT 技术与 ICAT 技术相比，cICAT 在连接子和亲和标签生物素之间引入一个能在酸性条件下剪切的位点，在 MS 分析前移去亲和标签，使分析灵敏度提高了数倍，排除了标签对后续质谱鉴定和定量分析的影响；同时用 ^{12}C 和 ^{13}C 分别代替 ICAT 试剂中的 ^{1}H 和 ^{2}H；另外，不同标记所标记的肽段质量数相差 9 或 9 的倍数。

sICAT 的原理是将 ICAT 试剂与玻璃珠结合，使之固相化，一步完成标记、分离步骤并耐受强烈洗脱条件（Zhou et al.，2002b）。通过固相捕获和释放化学反应过程后，将获得的标记肽段进行后续质谱鉴定和定量分析。与传统 ICAT 试剂方法相比，其更简单、更灵敏、更有效，而且该方法与传统 ICAT 方法的最大不同是 sICAT 试剂标记蛋白质是在酶解后进行的，而 ICAT 试剂标记蛋白质要求在酶解前进行。sICAT 试剂由 4 部分组成，包括氨丙基包被的玻璃珠、含有 *O*-硝基苯的光裂解连接子、连接 8 个 ^{1}H 或 8 个 ^{2}H 的亮氨酸同位素标签，以及与蛋白质上巯基特异反应的碘乙酰胺活性基团。两种不同来源的蛋白质样品经过酶解、还原，用两种不同同位素的固相稳定同位素标签试剂分别与这两种酶解肽段混合，碘乙酰氨活性基团与酶解肽段的半胱氨酸残基反应，然后将此肽段分别与玻璃珠混合，洗除未结合的肽段。在 360nm 紫外光照射下，连接子断裂，标记同位素的肽段被回收后用 LC-MS/MS 进行质谱鉴定和定量分析。

与传统 ICAT 技术相比，sICAT 技术有以下优点：①含有半胱氨酸肽段的分离和蛋白质的标记在一步内完成，减少了实验操作的复杂程度；②肽段以共价键与固相物体表面结合，能够经受较强的洗脱条件，有利于去除非特异性结合的肽段；③不需要额外的步骤除去多余的物质，简化了后处理过程，肽段丢失少，比传统 ICAT 技术更灵敏，能鉴定到更多的蛋白质分子；④在光裂解前，与固相共价结合的肽段为加入其他额外化学试剂或酶反应提供理想的底物，有助于进行其他目的相关研究。

尽管 ICAT 技术及各种改进 ICAT 技术在定量蛋白质组学研究中得到比较广泛的应用，但由于其仅能分析含半胱氨酸残基的蛋白质分子，而含半胱氨酸残基的蛋白质大概占总蛋白质的 80% 左右，还有 20% 的不含半胱氨酸残基的蛋白质不能用 ICAT 方法鉴定到，存在一部分蛋白质信息的丢失。另外，ICAT 试剂只能进行相对定量。随着各种 ICAT 改进技术的出现和自动化系统分析软件的开发，其将会更适合差异定量蛋白质组学的研究。

2）应用实例

肝细胞，特别是在肝细胞中负责代谢的线粒体，在老化过程中扮演着极其重要的角色。肝中的线粒体作为能量的主要产生器，调控脂肪酸氧化、三羧酸循环、生酮作用和尿素循环的代谢过程。肝功能异常主要与线粒体调节的活性氧增加、ATP 降低有关。

为了发现肝细胞线粒体中调控老化的蛋白质，以老化加速鼠模型 SAMP8 和老化抗性鼠模型 SAMR1 为研究对象，从鼠模型的新鲜肝脏中分离纯化出线粒体，提取其蛋白质，来自 6 只老鼠肝细胞线粒体蛋白质组成一个样品库（pool）（Liu et al.，2008）。SAMP8 的肝细胞线粒体蛋白样品库用 cICAT 重链标记，SAMR1 的肝细胞线粒体蛋白样品库用 cICAT 轻链标记。为了排除标记导致的系统误差，进行对应的反标，即 SAMP8 的肝细胞线粒体蛋白样品库用 cICAT 轻链标记，SAMR1 的肝细胞线粒体蛋白样品库用 cICAT 重链标记。

为了判断线粒体分离纯化的纯度，以线粒体特有蛋白 Oxphos 复合体 I 亚基 (39kDa) 作为标记，分析肝组织蛋白和富集的线粒体蛋白，发现 Oxphos 复合体 I 亚基在富集的线粒体蛋白质中增加了 8 倍以上。同时采用电子显微镜分析富集的线粒体，发现分离纯化的线粒体组分中绝大多数是线粒体。以上分析表明，分离获得了比较纯的线粒体，线粒体得到相对的富集。

然后采用 2DE 和 cICAT 技术比较 SAMR1 和 SAMP8 两种鼠模型肝细胞线粒体中蛋白质的差异。通过 cICAT 分析，在模型鼠 1 月龄时，鉴定获得 148 个线粒体蛋白，在 6 月龄时，鉴定了 166 个线粒体蛋白。在鉴定的 196 个蛋白质中，有 99 个 (51%) 被定位到线粒体上。

将经过对 cICAT 正反标鉴定的蛋白质定量比值进行线性回归分析，发现 1 月龄时，cICAT 正反标比值的回归系数为 0.85，6 月龄时为 0.83。通过比较 SAMR1/SAMP8 的值，发现 13 个蛋白质的比值超过 1.5 倍。经过进一步分析，3-羟基-3-甲基戊二酰-辅酶 A 合成酶及转录调控其表达的过氧化物酶体增殖因子激活受体 α (peroxisome proliferator-activated receptor α) 的表达水平和活性在 6 月龄老化加速鼠 SAMP8 中下调，说明在 SAMP8 鼠肝中，脂肪酸代谢是异常的。另外还有 8 个线粒体蛋白：NDUAA、NDUBA、NDUB8、NDUS1、NDUS3、NDUV1、ETFA 和 UCRI，在 SAMP8 鼠肝中表达下调，这些蛋白质参与了活性氧应激导致的分子损伤和 ATP 的降低。谷氨酸合成酶和鸟氨酸转氨酶在 1 月龄和 6 月龄的 SAMP8 鼠肝线粒体中表达上调，其导致谷氨酸和鸟氨酸在细胞内的累积。

8.2.2.2　同位素标记相对和绝对定量技术

1) 理论与原理

同位素标记相对和绝对定量 (isobaric tag for relative and absolute quantitation, iTRAQ) 技术，是一种在 ICAT 基础上发展起来的可同时对 4 种蛋白质样品进行标记，实现对 4 种蛋白质样品进行绝对和相对定量的多重比较的定量蛋白质组学研究方法 (Ross et al., 2004)。iTRAQ 试剂由 4 种分子质量均为 145Da 的等量异位标签 (Isobaric tag) 分子组成，包括 3 部分：一端是标签分子部分，即报告基团部分 (reporter group)，由分子质量为 114Da、115Da、116Da、117Da 的报告基团组成，从而形成 4 种不同的标记；另一端为肽反应部分 (peptide reactive group)，其是将 iTRAQ 试剂与蛋白质或蛋白质酶解肽段氨基端及赖氨酸 ε-氨基反应，因为所有的蛋白质均存在氨基末端或所有的蛋白质酶解肽段均存在氨基末端，所以所有的蛋白质或蛋白质酶解肽段均可以被标记上；中间部分为分子质量为 31Da、30Da、29Da、28Da 的质量平衡臂 (balance arm)，是为了确保所有的 iTRAQ 标记的分子质量为 145Da，以保证 iTRAQ 标记的同一肽段的质荷比相同，无论哪一种 iTRAQ 试剂 (114Da、115Da、116Da、117Da) 标记，在质谱检测时，在一级 MS 分析中，不同样本中的相同肽段在质谱图上表现为同一个质荷比，所以 4 种同位素标记的肽段在一级 MS 图谱中是叠加在一起的。然而，在二级 MS 分析中，4 种 iTRAQ 同位素标记肽段在碰撞诱导解离 (collision induced dissociation，CID）后会裂解，标记蛋白质肽段会分解为报告基因部分、平衡部分和氨基酸部分。报告基因部分在 MS/MS 图上表现为质荷比为 114Da、115Da、116Da 和 117Da。由于报告离子分布在低分子质量区域，其与其他普通离子容易区分（其他离子的质荷比一般大于 400），所以这 4 种报告离子的峰高及面积代表了不同样本中同一肽段相对量的比值，即依据 114Da、115Da、116Da 和 117Da 这 4 种报告离子在二级 MS 图谱中实现对肽段的相对定量分析。同时依据此肽段在二级图谱中的 y 离子和 b 离子实现肽段的鉴定。综合起来，就可以在二级 MS 图谱中同时实现对某肽段的定量和鉴定。一般而言，理论上，一个蛋白质所有的酶解肽段均将被定量和鉴定，通过整合一个蛋白质上的所有肽段信息，一方面，共同鉴定这个蛋白质；另一方面，通过平均一个蛋白质上不同肽段的定量值，获得这个蛋白质的定量比值。

大致的 iTRAQ 标记和分析过程是：将 4 个不同来源（如不同癌变阶段、不同药物处理时间等）的等量蛋白质样品分别进行还原和烷基化，经胰蛋白酶水解后，分别用 4 种不同的 iTRAQ 试剂进行标记，将所有样品混合，然后通过 LC-MS/MS 分析；或通过 LC 自动点靶系统将肽段样品点在 384 孔的 MALDI 板上，然后进行 MALDI-TOF/TOF-MS 分析。用串联质谱方法在第一级质谱检测到前体离子（precursor ion），然后将其进行碰撞诱导解离，产物离子通过第二级质谱进行分析。第二级质谱可同时检测到质量相差 1Da 的 114Da、115Da、116Da 和 117Da 的 4 种报告离子和被标记多肽肽键断裂产生的离子串（product ion series）。前者的峰高度和峰面积代表不同样品中相同多肽的相对值，后者可通过对蛋白质序列数据库的搜索确定蛋白质前体的身份。当前，ABI 公司在此 4 个报告离子的基础上，已经开发出可以同时标记 8 个蛋白质样品的 iTRAQ 试剂。其原理与上述的一样，只是其有 114Da、115Da、116Da、117Da、118Da、119Da、120Da 和 121Da 8 个报告离子。

iTRAQ 与 ICAT 方法相比有如下优点。①可与所有的蛋白质末端氨基或蛋白质酶解肽段的末端氨基反应，可以与蛋白质或肽段上赖氨酸的 ε-氨基反应，言外之意，可以标记所有的蛋白质或蛋白质酶解肽段，这样一方面可以提高蛋白质鉴定的覆盖率；另一方面，通过平均一个蛋白质上多个肽段的定量值，使获得的蛋白质平均定量更可靠。②标记过程操作更简单，反应速度快、标记完全，标记效率可高达 98% 以上。③4 种或 8 种 iTRAQ 标记的肽段在 LC 上的保留峰位相同，同时进入到质谱中，而且不同 iTRAQ 标记的同一种多肽的离子化程度十分接近。④因为 4 种或 8 种 iTRAQ 的分子质量均为 145Da，所以通过 4 种或 8 种 iTRAQ 同位素标记的肽段进行第一级质谱检测时的分子质量完全相同，而使谱峰叠加在一起，这不仅可以简化谱的复杂程度，而且在同一峰位上的叠加效应可以提高离子的强度。⑤在二级 MS 分析时，不同同位素标记的同一肽段碰撞诱导解离后，带有不同同位素标签的同一多肽产生质量为 114Da、115Da、116Da 和 117Da 的报告离子，通过比较报告离子的丰度可获得样品间相同多肽的丰度差异，b 离子和 y 离子可以实现对肽段的鉴定，报告离子所代表多肽的丰度比较和多肽前体的序列可在一次 MS/MS 过程中同时获得。⑥ICAT 试剂一次只能分析 2 个样品，而 iTRAQ 试剂可以同时分析 4 个或 8 个样品，有效地实现了多重比较，减少了不同次实验之间的系统误差。

iTRAQ 试剂除用来进行相对定量外，还可以用来进行绝对定量。通过用 iTRAQ 试剂标记已知的标准蛋白质，实现样品的绝对定量分析。Chong 等（2006）利用啤酒酵母等 3 种模式微生物，用 iTRAQ- MS/MS 技术进行蛋白质相对和绝对定量分析的重复性进行了研究。结果表明，通过 iTRAQ- MS/MS 技术得到的蛋白质定量值在多次上样分析间重复性很好，变异系数为 0.04～0.14，平均变异系数为 0.09。多次重复分析可以提高蛋白质组分析的覆盖率和定量的准确性。

目前，iTRAQ 已经成为一种比较主流和普遍的定量蛋白质组学研究的工具。但是，iTRAQ 试剂是基于 114Da、115Da、116Da、117Da 等小分子质量的报告离子进行定量的，在用离子阱型的质谱仪，如 LTQ-Orbitrap 进行质谱分析时，由于这种类型的质谱存在最小肽段的 1/3 的剪切效应，一般肽段的最小质荷比是 500，1/3 的剪切效应就是质荷比 500/3（166）以下的离子用离子阱质谱仪捕获得不完全。而 iTRAQ 的报告离子又小于 500/3，导致 iTRAQ 的报告离子在离子阱中捕获不全，基于这些报告离子的定量信息也就不准确。因此，iTRAQ 试剂一般不用离子阱质谱仪，而是采用类似三重四极杆类型的质谱仪进行质谱分析。

2）应用实例

表皮生长因子受体（EGFR）是一种酪氨酸蛋白激酶，其通过激活下游一系列信号通路参与细胞周期、细胞增殖、细胞癌变等生物学过程。这个过程包括其自身的酪氨酸磷酸化激活和下游底物的酪氨酸磷酸化及丝氨酸/苏氨酸磷酸化。EGFR 往往由表皮生长因子（EGF）刺激而发生自身酪氨酸磷酸化而被激活。在肿瘤细胞中，由于突变或过表达，EGFR 可以发生自身磷酸化而被激活。EGFR 上不同的酪氨酸磷酸化位点通过募集不同的衔接分子介导不同的下游信号通路，包括 MAPK、PI3K 等，例如，酪氨酸-1092 和酪氨酸-1110 磷酸化募集信号衔接分子 Grb2，酪氨酸-1182 和酪氨酸-1198 磷酸化募集信号衔接分子 SHC 等。在这个信号转导过程中，存在信号分子的磷酸化与去磷酸化的动态变化过程。目前的 iTRAQ 试剂可以同时分析 4 个甚至 8 个蛋白质/多肽样品，为动态研究 EGF 刺激的 EGFR 介导的信号过程提供了方便。

分别收集 EGF 刺激 0min、5min、10min 和 30min 的 184A1 乳腺癌细胞，提取其蛋白质，分别进行酶解，然后采用 iTRAQ 试剂中的 114Da、115Da、116Da 和 117Da 不同同位素 iTRAQ 分别标记不同刺激时间的蛋白质酶解肽段（Zhang et al.，2005）。将它们等量混合，采用抗泛酪氨酸磷酸化抗体进行免疫沉淀，将酪氨酸磷酸化肽段从混合后的酶解总肽段中分离出来，再经过固相金属亲和层析（Immobilized metal affinity chromatography，IMAC）技术对免疫沉淀分离出来的酪氨酸磷酸化肽段进行进一步纯化，获得不同 iTRAQ 标记的、混合的酪氨酸磷酸化肽段。最后用 LC-MS/MS 技术进行肽段鉴定、定量分析以及酪氨酸磷酸化位点的确定（图 8-4）。

在一次单一的分析中，58 个蛋白质上的 88 个酪氨酸磷酸化位点被鉴定。其中有 52 个蛋白质在前期已经表明与 EGFR 介导的信号通路有关，有 6 个是第一次被发现与 EGFR 信号有关。通过生物信息学分析比较这些酪氨酸磷酸化蛋白质及其酪氨酸磷酸化位点在不同时间点的动态变化，发现了这些蛋白质在 EGFR 介导的信号通路中，其磷酸化出现的先后顺序及其去磷酸化的时间点。依据磷酸化出现的先后顺序，建立它们之

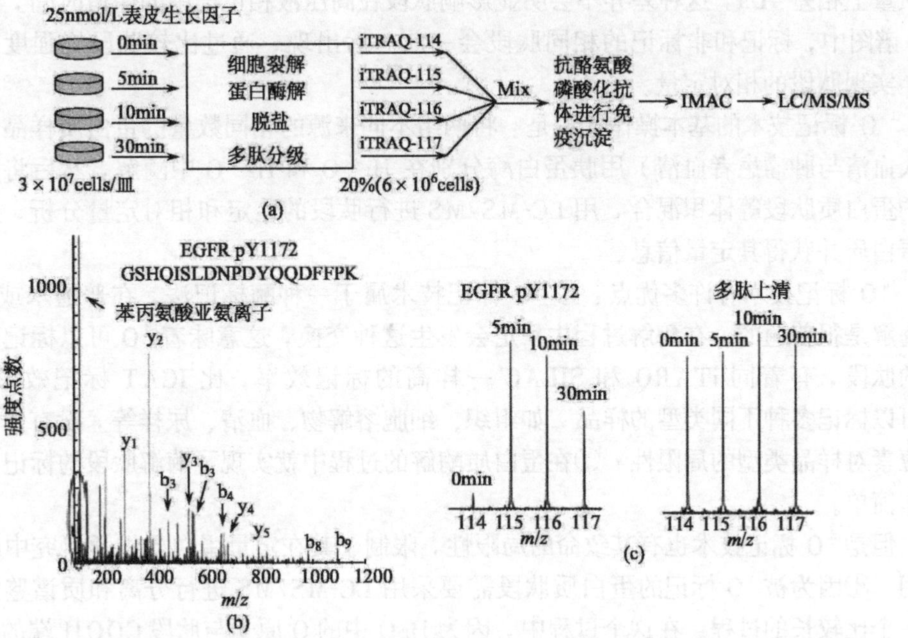

图 8-4　基于 iTRAQ 定量蛋白质组学技术动态分析酪氨酸磷酸化蛋白质的技术路线流程（Zhang et al.，2005）

间的上下游关系，从而动态地了解 EGFR 信号通路的转导过程。

对于上面提到的 DIGE、ICAT 和 iTRAQ 3 种蛋白质定量分析的策略，在蛋白质组学研究上应用的效果如何，美国 Wu 等（2006）对此进行了评估，证明 iTRAQ-MS/MS 是最为灵敏的方法。由于 iTRAQ 试剂可以标记胰蛋白酶消化后的每一个多肽片段，因此较 ICAT-MS/MS 方法能获得更好的蛋白质序列覆盖率和比较蛋白质组覆盖率。但总体而言，iTRAQ-MS/MS、ICAT-MS/MS 和 2D-DIGE 获得的比较蛋白质组数据既有交叉，又能在一定程度上互为补充。

8.2.2.3　^{18}O 标记技术

1) 理论与原理

Yao 等（2001）最早将 ^{18}O 标记技术应用到定量蛋白质组学研究，其用这种方法分析了不同血清型的腺病毒，发现在高浓度 $H_2{}^{18}O$ 中（>95%），被胰蛋白酶酶解的蛋白质肽段会被来自 $H_2{}^{18}O$ 中的两个 ^{18}O 原子标记（传统认为是一个 ^{18}O），不会发生可逆反应，这是 ^{18}O 标记法应用于定量蛋白质组学研究的前提条件。随后地研究还发现除胰蛋白酶外，其他蛋白酶（如谷氨酸-C、赖氨酸-N、胰凝乳蛋白酶等）也适合于 ^{18}O 标记法。

^{18}O 标记技术是一种酶解标记技术，其原理是：蛋白质样品在用胰蛋白酶酶解时，H_2O 中的 O 原子会与肽段 COOH 末端的两个 O 原子发生交换反应，这样分别在含有两种不同同位素氧 ^{16}O 和 ^{18}O 的 H_2O 中进行蛋白质酶解，蛋白质酶解肽段的 COOH 末端的两个 O 原子分别被交换为 ^{16}O 和 ^{18}O，从而使不同蛋白质样品对应的酶解肽段在分

子质量上相差4Da，这种差异不会明显影响肽段在高压液相色谱中的保留时间，在一级MS谱图中，标记和非标记的相同肽段会一前一后出现，通过比较肽段峰强度或峰面积，实现肽段的相对定量。

^{18}O标记技术的基本操作流程是：将两组不同来源的相同数量的蛋白质样品（如正常人血清与肿瘤患者血清）用胰蛋白酶分别在$H_2{}^{16}O$和$H_2{}^{18}O$中酶解，然后将酶解得到的蛋白质肽段等体积混合，用LC-MS/MS进行肽段的鉴定和相对定量分析，从而鉴定蛋白质并获得其定量信息。

^{18}O标记技术有许多优点：①^{18}O标记技术属于一种酶标记法，在普通水或^{18}O水中酶解是很普遍的，在酶解过程中一定会发生这种交换，这意味着^{18}O可以标记所有酶解的肽段，有着同iTARQ和SILAC一样高的标记效率，比ICAT标记效率更高；②可以标记多种不同类型的样品，如组织、细胞溶解物、血清、尿样等，没有体内稳定同位素对样品类型的局限性；③在蛋白质酶解的过程中就实现了酶解肽段的标记，实验操作简单。

但是^{18}O标记技术也有其致命的局限性，限制了其在定量蛋白质组学研究中的广泛使用。①因为被^{18}O标记的蛋白质肽段需要采用LC-MS/MS进行分离和质谱鉴定，这是一个比较长的过程。在这个过程中，因为H_2O中的O原子与肽段COOH端的两个O原子的交换反应是可逆的，用来进行LC梯度洗脱的溶液体系中$H_2{}^{16}O$中的^{16}O原子与肽段COOH端的两个氧原子中的羟基^{18}O发生交换反应，导致一部分^{18}O标记的蛋白质肽段被置换成^{16}O标记的蛋白质肽段，同时也有少部分^{16}O标记的蛋白质肽段被置换成^{18}O标记的蛋白质肽段，这种发生交换的速率是随机和不可预测的，从而导致肽段的定量信息不准确。②在酶解过程中，需要在一个相对干燥的环境下进行，因为空气中的水也将与^{18}O标记的蛋白质肽段发生交换反应。③酶解时，蛋白质样品也需要充分干燥。④H_2O中的O原子与肽段COOH端的O原子发生交换反应时，COOH末端结合1个还是2个^{18}O原子是随机的，这会导致定量分析时的复杂性。因此，^{18}O标记技术还不是一种主流的定量蛋白质组学分析方法，目前还有些问题需要解决。

2）应用实例

细胞色素P450蛋白与药物的代谢密切相关。其包括360多个家族和超过3100命名的酶。人体目前发现了58种假定的功能性细胞色素P450基因。为了比较正常与免疫缺陷鼠之间肝内细胞色素P450蛋白质组学的差异，通过分离正常鼠肝内与1，4双［2-(3，5-二氯吡啶氧)］苯（TCPOBOP）处置鼠肝内微粒体（mocrosomal），提取蛋白质进行SDS-PAGE胶分离、染色，切下两个样品对应的蛋白质条带进行胶内酶解，然后分别用$H_2{}^{16}O$和$H_2{}^{18}O$对两个样品酶解肽段进行再酶解（postdigest），实现对两个组分肽段的^{16}O和^{18}O标记（Lane et al.，2007）。将两份标记的酶解肽段等量混合，进行LC-MS/MS分析（图8-5）。

通过^{18}O标记技术共鉴定获得18种细胞色素P450蛋白，其中16种能够定量。除CYP2A12、CYP2D10、CYP2F2外，其他细胞色素P450蛋白水平受TCPOBOP处理影响。CYP1A2、—2A4/5、—2B10、—2B20、—2C29、—2C38、—2C38、—3A11和—39A1的表达水平在TCPOBOP作用下上调，CYP2C40、—2E1、—3A41和—28A

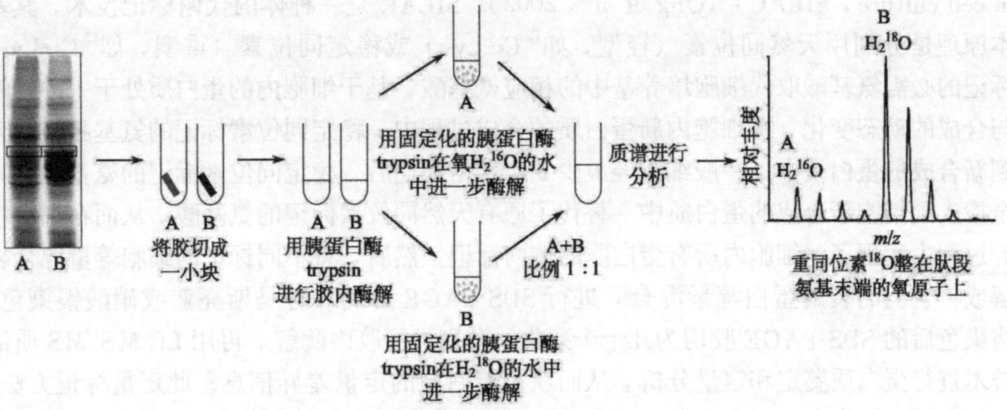

图 8-5　^{18}O 标记的技术路线（Lane et al.，2007）

表达水平在 TCPOBOP 作用下下调。CYB2B20 由于与 CYB2B10 高度同源，在 TCPOBOP 作用下的反应不能区分开。

8.2.2.4　细胞培养过程中的稳定同位素标记技术

1）理论与原理

Oda 等（1999）首先将细胞培养氨基酸标记技术应用于蛋白质组研究，建立了蛋白质的体内代谢标记方法。其是在两组酵母细胞平行生长的培养基中，一组酵母细胞用含有天然氮同位素培养基（^{14}N，99.6%；^{15}N，0.4%）培养；另一组酵母细胞用其他成分相同，但富含^{15}N（大于 96.0%）的培养基培养。经过适当时间的生长后，将这两组酵母细胞等量混合，然后裂解混合后的细胞，提取酵母细胞总蛋白质，通过 2DE 技术分离和染色后，将蛋白质点从凝胶中挖出，进行胶内酶解，然后采用 MALDI-TOF/TOF-MS 质谱技术鉴定蛋白质分子。由于^{15}N 标记的蛋白质酶解肽段分子质量比^{14}N 标记的肽段分子质量大，通过比较二者在质谱图上的强度，就可以精确定量同一蛋白质在不同生长条件下表达量的变化。同时 Oda 等（1999）还用此方法定量比较某特定蛋白质不同的磷酸化位点定量差异。由于用$^{15}N_4$取代天然$^{14}N_4$的培养基价格昂贵，而且很难用于哺乳动物细胞培养，因此这种标记方法仅限用于某些微生物的培养。此外，由于$^{15}N_4$引起的质量偏差随着每一酶解肽段中氨基酸的组成和长度而变化，为下一步的质谱软件分析带来了非常多的不便。

后来，Chen 等（2000）用稳定同位素标记的氨基酸取代细胞培养基中必需的氮盐，使不同同位素标记的氨基酸能够掺入细胞新合成的蛋白质中，差异表达蛋白的定量信息可以通过不同同位素标记的蛋白质酶解肽段间恒定的质荷比偏差而判断。这一标记方法解决了哺乳动物细胞代谢标记的难题。该方法后被命名为氨基酸同位素标记（amino acid coded mass tagging，AACT）技术。

2002 年，Mann 领导的研究团队对 AACT 技术作了进一步改进，建立了当前广泛使用的细胞培养过程中的稳定同位素标记技术（stable isotope labeling with amino acid in cell culture，SILAC）（Ong et al.，2002）。SILAC 是一种体内代谢标记技术，其基本原理是分别用天然同位素（轻型，如$^{12}C_6$-Lys）或稳定同位素（重型，如$^{13}C_6$-Lys）标记的必需氨基酸取代细胞培养基中的相应氨基酸，基于细胞内的蛋白质处于一种降解与合成的动态变化，在细胞内新蛋白质的合成过程中，稳定同位素标记的氨基酸被整合到新合成的蛋白质中，一般细胞经最少 8 个倍增周期后，稳定同位素标记的氨基酸就完全掺入到细胞新合成的蛋白质中，替代了原有天然同位素标记的氨基酸，从而在细胞培养过程中实现了对细胞内所有蛋白质的体内标记。然后，将不同标记的细胞等量混合裂解或将它们的裂解蛋白等量混合，进行 SDS-PAGE 分离，考马斯亮蓝或硝酸银染色，将染色后的 SDS-PAGE 胶切为几十个条带，分别进行胶内酶解，再用 LC-MS/MS 质谱技术进行蛋白质鉴定和定量分析，从而获得蛋白质的定量差异信息。此定量标记方法，是在一级 MS 中实现对肽段的定量，在一级和二级 MS 中实现肽段的鉴定。最初使用的标记氨基酸是氚代甲硫氨酸和氘代甘氨酸，目前常用的标记氨基酸有亮氨酸、精氨酸、赖氨酸、甲硫氨酸和酪氨酸等。

在蛋白质组学研究中，用来进行蛋白质酶解的酶普遍采用切割位点特异的胰蛋白酶，胰蛋白酶能够特异的在蛋白质上的赖氨酸（Lys）和精氨酸（Arg）位点进行切割，导致酶解的蛋白质肽段具有 Lys 或 Arg 末端。所以为了每一个酶解的蛋白质肽段都能被标记，在 SILAC 试剂中，一般最常用的同位素氨基酸是赖氨酸和精氨酸。一般而言，两种氨基酸同时使用，即使用$^{12}C_6$-Lys、$^{12}C_6{}^{14}N_4$-Arg 和$^{13}C_6$-Lys、$^{13}C_6{}^{15}N_4$-Arg 作为一对同位素标记对，这样所有的酶解肽段要么赖氨酸被标记，要么精氨酸被标记，可以提高蛋白质鉴定的覆盖率。特别是在蛋白质翻译后修饰研究中，为了能够鉴定蛋白质上所有的某种修饰，需要采用两种同位素氨基酸同时进行标记。依据胰蛋白酶酶解的特性，平均而言，酶解肽段末端是赖氨酸与精氨酸的概率各占 50%。如果只使用一种标记，有一半蛋白质酶解肽段不能标记，也就没有定量信息。但这对一般的蛋白质表达水平分析影响不是很大，即某蛋白质有一般肽段能够定量，已经初步足够定量一个蛋白质。

在 SILAC 试剂进行细胞培养的标记过程中，除需要高纯度的稳定同位素标记的氨基酸和缺某氨基酸的培养基外，还需要透析过的血清。透析血清目的是为了去除血清中的自由氨基酸，因为存在血清中的自由氨基酸往往是由天然同位素标记，在细胞内新蛋白质的合成过程中，细胞将会利用培养基中血清里的自由氨基酸，导致被同位素标记（如$^{13}C_6$-Lys）的新合成的蛋白质中掺入天然型同位素（如$^{12}C_6$-Lys），从而影响标记的效率以及后面定量分析的准确性。然而在透析去除血清中自由氨基酸的过程中，血清中的许多小分子多肽，最主要的是许多生长因子、细胞因子、激素、胰岛素等也会同时被除去，这对生长因子依赖的细胞，尤其是原代培养细胞的生长产生不利影响。所以在用 SILAC 培养基培养细胞时，往往需要根据不同细胞的生长条件，在培养基中补充生长因子、胰岛素等物质。

SILAC 是一种细胞体内代谢标记技术，与其他标记技术相比，具有其独特的优势：①稳定同位素标记的氨基酸与天然氨基酸化学性质基本相同，对细胞无毒性，因而它所标记的细胞和未标记细胞在生物学行为上几乎没有差异；②利用细胞生长过程中新蛋白质合成的过程对蛋白质进行标记，只要将细胞培养足够的代数，其标记效率可高达

100%；③赖氨酸和精氨酸双标记的蛋白质经过胰蛋白酶酶解后，每一个蛋白质酶解肽段均被标记，提高了蛋白质鉴定的覆盖率；④与化学标记相比，SILAC 具有简单、直接、高效等优点；⑤SILAC 标记的混合后的蛋白质一般需要经过 SDS-PAGE 技术进行预分离，可以分成更多的组分（fraction），有助于鉴定低丰度的蛋白质。

但是，SILAC 标记技术也具有一定的应用局限性。①作为一种体内标记技术，SILAC 只能用于培养细胞，不能像其他体外标记技术一样用于组织和体液蛋白质的定量蛋白质组学研究；目前有些研究使用同位素标记的氨基酸来喂养动物，这样就可以进行一些组织和体液水平的定量蛋白质组学研究，但这需要大量的同位素标记的氨基酸，费用非常高。②为了排除血清中自由氨基酸的干扰，必须使用透析血清，部分必需生长因子的丢失会导致某些细胞不能正常生长，如对原代培养细胞标记效果就不是很理想。③精氨酸在精氨酸酶作用下可以转化为脯氨酸，导致一部分脯氨酸也会被同位素标记，对含有脯氨酸蛋白的定量产生一定误差。

2）应用实例

microRNA（miRNA）是近年来发现的一类长约 22 个核苷酸的小分子 RNA。其主要由基因间隔区核苷酸序列编码，经 RNA 聚合酶Ⅱ转录出初级转录本（pri-miRNA），该产物在 RNaseⅢ家族的 Drosha 的作用下，形成约 70 个核苷酸的 5′端具有磷酸基、3′端具有两个核苷酸突出的发夹状结构的 RNA 前体（pre-miRNA）。然后，由转运蛋白 Exportin-5/Ran-GTP 转运至胞浆，在胞浆由 RNaseⅢ家族的另一个成员 Dicer 将 pre-miRNA 加工成长度约 22 个核苷酸的双链 RNA，其中的一条链生成成熟 miRNA，另一条链被降解。成熟的 miRNA 与含 Argonautes 的 RNA 沉默复合物（RNA-induced silencingcomplex，RISC）形成 RISC-miRNA 复合物，通过不完全或完全的匹配方式，识别、结合靶基因 mRNA 的 3′UTR，引起靶基因 mRNA 的降解或抑制其翻译，实现对靶基因表达水平的转录后调控。

目前认为 miRNA 一般采用两种机制调控基因的表达，其中一种机制类似 RNA 干涉中的 siRNA 机制，即当 miRNA 序列与靶标基因 mRNA 的 3′UTR 或编码区域完全匹配时，miRNA 促使靶标基因的 mRNA 发生降解，这一机制在植物中比较普遍，在哺乳动物中也有少量发现。另一种机制是 miRNA 不影响靶标基因 mRNA 的稳定，但通过与靶基因 mRNA 的 3′UTR 不完全匹配结合，抑制靶基因 mRNA 的翻译，这在哺乳动物中较常见，在植物中也有发现。

尽管目前已经发现了几百个与肿瘤密切相关的 miRNA 分子，但对于它们的功能和作用机制目前只有少部分得以阐明，而最大的挑战在于发现 miRNA 分子作用的靶标基因。当前发现 miRNA 靶标基因普遍的策略是采用生物信息学方法预测 miRNA 分子的靶标基因，但用此策略结果是每个 miRNA 分子多则有上千个靶标基因，少则也有几百个靶标基因，让研究者无法从中确认哪些是某 miRNA 分子的真正靶标基因，哪些是假阳性结果。面对这种状况，目前有些研究采用 cDNA 陈列（芯片）分析 miRNA 转染前后细胞内 mRNA 的变化来筛选 miRNA 的靶标基因，这显然存在其局限性。因为从 miRNA 调控基因表达的机制可以知道，miRNA 很大一部分是通过抑制 mRNA 的翻译起作用，在 mRNA 的水平上没有变化。因此，蛋白质组学高通量技术在筛选 miRNA

靶标基因上显示出了更大的优势，因为无论 miRNA 是导致 mRNA 降解还是抑制其翻译，在蛋白质水平上均将显示出变化。

为了深入阐明 miR-373 促乳腺癌侵袭转移的分子机制和发现 miR-373 新的靶标基因，我们在前期研究中采用 SILAC 定量蛋白质组学高通量策略分析了 miR-373 转染乳腺癌细胞 MCF-7 前后细胞内蛋白质表达水平的差异（Yan et al.，2011a），即将 miR-373 转染 $^{13}C_6$-Lys（重同位素）标记的 MCF-7 细胞、NC miRNA（阴性对照）转染 $^{12}C_6$-Lys（轻同位素）标记的 MCF-7 细胞，按两者细胞总蛋白等量混合，然后经 SDS-PAGE 分离和 LTQ-Orbitrap 质谱鉴定与定量分析，总共鉴定了 335 种受 miR-373 调控的蛋白质分子，其中有 30 种以上已经证实与肿瘤侵袭转移密切相关。依据 miRNA 下调靶标基因表达的机制，表达下调的蛋白质分子才有可能是 miR-373 的靶标基因，在其中鉴定了 192 种表达水平下调 1.5 倍以上的蛋白质分子。在这 192 种表达下调的蛋白质分子中，有些是 miR-373 通过导致 mRNA 降解或抑制其翻译而直接导致蛋白质表达水平下调的，这部分蛋白质分子才是 miRNA-373 的靶标基因；有些是通过 miRNA 间接调控的结果，这部分蛋白质分子就不是 miR-373 的靶标基因。

我们采用 miRNA 靶标预测软件 miRanda 和 Targetscan 对这 192 种蛋白质分子进行预测，发现了 27 个新的 miR-373 的可能靶标基因，其中 *TXNIP*、*TRPS1*、*RABEP1*、*GRHL2* 和 *HIP1* 在脊椎动物中高度保守。这 5 个基因的 mRNA 水平不受 miR-373 的调控，但其蛋白质水平受 miR-373 的调控，说明 miR-373 主要由翻译抑制途径调控这 5 个靶标基因的表达。其中 *TXNIP* 和 *RABEP*1 已经证实是肿瘤侵袭转移抑制基因（图 8-6），我们通过点突变和报告基因分析，证明 *TXNIP* 和 *RABEP1* 是 miR-373 的靶标基因。

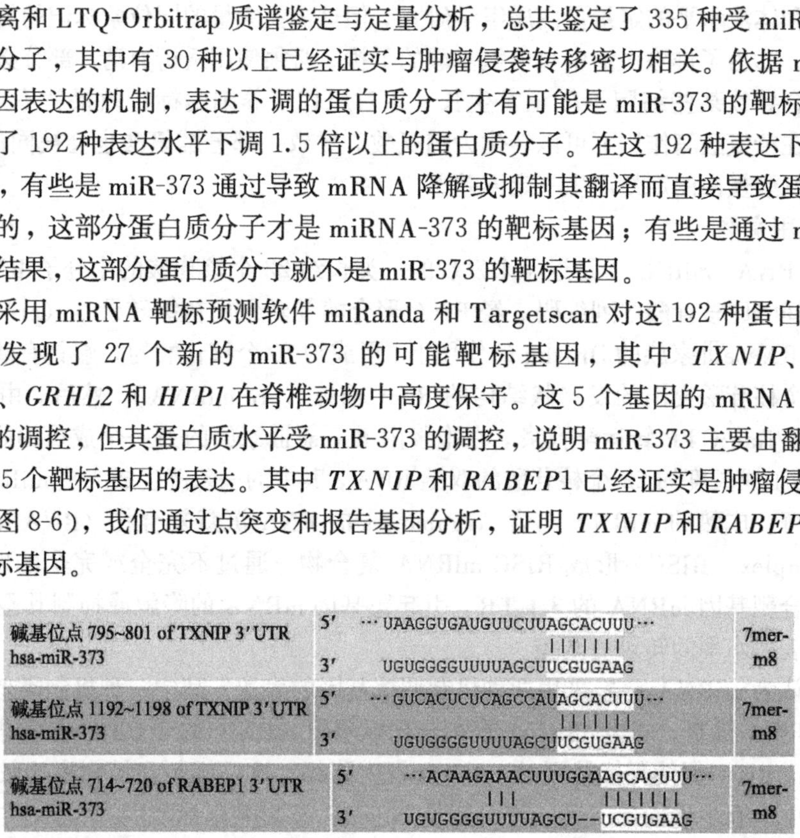

图 8-6　miRNA 靶标基因预测软件 Targetscan 和 miRanda 发现在 *TXNIP* 和 *RANEP1* 的 3′UTR 区存在与 miR-373 种子序列配对的位点（Yan et al.，2011a）

8.2.2.5　非标定量技术

1）理论与原理

前文所讲的定量标记方法，要么可以比较蛋白质点染色后的光密度值或荧光强度值，要么可以比较不同同位素标记的同一肽段的谱峰强度。但是需要各种标记的定量蛋白质组学研究方法，均需要比较费时、操作繁琐的样品准备过程，且各种标记试剂花费较高并存在不完全标记的现象。除了 iTRAQ 标记试剂可以同时比较 8 个蛋白质样品的差异外，其他标记方法均只能分析 2 个或 3 个样品之间的差异。

非标（label-free）定量技术是最近才提出的应用于定量蛋白质组学研究的新技术。这是一种不需要标记辅助的定量蛋白质组学分析方法，每一个蛋白质酶解肽段分别单独进行一次 LC-MS/MS 分析。蛋白质的定量主要基于两种策略（Zhu et al.，2010）：一种是基于多肽质谱中的离子谱峰（peptide peak）的高度和面积；一种是基于在 MS/MS 分析后某蛋白质被鉴定到的谱峰数（spectral count）。

在 LC-MS 分析中，一个特定质荷比的离子强度（intensity）在特定的时间被检测到并记录下来。这个离子（离子化的多肽分子）的信号强度与其进入质谱中的量呈正相关。因此，基于这一点实现对不同批次 LC-MS/MS 之间的蛋白质进行定量分析。Chelius 和 Bondarenko（2002）分析了 10fmol～100pmol 纯的肌红蛋白酶解肽段的量与其在 LC-MS 分析中离子的信号强度的关系，发现多肽离子峰的面积与其进入质谱分析中的量的相关系数高达 0.991（$r^2=0.991$）。当将肌红蛋白酶解肽段混入复杂的人血清蛋白质酶解肽段混合物中时，峰面积也与注入质谱的量呈高度正相关（Chelius and Bondarenko，2002）。尽管如此，此定量策略目前还存在一些问题。①相同蛋白质样品在不同批次 LC-MS/MS 分析（run）中，蛋白质肽段具有不同的峰强度。这个差异可能是由于不同的样品准备、样品注入及 LC-MS/MS 的运行稳定性所导致的。②相同的多肽离子在不同批次的 LC-MS/MS 分析中可能具有不同滞留时间的偏移（shift），导致峰强度配对比较复杂化。非对称的配对，对定量分析将会产生非常大的误差。③产生大量的质谱数据，需要非常强大的生物软件进行大量分析及定量误差评估。④背景噪声离子对定量配对比较分析的干扰。

一般而言，蛋白质丰度越高，鉴定的蛋白质独一的（unique）肽段也越多，蛋白质的序列覆盖率也越高，在 MS/MS 分析中鉴定的谱峰数（spectra count）也越多（Washburn et al.，2001）。基于这一点，Liu 等（2004）比较蛋白质丰度与序列覆盖率、肽段数目和谱峰数目的关系，发现在这些因素中，仅有谱峰数的多少与蛋白质丰度呈非常高的相关性，相关系数高达 0.9997。Zybailov 等（2005）比较了基于谱峰数的非标定量方法与 $^{14}N/^{15}N$ 同位素标记定量分析之间相对定量的相关性，发现它们之间具有比较高的正相关，意味着基于谱峰数的定量技术具有比较高的准备性。研究进一步表明，基于谱峰数的非标定量方法比基于峰强度的非标定量方法具有更高的可信度。

尽管如此，由于目前质谱技术水平的限制，非标记定量法的灵敏度和准确性都比不上标记定量法，因为标记定量法将离子抑制效应、背景噪声和仪器条件等系统误差的影响降到了最小；由于 LC 的稳定性在非标定量分析扮演极其重要的角色，其是确保谱峰准确配对的关键，也是当前急需解决的一个关键问题；不同 LC-MS/MS 分析之间存在系统误差，如何对不同批次 LC-MS/MS 产生的结果进行标准化（normalization）也是需要解决的一个问题；另外，产生的海量数据，当前还没有一个非常强大的、定量非常准确的自动化软件对其进行分析处理。因此，尽管非标定量比标记定量具有更明显的优势，但非标定量还是一个在发展中有待成熟的定量分析技术，还有一些问题需要解决，还有一段路程需要走。

2）应用实例

淋巴结转移是结直肠癌致死的主要原因。经过手术切除后，大约有 50% 的结直肠癌患者在5年内产生转移性损伤而致死。肿瘤特异标记物在肿瘤早期诊断、预测和预后中扮演一个极其重要的角色。但到目前为止，还没有发现有价值的、用来判断结直肠癌转移的标记物。

以原位结直肠癌细胞系SW480和其对应淋巴结转移组织建立的转移结直肠癌细胞系SW620为研究模型（Xue et al.，2010），分别收集这两种细胞无血清条件培养基，经过离心、超滤去除细胞碎片，然后进行浓度测定。将两种细胞分泌的等量蛋白质分别进行酶解和LC-MS/MS分析。共910种蛋白质被鉴定，其中814种在两种细胞分泌组中均鉴定到，在转移型的结直肠癌细胞SW620分泌组中鉴定到828种蛋白质，在原位结直肠癌细胞SW480分泌组中鉴定到896种蛋白质。

采用DeCyder MS Differential Analysis非标等量分析软件比较这两种细胞分泌蛋白质组之间的差异，发现145种蛋白质的定量差异在1.5倍以上。其中，与SW480细胞相比，在SW620细胞中上调的蛋白质有85个，下调的有80个。

为了验证非标定量是否准确，采用蛋白质印迹分析GDF15、TFF3、AGR2、TGM2、LCN2和IGFBP8在SW480和SW620细胞分泌条件培养基中的含量差异，发现GDF15、TFF3和GR2在SW620条件培养基中含量较高，在SW480条件培养基中含量极低。相反，TGM2、LCN2和IGFBP8在SW620条件培养基中含量较低，而在SW480条件培养基中含量很高。这个结果与非标定量蛋白质组学的结果一致。

为了确定GDF15、TFF3、AGR2、TGM2、LCN2和IGFBP8是否可以作为结直肠癌转移的标记物，采用三明治酶联免疫吸附（ELISA）技术分析了GDF15和TFF3在正常人血清、原位结直肠癌患者血清和结直肠癌淋巴结转移患者血清中的含量差异，经过接收者操作特性（receiver operating characteristic，ROC）曲线分析，发现以TFF3的血清含量1323ng/ml作为阀值时，TFF3区分结直肠癌患者与正常人群的灵敏度和特异性分别为53.5%和98.4%；以GDF15的血清含量1144ng/ml作为阀值时，GDF15区分结直肠癌患者与正常人群的灵敏度和特异性分别为88.8%和99.4%。若以TFF3的血清含量1889ng/ml作为阀值时，TFF3预测结直肠癌转移的灵敏度和特异性分别为83.8%和91.2%；以GDF15的血清含量1881ng/ml作为阀值时，GDF15预测结直肠癌转移的灵敏度和特异性分别为82.9%和82.4%。并且发现GDF15和TFF3的血清含量水平与结直肠癌的恶性等级呈正相关。

另外，进一步采用免疫组织化学方法分析GDF15和TFF3在原位结直肠癌组织与淋巴结转移组织中的表达差异，也发现GDF15和TFF3在淋巴结组织中的表达水平明显高于原位癌组织中的表达水平。这些结果表明，GDF15和TFF3可以作为结直肠癌转移的标记物。

8.3　蛋白质组学与蛋白质翻译后修饰鉴定

前文对当前普遍使用的一些定量蛋白质组学方法进行了总结，分析了它们各自的优势和劣势。生物机体对外界环境因素的变化作出反应，除在蛋白质表达水平发生变化外，还通过复杂的调控机制来调节，其中大多数调控机制是由蛋白质的构象变化介导的，而蛋白质本身的构象变化常常是通过变构效应和蛋白质一级结构的化学修饰来实现的，如磷酸化、糖基化、酰基化和泛素化等。正如第 2 章所详述的，这些化学修饰对蛋白质的生物活性、蛋白质的稳定性等产生重要影响，决定其在生物体内的功能发挥。上面所述的那些不同的定量蛋白质组学标记方法，除可以用来定量分析蛋白质表达水平的变化外，还可以用来定量分析蛋白质翻译后修饰水平的变化，并可以鉴定在蛋白质上发生翻译后修饰的具体位点，这对深入阐明蛋白质的生物学功能提供了非常有意义的基础。

8.3.1　磷酸化

8.3.1.1　理论与原理

蛋白质磷酸化/去磷酸化是蛋白质翻译后修饰中最普遍、最重要的形式，其理论详述可参阅第 2 章。在真核细胞中，细胞内全部蛋白质的大约 1/3 在某一时间点磷酸化，并且主要是丝氨酸、苏氨酸、酪氨酸的磷酸化；大约 5% 的基因编码蛋白激酶或蛋白磷酸酶。丝氨酸和苏氨酸比酪氨酸磷酸化的量更多，在脊椎动物中，丝氨酸磷酸化、苏氨酸磷酸化、酪氨酸磷酸化的比例为 1800∶200∶1（Olsen et al.，2006）。

蛋白质中磷酸化氨基酸残基分为 4 种类型（Sickmann and Meyer，2001）：①*O*-磷酸基团，是疏水性氨基酸（如酪氨酸、丝氨酸/苏氨酸）磷酸化的形式，但疏水性脯氨酸或赖氨酸残基是否磷酸化目前还不清楚；②*N*-磷酸基团，是精氨酸、赖氨酸、组氨酸残基磷酸化的形式；③酰基-磷酸基团，是天冬氨酸、谷氨酸残基磷酸化的形式；④*S*-磷酸基团，是半胱氨酸残基磷酸化的形式。磷酸化蛋白质主要具有以下 3 方面的功能（Sickmann and Meyer，2001）。①磷酸化参与酶的机制，大多数为 *S*-磷酸基团和 *N*-磷酸基团。②磷酸化调节蛋白质活性，主要为酪氨酸、丝氨酸/苏氨酸磷酸化，即 *O*-磷酸基团。③天冬氨酸、谷氨酸和组氨酸磷酸化主要参与细菌趋向性时的传感。

磷酸化修饰的蛋白质可以改变它所带的电荷，也可以改变催化基团的性质，或改变蛋白质的构象，或改变蛋白质的亚细胞定位，表现出蛋白质功能变化的多样性。可见蛋白质磷酸化/去磷酸化在细胞生命活动中的重要性，它调节了包括细胞增殖、发育、分化、凋亡、信号转导等过程在内的所有生命活动。它是环境因子刺激或介导的信号从胞外流向胞内并导致细胞生物学效应的关键调节机制。因此，研究信号转导通路中蛋白质分子的磷酸化或去磷酸化，已成为信号转导通路领域的前沿和热点。

然而，许多细胞内磷酸化蛋白质的含量非常少，蛋白质磷酸化的化学计量值常常很低，某一种蛋白质中仅有少部分发生磷酸化，一般而言，发生磷酸化的蛋白质，其磷酸化部分平均占其总蛋白质量的 10% 左右（Wu and MacCoss，2002）。而且同一种蛋白质中也可能存在不同的磷酸化类型和磷酸化位点，所以即使某个发生磷酸化修饰的蛋白质的表达量处于相对较高水平，其磷酸化部分的量也只有 1/10 左右，分析起来也同样困难。

蛋白质的磷酸化与去磷酸化是受蛋白激酶和蛋白磷酸酶协同调控的，蛋白质的磷酸化与去磷酸化处在一种动态平衡中。在蛋白激酶的调控下，蛋白质发生磷酸化，而在蛋白磷酸酶的作用下，蛋白质发生去磷酸化。目前已经鉴定到了518种蛋白激酶，研究证实其中的150多种与疾病的发生发展有关（Roberts and Der，2007；Manning et al.，2002）。目前已经研究表明，细胞内蛋白质磷酸化的异常与多种疾病的发生发展密切相关。细胞内基因突变、染色体易位、染色体重排、基因过表达等均会导致细胞内蛋白激酶的活化，这些激酶的活化都离不开其相应位点的磷酸化。例如，在肺癌细胞中，点突变导致EGFR的自身磷酸化同时激活并调控下游信号分子的磷酸化；在乳腺癌细胞中，ErbB-2的点突变导致其磷酸化并被激活；在白血病细胞中，BCR-Abl激酶的染色体易位导致此蛋白激酶的激活，等等。这些异常磷酸化和活化的蛋白激酶将异常磷酸化其下游底物，导致底物过度磷酸化而影响其生物学功能。所以蛋白激酶已经成为当今抗癌药物靶标的一个极其重要的资源库。当前最成功的例子是，针对蛋白激酶BCR-ABL的靶向抗癌药物Gleevec（imatinib）治疗白血病和针对蛋白激酶HER2/ErbB2的靶向抗癌药物Herceptin治疗乳腺癌已经在临床上得到了广泛应用（Arslan et al.，2006；Geyer et al.，2006；Druker et al.，1996）。基于蛋白质磷酸化在疾病发生中的重要性，研究发现其中异常磷酸化的蛋白质分子以及调控它们过度磷酸化的异常活化的蛋白激酶是发现药物靶标的第一步。

然而，磷酸化蛋白质占细胞总蛋白质的比例非常低。在2DE或SDS-PAGE等分离中，磷酸化蛋白质点会被非磷酸化蛋白质点掩盖；在质谱分析中，磷酸化肽段的信号会被相对高丰度的非磷酸化肽段信号所抑制，导致很难检测到。所以，在进行磷酸化蛋白质分析前，进行磷酸化蛋白质或磷酸化肽段的富集非常重要。当前主要有以下5种富集策略（Yan and He，2008）。

1）^{32}P同位素代谢标记法

^{32}P同位素代谢标记法是最经典、也是最灵敏和最特异的磷酸化蛋白质分析方法。其是通过采用^{32}P-正磷酸盐在细胞培养过程中进行同位素标记，然后提取细胞总蛋白质，进行SDS-PAGE或2DE分离，经过自动曝光，可以发现磷酸化蛋白质条带或磷酸化蛋白质点，最后挖取这些与曝光对应的蛋白质点进行质谱分析。但这种方法存在以下问题：①^{32}P和^{33}P同位素呈浓度和时间依赖性，导致细胞内DNA断裂、p53蛋白水平升高、改变细胞形态、导致细胞周期阻滞和细胞凋亡，所以^{32}P和^{33}P同位素可能会改变细胞内原有的磷酸化事件；②存在放射性同位素污染的问题；③不能标记组织、体液等非培养细胞样品。因此，尽管其是最灵敏、最特异的磷酸化蛋白质方法，但此策略当前应用比较少。

2）免疫沉淀与免疫印迹

通过采用抗泛酪氨酸磷酸化、抗泛丝氨酸磷酸化或抗苏氨酸磷酸化的抗体，与提取的细胞、组织或体液中的蛋白质反应，免疫特异地将对应的磷酸化蛋白质从总蛋白质中免疫沉淀出来，然后采用SDS-PAGE或2DE分离结合染色的方法发现差异磷酸化蛋白质，或将它们的酶解肽段直接进行LC-MS/MS质谱分析；或先将总蛋白质进行SDS-PAGE或2DE分离，然后采用前文所述的抗磷酸化的抗体进行蛋白质印迹分析，发现磷酸化蛋白质点，最后在另一块对应的2DE胶上找到对应的蛋白质点，进行质谱分析。目前也有研究先将蛋白质酶解成为肽段，然后采用抗泛磷酸化抗体进行免疫沉淀纯化出磷酸化肽段进行质谱分析。然而，目前市场上商品化的抗泛磷酸化的抗体只有抗泛酪氨酸磷酸化抗体具有比较高的特异性，而抗泛丝氨酸/苏氨酸磷酸化抗体的特异性比较差。因此，绝大部分研究使用此方法集中分析酪氨酸磷酸化蛋白质，分析丝氨酸/苏氨酸磷酸化蛋白质的研究报道比较少。

3）结构域扫描法

酪氨酸磷酸化的蛋白质为了发挥其生物学功能，能够与一些特定的结构域结合（如SH2、SH3、PDZ、PTB 等），通过构建这些结构域的纯化标签（如 GST-Grb2 SH2），表达这个结构域的蛋白质能够与酪氨酸磷酸化蛋白质结合，从而可以纯化出酪氨酸磷酸化蛋白质。这种方法的局限性在于只能分析部分酪氨酸磷酸化蛋白质，获得的信息量有限。

4）固相金属离子亲和色谱与磷酸基团金属亲和纯化技术

固相金属离子亲和色谱（immobilized metal affinity chromatography，IMAC）技术主要由金属离子、螯合剂和填料 3 部分组成。色谱填料主要是硅胶、琼脂糖、多孔玻璃和纤维素等，它们与螯合剂交联成为固定相，金属离子（如 Fe^{3+}、Ga^{3+}、Cu^{2+} 等）通过螯合剂被固定在固定相上。IMAC 技术富集磷酸化肽段的原理是：在一定的条件下，带正电的金属离子可以与带负电的磷酸基团产生静电交互作用而相互结合，非磷酸化肽段不能与金属离子结合而流失。在高 pH 或磷酸盐存在的缓冲液中，金属离子与磷酸基团间的结合被破坏，磷酸化肽段被洗脱下来，达到纯化富集磷酸化肽段的目的。这种结合能力受 pH、离子强度和溶液有机相的影响。

磷酸基团金属亲和纯化（phosphate metal affinity chromatography，PMAC）技术的原理类似于 IMAC 技术，只是其用来分离纯化磷酸化蛋白质而不是磷酸化肽段。PMAC 可以特异性地识别蛋白质上的磷酸基团（主要是丝氨酸/苏氨酸和酪氨酸磷酸基团）而将磷酸化蛋白质从总蛋白质中分离纯化出来，达到在体外富集磷酸化蛋白质的目的。

IMAC 技术和 PMAC 技术存在一些局限性：①一些低丰度的、没有结合到 IMAC 柱或 PMAC 柱上的磷酸化肽段或蛋白质容易丢失；②某些非磷酸化修饰的，但含有带负电荷的酸性基团（如天冬氨酸和谷氨酸）的蛋白质、含电子供体（如组氨酸）的蛋白质也会结合到 IMAC 柱或 PMAC 柱上，导致非特异性结合。因此，IMAC 技术和 PMAC 技术富集磷酸化肽段或磷酸化蛋白质的效果如何，在很大程度上依赖于磷酸化肽段蛋白质与金属离子结合的特异性以及洗脱程序。为了降低酸性基团非特异性结合到 IMAC 柱或 PMAC 柱产生非特异性结合的问题，Ficarro 等（2002）设计了一个甲酯化步骤，在 IMAC 或 PMAC 结合前，对酸性基团（天冬氨酸和谷氨酸）进行甲酯化修饰，从而抑制了它们与 IMAC 柱或 PMAC 柱的非特异性结合，提高了磷酸化肽段富集的特异性。

5）二氧化钛富集技术

二氧化钛（titanium dioxide，TiO_2）富集技术是依据金属氧化物亲和色谱（metal oxide affinity chromatography，MOAC）原理所设计，其核心成分为表面带有 TiO_2 的磁珠，依据 TiO_2 与磷酸化肽段之间所具有的高专一结合特性，以及磁珠/磁盘简便分离的步骤，即可以快速有效地从多肽混合物中分离富集出磷酸化肽段。MOAC 的原理是基于铝、钛、锆和其他金属氧化物与磷酸化基团的亲和作用，采用合适的缓冲体系可以达到对磷酸化肽段特异富集的目的。但到目前为止，TiO_2 能够特异地结合磷酸化肽段的原理还不是很清楚。根据目前的研究认为，TiO_2 是一种两性物质，其中的钛原子和氧原子的原子表面化合价不饱和，TiO_2 在不同的 pH 条件下，可以表现为路易斯酸和路易斯碱。在酸性条件下，TiO_2 带正电荷表现为路易斯酸，可以与肽段上的阴离子结合，也就是与肽段上的磷酸基团结合。所以在酸性 pH 条件下，TiO_2 可以与磷酸化肽段结合，从而用来从酶解总肽段中富集出磷酸化肽段。同 IMAC 和 PMAC 一样，TiO_2 也会与含有酸性基团（天冬氨酸和谷氨酸）的肽段结合，产生非特异性结合。研究也发现，使用与 IMAC 分析一样的技术，对酸性氨基酸进行甲酯化修饰后，TiO_2 与含酸性氨基酸的肽段非特异性结合能力降低。Larsen 等（2005）发现在 TiO_2 富集磷酸化肽段的反应体系中加入甲基脱氢丙氨酸（DHB），可以增强 TiO_2 对磷酸化肽段特异富集的效果。Liang 等（2007）采用 iTRAQ 技术定量比较了 IMAC 与 TiO_2 对磷酸化肽段的富集效果和特异性，结果显示 TiO_2 比 IMAC 具有更高的富集效果和特异性。

将磷酸化肽段在 ESI 离子源质谱仪上分析比用 MALDI 离子源质谱仪更具有优势，应用也更广。ESI 离子源质谱仪主要通过前离子扫描（precursor ion scan）和中性丢失扫描（neutral loss scan）两种模式进行。在前离子扫描模式下主要分析前离子 PO_4^{3-}（m/z 89），中性丢失扫描模式主要分析 H_3PO_4（单电荷下 98Da，双电荷下 49Da，其他类推）和 HPO_3（80Da）的丢失情况。

经过上述方法富集的磷酸化蛋白质或磷酸化肽段，可以与前文提到各种定量蛋白质组学研究策略结合起来，定量分析蛋白质磷酸化水平的变化以及鉴定其具体的磷酸化位点。

8.3.1.2　应用实例

细胞蛋白质分泌主要通过经典的、基于内质网-高尔基体的分泌途径和非经典的、不基于内质网-高尔基体的分泌途径两种分泌方式。

经典分泌途径，即基于内质网-高尔基体的分泌途径。该类分泌蛋白被称为经典分泌蛋白（classical secretory protein），其 N 端具有一段含 16～26 个疏水性氨基酸残基的信号肽（signal peptide），可引导正在合成的肽链进入内质网腔，信号肽被信号肽酶切除，多肽链继续延伸，直至整条多肽链合成完成。随后，多肽链经过折叠、囊泡转运到高尔基体，并形成分泌小泡与质膜融合，将泡内蛋白质释放到细胞外。在此过程中，多肽链还要经过各种修饰加工，如糖基化、羟基化、酰基化和二硫键的形成等。糖基化伴随着多肽链的合成进行，是内质网中最常见的多肽链加工方式。在内质网腔中加在多肽链上的寡糖链，还要在高尔基体中进行一系列复杂的加工才能成为有活性的分泌糖蛋白。因此，经典的分泌蛋白几乎都是糖蛋白。

非经典分泌途径，这些分泌蛋白常缺乏信号肽，缺少依赖内质网-高尔基体的翻译后修饰，如 *N*-糖基化等，因此被称为非经典分泌蛋白。这类蛋白质中并不限于特定的家族，常见的有细胞因子［如白介素 1α 和 1β（IL-1α，IL-1β）］、纤维原细胞生长因子 1

和2（FGF-1、FGF-2）、酶类（如鞘氨醇激酶1）、膜连蛋白（annexins）、S100蛋白、β-半乳糖苷结合蛋白-1（galectin-1）、热激蛋白、病毒蛋白等。

尽管调控蛋白质非经典分泌的机制目前还不明确，但发现蛋白质的非经典分泌涉及蛋白激酶（如p38、CK2等）、细胞信号通路（如NF-κB信号通路）、翻译后修饰（主要是磷酸化修饰）等。目前已经发现许多分泌在细胞外的蛋白质需要发生磷酸化修饰来实现其生物学功能，如HSP90、HSP80、HSP28。鸡转录因子EN2蛋白（cEN2）、高迁移率族蛋白B1（HMGB1）、骨形成蛋白15（BMP15）、生长与分化因子9（GDF9）、成纤维细胞生长因子2（FGF2）、apin、多肽激素包括斯钙素1（STC1、STC2）、促肾上腺激素皮质激素、人绒毛膜促性腺激素、心纳肽、前胃激素、生长素和催乳激素等。目前有研究已经分析了肿瘤细胞内、组织（如肝脏）、人尿液、脑髓液和一些细胞器（如线粒体、纺锤体等）中的磷酸化蛋白质。

为了鉴定肿瘤细胞分泌组中的磷酸化蛋白质，采用细胞内微管蛋白与肌动蛋白和台盼蓝的染色实验，评价细胞无血清条件培养基中没有由于细胞破裂释放的细胞内蛋白质，从而建立无血清条件培养基中收集细胞的条件（Yan et al.，2011b）。通过采用抗泛丝氨酸磷酸化和抗泛酪氨酸磷酸化抗体经过蛋白质印迹实验分析细胞分泌组中是否存在磷酸化蛋白质，发现细胞分泌组中存在磷酸化蛋白质的基础。通过收集细胞条件培养基，采用超滤方法对条件培养基进行脱盐和浓缩处理，然后进行酶解，用TiO_2富集蛋白质酶解肽段中的磷酸化肽段，经过LC-MS/MS分析，在不确定位点评估后，在49种蛋白质的62个独有的肽段上鉴定了142个磷酸化位点。其中，有一部分蛋白质（如annexin A2、STC2等）已经证实是分泌蛋白质，参与了肿瘤的发生发展、侵袭转移，其他绝大多数分泌磷酸化蛋白质在肿瘤中的功能还未知。经过文献查阅和生物信息学分析，发现其中的33个蛋白质能够分泌，其中28个蛋白质被发现是通过非经典分泌途径进行分泌。并且进一步表明，它们的磷酸化可能在它们的非经典分泌过程中扮演着重要的角色。通过采用Scansite软件分析鉴定的蛋白质磷酸化位点可能的调控蛋白激酶，发现了调控这些蛋白质非经典分泌的调控蛋白激酶。

8.3.2 泛素化

8.3.2.1 理论与原理

泛素（ubiquitin）是一个由86个氨基酸组成的多肽分子，其在真核生物中高度保守，在人和酵母之间也只有5个氨基酸的差别。泛素化（ubiquitination）是指在一系列特定酶的催化下，一个或多个泛素分子通过共价结合的方式被连接到底物蛋白质分子上（Hershko and Ciechanover，1998）。像磷酸化、乙酰化等其他蛋白质化的学修饰一样，其调节了蛋白质的生理功能。首先，泛素化修饰的主要功能是介导泛素标记的蛋白质通过26S蛋白酶体途径被降解。另外，泛素化也可以像磷酸化一样改变被修饰蛋白质的活性、功能和在细胞内的定位。通过对其底物的调控，泛素化参与了细胞周期、细胞增殖、细胞分化、细胞凋亡和细胞信号转导等多种生理过程。

泛素在3种泛素酶的作用下通过其COOH端与底物蛋白质上的赖氨酸共价结合连

接到底物蛋白质上。泛素酶包括泛素活化酶（ubiquitin activating enzyme，E1）、泛素聚集酶（ubiquitin conjugating enzyme，E2）和泛素连接酶（ubiquitin ligase，E3）。在消耗ATP的条件下，泛素通过其COOH端与E1中具有活化作用的半胱氨酸形成高能硫脂键从而得到活化。然后E2从E1接受活化的泛素，并在E3的介导下将其偶联到相应底物蛋白赖氨酸的ξ-氨基上。其中E3决定底物的特异性，负责把各种各样的底物蛋白质募集到携有泛素的E2上。

泛素除了可以在底物蛋白质上结合一个泛素分子形成单泛素化修饰外，其本身也是泛素化的底物，可以通过泛素本身的赖氨酸连接上泛素修饰形成泛素单链多聚体，称为多泛素化（polyubiquitination）。泛素化自身的泛素化可以发生在泛素分子不同位置的赖氨酸上，其中以发生在第48位赖氨酸（K48）上的泛素化修饰最为常见和重要。通过第48位赖氨酸的泛素化、具有4个或以上的泛素分子多聚体是26S蛋白酶体复合物的一个识别信号，介导蛋白酶体对底物蛋白质的降解。除K48位的多泛素化外，泛素化也以其他形式出现，如单泛素化或通过K48以外的赖氨酸（K63、K29等）形成的多泛素化。这种形式的泛素化往往不会介导底物的降解，而像其他蛋白质化学修饰一样，通过改变底物蛋白质的活性、细胞定位等发挥其生物学功能（Fang and Weissman，2004）。

为了证实泛素化的底物，即哪些蛋白质发生泛素化修饰以及在不同病理生理、不同处理、不同阶段等条件下蛋白质发生泛素化修饰水平的变化，需要从细胞总蛋白质中富集纯化出泛素化蛋白质。当前，分离富集泛素化蛋白质的策略主要有两种。

1）亲和标签纯化

利用泛素也是一种蛋白质多肽分子的特性，可以构建表达载体进行表达。通过在泛素N端融合由6个组氨酸组成的多肽标签，将此表达标签载体转入细胞内建立稳定表达含标签的泛素化细胞系。利用所加标签来纯化泛素以及被泛素化的蛋白质，再利用镍柱与组氨酸多肽标签的特异性结合分离纯化出泛素化蛋白质（Peng et al.，2003）。

尽管亲和标签是最为直接和最简单的方法，但该方法也存在其局限性：①融合在泛素上的标签蛋白有可能影响泛素与泛素酶以及底物蛋白质的结合；②泛素在细胞体内本身就存在，转入的带标签泛素与体内本身存在的泛素，在与底物结合时存在竞争关系，影响标记的效率；③在细胞内转入外源的带标签的泛素基因后，会使细胞内的泛素表达量增加，呈现过度泛素化的状态，有可能改变细胞的生物学功能。

2）免疫沉淀法

因为泛素是一种蛋白质，所以存在特异针对泛素的抗体。免疫沉淀法就是通过采用针对泛素的单克隆抗体，在温和条件下，与细胞内总蛋白质反应，分离纯化出泛素化蛋白质。

经过免疫沉淀法分离纯化出的泛素化蛋白质，可以采用质谱方法鉴定发生泛素化的蛋白质以及在蛋白质上发生泛素化的赖氨酸位点。泛素作为一种多肽分子，在进行蛋白质酶解时，泛素也同时会被酶解，它酶解后残留在底物肽段上的支链肽段就是质谱识别修饰位点的重要依据。在使用特异性切断赖氨酸与精氨酸C端肽键的胰蛋白酶酶解后，发生泛素修饰位点的赖氨酸不会被胰酶所酶切，同时经过酶切后泛素将剩下两个甘氨酸残基偶联在发生修饰的赖氨酸上，导致相应的赖氨酸在分子质量上增加114.1Da，可以作为判断泛素修饰位点的依据。

8.3.2.2　应用实例

Peng 等（2003）构建了 6 x His-ubiquitin 稳定表达的酵母株，此酵母株中泛素的表达量与野生型酵母株的泛素表达水平一致。通过使用 Ni 柱在变性条件下（这样可以去除与泛素结合的其他非泛素化蛋白质）亲和纯化酵母裂解产物，以亲和纯化无 6 x His-ubiquitin 表达的野生型酵母裂解物为对照。经过 SDS-PAGE 和硝酸银染色，在 6 x His-ubiquitin 稳定表达的酵母株中可以纯化到大量的泛素化蛋白质，而在野生型中也能纯化出部分蛋白质，这部分蛋白质是非特异结合的非泛素化蛋白质(图 8-7)。在 100mg 酵母总蛋白质中能够纯化大约 0.2mg 泛素化蛋白质。

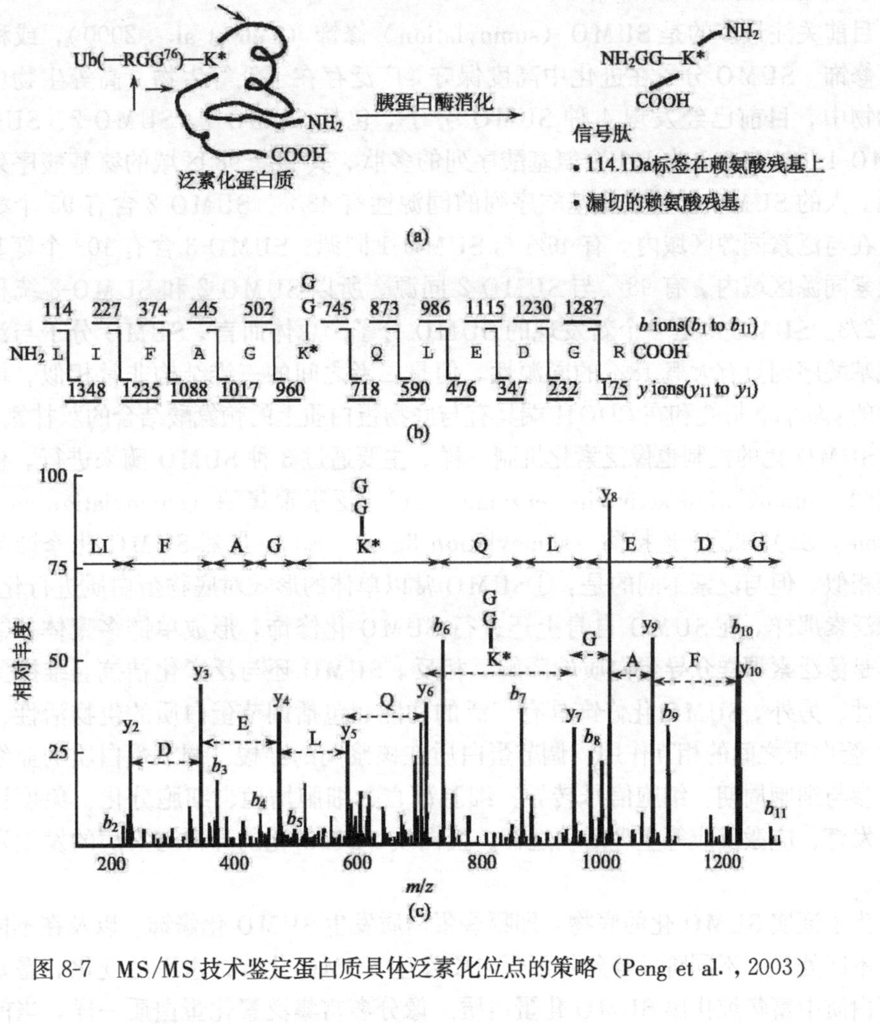

图 8-7　MS/MS 技术鉴定蛋白质具体泛素化位点的策略（Peng et al.，2003）

将纯化出来的泛素化蛋白质进行酶解后，采用阳离子交换色谱（SCX）将酶解肽段分为多个组分，然后每个组分分别进行 LC-MS/MS 分析。在 6 x His-ubiquitin 稳定表达的酵母株中，去除在野生型酵母株中鉴定的 48 个蛋白质后，共鉴定到 4210 个肽段，对应于 1085 种蛋白质。基于酶解后连接泛素化位点的赖氨酸残基上会保留两个甘氨酸而导致肽段分子质量增加114.1Da，已在82种蛋白质上的110个泛素化位点上被证实。

8.3.3 小泛素相关修饰化

8.3.3.1 理论与原理

在真核细胞内还存在一类类似于泛素的小分子多肽。它们也是由几十个氨基酸组成的，具有与泛素分子相似的三维结构、同样也是通过其COOH端的甘氨酸对底物蛋白质上的特定赖氨酸进行共价修饰，统称为泛素类似物（ubiquitin－like modifier，Ubl）。目前已经发现的泛素类似物包括SUMO、NEDD8、Fub、Apgl2和ISG15等（Schwartz and Hochstrasser，2003）。

目前关注最多的是SUMO（sumoylation）修饰（Yeh et al.，2000），或称小泛素相关修饰。SUMO分子在进化中高度保守，广泛存在于低等生物、高等生物中。在哺乳动物中，目前已经发现4种SUMO分子，包括SUMO-1、SUMO-2、SUMO-3和SUMO-4。SUMO-1为101个氨基酸序列的多肽，其22～98区域的氨基酸序列与泛素同源，人的SUMO与泛素氨基酸序列的同源性有48%。SUMO-2含有95个氨基酸序列，在与泛素同源区域内，有46%与SUMO-1同源。SUMO-3含有103个氨基酸，在与泛素同源区域内，有98%与SUMO-2同源，所以SUMO-2和SUMO-3统称为SUMO-2/3。SUMO-4是一个新发现的SUMO分子。总体而言，SUMO分子与泛素分子的氨基酸序列只有大概18%的同源性，但是二者之间的三维结构非常相似，均含一个典型的ββαββαβ折叠和在COOH端具有与底物蛋白质上的赖氨酸结合的双甘氨酸基序。

SUMO化的机制也像泛素化机制一样，主要通过3种SUMO酶来进行，包括泛素活化酶（sumoylation activating enzyme，E1）、泛素聚集酶（sumoylation conjugating enzyme，E2）和泛素连接酶（sumoylation ligase，E3）。虽然SUMO化修饰与泛素化过程相似，但与泛素不同的是：①SUMO常以单体的形式对底物蛋白质进行化学修饰，不像泛素那样，在SUMO自身上还进行SUMO化修饰，形成单链多聚体；②SUMO并不是像泛素那样介导蛋白质的降解，相反，SUMO还与泛素化拮抗，维持蛋白质的稳定性。另外，SUMO化修饰具有广泛的功能，包括调节蛋白质的生物活性、调节蛋白质-蛋白质之间的相互作用、调节蛋白质在核浆间的穿梭、调节蛋白质的亚细胞定位等，参与细胞周期、细胞信号转导、细胞凋亡、细胞增殖、细胞分化、免疫识别、炎症、发育、应激反应等生理活动过程。蛋白质SUMO化的异常与疾病的发生发展密切相关。

为了证实SUMO化的底物，即哪些蛋白质发生SUMO化修饰，以及在不同病理生理、不同处理、不同阶段等条件下蛋白质发生SUMO化修饰水平的变化，需要从细胞总蛋白质中富集纯化出SUMO化蛋白质。像分离富集泛素化蛋白质一样，当前，分离纯化SUMO化蛋白质的策略也主要是亲和标签纯化与免疫沉淀这两种方法（Andersen et al.，2009）。

由于SUMO的COOH端像泛素一样也具有与底物蛋白质上的赖氨酸结合的双甘氨酸基序，所以对SUMO的鉴定，像泛素化蛋白质的鉴定一样，也是依据酶解后连接在赖氨酸上的两个甘氨酸而导致赖氨酸分子质量增加 114.1Da。具体操作流程可以参考泛素化蛋白质的鉴定和修饰位点鉴定。

8.3.3.2 应用实例

在3种SUMO中，SUMO-2可以修饰PML、Sp3、热激因子-1、p300等蛋白质，为了发现新的SUMO-2修饰的底物，通过构建pHis6-SUMO-2和pEYFP-SUMO-2表达载体，转染HeLa细胞，分别建立稳定表达细胞系 $HeLa^{EYFP-SUMO-2}$ 和 $HeLa^{His6-SUMO-2}$。通过 $HeLa^{EYFP-SUMO-2}$ 细胞可以发现SUMO-2主要分布于细胞核内，通过蛋白质印迹分析发现pHis6-SUMO-2和pEYFP-SUMO-2稳定表达细胞内SUMO-2的修饰底物与SUMO-2内源表达细胞内的修饰底物一致，说明稳定表达细胞系内SUMO-2对底物的修饰没有改变（Vertegaal et al.，2004）。

基于发现SUMO-2主要分布于细胞核内，通过细胞亚组分分离方法，先将细胞核单独分离出来，提取细胞核蛋白质，再通过Ni柱与pHis6-SUMO-2的结合将SUMO-2修饰的底物蛋白质分子纯化出来。将纯化的SUMO-2化蛋白质进行酶解，酶解肽段进行质谱分析，共鉴定了8个新的SUMO-2的底物蛋白质分子（图8-8）。其中SART1、异质型核糖核蛋白（RNP）M和U5小核RNP 200kDa解旋酶在RNA的代谢中扮演着重要角色。然后通过pull-down结合蛋白质印迹实验进一步证实SART1、heterogeneous nuclear ribonucleoprotein（RNP）M是SUMO-2新的底物蛋白质，也就是说它们能够发生SUMO-2化。

8.3.4 糖基化

8.3.4.1 理论与原理

蛋白质糖基化是一种重要的翻译后修饰，约有一半以上的蛋白质发生了糖基化（Bunkenborg et al.，2004；Van den Steen et al.，1998）。越来越多的数据表明，糖基化作为一种主要的翻译后修饰对蛋白质功能有着重要影响。例如，糖基化对蛋白质的折叠、运输、定位、溶解性、抗原性以及蛋白质-蛋白质相互作用等方面起着非常重要的作用。免疫系统中几乎所有的关键分子都是糖蛋白。近年来发现蛋白质丝氨酸、苏氨酸残基的乙酰氨基葡糖（*O*-GlcNAc）化与信号转导有密切关系；而蛋白质糖基化程度及糖链结构的异常变化则常是癌症及其他疾病发生的标志（Helenius and Aebi，2001）。

糖基化现象普遍存在于细胞外环境的蛋白质中，如膜蛋白、分泌蛋白和体液中的许多蛋白质，这些蛋白质也是在诊断、治疗过程中最容易接触到的，因而许多诊断标志物及治疗靶标（如乳腺癌中的Her2/neu、前列腺癌中的前列腺特异性抗原PSA、卵巢癌中的CA125等）都是糖蛋白（Roth，2002）。许多具有特殊生理功能的糖蛋白在哺乳动物细胞中重组表达后已作为药物用于临床，如重组组织纤溶酶原激活剂（rt-PA）、重组人促红细胞生成素（rEPO）等。说明蛋白质的糖基化对蛋白质功能活性极其重要。

在真核生物中，蛋白质糖基化分类是基于糖链与蛋白质连接的类型，分为3种类型，包括 *N*-糖基化、*O*-糖基化、糖基磷脂酰肌醇锚定糖基化（Hirabayashi et al.，

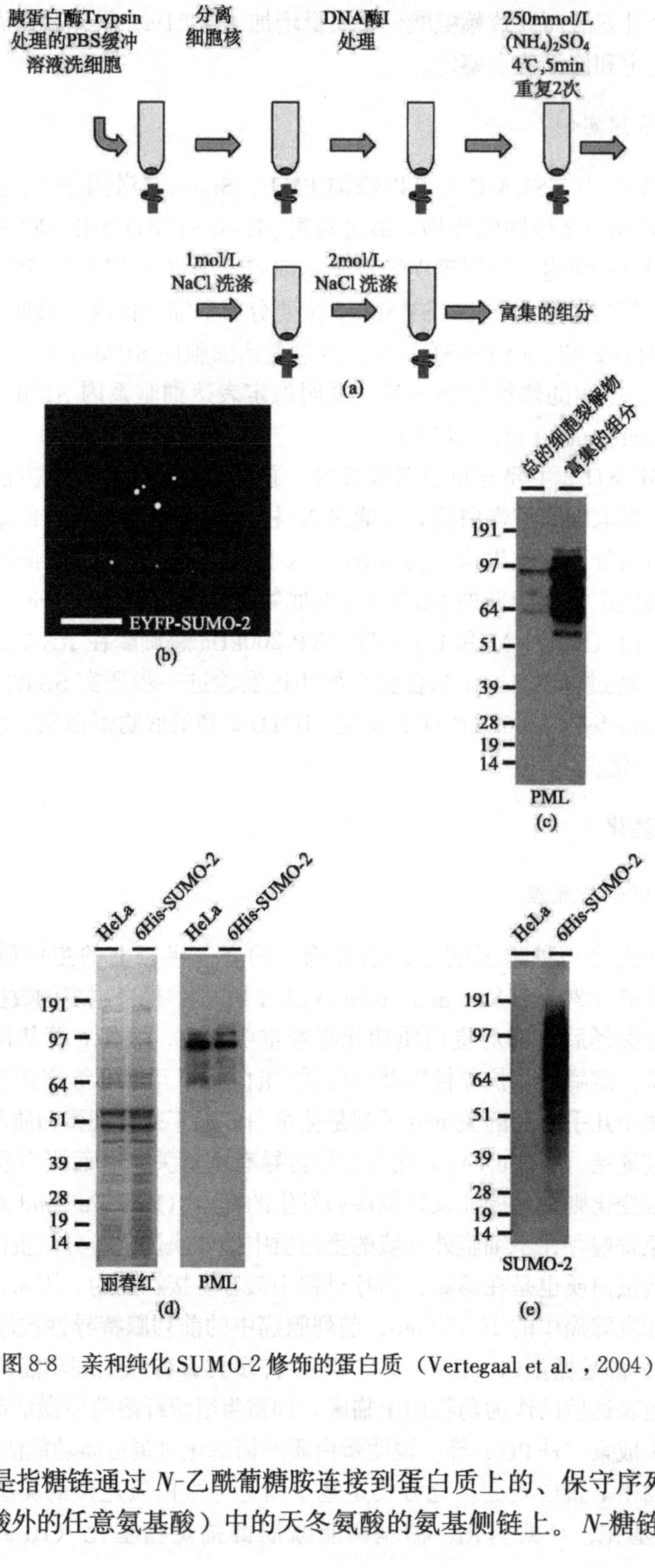

图 8-8　亲和纯化 SUMO-2 修饰的蛋白质（Vertegaal et al.，2004）

2001）。

N-糖基化是指糖链通过 *N*-乙酰葡糖胺连接到蛋白质上的、保守序列 N-X-S/T（X 可以是除脯氨酸外的任意氨基酸）中的天冬氨酸的氨基侧链上。*N*-糖链均有一个三苷

露糖 壳二糖组成的五糖核心，根据核心外围所连接的糖不同，*N*-糖链可以分为高甘露糖型、复杂型和混合型。高甘露糖型，顾名思义，是在核心外连上 2～9 个甘露糖；复杂型是在核心外连接 *N*-乙酰糖胺、半乳糖、唾液酸等；混合型即是兼具上述两个类型的特征。*O*-糖基化是指糖链通过 *N*-乙酰葡糖胺连接到蛋白质上的丝氨酸或苏氨酸侧链的—OH 上。糖基磷脂酰肌醇锚定糖基化是指通过酰胺键与蛋白质的 COOH 端连接将蛋白质锚定在细胞膜上。

为了分析蛋白质是否发生糖基化、糖基化的类型、糖基化在蛋白质氨基酸的位点以及蛋白质上糖链的构成，首先需要分离富集糖蛋白和糖肽。当前分离富集糖蛋白质的策略主要是依赖凝集素的亲和纯化技术（Hirabayashi et al.，2001）。

凝集素是一类对不同种类糖有特异性亲和力的蛋白质，广泛用于糖类的研究。目前多种不同来源的、具有不同糖亲和性的凝集素已经被鉴定出来，包括伴刀豆凝集素 A（ConA）、麦胚凝集素（WGA）、花生凝集素（PNA）和 Galectin LEC-6（Gal6）等。不同凝集素对不同糖具有不同的亲和力，伴刀豆凝集素 A 对甘露糖有特异的亲和作用；麦胚凝集素对乙酰葡萄胺有特异亲和作用；花生凝集素一般选择性地结合到广泛存在于 *O*-连接的糖链的 T 抗原上；Galectin LEC-6 是一类分布广泛、不依赖于金属离子的可溶性凝集素，其对半乳糖苷具有特异的亲和作用。一般为了全面的富集糖蛋白，可以将糖蛋白、糖肽依次采用上述凝集素进行分类富集。

一般凝集素富集糖蛋白的步骤如下：①采用一种或多种凝集素从细胞总蛋白质中富集出糖蛋白质；②利用对赖氨酸具有很强专一性的蛋白酶 Lys-C 酶解富集糖蛋白；③再次采用一种或多种凝集素从酶解的糖蛋白肽段中富集出糖肽；④采用酶去除糖肽上的糖基；⑤采用 LC-MS/MS 质谱技术鉴定糖蛋白、确定糖基化位点。

用来去除糖基化的酶法包括肽：糖苷酶 F（peptide：*N*-glycosidase F，PNGase F 酶法）（Charlwood et al.，2000）、内切-β-*N*-乙酰葡糖胺酶 H（endo-β-*N*-acetylglucosaminidase H，Endo H 酶法）（McLachlin and Chait，2003）、beta-消除-米氏加成（Zheng et al.，2009）和三氟甲基磺酸法（Gerken et al.，2002）等。

PNGase F 酶法是目前糖蛋白组学研究中应用最为广泛的一种 *N*-糖蛋白鉴定方法，PNGase F 几乎可以作用于所有的 *N*-糖链，同时使天冬酰胺转变为天冬氨酸，使相对分子质量增加 0.98Da，从而起到质量标记 *N*-糖基化位点的作用。

Endo H 酶法与 PNGase F 酶法不同，其是在去糖基化时将 *N*-糖链五糖核心中与天冬氨酸连接的 GlcNAc 以外的部分切除，在蛋白质上的糖基化位点处留下 GlcNAc，这个 GlcNAc 就可以作为糖基化位点的信息，其将分子质量增加 203Da，可以作为判断糖基化位点的依据。

上面所讲的都是针对 *N*-糖基化的糖基位点鉴定方法，对于 *O*-糖基化而言，目前还没有一种类似于 PNGase F 酶和 Endo H 酶的酶用来去除 *O*-糖基。当前用来分析 *O*-糖基化位点的方法主要采用化学反应，使用最多的主要是β-消除反应。此方法基于在碱性条件下，丝氨酸或苏氨酸上的 *O*-糖基发生 β-消除反应形成一个不饱和的双键，此双键能够被亲核试剂攻击发生加成反应，导致丝氨酸或苏氨酸残基的相对质量发生一个特定的变化，从而可以作为判断糖基化位点的依据。

8.3.4.2　应用实例

Kaji 等（2003）建立了一种分离鉴定糖蛋白和确定糖基化位点的方法，称为同位素编码糖基化位点特异性标签技术（isotope-coded glycosylation-site-specific tagging，IGOT）（图 8-9）。具体流程为：通过凝集素将糖蛋白从总蛋白质分离出来，然后进行蛋白质酶解。采用同样的凝集素分离纯化策略将糖肽从酶解的肽段中纯化出来，再采用 PNGase F 酶在含有重同位素的 $H_2{}^{18}O$ 中将糖肽上的糖基切除，在切除糖链的同时，切除的糖肽的糖基末端会被 ^{18}O 标记，从而获得 ^{18}O 的肽段。通过 LC-MS/MS 质谱方法进行分析，可鉴定糖蛋白并确定糖基在蛋白质上的具体位点。

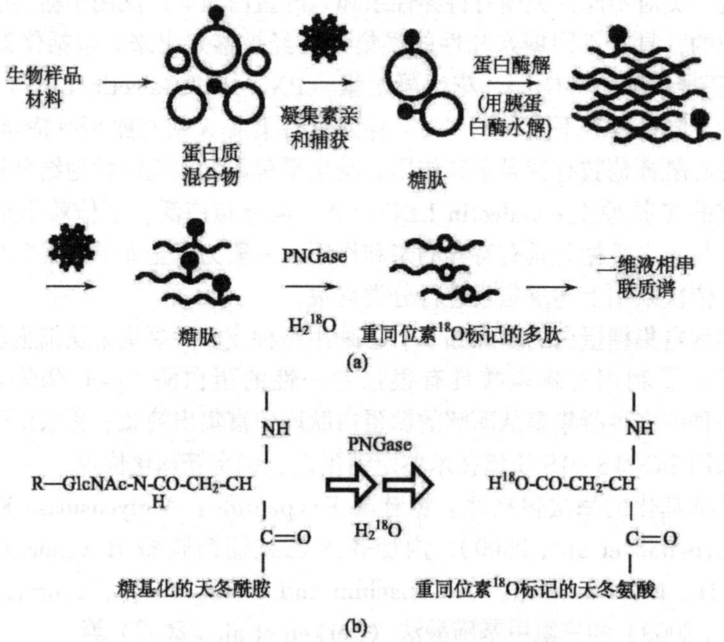

图 8-9　IGOT 分析的技术流程（Kaji et al.，2003）

采用 IGOT 策略，分析了秀丽隐性线虫（*Caenorhabditis elegans*）中的糖蛋白，共鉴定了 250 个糖蛋白上的 400 个糖基化位点，其中包括 83 个可能的膜蛋白。为了证实在不同发育阶段、不同病理生理条件、不同处理等条件下蛋白质糖基化的差异，需要对细胞内蛋白质糖基化的水平进行定量分析。在用 PNGase F 酶切除糖肽上的糖基时，通过在不同同位素 $H_2{}^{16}O$ 和 $H_2{}^{18}O$ 条件下进行酶切，可实现对不同样品来源的糖肽进行不同同位素标记；$H_2{}^{16}O$ 和 $H_2{}^{18}O$ 分别标记的糖肽等量混合，进行 LC-MS/MS 分析，基于 ^{16}O 与 ^{18}O 的分子质量差异实现定量分析。

8.4　蛋白质组学在生物医学研究中的应用

蛋白质组学作为一种鉴定差异蛋白质和分析蛋白质翻译后修饰的高通量技术，在药物靶标发现、疾病标记物筛选、信号转导通路构建、疾病相关关键蛋白质分子的鉴定、药物作用机理的阐明、信号复合体的分析等方面显示出了优势和应用前景。当前蛋白质组学高通量技术已经在生物医学研究的各个方面得到了广泛的应用。

8.4.1　蛋白质组学在信号转导通路研究上的应用

8.4.1.1　理论与原理

肿瘤的发生发展是一个多因素、多阶段的过程，是细胞内多种基因变异累及的结果，主要涉及癌基因的激活/上调和抑癌基因的失活/下调。通过对癌基因和抑癌基因产物（瘤蛋白和抑瘤蛋白）功能的分析，发现许多瘤蛋白或抑瘤蛋白位于正常细胞信号转导通路的不同部位发挥其生物学功能，如它们分别属于信号转导通路中的生长因子（如 c-sis）、生长因子受体（如 HER-2）、G 蛋白（如 c-Ras）、激酶（如 c-Src）、转录因子（如 p53）等，对细胞周期、细胞分裂增殖、细胞分化和细胞凋亡起重要的调控作用。瘤蛋白主要起正向作用，促使细胞分裂增殖、抑制细胞凋亡；而抑瘤蛋白主要是抑制细胞分裂增殖，是细胞周期的重要负向调控因子（如 Rb、p53 等）。

然而，细胞内信号转导通路网络错综复杂，传统的信号转导通路研究策略主要针对单条信号转导通路以及其中的单个信号分子，存在一定的局限性。随着蛋白质组学的发展，将高通量技术引入到信号转导通路研究中，克服了传统信号转导通路研究策略的局限性，形成了一个新的学科交叉研究领域：信号转导蛋白质组学，简称信号转导组学（signalomics），可以全面地、系统地分析某因素介导的细胞信号转导通路（Luo et al.，2008；Yan et al.，2006；2007）。

但是，信号转导蛋白质分子以及下游功能效应蛋白质分子往往是低丰度蛋白质，并且在信号转导中起作用的信号分子往往发生了磷酸化，使其丰度更低。在用蛋白质组学高通量技术分析磷酸化蛋白质时，往往被高丰度的非磷酸化蛋白质所掩盖而很难分析检测得到，所以直接从总蛋白质谱中期望发现这些有价值的信号分子，存在其局限性和不足之处，因此从总蛋白质中单独分离纯化出磷酸化蛋白质，显得极其重要。

8.4.1.2　应用实例

表皮生长因子（EGF）通过与表皮生长因子受体结合，激活细胞内信号转导通路，通过一系列磷酸化事件将信号从细胞膜上传入细胞核内，发挥 EGF 的生物学功能。为了深入系统阐明 EGF 激活的细胞内信号转导通路网络，采用 TiO_2 磷酸化肽富集技术结合 SILAC 定量蛋白质组学技术，分别鉴定 EGF 处理 HeLa 细胞 0min、1min、5min、10min 和 20min 时细胞内磷酸化蛋白质丰度的变化，动态分析 EGF 所调控的磷酸化蛋白质（包括丝氨酸、苏氨酸和酪氨酸）的变化（Olsen et al.，2006）。依据这些磷酸化蛋白质不同时间发生磷酸化程度的动态变化，确定这些磷酸化蛋白质相互调控的前后关系，构建 EGF 调控的磷酸化信号转导通路网络。

在该分析中，共鉴定到 2244 种蛋白质上的 6600 个磷酸化位点。经过基于 PTM 分值（score）评定不确定位点后，其中磷酸化位点定位明确的Ⅰ类（class Ⅰ）磷酸化位点有 5674 个。基于 2 倍差异作为 EGF 调控的差异磷酸化肽段，鉴定获得受 EGF 调控的Ⅰ类磷酸化位点有 883 个。依据这些磷酸化位点受 EGF 调控的先后顺序，构建了 EGF 调控的信号转导通路网络。发现这些磷酸化蛋白质分子主要聚类到蛋白激酶、GEF/GAP、转录调控因子、转录因子、泛素连接酶、肌动蛋白结合分子和 RNA 结合分子 7 个功能方面，发现了许多新的受 EGF 调控的信号分子（图 8-10）。

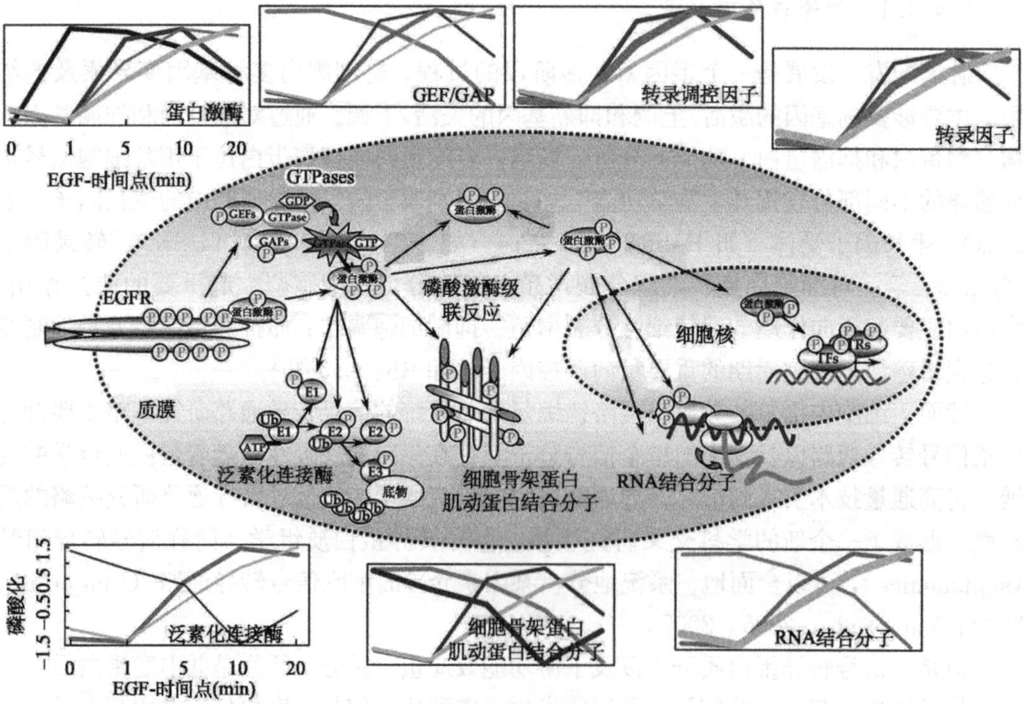

图 8-10 EGF 调控的磷酸化蛋白质分子主要聚类到 7 个功能方面（Olsen et al.，2006）

8.4.2 蛋白质组在筛选疾病标记物中的应用

8.4.2.1 理论与原理

基于几十年来抗癌的临床和科学研究经验，面对肿瘤发生率居高不下的背景，美国国立卫生研究院（NIH）改变了原来要攻克肿瘤、100% 治愈肿瘤的指导思想，提出了 3 个“1/3”的思想，第一个“1/3”是通过化学干预的方法，减少 1/3 的肿瘤发生；第二个“1/3”是通过早期诊断的方法早发现、早治疗肿瘤，达到治愈的目的；最后的“1/3”是改变治疗手段和策略，提高患者的生活质量和生存率。目前，大多数肿瘤患者在发现时，已经是中晚期以及发生了远处转移，从而导致肿瘤的治愈率和 5 年生存率不高，所以找到有效的早期诊断标记物和特异性的治疗药物显得非常重要。

体液（血液/血清、尿液、胃液、唾液等）标记物因为检测时的使用方便和对患者的无创性，在临床上得到广泛地使用，因此寻找体液标记物是当前肿瘤研究的一个热点。目前临床上已经广泛使用甲肝蛋白（AFP）来检测肝癌，用癌胚抗原（CEA）检测肠癌，使用前列腺特异抗原（PSA）来检测前列腺癌。这些临床应用的标记物均是体液标记物。

血清标记物在血清中的浓度往往极低，其中的球蛋白、白蛋白等6种高丰度蛋白质约占血清蛋白质含量的85%，导致血清标记物的发现和鉴定存在一定的困难。前几年，有些公司开发了球蛋白、白蛋白等高丰度蛋白质去除方法，首先将血清中的高丰度蛋白质去除，然后再进行蛋白质组学研究。

另外，基于这些在体液中的标记物均是分泌型的蛋白质分子，许多研究通过在体外模型中分析细胞分泌的差异蛋白质作为候选标记物，然后再回到临床中进行验证。例如，在肿瘤标记物的筛选上，可以通过比较在无血清条件培养基条件下正常细胞与肿瘤细胞分泌的差异蛋白质，这样可以排除临床血清样品中高丰度蛋白质对低丰度标记物的掩盖。细胞的分泌途径分为经典的内质网/高尔基体依赖的分泌途径和非经典的非内质网/高尔基体依赖的分泌途径。通过经典途径分泌的蛋白质分子都需要发生糖基化修饰，所以有些研究首先通过凝集素等策略分离富集出糖基化蛋白质，再用质谱分析获得差异分泌蛋白。这些分泌蛋白的差异定量可以与我们上面所述的定量蛋白质组学策略联合使用，从而筛选发现差异蛋白质分子。

8.4.2.2　应用实例

当前肺癌已经成为中国第一大肿瘤。在过去的30年中，肺癌的5年和10年生存率分别只有14%和8%，是世界上死亡率最高的肿瘤。其致死的原因是，在临床上发现时已经是晚期和发生了远处转移。发现其早期诊断标记物是降低肺癌死亡率居高不下的一种有效策略。但目前还没有用来肺癌早期诊断的标记物。

通过采用SV40T永生化的支气管上皮细胞系M-BE为模型，发现M-BE细胞在体外培养的代数延长，其越来越向恶性转化，从而可以作为肺癌细胞系模型（Lou et al.，2007）。比较M-BE培养40代（P40）、140代（P140）和200代（P200）时细胞无血清条件培养基中分泌蛋白质的差异，有可能发现肺癌诊断标记物。通过收集上述代数细胞条件培养基，经过透析除盐，然后进行2DE分析，发现细胞在P140和P200代的分泌蛋白几乎没有差异，但与P40分泌蛋白存在比较大的差异（图8-11）。经过MALDI-TOF/TOF-MS分析，将P140与P40相比，共鉴定了47种差异蛋白质，包括23个上调的、24个下调的。

其中Cathepsin D已经证实是一种典型的分泌蛋白质，采用三明治ELISA技术分析，发现Cathepsin D在104例肺癌患者血清中的平均含量为93.12ng/ml，而在36个正常人和15例非肺癌肺病患者血清中的平均含量分别为63.88ng/ml和89.46ng/ml。经过统计分析，发现Cathepsin D在肺癌患者血清中的含量与非肺癌患者血清中的含量具有显著的统计学差异（$P\leqslant 0.015$）。进一步采用组织芯片技术分析Cathepsin D在肺癌组织与正常肺组织中的差异，也发现Cathepsin D的表达水平远远高于正常肺组织中的表达水平（$P\leqslant 0.001$）。这些研究结果表明，Cathepsin D是肺癌的一个潜在血清标记物。

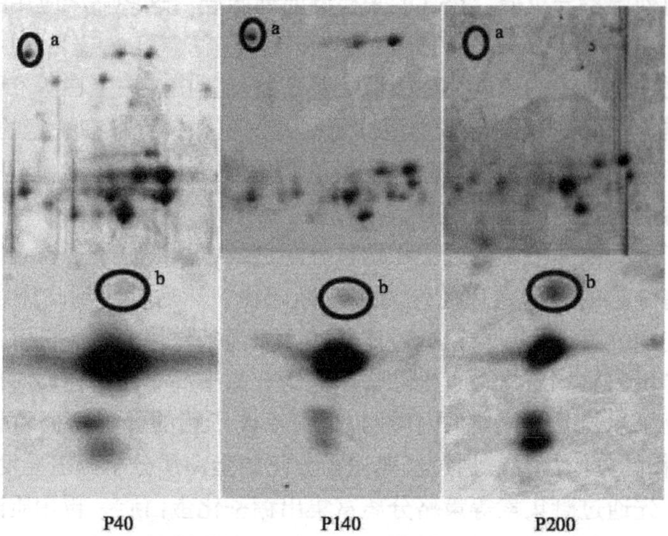

图 8-11　采用 2DE 技术结合银染分析永生化支气管上皮细胞 M-BE 在培养 40 代、140 代和 200 代条件培养基中的差异蛋白质分子（Lou et al.，2007）

8.4.3　蛋白质组学在发现药物靶标上的应用

8.4.3.1　理论与原理

目前全世界用于寻找新药的药物靶标共有 483 个，它们主要都是蛋白质（酶占 28%、受体占 45%）；而在当时全世界正在使用的 2000 多种药物中，85% 都是针对上述药物靶标的。从功能基因组的角度，人们普遍认为每种疾病平均与 10 个左右的基因相关，而每种基因又与 3～10 种蛋白质相关。如果以人类主要的 100～150 种疾病进行计算，则应该有 3000～15 000 种蛋白质具有成为药物靶标的可能。所以分离鉴定肿瘤中异常激活的功能蛋白质，是筛选潜在药物靶标的一个重要资源库。

针对信号转导通路中某些特定靶分子所设计的一些药物（单抗、小分子化合物），已经给肿瘤临床治疗带来了希望，具有突破性的进展开始涌现。其中最著名的、具有里程碑意义的范例是：单克隆抗体 Herceptin 针对靶分子 HER-2 治疗乳腺癌，小分子化合物 ST1581（商品名 Gleevec）针对 BCR/ABL 治疗慢性粒细胞白血病。除此之外，一些针对某些蛋白激酶（如 EGFR、VEGFR、PDGFR、PKC 等）的抑制剂正在进行肿瘤临床治疗实验，有些已经进入临床Ⅱ期。

目前大多数研究通过比较正常与病理条件下的细胞内蛋白质谱的变化，或者比较药物处理前后细胞内蛋白质谱的变化，期望获得药物作用的靶标。例如，美国 Human Genome Science 公司利用基因组学与蛋白质组学方法寻找药物靶标时，发现了骨髓祖细胞抑制因子 21（MPIF21）和角质细胞生长因子 22（KGF22），针对它们的药物已进入Ⅱ期临床。这说明，采用蛋白质组学技术完全有望发现药物作用的新靶标。

8.4.3.2 应用实例

Genistein 作为一种从大豆中提取出来的异黄酮类天然产物，具有抗肿瘤的生物活性。Genistein 还是一种天然的酪氨酸激酶抑制剂，能特异性地抑制蛋白酪氨酸磷酸化，从而抑制酪氨酸蛋白激酶活性及许多在细胞增殖、分化信号转导中起着重要作用的酪氨酸磷酸化依赖因子 [如表皮生长因子受体家族（EGFR）、c-met 等]。

目前已经发现有 90 多种酪氨酸蛋白激酶，包括受体酪氨酸激酶和非受体酪氨酸激酶。受体酪氨酸激酶包括 EGFR、PDGFR、FGFR 和胰岛素受体等；非受体酪氨酸激酶包括 Src、Csk、Ack、Fak、Tec、Fes、Syk、Abl 和 Jak 9 个亚家族。目前酪氨酸激酶已经成为靶向抗癌药物开发的主要资源库。最成功的例子是，针对蛋白激酶 BCR-ABL 的靶向抗癌药物 Gleevec（imatinib）治疗白血病和针对蛋白激酶 HER2/ErbB2 的靶向抗癌药物 Herceptin 治疗乳腺癌，已经在临床上得到广泛应用。

为了全面发现 Genistein 所抑制的酪氨酸蛋白激酶，我们采用针对酪氨酸磷酸化蛋白质的免疫沉淀分离纯化酪氨酸磷酸化蛋白质，结合 SILAC 定量蛋白质组学技术，分析受 Genistein 所调节的酪氨酸磷酸化蛋白质（Yan et al.，2010）。

为了初步证实 Genistein 能够抑制胃癌 SGC-8901 细胞内蛋白质的酪氨酸磷酸化水平，采用两种抗泛酪氨酸磷酸化抗体 p-Tyr-100 和 4G10 分别比较 Genistein 处理细胞前后，细胞内酪氨酸磷酸化蛋白质水平的变化，发现 Genistein 能够抑制肿瘤细胞内蛋白质的酪氨酸磷酸化水平。同时，发现这两种抗泛酪氨酸磷酸化抗体识别不同的酪氨酸磷酸化蛋白质。所以，为了获得鉴定更多的受 Genistein 调控的酪氨酸磷酸化蛋白质，我们同时采用 p-Tyr-100 和 4G10（1∶1）这两种抗体进行免疫沉淀分离纯化酪氨酸磷酸化蛋白质。

按照前文所述，以含有 $^{12}C_6$-Lysine 和 $^{13}C_6$-Lysine 的培养基分别培养 SGC-8901 胃癌细胞，均传代培养 8 代，使 $^{13}C_6$-Lysine 完全取代原来的 $^{12}C_6$-Lysine。在 DMSO 40μmol/L 条件下处理 $^{12}C_6$ 标记的 SGC-8901 细胞 48h；在 Genistein 40μmol/L 条件下处理 $^{13}C_6$ 标记的 SGC-8901 细胞 48h。分别提取细胞总蛋白质，两者蛋白质等量混合。然后采用 p-Tyr-100 和 4G10（1∶1）的抗泛酪氨酸磷酸化抗体进行免疫沉淀纯化出酪氨酸磷酸化蛋白质，进行 10% SDS-PAG 分离，考马斯亮蓝染色，切割成 22 个条带，进行胶内酶解，将酶解肽段分别进行 LC-MS/MS 分析。

首次鉴定了 Genistein 所调控的 181 个蛋白质和其上的 213 个酪氨酸磷酸化位点，其中绝大部分位点的酪氨酸磷酸化被 Genistein 所抑制，包括 9 个蛋白激酶、8 个受体、5 个蛋白磷酸酶和 8 个转录因子等。构建了 Genistein 抑制的酪氨酸磷酸化信号通路，发现这些酪氨酸磷酸化蛋白质分子主要涉及 Recptor-MAPK 或-PI3K/AKT 信号通路（图 8-12）。进一步首次证实 Genistein 可以抑制酪氨酸蛋白激酶 EGFR、PDGFR、胰岛素受体、Abl、Fgr、Itk、Fyn 和 Src 的活性。从而在国际上第一次系统地发现了天然酪氨酸激酶抑制剂 Genistein 所抑制的酪氨酸蛋白激酶。

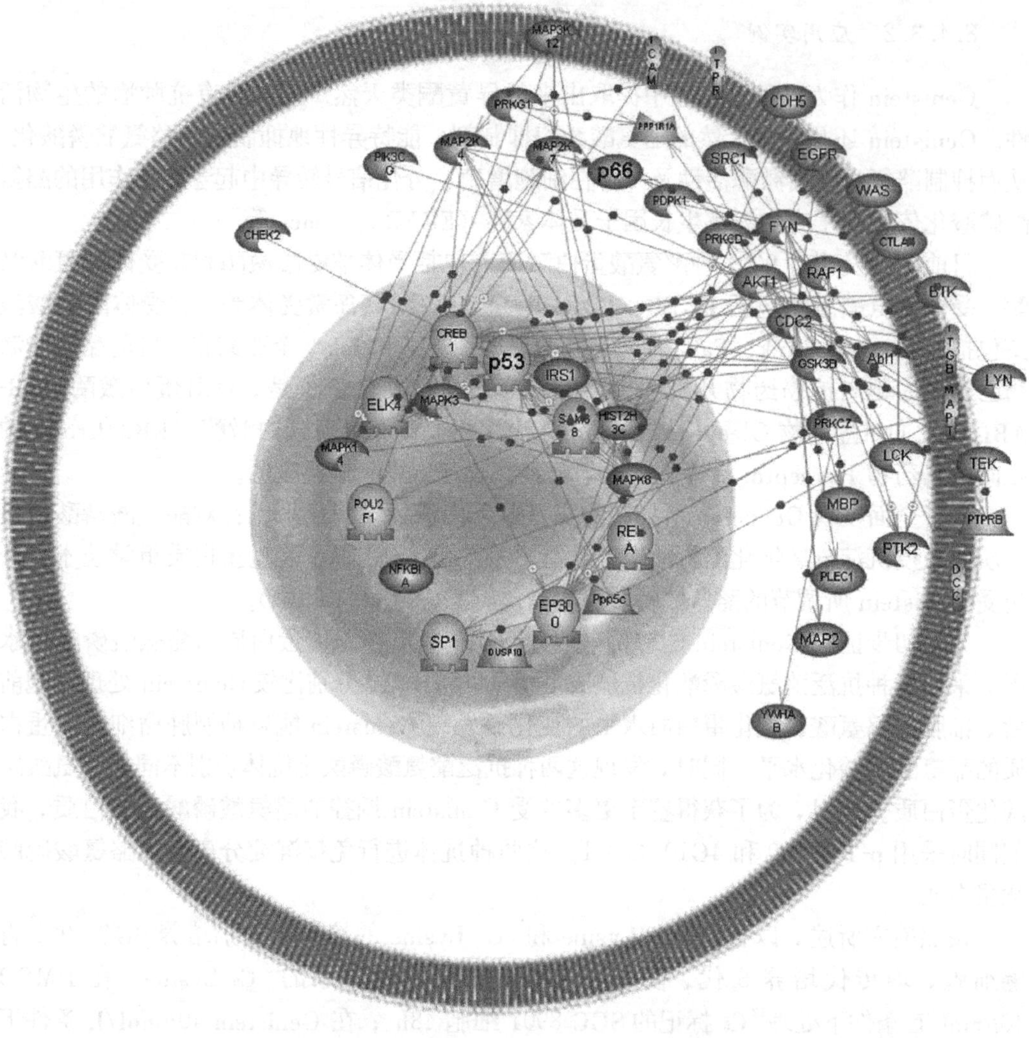

图 8-12　Pathway Studio 软件构建 Genistein 所调控的酪氨酸磷酸化信号转导通路网络

8.4.4　蛋白质组学在药物作用机理研究上的应用

8.4.4.1　理论与原理

药物作用机制研究是药物药效学研究的重要内容。药物的药理学和毒理学作用机制的阐明是药物进入临床应用前所必须解决的问题。西药往往均具有比较明确的作用机制和作用靶点。但对于我国传统的中药而言其具有多靶点、作用复杂的特点。将蛋白质组学高通量技术引入到药物的药理学分析和毒理学评价中，有利于我们全面、系统地理解天然产物（中药）多靶点的作用分子机理。可以采用蛋白质组学技术，比较细胞、组织在药物处理前后，细胞内蛋白质表达水平的变化以及翻译后修饰的改变，基于这些蛋白质变化，总结归纳出药物作用的信号通路途径和作用的分子机理。

8.4.4.2 应用实例

皂甙（saponin）是苷元为三萜或螺旋甾烷类化合物的一类糖苷。前期研究已经表明，皂甙具有免疫调节功能和抗肿瘤效应。薯蓣皂甙（Dioscin）是一种来自于湖北黄精中的皂甙，已经发现其可以导致多种肿瘤细胞凋亡，但对于其作用分子机理目前还不明确。通过MTT实验、流式细胞术分析和DNA条带实验，发现Dioscin能够诱导白血病细胞HL-60的凋亡。并且，前期相关研究发现Dioscin的类固醇和螺旋甾烷醇的F环（F-ring）结构在其抗肿瘤活性中扮演重要角色。而类固醇和螺旋甾烷醇F环结构易于与细胞膜相互作用。所以为了阐明Dioscin诱导白血病细胞凋亡的分子机理，首先分离纯化包含丰富膜蛋白的微粒体亚组分（cell microsomal fraction containing enriched plasma membrane protein）（Wang et al.，2007）。

采用细胞膜标记蛋白intergrin-1、胞浆标记蛋白FAK、细胞核标记组蛋白H1作为微粒体分离纯化的效果标记，通过蛋白质印迹分析证实获得了比较纯的细胞微粒体。在此基础上，分离8.6μmol/L Dioscin处理24h HL-60细胞的微粒体，以不经Dioscin处理的HL-60细胞的微粒体为对照，提取蛋白质进行2DE分离，硝酸银染色，共发现39个差异蛋白质点。经过MALDI-TOF-MS质谱分析，鉴定了39个差异蛋白质。基于相关文献报道，发现这些蛋白质主要是分子伴侣或蛋白质折叠调节蛋白质分子。

基于活性氧（ROS）可以激活信号通路去平衡蛋白质的折叠能力，推测Dioscin可能是通过产生ROS发挥抗癌功能。因此检测了Dioscin处理细胞前后细胞内ROS的变化，发现Dioscin可以提高细胞内的ROS水平。

ROS主要由线粒体和内质网两种途径产生。分析Dioscin处理细胞后，线粒体膜电位的变化，发现Dioscin时间依赖性地引起细胞线粒体膜电位衰减，导致细胞色素c的释放，从而介导胱天蛋白酶-9和胱天蛋白酶-3的激活导致细胞凋亡。然而，Dioscin对内质网蛋白ASK1、IRE1α和胱天蛋白酶-12的激活没有影响，这意味着Dioscin不是通过内质网途径产生ROS，而是通过线粒体途径。进一步分析发现Dioscin还通过导致线粒体功能异常而激活死亡受体通路途径介导细胞凋亡。上述结果阐明了Dioscin导致细胞凋亡的作用机理，阐明了其抗肿瘤的作用机理。

8.4.5 蛋白质组学在分析蛋白质—蛋白质相互作用上的应用

8.4.5.1 理论与原理

蛋白质作为生命活动的主要执行者，往往不是独立发挥其生物学作用，需要与其他蛋白质、核酸等生物大分子相互作用才能显示其生物学效应。蛋白质-蛋白质之间的相互作用存在于生物体每个细胞的生命活动过程中，这些蛋白质分子作为其中的一个功能亚单位，各成员之间相互作用构成一个大的蛋白质功能单元，一起协同完成某生物学功能，如参与细胞完整性维持、遗传物质复制、基因表达调控、信号转导、免疫应答等一系列生理活动，从而将这个蛋白质集合称为“蛋白质复合体”。

在细胞信号转导过程中，信息从细胞膜传递到细胞核内，信号分子（往往主要是蛋白质分子）之间的相互作用将信号逐级传递下去，这个过程包括信号衔接分子与膜受体的相互作用、衔接分子对蛋白激酶的募集、蛋白激酶与下游底物相互作用而介导其磷酸化、磷酸化的底物与其他蛋白质相互作用协调发挥生物学功能（如转录因子与其他转录因子及转录酶等构成转录复合体）。所以，在信号转导过程中，蛋白质相互作用构成的信号复合体为信号的逐级传递提供了物质基础。

蛋白质的相互作用主要包括三种状况。①多个亚基共同组成一个蛋白质，如转录因子 AP-1 是由 jun（c-jun 和 jun B 等）、fos、ATF 和 JDP 亚基相互组合形成同源或异源二聚体；②多成分的蛋白质复合亚细胞器，如核孔复合体、纺锤体；③瞬时性的蛋白质相互作用，如蛋白激酶、蛋白磷酸酶、糖基转移酶、乙酰基转移酶等蛋白酶对底物的化学修饰。这些相互作用参与了几乎整个生命活动过程，包括细胞周期、细胞凋亡、细胞增殖、细胞分化、细胞信号转导、炎症、免疫和代谢等。

当前用于分析蛋白质相互作用的方法包括免疫共沉淀、亲和纯化与串联亲和纯化、酵母双杂交、荧光共振能量转移（FRET）以及细胞共定位等。为了能够发现与某目标蛋白质相互作用的蛋白质分子，一般采用免疫共沉淀、亲和纯化与串联亲和纯化技术，先将目标蛋白质以及与其相互作用的蛋白质分子一起分离纯化出来，经过 SDS-PAGE、2DE 或 LC 分离，再用质谱技术进行鉴定。最后再采用前文提到的蛋白质相互作用研究策略进行验证。

8.4.5.2　应用实例

胰岛素调节的葡萄糖运输蛋白（insulin-regulated glucose transporter，GLUT4）在胰岛素刺激下，移位到细胞膜处参与脂肪细胞和肌细胞葡萄糖的摄入。前期研究表明，细胞 actin 骨架和蛋白质-蛋白质相互作用在胰岛素刺激的 GLUT4 细胞膜定位中扮演重要角色。

为了发现在胰岛素刺激条件下，与 GLUT4 相互作用而介导其细胞膜定位的蛋白质分子（Foster et al.，2006），首先通过将 GLUT4 构建入亲和标签 myc 中产生表达载体 GLUT4myc，转 L6 成肌细胞，建立 GLUT4myc 稳定表达的 L6 肌管细胞。采用 SILAC 定量标记中的 LeuD0（正常氢同位素标记的亮氨酸）标记无胰岛素处理的 GLUT4myc 稳定表达的 L6 肌管细胞，LeuD3（重氢同位素标记的亮氨酸）标记胰岛素处理的 GLUT4myc 稳定表达的 L6 肌管细胞。分别提取这两种标记细胞的总蛋白质，等量混合，用针对 myc 的抗体进行免疫沉淀，发现沉淀复合物中含有非常高的肌球蛋白（myosin），掩盖了其他与 GLUT4 相互作用的低丰度蛋白质。

由于 GLUT4 定位于细胞膜上，首先分离这两种细胞的细胞膜亚组分，分别提取它们的膜蛋白，等量混合，再用针对 myc 的抗体进行免疫沉淀，经过 SDS-PAGE 分离，染色，切蛋白质条带，分别进行胶内酶解，将蛋白质酶解肽段进行 LC-MS/MS 分析与蛋白质鉴定及定量分析（图 8-13）。结果发现共 603 种蛋白质能够定量，绝大多数蛋白质的定量差异不明显，只有 36 种蛋白质的定量差异在胰岛素刺激下为 1.5 倍以上，说明这 36 种蛋白质在胰岛素作用下与 GLUT4 的相互作用强度发生了变化。

经过系统分析发现，在这些蛋白质中，在胰岛素的作用下，一些泛素化酶体组分或

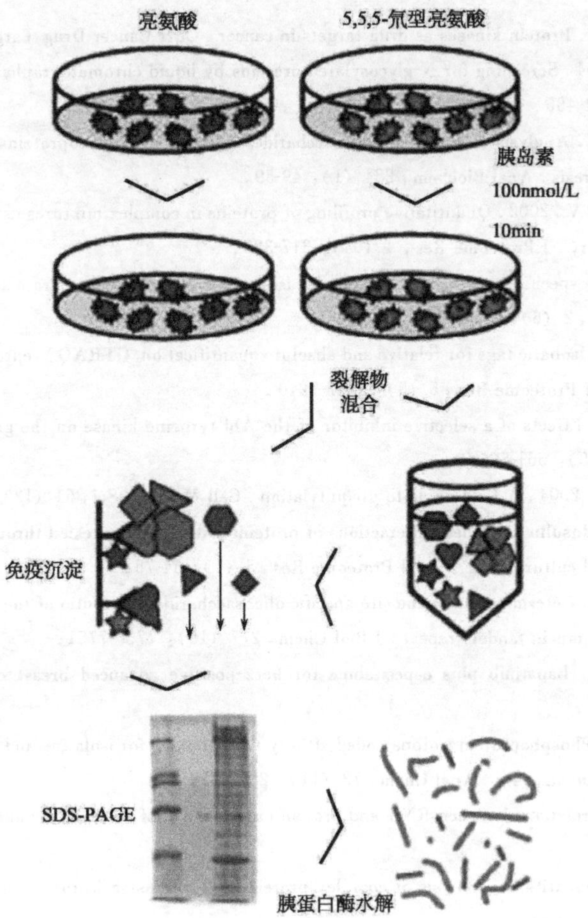

图 8-13　亲和纯化技术结合 SILAC 定量蛋白质组学技术鉴定在胰岛素刺激下与 GLUT4 相互作用的蛋白质分子的技术流程（Foster et al.，2006）

蛋白酶与 GLUT4 的相互作用减弱，而一些与蛋白质合成和蛋白质折叠有关的蛋白质则与 GLUT4 的相互作用增强。

为了验证 SILAC 定量蛋白质组学鉴定的与 GLUT4 相互作用的蛋白质分子的可靠性，采用免疫沉淀结合蛋白质印迹和免疫组织化学等方法证实了 GLUT4 与 GAPDH 的相互作用。同时也采用蛋白质印迹和免疫荧光共定位分析证实了 GLUT4 与细胞骨架蛋白 α-肌动蛋白-4 的相互作用。上述例子表明，SILAC 等定量蛋白质组学高通量技术可以用来发现新的蛋白质-蛋白质相互作用的蛋白质分子。

参 考 文 献

Alban A，et al. 2003. A novel experimental design for comparative two-dimensional gel analysis：two-dimensional difference gel electrophoresis incorporating a pooled internal standard. Proteomics，3：36-44.

Andersen J S，et al. 2009. Identification of SUMO target proteins by quantitative proteomics. Methods Mol Biol，

497: 19-31.

Arslan M A, et al. 2006. Protein kinases as drug targets in cancer. Curr Cancer Drug Targets, 6 (7): 623-634.

Bunkenborg J, et al. 2004. Screening for N-glycosylated proteins by liquid chromatography mass spectrometry. Proteomics, 4 (2): 454-465.

Charlwood J, et al. 2000. Analysis of N-linked oligosaccharides released from glycoproteins separated by two-dimensional gel electrophoresis. Anal Biochem, 284 (1): 49-59.

Chelius D, Bondarenko P V. 2002. Quantitative profiling of proteins in complex mixtures using liquid chromatography and mass spectrometry. J Proteome Res, 1 (04): 317-323.

Chen X, et al. 2000. Site-specific mass tagging with stable isotopes in proteins for accurate and efficient protein identification. Anal Chem, 2 (6): 1134-1143.

Chong P K, et al. 2006. Isobaric tags for relative and absolute quantification (iTRAQ) reproductibility: implication of multiple injections. J Proteome Res, 5 (5): 1232-1240.

Druker B J, et al. 1996. Effects of a selective inhibitor of the Abl tyrosine kinase on the growth of Bcr-Abl positive cells. Nat Med, 2 (5): 561-566.

Fang S, Weissman A M. 2004. A field guide to ubiquitylation. Cell Mol Life Sci, 61 (13): 1546-1561.

Foster L J, et al. 2006. Insulin-dependent interactions of proteins with Glut4 revealed through stable isotope labeling by amino acids in cell culture (SILAC). J Proteome Res, 5 (1): 64-75.

Gerken T A, et al. 2002. Determination of the site-specific oligosaccharide distributio of the O-glycans attached to the porcine submaxillary mucin tandem repeat. J Biol Chem, 277 (10): 7736-7751.

Geyer C E, et al. 2006. Lapatinib plus capecitabine for her2-positive advanced breast cancer. N Engl J Med, 355 (26):2733-2743.

Goshe M B et al. 2001. Phosphoprotein isotope-coded affinity tag approach for isolating and quantitating phosphopeptides in proteome-wide analyses. Anal Chem, 73 (11): 2578-2586.

Gry M, et al. 2009. Correlations between RNA and protein expression profiles in 23 human cell lines. BMC Genomics, 10: 365.

Gygi S P, et al. 1999. Quantitative analysis of complex protein mixtures using isotope-coded affinity tags. Nat Biotechnol, 17 (10): 994-999.

Hansen K C, et al. 2003. Mass spectrometric analysis of protein mixtures at low levels using cleavable C^{13}-isotope-coded affinity tag and multidimensional chromatography. Mol Cell Proteomics, 2 (5): 299-314.

Helenius A, Aebi M. 2001. Intracellular functions of N-linked glycans. Science, 291 (5512): 2364-2369.

Hershko A, Ciechanover A. 1998. The ubiquitin system. Annu Rev Biochem, 67: 425-479.

Hirabayashi J, et al. 2001. Glycome project: concept, strategy and preliminary application to Caenorhabditis elegans. Proteomics, 1 (2): 295-303.

Kaji H, et al. 2003. Lectin affinity capture, isotope-coded tagging and mass spectrometry to identify N-linked glycoproteins. Nat Biotechnol, 21 (6): 667-672.

Lane C S, et al. 2007. Comparative cytochrome P450 proteomics in the livers of immunodeficient mice using O^{18} stable isotope labeling. Mol Cell Proteomics, (6): 953-962.

Larsen M R, et al. 2005. Highly selective enrichment of phosphorylated peptides from peptide mixtures using titanium dioxide microcolumns. Mol Cell Proteomics, 4 (7): 873-886.

Liang X, et al. 2007. Quantitative comparison of IMAC and TiO_2 surfaces used in the study of regulated, dynamic protein phosphorylation. J Am Soc Mass Spectrom, 18 (11): 1932-1944.

Lilley K S, Dupree P. 2006. Methods of quantitative proteomics and their application to plant organelle characterization. J Exp Bot, 57 (7): 1493-1499.

Liu H, et al. 2004. A model for random sampling and estimation of relative protein abundance in shotgun proteomics. Anal Chem, 76 (14): 4193-4201.

Liu Y, et al. 2008. Comparative studies of early liver dysfunction in senescence-accelerated mouse using mitochondrial proteomics approaches. Mol Cell Proteomics, 7 (9): 1737-1747.

Lou X, et al. 2007. Cathepsin D is secreted from M-BE cells: its potential role as a biomarker of lung cancer. J Proteome Res, 6 (3): 1083-1092.

Lu Y, et al. 2004. Absolute quantification of specific proteins in complex mixtures using visible isotope-coded affinity tags. Anal Chem, 76 (14): 4104-4111.

Luo W, et al. 2008. Epstein-Barr virus latent membrane protein 1 mediates serine 25 phosphorylation and nuclear entry of annexin A2 via PI-PLC-PKCalpha/ PKCbeta pathway. Mol Carcinog, 47 (12): 934-946.

Manning G, et al. 2002. The protein kinase complement of the human genome. Science, 298 (5600): 1912-1934.

McLachlin D T, Chait B T. 2003. Improved β-elimination-based affinity purification strategy for enrichment of phosphopeptides. Anal Chem, 75 (24): 6826-6836.

Oda Y, et al. 1999. Accurate quantitation of protein expression and site-specific phosphorylation. Proc Natl Acad Sci USA, 6 (12): 6591-6596.

O'Farrell P Z, et al. 1977. High resolution two-dimensional electrophoresis of basic as well as acidic proteins. Cell, 12 (4):1133-1141.

Olsen J V, et al. 2006. Global, in vivo, and site-specific phosphorylation dynamics in signaling networks. Cell, 127 (3):635-648.

Ong S E, et al. 2002. Stable isotope labeling by amino acids in cell culture, SILAC, as a simple and accurate approach to expression proteomics. Mol Cell Proteomics, 1 (5): 376-386.

Pang J, et al. 2010. Profiling protein markers associated with lymph node metastasis in prostate cancer by DIGE-based proteomics analysis. J Proteome Res, 9 (1): 216-226.

Peng J. et al. 2003. A proteomics approach to understanding protein ubiquitination. Nat Biotechnol, 21 (8): 921-926.

Roberts P J, Der C J. 2007. Targeting the Raf-MEK-ERK mitogen-activated protein kinase cascade for the treatment of cancer. Oncogene, 26 (22): 3291-3310.

Ross P L, et al. 2004. Multiplexed protein quantitation in Saccharomyces cerevisiae using amine-reactive isobaric tagging reagents. Mol Cell Proteomics, 3 (12): 1154-1169.

Roth J. 2002. Protein N-Glycosylation along the secretory pathway: relationship to organelle topography and function, protein quality control, and cell interactions. Chem Rev, 102 (2): 285-303.

Schwartz D C, Hochstrasser M. 2003. A superfamily of protein tags: ubiquitin, SUMO and related modifiers. Trends Biochem Sci, 28 (6): 321-328.

Sickmann A, Meyer H E. 2001. Phosphoamino acid analysis. Proteomics, 1 (2): 200-206.

Smithies O, Poulik M D. 1956. Comparison and combination of the starch-gel and filter-paper electrophoretic methods applied to human sera: two-dimensional electrophoresis. Nature, 68 (4): 636-643.

Tonge R, et al. 2001. Validation and development of fluorescence two-dimensional differential gel electrophoresis proteomics technology. Proteomics, 1 (3): 377-396.

Van den Steen P, et al. 1998. Concepts and principles of O-linked glycosylation. Crit Rev Biochem Mol Biol, 33 (3): 151-208.

Vertegaal A C, et al. 2004. A proteomic study of SUMO-2 target proteins. J Biol Chem, 279 (32): 33791-33798.

Wang Y, et al. 2007. Dioscin (saponin)-induced generation of reactive oxygen species through mitochondria dysfunction: a proteomic-based study. J Proteome Res, 6 (12): 4703-4710.

Washburn M P, et al. 2001. Large-scale analysis of the yeast proteome by multidimensional protein identification technology. Nat Biotechnol, 19 (3): 242-247.

Wu C C, MacCoss M J. 2002. Shotgun proteomics: tools for the analysis of complex biological systems. Curr Opin Mol Ther, 4 (3): 242-250.

Wu W W, et al. 2006. Comparative study of three proteomic quantitative methods, DIGE, cICAT, and iTRAQ, using 2D gel-or LC-MALDI TOF/TOF. J Proteome Res, 5 (3): 651-658.

Xue H, et al. 2010. Identification of serum biomarkers for colorectal cancer metastasis using a differential secretome approach. J Proteome Res, 9 (1): 545-555.

Yan G R, et al. 2010. Global phosphoproteomic effects of natural tyrosine kinase inhibitor, genistein, on signaling pathways. Proteomics, 10 (5): 976-986.

Yan G R, et al. 2011a. Global identification of miR-373-regulated genes in breast cancer by quantitative proteomics. Proteomics, 11 (5): 912-920.

Yan G R, et al. 2011b. Characterization of phosphoproteins in gastric cancer secretome. OMICS, 15 (1-2): 83-90.

Yan G R, He Q Y. 2008. Functional proteomics to identify critical proteins in signal transduction pathways. Amino Acids, 35 (2): 267-274.

Yan G, et al. 2007. Epstein-Barr virus latent membrane protein 1 mediates phosphorylation and nuclear translocation of annexin A2 by activating PKC pathway. Cell Signal, 19 (2): 341-348.

Yan G, et al. 2006. Identification of novel phosphoprotein in signaling pathways stiggered by latent membrane protein 1 using functional proteomics technology. Proteomics, 6 (6): 1810-1821.

Yao X, et al. 2001. P Proteolytic O^{18}labeling for comparative proteomics: model studies with two serotypes of adenovirus. Anal Chem, 73 (13): 2836-2842.

Yeh E T, et al. 2000. Ubiquitin-like proteins: new wines in new bottles. Gene, 248 (1-2): 1-14.

Zhang Y, et al. 2005. Time-resolved mass spectrometry of tyrosine phosphorylation sites in the epidermal growth factor receptor signaling network reveals dynamic modules. Mol Cell Proteomics., 4 (9): 1240-1250.

Zheng Y, et al. 2009. Combination of β-elimination and liquid chromatography/quadrupole time-of-fight mass spectrometry for the determination of O-glycosylation sites. Talanta, 78 (2): 358-363.

Zhou G, et al. 2002a. 2D Differential in-gel electrophoresis for the identification of esophageal scans cell cancer-specific protein markers. Mol Cell Proteomics, 1 (2): 117-124.

Zhou H, et al. 2002b. Quantitative proteome analysis by solid-phase isotope tagging and mass spectrometry. Nat Biotechnol, 20 (5): 512-515.

Zhu W, et al. 2010. Mass spectrometry-based label-free quantitative proteomics. J Biomed Biotechnol, 2010: 840518.

Zybailov B, et al. 2005. Correlation of relative abundance ratios derived from peptide ion chromatograms and spectrum counting for quantitative proteomic analysis using stable isotope labeling. Anal Chem, 77 (19): 6218-6224.

第9章 生物信息学一

生物信息学在功能蛋白质研究中有着重要地位。当研究者对蛋白质功能完全不知的情况下，可以通过生物信息学蛋白质序列分析，预测其功能区域所在的亚细胞位置和功能。如果有与此蛋白质高度相似的蛋白质信息，可以通过结构预测得出其可靠的结构信息。总之，对于单个蛋白质的研究，生物信息学工具可以渗透到其研究的各个领域，给研究者以启迪。

目前蛋白质组学飞速发展，蛋白质组研究产生的数据十分庞大，尤其是生物质谱。大量的数据必须要有高度自动化的软件支持其分析。怎样从如此多的数据中找到有用的生物学信息成为一个重大难题，此难题的解决需要依靠生物信息学。现在生物信息学已经针对生物质谱数据处理、2DE 分析、差异蛋白质的鉴定、数据可视化显示及数据的后续分析等各个方面有了较为完善的理论和自动化软件。其中生物质谱数据处理在蛋白质组学生物信息学中有重要的地位，它包括生物质谱鉴定、蛋白质标记定量和非标定量。鉴定到的差异蛋白，如何挖掘其生物学意义？是目前组学数据处理的关键问题，这涉及目前正在发展的系统生物学分析，其中包括 GO 分析、KEGG 和蛋白质相互作用网络的通路分析。本章将介绍与蛋白质和蛋白质组学相关的生物信息学理论和相关应用。

9.1 蛋白质序列分析

蛋白质一级序列由氨基酸残基组成，其特定的组成和排列顺序包含着很多特定的生物学知识。相似序列的蛋白质具有相似的结构和功能（图 9-1），通过相似序列的数据库比对可以找到相似度比较高的蛋白质，从而知道其蛋白质的功能（图 9-1）。蛋白质序列中含有信号肽信息，这些小的信号序列模体（motif）可以预测蛋白质亚细胞定位。蛋白质在长期的进化过程中，一些氨基酸位点具有高度的保守性且发挥着特定的生物学功能，通过查找蛋白质的保守位点信息，可能为蛋白质功能提供线索。通过蛋白质序列跨膜区域预测，可以推测其是否具有膜受体蛋白或膜离子通道蛋白的功能。

9.1.1 蛋白质的物化性质分析及在线工具

知道蛋白质序列后，可以对其物化性质进行计算分析。蛋白质基本的物化信息有：分子质量、等电点、氨基酸组成、亲（疏）水性和原子组成等。理论上计算这些信息主要用数学统计和各氨基酸的物化性质。目前已有很多软件对这些基本物化信息进行计算。其主要工具可以在 expasy 站点获得（Gasteiger et al.，2003）。

ProtParam：计算蛋白质序列的物理化学参数，如氨基酸和原子组成、等电点、消光系数等参数。

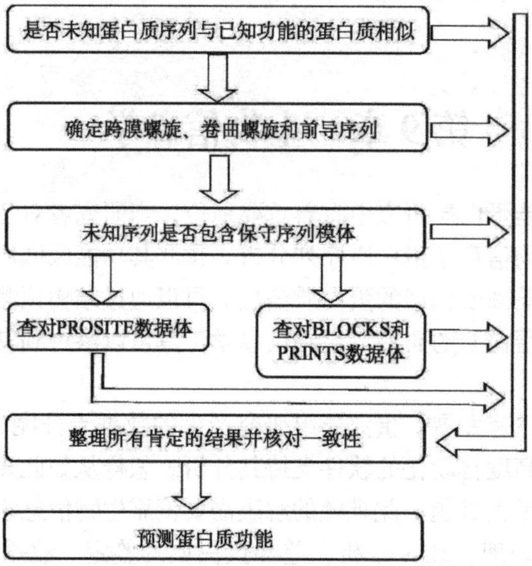

图 9-1　一级序列预测功能的流程

AACompIdent：计算蛋白质的氨基酸组成。

TagIdent：计算蛋白质序列等电点（pI）、分子质量（MW）和序列标签，或者给定蛋白质的等电点和分子质量，程序生成的接近给定条件的蛋白质序列列表。

Compute pI/MW：根据 UniProt 数据库号和用户给定蛋白质，计算它的理论等电点（pI）和分子质量（MW）。

9.1.2　序列相似性比对

序列相似性比对通过一些比对算法对两个或多个氨基酸或核苷酸序列对齐程度进行比较，逐列比较序列之间的异同，判断它们之间的相似程度和同源性，从而推测它们在结构、功能及进化上的联系。序列相似性比对不仅是一级序列比对，而且可以在序列比对的结果基础上进行二级结构相似比对，可以为蛋白质的结构和功能预测、新药物设计等提供生物参考信息。序列比对通常分为两两序列比对和多重序列比对。

序列比对常涉及相似性打分矩阵和空位罚分规则。两条序列比对结果，通常需要采用一种特定的记分策略，即最高得分具有最好的匹配结果。相似性矩阵是对各氨基酸或核苷酸进化上的相互替换保守型性的一种衡量，氨基酸越保守，其得分越高。例如，半胱氨酸之间的匹配（C-C）应该比丝氨酸之间的匹配（S-S）得分更高，其原因是半胱氨酸是相对较为稀少的氨基酸，而且能够形成二硫键。氨基酸常用的相似性打分矩阵比较简单（图 9-2）。蛋白质主要用的矩阵是 PAM250 和 BLOSUM62，其中 BLOSUM62 考虑到远程进化的序列替代，其详情可参考相关文献。序列比对中需要引入空位使序列达到最佳匹配，空位通常意味着两序列残基之间有插入和删除。

	A	C	G	T
A	0.9	-0.1	-0.1	-0.1
C	-0.1	0.9	-0.1	-0.1
G	-0.1	-0.1	0.9	-0.1
T	-0.1	-0.1	-0.1	0.9

图 9-2　相似性打分矩阵

但是，如果不对引入空位加以限制，可致其匹配结果没有生物学意义，所以采用空位罚分的机制对空位的引入加以限制（孙力，2005）。

9.1.2.1　两两序列比对原理

两两序列比对是序列比对的基础。最著名的比对算法是 Needleman-Wunsch 算法，它是专门为寻求最佳序列比对而设计的高效算法，基于动态规划思想的全局序列比对的基本算法，以其精确性在生物序列分析中得到广泛应用。这种算法适用于全局水平上相似性程度较高的两个序列。该算法把一个问题划分成若干子问题，并通过解决子问题来得到最终比对结果。动态规划比对算法的比对过程可用一个以 n 个长度的序列 S 为列，m 个长度的 T 为行的（m+1）×（n+1）的二维矩阵来表示。矩阵中每个单元的代价值由式（9-1）递归计算，Max 表示取最大值（李茂亿，2009；Needleman and Wunsch，1970）。

Needleman-Wunsch 算法。

算法用到以下记分函数：

$f(x, x) = f(y, y) = 1$，即序列相同为 1。

$f(x, -) = f(y, -) = f(x, y) = -1$，即错配，插入空序列记分为 -1。

矩阵中每个单元的代价值是矩阵左，上和作斜角对角单元的代价值由式（9-1）递归计算，Max 表示取最大值。

$$\mathrm{Max}\begin{cases} M_{ij-1} + \mathrm{f}(-, \mathrm{T}_j) \\ M_{i-1,j-1} + \mathrm{f}(\mathrm{S}_i, \mathrm{T}_j) \\ M_{i-1,j} + \mathrm{f}(\mathrm{S}_i, -) \end{cases} \tag{9-1}$$

以序列 S=“CAGCTG”和 T=“CTAGCTA”为例，这两条序列的二维矩阵如表 9-1 所示，加粗为最佳寻优路径。

表 9-1　序列比对的得分矩阵及寻优路径

		C	T	A	G	C	T	A
	0	−1	−2	−3	−4	−5	−6	−7
C	−1	**1**	**0**	−1	−2	1	0	−1
A	−2	0	**0**	**1**	0	0	0	−1
G	−3	−1	−1	0	**2**	1	0	0
C	−4	0	−1	−1	−1	**3**	2	1
T	−5	−1	1	0	−1	2	**4**	3
G	−6	−2	0	0	1	0	3	**3**

计算完矩阵后，从矩阵的右下单元到左上单元回溯最佳路径。根据最佳路径给出两序列的比对结果。其中加粗表示两个残基匹配，水平移动方向表示在序列 S 的相应位置插入一个空位，垂直方向移动表示在序列 T 的相应位置插入一个空位。由表 9-1 可得出，序列 S 和 T 的两个最佳比对结果分别为：

路径一：S：C － A G C T G

　　　　　0 1 0 1 2 3 4 3

T：CT AGCTA
路径二：S：CA －GCTG
0 10 12343
T：CT AGCTA

9.1.2.2 多重序列比对原理

多重序列比对的基本思想是将两两序列比对扩展，主要是将二维的动态规划矩阵扩展到多维，多序列比对的得分是 n 个序列中两两进行比对所得得分之和。矩阵的维数是多重序列比对的序列数。但是此方法有很大的缺陷：这种算法所消耗的计算机资源与序列的长度和序列条数呈指数关系，对计算机的要求很高。目前渐进比对算法是最常用的多序列比对方法，其计算速度和占用资源较少。基于此算法开发了 clustal 软件，其应用范围十分广泛（Larkin et al.，2007）。

渐进比对算法的基本思想是重复利用两序列动态规划比对算法，先由两个序列的比对开始，根据进化关系逐渐添加新序列，直到所有序列都加入为止。整个序列的比对从最相似的两个序列开始，由近至远逐步完成。全局多序列比对的渐进比对算法有个基本假设：所有要比对的序列是同源的。由于同源序列是进化相关的，因此可以按照序列的进化顺序，即沿着系统发育树（指导树）的分支，由近至远将序列或已比对序列按双序列比对算法逐步进行比对，重复这一过程直到所有序列都已添加到这个比对中为止（仝磊光，2010；李茂亿，2009；孙力，2005）。其算法主要有三个步骤。

（1）两两序列比对算法对所有的序列进行两两比对，得到相似性分值。

（2）利用相似性矩阵（或距离矩阵）产生辅助导向树。

（3）根据导向树进行渐进比对。具体算法是：先选择最接近的一个两两比对，接着在此基础上加入下一个最近序列形成三重比对或加入下一个最近的两两比对。重复此过程直到比对完所有序列。

9.1.2.3 序列比对常用工具

目前最常用的序列比对软件是 NCBI 开发的 BLAST 工具。BLAST 用特别的数据库和特定的输入序列来完成不同类型的搜索。主要有以下几个程序。

（1） BLASTN 核酸序列之间的比对。

（2） BLASTP 蛋白质序列之间的比对。

（3） PSI-BLAST 通过寻找蛋白质家族中的保守序列进行比对。

（4） BLASTX、TBLASTX、TBLASTN。核苷酸翻译成蛋白质序列后进行序列比对。

（5） RPS-BLAST 功能域查找。

BLAST 主要用于数据库的相似性比对和查找。序列比对通常有两两序列比对和多重序列比对。两两序列比对工具有 WU－BLAST、SIM＋LALNVIEW、Dolet 和 LALIGN。多重序列比对工具有 CLUSTAW、ALIGN、MSA 和 DIALIGN。

9.1.3 蛋白质序列功能域分析

蛋白质实际上发挥作用的是蛋白质功能域（domain）。蛋白质功能域通常是那些在进化上具有高度保守序列或残基模式（pattern）。蛋白质序列不同部分的进化速率可能不同，蛋白质必须保持一定的残基模式以保持蛋白质的功能，通过查找蛋白质的保守区域，可以为蛋白质功能提供线索。目前主要通过查找未知蛋白质中是否包含与特定蛋白质家族或功能域有关的亚序列或保守区域来预测蛋白质的功能。序列模体的查找主要有3种方法。①查找匹配的一致序列或序列模体。此方法的优点是快捷，缺点是有时不灵敏，因为只有与一致序列或序列模体完全匹配才被列出，而近乎匹配的都将被忽略。②精细的序列分布型方法。原则上，分布型搜索的是保守序列（不只是一致序列），这样可以更灵敏地找出那些相关性较远的序列。蛋白质模体、结构域等特征数据库成为序列功能域分析或分类的数据基础和工具。③利用功能域挖掘工具（如 MEME），在训练序列集合中寻找共同的且尚未人知的序列模体。

现在有很多蛋白质功能域分析的在线工具和数据库。

（1）PROSITE：是蛋白质家族和结构域数据库（Hulo et al.，2006；Gattiker et al.，2002；Bairoch，1993），包含具有生物学意义的位点、模式，可帮助识别蛋白质家族的统计特征，并能根据这些位点和模式快速及可靠地鉴别蛋白质序列应该属于哪一个蛋白质家族。PROSITE 的序列模式包括酶的催化位点、配体结合位点、与金属离子结合的残基、二硫键的半胱氨酸、与小分子或其他蛋白质结合的区域等；PROSITE 还包括由多序列比对构建的序列统计特征，能更敏感地发现序列具有相似的序列特征。

（2）PRINTS-S：蛋白质模体指纹数据库（Attwood et al.，2000），提供蛋白质同源性分析、蛋白质模体指纹分析、系统发生和序列进化分析及微阵列分析，并提供生物信息学和 PRINTS 数据库数据下载。

（3）BLOCKS：基于蛋白质序列模块的数据库，采用多序列比对的方法记录序列的高度保守区（Henikoff and Henikoff，1992）。

（4）Pfam：基于隐马尔可夫模型的蛋白质家族分类数据库（Bateman et al.，2002）。

（5）InterPro：蛋白质功能域数据库（Mulder et al.，2003），它是一个整合性的数据库，包含蛋白质功能域信息的多个数据库，即 Gene3D、PANTHER、Pfam、PIRSF、PRINTS、ProDom、PROSITE、SMART、SUPERFAMILY 和 TIGRFAMs 等（表 9-2）。并分别采用不同的方法来识别功能域。

表 9-2　InterPro 整合数据库信息

数据库来源	版本号	原信息条数	整合入库信息条数
PANTHER	6.1	30 128	2 234
Pfam	24.0	11 912	11 056
PIRSF	2.71	3 219	2 744
PRINTS	40.0	2 000	1 975
ProDom	2006.1	1 894	991
PROSITE patterns	20.52	1 308	1 292
PROSITE profiles	20.52	860	836
SMART	6.0	809	803
TIGRFAMs	9.0	3 808	3 689
GENE3D	3.0.0	2 147	1 023

续表

数据库来源	版本号	原信息条数	整合入库信息条数
SUPERFAMILY	1.69	1 538	1 095
HAMAP	280509	1 633	620
PfamB	24.0	142 303	0

InterProScan 是数据库的搜索工具（http：//www.ebi.ac.uk/Tools /InterProScan/）(Zdobnov and Apweiler，2001)，给定任何蛋白质序列，就可以从 InterPro 数据库搜索该蛋白质的蛋白质功能域信息。如果 InterPro 不包含该蛋白质，则它会利用 BLAST 搜索与目标蛋白序列相似的蛋白质，给出对应的功能域信息。此外，一些序列模序识别工具(如 MEME/MAST)可以从头发现新的功能域，可以有两种提交方式：文本输入 fasta 格式的序列和文件上传。同时也可以通过在线网页和 email 的方式获得输出结果（图 9-3)。

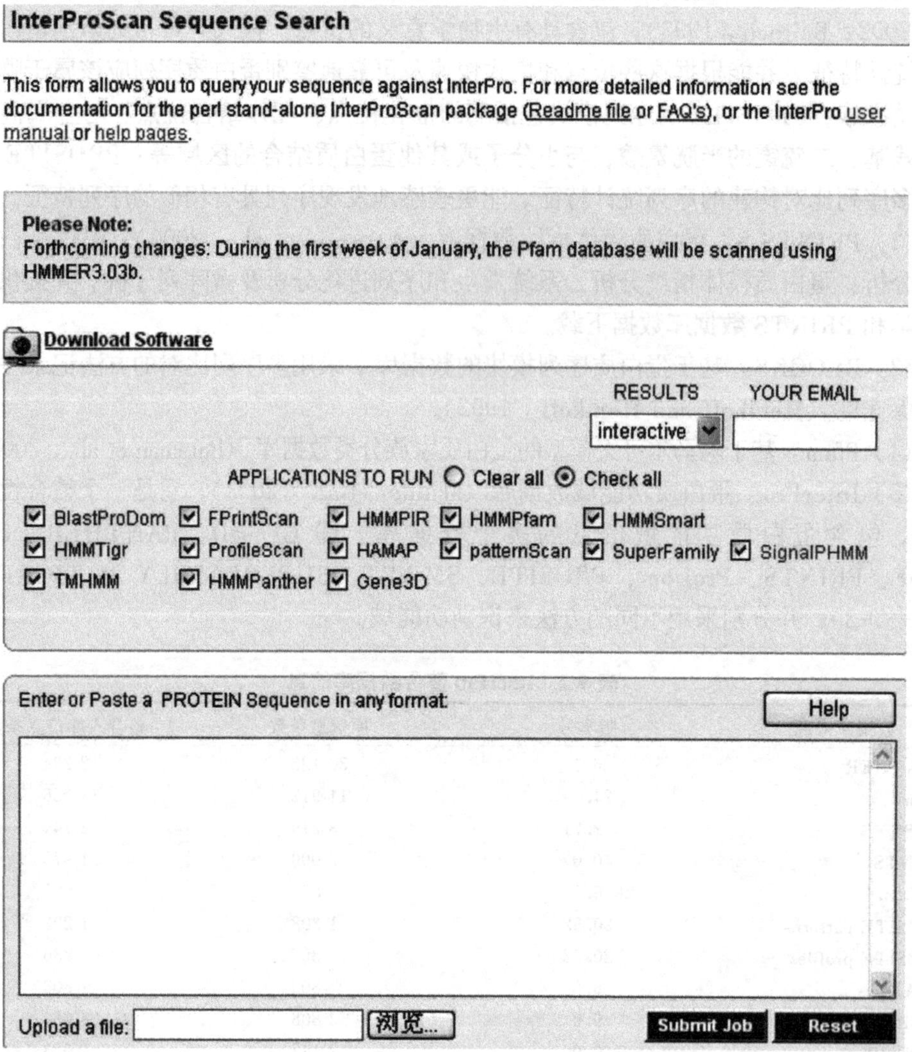

图 9-3　InterProScan 的提交界面

输出结果有 3 种方式，其中 table 和 raw 方式比较清楚。如图 9-4 是 table 形式的输出，注意 InterPro 结果中 IPR001806 条的 1.3×10^{-43}［4-25］T，分别代表着相似得分 1.3×10^{-43}、功能域的开始和［4-25］结束，T 代表 true。RAS GTPase 是条目的描述。GO term 是功能注释信息(图 9-4)。

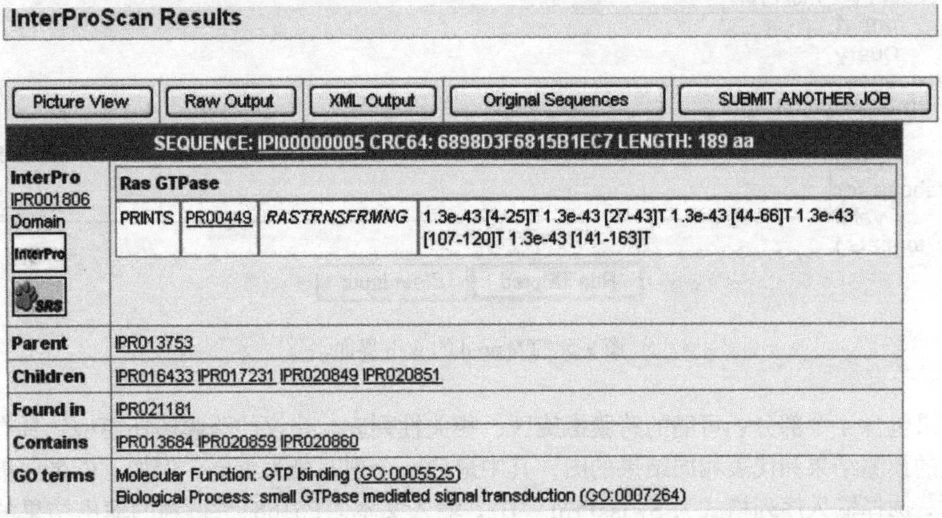

图 9-4　InterProScan 的输出结果

9.1.4　跨膜区与卷曲螺旋预测

9.1.4.1　跨膜区域预测

含有跨膜区域的蛋白质可能作为膜的受体和膜的离子通道蛋白。蛋白质序列中跨越细胞膜的区域通常为 α 螺旋结构，20～25 个氨基酸残基。跨膜区域的预测涉及对跨膜蛋白跨膜区域的识别，这就需要鉴定序列中可以折叠成螺旋并存在于膜的疏水环境中的区域。跨膜序列一般具有一些明显的特征，目前有很多预测跨膜区域的方法，早期的算法程序会直接分析这些特征，并通过分析序列的 17～25 个氨基酸的窗口，对每个窗口产生的疏水性得分，得分高的即被预测为跨膜螺旋。现在一些经过改进的更精确的算法，不仅提高预测准确性到 90% 以上，而且可以预测跨膜螺旋的一些其他特征，如在膜上的方向。这些都依赖于一系列对已知跨膜螺旋的特征研究的成果。在线网络工具 TMpred 是应用较为广泛的分析程序（图 9-5）(Gomez et al.，2000)，它主要预测蛋白质的跨膜区段和在膜上的取向，根据来自 SWISS-PROT 的跨膜蛋白数据库 Tmbase (Hofmann and Stoffel，1993)，利用跨膜结构区段的数量、位置及侧翼信息，通过加权打分进行预测蛋白质跨膜区域。

TMpred 提交十分简单，其主要是：①输出格式 html 或 ascii 方式，设定预测时采用的跨膜螺旋疏水区的最小长度和最大长度；②提交任务的命名；③输入序列格式；④根据选择的输入序列格式，输入查询的单字符序列文本框或输入相应的 ID 号。其输

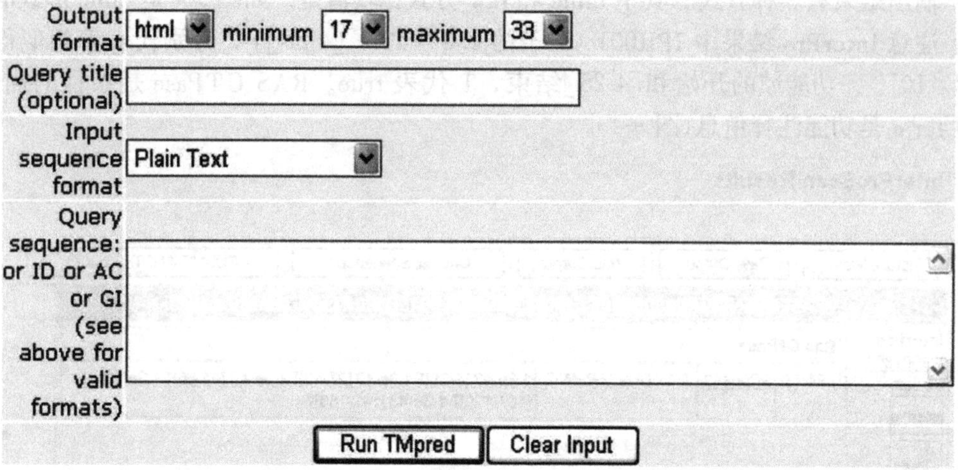

图 9-5　TMpred 的 web 界面

出结果包含 4 个部分：可能的跨膜螺旋区、相关性列表、建议的跨膜拓扑模型、具有显著性的预测结果和代表相同结果的图。其中最后一个列表最为重要。例如，G 蛋白耦联受体，选择输入序列格式为 SwissProt _ ID，输入文本：P51684。得到的输出结果的第 4 部分结果如表 9-3 所示 .

表 9-3　TMpred 的输出结果第 4 部分

```
2 possible models considered, only significant TM-segments used

-----> STRONGLY prefered model: N-terminus outside
7 strong transmembrane helices, total score: 14211
# from   to length score orientation
1  55    74 (20)    2707 o-i
2  83   104 (22)    1914 i-o
3 120   141 (22)    1451 o-i
4 166   184 (19)    2170 i-o
5 212   235 (24)    2530 o-i
6 255   276 (22)    2140 i-o
7 299   319 (21)    1299 o-i

------> alternative model
7 strong transmembrane helices, total score: 12004
# from   to length score orientation
1  47    69 (23)    2494 i-o
2  84   104 (21)    1470 o-i
3 123   141 (19)    1352 i-o
4 166   185 (20)    1934 o-i
5 219   236 (18)    2453 i-o
6 252   274 (23)    1386 o-i
7 300   319 (20)     915 i-o
```

每种预测的区域都指出区段起始（from）和终止位点（to）及其相对膜的取向（i-o 表示由内到外，o-i 表示由外到内）。结果有两组预测结果，第二组是第一组的替代模式。算法恰当地指出这些模型基于假设全部跨膜区在预测中都被找到。在 Swiss _ Prot 中，这个序列条目中注明了 7 个跨膜区段（43～69、79～99、115～136、155～175、206～233、250～274 及 299～316），Tmpred 的结果比较符合这些位置。

9.1.4.2　卷曲螺旋预测

很多蛋白质中存在卷曲螺旋。例如，纤维蛋白和亮氨酸拉链，它通常由 2 个或 3 个 α 螺旋组成，以左手螺旋的方式相互缠绕，两圈为 7 个氨基酸残基。可以根据蛋白质中 7 个残基的周期出现来预测卷曲螺旋。7 个氨基酸的残基分别为 a、b、c、d、e、f 和 g，其中 a 和 d 通常是疏水性氨基酸，其余为亲水性氨基酸。如果在一个序列中找到这种模式的序列越多，推测就越可靠。现在应用较为广泛的软件 COIL 可以更可靠的预测卷曲螺旋（图 9-6）(Lupas et al.，1991)。COIL 的方法不是寻找 7 个氨基酸残基的重复序列模式，而是通过查询序列与已知的平行双链卷曲螺旋数据库进行比较，得到相似性得分，并据此算出序列形成卷曲螺旋的概率。COIL 算法将查询序列在一个由已知包含卷曲螺旋蛋白结构的数据库中进行搜索（Lupas，1996）。程序也将查询序列与包含球状蛋白序列的 PDB 次级库进行比较，并根据两个库搜索得分的不同决定输入序列形成卷曲螺旋的概率。

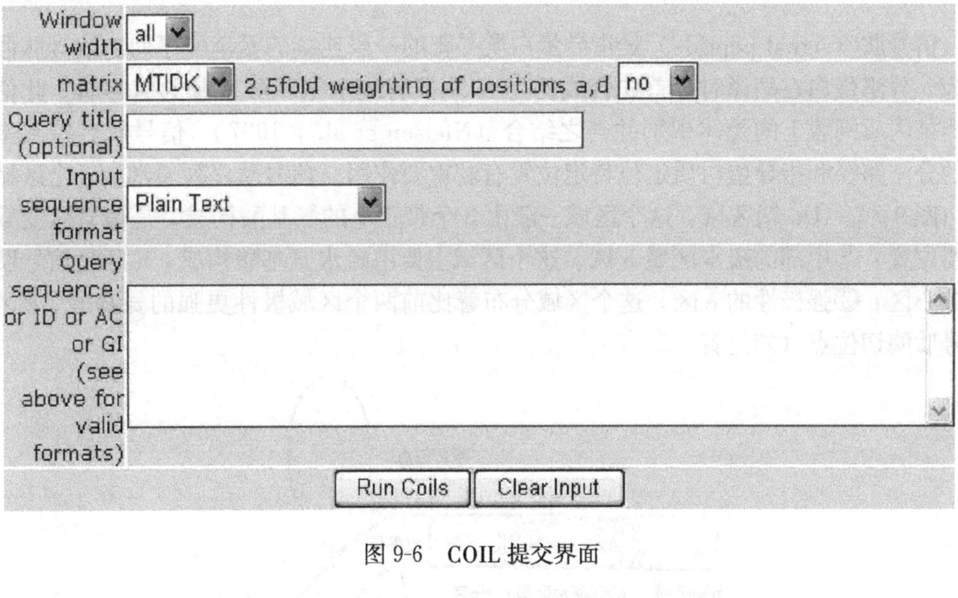

图 9-6　COIL 提交界面

COIL 提交十分简单，其主要是：①窗口的长度为 all、14、21 和 28，14、21 和 28 分别是双卷曲螺旋、三卷曲螺旋和平行连和反平行连的模式；②打分矩阵：MTK 更适合检测双链结构，启动一个选项给予每个卷曲 a 和 d 位置上残基（通常为亲水性）相同的权重；③提交任务的命名；④输入序列格式；⑤根据选择的输入序列格式，输入查询的单字符序列文本框或输入相应的 ID 号。

表 9-4　COIL 输出结果

……			
61 E	c 0.317	c 0.379	c 0.562
62 L	d 0.317	d 0.379	d 0.562
63 E	e 0.317	e 0.379	e 0.562
64 L	f 0.167	f 0.379	f 0.562
65 T	c 0.472	c 0.598	g 0.562
66 H	d 0.472	d 0.740	a 0.562
67 R	e 0.916	e 0.740	e 0.677
68 K	f 0.943	f 0.740	f 0.677
69 M	g 0.943	g 0.740	g 0.677
70 K	a 0.943	a 0.740	a 0.677
71 D	b 0.943	b 0.740	b 0.677
……			

其结果有图和文本输出格式，其文本输出如表 9-4，分别是氨基酸残基位置、单氨基酸字母、螺旋框架中的位置、处于此位置的概率。其中后面两项出现了 3 次分别表示 14、21 和 28 模式的概率，图形更为直观，可以清楚看到序列各模式的存在区域。

9.1.5　信号肽的预测

9.1.5.1　原理

信号肽（signal peptide）是指导蛋白质寻靶的一段连续的氨基酸序列。信号肽假说认为：分泌蛋白在翻译时，首先合成的是 N 端带有疏水氨基酸残基的信号肽，此信号肽能被内质网膜上的受体识别并与之结合（Nielsen et al.，1997）。信号肽对控制蛋白质的分泌路径和指导蛋白质定位特定位置有着重要作用。信号肽序列通常由 3 个区域构成（图 9-7）。①n 端区域：这个区域一般由 5 个带正电的氨基酸构成，是信号肽变异的主要位置；②中部的疏水区域 h 区：这个区域主要由疏水氨基酸构成，h 区是信号肽功能核心区；③强极性的 c 区，这个区域分布着比前两个区域极性更强的氨基酸，c 区含信号肽酶切位点（刘丹青，2007）。

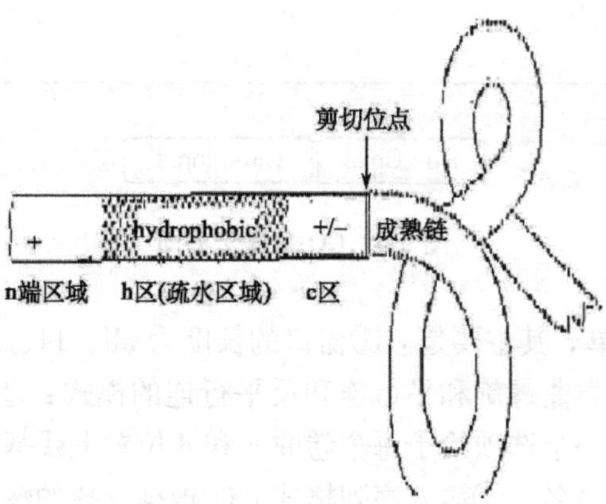

图 9-7　信号肽序列结构组成

根据信号肽的序列性质和特征，目前开发了很多预测信号肽的算法，其中用得最多的算法是基于神经网络和隐马尔科夫方法的算法。目前流行的 Signal P3.0 工具结合神经网络和隐马尔可夫模型预测信号肽及其剪切位点（Dyrløv Bendtsen et al.，2004）。

神经网络方法通常分为两个网络分析信号肽问题：①一个是网络识别出剪切位点，②另一个是网络区分氨基酸是否属于信号肽（Dyrløv Bendtsen et al.，2004；Nielsen et al.，1997）。这个网络体系能够对氨基酸序列的每一个位置提供两个不同的值，信号肽/非信号肽网络系统的输出值（*S* 值）可以用来检测这个位置是否属于信号肽的可能性，而剪切位点/非剪切位点网络系统的输出值（*C* 值）可以用来检测这个位置属于成熟蛋白质及是否为第一个位置的可能性（+1 位置与剪切位点有很大关系）。

在检测的过程中会得到很多的 *C* 值和 *S* 值，为了提高检测的准确性，研究者尝试了很多种线型或非线性的拟合，最后寻找到的最佳方案是 *C* 值的几何平均和 *S* 值的衍生，命名为 *Y* 值，通过检验可以确定，真正的剪切位点对应于最大的 *Y* 值。一般说来，一个典型的非分泌位置，其 *C* 值、*S* 值和 *Y* 值都比较小，所以，信号肽和非分泌蛋白质可以通过 *S* 值的平均值来分辨，当然，必须从 1 位置一直计算到 *Y* 值最大的位置。假如 *S* 平均值大于 0.5，这个序列可能是一个蛋白质信号肽。

9.1.5.2　预测工具

目前信号肽预测软件 SignalP（http：//www.cbs.dtu.dk/services/SignalP/）能够预测蛋白质序列中是否存在潜在的信号肽剪切位点，其不仅对原核生物，对真核生物都可以进行预测（图 9-8）（Dyrløv Bendtsen et al.，2004）。

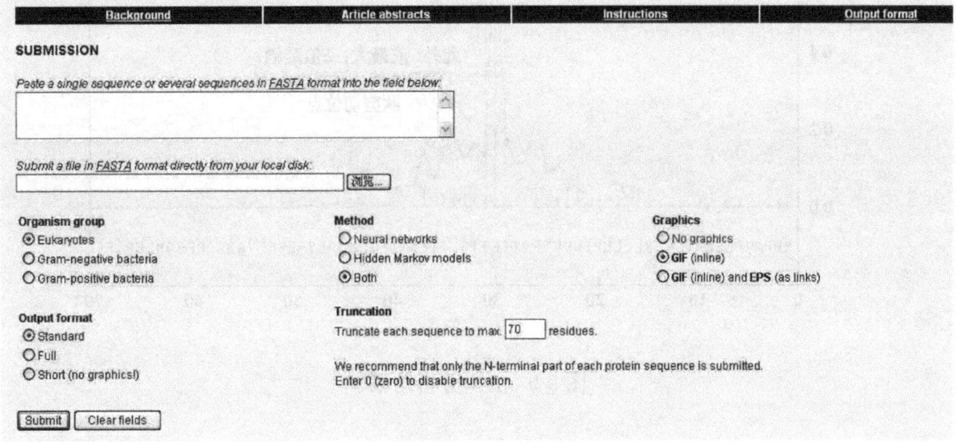

图 9-8　SignalP 的网络界面

提交序列中包括以下选项。

（1）序列输入两种方式：直接输入一条或多条 FASTA 格式的氨基酸序列或上传有 FASTA 格式序列的文件。

（2）物种选择：根据蛋白质来源选择相应的物种。

(3) 方法选择：神经网络法（neural network)、隐马可夫模型（hidden markov model)、联合两种方式。

(4) 是否输出图表：图表方式显示的界面要直观一些。

(5) 输出格式：默认为标准模式，Full 模式除 Standard 中含有的数据外还有每个氨基酸对应的分析数据；Short 结果是总体分析数据。

(6) 分析长度：信号肽在蛋白质 N 端一般不超过 45 个氨基酸残基。

结果说明。

神经网络法涉及 5 个值。①*S* 值：每个氨基酸对应一个 *S* 值，在结果显示的图表中有一个曲线显示 *S* 值的变化趋势。②*C* 值：剪切位点值。每个氨基酸会有一个 *C* 值，在剪切位点处 *C* 值是最高的。③*Y* 值：*Y*-max 综合考虑 *S* 值和 *C* 值的一个参数，其比单独考虑 *C* 值要更精确。因为在一条系列中 *C* 值可能有不止一个较高的位点，但是剪切位点只有一个；此时的剪切位点就由 *Y*-max 值来推测，为 *S* 值陡峭的位置和具有高 *C* 值的位点。④*S*-mean 是从 N 端氨基酸开始到剪切位点处各氨基酸的平均 *S* 值。⑤*D* 值是 *S*-mean 和 *Y*-max 的平均值，对区分是否为分泌蛋白具有重要作用（图 9-9）。

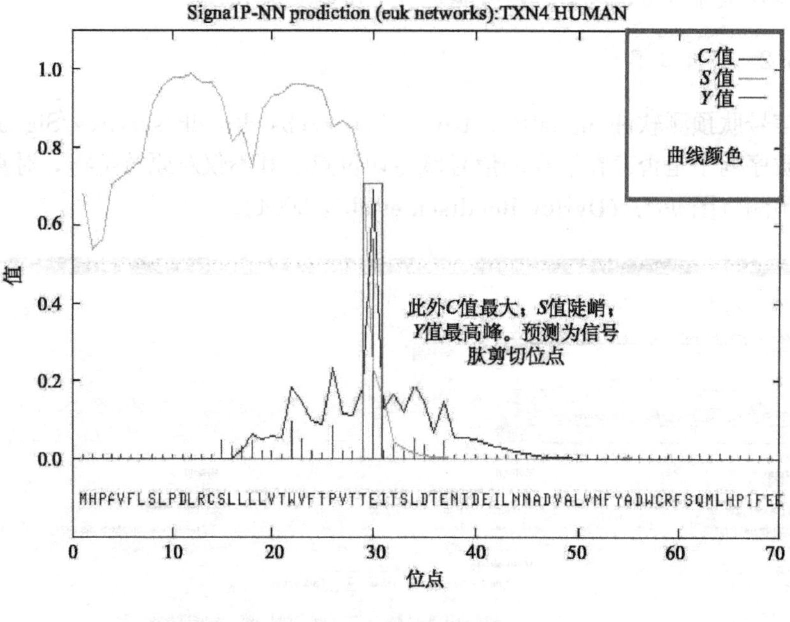

图 9-9　NN 分析结果

隐马可夫模型（HMM）主要计算序列中是否含有信号肽，并进一步分为 n 端区域、h 区和 c 区 3 个部分（图 9-10）。

9.1.6　蛋白质亚细胞定位预测

蛋白质亚细胞定位的预测方法通常有 3 个步骤（高青斌，2006）：第一步，收集每一类亚细胞定位正确且有代表性的数据集；第二步，从数据集中提取蛋白质的特征参数或相应的描述；第三步，通过正确的数据集训练算法参数，当提交查询序列时，比较查

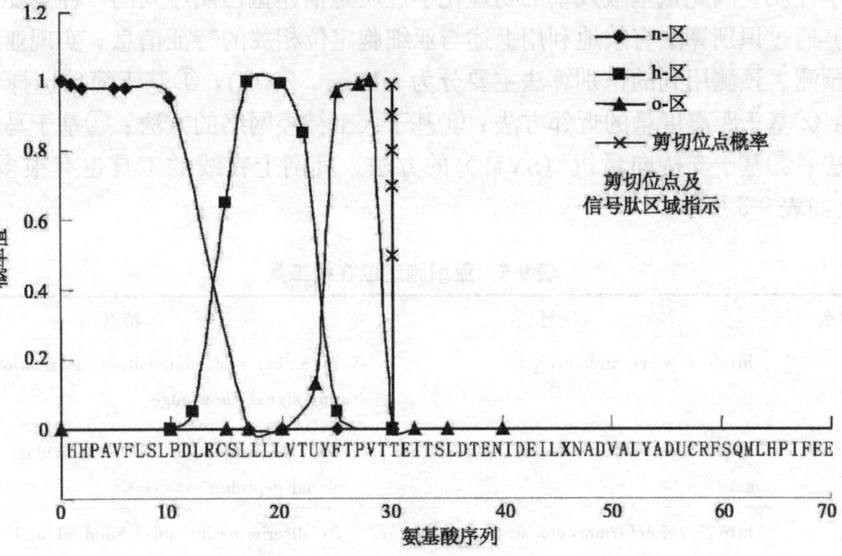

图 9-10　HMM 分析结果

询序列中所包含的特征参数与各类相应的定位信息的相似度，并作出判断，其结果会以一组概率的形式来表述。下面就这 3 步的知识做一下描述。

(1) 最早收集蛋白质亚细胞定位的数据是 SWISS-PROT 数据库，该数据库是目前世界上存储蛋白质序列主要的数据库之一。此数据库提供了蛋白质的亚细胞定位数据基础。通过对数据库进行物种类型、亚细胞类型、序列长度等方面与亚细胞定位关系地研究，可以得到各亚细胞的序列特征。提取有效区分亚细胞定位的蛋白质特征，通过模式识别算法，进行有效的亚细胞定位预测。

(2) 目前能区分亚细胞定位的蛋白质主要特征有以下几点（张树波和赖剑煌，2009）。①蛋白质序列的 N 端信息，蛋白质在合成的过程中，其 N 端包含一些特殊序列（信号肽）。信号肽能够指导新合成的蛋白质分选到特定的亚细胞中。已经知道的蛋白质 N 端分选信号包括信号肽、线粒体转移肽、叶绿体运输肽、核定位信号、类囊体腔转移肽和过氧化物酶体定位信号等（Gardy et al.，2003）。②蛋白质的氨基酸序列组成信息。细胞内外蛋白质中氨基酸的组成存在明显差异，可以用氨基酸组分预测细胞内外蛋白质。③蛋白质的功能域信息（motif)。蛋白质在长期进化过程中，某些氨基酸位点具有高度的保守性。这些特定的位点发挥着特定的生物学功能。这些 motif 具有特异性，可以有效地刻画蛋白质序列，也可以用于预测亚细胞定位。④序列比对信息。蛋白质通过序列比对相似程度较高的序列，这些信息可以直接用于预测蛋白质的亚细胞定位。⑤GO（gene ontology）注释信息。蛋白质通常在某一亚细胞内与其他蛋白质进行相互作用才能执行其生物学功能，因此蛋白质的功能与其所在的亚细胞位置密切相关(Chou and Cai，2004)。如果知道了蛋白质的功能信息，就可以知道它所处的亚细胞位置。GO 的亚细胞定位信息是通过其功能预测的。⑥氨基酸物理化学性质。蛋白质序列是由氨基酸残基构成的，序列中各氨基酸残基的物理化学性质决定了蛋白质序列的整体物理化学性质，因此氨基酸残基的物理化学性质是描述蛋白质序列的一种重要信息。

（3）通过识别算法有效地利用上述与亚细胞定位相关的特征信息，实现亚细胞定位的自动预测。预测用到的识别算法主要分为（Feng，2002）：①基于简单选择判别规则的方法；②基于距离度量的近邻方法；③基于人工神经网络的方法；④基于马尔可夫模型的方法；⑤基于支持向量机（SVM）的方法。其网上在线的工具也有很多（Feng，2002），如表 9-5 所示。

表 9-5　亚细胞定位在线工具

程序名	网址	特点
PSORT	http：//psort. nibb. ac. jp/	By amino acid composition information and sorting signal knowledge
TargetP	http：//www. cbs. dtu. dk/services/TargetP/	By discriminating the individual targeting signal peptide
MitoProt	http：//bioinformer. ebi. ac. uk/newsletter/archives/2/mitoprotii. html	By discriminating mitochondrial and chloroplast signal peptide
Predotar	http：//www. inra. fr/Internet/Produits/Predotar	By discriminating mitochondrial，chloroplast signal peptide
NNPSL	http：//predict. sanger. ac. uk/nnpsl	By amino acid composition
SobLoc	http：//www. bioinfo. tsinghua. edu. cn/SubLoc	By amino acid composition
EukProL ProProL	http：//tubic. tju. edu. cn/	By more sequence information besides the amino acid composition

9.2　蛋白质二级结构预测

理论生物学家认为蛋白质空间结构由一级蛋白质序列决定，基于此想法，蛋白质的二级结构和三级结构是可以通过一级序列信息来预测的。在目前已测定的蛋白质中，85% 的氨基酸都处于 3 种二级结构状态，即 α 螺旋、β 折叠和转角。蛋白质二级结构预测的基本依据是：每段相邻氨基酸序列具有形成一定二级结构的倾向。通过统计分析已测空间结构蛋白质数据库，分析得出氨基酸和相邻氨基酸在二级结构 3 种状态中出现的规律。研究发现一些氨基酸和相邻氨基酸在 3 种状态中出现的规律很强。那么二级结构预测算法任务就是识别氨基酸和相邻氨基酸符合哪一种模式，最终通过统计规律信息判断此序列模式属于哪一种二级结构状态。也就是说，根据已知空间结构的蛋白质的三态统计规律，推测未知蛋白质序列所属的二级结构状态（孙啸等，2005；Baldi and Brunak，2001；Vihinen，2001）。

根据上述的思路，二级结构预测算法发展至今，已经有几十种预测算法。就其发展历史来说，大概可以分为 3 代：①第一代基于单个氨基酸统计分析，通过对已知蛋白质数据集统计各氨基酸形成三态的倾向，从而预测蛋白质二级结构；②第二代基于多个氨基酸的片段统计分析，与第一代不同之处在于其统计不是单个氨基酸，而是多个氨基酸残基的片段。氨基酸片段体现了氨基酸所处的局部环境；③第三代基于第二代的方法，不仅考虑蛋白质的氨基酸所处的局部环境，而且还考虑蛋白质序列的长程信息和序列的进化信息。第三代方法使二级结构预测的准确率有很大提高（Eidhammer et al.，2004）。

目前认为，蛋白质序列有 25% 相似，那么其结构也基本相同，即蛋白质中 75% 的氨基酸变化对其结构没有影响。然而哪些氨基酸是对结构影响比较重要的氨基酸呢？蛋白质的进化保守信息可以给我们提供参考。高度保守的序列区域可能是蛋白质结构重要的区域。每个蛋白质家族对其保守的序列都提取了序列的替代模式，此模式中概括了此家族氨基酸的保守区域和非保守区域，同时也反映了此家族序列结构的特异性。通过序列比对算法（PSI-blast）可以获得序列的进化信息（Altschul et al.，1997），从而确定未知结构蛋白质的保守序列区域和家族替代模式，同时通过相似蛋白质已知的结构也可以获得长程作用信息（Eidhammer et al.，2004）。

9.2.1　二级结构预测算法

9.2.1.1　第一代算法

第一代算法中较为典型的算法是由 Chou 和 Fasman（1978）在 20 世纪 70 年代提出的经验参数法。此方法是通过对已知二级结构数据库（PDB）中的单个氨基酸形成二级结构单种状态倾向的统计分析，获得单个残基出现于特定二级结构构象的各种状态的因子，进而利用这些倾向性概率预测蛋白质的二级结构（孙啸等，2005；张海霞，2004）。

经验参数法中单个氨基酸的构象倾向性因子定义如下：

$$Pi = Ai/Ti \quad (i = \alpha, \beta, t, c)$$

其中，i 为单个氨基酸的结构状态；α、β、t 和 c 分别为蛋白质二级结构的螺旋、折叠、t 转角和无规卷曲；Ti 为所有被统计残基处于构象态 i 的比例；Ai 为第 A 种残基处于构象态 i 的比例。

上面公式中 Pi 反映了氨基酸形成某种状态的倾向，Pi 大于 1.0 表示该残基倾向于形成二级结构构象 i，小于 1.0 则表示倾向于形成其他构象，注意表 9-6 中 Pα、Pβ 和 Pt 列的数字把上式计算的结果放大了 100 倍。

表 9-6　20 种常见氨基酸的 Chou-Fasman 参数

氨基酸	Pα	Pβ	Pt	*f*（i）	*f*（i+1）	*f*（i+2）	*f*（i+3）
丙氨酸（A）	142	83	66	0.06	0.076	0.035	0.058
精氨酸（R）	98	93	95	0.070	0.106	0.099	0.085
天冬酰胺（N）	67	89	156	0.161	0.083	0.191	0.091
天冬氨酸（D）	101	54	146	0.147	0.110	0.179	0.081
半胱氨酸（C）	70	119	119	0.149	0.050	0.117	0.128
谷氨酸（E）	151	37	74	0.056	0.060	0.077	0.064
谷氨酰胺（Q）	111	110	98	0.074	0.098	0.037	0.098

续表

氨基酸	Pα	Pβ	Pt	f (i)	f (i+1)	f (i+2)	f (i+3)
甘氨酸（G）	57	75	156	0.102	0.085	0.190	0.152
组氨酸（H）	100	87	95	0.140	0.047	0.093	0.054
异亮氨酸（I）	108	160	47	0.043	0.034	0.013	0.056
亮氨酸（L）	121	130	59	0.061	0.025	0.036	0.070
赖氨酸（K）	114	74	101	0.055	0.115	0.072	0.095
甲硫氨酸（M）	145	105	60	0.068	0.082	0.014	0.055
苯丙氨酸（F）	113	138	60	0.059	0.041	0.065	0.065
脯氨酸（P）	57	55	152	0.102	0.301	0.034	0.068
丝氨酸（S）	77	75	143	0.120	0.139	0.125	0.106
苏氨酸（T）	83	119	96	0.086	0.108	0.065	0.079
色氨酸（W）	108	137	96	0.077	0.013	0.064	0.167
酪氨酸（Y）	69	147	114	0.082	0.065	0.114	0.125
缬氨酸（V）	106	170	50	0.062	0.048	0.028	0.053

在经验参数法中，二级结构构象确定规则，Pα、Pβ和Pt分别表示氨基酸形成α螺旋、β折叠和t转角的倾向性。同时，每个氨基酸有4个转角参数：*f*（i）、*f*（i+1）、*f*（i+2）和*f*（i+3）。这4个参数对应着各氨基酸出现在转角中第一、第二、第三和第四的概率。全部参数如表9-6所示（孙啸等，2005；张海霞，2004）。

根据以上统计各氨基酸的倾向参数，Chou-Fasman提出以下预测二级结构的规则(孙啸等，2005；Chou and Fasman，1978）。

（1）α螺旋预测规则：沿着氨基酸序列查找α螺旋核，如果有相邻的6个氨基酸中至少有4个氨基酸Pα>100，则认为此是螺旋核。然后沿着螺旋核向两端延伸，直到相邻4个氨基酸Pα的平均值<100为止。按上述规则的片段延伸长度大于5且Pα的平均值大于Pβ的平均值，那么这个片段的二级结构就被预测为α螺旋。以下情况除外：Pro不能出现在螺旋内部，但可在C端及N端的前三位出现，这也是终止螺旋延伸的规则条件。

（2）β折叠规则：沿着蛋白质序列查找，相邻6个残基中若有4个残基倾向于形成β折叠（Pβ>100），则认为是折叠核。之后向两端延伸直至4个残基的平均折叠倾向性因子<100为止。如果延伸得到的片段的Pβ的平均值大于105且Pβ的平均值大于Pα的平均值，则该片段被预测为β折叠。

（3）转角规则：转角的预测是依据四肽组合模型，综合考虑相邻特定的4个氨基酸在四肽模型中各个位置的概率。假如第*i*个残基开始连续4个残基片段，将这4个氨基酸的概率相乘，即 $f(i)\times f(i+1)\times f(i+2)\times f(i+3)>7.5\times10^{-5}$，根据计算结果判断是否是转角。如果四肽片段Pt的平均值大于100且Pt的均值同时大于Pα的均值及Pβ的均值，预测这4个氨基酸残基形成转角。

（4）重叠规则：假如预测出的螺旋区域和折叠区域存在重叠，则按照重叠区域Pα均值和Pβ均值的相对大小进行预测，若Pα的均值大于Pβ的均值，则预测为螺旋；反之，预测为折叠。

9.2.1.2　第二代算法

第二代二级结构预测算法有很多，由于第二代算法是二级结构的中间过程，下面简要介绍一下。以 GOR 算法为例（王勇献，2004；Garnier et al.，1996），GOR 是一种基于信息论和贝叶斯统计学的方法，其基本思想是将蛋白质序列作为一个连续的信息值来处理，考虑了氨基酸残基在二级结构的位置本身和种类的影响以及相邻残基种类对该位置构象的影响。GOR 针对长度为 17 的残基窗进行二级结构预测。对氨基酸序列中的每一个残基，GOR 算法将与前相邻的 8 个残基和后相邻的 8 个残基一起进行考虑，也就是以 17 个氨基酸为一个窗口。与第一代 Chou-Fasman 算法一样，GOR 算法也是通过对已知二级结构的蛋白质数据库的样本集进行统计分析，计算出各中心残基的二级结构分别为螺旋、折叠和转角时每种氨基酸出现在窗口中各个位置的频率，从而产生一个 17×20 的得分矩阵。之后不断滑动窗口和利用统计得到矩阵中的值来预测氨基酸序列中每个残基形成螺旋、折叠或转角的概率。

GOR 方法中的信息值构成了 20 种氨基酸出现在不同位置时的直接信息量表，根据该表和相关计算公式，就可以对一条肽链中任一位置残基的构象进行预测。GOR 方法的物理意义明确，数学上比较严格，但计算过程较为复杂。

9.2.1.3　第三代算法

第三代二级结构算法主要利用氨基酸的长程作用信息和蛋白质进化信息。目前较为流行的算法是基于神经网络的算法（刘军等，2009；于淑惠，2006；林丽玉，2006；孙啸等，2005；景楠，2004）。人工神经网络是模拟大脑形象思维的方式，大脑虽然依靠大量结构极其简单、功能有限的神经元构成网络系统，但其所能实现的行为却是极其丰富多彩的。人工神经网络以节点模拟神经元，依靠网络系统的复杂程度，通过调整内部节点之间相互的关系，从而达到处理信息的目的。人工神经网络有学习和自适应能力，其通常分为 3 层，即输入层、隐含层和输出层。最早是由 Qian 和 Sejnowskit 将神经网络应用于二级结构预测，输入层是氨基酸残基片段的一串字符，输出层为氨基酸对应的二级结构信息，其结果显示人工神经网络能有效识别蛋白质二级结构复杂规律或模式，提取更多的信息，并利用所学习掌握的信息进行预测（Rost et al.，2004；Rost and Sander，1994）。人工神经网络考虑氨基酸周围的环境信息和多序列比对的信息，目前此算法对二级结构预测的准确率能够达到 72%。

基于人工神经网络最著名的蛋白质二级结构预测软件是 PHDsec（Rost，1996），它利用多序列比对信息，是首次对二级结构预测的准确率能够达到 70% 的软件（Rost et al.，2004；Rost and Sander，1994）。其算法工作流程如下所述。

（1）PHDsec 的预测首先是形成同源序列的多重对比排列。主要用到 3 个程序：BLAST、MaxHom 和 PSI-BLAST。PHDsec 首先运行 BLAST 程序在 SWISS-PROT 数据库中搜索同源序列，再利用 MaxHom 程序将 BLAST 搜索到的同源序列进行序列对比后排列起来，并对每个比对的位置进行统计分析。MaxHom 在蛋白质序列成对比较中仍是最好的方法。PSI-BLAST 在搜索远源同源序列时较为敏感，且在正确对比后给出包含足够信息的序表（profile）。

（2）PHDsec 将多重比对结果进行统计分析，之后作为输入信息送入一个神经网络。通常使用的神经网络是一个多层的前馈网络，如图 9-11 所示。整个 PHDsec 网络模型包括两层。第一层是网络的输入层，其输入包括两部分信息［图 9-11（a）、（b）］：①一部分信息是序列的局部信息，即序列的局部环境信息，取自 w 个氨基酸残基作为一个窗口进行考虑（w 缺省值为 13）；②另一部分是序列的全局信息，取多重序列比对结果相邻的 w 个列（w 为窗口大小），如图 9-11（b）所示（孙啸等，2005）（$w=7$），统计序列局部信息数据和序列的全局信息数据，其统计过程如下所述。

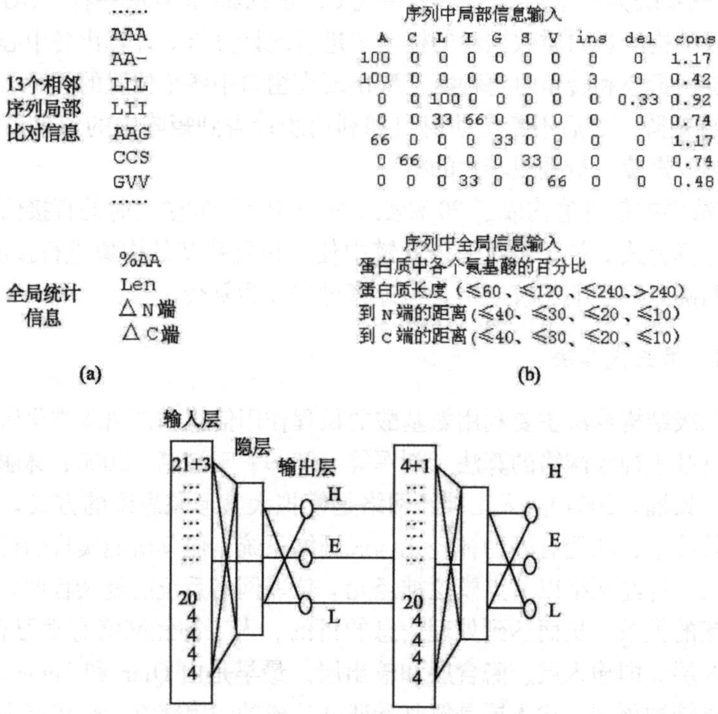

图 9-11　PHDsec 网络输入和网络结构

A. 局部信息的计算：每个窗口中的每条序列的局部信息用 24 维的列向量来描述，其中 20 个数据对应着 20 种氨基酸的信息，1 个数据对应着“空缺”氨基酸信息（引入“空缺”原因：首尾氨基酸都可以作为窗口的中心，不存在的部分用“空缺”代替），2 个数据分别描述在多重序列比对中该位置的插入和删除的次数，1 个数据描述该位置的保守程度。

B. 全局信息用 32 个数据来描述，其中用 20 个数据描述 20 种氨基酸所占百分比，描述蛋白质长度的信息有 4 个数据［分别对应着 4 个区间，图 9-11 中（b）］，描述当前窗口到蛋白质 N 端和 C 端的距离各有 4 个数据。

其输出层有两层，第一层次输出的信息是窗口中心残基二级结构的状态，H 代表螺旋，E 代表折叠，L 代表其他状态。第二层次网络是对前一层网络的输出结果进行校正，是一个从结构到结构的映射，第二层网络的输入有 3 个第一层网络输出的二级结构信息、1 个空缺信息、1 个保守信息和 32 个全局数据信息。第二层网络的输入主要是第一层网络的输出，同时还包括所有全局信息及局部的保守信息，其输出的二级结构字符表示相同。

建立好系统的模型后，需要对神经网络进行训练，一般用已知的二级结构作为训练集，通过训练教会神经网络如何正确预测蛋白质二级结构。训练是一个反复过程，要求神经网络至少能够正确处理训练数据。

总之，PHDsec 在进行二级结构预测时利用了序列多重比对的统计结果，序列多重比对不仅反映了蛋白质家族的共同特征和结构保守的信息，还反映了蛋白质的进化信息。PHDsec 对蛋白质的二级结构预测的准确率比较高，准确率可以达到 72%。

9.2.2　二级结构预测工具

PredictProtein 是目前广泛应用的蛋白质结构和功能预测的服务系统（Rost et al.，2004)，使用者可以免费注册使用（http：//www.predictprotein.org/），此系统用到了前文所述的 PHDsec 算法。用户只要提交单氨基酸序列（图 9-12），通过邮件或网页的形式查看结果。PredictProtein 在执行过程中用到几十个程序包，分别实现不同的功能，实现各种功能的程序包如表 9-7 所示。

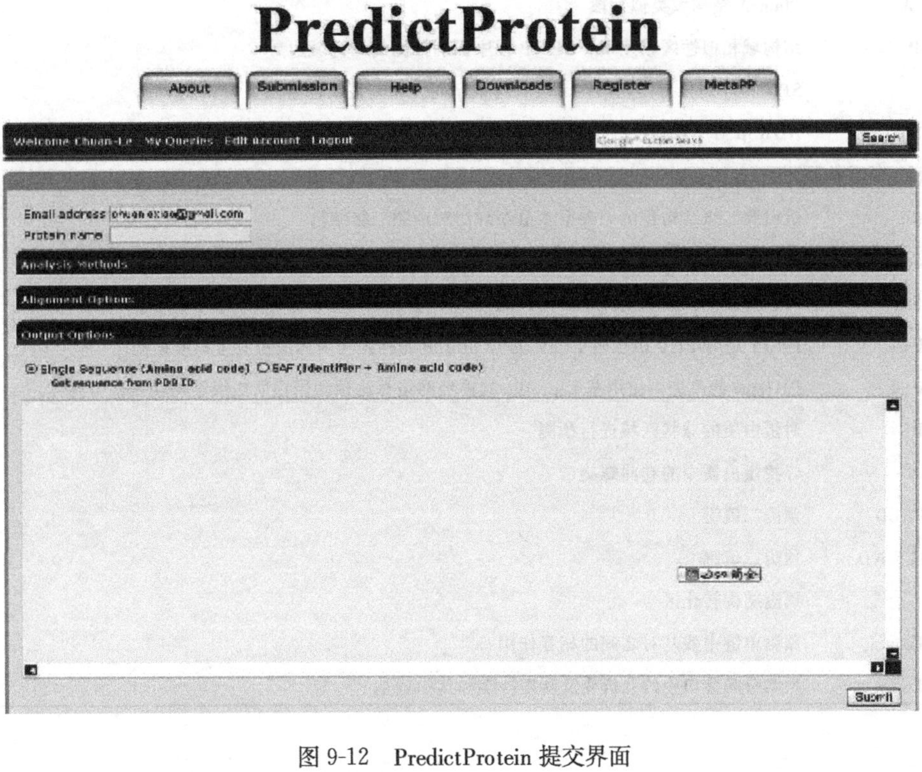

图 9-12　PredictProtein 提交界面

表 9-7　各程序实现功能

程序及数据库	功能
数据库	
Swiss-Prot	蛋白质序列注释数据库
TrEMBL	蛋白序列都是根据 EMBL 翻译得到，由计算机注释的
PDB	蛋白质结构数据库
BIG	BIG 是 CUBIC 本身创建的数据库，覆盖了 SWISS-PROT、TrEMBL 和 PDB 3 个数据库的内容，同 PDB 一样每周更新
比对程序	
Maxhom	基于动态规划的多序列比对算法
BLASTP	两两比对算法
PSI-BLAST	是一个快速灵敏的数据库搜索软件，主要用于 BIG 的搜索
HMMer	基于隐马尔可夫模型的搜索算法
TOPITS	折叠识别/基于预测的线索化方法 TOPITS，利用二级结构和可溶性的预测结果，搜索已知结构蛋白质的数据库
蛋白质功能域和特殊区域搜索	
PROSITE	PROSITE 是功能性模体数据库。通过搜索，在数据库中找出查询序列存在的模体，进而判断序列所属的蛋白质家族
ProDom	ProDom 用 BLAST 方法搜索蛋白质同源结构域
Pfam-A	Pfam-A 结构域类似片段
CHOP	结构域相似性区域搜索，CHOP 程序识别推测的结构域边界
SEG	SEG 将序列分为低复杂性区段（简单序列）和高复杂性区段
NORSp	NORSp 对不规则区的预测
蛋白质二级结构预测	
PHDsec	蛋白质二级结构预测，根据多重序列比对预测二级结构
PHDacc	每个残基的可溶性预测
PHDhtm	跨膜螺旋的位置和拓扑学结构预测
PROFsec	PROF 是对 PHD 的改进，使用基于 profile 的神经网络算法预测蛋白质结构
PROFacc	PHDacc 的改进，使用基于 profile 的神经网络算法预测蛋白质二级结构和残基可溶性
GLOBE	对蛋白质的球状区域进行预测
COILS	寻找蛋白质中的卷曲螺旋
CYSPRED	预测二硫键
DISULFIND	预测二硫键
ASP	预测结构转化区
PROFcon	预测单链中残基对之间的相互作用
PROFtmb	预测跨膜蛋白中的 β 折叠及其拓扑学和其中残基

续表

程序及数据库	功能
蛋白质功能预测	
PROSITE	PROSITE是功能性模体数据库。通过搜索，在数据库中找出查询序列存在的模体，进而判断序列所属的蛋白质家族
PredictNLS	预测核定位信号的程序，亚细胞定位预测
LOCnet	亚细胞定位预测
MView	将多重序列比对结果转化为HTML形式的输出
ESPript	将结果转化为图像

例如，提交P08305的蛋白质单氨基酸序列。Predict Protein主要结果简介。

1）PROSITE程序的序列模式查找结果

PROSITE数据库在9.1节已经讲述过，主要是对蛋白质序列的功能域进行注释。其结果如表9-8所示，其给出了序列存在的功能位点（431）、匹配的模式（[ST].[RK]）、模式的功能描述和模式的ID号（PS00005 PDOC00005）。

```
……
 Pattern-ID：PKC_PHOSPHO_SITE PS00005 PDOC00005
Pattern-DE：Protein kinase C phosphorylation site
Pattern：[ST].[RK]
  431    SGR
……
```

表9-8 PROSITE分析结果

2）PRoDom数据库查找结果

PRoDom结构域相似片段搜索，主要读取其pd_PD585779号PD585779，通过此号可以在PRoDom数据库中看到此区域的功能。当然结果中也给出了匹配区域的功能，即多序列比对组、相似度值、匹配区域PDB和PROSIFE的链接。

3）MAXHOM搜索比对结果

多序列一致性分析，分两步进行：第一步，按标准的动力学程序方法，将序列一个个递加到查询序列排成保守性相关序阵。第二步，待所有SWISS-PROT数据库中的同源序列提取出来后，以代表序列为准重新作序阵的保守性分析。其结构为二级结构预测算法PHDsec的输入。

4）DISULFIND形成二硫键的位点查找

蛋白质氨基酸C可以形成二硫键，二硫键的存在对蛋白质二级结构影响非常大，所以预测二硫键的位点十分有必要。如图9-13所示，AA行代表单氨基酸序列；DB_state有两个值0和1，其中1可能存在二硫键，0代表不存在二硫键；DB_conf表示存在DB_state的可信度，0～9不等，0表示可信度低，9表示可信度高。

```
           ........10........20........30........40........50........60........70........
AA         MSAQISDSIEEKRGFFTRWFMSTNHKDIGVLYLFTAGLAGLISVTLTVYMRMELQHPGVQYMCLEGMRLVADAAAECTP
DB_state                                                                 0            0
DB_conf                                                                  8            8
```

图 9-13 DISULFIND 分析结果

5）PROF 二级结构预测

PROF 是 PHDsec 的升级版。其结果如图 9-14 所示：主要看 PROF _ sec 的行，H 代表 α 螺旋、E 代表 β 折叠、L 代表链接环区；其次看 Rel _ sec 行，表示可信度，0～9 不等，0 表示可信度低、9 表示可信度高。

```
PROF results (normal)

           ....,....10...,....20...,....30...,....40...,....50...,
AA         MSAQISDSIEEKRGFFTRWFMSTNHKDIGVLYLFTAGLAGLISVTLTVYMRMEL(
OBS_sec
PROF_sec                    EEEEEE     HHHHHHHHHHHHHHHHHHHHHHHHHHHHH
Rel_sec    96545664333345123222014752043476788887467678878888850
SUB_sec    LLL.LLL......L..........LL.....HHHHHHHHH.HHHHHHHHHHHHHHH.

O_3_acc    bbbbbbbbbbbbbbbbbbbbbbbbbbbbbbbbbbbbbbbbbbbbbbbbbbbbbbb
P_3_acc    eeee eee eeeeebb bbbbb e e bbbbbbbbbbbbbbbbbbbbbbbbbbbbe
Rel_acc    4524134405485134144634020505779899998887787799788964462
SUB_acc    ee.e..ee.eeee..b.bbb.b...e.bbbbbbbbbbbbbbbbbbbbbbbbbbb.
```

图 9-14 PHDsec 的预测结果

9.3 蛋白质三级结构预测

蛋白质空间结构（蛋白质三级结构）在很大程度上决定着蛋白质的生物学功能。蛋白质结构与功能是紧密相关的，这种相关性也是蛋白质功能预测的基础。蛋白质分子只有折叠成特定的三维空间结构，才能发挥特定的生物活性，行使特定的生物学功能。目前认为蛋白质的一级结构决定二级结构，二级结构决定三级结构，因此蛋白质的三级结构可以通过蛋白质的一级序列信息来预测。蛋白质三级结构预测主要通过已知的结构信息来预测未知的蛋白质结构。对于搜索后没有同源性结构的蛋白质，其预测准确性很低。三级结构预测一般分析流程如图 9-15 所示。

9.3.1 蛋白质三级结构预测理论基础及发展过程

了解蛋白质序列与三维结构的详细关系，就可以用蛋白质序列来预测蛋白质的空间结构。然而蛋白质序列与结构之间的关系是很复杂的。目前还很难较为详细的了解。所以蛋白质空间结构的预测结果一般不是很理想。9.2 节讲述了蛋白质序列与二级结构之间的关系，相对而言，蛋白质序列与空间结构之间的关系目前研究较为初步。蛋白质在折叠过程中，有很多因素起作用。①分子之间的作用力：包括静电力、氢键、范德华力

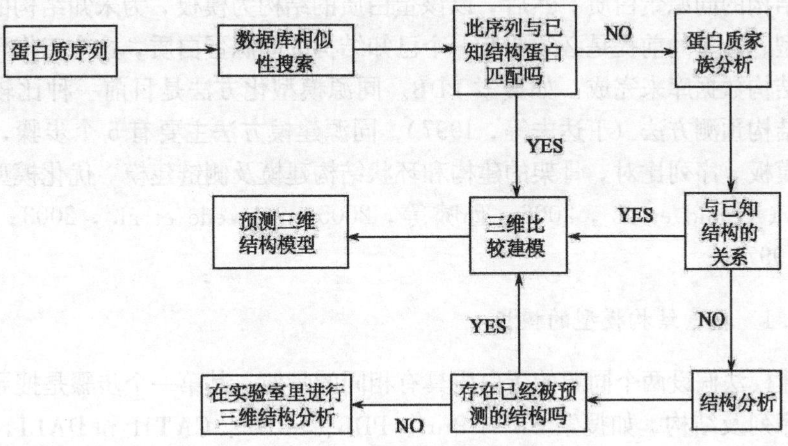

图 9-15　蛋白质结构分析流程

和共价键；②疏水作用：它是影响蛋白质结构的重要因素；③辅助蛋白的作用：在伴侣蛋白等特殊蛋白质作用下，使蛋白质折叠问题变得更复杂。

建立有效的方法对蛋白质空间结构进行预测，就必须考虑影响蛋白质结构的各个因素。然而各个因素对蛋白质折叠起的作用程度目前了解不多。目前用来预测蛋白质三级结构的算法主要有同源建模方法、线索化方法（折叠识别法）和从头算法（孙啸等，2005；张漫和常延琦，2005）。

（1）同源建模方法：同源建模方法是蛋白质三维结构预测的主要方法。通过对蛋白质数据库-结构数据库 PDB 分析得出：两个蛋白质的序列等同部分超过 30%（序列比对长度大于 80），则它们具有相似的三维结构。蛋白质的结构比蛋白质的序列更保守，如果两个蛋白质的氨基酸残基序列有 50% 相同，那么约有 90% 的 α 碳原子的位置偏差不超过 3%。这是同源模型化方法在结构预测方面成功的保证（Peitsch，1996）。

（2）线索化方法：序列等同信息小于 25% 的序列即远程同源，蛋白质中有许多结构相似的蛋白质是远程同源的。一个未知的蛋白质 U 可以通过找到远程同源蛋白 T 来作为部分结构模板来预测。其基本思想是：建立一个从 U 到已知蛋白质 T 的线索，通过一些基于环境或基于势能函数，评价序列和结构的适应性。从而发展成为蛋白质三级结构预测的线索化方法。

（3）从头算法：在没有同源序列和远程同源序列结构的情况下，只能采用从头算法直接预测蛋白质空间结构。其主要利用立体化学和计算化学的方法预测蛋白质三级结构。但预测准确性很低。

由于蛋白质预测方法中同源建模方法准确率较高，从而成为目前预测蛋白质三级结构的主要方法。下面只讨论同源建模方法。

9.3.2　同源建模方法

同源模型化方法的基本思想：对于一个未知结构的蛋白质，首先通过同源分析找到一个已知结构的同源蛋白质，然后，以该蛋白质的结构为模板，为未知结构的蛋白质建立结构模型。这里的前提是必须要有一个已知结构的同源蛋白质，这个工作可以通过搜索蛋白质结构数据库来完成，如搜索 PDB。同源模型化方法是目前一种比较成功的蛋白质三维结构预测方法（丁达夫等，1997）。同源建模方法主要有 5 个步骤，即搜索结构模型的模板，序列比对，骨架的建构和环状结构建模及侧链建模，优化模型，结构合理性评估（Arnold et al.，2006；孙啸等，2005；Schwede et al.，2003；Guex and Peitsch，1997）。

9.3.2.1 *搜索结构模型的模板*

同源建模法假设两个同源的蛋白质具有相同的骨架。其第一个步骤是搜寻未知蛋白质的同源序列及结构，如搜索 Swiss-Prot、PDB、SCOP、CATH 和 DALI，期望能在与此未知结构蛋白质（U）有序列相关的蛋白质中，获得一个或一个以上具有三维结构的蛋白质作为模板（T，template）。通常用相似性比对工具，包括 BLAST 或 FASTA，将蛋白质序列（U）与 Swiss-Prot 中的蛋白质进行两两序列比对，找出同源性较高的并具有三维结构的蛋白质。与此同时，可以通过查询 SCOP、CATH、DALI 等数据库获得与未知蛋白质及其同源蛋白质结构有关的信息（Martí-Renom et al.，2003）。

得到上述信息后，就可以选择模板结构了。能作为模板序列的首先要求其蛋白质序列与未知结构蛋白质序列之间的一致性大于 30%，如果可作为模板的结构较多时，则从这些结构中选择出更合适的结构作为模板，来提高预测结构的准确性。选择合适模板可参考以下方式。

（1）经由多重序列比对或进化树的分析找出与未知结构蛋白质序列最接近的蛋白质结构，亦即一致性比较高的蛋白质结构。

（2）在已有模板蛋白质实验解析的结构中，考虑它们的分辨率小于 3Å，R-因子越低越好。

（3）结构越完整越好，尤其环状结构部分在较大的蛋白质中因其残端无法解析出来而容易被省略。

（4）选择与未知结构蛋白质作用最接近的蛋白质结构。也就是功能相同的蛋白质结构。

9.3.2.2 *序列比对*

将未知蛋白质 U 的序列与模板蛋白质序列进行比对，使 U 的氨基酸残基与模板蛋白质的残基匹配，比对中允许插入和删除操作。相较于两两序列比对所获得的结构信息来说，以多重序列排列可获得高度保守结构信息。此一步骤的主要目的是得到同源蛋白质的结构比对信息，它关系着最终的建模结构的准确性。其比对过程如下所述（Martí-Renom et al.，2003）。

（1）运用多重序列排列方法，将未知蛋白质 U 与其同源蛋白质，包括模板，产生一个多重序列排列。

（2）将两个以上的模板作结构重叠并产生模板的结构排列。

(3) 运用二级结构预测方法，如 PHD、SOPMA、nnPredict 来预测未知蛋白质 U 的二级结构。最好是以 3 种以上方法来预测，然后综合得到可信度较高的二级结构。

(4) 将 (1) 所产生的多重序列比对按模板结构排列、未知蛋白质 U 的二级结构预测结果及同源蛋白质的实验结构等各项信息综合考虑，加以修正。原则上，插入空白越少越佳，而且二级结构环状结构尽可能没有间隔。

(5) 确定 (4) 所产生的多重序列比对排列的结构保守区域及结构变异区域，通常结构保守区域位于 α 螺旋和 β 折叠中，而结构变异区域位于环区 (loop)。

9.3.2.3　骨架的建构、环状结构建模及侧链建模

建立骨架：将模板结构的坐标拷贝到目标 U，仅拷贝匹配残基的坐标。在一般情况下，通过这一步建立目标蛋白质 U 的骨架。骨架 (framework) 的建构，环状结构 (loop) 模建及侧链 (side-chain) 模拟一旦排列完成，即可进行下一步骤的结构模拟。

1) 骨架的建构结构

骨架的建构：结构保守区域中的未知蛋白质 U 可直接继承模板的结构，这种继承的方法有 3 种：结构重叠、片段匹配坐标重建和结构限制。

(1) 结构重叠：将模板结构的主链直接指定为未知蛋白质 U 的主链。首先是将模板进行结构重叠，其次是计算模板结构的结构保守区域中 Cα 的坐标平均值，最后 U 主链的核心部分由这些模板结构主链的核心部分产生出来。

(2) 片段匹配坐标重建：是以模板结构的一小组原子位置作为指示位置来辨识和组合符合指示位置的既短且全原子的片段。通常这些片段是位于结构保守区域中，但是也可来自由搜寻与 U 不相近的已知结构的蛋白质片段得到。

(3) 结构限制：此方法是假设 U 和模板结构排列的残端的相对距离和角度是相似的，所以将模板结构作为限制条件。限制条件包含键长、键角、二面角、非共价碰触和堆积空间等，只要 U 结构符合某些限制条件，即产生模建结构。

2) 环状结构模建

环状结构模建：结构变异区块 (SVR) 通常出现在环状结构，因为环状结构连接二级结构而且暴露在蛋白质表面，环状结构也是决定着蛋白质活性和结合部位等功能的专一性。环状结构模建方法基本有两种：一种是在一个指定的环境下，用构象搜寻 (或随机地产生大量的构形，再依据能量学或其他判断的基准来选出候选的构象)；另一种是搜寻 PDB 资料库中已知结构的环状结构，根据序列相关或几何的基准，找出符合 U 环状结构所需的个数和端点距离的构形。此方法在某些环状结构模建中既准确又有效率 (Fiser et al.,2000)。

3) 侧链模建

当蛋白质序列一致性小于 30% 时，侧链填装 (side-chain packing) 的保留相对降低。在结构保守区域中 U 的侧链可直接继承自模板，而侧链模建主要是预测变异的氨基酸侧链。有两类转动子数据库可供搜寻，即主链依附转动子数据库和主链独立转动子数据库 (Huang et al., 1998)。

9.3.2.4　优化模型

通过上述过程为目标蛋白质 U 建立了一个初步的结构模型，在这个模型中可能存在一些不相容的空间坐标，因此需要进行改进和优化，如利用分子力学、分子动力学、模建退火等方法进行结构优化。一般由最小自由能来修正不利的非共价碰触以及没有达到能量最低状态的结构。主要是局部最低自由能计算。不考虑全局自由能（Lüthy et al.,1992)。

9.3.2.5　结构合理性评估

新的结构经过一系列的评估来判断其结构是否合理。通常用立体化学、物理学等知识判断结构的合理性及修正。

当然，如果能够找到一系列与目标蛋白相近的蛋白质的结构，得到更多的结构模板，则能够提高预测的准确性（Sippl，1993)。通过多重序列比对，发现目标序列中与所有模板结构高度保守的区域，同时也能发现保守性不高的区域。将模板结构叠加起来，找到结构上保守的区域，为要建立的模型形成一个核心，然后再按照上述方法构建目标蛋白的结构模型。对于具有 60% 等同部分的序列，用上述方法所建立的三维模型非常准确。若序列的等同部分超过 60%，则预测结果将接近于实验得到的测试结果。一般如果序列的等同部分大于 30%，则可以期望得到比较好的预测结果。当然，这种计算方法占用大量的计算时间，主要是由于第 3 步数据库搜索过程耗时较多（Lüthy et al.,1992)。

9.3.3　同源建模网络工具

SWISS-MODEL 是基于同源建模的方法预测蛋白质三级结构的免费网络服务平台(Arnold et al.，2006；Schwede et al.，2003；Gasteiger et al.，2003；Guex and Peitsch，1997)。此平台是目前最广泛应用的三级结构预测平台之一。SWISS-MODEL 分4 步完成同源建模法预测未知蛋白质的三级结构。①搜索蛋白质结构数据库，得到相似序列（同源序列)，选定相似度较高的一条或几条作为模板。②未知蛋白质序列与选定的模板进行多重比对，使两者的保守位置尽量对齐。③蛋白质建模：调整未知蛋白质序列中主链，侧链和环区各个原子的位置，产生与模板相同或相似的空间结构。④利用能量最小化原理，蛋白质三级结构各局部处于自由能最小。

SWISS-MODEL 平台的使用十分简单（谌容等，2006)，用户输入的信息十分少。但由于蛋白质三级结构预测的复杂性，平台提供了不同的输入方式，以方便输入额外信息。例如，选择的模板和调整目标模板序列比对。有 3 种工作模式。

(1) Automated Mode（自动模式)：如图 9-16 所示，用户只需要输入一条氨基酸序列或 UniProt AC 号，根据 BLAST 的 E-value 值自动选择合适的模板。如果一条模板与提交的目标序列相似度大于 25%，建模程序就会自动开始运行。用户可以指定模板(最多 5 条)，这些模板可以来自 ExPDB 模板数据库，ExPDB 模板格式为 PDB-ID＋ChainID，如 1akeA。

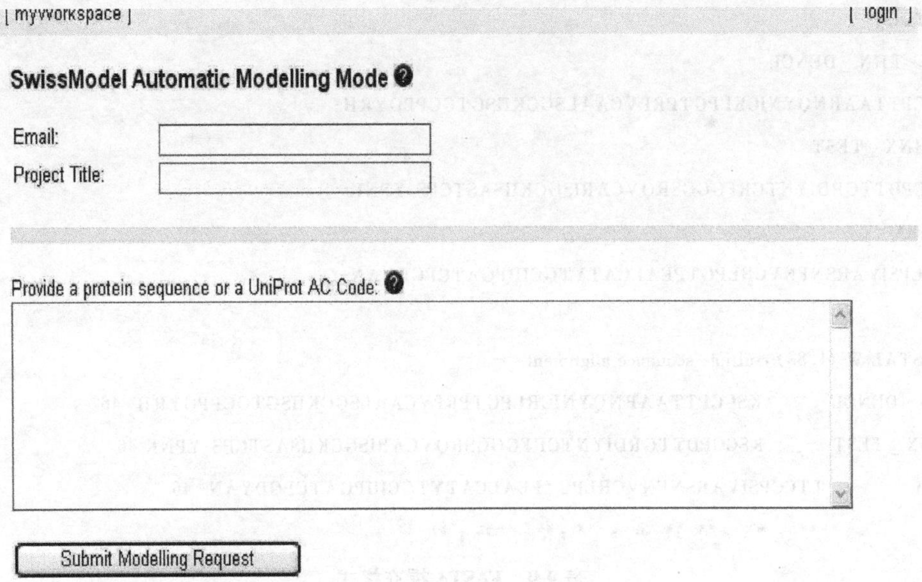

图 9-16　自动模式提交界面

(2) Alignment Mode（比对界面）：如图 9-17 所示，用户提供未知序列和多条已知序列比对结果，其格式可以是 FASTA （表 9-9）、CLUSTALW 、DeepVIew 等格式。其比对结果也可以通过在线网络比对工具 T-Coffee 产生。提交后还要指定目标序列和模板序列，模板序列是 ExPDB 模板数据库中一条已经知道其空间结构的蛋白质序列 （图 9-18）。

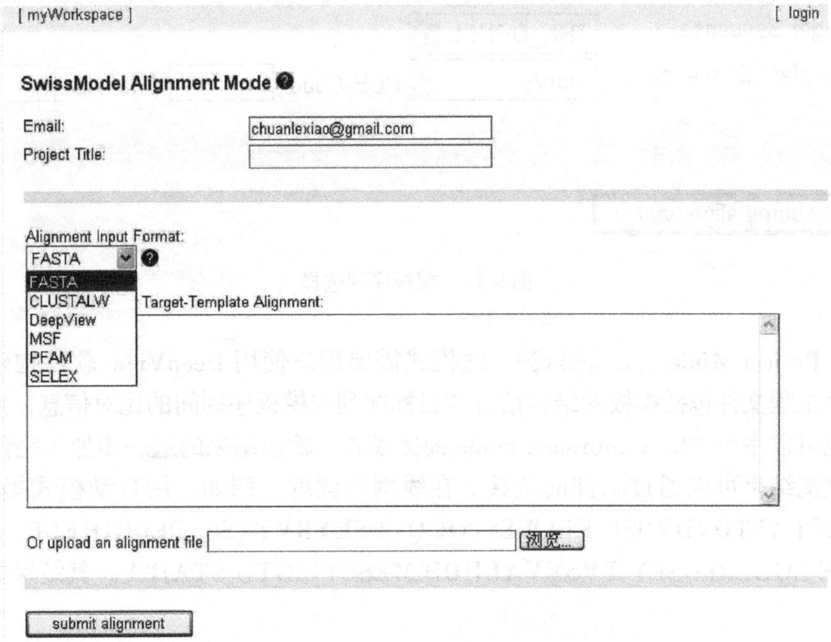

图 9-17　Alignment Mode 提交界面

fasta：

```
>THN_DENCL
KSCCPTTAARNQYNICRLPGTPRPVCAALSGCKIISGTGCPPGYRH-
>THNX_TEST
KSCCPDTTGRDIYNTCRFGGGSRQVCARISGCKIISASTCPS-YPNK
>1crnA
TTCCPSIVARSNFNVCRLPGTPEALCATYTGCIIIPGATCPGDYAN-
```

```
CLUSTAL W (1.82) multiple sequence alignment
THN_DENCL     KSCCPTTAARNQYNICRLPGTPRPVCAALSGCKIISGTGCPPGYRH- 46
THNX_TEST     KSCCPDTTGRDIYNTCRFGGGSRQVCARISGCKIISASTCPS-YPNK 46
1crnA         TTCCPSIVARSNFNVCRLPGTPEALCATYTGCIIIPGATCPGDYAN- 46
                .: ***.. * :   **  :* .. :  ** :**  **.. : **   *
```

表 9-9　FASTA 提交格式

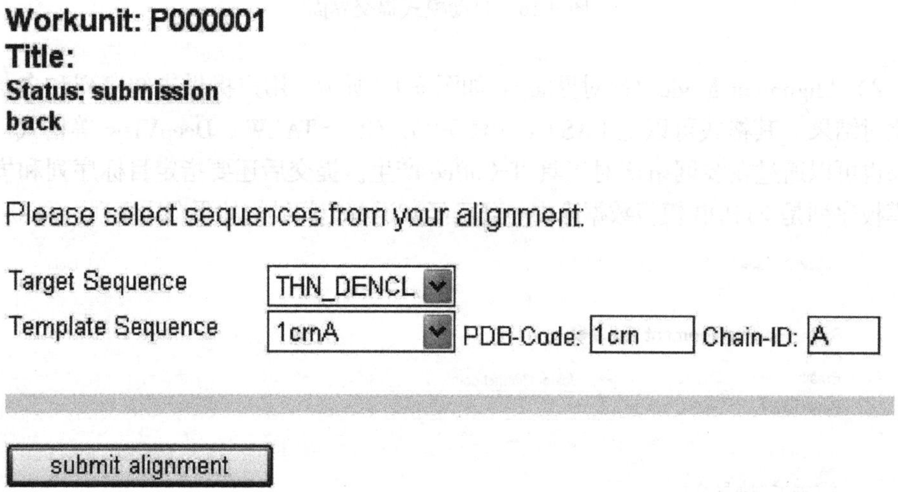

图 9-18　模板序列选择

(3) Project Mode（工程模式）：此模式需要用户使用 DeepView 软件构建工程文件，这个工程文件包括模板的结构信息和目标序列与模板序列间的比对信息。此外，这个模式也可以用于“first approach mode 简捷模式”输出结果的进一步加工完善。

其预测结果可以通过邮件的链接，在线网络读取。例如，用自动模式提交序列：NIDRPKGLAFTDVDVDSI KIAWESPQGQ VSRYRVTYSS PEDGIHELFP APDG-EEDTAE LQGLRPGSEY TVSVVALHDD MESQPLIGTQ STAIPA。其结果如图 9-19 所示。

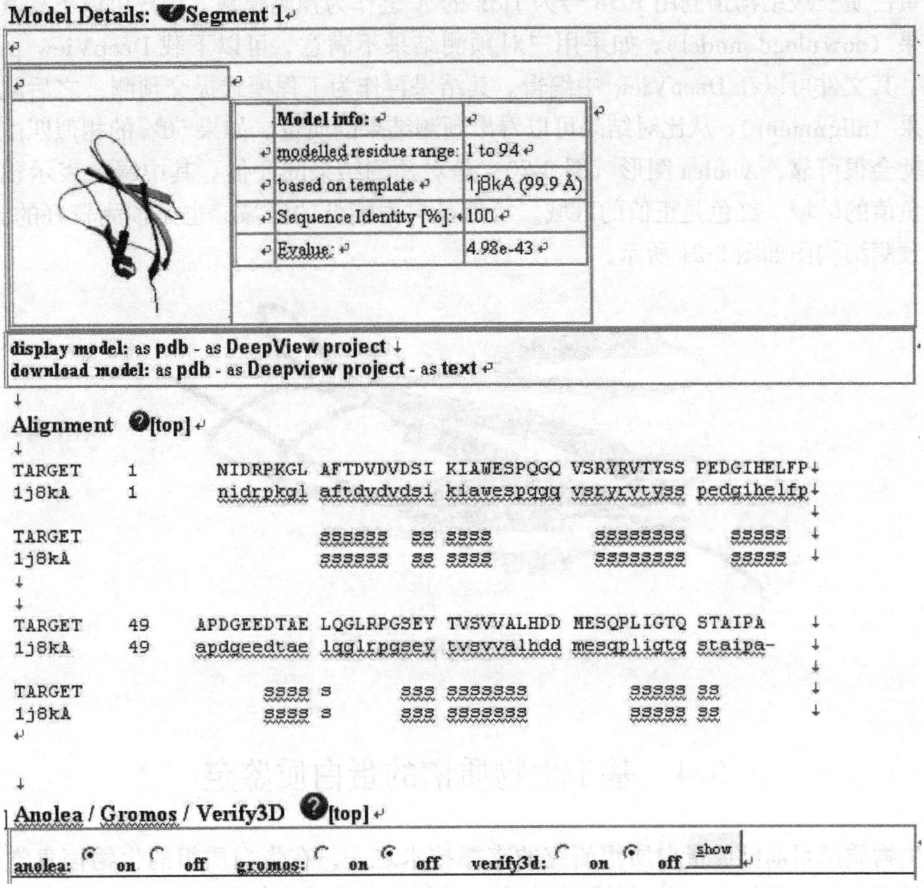

图 9-19　SWISS-MODEL 输出结果

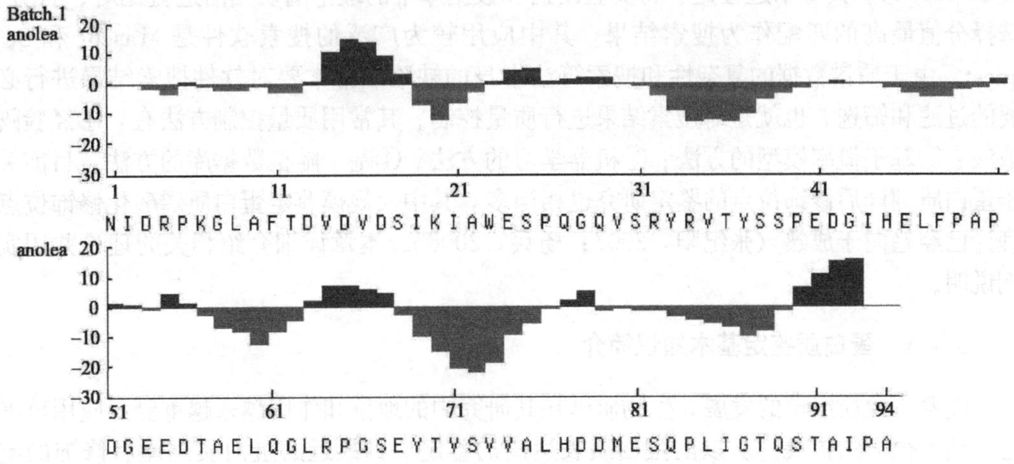

图 9-20　SWISS-MODEL 输出结果评估

蛋白质三级结构预测用 PDB 号为 1j8k 的 A 链作为预测模板，用户可以下载其预测的结果（download model），如果用户对预测结果不满意，可以下载 DeepView project 文件，其文件可以在 DeepView 中编辑，其结果再作为工程模式提交预测。之后就是比对结果（alignment），从比对结果可以看出预测结果的质量，如果 50% 的相似匹配，那结果就会很可靠。Anolea 图形（图 9-20）是对预测结果的评估，其中绿色表示预测自由能负值的区域，红色是正值的区域。负值是自由能低的区域，也是预测较好的区域。最终预测结构图如图 9-21 所示。

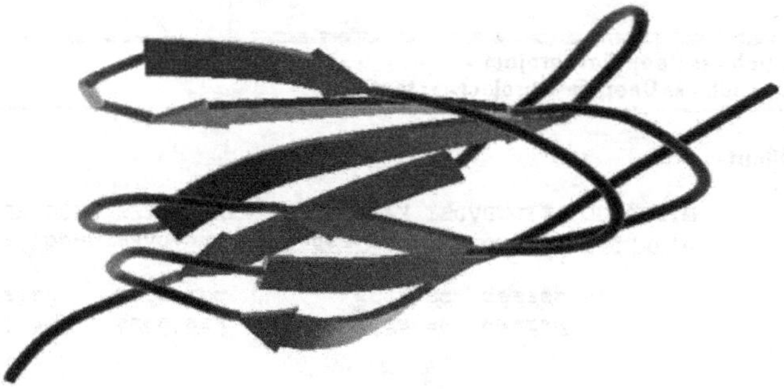

图 9-21　预测结果 3D 图

9.4　基于生物质谱的蛋白质鉴定

生物质谱目前已成蛋白质组研究的支撑技术之一。在蛋白质组的生物信息学研究中，质谱数据处理是十分重要的研究内容，其任务是从带有复杂噪声或部分信息缺失的数据中推断样品的蛋白质组成。数据库搜索是质谱数据处理的主要方法（Sadygov et al.，2004），其基本过程是：将实验图谱和数据库中的理论酶切图谱进行比对、打分，选择分值最高的匹配作为搜索结果。其中应用较为广泛的搜索软件是 Mascot 和 Sequest。由于质谱数据的复杂性和搜索算法本身的缺陷，常常要对软件搜索结果进行必要的过滤和筛选，也就是对搜索结果进行质量控制。其常用质量控制方法有：①经验阈值法；②基于概率模型的方法；③机器学习的方法；④基于随机数据库的方法。目前关于蛋白质翻译后修饰位点的鉴定研究也相当多，其中大规模鉴定蛋白质磷酸化修饰位点理论已经趋向于成熟（张纪阳，2007；杨兵，2006）。本章详细介绍相关的理论并用实例说明。

9.4.1　蛋白质鉴定基本知识简介

随着蛋白质组学的发展，生物质谱在其研究中的地位和作用越来越重要，应用范围也得到了很大的扩展。从以前蛋白质表达谱的鉴定，到最近的蛋白质翻译后修饰的鉴定，同位素标记定量、非标定量和生物标志的发现，生物质谱都在其中扮演着重要角色。由于生物质谱技术具有高通量、高灵敏度、高精度和成本低等特点，其应用也越来越广泛。生物质谱每天要产生大量的实验数据，如此庞大的数据给生物信息学数据分析算法的研究提出了问题和挑战。本小节将简要介绍生物质谱的关键技术以及数据处理相关的基本知识（贠栋，2007）。

9.4.1.1 生物质谱的关键部件

质谱仪是利用带电离子在电场或磁场中的运动规律来测量离子的质荷比的检测仪器。生物质谱平台不只是简单的质荷比分析的质谱仪，还包括进入质谱分析前样品的预处理，是由多个部件组成的复杂系统。生物质谱主要包括肽段的色谱分离和肽段电离、质量分析仪、离子检测器、离子碎裂腔等部件，下面简要介绍在线反相色谱（reverse phase liquid chromatography，RPLC），电离、离子碎裂腔、质量分析仪等部件相关知识，并且在最后给出两种典型质谱平台的介绍（张纪阳，2007）。

1）反相色谱

反相色谱是液相色谱分离模式中使用最为广泛的一种，它对蛋白质分子、氨基酸肽段及酶有较好的分离效果。反相色谱使用表面非极性载体为固定相，以比固定相极性强的溶剂为流动相使样品按照一定的规律进行分离。在生物质谱肽段分离中，通常用填充C18 柱为固定相载体，采用离子强度较低的酸性水溶液，添加一定量乙腈、异内醇或甲醇等与水互溶的有机溶剂作流动相（白泉等，2002）。反相色谱利用肽段疏水性的不同将肽段混合物分离，按照亲水性从高到低进入质量分析器进行分析。酶解后的肽段经过色谱分离可以降低某一时刻进入质谱仪样品的复杂度，从而提高质谱仪的分析能力，得到更多有效图谱。质谱仪常与反相色谱联用，质谱平台中的反相色谱一般使用浓度梯度洗脱的方法。在进样过程中，先将肽段吸附在色谱柱的固定相上，然后使用流动相的浓度变化将肽段逐步洗脱下来。由于流动相疏水性介质的浓度按照线性梯度增加，先洗脱亲水的肽段，之后洗脱疏水的肽段，通过进样系统逐渐进入质谱分析（张纪阳，2007）。

2）电离

质谱仪是检测质荷比的仪器，肽段进入质谱时要经过某种电离方式让其带上电荷，再通过电场加速，从而进入质谱仪检测其质荷比。生物质谱为了尽量少地引入较少的杂质和保持肽段分子的完整性，一般采用软电离技术。软电离技术主要有两种：基质辅助激光解吸（matrix-assisted laser desorption ionization，MALDI）（Hillenkamp et al.，1991）和电喷雾（electrospray ionization，ESI）（Fenn et al.，1989）。MALDI 是通过将酶解后的肽段分布在特定的基质上形成晶体，激光照射晶体使基质分子吸收激光能量，样品解吸附，与此同时，基质和样品之间发生电荷转移（质子交换），使样品分子带上单个正电荷和基质气化，样品离子在电场的作用下进入质量分析仪。ESI 通常与RPLC 联用，使肽段能够带上多电荷，从而可以扩大肽段的分子质量分析范围。ESI 原理是通过强电场使喷入的液滴带上正电荷，通过 N_2 气流的作用，液滴不断地蒸发浓缩，液滴上的电荷密度逐渐增大，产生的电荷排斥力，最终使液滴爆裂，形成小液滴；并且不断重复这个过程，形成雾状；最后使肽段带上电荷并进入质量分析仪（钱小红，1998）。

3）离子碎裂腔

带上电荷的肽段通过质谱仪检测其质荷比后，通常需要对肽段进行碰撞碎裂，对碎片离子进行二级质谱扫描，从而更准确的鉴定肽段。目前离子碎裂有多种方式，分别产生不同的离子模式，这里主要介绍现在常用的两种碎裂方式：惰性气体诱导碰撞（collision-induced dissociation，CID）和电子转移解离（electron transfer dissociation，ETD）。

A. 惰性气体诱导碰撞肽段碎裂

惰性气体诱导碰撞肽段碎裂利用低能量的惰性气体诱导碰撞来完成（Papayannopoulos，1995）。一般是在一个空腔中利用电场捕获特定质荷比的肽段，然后通过改变射频电压调用特定的质荷比肽段离子和碎裂腔中的惰性气体进行碰撞，从而使化学键断裂，产生碎片离子，通过质量分析仪得到串联图谱（tandem mass spectrum，MS/MS spectrum）。肽段的碎裂位置通常沿着主链化学键能低的地方断裂，通常主要产生 b 离子和 y 离子及一些亚离子（各种断裂模式见图 9-22）（Paizs and Suhai，2005）。由于肽段的碎裂位置基本是可以预测的，所以可以通过计算，产生肽段碎裂的理论二级质谱，让其和实验图谱进行相似性比对来鉴定肽段，这就是数据库搜索鉴定的基本依据（张纪阳，2007；钱小红，1998；Papayannopoulos，1995）。

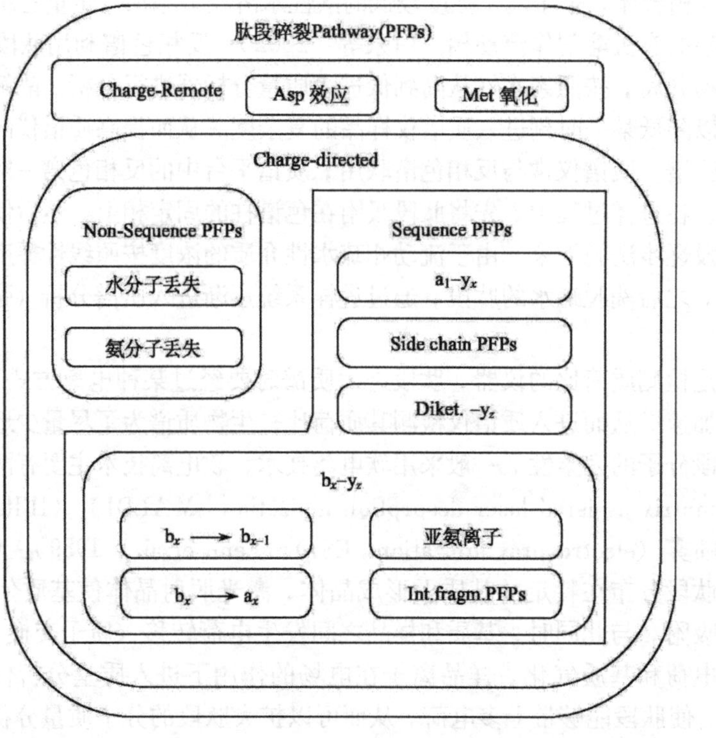

图 9-22 肽段 CID 碎裂途径分类

碰撞能量使肽段碎裂成碎片离子，肽段的碎裂一般从化学键断裂需要能量最小的地方断裂，化学键能越小越容易断裂。在提供碰撞能量比较低的情况下，肽段主要在肽键位置断裂，也就是主链碎裂。其碎裂位点和碎裂产物在图 9-23 中给出。

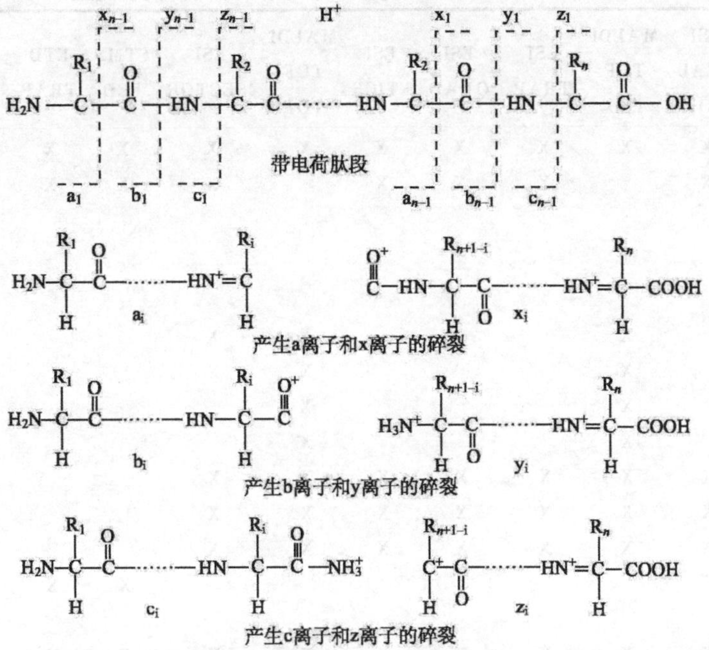

图 9-23 碎裂位点和碎裂产物

B. 电子转移解离

电子转移解离（ETD）是对电子捕获解离（electron capt ure dissociation）的发展，ECD 其原理是通过低能量的电子与带正电荷的肽段在傅里叶变换离子回旋共振质谱（FT-ICR）的磁场中进行反应，从而使肽段含有一个多余电子的正离子，带奇数电子的肽段接着进行重排和解离，之后主要产生 c 和 z 离子（贾伟 et al.，2007)。与 CID 相比，ECD 产生的是肽段主链的断裂，并不断裂肽段上的化学修饰，从而保留了肽段上的化学修饰基团，适合蛋白质翻译后修饰的鉴定。然而它的热电子传递和转移时间长，很难进行液相和质谱联用。ETD 用双离子源技术将供电子的阴离子引入反应体系，直接快速地完成电子转移等一系列反应步骤，同时保留了 ECD 微弱的翻译后修饰化学键不断裂，得到近乎完全的包含了翻译后各种修饰的肽段序列信息的优势（刘科辉和钱小红，2008)。

目前 ETD 使用四极杆离子阱而不使用价格昂贵的 FTICR 作为离子捕集和检测设备，离子阱质谱又易于维护，因此基于 ETD 的质谱分析可以更为广泛地应用于蛋白质组学领域中。不过，ETD 通常得到高电荷的肽段碎片离子，因谱图十分复杂而很难进行解析（Wiesner et al.，2008)。Joshua 等（2005）把带有电子的苯息香酸引入 ETD 反应后的体系中，进行质子转移电荷还原反应，把离子的高电荷状态转化为较低电荷状态，得到主要为单电荷的离子（刘科辉和钱小红，2008；Coon et al.，2005)。

不同仪器所带的电荷分布和产生的离子类型有所不同，在质谱搜索鉴定结果中对各仪器所产生的主要离子类型和电荷数进行搜索，表 9-10 列出了各仪器的主要带电离子情况和产生的离子类型。

表 9-10　各种质谱仪器的主要带电情况和碎片离子类型

离子系列	ESI QUAD TOF	MALDI TOF PSD	ESI TRAP	ESI QUAD	ESI FTICR	MALDI TOF TOF	ESI 4SECTOR	FTMS ECD	ETD TRAP	MALDI QUAD TOF	MALDI QIT TOF
1＋	X	X	X	X	X	X	X	X	X	X	X
2＋	X		X	X	X		X	X	X	X	
2＋（前体离子＞3＋）											
亚胺离子		X				X	X			X	X
a		X				X	X				X
a*		X				X					X
a0		X				X					X
b	X	X	X	X	X	X	X			X	X
b*	X	X	X	X	X	X	X			X	X
b0	X	X	X	X	X	X	X			X	X
c								X	X		
x											
y	X	X	X	X	X	X	X	X	X	X	X
y*	X		X	X	X	X				X	X
y0	X		X	X	X	X				X	X
z							X				
yb						X	X			X	X
ya						X	X			X	X
y 离子必须显著											
y 离子具有最高打分											
z＋1								X	X		
d						X					
v						X					
w						X					
z＋2								X	X		

注：a、b、c. N 端离子；x、y、z. C 端离子；0 上标，表示发生了水分子（H_2O）中性丢失 。

*表示发生了氨分子（NH_3）中性丢失；＋＋ 表示离子带两个电荷。X 表示仪器存在此类型离子。

4）质谱分析仪

生物质谱主要用到的质谱仪主要有以下几种。

A. 线性飞行时间质谱分析器

目前线性飞行时间质谱分析器（TOF）主要应用在 ABI4700、ABI4800 和Q-STAR 等质谱平台上。其通过离子在电场的飞行时间来检测其离子质荷比，具有相同动能不同质量的离子，因其飞行速度不同而分离。如果固定离子飞行距离，则不同质量离子的飞行时间不同，质量小的离子飞行时间短而先到达检测器（Suckau et al.，2003；Dass and Brodbelt，2001）。离子在均匀电场中的飞行时间和质荷比的关系为

$$m/z = \frac{2eU}{L^2}t^2 \tag{9-2}$$

式中，U 为飞行电压；t 为飞行时间；L 为飞行距离；m/z 为质荷比。此类质谱分析器分辨率适中，质量误差容限在 0.5Da 左右。TOF 理论上不存在质量上下限，因此其分子质量分析范围很广。

B. 四极杆质谱分析器

目前四极杆质谱分析器主要应用在 Q-STAR 和 LCQ 等质谱平台上。通过离子在交变电场中的运动来检测其离子质荷比，计算过程比较复杂，这里不详细讲述。其分辨率较低，精度也较低，一般作为离子过滤器使用。

C. 离子阱质谱分析器

目前离子阱质谱分析器主要应用于 LTQ 和 LCQ 等质谱平台上，LCQ 是二维离子阱，LTQ 是 LCQ 的升级类型，都应用了三维离子阱技术（Dass and Brodbelt，2001）。离子在交变电场中的运动，由广义坐标

$$-a_x = a_r = -k\frac{4eU}{m} \tag{9-3}$$

$$q_x = -q_r = -k\frac{2eV}{m} \tag{9-4}$$

确定的稳定区决定离子是否在阱中稳定运动。由于离子阱的几何尺寸 rz、主射频是固定值，所以离子质量、q 值及射频强度的关系可以简化为以下公式：

$$q_z = \left(\frac{V}{m/z}\right).C \tag{9-5}$$

表示离子阱 q 值、射频强度 V 和离子 m/z 的关系，C 为常量。

其仪器分辨率较低，精度也较低，大概为 0.5Da 的质量误差，灵敏度适中，其特点是可以存储离子，能够在单个阱中进行多级质谱分析。

D. 电子轨道阱质谱分析器

目前电子轨道阱质谱分析器主要应用于 LTQ-Orbitrap 质谱平台，主要通过离子在交变电场中的运动来确定离子的质荷比，其详情过程请参考相关文献，主要计算质荷比的公式（Makarov et al.，2006）为

$$m/z = k\frac{1}{\omega^2} \tag{9-6}$$

式中，ω 为角速度；k 为常量。其分辨率很高，精度也较低，大概为 0.01Da 的质量误差，灵敏度适中。其特点是在高精度的情况下，能够实现快速扫描。

E. 傅里叶变换离子回旋共振质谱仪

傅里叶变换离子回旋共振质谱仪是一种高性能的、目前具有最高分辨率的质谱仪，也可直接用 FT-MS 表示（fourier-transform mass spectrometry）（Dass and Brodbelt，2001），主要应用于 LTQ-FT 质谱平台。在一定强度的磁场中，离子做圆周运动，离子运行轨道受共振变换电场限制。当变换电场频率和回旋频率相同时，离子稳定加速，运

动轨道半径越来越大，动能也越来越大。当电场消失时，沿轨道飞行的离子在电极上产生交变电流。对信号频率进行分析可得出离子质量。离子在磁场中的运动公式为

$$m/z = k\frac{B}{f} \tag{9-7}$$

式中，B 为磁场强度；f 为频率。其分辨率很高，精度也较高，大概为 0.001Da 的质量误差，灵敏度适中。其特点是在高精度的情况下能够实现快速扫描。

9.4.1.2　两种典型的质谱平台

通过以上 4 个主要部件可以构成很多质谱平台，这里介绍两种典型的质谱平台，ABI-4800 和 LTQ-Orbitrap 生物质谱平台（张纪阳，2007）。ABI-4800 是应用生物系统公司（ABI）的生物质谱仪，图 9-24 是其系统组成。质量分析仪由两级飞行时间质谱

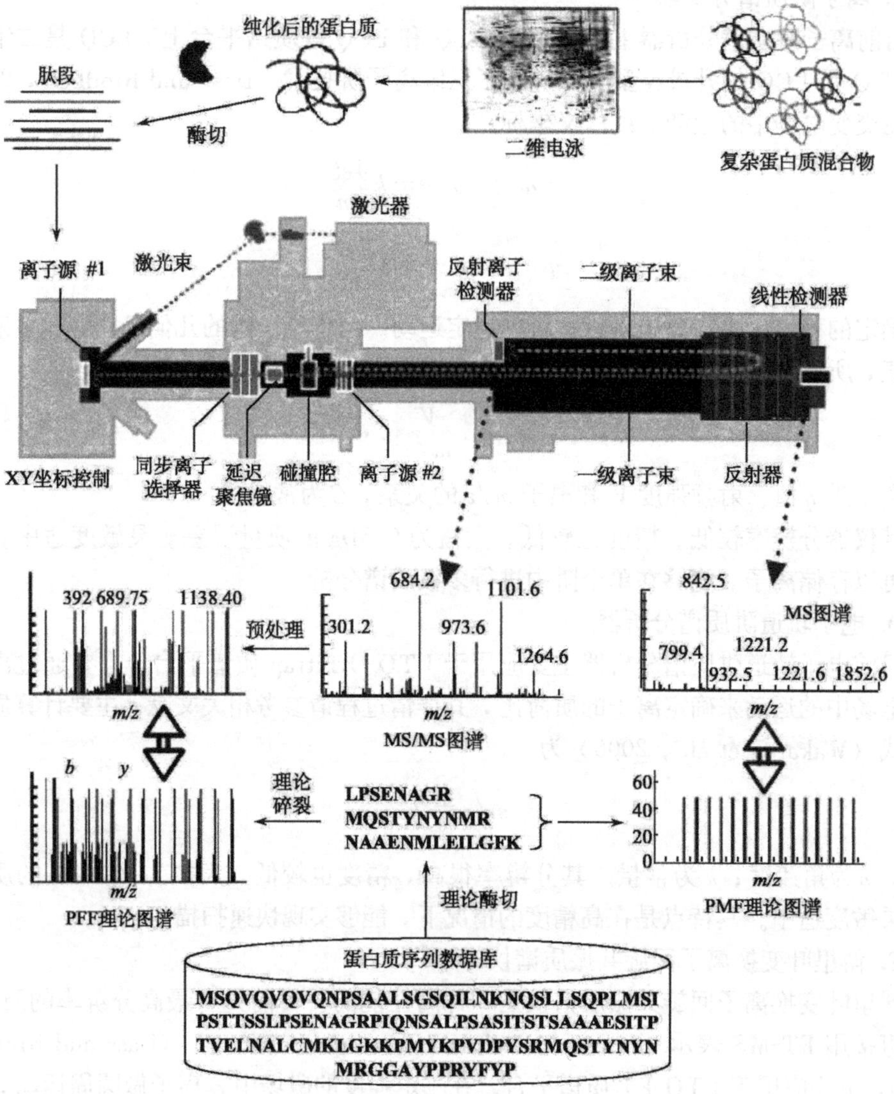

图 9-24　ABI-4800 质谱平台

组成（TOF），共用线性飞行腔。第一飞行时间质谱仪即线性 TOF，是用来进行一级图谱分析，即肽指纹图谱的扫描；第二飞行时间质谱仪即反射 TOF 进行二级质谱的质谱分析，使用的是反射离子检测器。使用 ABI-4800 的一般实验流程为：样品先进行双向电泳（two-dimensional gel electrophoresis，2D Gel）分析和分离（Raymond and Aurell，1962），酶切胶上有差异蛋白质位点，得到每个蛋白质的肽段混合物，进行一级图谱（MS）分析，得到肽质量指纹图谱（peptide mass fingerprinting ，PMF）（Thiede et al.，2005）；然后选择信号强度较强的几个母离子（parent ion）进行二级质谱分析，得到串联图谱（MS/MS）。得到的一级质谱图谱和二级质谱图谱使用 GPS Explorer 软件（Mascot 搜库算法）进行数据库搜索（Perkins et al.，1999），找到相应的肽段和蛋白质。ABI-4800 使用 MALDI 方法使肽段带电，所以肽段只带+1 电荷。此平台需要将 2D Gel 上的蛋白质点逐个切下，实验操作比较繁琐，其通量不是很高。目前可以在以上平台前面加一个 LC 进行样品的分离，然后用自动点靶仪取代手工点靶操作，其一次可以鉴定到约 1000 种蛋白质。

LTQ-Orbitrap 质谱平台是 Thermo 公司的生物质谱平台（图 9-25）（张纪阳，2007；Makarov et al.，2006），由 LTQ 质谱仪、离子存储阱 C-Trap、Orbitrap 质量分析器等组成，可以进行 *n* 级质谱分析。其通常的实验流程为：蛋白混合物进行酶解，酶解后的肽段使用 RPLC 进行肽段分离，通过 ESI 方式使肽段带上电荷，使用线性离子阱（linear ion trap）筛选离子并进行二级质量分析，C-Trap 存储离子，电子轨道阱进行精确的一级图谱分析。由于有了离子存储阱，两个质谱仪可以并行，也就是说，用 Orbitrap 分析 MS 的同时，LTQ 进行 MS/MS 分析。LTQ-Orbitrap 使用 ESI 方法使肽段带电，所以肽段带的是多电荷，其主要为+2 和+3 电荷。此平台由于可以并行分析一级质谱和二级质谱，其鉴定蛋白质总数目是 ABI-4800 的 2～3 倍，一次可以鉴定 3000 多个蛋白质。

9.4.1.3 蛋白质鉴定相关知识

数据库搜索鉴定蛋白质方法的核心是把理论质谱和实验质谱匹配打分，图 9-26 给出了利用二级质谱搜索数据库进行肽和蛋白质鉴定的基本流程。目前大部分采用二级质谱鉴定肽段，由于质谱是检测质荷比的仪器，肽段的分子质量和带电情况直接关系到质荷比值。不同的电离方式使肽段带上不同的电荷；不同的离子碰撞模式产生不同类型的主要碎片离子。只有了解各生物质谱平台其肽段所带的电荷分布和主要碎片离子类型，才能产生相应的理论图谱，实现数据库搜索方法鉴定蛋白质。数据库搜索是生物质谱蛋白质鉴定的主要方法，其过程涉及数据库蛋白质虚拟理论酶解，实验图谱和理论图谱进行比对、打分。下面简述数据库搜索涉及的基本知识（张京芬，2006；Perkins et al.，1999）。

1）各质谱平台离子带电分布及主要离子类型

目前有很多种生物质谱平台，其带电方式和质谱分析仪所选用的方式各有不同，但都是上述 4 个主要部件的组合。表 9-10 总结了不同的生物质谱平台离子带电分布及产生的主要碎片离子类型（Simpson，2009）。

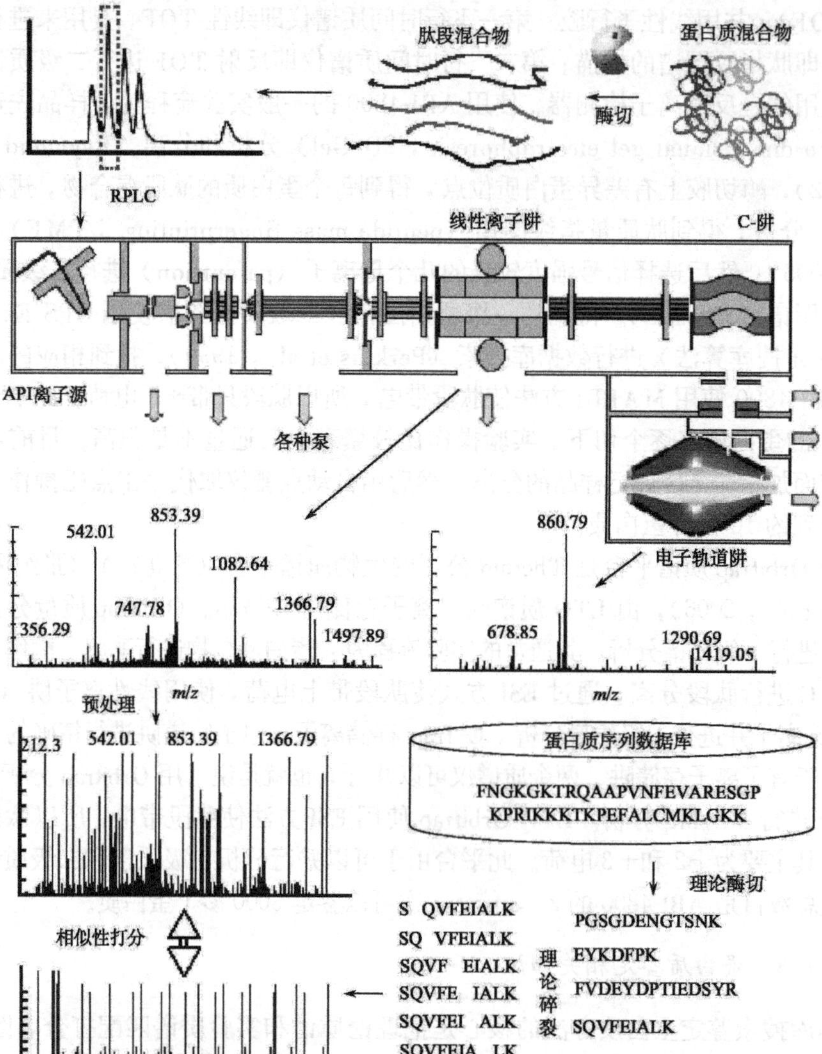

图 9-25　LTQ-Orbitrap 质谱平台

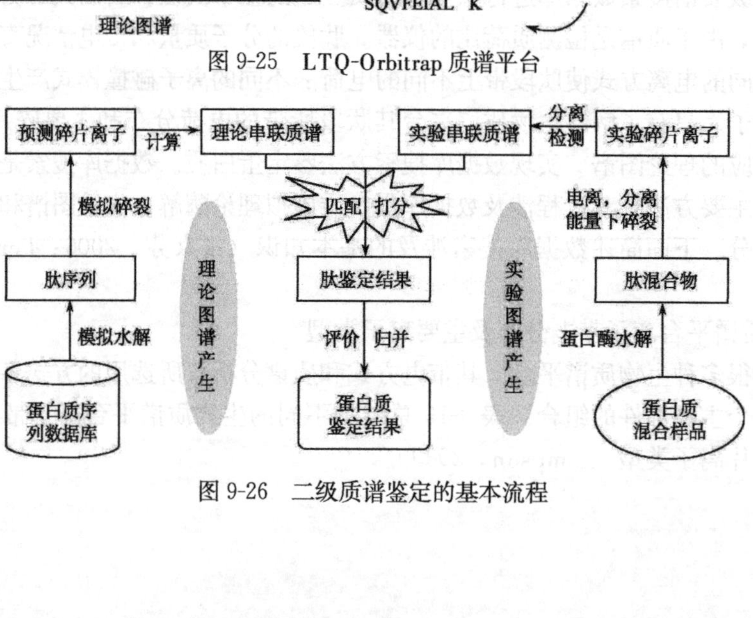

图 9-26　二级质谱鉴定的基本流程

2）理论图谱的产生

由于蛋白质鉴定涉及实验图谱和理论图谱进行比对打分，实验图谱由生物质谱产生，那么理论图谱就需要由计算机模拟实验产生。其具体涉及 3 个方面：蛋白质序列获取、理论酶切、产生理论图谱。

（1）蛋白质序列获取：目前各物种的蛋白质序列主要是从基因测序中自动翻译而来，有很多收集蛋白质序列数据的网上数据库提供用户的查询和下载。用户可以根据自己的物种，下载该物种蛋白质序列数据库。如果没有该物种的数据库，最好搜索 NCBI 的全库。

NCBI 数据库：收录了目前已测序物种和部分基因测序的结果。已完整测序物种的下载网址（ftp：//ftp. ncbi. nih. gov/genomes），每个物种文件夹中 . faa 格式的文件即是该物种的蛋白质序列数据库。还有一个重要资源，那就是非冗余数据库 NCBI _ nr. fasta，此数据库收集了目前基因测序的所有蛋白质序列。

（2）理论酶解：各蛋白酶特异性酶切位点是知道的，表 9-11 列出了各蛋白酶的酶切位点。蛋白质酶切不可能完全，可能存在漏切的情况，所以在计算机理论酶切时，应该予以考虑。理论酶切可以知道酶切肽段的分子质量，再根据仪器的带电情况，就可以产生蛋白质理论肽指纹图谱（Simpson，2009）。

表 9-11　各蛋白酶的酶切位点

Title	Sense	Cleave at	Restrict	Independent	Semispecific
Trypsin	C-Term	KR	P	no	no
Arg-C	C-Term	R	P	no	no
Asp-N	N-Term	BD		no	no
Asp-N _ ambic	N-Term	DE		no	no
Chymotrypsin	C-Term	FLWY	P	no	no
CNBr	C-Term	M		no	no
	C-Term	M			
CNBr＋Trypsin	C-Term	KR	P	no	no
	N-Term	D			
Formic _ acid	C-Term	D		no	no
Lys-C	C-Term	K	P	no	no
Lys-C/P	C-Term	K		no	no
PepsinA	C-Term	FL		no	no
Tryp-CNBr	C-Term	KMR	P	no	no
TrypChymo	C-Term	FKLRWY	P	no	no
Trypsin/P	C-Term	KR		no	no
V8-DE	C-Term	BDEZ	P	no	no
V8-E	C-Term	EZ	P	no	no
semiTrypsin	C-Term	KR	P	no	yes
LysC＋AspN	N-Term	BD		no	no

（3）碎片离子理论图谱的产生：以上酶切得到的肽段，经过质谱带上电荷，再经过 CID 的碰撞，就产生了实验的二级质谱。其理论图谱将模拟此过程。理论图谱原则上要

充分反映离子在碎裂腔中各离子的丰度情况和带电情况。但是实际上是达不到的，因为碎裂腔中产生的离子类型研究水平有限，只能考虑主要碎片离子。现在产生理论图谱的方法主要应用经验规则产生，其产生的碎片离子主要考虑表 9-12 中的情况，不同算法各有取舍（张纪阳，2007；Paizs and Suhai，2005）。有了产生碎片离子的规则，就可以产生相应的碎片离子片段，根据表 9-13 中各氨基酸的质量数，再加上相应电荷数（H^+ 个数），可以得到质荷比，再根据经验规则给出此碎片离子的丰度即可。不断重复上述过程，就可以产生理论图谱了（MacCoss et al.，2002）。

表 9-12　产生理论图谱的规则

规则编号	规则描述
1	产生所有的 b、y 离子
2	如果 N 端是 Asp 或 Glu ，产生所有的 b-H_2O
3	如果 b 离子或 y 离子中包含 Gln,、Lys 或 Arg，产生对应的 NH_3 丢失离子
4	考虑所有的 y 离子的水分子丢失
5	母离子水分子丢失；如果序列包含 Gln,、Lys 或 Arg，考虑母离子的 NH_3 丢失
6	如果 b 离子包含 Ser 或 Thr 并且不在 N 端，考虑其水分子丢失
7	Ser 或 Thr 上的磷酸化修饰（如果指定）
8	Cys 氨基酸上的还原烷基化修饰（如果指定）
9	Met 上的氧化修饰（如果指定）
10	如果序列带有+3 电荷，并且 b 离子或 y 离子中包含两个以上的碱性氨基酸，考虑对应的双电荷离子

表 9-13　各氨基酸的单同位素质量数

单字母表示	三字母表示	英文全称	单同位素质量/Da	平均质量/Da	化学组成
A	Ala	Alanine	71.037 1	71.077 9	H(5)C(3)NO
R	Arg	Arginine	156.101	156.186	H(12)C(6)N(4)O
N	Asn	Asparagine	114.043	114.103	H(6)C(4)N(2)O(2)
D	Asp	Asparticacid	115.027	115.087	H(5)C(4)NO(3)
C	Cys	Cysteine	103.009	103.143	H(5)C(3)NOS
E	Glu	Glutamicacid	129.043	129.114	H(7)C(5)NO(3)
Q	Gln	Glutamine	128.059	128.129	H(8)C(5)N(2)O(2)
G	Gly	Glycine	57.021 5	57.051 3	H(3)C(2)NO
H	His	Histidine	137.059	137.139	H(7)C(6)N(3)O
I	Ile	Isoleucine	113.084	113.158	H(11)C(6)NO
L	Leu	Leucine	113.084	113.158	H(11)C(6)NO
K	Lys	Lysine	128.095	128.172	H(12)C(6)N(2)O
M	Met	Methionine	131.04	131.196	H(9)C(5)NOS
F	Phe	Phenylalanine	147.068	147.174	H(9)C(9)NO
P	Pro	Proline	97.052 8	97.115 2	H(7)C(5)NO
S	Ser	Serine	87.032	87.077 3	H(5)C(3)NO(2)
T	Thr	Threonine	101.048	101.104	H(7)C(4)NO(2)
W	Trp	Tryptophan	186.079	186.21	H(10)C(11)N(2)O
Y	Tyr	Tyrosine	163.063	163.173	H(9)C(9)NO(2)
V	Val	Valine	99.068 4	99.131 1	H(9)C(5)NO
N 端	N-term	N-term	1.007 83	1.007 9	H
C 端	C-term	C-term	17.002 7	17.007 3	HO

9.4.2 数据库搜索原理及软件使用介绍

基于质谱的蛋白质鉴定有肽质量指纹鉴定和串联质谱肽序列鉴定方法。生物质谱可以在短时间内产生大量的实验数据，远远超过了手工分析的能力，因此出现了一些自动化的处理软件。其中 Mascot 和 Sequest 是目前很流行的搜索引擎（Perkins et al.，1999；Yates，1994）。下面将对其数据库搜索的原理和软件的使用进行详细说明。

9.4.2.1 肽质量指纹图谱鉴定蛋白质

1）基本原理简介

肽质量指纹技术由 Henzel 等于1993年提出（Henzel et al.，2003）。蛋白质经过特异性酶解成为肽段后，蛋白质的肽段分子质量形成一个肽段分子质量图谱，每个蛋白质都有一个特异的质量图谱，从而称为肽质量指纹图谱（peptide mass fingerprinting，PMF）（Pappin et al.，1993）。不同的蛋白质其氨基酸序列不同，蛋白质被酶解后所产生的肽段序列也各不相同，因此 PMF 也不同。根据实验得到的 PMF 质谱数据在蛋白质数据库中进行查询来鉴定蛋白质，是目前蛋白质组学研究中最普遍应用的重要鉴定方法之一。此外，由于 MALDI-TOF-MS 分析肽段混合物时，能耐受适量的缓冲剂和盐，而且各个肽段几乎都只产生单电荷离子，因此 MALDI-TOF 成为 PMF 鉴定的首选方法（Pappin et al.，1993）。

计算机可以模拟蛋白质酶解的过程，并通过理论计算得到每个蛋白质的理论肽质量图谱，实验获得的一级质谱 PMF 与数据库中蛋白质理论酶解 PMF 进行匹配，得到匹配结果作为鉴定结果。PMF 鉴定还存在一些问题：①实验中存在各种噪声，如蛋白质制备过程中混入的杂质、质谱仪的背景噪声和不可控的化学反应造成的化学噪声等；②蛋白质会发生一些固定的或可变的翻译后修饰，如乙酰化、羟基化、磷酸化、甲基化、糖基化等都引起多肽离子质量的变化；③多肽可离子化的程度不一样，某些多肽甚至不能被离子化，因此实验所获得的 PMF 实际上只是蛋白质的 20%～30% 的肽质量信息（夏其昌和曾嵘，2004）。

针对 PMF 鉴定存在的问题，目前已发展了很多算法，基本原理都是根据现有的知识构造合理的蛋白质理论 PMF，比较理论和实验 PMF 的匹配情况，给出一个分数来评价数据库中的蛋白质与待识别蛋白质的吻合程度，得分最高的蛋白质被认为是鉴定的结果。算法的不同之处在于理论 PMF 的构造以及评价吻合程度的方法不同。PMF 鉴定软件主要有 MOWSE（Pappin et al.，1993）、pepsea（Feny，2000），Mascot（Perkins et al.，1999）、Profound（Zhang and Chait，2000）等。其中最简单直观的评分方法是计算蛋白质理论 PMF 与实验 PMF 中质量一致的多肽的数（简称为匹配数）。数据库中某蛋白质的理论 PMF 与实验 PMF 的肽段匹配数越多则此蛋白质是待识别蛋白质的可能性就越高。基于这种简单记数的算法有 pepsea。当实验数据的精确度很高时，这算法表现很好。但由于蛋白质越大，包含的多肽数量越多，随机匹配可能性越大，因此这种算法总是对大蛋白质的评分很高而造成误认。这也是简单记数算法的最大缺点（张京芬，2006）。

2）肽指纹图谱搜索软件及算法

目前，Mascot 软件实现了 PMF 数据库搜索的功能，它建立在 MOWSE 算法基础上，实现友好的 web 界面。MOWSE 算法在简单记数的基础上做了改进，考虑每个多肽在数据库中的分布多寡情况，称为频度因子，某多肽出现的频度越高，则随机匹配的概率越大，因此在评分过程中消除这种影响。此外，MOWSE 还尽量消除蛋白质大小的影响。MOWSE 算法可以通过很少的实验信息来识别蛋白质。例如，分子质量在 30kDa 左右的蛋白质需要的实验信息约为理论多肽个数 13%，而分子质量在 40kDa 左右的蛋白质只需要理论值 10%，这是因为理论多肽的冗余度随着蛋白质的增大而减少。

A. MOWSE 算法简介

MOWSE 算法很好地模拟蛋白质被特异性酶酶解的模式。肽质量图谱搜索 MOWSE 算法：在建立的多肽数据库中，对每一条多肽分配一个出现频度因子，出现频度因子按下列方式计算（贠栋，2007；Pappin et al.，1993）：计算多肽数据库所有的分子质量在 10kDa 以内的多肽片段总数 N，再对分布 10kDa 以下每隔 100Da 计算落在其中的肽段总数 ni，各个间隔中的多肽片段获得相应的出现频率（F）为

$$F = \mathrm{ni}/N \tag{9-8}$$

所有的出现频率（F）的最大值为 F_{max}，则得到归一化的出现频率

$$\mathrm{Fn} = F/F_{max} \tag{9-9}$$

利用出现频度因子 Fn，可以增加背景分值，降低随机匹配的影响，有效提高分辨率。所有的匹配片段都将对最终的分值产生贡献，非匹配片段的贡献将被忽略。最终的分值（Score）

$$\mathrm{Score} = 50/(\mathrm{Pn} \times H) \tag{9-10}$$

其中，Pn 为蛋白质产生的 n 分布得分（出现频度因子 Fn）；H 为候选蛋白的分子质量。

B. Mascot 软件关于 PMF 鉴定

Mascot（Perkins et al.，1999）算法是在 MOWSE 的基础上发展而来的，这两个算法都由 Perkins 和 Pappin 所提出。Mowse 首先形成一个数据库肽段的频度矩阵 F，然后按照矩阵元素得到肽段的频度参数，结合相应的蛋白质量数计算出匹配的得分值。而 Mascot 在 Mowse 的基础上采用了基于概率的打分机制，其得分计算方程如式(9-11)所示（贠栋，2007；夏其昌和曾嵘，2004）。

$$\mathrm{Score} = -10 \times \log_{10}(P) \tag{9-11}$$

需要注意的是概率模式在很大程度上受到数据库大小的影响，如 10^{-5} 的概率对于一个含有 1 万条记录的数据库来讲已经属于小概率事件，但是对于大的数据库仍会有很多蛋白以这样的概率进行匹配。所以 Mascot 采用了统计分析的方法来设定分数限制，区分可信和随机匹配结果以达到对检索的质量控制。其置信度常为 0.05，也就是 20 次匹配中发生一次误匹配。公式分析表明，对于 PMF 匹配数限制为 $-10 \times \log_{10}$ (1/［proteinNumber-indatabase］×0.05)，其中 $-\log_{10}$ 是概率向分数转化的公式，反映了在不同数据库大小的情况下，以 5% 的随机匹配概率发生误匹配的概率（贠栋，2007）。

9.4.2.2　串联质谱数据搜索数据库

1）基本原理简介

数据库搜索就是针对每一张实验图谱，从数据库中搜索与之匹配的肽段。基本的方

法是：首先找出数据库中分子质量与图谱的母离子质量在一定误差容限内的肽段；然后根据肽段的碎裂原理，产生理论图谱，并将理论图谱和实验图谱进行比对，给出相似性打分。挑选打分最高的一个或者几个肽段输出结果。根据 Yates 等的总结，已有的数据库搜索算法可以分为 4 类：描述性模型、解释型模型、随机过程模型和统计和概率模型。其中著名的 Sequest（Yates）是解释型模型，而 Mascot（Perkins et al.，1999）是统计和概率模型。

2）搜索软件及算法

A. 基于解释型模型的方法[Sequest 算法（Eng et al.，1994）]

此类算法的基本思想是，通过对蛋白酶切和质谱检测过程的数学模拟，将数据库蛋白的理论酶切肽段转化为相应的预测谱，再对预测谱和实验谱的关联程度进行数学评价，从而得到相应的检索结果。此类算法以 Sequest 为代表。对于由低能条件下得到的串联质谱（CID 谱，下简称实验谱），Yates 等通过计算从数据库中预测的多肽的理论谱和该未经解析的实验谱的互相关系数，对二者一致性程度进行打分，得分最高的多肽被认为是该实验谱对应的多肽。

其工作流程如图 9-27（张纪阳，2007）所示，从实验谱鉴定多肽的主要过程如下(刘博书，2007；Eng et al.，1994)。

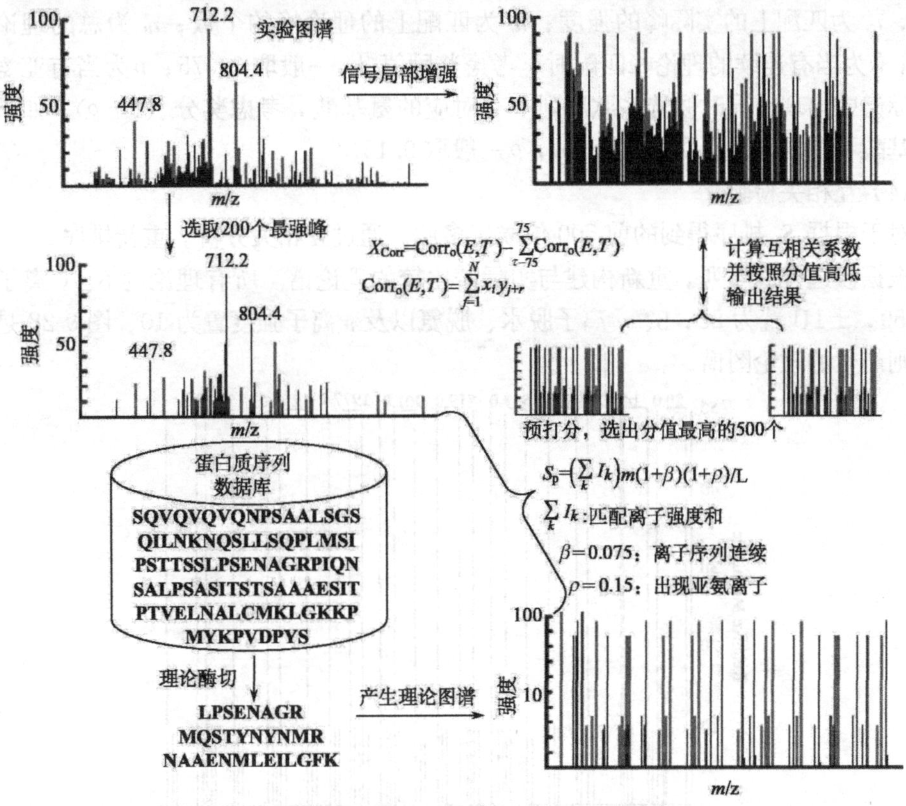

图 9-27　Sequest 工作流程

a. 对实验谱的预处理

（1）将实验谱中各个实验峰的质荷比转化为标称值（最相近的整型值），与用实验得到的实数值相比，整型值可以提高两倍处理速度。

（2）移去母离子（precursor ion）附近＋/－10U 窗口内的实验峰。这是由于母离子的强度（intensity/abundance）一般比较大，容易对搜索打分产生较大影响。

（3）取强度最大的 200 个实验峰，其强度正则化到 100。

（4）当多肽中有组氨酸（His）、甲硫氨酸（Met）、色氨酸（Trp）、酪氨酸（Tyr）或苯丙氨酸（Phe）存在下，低能 CID 谱线中可能会有相应的亚氨离子，如果出现，则需要进行标记，用于后面的打分。

b. 搜索方法

（1）将数据库中所有蛋白质序列，从每条序列的 N 端向 C 端扫描，找到肽离子质量与母离子质量吻合的候选多肽。这里所说的吻合，一般是指质量差在±0.05% 或者 1U 之内。

（2）每个候选多肽建立理论谱。

（3）实验谱与理论谱一致性程度的初步打分

$$S_p = (\sum i_m) n_i (1+\beta)(1+\rho)/n_t \quad (9\text{-}12)$$

其中，i_m 为匹配上的实际峰的强度；n_i 为匹配上的理论峰的个数；n_t 为总的理论峰的个数；β为当有连续的理论峰匹配时，考虑奖励值 β，一般取 0.075；ρ为当有亚氨离子在实际谱中出现，同时候选多肽序列中有对应的氨基酸，考虑奖分（1＋ρ），如果对应的氨基酸不出现，将会罚分（1－ρ），ρ一般取 0.15。

（4）互相关检验。

对于根据 S_p 排序得到的前 500 位候选多肽，通过互相关分析，重新排序。

根据候选多肽序列，重新构建与实际谱比较的理论谱。所有理论的 b、y 离子强度置为 50，±1U 置为 25，b、y 离子脱水、脱氨以及 a 离子强度置为 10。图 9-28 是应用此规则产生的理论图谱

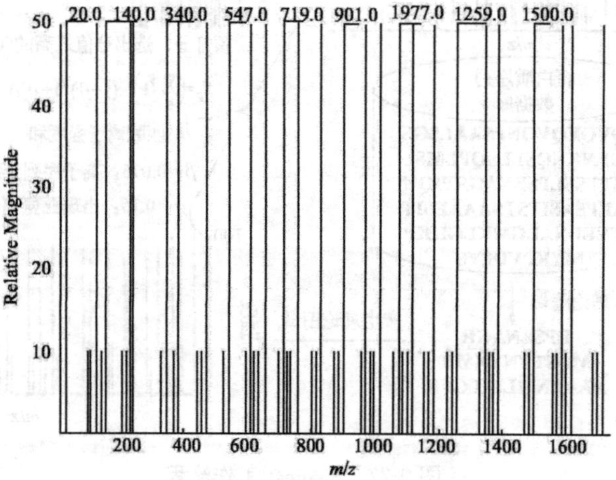

图 9-28　Sequest 软件产生的理论质谱图

实验谱移除母离子区域后等分成 10 个区域，每个区域标准化到 50。

两个连续的信号集 $x(t)$、$y(t)$ 的互相关系数打分如下：

$$C_{xy} = \int_{-\infty}^{+\infty} x(t)y(t+\tau)\mathrm{d}t \tag{9-13}$$

其中，τ 为两个信号集之间的相位差。

将理论谱和实验谱作为两个离散的信号集，则有公式

$$R_{\tau} = \sum_{i=0}^{n-1} x[i]y[i+\tau] \tag{9-14}$$

利用快速傅里叶变换可以计算出 τ 从 $-(n-1)$ 到 $(n-1)$ 的所有 R_{τ} 值。最后的互相关系数 X_{Corr} 为

$$X_{Corr} = [R_o - (\sum_{\tau=-75}^{75} R_{\tau})/151]/10^4 \tag{9-15}$$

全部 500 个候选多肽的互相关系数计算结束后，将所有 X_{Corr} 标准化到 1.0，得到 C_n，排序。排名第一的候选多肽被认为是该实验谱对应的多肽。一般地，当排名第一和排名第二的候选多肽的 C_n 值之差 ΔC_n 在 0.1 以上，这个鉴定结果比较可靠。Yates 等进一步提出了通过组合考虑后翻译种类和位点进行有后翻译修饰的多肽的鉴定。通过用 6 个阅读框架对基因组序列进行翻译，Yates 等还实现了用串联质谱对基因组的搜索以鉴定蛋白质。随着鸟枪法蛋白质组学的兴起，2002 年 Sadygov 等又开发了并行化算法，以适应大规模、高通量鉴定的需要。根据互相关方法制成的软件 Sequest 是目前在蛋白质鉴定中使用最广泛的软件。

B. 基于统计和概率模型[Mascot 算法（Perkins et al.，1999）]

Mascot 软件不仅可以鉴定肽指纹图谱，也可以应用于二级质谱或多级质谱的鉴定(夏其昌和曾嵘，2004；Perkins et al.，1999)。其算法的详细过程还没有公开，现按目前收集的资料对其步骤简要说明。

a. 二级质谱（MS/MS）数据预处理

其搜索程序也利用 MS/MS 质谱峰的丰度值，过滤掉噪声信号，即过滤掉低于某一丰度值的质谱峰。其处理过程如下：

(1) 每隔 14Da 取一个丰度最高的峰，这些质谱峰全部保留。其中保留了部分质谱峰较低的信息。

(2) 剩余的峰高于某一丰度值的峰保留，其他的峰丢掉。

(3) 保留的质谱峰进行规格化。

b. Mascot 打分

假设某一肽段是随机匹配，在数据库中，符合此肽段母离子容限误差肽段有 1.5×10^5 个，其发生 5% 的随机误匹配的概率的肽段分值是

$$\text{Score} = -10 \times \log_{10}(1/[1.5\times10^5]\times0.05) = 65 \tag{9-16}$$

也就是此肽段的统计阈值是 65，肽段得分如果大于 65 则为可信肽段。

9.4.3　搜索结果的质量控制

数据库搜索是目前质谱数据处理的主要方法。鉴定复杂体系中的蛋白质时，随着样

品复杂程度和实验流程的不同，常常产生几万到几十万张的二级质谱，其中只有10%～20%的质谱与肽段序列形成正确匹配（Sadygov et al.，2004），剩下的二级质谱很多因图谱质量很差，会导致大量随机匹配从而产生假阳性肽段鉴定结果，并且阳性鉴定结果与假阳性鉴定结果之间有较大的重叠部分，难以直接区分，相应引起假阳性蛋白质鉴定结果的出现（杨兵，2006）。这一节将讨论怎样从大量的候选肽段中，得到可信的鉴定结果，也就是搜索结果的质量控制。数据质量控制在蛋白质组研究中，已经成为结果发表的基本标准和要求之一。很多杂志，如*MCP*、*Proteomics*等，要求作者在提供质谱鉴定结果时，需要对其鉴定结果有相关质量控制方法的描述（张纪阳，2007）。

质谱的数据质量控制应该解决两个问题（张纪阳，2007）：①对试验设计，操作进行，搜索软件参数等数据搜索结果中各个细节进行优化，尽可能得到样品信息；②建立统一结果评价体系，对搜索结果进行过滤，保证最终结果真实地反映样品的信息。其中，数据处理搜索参数的优化、数据质量评估指标的建立及应用软件的开发是生物信息学研究人员应该考虑的问题。

9.4.3.1 生物质谱的质量控制涉及的4个方面

目前，数据质量评估方法已经有很多的研究，但是数据过滤方法随着样品的变化，其灵敏度比较低、图谱数据利用率不高，而且自动化的软件很少，以至于建立有效质谱数据质量控制方法和开发其应用软件成为质谱数据处理的突出问题。从生物信息学角度研究质谱数据的质量控制问题，其目的是既要充分利用数据，又要保证所得到的结果数据集的正确性。搜库结果质量控制涉及4个方面：图谱质量过滤，搜库软件搜索参数的优化，搜索鉴定肽段结果的过滤和蛋白质的组装过滤。下面简要介绍这4个方面所涉及内容。

(1) 图谱质量过滤：生物质谱产出的数据，其中有很多的噪声图谱，如果这些图谱不预先过滤，将产生很多的随机匹配，影响后期搜索结果的过滤（Bern et al.，2004）。在Keller标准蛋白质数据集中的37 044张图谱中，经过验证只有2757张（7.44%）图谱获得了正确的匹配（Ulintz et al.，2006）。由于可以正确匹配的图谱含峰的数量、信噪比，峰的强度等具有一定的规律（超过某一阈值），这些规律可以用来对原始图谱进行过滤，去除噪声图谱。过滤噪声图谱不仅可以减少随机匹配的数量，降低计算复杂度，还可能减少正确和随机匹配结果在打分分布上的重叠，增强搜库打分对正确匹配和随机匹配的分辨能力（张纪阳，2007）。目前过滤噪声图谱发展了很多软件，其中比较流行的软件是Peakselect和DTAsupercharge。经过软件过滤和合并后的质谱，能够明显提高图谱的质量和图谱得分，从而减少假阳性率（张京芬，2006）。

(2) 搜库软件参数的优化（张纪阳，2007；杨兵，2006）：在数据库搜索过程中，需要用户指定的搜索参数，其中有些参数十分重要。例如，母离子质量误差容限和酶切参数，它们可以决定一张图谱在数据库中的候选肽段集，对搜库结果影响十分大。其实搜索参数应该由仪器当时的状态和实验涉及的环节决定，不同的实验产生数据集需要根据实际情况选择优化的搜库参数。目前，大家主要采用实验室的经验值或者仪器制造商的推荐值作为搜库参数，不能根据数据集确定搜库参数。在实际数据分析中，可以设置不同搜索搜库，然后统计其各搜索参数的结果，可以有针对性地优化某些对实验结构影响大的搜库参数。

(3) 搜索鉴定肽段结果的过滤（张纪阳，2007）：这一步是数据质量控制最重要的一步，数据库搜索鉴定蛋白的方法是从指定的数据库中搜索到与实验图谱最优匹配的肽段作为此图谱的鉴定结果，有可能此匹配结果是随机的匹配（Huttlin et al.，2007)。Patterson 等（2003）认为数据库搜索鉴定蛋白的方法找出的是实验图谱的显著的匹配，而不一定是正确的匹配。所以数据库搜索软件给出的肽段鉴定结果需要过滤，目的是去除假阳性的匹配，并且估计最终数据集的质量（Nesvizhskii and Aebersold，2004）。目前发展了搜索鉴定肽段结果的过滤的很多算法。下面会着重讲述。

(4) 蛋白质的组装过滤（张纪阳，2007)：生物质谱鉴定的是肽段，而不是蛋白质。在得到可靠的候选肽段后，需要根据肽段序列和蛋白质序列的对应关系推断蛋白质（Nesvizhskii and Aebersold，2005)。由于很多蛋白质具有很高的相似性，也就是一个肽段可能对应多个蛋白质，对于这样肽段序列的归属问题，还有待验证。还有不同的肽段具有不同的冗余鉴定次数，代表了肽段丰度信息。怎样将这些信息整合到由肽段到蛋白质的“组装”算法中，从而计算蛋白质的正确鉴定概率是比较麻烦的建模问题（Price et al.,2007)。目前主要组装蛋白质主要采用 group 的概念，它有两个原则组合蛋白质：①共享肽段鉴定集合的蛋白质组合在一起；②如果一个蛋白质的鉴定肽段集合是另外一个蛋白质的子集，将两者组合在一起。

质谱数据质量控制主要针对上面 4 个方面进行研究。其中搜索鉴定肽段结果的验证和过滤是质量控制的研究重点和难点，下面对此进行较为详细的描述。

9.4.3.2　蛋白质普通鉴定的质量控制方法

由于质谱的数据量十分巨大，根据经验判据筛选数据是一项费时费力的工作，还有数据库搜索软件都是作用在肽段水平，如何把搜索得到的肽段，组合成蛋白质也是十分复杂的过程。目前已经提出了很多质量评估方法和相应的软件。已有的方法可以分为 6 类：人工检查图谱经验阈值法；基于概率模型的方法；机器学习的方法；基于随机数据库的方法；综合方法。

1）人工检查图谱

人工检查图谱是很早就有的一种方法，通过软件把搜索的肽段的理论产生的 b 离子和 y 离子标注到实验图谱上，之后人工检查主要看两个方面：①谱图中标注的离子信号强度明显高于噪声峰；②有连续的 b 离子或 y 离子。孙伟等开发 AMASS 软件可以根据手动读图的原则，在过滤肽段鉴定结果过程中，加入了另外的三个参数 Matchpct，Coni和 RSore。AMASS 能够充分利用质谱信息，如峰强度、连续 b 离子、y 离子序列等。标准蛋白质数据的测试证明 AMASS 软件能够有效滤除阴性鉴定结果，提高数据的阳性率。

2）经验阈值法

经验阈值法（张纪阳，2007）的基本思路是通过设定某些参数的阈值来过滤肽段，得到可靠的鉴定结果。此方法涉及两个关键问题：参数选取和门限值确定。经验阈值法需要大量数据分析的经验总结。DTASelect、NITERACT 和 Buildsummary 等软件能方便地完成上面的工作。DTASelect 软件包（Tabb et al.，2002）应用最为广泛，主要用于对 Sequest 搜库结果进行过滤、输出。其中在肽段水平的结果过滤方法采用的是阈值法，主要考虑的参数是 Sequest 的打分 X_{Corr}、ΔC_n 和 RS_p 等。对于这组参数，文献中给出了不同的阈值。HPPP 计划中给出的推荐值是：肽段带一个电荷（+1），$X_{Corr} \geqslant 1.9$，两个电荷（+2）$X_{Corr} \geqslant 2.2$，3 个电荷（+3）$X_{Corr} \geqslant 3.75$；并且要求 $\Delta C_n \geqslant 0.1$，$RS_p \leqslant 4$（States et al.，2006）。Qian 等（2005）采用反向数据库的方法，对于不同的样品进行了 X_{Corr} 和 ΔC_n 的阈值优化，发现不同样品之间阈值的标准不同。所以在缺乏理论的指导下，质谱专家的经验和具体的实验情况调整门限值十分重要（Sadygov et al.，2004）。目前此方法较为广泛，其计算速度较快，具体用什么参数要根据实验数据决定，主要跟物种蛋白质数据库大小有关，最后通过评估筛选后数据的假阳性率来评估数据的可靠性。

3）基于概率模型的方法

基于概率模型的方法（张纪阳，2007）主要思想是通过统计分析正确匹配的肽段和随机匹配肽段所属的统计模型，根据其统计模型中各肽段的值，在一定的假阳性率的情况，过滤肽段。目前此方法应用最广的软件是 PeptideProphet（Keller et al.，2002），此软件是 TTP 系统的一个程序。PeptideProphet 将 Sequest 搜索结果的 4 个参数 X_{Corr}、ΔC_n、RS_p 和母离子匹配质量偏差 dM 进行线性加权，得到了一个判别函数[式（9-17）]。利用蛋白质标准品的实验数据，Keller 等通过统计学分析发现：判别函数的分值在随机匹配的情况下服从伽马分布，在正确匹配的情况下服从正态分布，即

$$F(X_{Corr}, \Delta C_n, RS_p, \mathrm{d}M) = c_0 + c_1 X_{Corr'} + c_2 \Delta C_n + c_3 \mathrm{d}M \tag{9-17}$$

$$p(F \mid +) = \frac{1}{\sqrt{2\pi}\sigma} \mathrm{e}^{-(F-\mu)^2/2\sigma^2} \tag{9-18}$$

$$p(F \mid -) = \frac{(F-\gamma)^{\alpha-1} \mathrm{e}^{-(F-\gamma)/\beta}}{\beta^{\alpha}\Gamma(\alpha)} \tag{9-19}$$

$$X_{Corr'} = \begin{cases} \dfrac{\ln(X_{Corr})}{\ln(N_L)}, \text{if} \quad L < L_c \\ \dfrac{\ln(X_{Corr})}{\ln(N_C)}, \text{if} \quad L \geqslant L_c \end{cases} \tag{9-20}$$

式（9-20）是为了消除 X_{Corr} 对肽段长度的依赖而进行的变换，L_c 为和肽段带电荷数目有关的常数。p（F | +）为正确匹配的情况下 F 的条件分布；p（F | −）为随机匹配的条件分布。对于实际样品数据，只能够得到混合分布的观测样本（混合分布表示为：$p(F) = P_{Correct}\, p(F \mid +) + P_{Random}\, p(F \mid -)$，可以通过期望最大算法（expectation maximization algorithm，EM）来估计正确和随机匹配情况下的条件分布。然后根据条件分布和先验概率，使用贝叶斯公式来计算每个肽段匹配正确的概率（后验分布）：

$$P(+ \mid F) = \frac{p(F \mid +) P_{Correct}}{p(F)} \tag{9-21}$$

得到条件分布后就可以使用经典的贝叶斯判决方法对数据集进行分类和过滤。另外，Keller 等还考虑了非胰酶酶切的问题，并且给出了灵敏度和错误率的计算公式，用来辅助判决。由于此方法是蛋白质标准品的实验数据分析得到的统计规律，其规律是否可以应用于所有实验还是一个问题。也就是说，判别函数系数的获得是通过标准品数据拟合得到的，不一定适用于实际样品数据集。

4）机器学习的方法

基于人工神经网络的方法和基于支持向量机算法几乎应用于生物信息学的各个领域。这种方法是将肽段鉴定结果的验证问题看作一个模式识别的问题，通过对训练集学习，构建合适的识别模型，综合多种特征在高维特征空间中进行分类。Baczek 等利用多层感知机（multilayer perceptron，MP）整合 10 个输入参数，其中包含 5 个 Sequest 输出（X_{Corr}、ΔC_n、RS_{p}、S_{p} 和 Ions）参数和 5 个肽段的物理化学性质（等电点 pI、等电点处的滴定曲线斜率 dz/dpH、疏水性 Hp、肽段的分子质量 MW 和母离子的电离状态 Ch）参数。通过这 10 个特征参数来对肽段与图谱之间的匹配好坏进行综合打分(张纪阳,2007；Baczek et al.，2004)。用啤酒酵母样品作为训练数据集，鉴定结果通过一组经验参数过滤后，采用手工验证的方法确定其是否正确，最终得到的分类正确率达到了 83%（张纪阳，2007；Baczek et al.，2004)。Anderson 等（2003）运用另一种机器学习算法（支持向量机算法），区分正确匹配和错误匹配的肽段。此方法用已知阳性肽段鉴定结果和阴性肽段鉴定结果进行训练，根据得到的判别边界区分实际样品的肽段鉴定结果，其中用到了 13 种不同的参数。使用支持向量机算法，提高了阳性结果和阴性结果的分离水平。

机器学习方法搜索结果质量控制的好坏依赖于搜索结果特征参数的选取和训练集的构建。而目前标准训练数据集的获取是个难题，小数据集的广泛代表性还有待考证，小数据集上学习的结果不能推广到实际样品的大数据集上，因此在实际的实验数据分析中很少使用（张纪阳，2007)。

5）基于随机数据库的方法

基于随机数据库的方法的基本思想是：先针对真实蛋白质数据库和实验数据集构建一个随机数据库，然后同时或者分别搜索真实蛋白质数据库和新构建的随机数据库，通过随机数据库肽段匹配来模拟正常数据库中的随机匹配，从而估计正常数据库中随机匹配的特征分布，确定不同过滤标准（基于特征的判别函数）下整体数据集的假阳性率。随机数据库方法为不同样品、实验技术路线、搜库软件、数据库、实验条件下的肽段搜库结果的质量控制问题提供了统一的框架（Elias et al.，2005)。目前大多数蛋白质组研究中，随机数据库方法被广泛使用（De Godoy et al.，2006)。基于随机数据库方法需要解决两个问题：随机数据库建立方法和假阳性率计算方法。

随机数据库要求其序列与真实蛋白质的序列相差较大，但其虚拟酶解后的肽段的质量分布，各种氨基酸的总体分布等影响肽段鉴定的因素要与真实蛋白质的序列相似。目前主要有两种构建随机数据库的方法：①反向蛋白质序列的方法：把真实蛋白质数据库的所有序列反向建立成为随机数据库，此方法可以保证其酶切后的肽段质量数相同，各氨基酸的总体分布相同等特点；②随机产生等长的蛋白质序列，此方法产生随机序列时，也不是完全随机的，也有限制。其限制要求影响肽段鉴定的因素要与真实蛋白质的序列相似。Gygi 等研究了不同数据库构造方法对假阳性率估计精度的影响，认同反向蛋白质序列的方法，但是各种随机数据库构造方法的结果差别不大（Elias and Gygi，2007）。

假设在给定过滤方法后，得到原数据库和随机数据库中匹配的数目分别为 N_N 和 N_R，假阳性率计算最主要的是式（9-22）和式（9-23)(Elias and Gygi，2007)，其中式(9-22）假设是随机真实数据库的随机匹配数量等于随机数据库的匹配数量；而式(9-23)假设是：随机匹配是在真实数据库和随机数据库中随机选取的，落入两个数据库的概率相等。其中式（9-22）更接近真实的假阳性率，但有可能比真实的假阳性率要大，而式（9-23）总是比假阳性率要小。目前大多用式（9-22）。

$$\mathrm{FPR} = \frac{N_R}{N_N} \tag{9-22}$$

$$\mathrm{FPR} = \frac{2 \times N_R}{N_N + N_R} \tag{9-23}$$

随机数据库方法的假设前提是：在数据集足够大和真实数据库序列与随机数据库序列有足够的区别的情况下，真实数据库中随机匹配的特征分布可以用随机数据库匹配结果特征的分布来估计。

6）综合方法

目前单独应用上面单个方法的很少，基本上应用随机数据库的方法和其他方法的组合，如阈值法和随机数据库，不断调节各阈值使 FDR<0.01。

9.4.4 翻译后修饰的鉴定

蛋白质翻译后修饰是一种可逆的、高度保守、动态的变化过程，也就是说，同一蛋白质在不同生理状态、不同亚细胞定位、不同氨基酸位点的修饰，及同一位点不同修饰量，可能对应其不同的生物功能。这种动态的变化过程非常难以将其捕获、检测和注释，以致寻求有效的方法确定细胞和组织内蛋白质修饰谱是当今功能蛋白质组学研究的重要内容，也是国际上一个研究热点和难点。要了解翻译后修饰变化，首先要解决的是修饰位点的鉴定，其次是修饰位点的定量。高通量生物质谱和生物信息学分析方法相结合，有可能弥补各自的缺点，使研究生物样本在某一状态下的翻译后修饰变化全貌成为可能。近几年检测蛋白质翻译后修饰的实验方法进步很快，特别是哺乳动物磷酸化位点的鉴定。

翻译后修饰鉴定的质谱数据处理主要分为 4 步：①搜索参数设定；②肽段或包含有修饰的肽段的质量控制；③人工检查图谱；④修饰位点确定（不确定位点的评估）。

9.4.4.1 搜索参数设定

不同修饰有不同的参数设置，其主要不同在可变修饰。应该注意两点。①注意中心丢失的设置。例如，磷酸化修饰主要在 S，T 设置磷酸化修饰（80Da）和中性丢失(98Da)，在 Y 上设置磷酸化修饰（80Da)；②可能漏切位点数。如果修饰是在酶切位点的氨基酸上，就要把可能漏切位点数设置大一些。其原因是酶切时，酶切多肽片段可能太小而不能被检测，而这些不能被检测到的肽段很可能就是含有修饰的肽段。例如，乙酰化修饰主要发生在K氨基酸上，用Trypin酶酶切位点是R和K，其可能漏切位点数大于4才合适，而不是设置的2。

9.4.4.2 鉴定结果的质量控制

翻译后修饰鉴定结果的质量控制与不同鉴定质量控制方法一样，主要应用阈值法和FDR结合的方法。其鉴定结果的质量控制与实验修饰富集过程有关，通常有两种情况：富集修饰肽段和富集修饰蛋白。如果是富集修饰肽段，那么搜索结果的质量控制就要在修饰肽段的水平上算FDR值了。例如，用磷酸化肽段的富集，蛋白质复合物进行酶解，酶解后的多肽用 TiO_2 富集磷酸化肽段，之后进行质谱鉴定。由于实验是富集磷酸化肽段，所以搜索结果的质量控制在磷酸化肽段的水平上，也就是要计算磷酸化肽段FDR（Ge et al.，2010）（FDR＝反库磷酸化肽段数/真实数据库的磷酸化肽段数）；如果是富集修饰蛋白，那么搜索结果的质量控制就要在所有肽段的水平上算FDR值了（Yan et al.，2010）（FDR＝反库肽段数/真实数据库的肽段数）。

9.4.4.3 修饰位点确定

上述质量控制的方法研究对象是蛋白质的普通鉴定，目前还没有蛋白质翻译后修饰质量控制研究的文章。在世界上，大部分人做翻译后修饰鉴定时，使用人工图谱检查的方法进行数据质量控制，此方法费时费力；Mann实验室在做磷酸化位点谱时，其搜索结果的质量控制使用了随机数据库的方法，过滤后的修饰肽段进行PTM Score和位点概率计算（Olsen et al.，2006），其详细过程如下所述。

（1）质谱峰过滤：每100Da提取4个最强的峰。

（2）计算每个可能位点可能性 P 值：

$$P=\binom{n}{k}\cdot p^{k}\cdot(1-p)^{(n-k)} \tag{9-24}$$

其中，k 为试验图谱中b、y离子与理论图谱b离子和y离子匹配个数；n 为理论上b、y离子应该匹配数目；p＝0.04，因为100Da有4个匹配的离子。

（3）位点打分（PTM Score），肽段PTM Score值取每个位点PTM Score的最大值

$$PTM=-10\cdot\log_{10}P \tag{9-25}$$

（4）选取位点PTM Score大于肽段PTM Score减5的位点作为候选位点，进行位点可能性评定。

（5）位点分类：位点可能性评定小于0.75的将分成第一类，认为是很可信的位点；0.25～0.75为第二类，认为是可能的位点；小于0.25的位点将滤去。随机数据库方法有一个明显的缺点：只能够从整体上评估数据集的可靠性，不能顾及单个肽段匹配的“个体”情况。而Mann的方法先采用随机数据库的方法过滤肽段，那些由于搜索软件修饰位点的错误定位，而导致控制参数值较小的肽段将会被大量的掩盖和忽略。

9.4.4.4 人工检查图谱

人工检查图谱是为了保证所用肽段和修饰图谱的质量，从而进行人工检查所用质量控制之后的图谱。人工检查图谱要从两个层次检查图谱。首先，要看肽段水平进行检查，也就是看肽段是否可靠。主要看以下几个方面：仪器所产生的主要离子连续匹配情况，如在 LTQ-Orbitap 中主要看 b 离子或 y 离子的连续匹配情况，一般连续 3 个 b 离子或 y 离子匹配认为可靠，如果有两个 b 离子或 y 离子连续匹配，另外还有广泛的 b 离子或 y 离子匹配的情况也可以认为肽段可靠。其次，检查修饰水平，主要观察修饰水平是否出现明显特征的峰，如磷酸化的中性丢失峰。

参考文献

白泉，等．2002．反相液相色谱对多肽的分离、纯化与制备．分析化学，(09)：1126-1129．

谌容，等．2006．基于 SWISS-MODEL 的蛋白质三维结构建模．生命的化学，6 (01)：54-56．

丁达夫，等．1997．同源蛋白质三级结构的预测：119-148．

高青斌．2006．蛋白质亚细胞定位预测相关问题研究．国防科学技术大学：博士学位论文．7-12．

贾伟，等．2007．另辟蹊径——串联质谱肽段断裂的新军“电子捕获解离”．质谱学报，28 (01)：55-64．

景楠．2004．基于神经网络方法蛋白质二级结构预测的研究．吉林大学：硕士学位论文．10-15．

李茂亿．2009．生物信息学中序列比对问题研究．兰州大学：硕士学位论文．8-20．

林丽玉．2006．基于神经网络的蛋白质二级结构预测的研究．大连理工大学：硕士学位论文．4-5．

刘博书．2007．构建基于质谱的蛋白质组定量软件研究．上海交通大学．硕士学位论文．

刘丹青．2007．面向信号肽预测的若干数据挖掘算法研究．上海交通大学：硕士学位论文．6-16．

刘军，等．2009．基于神经网络集成的蛋白质二级结构预测模型研究．安徽农业科学，37 (27)：12884-12886．

刘科辉，钱小红．2008．串联质谱肽段断裂新技术——电子转移解离及其在蛋白质组学中的应用．质谱学报，29 (02)：115-119．

钱小红．1998．蛋白质组与生物质谱技术．质谱学报，19 (03)：48-54．

孙力．2005．生物信息学中多序列比对算法的研究．黑龙江大学：博士学位论文．10-30．

孙啸，等．2005．生物信息学基础．北京：清华大学出版社：245-274．

仝磊光．2010．生物信息学中序列比对方法的研究．河北农业大学：硕士学位论文．10-25．

王勇献．2004．蛋白质二级结构预测的模型与方法研究．国防科学技术大学：博士学位论文．9-24．

夏其昌，曾嵘．2004．蛋白质化学与蛋白质组学．北京：科学出版社：硕士学位论文．385-450．

杨兵．2006．规模化蛋白质鉴定中的串联质谱数据评价方法研究．沈阳药科大学：博士学位论文．4-8．

于淑惠．2006．基于神经网络的蛋白质二级结构预测建模研究．西南大学：硕士学位论文．14-16．

负栋．2007．基于生物质谱的蛋白质组学数据处理及检索质量控制研究．复旦大学：博士学位论文．5-21．

张海霞．2004．蛋白质二级结构预测方法研究．大连理工大学：硕士学位论文．13-14．

张纪阳．2007．蛋白质组学中串联质谱数据搜库结果质量控制方法研究．国防科学技术大学．硕士学位论文．

张京芬．2006．蛋白质鉴定中串联质谱数据预处理的算法研究．中国科学院研究生院（计算技术研究所）：博士学位论文．6-30．

张漫，常延琦．2005．蛋白质三级结构预测方法简述．中国动物检疫，22 (05)：36-37．

张树波，赖剑煌．2009．蛋白质亚细胞定位预测的机器学习方法．计算机科学，36 (04)：29-33，49．

Altschul S，et al．1997．Gapped BLAST and PSI-BLAST：a new generation of protein database search programs．Nucleic Acids Research，25 (17)：3389-3402．

Anderson D，et al．2003．A new algorithm for the evaluation of shotgun peptide sequencing in proteomics：support vector machine classification of peptide MS/MS spectra and SEQUEST scores. Journal of Proteome Research, 2 (2): 137-146.

Arnold K, et al. 2006. The SWISS-MODEL workspace: a web-based environment for protein structure homology modelling. Bioinformatics, 22 (2): 195-201.

Attwood T, et al. 2000. PRINTS-S: the database formerly known as PRINTS. Nucleic Acids Research, 28 (1): 225-227.

Baczek T, et al. 2004. Artificial neural network analysis for evaluation of peptide MS/MS spectra in proteomics. Anal Chem, 76 (6): 1726-1732.

Bairoch A. 1993. The PROSITE dictionary of sites and patterns in proteins, its current status. Nucleic Acids Research, 21 (13): 3097-3103.

Baldi P, Brunak S. 2001. Bioinformatics: the Machine Learning Approach. The MIT Press.

Bateman A, et al. 2002. The Pfam protein families database. Nucleic Acids Research, 30 (1): 276-280.

Bendtsen J D, et al. 2004. Improved prediction of signal peptides: SignalP 3.0. Journal of Molecular Biology, 340 (4): 783-795.

Bern M, et al. 2004. Automatic quality assessment of peptide tandem mass spectra. Bioinformatics, 20 (Suppl 1): i49-54.

Chou K, Cai Y. 2004. Prediction of protein subcellular locations by GO-FunD-PseAA predictor. Biochemical and Biophysical Research Communications, 320 (4): 1236-1239.

Chou P, Fasman G. 1978. Prediction of the secondary structure of proteins from their amino acid sequence. Advances in Enzymology and Related Areas of Molecular Biology, 47: 45-148.

Coon J, et al. 2005. Protein identification using sequential ion/ion reactions and tandem mass spectrometry. Proceedings of the National Academy of Sciences of the United States of America, 102 (27): 9463-9468.

Dass C, Brodbelt J. 2001. Principles and practice of biological mass spectrometry. Applied Spectroscopy, 55: 296-300.

De Godoy L, et al. 2006. Status of complete proteome analysis by mass spectrometry: SILAC labeled yeast as a model system. Genome Biology, 7 (6): R50.

Eidhammer I, et al. 2004. Protein Bioinformatics: An Algorithmic Approach to Sequence and Structure Analysis. New York: Wiley.

Elias J, et al. 2005. Comparative evaluation of mass spectrometry platforms used in large-scale proteomics investigations. Nature Methods, 2 (9): 667-675.

Elias J, Gygi S. 2007. Target-decoy search strategy for increased confidence in large-scale protein identifications by mass spectrometry. Nature Methods, 4 (3): 207-214.

Eng J, et al. 1994. An approach to correlate tandem mass spectral data of peptides with amino acid sequences in a protein database. Journal of the American Society for Mass Spectrometry, 5 (11): 976-989.

Feng Z. 2002. An overview on predicting the subcellular location of a protein. In Silico Biology, 2 (3): 291-303.

Fenn J, et al. 1989. Electrospray ionization for mass spectrometry of large biomolecules. Science, 246 (4926): 64-71.

Feny D. 2000. Identifying the proteome: software tools. Current Opinion in Biotechnology, 11 (4): 391-395.

Fiser A, et al. 2000. Modeling of loops in protein structures. PRS, 9 (09): 1753-1773.

Gardy J, et al. 2003. PSORT-B: improving protein subcellular localization prediction for Gram-negative bacteria. Nucleic Acids Research, 31 (13): 3613-3617.

Garnier J, et al. 1996. GOR method for predicting protein secondary structure from amino acid sequence. Methods in Enzymology, 266: 540-553.

Gasteiger E, et al. 2003. ExPASy: the proteomics server for in-depth protein knowledge and analysis. Nucleic Acids Research, 31 (13): 3784-3788.

Gattiker A, et al. 2002. ScanProsite: a reference implementation of a PROSITE scanning tool. Applied Bioinformatics, 1 (2): 107-108.

Ge F, et al. 2010. Phosphoproteomic analysis of primary human multiple myeloma cells. Journal of Proteomics, 73 (7): 1381-1390.

Gomez M, et al. 2000. Identification of secreted proteins of Mycobacterium tuberculosis by a bioinformatic approach. Infection and Immunity, 68 (4): 2323-2327.

Guex N, Peitsch M. 1997. SWISS © \ MODEL and the Swiss © \ Pdb Viewer: an environment for comparative protein modeling. Electrophoresis, 18 (15): 2714-2723.

Henikoff S, Henikoff J. 1992. Amino acid substitution matrices from protein blocks. Proceedings of the National Academy of Sciences of the United States of America, 89 (22): 10915-10919.

Henzel W, et al. 2003. Protein identification: the origins of peptide mass fingerprinting. Journal of the American Society for Mass Spectrometry, 14 (9): 931-942.

Hillenkamp F, et al. 1991. Matrix-assisted laser desorption/lonization mass spirometry ol biopolymers. Analytical Chemistry, 63: 24-28.

Hofmann K, Stoffel W. 1993. TMbase-A database of membrane spanning proteins segments. Biol Chem HoppeSeyler, 347: 166-169.

Huang E, et al. 1998. Accuracy of side-chain prediction upon near-native protein backbones generated by ab initio folding methods. Proteins: Structure, Function, and Bioinformatics, 33 (2): 204-217.

Hulo N, et al. 2006. The PROSITE database. Nucleic Acids Research, 34 (suppl 1): D227-230.

Huttlin E, et al. 2007. Prediction of error associated with false-positive rate determination for peptide identification in large-scale proteomics experiments using a combined reverse and forward peptide sequence database strategy. J Proteome Res, 6 (1): 392-398.

Keller A, et al. 2002. Empirical statistical model to estimate the accuracy of peptide identifications made by MS/MS and database search. Anal Chem, 74 (20): 5383-5392.

Larkin M, et al. 2007. Clustal W and Clustal X version 2.0. Bioinformatics, 23 (21): 2947-2948.

Liithy R, et al. 1992. Assessment of protein models with three-dimensional profiles. Nature, 356: 83-85.

Lupas A, et al. 1991. Predicting coiled coils from protein sequences. Science (Washington), 252 (5009): 1162-1162.

Lupas A. 1996. Coiled coils: new structures and new functions. Trends in Biochemical Sciences, 21 (10): 375-382.

MacCoss M, et al. 2002. Probability-based validation of protein identifications using a modified SEQUEST algorithm. Anal Chem, 74 (21): 5593-5599.

Makarov A, et al. 2006. Dynamic range of mass accuracy in LTQ Orbitrap hybrid mass spectrometer. Journal of the American Society for Mass Spectrometry, 17 (7): 977-982.

Martí-Renom M, et al. 2003. Comparative protein structure modeling of genes and genomes. Annual Review of Biophysics and Biomolecular Structure, 29 (1): 291-325.

Mulder N, et al. 2003. The InterPro Database, 2003 brings increased coverage and new features. Nucleic Acids Research, 31 (1): 315-318.

Needleman S, Wunsch C. 1970. A general method applicable to the search for similarities in the amino acid sequence of two proteins. Journal of Molecular Biology, 48 (3): 443-453.

Nesvizhskii A, Aebersold R. 2004. Analysis, statistical validation and dissemination of large-scale proteomics datasets generated by tandem MS. Drug Discovery Today, 9 (4): 173-181.

Nesvizhskii A, Aebersold R. 2005. Interpretation of shotgun proteomic data. Molecular & Cellular Proteomics, 4 (10):1419-1440.

Nielsen H, et al. 1997. Identification of prokaryotic and eukaryotic signal peptides and prediction of their cleavage sites. Protein Engineering, 10 (1): 1-6.

Olsen J, et al. 2006. Global, *in vivo*, and site-specific phosphorylation dynamics in signaling networks. Cell, 127 (3): 635-648.

Paizs B, Suhai S. 2005. Fragmentation pathways of protonated peptides. Mass Spectrometry Reviews, 24 (4): 508-548.

Papayannopoulos I. 1995. The interpretation of collision-induced dissociation tandem mass spectra of peptides. Mass Spectrometry Reviews, 14 (1): 49-73.

Pappin D, et al. 1993. Rapid identification of proteins by peptide-mass fingerprinting. Current Biology, 3 (6): 327-332.

Patterson S. 2003. Data analysis-the Achilles heel of proteomics. Nature Biotechnology, 21 (3): 221-222.

Peitsch M. 1996. ProMod and Swiss-model: internet-based tools for automated comparative protein modelling. Biochemical Society Transactions, 24 (1): 274-279.

Perkins D, et al. 1999. Probability-based protein identification by searching sequence databases using mass spectrometry data. Electrophoresis, 20 (18): 3551-3567.

Price T, et al. 2007. EBP, a program for protein identification using multiple tandem mass spectrometry datasets. Molecular & Cellular Proteomics, 6 (3): 527-536.

Qian W, et al. 2005. Probability-based evaluation of peptide and protein identifications from tandem mass spectrometry and SEQUEST analysis: the human proteome. J Proteome Res, 4 (1): 53-62.

Raymond S, Aurell B. 1962. Two-Dimensional Gel Electrophoresis. Science (New York, NY), 138 (3537): 152-153.

Rost B, Sander C. 1994. Combining evolutionary information and neural networks to predict protein secondary structure. Proteins: Structure, Function, and Bioinformatics, 19 (1): 55-72.

Rost B, et al. 2004. The predictprotein server. Nucleic Acids Research, 32 (suppl 2): W321-326.

Rost B. 1996. PHD: predicting one-dimensional protein structure by profile-based neural networks. Methods in Enzymology, 266: 525-539.

Sadygov R, et al. 2004. Large-scale database searching using tandem mass spectra: looking up the answer in the back of the book. Nature Methods, 1 (3): 195-202.

Sadygov R, et al. 2004. Statistical models for protein validation using tandem mass spectral data and protein amino acid sequence databases. Anal Chem, 76 (6): 1664-1671.

Schwede T, et al. 2003. SWISS-MODEL: an automated protein homology-modeling server. Nucleic Acids Research, 31 (13): 3381-3385.

Simpson H. 2009. The MASCOT method. Software Engineering Journal, 1 (3): 103-120.

Sippl M. 1993. Recognition of errors in three-dimensional structures of proteins. Proteins: Structure, Function, and Bioinformatics, 17 (4): 355-362.

States D, et al. 2006. Challenges in deriving high-confidence protein identifications from data gathered by a HUPO plasma proteome collaborative study. Nature Biotechnology, 24 (3): 333-338.

Suckau D, et al. 2003. A novel MALDI LIFT-TOF/TOF mass spectrometer for proteomics. Analytical and Bioanalytical Chemistry, 376 (7): 952-965.

Tabb D, et al. 2002. DTASelect and Contrast: tools for assembling and comparing protein identifications from shotgun proteomics. Journal of Proteome Research, 1 (1): 21-26.

Thiede B, et al. 2005. Peptide mass fingerprinting. Methods, 35 (3): 237-247.

Ulintz P, et al. 2006. Improved classification of mass spectrometry database search results using newer machine learning approaches. Molecular & Cellular Proteomics, 5 (3): 497-509.

Vihinen M. 2001. Bioinformatics in proteomics. Biomolecular Engineering, 18 (5): 241-248.

Wiesner J, et al. 2008. Application of electron transfer dissociation (ETD) for the analysis of posttranslational modifications. Proteomics, 8 (21): 4466-4483.

Yan G, et al. 2010. Global phosphoproteomic effects of natural tyrosine kinase inhibitor, genistein, on signaling pathways. Proteomics, 10 (5): 976-986.

Yates D. 2001. Protein Identification by SEQUEST. Proteome Research: Mass Spectrometry, 125-142.

Zdobnov E, Apweiler R. 2001. InterProScan Can integration platform for the signature-recognition methods in InterPro. Bioinformatics, 17 (9): 847-848.

Zhang W, Chait B. 2000. ProFound: an expert system for protein identification using mass spectrometric peptide mapping information. Anal Chem, 72 (11): 2482-2489.

第 10 章　生物信息学二

蛋白质组学特别是质谱技术在近年来有着稳步的发展，分析的覆盖面、通量、灵敏度等都有显著的提升。目前，质谱技术已经成为一种较为常规的蛋白质鉴定手段。由于蛋白质分离手段仍然存在一些缺陷，鉴定到的蛋白质组变化可能并不能很好地反映所研究的生物学问题，通常会有很多鉴定到的蛋白质和所研究的生物学问题并不相关，而一些密切相关的蛋白质也有可能鉴定不到。

基于上述问题，随着研究技术的不断发展，越来越多的科研工作者把研究重点转移到功能蛋白质组学上。蛋白质组学研究的核心是蛋白质组的动态变化和动态行为，即蛋白质的动态表达、动态定位、动态修饰和动态相互作用等，是大规模地研究细胞内所有蛋白质的功能，蛋白质的简单鉴定不能满足这样的研究需求，必须实现对蛋白质的表达水平及其存在形式的动态变化的检测，而蛋白质表达谱是理解细胞分子动态的一把钥匙。目前对疾病的研究就可以采用蛋白质组学的方法，即通过比较正常与异常细胞或组织中蛋白质表达水平的差异，找到与人类疾病密切相关的差异蛋白，发现疾病相关的生物标记物，确定靶分子，为临床诊断、病理研究、药物筛选、新药开发研究等提供依据。功能蛋白质组学研究离不开定量蛋白质组，它同时也是系统生物学构建功能网络的一个重要的组成部分。

定量蛋白质组学按照定量策略分为两类，基于二维凝胶电泳（2DE）蛋白质点光密度的定量技术和基于质谱分析技术。基于质谱分析技术又可以分为稳定同位素标记的质谱定量方法和无标记的质谱定量方法。近年来，定量蛋白质组学发展迅速，一系列的实验策略和处理数据的相应方法相继出现。不管是使用哪种策略、哪种方法进行定量，都依赖于软件工具对数据进行统计评估及分析，这也促使了定量蛋白质组生物信息学这一新的研究方向的加速发展。目前有许多的软件可供用户使用，支持各种功能，包括 MS 数据的预处理（去除噪声、基线较正等）、评估，图谱和肽段序列的匹配，LC-MS 多重实验的比较和定量，整合分析 MS 数据和其他的数据资源（基因芯片、酵母双杂交等）等。

利用高通量的蛋白质组学进行蛋白质组定量，能够发现特定生理、病理条件下受到调控的蛋白质集，如何对这些数据进行挖掘，提取出其中蕴含的模式、关系、趋势等是生物学家所要面临的问题。组学不同于分子生物学，研究的不是单一的分子，而是整体分子协作所呈现出来的生物学现象，最终的发展目标是要弥补分子生物学和生理学之间的缺口，以更好地理解生命过程。

在得到蛋白质的定量信息后，首先要鉴定差异表达的蛋白质，再基于差异蛋白进行后续分析。在本章中，将介绍定量蛋白质组生物信息学，包括定量软件工具和相应的算法、差异蛋白鉴定和数据可视化、GO 分析和网络分析。

10.1　2DE 图像的生物信息学分析

10.1.1　简介

虽然色谱和质谱串联（LC-MS）技术发展迅速，但是蛋白质组的覆盖率和可重复性依然比较有限，目前使用 2DE 技术进行蛋白质的分离依然是很常用的方法，而且 2DE 胶图直接就可以用于蛋白质的定量。由德国主导的 HUPO 大脑蛋白质组学项目于 2006 年进行试验性研究（Apweiler et al.，2006），对不同的技术手段进行比较，结果表明 LC-MS 并不能完全取代 2DE 技术，两者的蛋白质覆盖是互补的。就目前来看，2DE 仍然是蛋白质组学的关键技术之一，在这里我们将介绍电泳图谱的生物信息学分析。

双向凝胶电泳技术于 1975 年由 O'Farrel（1975）和 Klose（1975）分别建立，双向凝胶电泳根据等电点和分子质量的不同可一次分离几千个蛋白质，双向凝胶电泳的第一向是等电聚焦，采用 pH 梯度，根据蛋白质等电点的不同使之分离；第二向是 SDS-聚丙烯酰胺凝胶电泳，根据蛋白质分子质量的大小进行分离，可采用垂直或水平两种方式，适合于分子质量为 10～150kDa 的蛋白质。

凝胶上电泳分离的蛋白质通过染色，形成密度不同、分布不均的复杂点图谱。显色后的凝胶通过平板扫描仪、CCD 摄影机、激光光密度仪或荧光成像仪等采集胶上的蛋白质斑点，并将其数字化，如何对这些蛋白质斑点进行检测、定量、比较和分析是生物信息学所要解决的首要问题。

进行 2DE 分析有着许多的挑战，虽然 2DE 有很高的分辨率，但是很多细胞蛋白共迁移，有些点会有严重的拖尾现象；另外，源自于污染、样品上样量误差、处理过程中蛋白质损耗等因素引起的变异，这些均会降低蛋白质定量的可靠性。而且由于胶的差异性所引起的蛋白质斑点的几何差异性也带来了一定的分析难度。差异凝胶电泳（DIGE）方法允许在同一块胶上跑 3 个样品，可以消除不同样品间由于凝胶实验所引起的差异性，然而这样的实验需要考虑比单一 DIGE 胶更大的样品量，而且，必须加大电压，目前凝胶间的比较依然是一个有待解决的问题。

10.1.2　图像获取

图像获取需要图像捕获设备，其大致可分为了 3 类，即平板扫描仪（flatbed scanner）、CCD 摄影机（CCD camera）、激光扫描仪（laser scanner）。关于图像捕获设备的详细描述可参考 Miura（2003）的综述。必须充分利用扫描仪的动态范围，以便使更多低表达的蛋白质点能够从噪声中区分出来，扫描图像通常保存为 TIFF 格式，这也是各种分析软件都兼容的图像格式，具有 16bit 的线性动态范围。切记不能保存为 JPEG 格式，这种格式只有 8bit 的动态范围，丢失了用于蛋白质定量的很多细节。图像获取是 2DE 分析的第一步，为后续的比较分析做准备。扫描完凝胶后，图像需要预处理，手工设定蛋白质斑点的轮廓，去除背景噪声。

10.1.3　分析软件

2DE 图像需要软件进行处理，常见的有 GE Healthcare 公司开发的 ImageMaster 2D 和 DeCyder、Syngene 公司开发的 Dymension、GeneBio 公司开发的 Melanie、Bio-Rad 公司开发的 PDQuest、BioImagene 公司开发的 ProteinMine 等。购买这些软件的费用都比较高。Clark 等（2008）对这些软件做了一个评估，可以为我们选择合适的软件做参考。他们使用大鼠大脑蛋白提取物进行 2DE，进行了 18 个重复，并使用这些数据测试了 5 个商业软件，比较软件的处理时间，包括点编辑时间、校正点错配时间和总处理时间；还比较了点自动检测、手工编辑后剩余的点、自动匹配的正确率等。结果显示这些号称自动化、高通量的软件自动化程度很低，大部分的处理必须手工完成，而且随着实验量的增大，自动匹配的准确性会降低。

10.1.4　传统的分析方法——点的检测和匹配

确定每一个蛋白质点的轮廓、大小定量，通常是使用分水岭变换（watershed transform）对点进行识别。分水岭分割算法是一种基于拓扑理论的数学形态学的分割方法，其基本思想是把图像看做是测地学上的拓扑地貌，图像中每一点像素的灰度值表示该点的海拔高度，每一个局部极小值及其影响区域称为集水盆，而集水盆的边界则形成分水岭。分水岭的概念和形成可以通过模拟浸入过程来说明。在每一个局部极小值表面刺穿一个小孔，然后把整个模型慢慢浸入水中，随着浸入的加深，每一个局部极小值的影响域慢慢向外扩展，在两个集水盆汇合处构筑大坝，即形成分水岭。使用这一算法，通过一次或多次二维高斯（2D Gaussians）使残差平方最小进行参数优化，能够将那些不同峰的共迁移点进行区分。

点检测是传统分析的第一步，必须进行背景去除，以移除斑纹和污点，这一步很主观，会对实际蛋白质斑点产生一定干扰，操作时应该保守点，以防止对定量产生不利的影响。

点检测完成后，对每一个斑点会生成一个特征向量，它包含位置、体积、外形轮廓等信息。对于每一块胶，生成一个相应的点列表。进行点匹配时，需要设定一块参考胶（reference gel），这是一块提供匹配目标点的胶，其他胶的点列表会和这块参考胶点列表进行匹配，参考胶上没检测出来的点就无法进行匹配，为了突破这个限制，有一些软件允许对所有胶进行两两匹配。低表达的点只有某一些凝胶能够检测出来，这样在最终的点匹配列表中就会缺失。这些值的缺失会降低统计显著性，使分析结果有一定的偏差。所以必须对点检测和匹配进行手工编辑，使胶间匹配点数目最大。当然点匹配缺失值是不可避免的，忽略这些点会给分析引入偏差，将缺失值用 0 替代会更好一些，当然偏差依然存在，目前还没有很好的解决方案。随着实验样本的增加，在自动化的点匹配这一步骤中能匹配上的点也就越少，那么所产生的误差也就越大（Clark et al.，2008）。这是传统分析方法目前无法避免的，这会促使研究者通过降低实验样本以控制误差，而样本量太少，又会导致统计上显著性的降低。目前唯一的解决方法是引入基于图像分析范式（paradigm）。

10.1.5 基于图像分析——胶匹配与一致性建模

获取图像后，传统的方法是对每片胶上的点先进行点识别和定量，再比较不同胶图上同一蛋白质点的差异表达。如前文所述，传统的方法有着自身无法解决的缺点。现在有一个更为稳健的自动化范式，即在进行点识别之前，直接对不同的电泳图进行比对，随后再基于在每块胶上的整体信息进行点识别，统计方法在这一新的范式里起着最关键的作用，这一方法能够有效地提高结果的可靠性。

基于图像分析的第一步是选择一个蛋白质模式和位置最具代表性的胶作为参考图，其他胶的图像自动弯曲以使其点模式和参考图对齐。在这里介绍一下稳健自动化图像归一化（robust automated image normalization，RAIN）算法（Dowsey et al.，2008），RAIN 算法从多个层次考虑了许多图像的细节特性，如全局蛋白质分布、背景、斑纹、污点等，应用矩阵划分图像配准（dividing rectangles image registration），实现了完全自动化的图像配准。

图像经过自动化变形实现最大匹配后，被组合成一张图像用于后续的点检测。这张图像称之为平均胶（average gel)，是对所有胶点的强度取平均值所得。使用平均胶的优点是噪声降低，使用 n 个胶，噪声将降低 $\sqrt{n}$，噪声降低的同时点信号加强，从而显著提高了检测低表达点的灵敏度（Morris et al.，2008），而且随着样本的增大，变异也会随着降低。

需要对平均胶进行背景去除和归一化，可以使用全局或局部背景估计，归一化调整胶特异的因素，比较蛋白质的上样量。一个常用的全局归一化方法是使用胶的上样量除以所有胶上样量的总和，以此作为全局归一化因子，乘以相应胶的点强度并加和，实际上就是取加权平均值。如果是 DIGE 实验，则利用参考通道（reference channel），使用点体积除以相应参考通道上的点体积作为归一化因子，这样更为准确些。

第二步是进行点定量，Pinnacle 算法（Morris et al.，2008）使用峰（而非点轮廓）和体积用于定量。其基本思路是非饱和点有清晰的峰，而峰的强度与点体积高度相关，而且受到邻近点的影响很少。使用平均胶进行峰检测可以区分共迁移点，相对于使用点轮廓，使用峰高度进行定量更为可靠，结果更为准确（Morris et al.，2008)。Pinnacle 算法可以为每块胶自动化输出每个点的峰强度，以用于下游的统计学显著性检验。

10.1.6 差异性分析

所有胶上的点定量信息组成了一个矩阵，对这个矩阵进行分析，以辨识不同胶间差异表达的蛋白质。通常点体积或峰强度呈右偏分布，有很多孤立值（outlier），并且方差与均值相关，这不符合许多统计检验的假设，通常在进行统计分析前，需要对点定量进行转换，如对数变换、开方变换等。变换手段的选择可以使用 QQ 图或残差的直方图来衡量。

差异表达的统计分析必须考虑实验的变异，两组检验通常使用 t 检验，多组检验使用方差分析，相关性分析则使用线性回归。如果数据不呈正态分布，则使用非参数检验，如 Mann-Whitney 方差分析。在进行了统计检验后，每一个蛋白质都会有一个相应

p 值，代表在随机情况下观测到相应差异的可能性。

获得了蛋白质的 p 值后，p 值通常以 0.05 为阈值，低于 0.05 便认为蛋白质是差异表达的，结果质量如何，需要通过错误发现率（false discovery rate，FDR）来控制，FDR 控制在 0.05，表示差异点只有 5% 是假阳性的，其余 95% 是真阳性。Bioconductor（Gentleman et al.，2004）里有很多软件包可以用于 FDR 分析，如 fdrtool。通过 FDR 控制后，我们将得到一个可信的差异表达蛋白列表。

10.1.7　展望

随着自动化图像分析和定量算法的发展，使 2DE 的灵敏度和结果的可靠性得到了提高。如何对不同来源的二维胶数据进行整合分析显得越来越重要。目前已有许多基于二维胶的蛋白质表达数据库（http：//www.expasy.org/），需要建立统一的标准，才能对这些信息进行有效的整合分析。人类蛋白质组组织（human proteome organization，HUPO）建立了蛋白质组学标准计划（proteomics standards initiative，PSI）标准，用于定义基于质谱的蛋白质组学数据，有利于不同来源的数据进行比较、交换和相互验证。然而基于二维胶的数据，目前还缺乏数据标准，将来如果能够开发出一套适用于二维胶的数据标准，再加上目前仍在不断增长中的数据库资源，数据之间的整合分析将使二维胶定量数据发挥更大的作用。

10.2　基于质谱技术的定量蛋白质组生物信息学分析

10.2.1　简介

蛋白质组成成分氨基酸残基数量远多于核苷酸残基，而且蛋白质有着复杂的翻译后修饰，如磷酸化、糖基化、乙酰化、泛素化等，这使得蛋白质的各种研究技术相比于核酸研究技术来说要复杂得多。质谱技术在生物大分子领域中的应用是蛋白质研究的里程碑。质谱技术在 20 世纪初期就已出现，但最初只应用于有机小分子领域的研究，直到 80 年代才开始应用于生物大分子，在这近 30 年的发展和应用中，质谱技术已经是蛋白质研究必不可少的工具，它使得高通量研究整个蛋白质组成为可能。

质谱技术近年来的一个关键进步是可以高通量地进行定量，使我们获得不同细胞状态下的蛋白质组丰度快照（snapshot）成为可能，蛋白质组的定量在构建蛋白质相互作用网络、挖掘生物学意义中扮演着重要角色。

基于质谱技术的蛋白质定量需要软件工具的支持，随着质谱仪技术的发展，软件工具也在不断地发展中，目前有相当多的分析软件（包括商业软件和开源软件）可供用户使用，对于分析软件的选择，需要考虑不同软件对于不同质谱平台分析能力的局限性、文件的兼容性、计算需求、用户友好性、数据的可视化等因素（Codrea et al.，2007）。LC-MS 数据兼容性问题目前可以通过 mzXML（Keller et al.，2005）这一通用的数据格式来解决，通过把质谱仪所产生的原始数据转换成 mzXML 格式，就可以使用与质谱平台无关的分析软件进行定量分析；另外还需要考虑处理数据所需要的计算时间，由于 LC-MS 产生的数据量大，在适当的时间内完成数据分析需要较多的计算资源，需要软件支持分布式计算；最后还需要考虑可视化，这有利于评估每一步数据处理的质量。

基于质谱技术的定量蛋白质组学主要有两种定量策略，一种是基于稳定同位素标记，另一种是非标技术。发展比较成熟的是稳定同位素标记技术，这是目前最稳健的定量平台，具有高通量、高灵敏度等特点，也是目前使用最多的定量技术（Yan et al.，2005）。目前有多种标记技术可用于蛋白质组定量，可以分为两大类，一类是同位素标记（isotopic labeling），另一类是同重标记（isobaric labeling）。

同位素标记又可以分成三大类别：化学标记，如同位素亲和标签技术（isotope-coded affinity tag，ICAT）（Gygi et al.，1999）；酶解标记，如^{18}O标记技术（Miyagi et al.，2007）；代谢标记，如细胞培养稳定同位素标记技术（stable isotope labeling by amino acids in cell culture，SILAC）（Ong，2002）。它们的实验原理和流程可参考第8章，大致过程为实验样本被分别标记上不同的同位素，标记后的蛋白质随后被酶解、混合、分离进入LC-MS分析。同位素标记只需要进行一级质谱便可定量，由于同位素标记而引入特定的质量差（mass shift），使质谱产生成对的肽段，由重链肽段（heavy labeled peptide）和轻链肽段（light labeled peptide）之间的比值进行定量。

同重标记的主要方法是同重标签相对和绝对定量标记技术（isobaric tags for relative and absolute quantification，iTRAQ）（Ross，2004），使用一个肽段标签，由3部分组成，即报告基团（reporter group）、平衡基团（balance group）和反应基团（reactive group）。报告基团的质量差被平衡基团所补偿，在一级质谱时是不可区分的，进行二级质谱时将产生报告离子（reporter ion/signature ion），肽段的丰度比值通过报告离子的二级质谱进行定量，报告离子峰强度代表了相应肽段的丰度。

引入同位素或化学标记进行蛋白质相对定量，增加了时间消耗、实验成本、样本的复杂性等，而且目前除串联质量标签（tandem mass tag，TMT）（Thompson et al.，2003）和iTRAQ能比较多个（最多可达8个）样本外，其他标记技术只能比较2个或3个不同样本。标记可能会对肽段的离子化效率有一定的影响，这会对定量结果引入误差；而且同位素标记会增大肽段共洗脱，这会降低肽段的覆盖率及增大计算的复杂性。所以越来越多的研究者对非标记技术（label-free）感兴趣，因为这是一个快速、简便的定量方法。

10.2.2 同位素标记蛋白质定量分析

同位素标记实验定量分析的计算原理是一致的，不管是何种标记策略，都是通过具有特定质量差的成对肽段进行定量。定量分析首先要提取特定质量差的成对同位素肽段，这通常基于二级质谱肽段归属（MS^2 peptide assignment），进行定量分析时，对分别使用重链和轻链标记的成对肽段离子构建提取离子色谱（extracted ion chromatogram，XIC），XIC的面积用于计算肽段和蛋白质的比值。由于标记定量技术通常结合LC-MS/MS，每一次实验，通常产生成千上万张MS和MS/MS图谱（几个G的数据），几百甚至几千的蛋白质能够被鉴定，一个蛋白质能够通过多条肽段进行鉴定和定量，从而提高了蛋白质定量的可靠性。然而在这样的定量策略中，增加了样品的复杂性，这使得数据处理的复杂性也随着上升。同时，噪声及实验和仪器的限制（如肽段的共洗脱、仪器有限的动态范围等）使数据分析更为复杂。有时基于MS的定量是很困难的，对于复杂的肽段混合物，由于诸多的问题（如色谱分离不充分）会导致XIC的构建和计算复杂化，甚至于不能很好地实现系统定量，这时，生物信息学工具对数据分析的有效处理是蛋白质组学研究的关键环节。

10.2.2.1 软件工具介绍

同位素标记实验定量分析的软件工具有XPRESS（Han et al.，2001）、ASAPRatio（Li et al.，2003）、RelEx（MacCoss et al.，2003）、MFPaQ（Bouyssié et al.，2007）、MSQuant（Blagoev et al.，2009；Schulze，2003）、MaxQuant（Cox et al.，2009）、MaXIC-Q（Hsu et al.，2009）和Census（Park et al.，2008）等。XPRESS（Han et al.，2001）是最早出现的定量软件，用于分析ICAT数据，基于MS/MS肽段鉴定，XPRESS使用母离子信号构建XIC，计算肽段比值，并提供XIC的可视化显示。相比而言，ASAPRatio（Li et al.，2003）更为先进，且自动化程度更高。ASAPRatio引入了多种数值和统计方法，如基线较正（baseline correction）、XIC平滑处理、检测比值的孤立值、数据归一化（normalization），并且在计算比值之前先用信噪比过滤不可定量的XIC，以及对蛋白质比值进行显著性评估等。XPRESS和ASAPRatio允许用户自定义质量差，因此可应用于各种同位素标记实验，这两个软件都包含在Tans-Proteomic Pipeline（TPP）（Pedrioli，2010；Keller et al.，2005）中，支持Windows、Linux、OSX等多种操作系统。RelEx（MacCoss et al.，2003）使用最小二乘回归法（least-squares regression technique）去匹配成对的XIC，进而通过匹配的XIC进行面积计算，离子丰度比值由回归斜率确定，而相关系数最大的，被认为是最可信的定量结果。MF-PaQ（Bouyssié et al.，2007）是专门为Mascot（http：//www.matrixscience.com）用户设计的一个软件，它对鉴定结果进行解析，并抽提出定量的数据，此软件选择质谱调查扫描（MS survey scan）来为每个离子对构建洗脱峰，洗脱峰强度被用于计算相应的比值。MSQuant（Blagoev et al.，2009；Schulze，2003）是一个广泛应用的定量软件，它基于Mascot搜索的MS/MS肽段鉴定结果，并利用液相色谱峰计算定量比值。Max-Quant（Cox et al.，2009）提供了一个完整的平台，依次可进行3D特征检测、成对SILAC峰的鉴定、质量再校准（mass recalibration）、肽段鉴定和蛋白质定量。经过质量再校准之后，肽段鉴定数有显著的提高。Census使用Sequest搜库，支持多种操作系统，可应用于^{15}N、SILAC、^{18}O、iTRAQ和非标等定量技术。

10.2.2.2 MaxQuant数据分析

以MaxQuant软件为例，介绍定量分析软件的处理过程。MaxQuant是专门为高分辨率的质谱数据和SILAC标记技术所设计的，目前支持Thermo LTQ-Orbitrap和LTQ-FT-ICR两种质谱仪。使用MaxQuant分析的基本流程如下所述。

（1）数据预处理和定量：这个过程由Quant模块完成，包括3D峰和同位素模式（isotope pattern）检测、成对SILAC峰的检测、比值估计及归一化、计算肽段准确质量和质量误差估计、非线性质量再较正，最后输出msm文件用于搜库。

（2）搜库鉴定：可以通过 Mascot 或 MaxQuant 自带的 Andromeda 模块完成。

（3）鉴定和验证：由 Identify 模块进行，结合搜库结果、raw 文件和 Quant 模块产生的中间结果，通过质量误差对搜库结果进行过滤，对肽段进行误差后验概率和 FDR 的计算、重新定量、蛋白质组装和 FDR 计算、蛋白质比值和显著性的计算，最后输出 TXT 结果，定量结果可通过 R、Matlab 等软件进行一些下游的生物信息学分析。

1）数据预处理

传统方法使用二维方式来检测峰，首先搜索峰局部极大值作为 m/z 的函数，继而通过峰极大值位置往更小和更大的 m/z 值移动，直到峰强度下降为 0 ［图 10-1 （a）］或峰局部最小值［图 10-1 （b）］，以此来确定 m/z 的上下限，二维峰的中心位置由高斯拟合得出。

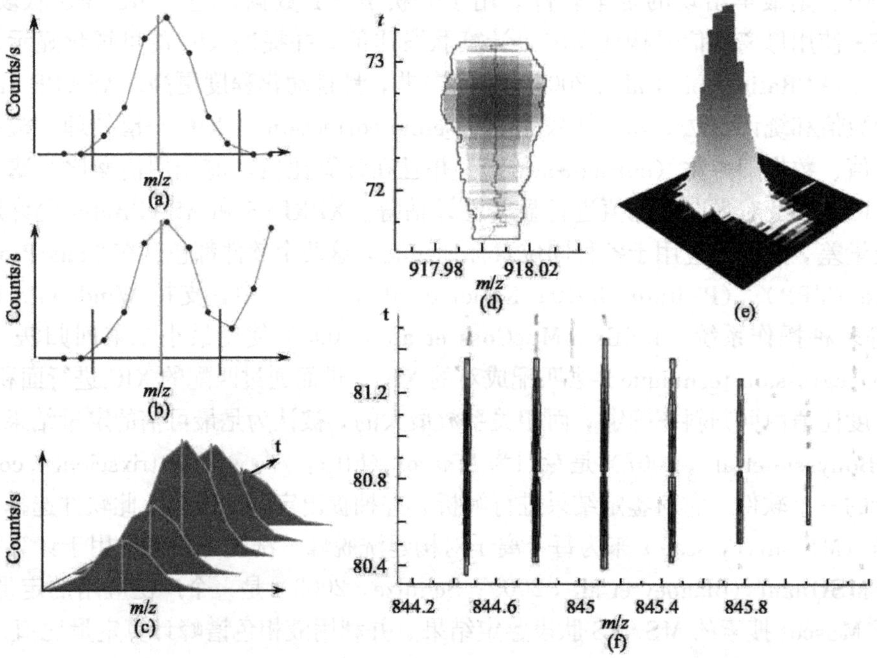

图 10-1　3 维峰检测（Cox et al.，2008）

如图 10-1 （c）所示，通过滞留时间把相邻 MS 图谱的二维峰拼装成三维峰，在相邻的 MS 扫描中，如果两个峰的 m/z 中心位置差别小于 7ppm，这两个峰便被连接起来。至少需要两个二维峰来形成三维峰，通过这种方式，在时间轴上没有重复的大部分噪声峰就被过滤掉。然后对峰谱在时间轴上进行平滑处理并检查局部最小值，如果局部最小值是两个局部最大值中较小一个的 1/1.3，三维峰将在最小值位置被分割成两个峰。显著最小值的阈值和平滑处理结合进行处理，以避免在分割峰时引入随机峰强波动所带来的误差，如图 10-1 （d）所示，最终将得到三维峰的强度加权估计质量值，对每一个三维峰质量精度通过自举（bootstrap）法进行计算。图 10-1 （e）对同一个峰进行三维展示。

MaxQuant 通过构建无向图来高效地确定同位素模式（isotope pattern），将三维峰作为点，两个点相连需要满足两个条件，即两个峰的质量差正好是一个平均氨基酸(average amino acid，averagine) (Senko et al.，1995) 同位素质量差 ($\Delta M=$ 1.002 868 64),误差控制在自举误差范围内；峰强度谱和滞留时间的余弦相关性(cosine correlation) 要大于 0.6，阈值选择 0.6 是为了包括洗脱时间短的低丰度峰，同时又具有足够的特异性来排除没有时间重叠的峰。这个过程将产生数百万条边连接前同位素模式 (pre-isotope pattern)，这些前同位素模式不一定和带电状态 (charge state) 相一致，MaxQuant 通过不断迭代，确定最长一致性子图。图 10-1 (f) 显示 11 个三维峰形成的两个同位素模式。

SILAC 标记使用同位素标记的精氨酸和赖氨酸，轻链肽段原子具有天然的同位素分布，重链肽段并入重同位素，如 $^{13}C_6\ ^{15}N_2$ 和 $^{13}C_6\ ^{15}N_4$，分别导致 8Da 和 10Da 的质量差。MaxQuant 并不要求标记位点正好就是酶切位点，但如果标记位点正好就是酶切位点 (如标记赖氨酸和精氨酸)，并用胰蛋白酶 trypsin 进行酶切，那么 MaxQuant 的定量计算效率会更高一些。为了检测重-轻成对 SILAC (SILAC pair)，MaxQuant 考虑了所有可能的同位素模式对，要求强度谱和滞留时间的相关性不低于 0.5，并且带有相同的电荷。MaxQuant 默认假定每个肽段最多只有 3 个标记氨基酸，即成对 SILAC 有以下 9 种可能的标记：K、R、KK、KR、RR、KKK、KKR、KRR 和 RRR，相对应的质量差分别为 8、10、16、18、20、24、26、28 和 30。如果质量差符合，将计算两个肽段的同位素模式相关性，如果相关性不小于 0.5，则认为这两个肽段构成一个成对 SILAC。

最终得到成对 SILAC 的同位素模式差别只来自于重肽段和轻肽段比值这一全局因素，为了确定这个比值，MaxQuant 列出了在重肽链和轻肽链中所有相应的二维峰中心强度，通过对这些强度对进行直线拟合，直线通过原点，斜率便是所求的比值。直线拟合使用最小二乘解 (least squares solution) 作为初始值，继而通过中分法 (bisection) 不断迭代求解最优的中值拟合方程 (median fit equation)。

对于上述计算的肽段比值，需要进行归一化处理，以使对数化的比值中位数为 0。归一化通过强度堆 (intensity bin) 完成，对于每一次 MS 实验独立进行归一化处理，主要用于校正赖氨酸和精氨酸标记特异性偏差。

肽段的质量数通过成对 SILAC 的三维峰计算，对二维峰的中心值求加权平均，权重为二维峰的强度，质量误差通过对二维峰进行自举重抽样 (bootstrap resample) 计算。

由于离子化发生在色谱分离之后，不同带电状态的同一肽段拥有同样的滞留时间谱，MaxQuant 检测具有不同带电状态的肽段，这些肽段将用于非线性质量重校正(non-linear mass re-calibration)。通常在每一次 LC-MS 实验中，有几百个这样的肽段，这使得非线性重校正成为可能。为了确定最优的重校正函数，MaxQuant 计算式(10-1)的最小值。

$$\chi^2=\sum_{\text{pairs}}\frac{(m_1-m_2)^2}{\Delta m_1^2+\Delta m_2^2} \tag{10-1}$$

其中，m_1 和 m_2 分别为通过两个不同带电状态的成对 SILAC 所计算的肽段质量，Δm_1^2 和 Δm_2^2 是相应的自举误差。通过使用重校正后的 m_z 替代原来的 m_z，使用 Levenberg-Marquardt 法 (Press et al.，2007) 不断迭代，最终计算得到最小的 χ^2 值。

2）搜库鉴定

MaxQuant 支持使用 Mascot 或自带的 Andromeda 模块进行搜库鉴定，数据库搜索算法的详细介绍参照 9.4。

3）鉴定和验证

对于一个已知的成对 SILAC，标记的氨基酸数目是已知的，通过这一信息对鉴定的候选列表进行过滤，信息不符的将全部过滤掉。

经过非线性质量重校正后，仍然存在全局的 ppm 偏移需要考虑，MaxQuant 计算全局质量偏移（Δppm）作为所有鉴定的成对 SILAC（Mascot 值不小于 30）的 ppm 偏移加权均值。

$$\Delta\text{ppm} = \frac{\sum_j \frac{m_j^2}{\Delta m_j^2} \Delta\text{ppm}_j}{\sum_j \frac{m_j^2}{\Delta m_j^2}} \tag{10-2}$$

所有测定的肽段质量将全都减去 Δppm，这一过程称之为线性质量重校正。

对肽段进行质量重校正后，搜库给出的候选肽段如果其测定质量和计算质量相差超出计算质量的 4 个标准误，则这些肽段全部被移除。

搜库的假阳性率通过反库方法（decoy approach）估计，MaxQuant 构建反库的方法与传统方法有些差别，第一步和其他方法一样反转所有序列，第二步把酶切位点的氨基酸和前一个氨基酸进行交换，以 trypsin 为例，把每个精氨酸和赖氨酸都与前一个氨基酸进行交换。通过这种方式构建反库，保证了同样质量和氨基酸分布，同时又避免了和正库具有同一质量的假重复。为了估计假阳性率，MaxQuant 产生两个肽段列表，一个包含匹配正库的结果，一个包含匹配反库的结果，分别构建柱状图，并通过高斯核平滑（Gaussian kernel smoothing）处理，分别可以被概率密度函数 $p(s, L)$ 和 $p(s, L \mid X=\text{false})$ 所拟合，其中布尔值 X 为 true 或 false，分别代表正库和反库序列；s 为搜库的肽段值（peptide score，P-score）；L 为肽段长度。对于每一个肽段，已知肽段的肽段值和长度，其错误匹配的概率可由后验错误概率（posterior error probability，PEP）式（10-3）计算所得

$$p(X=\text{false} \mid s, L) = \frac{p(s, L \mid X=\text{false})p(X=\text{false})}{p(s, L)} \tag{10-3}$$

PEP 越小，肽段鉴定的可靠性越大，MaxQuant 提供选项，可通过 PEP 对鉴定肽段进行过滤。另一种是通过错误发现率来过滤，这种方式将所有肽段按照 PEP 从小到大排列，肽段依次被确认，直到反库肽段累积到给定 FDR 值的相应比例为止。

在数据预处理时，通过同位素模式来鉴定成对 SILAC 肽段，许多没有被鉴定到的会被搜库鉴定到，它们的比值将使用数据预处理时所提及的方法进行计算。

鉴定到的肽段需要拼接为蛋白质，为了降低数据的冗余性，MaxQuant 对包含有鉴定肽段的蛋白质作两两对比，如果属于一个蛋白质的鉴定肽段被另一个蛋白质所包含，那么这两个蛋白质就归入一个蛋白质群（protein group），蛋白质群中的所有蛋白质依据其鉴定肽段的数目以降序排列，排在首位的蛋白质包含蛋白质群中其他蛋白质的肽段，从而此蛋

白质可以解释所有这些肽段的出现。如果一个肽段只出现于某一蛋白质群中而不出现于其他蛋白质群中，则此肽段称为此蛋白质群的独特肽段（unique peptide）。为了解决不同蛋白质群所共有肽段的归属问题，MaxQuant 使用了奥卡姆剃刀（Occam's razor）原理，把每个蛋白质群中的肽段数目作为指标，非独特肽段归入肽段数目最高的蛋白质群中，这些肽段称之为剃刀肽段（razor peptide）（Nesvizhskii et al.，2005）。蛋白质定量可基于独特肽段、独特肽段和剃刀肽段及所有肽段，默认使用独特肽段和剃刀肽段进行定量，在肽段归属清晰和定量准确之间做折中，不推荐使用所有肽段进行定量。

通过蛋白质群所包含肽段序列的 PEP 相乘，所得值作为蛋白质群的 PEP，与肽段 PEP 一样，蛋白质 PEP 用于控制鉴定蛋白质的 FDR，蛋白质群按 PEP 进行排列，每个蛋白质群所包含的蛋白质控制在 FDR 阈值之内，以控制错误鉴定蛋白质的比例，最后所有不包含独特肽段的蛋白质将被除去。只包含独特肽段的蛋白质是否排除，取决于项目的严格性，也可以通过人工检验图谱来决定取舍。

蛋白质所包含的所有成对 SILAC 鉴定肽段的比值将用于计算蛋白质比值。MaxQuant 使用这些成对 SILAC 肽段比值的中位数作为蛋白质比值，以排除孤立值的影响；并对蛋白质比值进行归一化处理，以较正不相等的蛋白质总量。

蛋白质组学中寻找显著性差异表达的蛋白质，通常通过蛋白质比值和全部蛋白质比值分布进行比较，以确定蛋白质孤立比值（outlier ratio）。为了评估孤立比值的显著性，MaxQuant 提出了显著性 A 和 B 两种计算方法。首先取所有归一化蛋白质比值的自然对数值；为了估计标准误，计算 15.87、50 和 84.13 分值 r_{-1}、r_0 和 r_1，定义 r_1-r_0 和 r_0-r_{-1} 为右侧和左侧标准误。对于正态分布，两侧标准误相等。对于比值 $r>r_0$，r 和 r_0 的距离除以右侧标准误，如式（10-4）所示，值足够大，则认为是显著性的；相应的，如果 $r<r_0$，则使用式（10-5）。

$$z=\frac{r-r_0}{r_1-r_0} \tag{10-4}$$

$$z=\frac{r_0-r}{r_0-r_{-1}} \tag{10-5}$$

假设对数比值具有正态尾巴（normal tail）分布，那么得到一个如此大的 z 值或更大值的概率可由式（10-6）计算（显著性 A）

$$\text{显著性 A}=\frac{1}{2}\operatorname{erfc}\left(\frac{z}{\sqrt{2}}\right)=\frac{1}{\sqrt{2\pi}}\int_z^{\infty}\mathrm{e}^{-t^2/2}\,\mathrm{d}t \tag{10-6}$$

为了消除蛋白质丰度的影响，MaxQuant 提出了另一个度量指标，显著性 B。与显著性 A 的计算方法一样，差别在于显著性 B 的计算先把蛋白质按照强度堆进行分组，每个强度堆最少包含 300 个蛋白质，用上述计算显著性 A 的方法重复计算每个强度堆，得到显著性 B。

统计检测中，当 p 值小于给定的 α 值时，便具有显著性。α 值指定了某种可接受的置信水平，通常使用 α 值为 0.05，即随机具有 5% 的可能性会拒绝真的零假设。当进行多重假设（multiple hypothese）检验时，如进行 6 次，那么至少有一次将随机产生的结果认为是显著性差异的概率约等于 0.26（即 $1-0.95^6$），随着检验次数的增多，犯 I

类错误的可能性会增加，为了保持假阳性率在 α 水平，必须要对多重假设检验进行校正，最常用的校正方法是 Bonferroni（Wasserman，2010）和 Benjamini-Hochberg（Hochberg et al.，1995）校正法。

Bonferroni 校正法简单地把 p 值乘以检验的次数，这一方法相当保守（Sokal et al.，1994）。Benjamini-Hochberg 法没有 Bonferroni 校正法严格，不计算 FDR 值，而是将其控制在给定阈值 α 之内。假设有 m 个零假设，相应地有 m 个 p 值，将 p 值按升序排列，找到最大的 k 值，以满足 $P_{(k)} \leqslant \frac{k}{m}\alpha$，继而拒绝接受前面 k 个零假设。

Bonferroni 和 Benjamini-Hochberg 法要求每一个检验都是独立的，R（Ihaka et al.，1996）函数 *p*.adjust 实现了将 Bonferroni、Holm、Hochberg、Hommel、Benjamini-Hochberg 和 Benjamini-Yekutieli 等一系列方法用于 p 值校正。

MaxQuant 所计算的显著性 A 和显著性 B 可以通过上述介绍的这些方法进行校正，以控制 FDR 在给定阈值之内。

10.2.3 同重标记蛋白质定量分析

同位素标记只比较两个不同细胞状态下的丰度比值，而同重标记技术可以同时定量多个样本。iTRAQ 标记技术提供了在一次实验中同时定量 4 个或 8 个样本（Ross，2004），并且支持相对定量和绝对定量。4 重（4-plex）标记的 iTRAQ 技术，在 MS/MS 图谱里，肽段将产生 m/z 在 114～117 的 4 个报告离子，而在 8 重标记的 iTRAQ 技术中，将产生 m/z 在 113～119 和 121 的 8 个报告离子，这些报告离子代表着相应肽段的丰度，可用于肽段和蛋白质的定量。iTRAQ 标记可以同时进行多个不同细胞状态和病理样本的比较分析，这一优势使对蛋白质时空表达的比较研究成为可能。

使用 iTRAQ 标记，增加了样本复杂性，同源蛋白质会产生一样的肽段，这些简并肽段（degenerate peptides）不但会影响蛋白质的鉴定，也会给定量引入错误，所以在进行定量之前，需要去除简并肽段。另外，碰撞诱导裂解（collision-induced dissociation，CID）的条件需要优化，在获得足够强度的报告离子信号的同时，确保其他较大片段离子足够的信号强度，以用于确定肽段序列。那么在一个给定的检测动态范围内，如何在低信噪比和低丰度蛋白质以及信号饱和的高丰度蛋白质之间权衡？这些图谱特征会严重降低定量的准确性，所以定量工具必须允许用户定义动态范围过滤，以获得准确度和可信度更高的定量结果。

很多蛋白质定量软件，如前文提到的 RelEx、MSQuant、MaxQuant、MaXIC-Q 等都是基于同位素标记；同重标记的定量分析软件相对较少，有 i-TRACKER（Shadforth et al.，2005）、MassTRAQ（Lin et al.，2005）、ProQUANT、Quant（Boehm et al.，2007）、Multi-Q（Lin et al.，2006）等几个软件。i-TRACKER（Shadforth et al.，2005）只提供肽段水平的定量，缺少蛋白质水平的分析；MassTRAQ（Lin et al.，2005）使用非简并肽段，并且对肽段比值进行归一化处理；ProQUANT 只能应用于应用生物系统公司开发的仪器，能够进行肽段比值的归一化，但缺少信噪比过滤。Quant（Boehm et al.，2007）是基于 Matlab 开发的开源定量软件，使用 Cramer 规则

(Cramer's rule) 进行误差估计并对 iTRAQ 试剂进行纯度较正，提高了定量的准确性，其定量结果与 ProQUANT 具有很高的一致性。

在这里主要介绍 Multi-Q (Lin et al., 2006)，这是专门用于做 iTRAQ 定量的软件，功能较为全面，并且允许设定动态范围过滤和信噪比过滤，这有助于提高定量数据的质量。Multi-Q 的分析流程如图 10-2 所示。

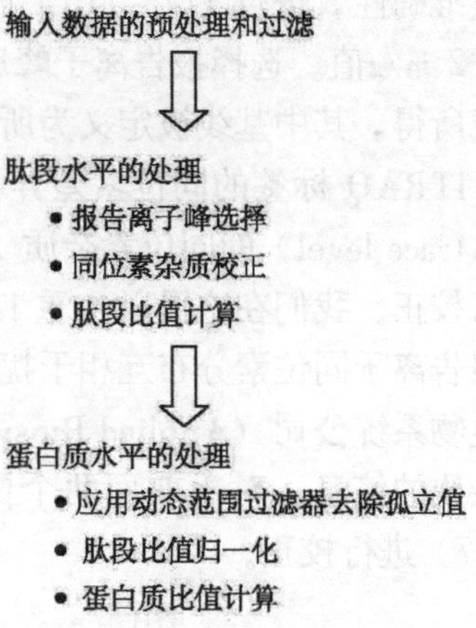

图 10-2 Muti-Q 分析流程

10.2.3.1 数据的预处理和过滤

为了适合不同质谱仪所产生的数据，Multi-Q 使用了标准的 mzXML 格式 (Keller et al., 2005)，这一数据格式由系统生物学研究所 (Institute for Systems Biology) 开发。主流的质谱仪所产生的数据都能通过现成的工具转换成 mzXML 格式，如 mzStar 转换 Applied Biosystems 的 .wiff 文件；ReAdW 转换 Thermal Finnigan 的 .raw 文件；MassWolf 转换 Waters 的 .raw 文件夹。转换后的 mzXML 文件包含了所有必需的属性，包括 MS 和 MS/MS 峰列表和定量的扫描号索引 (scan number index)。

Multi-Q 接受常用的数据库搜索引擎 [包括 Mascot (Perkins et al., 1999)、Sequest (Eng et al., 1994) 和 X !Tandem (Craig et al., 2003)] 的搜索结果，Sequest 用户需要输入 pepXML 和 protXML 文件，这两种文件分别由 PeptideProphet (Keller et al., 2002) 和 ProteinProphet (Nesvizhskii et al., 2003) 产生；对于 Mascot 用户，Multi-Q 接受 Mascot 所产生的 CSV 和 XML 文件。

为了确保定量的可靠性，Multi-Q 只选择可信的搜索结果进行定量。为了过滤低可信度的鉴定结果，对于 Sequest 的搜索结果，通常使用 PeptideProphet 和 ProteinProphet 的统计检验来评估鉴定肽段和蛋白质的可信度。对于 Mascot 用户，使用 Mascot 输出的鉴定打分，以标准打分 (standard scoring) 或 MudPIT 作为过滤标准。

Multi-Q 将自动过滤掉非 iTRAQ 标记的肽段和简并肽段比值，另外还允许用户自定义过滤标准以处理质量较差的二级谱图、随机和系统误差等。

10.2.3.2 肽段水平的处理

完成数据的预处理后，Multi-Q 选择可信的 MS/MS 鉴定的 iTRAQ 标记肽段，检测报告离子，并进行肽段丰度的定量。

为了计算肽段比值，根据 m/z 值 (4 重标记是 114～117，8 重标记是 113～119 和 121) 选择报告离子峰，并比较不同细胞状态下的峰强度。为了减少噪声对报告离子峰的影响，Multi-Q 对 MS/MS 质谱进行平滑处理，图谱平滑使用三点移动平均线 (3-point moving average) 算法 (Whittaker, 1967)，从平滑处理后的质谱里选择报告离子峰，报告离子检测的质量容差由用户根据仪器的准确性设定，如基于 Q-TOF 质谱仪的质量准确性，进行 114、115、116 和 117 4 重分析时，可以将峰顶点质量容差设置为 ±0.2 m/z值。选择报告离子峰后，需要进行背景的去除，背景去除使用原始数据减去基线所得，其中基线被定义为所有平滑处理后曲线谷值的平均值。

iTRAQ 标签的同位素差异会导致峰强度误差，每一批的 iTRAQ 试剂都会有痕量级（trace level）的同位素杂质（isotope impurity），这些同位素杂质所导致的差异需要进行校正。我们在这里以 4 重 iTRAQ 试剂为例展示同位素杂质校正。由于 114～117 的报告离子同位素分布互相干扰，导致检测到的报告离子峰比实际高或低。使用美国应用生物系统公司（Applied Biosystems）所提供分析证书（certificate of analysis）中关于杂质的信息，对于前面两个试剂和后面两个试剂所产生的同位素干扰，可以用式(10-7）进行校正。

$$\begin{bmatrix} y_{114} \\ y_{115} \\ y_{116} \\ y_{117} \end{bmatrix} = \begin{bmatrix} 1 & k_{115,-1} & k_{116,-2} & 0 \\ k_{114,+1} & 1 & k_{116,-1} & k_{117,-2} \\ k_{114,+2} & k_{115,+1} & 1 & k_{117,-1} \\ 0 & k_{115,+2} & k_{116,+1} & 1 \end{bmatrix} \begin{bmatrix} x_{114} \\ x_{115} \\ x_{116} \\ x_{117} \end{bmatrix} \tag{10-7}$$

其中，y_i 为观测到的离子数；x_i 为实际的离子数；$k_{i,j}$ 为 iTRAQ 试剂 i 对它前面或后面第 j 个离子峰的校正因子，如 $k_{114,+2}$ 表示 iTRAQ 试剂 114 对 116 离子峰的校正因子。所有 x_i 使用高斯消除法（Gaussian Elimination）获得。

进行了峰检测和同位素杂质校正后，Multi-Q 使用报告离子峰面积的比值来计算肽段在不同细胞状态下的相对比值。对于肽段 u 在 A 和 B 两个细胞状态下的比值 $r_{A/B}(u)$，定义为

$$r_{A/B}(u) = \frac{|u_A|}{|u_B|} \tag{10-8}$$

其中，$|u_A|$ 和 $|u_B|$ 分别为肽段 u 在 A 和 B 两个细胞状态下的丰度。

10.2.3.3　蛋白质水平的处理

在理想状态下，肽段比值应该等同于两个不同细胞状态下肽段的真实丰度比值，然而在实际上，峰比值的可靠性依赖于许多实验参数，如样本的准备过程、分析仪器的性能等，前文提到的低信噪比、低丰度肽段和同位素杂质等因素也会导致定量结果的误差。一个明显会增加出错的因素是仪器的有限动态范围，导致高丰度肽段的离子强度会被质谱仪所低估，所以在对肽段比值进行归一化处理前，首先要去除超出动态范围的肽段比值。

检测器的饱和效应是一种普遍现象，特别是纳升电喷雾（nanospray）或纳升-液相色谱（nano-LC）实验。当进入质谱检测的离子数过多时，会产生峰饱和（Chernushevich et al.，2001)。在此建议研究者使用标准蛋白质实验，先确定质谱仪检测器的饱和点；饱和效应与仪器相关的，确定饱和点后，可以用于过滤数据，以获得高质量的定量结果。Multi-Q 允许用户自定义肽段饱和点阈值，以过滤掉由于饱和效应所产生的错误，只有低于用户定义饱和阈值的肽段强度会被保留。

另有一个导致误差的因素是由于仪器的稳定性而引起的信号波动，特别是对低丰度肽段信号的波动很大；为了提高定量的准确性，在进行蛋白质定量前，需要先去除超出

动态范围的肽段比值，再对肽段的比值进行归一化处理。归一化后的非简并肽段用于计算蛋白质的比值。

从原理上讲，在两个不同细胞状态下，大多数蛋白质的表达水平是不变的，也就是说大多数的肽段比值应该等于1，肽段比值服从均值为1的正态分布。然而实际上，基于质谱的定量结果有偏差，如样本间蛋白质纯度和丰度的差异、蛋白质降解效率不一致、标记量不一致等，这样导致的结果就是所有的肽段比值都有偏差，使得多数肽段的比值偏离1，从而使对肽段比值进行归一化便成了必要。使用归一化手段纠正系统偏差同样也广泛应用于芯片分析。

大多数的归一化方法将所有肽段比值乘以一个全局的归一化因子，而这个因子是由所有肽段比值的中间值（Yang et al.，2002）、外部参考标准（external reference standard）（Ravin et al.，1999）或已知的看家蛋白所确立的。对于高通量定量蛋白质组，正态分布选择所要考虑的是尽量降低低信噪比肽段对归一化过程的影响。Multi-Q 对所有肽段比值使用式（10-9）进行高斯拟合。

$$f(r, n_r, R, \sigma) = n_r \cdot e^{\frac{-(r-R^2)}{2\sigma^2}} \tag{10-9}$$

其中，r 为某一肽段比值；n_r 和 σ 分别为 r 值的个数和标准误；R 为拟合高斯分布的均值。通过高斯拟合分析肽段比值的分布，并确立强度阈值，将低强度图谱过滤掉；经过强度过滤后，大约有99.7%的肽段比值（位于 $\mu \pm 3\sigma$ 区间之内）会被保留下来，用于蛋白质定量。

使用高斯拟合对肽段比值进行过滤和归一化后，蛋白质比值由所有相应的非简并肽段比值取加权平均所得，Multi-Q 通过式（10-10）计算蛋白质比值

$$r_{A/B}(p) = \sum_{u \in U} W_u r_{A/B}(u) \tag{10-10}$$

其中，$r_{A/B}(p)$ 为蛋白质 p 在A和B两种细胞状态下的丰度比值；而 $r_{A/B}$（u）为相应的非简并肽段比值；U 为蛋白质 p 所对应的所有非简并肽段集合；W_u 为肽段比值 $r_{A/B}$（u）的权重，由式（10-11）给出：

$$W_u = \frac{|u_A| + |u_B|}{\sum_{v \in U}(|v_A| + |v_B|)} \tag{10-11}$$

其中，$|u_A|$、$|u_B|$、$|v_A|$ 和 $|v_B|$ 为肽段 u 和 v 分别在细胞状态A和B下的丰度。

最后 Multi-Q 将定量结果输出为CSV格式文件，以供进一步的分析。

10.2.4 非同位素标记的定量蛋白质组

Chelius 等（2002）首次通过非标记技术使用离子峰强度进行定量。他们研究上样量和离子峰强度的关系，使用胰酶降解肌血球素（myoglobin），然后用LC-MS分析，上样量为10fmol～100pmol，结果显示峰面积和蛋白质丰度呈直线相关（相关系数 r^2 = 0.991），并且把肌血球素加入血清中，再次进行试验，结果显示这一方法适用于像人类血清这样复杂的样品。目前已经陆续有研究者使用非标记技术进行蛋白质的定量（Griffin et al.，2010；Zhu et al.，2010）。非标记技术不对实验样本进行同位素或化学标记，每一个样本分别进行预处理，然后各自进行 LC-MS/MS 分析，蛋白质定量有两种度量方法：①基于蛋白质质谱图数（spectral counting）；②基于肽段色谱离子强度（chromatographic ion intensity），此方法可通过肽段峰面积或肽段峰高度进行定量。对于每一次 LC-MS/MS 实验分别度量肽段离子强度或谱图数，以此来计算不同样品间的蛋白质丰度变化。

10.2.4.1 基于蛋白质谱图数定量

蛋白质谱图数是指在 LC-MS/MS 中酶解肽段离子的二级质谱图数目，这一定量方法的前提是肽段丰度越高，就越有可能会被选中进行 MS/MS 分析。谱图计算法定量最初由 Pang 等（2002）提出。

基于蛋白质谱图数定量通常分为以下几个步骤进行。

（1）使用搜库算法搜索鉴定所有的谱图。

（2）对于每一个蛋白质，计算相应肽段所有 MS/MS 谱图的数目。

（3）选择一个样本作为参照，其他样本的所有谱图数目与参照样本的谱图数目相除，作为全局归一化因子，对结果进行归一化处理。

（4）确定样本间蛋白质谱图计数的统计显著性。

Zhang 等（2006）使用酵母数据对 5 个统计检验方法进行了评估，包括费歇尔精确检验（Fisher's exact test）、*G* 检验、AC 检验、*t* 检验和 LPE 检验，结果表明当重复数目只有 1 或 2 时，可以使用费歇尔精确检验、*G* 检验和 AC 检验；当重复数目达到 3 或 3 以上时，LPE 检验和 *t* 检验的效果更好。

10.2.4.2 基于离子峰强度的相对定量

在 LC-MS 中，特定 m/z 值的离子会在特定时间里被检测到，并且其强度会被记录，信号强度与离子丰度具有很高的相关性，离子峰的高度或峰面积反映了离子的丰度。由于不同肽段的离子化效率不同，所以无法由此而推断蛋白质或肽段的绝对丰度，但是可以通过比较不同实验的离子丰度进行相对定量。定量的流程如下所述。

（1）使用搜库算法进行肽段鉴定。

（2）对于鉴定肽段，提取离子色谱图。

（3）通过提取离子色谱图计算不同样本间同一独特肽段（unique peptide）的丰度比值。

（4）对肽段比值进行加权平均，计算其相应的蛋白质丰度比值。

（5）对蛋白质丰度比值进行归一化处理，大多数蛋白质是非差异表达的，所以理论上比值应该接近于 1∶1，如前文所介绍的，有多种方法可以进行归一化，最为简单的办法可以将蛋白质丰度比值除以蛋白质比值均值进行全局归一化。

（6）根据中心极限定量，归一化后的蛋白质比值应该服从均值为 1 的高斯分布，通过高斯分布，可以确定差异表达的蛋白质是否具有统计显著性。

10.2.4.3 绝对定量

不同样品间的相对定量是发现差异表达蛋白质的强有力工具，但其缺点也很明显，对于不同实验室使用不同仪器产生的数据没办法比较，如果能进行绝对定量，不同数据之间便可以比较。正如前文所述，由于不同肽段的离子化水平不一致，导致质谱不能直接用于绝对定量；绝对定量需要解决许多问题，如实验的准确性、灵敏性和可重复性。Lu等（2007）提出蛋白质表达绝对定量（absolute protein expression measurements，APEX），应用于鸟枪蛋白质组实验（shotgun proteomics experiment），使用统计推断来预测蛋白质特征肽（proteotypic peptides），并为每个蛋白质整合重复样本的肽段信息。蛋白质特征肽是一个相对较新的概念，当蛋白质被降解成肽段时，现有的质谱技术对这些肽段的检测能力是有差别的，有些肽段更容易被检测到，而一些肽段被检测到的可能性很低；那些具有最高可信度、最有可能被检测到的肽段被称之为蛋白质特征肽；蛋白质特征肽就像指纹一样，能够指示特定蛋白质的存在。Craig等（2005）建立了蛋白质特征肽序列库（proteotypic sequence libraries）并开发了蛋白质特征肽谱（proteotypic peptide profiling，P3）算法进行蛋白质鉴定。

使用APEX进行蛋白质定量的实验流程和使用基因表达系列分析（serial analysis of gene expression，SAGE）方法测量mRNA水平具有很高的相似性，如图10-3（Bergeron et al.，2007）所示，SAGE实验中，一个短的序列标签就足以鉴定一个转录本，而这个标签出现的次数用于转录本的定量；同样，在蛋白质组学中，一个短的蛋白质特征肽足以鉴定一个蛋白质，而此蛋白质特征肽的计数提供了定量的信息。

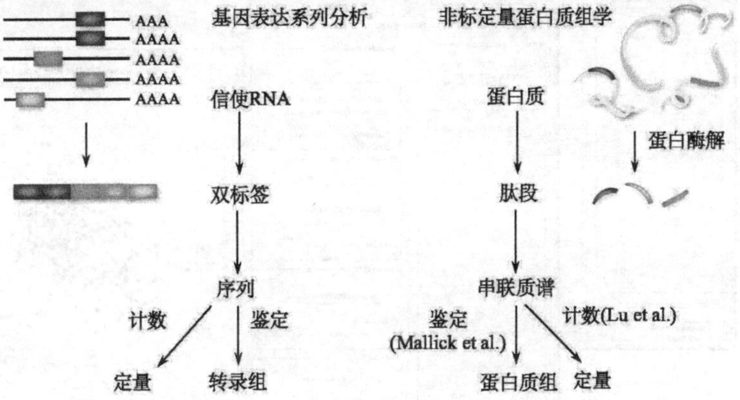

图10-3 SAGE和非标定量原理比较

蛋白质的绝对丰度用质谱鉴定到的肽段数目进行估计，通过肽段是否为蛋白质特征肽，使用似然性进行调整，提高了定量的准确性。定量分为以下几步进行。

（1）估计样本总蛋白的丰度。这有许多方法可以使用，取决于实验条件，如Lowry等（1951）和Bradford（1976）在毫克每毫升的水平上估计蛋白质丰度。

（2）为每一个蛋白质建立归一化系数 O。系数 O 用于较正质谱检测不同肽段的差异，确定 O 最简单的方法是使用质谱检测范围内蛋白质特征肽数目，当然有更为准确的方法来预测系数 O，如Lu等（2007）使用机器学习的方法，用许多蛋白质和肽段的序列特征来训练分类器以定义一个给定的肽段被检测到的概率。Mallick等（2007）也使用了机器学习来训练分类器，他们的分类器称之为PeptideSieve（http：//

tools. proteomecenter. org)，可以从 sourceforge 上下载，是一个 C++程序，输入文件是 FASTA 格式的蛋白质序列，PeptideSieve 输出的是酶解肽段被质谱检测到的概率。特定蛋白质的系数 O 是此蛋白质所有酶解肽段检测概率的加和。

(3) 获取蛋白质图谱计数，如 10.2.4.1 节中的第一步和第二步一样。

(4) 使用第二步所预测的概率作为归一化因子，基于第三步的图谱计数进行蛋白质丰度的估计，Lu 等所定义的蛋白质表达绝对定量（APEX）由式（10-12）给出。

$$\text{APEX}_i = \frac{n_i \times p_i}{O_i \sum_{k=1}^{\text{observedprotein}} \frac{n_k \times p_k}{O_k}} \times C \tag{10-12}$$

其中，n 为蛋白质 i 的图谱数目；p 为蛋白质 i 被正确鉴定的概率；O 为归一化因子，代表蛋白质被检测到的概率；C 为估计的总蛋白丰度。

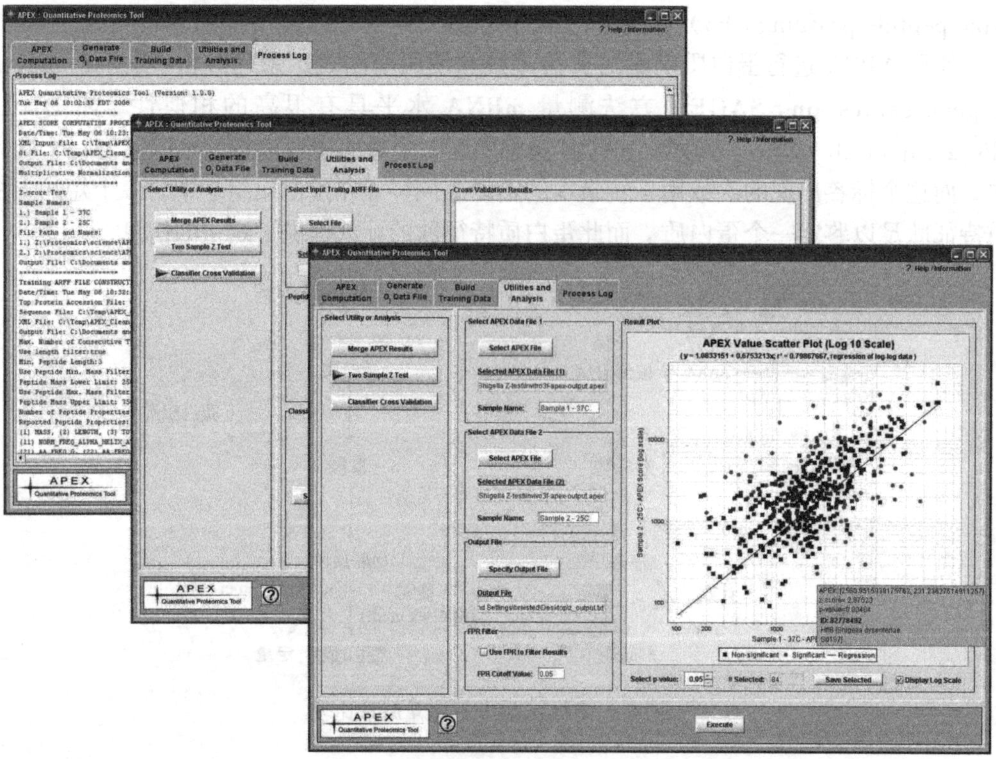

图 10-4　APEX 定量蛋白质组工具运行界面

APEX 定量蛋白质组工具（APEX quantitative proteomics tool）（Braisted et al.，2008）是一个 JAVA 语言开发的开源程序（图 10-4），为 APEX 蛋白质定量提供了计算支持，并提供了 Z 值分析和差异表达蛋白质的鉴定、分类器性能评估及多次实验结果的整合，为后续统计分析提供便利。

10.2.5 展望

从细胞水平定量观测和分析细胞过程是系统生物学的基础，而定量蛋白质组将成为系统生物学（Strange，2005）不可或缺的一部分，全面进行细胞水平的蛋白质组定量、翻译后修饰定量是对蛋白质相互作用和细胞过程进行建模的关键前提。目前系统生物学经常使用转录组学的数据进行网络行为的研究。要理解生物系统的功能，必须要整合各种组学的数据，包括蛋白质组学数据，整合不同的视角，才有可能对细胞的宏观行为进行建模。

10.3 差异表达蛋白质鉴定

10.3.1 简介

蛋白质表达谱是发现疾病相关生物标记物的重要筛选工具，首先需要鉴定差异表达的蛋白质，蛋白质的差异表达可能与疾病相关，观察到的蛋白质表达差异除了由于疾病所引起的，还可能受到其他多方面的影响，如样品收集、处理过程本身的系统误差及测量的准确性等。表达谱数据具有很多测量值，而重复次数少，这样很难进行协方差的稳定估计，给统计分析带来一定的挑战。差异蛋白鉴别方法必须控制假阳性（一类错误）和假阴性（二类错误）。

差异基因的鉴定有许多方法，从最简单的经验过滤（如选择倍数变化高于某一阈值）到复杂的统计检验［如贝叶斯模型（Bayesian model）（Stegle et al.，2010）或芯片显著性分析（significance analysis of microarray，SAM）（Tusher et al.，2001）］。由于经验过滤依赖于任意选择的阈值，并且无法对结果显著性进行控制，所以使用统计学分析进行差异鉴定更为可靠。

10.3.2 PLGEM 模型

在这里我们将介绍幂分布全局误差模型（power law global error model，PLGEM）。这一算法基于表达谱数据标准误差的分布和均值估计之间呈现强线性相关这一特征，由 Pavelka 等（2004）提出，首先使用线性回归［式（10-13）］对噪声进行拟合。

$$\ln s = \kappa \cdot \ln \bar{x} + c + \varepsilon \tag{10-13}$$

其中，s 和 $\bar{x}$ 分别为标准误和均值；误差项 ε 为用于补偿随机变量 E，继而提出 PLGEM 模型

$$s(\bar{x}) = \alpha \cdot \bar{x}^{\beta} \cdot e^{\varepsilon} \tag{10-14}$$

模型参数 α 和 β 可以从线性回归［式（10-13）］参数中直接获得

$$\alpha = e^{c} \tag{10-15}$$

$$\beta = \kappa \tag{10-16}$$

PLGEM 并非简单地对整个数据集进行线性拟合，而是采用对数据进行分区以提高模型的稳健性。具体步骤如下所述。

（1）根据蛋白质的 $\ln \bar{x}$ 值进行排序，依据排序，把所有的表达值平均分为 p 等分，p 由用户设定。

(2) 选择建模分位数（modeling quantile）q，并为每个分区中所有的蛋白质确定一个建模点（modeling point），在二维平面上，X 轴的值为所有 $\ln x$ 的中值，Y 轴为 $\ln s$ 的第 q 个分位数。

(3) 最后使用最小二乘法对这 p 个建模点进行线性拟合，获得斜率 k 和截距 c，确定了式（10-13）中的两个参数。

使用这一方法可以获得所有可能的 p 和 q 组合所相应的斜率 $k_{p,q}$、截距 $c_{p,q}$ 和相关系数 $r^2_{p,q}$。对这一模型的一个直接应用就是拟合中间 50% 的数据，以获得趋中的标准误，有利于提高统计检测；另一个应用是拟合 5%～95% 的标准误，把标准误限制在 90% 的置信区间里。

为了鉴定差异蛋白，需要进行统计检验，使用由 Golub 等（1999）提出的检验统计量信噪比（signal-to-noise ratio，STN），STN 由式（10-17）进行计算：

$$\mathrm{STN} = \frac{\overline{x}_p^{(2)} - \overline{x}_p^{(1)}}{s_p^{(1)} + s_p^{(2)}} \tag{10-17}$$

其中，$\overline{x}_p^{(1)}$ 和 $\overline{x}_p^{(2)}$ 分别为蛋白质 p 在条件 1 和条件 2 中重复测量值的均值；$s_p^{(1)}$ 和 $s_p^{(2)}$ 为相应的标准误差。PLGEM 算法使用式（10-14）中所得到的模型衍生标准误（model-derived standard deviation）而不是从原始数据计算所得的标准误（data-derived standard deviation）。

通过统计量 STN 对蛋白质进行排序是确定差异蛋白的有效方法，更为有效的方法是通过比较统计量和零分布（null distribution）（非差异蛋白统计量的分布）以控制假阳性。PLGEM 算法使用基于重抽样方法（resampling-based method）获得零分布。下面以条件 A，重复 $n1$ 次；条件 B，重复 $n2$ 次为例，介绍重抽样过程。

(1) 用 $n1$ 个索引对应条件 A 的 $n1$ 个重复，对这 $n1$ 个索引进行随机抽样，构建人工条件（artificial condition）A^*。

(2) 用与（1）相同的方法，构建人工条件 B^*。

(3) 从 A^* 和 B^* 数据中计算统计量 STN。

上述重抽样过程需要不断重复，进行足够多的次数，如 1000 次，再把这些抽样得到的统计量进行汇总，以此构建 PLGEM-STN 零分布，再通过这个分布计算实际统计量的 p 值，通过设定阈值 α 对结果进行筛选，p 值小于 α 则认为蛋白质是差异表达，α 通常取 0.05 或 0.01。

10.3.3　数据可视化

得到蛋白质表达丰度之后，需要对数据进行显示，常用的方法是使用 heatmap 图，使用绿色和红色分别表示低丰度和高丰度的表达量，这一方法广泛应用于基因芯片数据的可视化显示中。在这里，介绍 heatmap 图加上注释表的方法，从 heatmap 图中发现差异蛋白，可以通过注释表得到这些蛋白质所属的分类（GO、KEGG 等），并且因为 heatmap 可以做聚类分析，使得可以从中发现一些协作完成某一生物功能的蛋白质集合。如图 10-5 所示，将差异蛋白的表达丰度和 KEGG 分类综合起来，得到的 heatmap 图，可以从中发现被激活的通路，以及哪些蛋白质参与了这些通路。

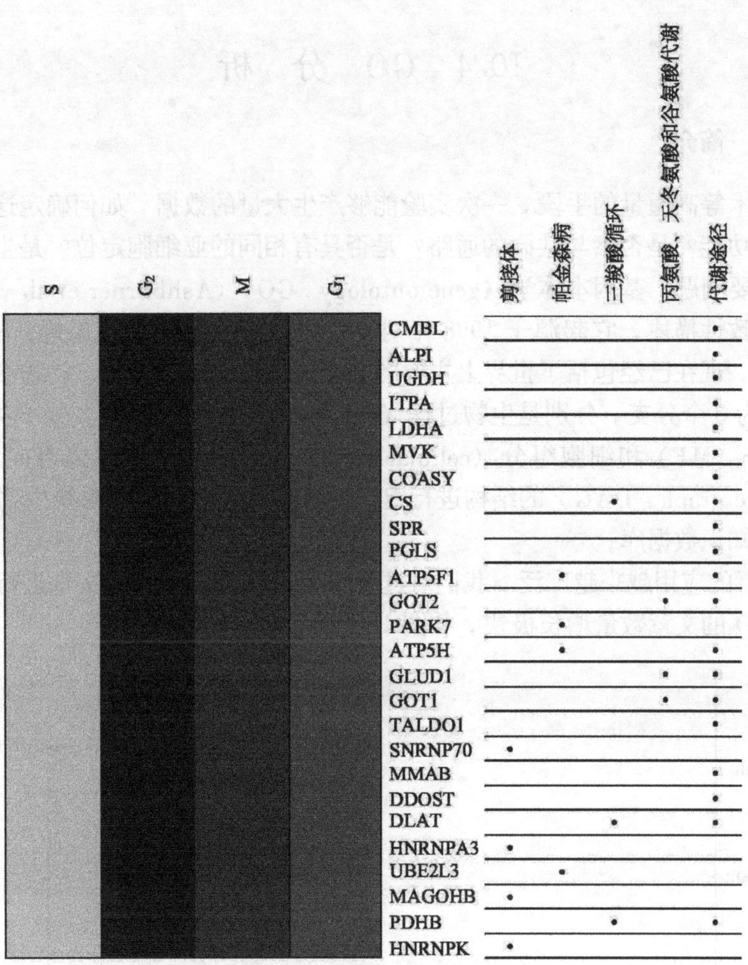

图 10-5　蛋白质丰度 Heatmap 图

10.3.4　展望

通过统计学方法进行差异蛋白的鉴定，可以有效地控制假阳性和假阴性。使用统计方法进行检验，需要有独立样本的重复实验，这是目前许多质谱定量实验所欠缺的。像前文介绍的 PLGEM，最好能有 3 次以上的重复实验，有足够的重复实验，统计结果才更为稳健；如果只有 2 次重复实验，则需要更多的计算机仿真计算，才能得到一个稳定的结果。目前很多实验仍在使用经验阈值鉴定差异蛋白，即使是定量软件给出的显著性值，如 MaxQuant 所计算的显著性 A 和显著性 B，也是基于单次实验的数据分布而来，比经验阈值好一点，但还是缺少有效的手段对数据质量进行控制。进行多次重复实验，使用统计学算法来鉴定差异蛋白，能够有效地提高灵敏性和特异性。随着学科的发展，统计学算法必然会有更多的应用。

10.4　GO 分析

10.4.1　简介

质谱技术等高通量的手段，一次实验能够产生大量的数据，如何确定这些蛋白质是否有共同的功能？是否参与共同的通路？是否具有相同的亚细胞定位？是生物学家所面临的一个重要问题，基因本体学（gene ontology，GO）（Ashburner et al.，2000）提供了基因的一致性描述，它起源于 1998 年对 3 个模式生物数据库（果蝇、酵母和小鼠）的协作注释，现在已经包括了世界上主要的数据库信息，包括植物、动物和微生物基因组。GO 分为 3 个分支，分别是生物过程（biological process，BP）、分子功能（molecular function，MF）和细胞组分（cellular component，CC）。GO 以有向无环图（directed acyclic graph，DAG）的结构进行组织，目前是各种组学和系统生物学所不可或缺的生物学知识数据库。

GO 分析的应用越来越广泛，我们对过去十年提及 GO 分析的文章进行统计，结果发现关于 GO 的文章数量增长极快，如图 10-6 所示。

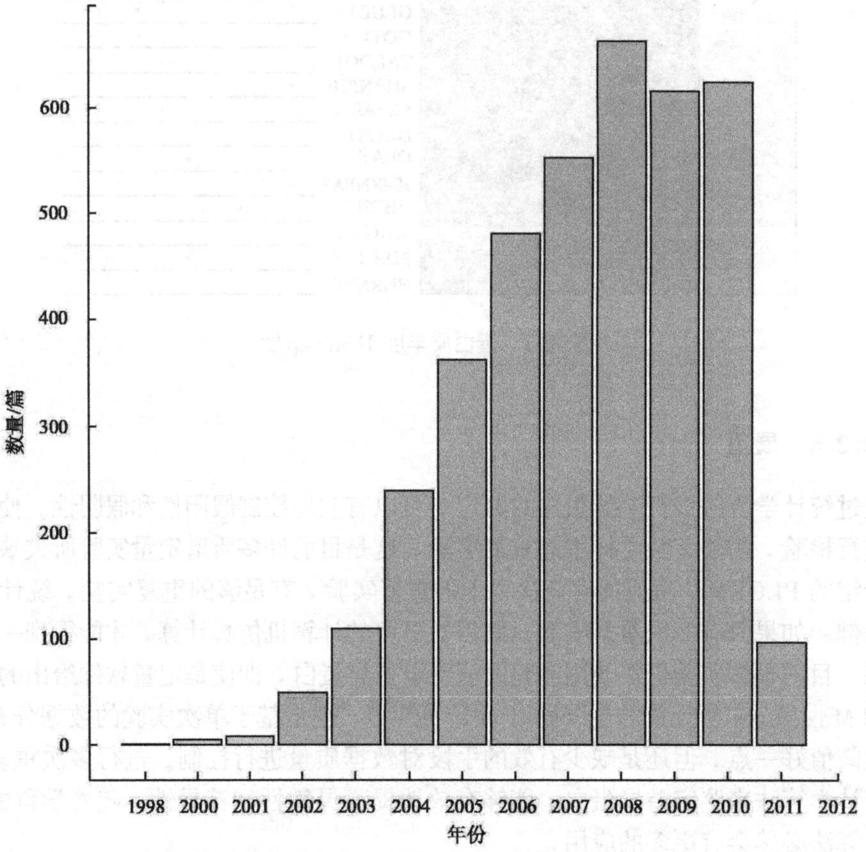

图 10-6　GO 相关文章发表数量

对蛋白质组进行定量，在取得了差异蛋白的列表后，需要通过生物学知识对这些蛋白质的注释进行数据挖掘，其中最为常用的方法就是使用 GO 对蛋白质进行分类和富集性分析，还可以通过 GO 的语义相似性对这些蛋白质进行聚类（Yu et al.，2010）。

10.4.2　GO 分类

进行 GO 分类时通常使用饼图，如图 10-7 所示，通过蛋白质的 GO 注释，计算相应类别里蛋白质的数目，按照比例画出饼图。

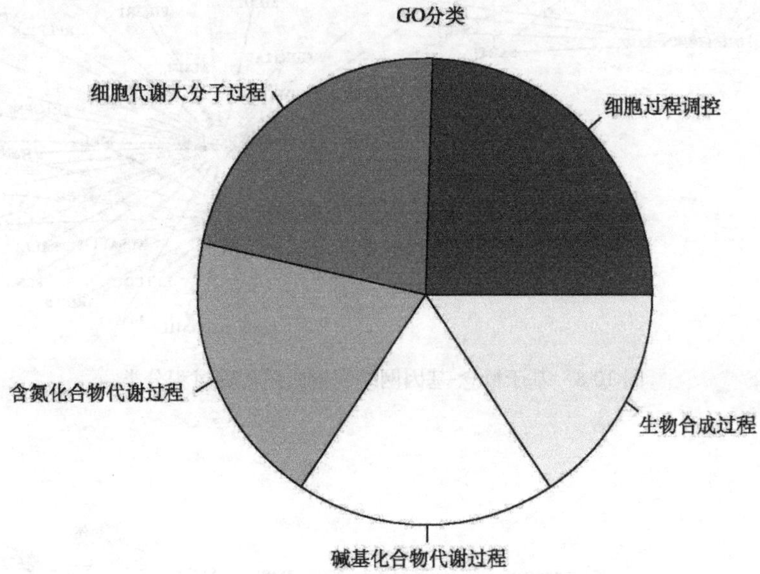

图 10-7　蛋白质的生物过程分类

这是一个多对多的映射，一个类别包含多个蛋白质，而一个蛋白质也可以归属于多个类别，如参与多个途径，出现于不同的细胞组分中或具有多种分子功能，那么使用饼图就无法反映出这样的信息。Feng 等 2010 提出了概念-基因网络（concept-and-gene network），用于同时显示蛋白质和蛋白质分类。在这里我们使用和图 10-7 一样的数据，使用这一方法，绘出概念-基因网络图。如图 10-8 所示，黄色点代表类别，其大小代表归属于此类别基因的个数，使用这一方法，我们从差异表达的蛋白质列表中可以更好地理解在细胞周期中是哪些蛋白质调节了这些生物过程。图 10-9 和图 10-10 分别显示基于 GO 细胞组分和分子功能的概念-基因网络分类。

10.4.3　GO 富集性分析

确定基因列表是否具有共同的主题（相同的功能、途径等），除前文所提到的进行 GO 分类外，更为有效的方法是使用统计学分析，确定哪个分类具有统计学显著意义，这就是 GO 富集性分析，即对于基因列表的 GO 注释，并不是随机产生（$p<\alpha$），而是具有某种生物学意义的分析。

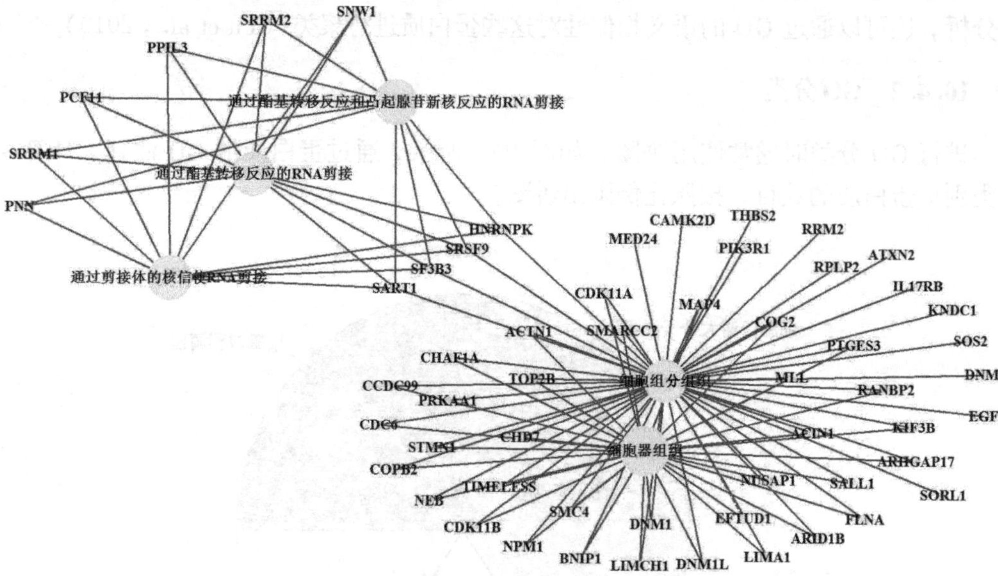

图 10-8 基于概念-基因网络的蛋白质生物过程分类

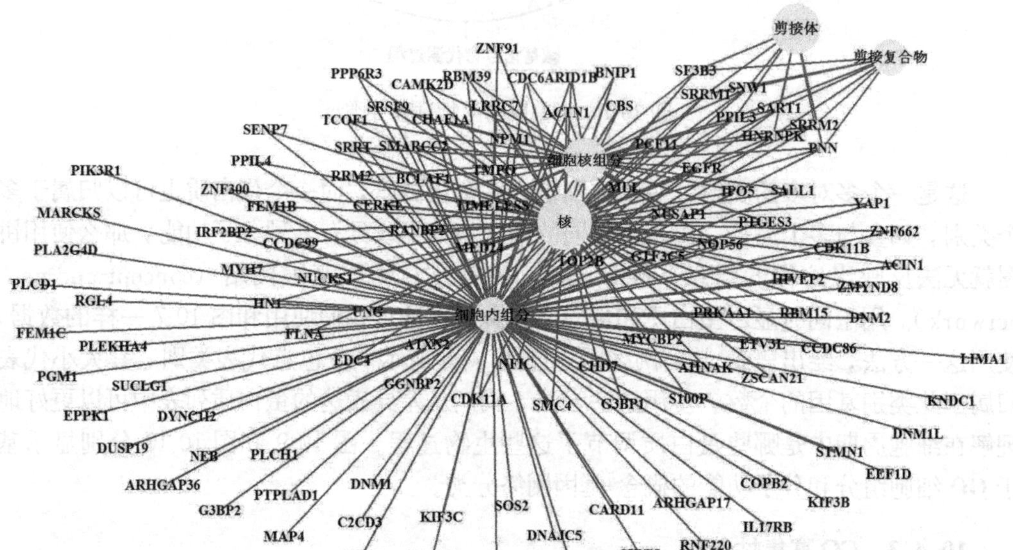

图 10-9 基于概念-基因网络的蛋白质细胞组分分类

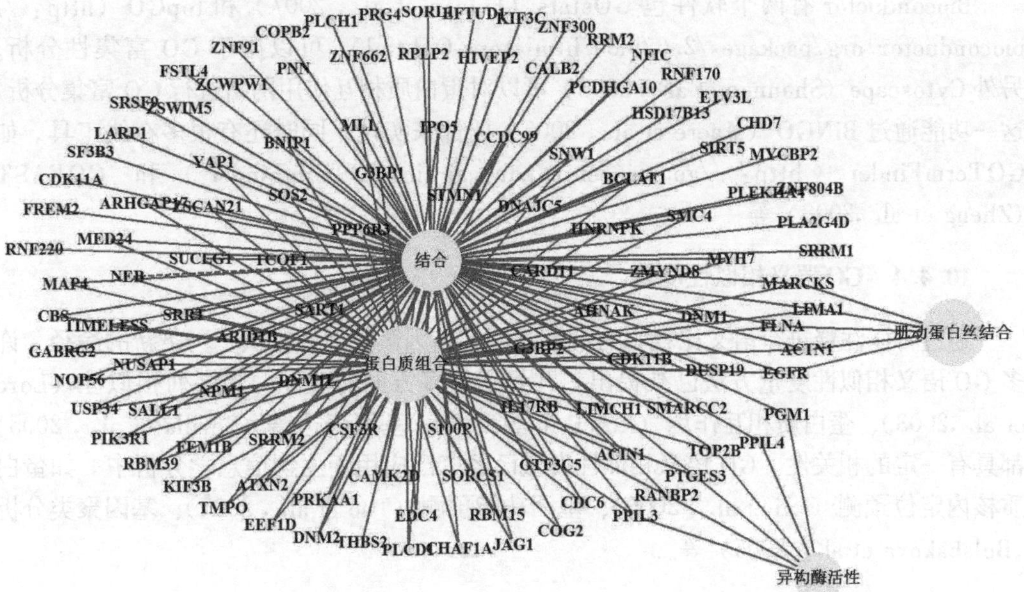

图 10-10　基于概念-基因网络的蛋白质分子功能分类

为了确定一个特定基因列表的任何 GO 术语注释所出现的频率高于随机产生的频率，需要使用超几何分布（hypergeometric distribution）来计算 p 值，超几何分布是无放回抽样，p 值由式（10-18）给出：

$$p = 1 - \sum_{i=0}^{k-1} \frac{\binom{M}{i}\binom{N-M}{n-i}}{\binom{N}{i}} \tag{10-18}$$

其中，N 为相应物种总的基因数；M 为基因组中具有某个 GO 注释的个数（包括直接注释和间接注释）；n 为样本中基因的个数；k 为样本中属于 M 这一类的基因个数。超几何分布是有限样本的无放回抽样，不同于有放回抽样的二项式分布，每次试验成功的概率是不一样的。其概率分布可理解为 $\binom{N}{i}$ 种可能的样本，有 $\binom{M}{k}$ 种方法得到 k 个属于 M 的抽样，有 $\binom{N-M}{n-k}$ 种方法得到 $n-k$ 个不属于 M 的抽样。在已知总体分布的情况下，式(10-18)计算出 n 个基因的样本里，出现 k 及 k 以上个数的 M 类基因的概率。

富集性分析的结果需要进行 p 值校正，以控制 FDR，最常用的方法是 Bonferroni（Wasserman，2010）和 Benjamini-Hochberg（Hochberg et al.，1995）校正法，这两个方法的介绍请参考 10.2.2 小节。

目前已有很多的软件实现了 GO 富集性分析，GO：TermFinder（Boyle et al.，2004）使用 Perl 开发，计算统计显著性，并且对结果进行可视化显示，可以运行于单机，进行批量处理。

Bioconductor 有两个软件包 GOstats（Falcon et al.，2007）和 topGO（http：//bioconductor.org/packages/2.6/bioc/html/topGO.html），可以用于 GO 富集性分析。另外 Cytoscape（Shannon et al.，2003）可以对蛋白质相互作用网络进行 GO 富集分析，这一功能通过 BiNGO（Maere et al.，2005）插件来实现。同时还有很多在线工具，如 GOTermFinder（http：//go.princeton.edu/cgi-bin/GOTermFinder）和 GOEAST（Zheng et al.，2008）等。

10.4.4 GO 语义相似性度量

通过 GO 注释进行语义比较，为计算基因和基因簇相似性提供了一条新的途径，许多 GO 语义相似性度量方法已被提出，并且通过多方面的验证，和序列相似性（Lord et al.，2003）、蛋白质相互作用（Xu et al.，2008）、基因表达谱（Sevilla et al.，2005）都具有一定的相关性。GO 语义相似性度量已经广泛应用于生物信息学分析中，如蛋白质核内定位预测（Lei et al.，2006）、基因功能预测（Tao et al.，2007）、基因聚类分析（Bolshakova et al.，2005）等。

10.4.4.1 GO 语义相似性度量算法

度量 GO 语义相似性有两种不同的策略，一种是 GO 术语（GO term）基于的信息含量（information content，IC），另一种是基于 GO 的图结构。基于信息含量依赖于 GO 术语共有最近父节点在整个 GO 树中所出现的频率。目前有 4 种方法是基于信息含量来计算的，分别由 Resnik（1998）、Lin（1998）、Jiang 等（1997）、Schlicker 等（2006）提出，Lord 对早期基于自然语言分类学的前 3 种方法进行了比较（Lord et al.，2003），Schlicker 提出的方法是基于 Resnik（1998）和 Lin（1998）的定义对其进行整合而来。考虑到特定的 GO 术语通常是由 GO 图中的位置来确定的，Wang 等（2007）提出了基于图拓扑结构的策略，在 Wang 的方法中，GO 术语语义先转换成数值形式，再根据父节点的距离对其语义贡献进行加权。

在 Wang 的方法（Wang et al.，2007）中，一个 GO 术语 A 由导出子图 $DAG_A = (A, T_A, E_A)$ 所代表，其中 T_A 是 DAG_A 中的 GO 术语集，包括术语 A 及 A 在 GO 图中所有的祖先节点（ancestor term），而 E_A 是 DAG_A 中连接 GO 术语的边集合。为了能够定量比较术语之间的语义，需要将 GO 术语语义编码成可以度量的形式，首先定义术语 A 的语义值为 DAG_A 中所有术语贡献的总和，在 DAG_A 图中越接近 A 的节点，对 A 的语义贡献越大，从而定义了 GO 节点 t 在图 $DAG_A = (A, T_A, E_A)$ 中对节点 A 的贡献为 S 值，S 值与节点 A 相关，被定义为

$$\begin{cases} S_A(A) = 1 \\ S_A(t) = \max\{w_e \times S_A(t') \mid t' \in \text{childrenof}(t)\} \text{ if } t \neq A \end{cases} \tag{10-19}$$

其中，w_e 为连接 t 节点和它的子节点 t' 的边 w_e 的贡献因子，节点 A 对自身的贡献定义为 1，在得到图 DAG_A 中所有节点的 S 值之后，GO 节点 A 的语义值 $SV(A)$ 定义为

$$SV(A) = \sum_{t \in T_A} S_A(t) \tag{10-20}$$

对于给定的任何两个GO节点A和B，它们的语义相似$GO_{A,B}$性被定义为

$$S_{GO}(A,B)=\sum_{t\in T_A\cap T_B}\frac{S_A(t)+S_B(t)}{SV(A)+SV(B)} \tag{10-21}$$

其中，S_A（t）为与节点A相关的GO节点t的S值；S_B（t）为与节点B相关的节点t的S值。上面描述的方法由Wang等（2007）提出，此方法基于GO节点在GO图中的位置及它们与祖先节点之间的关系来计算语义相似性。

4种基于信息含量的方法，其相似性的计算依赖于GO节点间最近的祖先节点在特定GO注释树中所出现的频率，信息含量的计算是物种特异的。

由于GO允许节点有多个父节点，两个GO节点间可以通过不同的路径共有父节点，当存在多个共有父节点时，首先定义最短父节点p_{ms}为

$$p_{ms}(t_1,t_2)=\min_{t\in S(t_1,t_2)}\{p(t)\} \tag{10-22}$$

其中，$S(t_1,t_2)$为节点t_1和t_2的父节点集。

4种基于信息含量的方法都基于p_{ms}进行计算，Resnik方法（Resnik，1998）定义为

$$\mathrm{sim}(t_1,t_2)=-\ln p_{ms}(t_1,t_2) \tag{10-23}$$

Lin方法（Lin，1998）定义为

$$\mathrm{sim}(t_1,t_2)=\frac{2\times\ln(p_{ms}(t_1,t_2))}{\ln p(t_1)+\ln p(c_2)} \tag{10-24}$$

Schlicker等（2006）提出的方法结合了Resnik和Lin两个方法，相似性定义为

$$\mathrm{sim}(t_1,t_2)=\frac{2\times\ln p_{ms}(t_1,t_2)}{\ln p(t_1)+\ln p(p2)}\times[1-p_{ms}(t_1,t_2)] \tag{10-25}$$

Jiang等（1997）提出的方法定义为

$$\mathrm{sim}(t_1,t_2)=1-\min[1,\mathrm{d}(t_1,t_2)] \tag{10-26}$$

其中，$\mathrm{d}(t_1,t_2)=\ln p(t_1)+\ln p(p2)-2\times\ln p_{ms}(t_1,t_2)$。

10.4.4.2 GOSemSim软件包

目前已经有一些在线的工具用于计算语义相似性，如G-SESAME（Du et al.，2009）和ProteInOn（http：//xldb.di.fc.ul.pt/biotools/proteinon/index.html）等。为了方便大规模的分析，已有几个软件包实现了语义相似性的计算，如GOGraph（Lord et al.，2003）和GOSim（Fröhlich et al.，2007）实现了经典的基于信息含量的方法，在这里介绍我们自主开发的软件包GOSemSim（http：//bioconductor.org/packages/release/bioc/html/GOSemSim.html）（Yu et al.，2010）。GOSemSim支持GO术语、基因产物和基因簇之间的相似性度量，并且提供了基于信息含量和基于图结构的计算方法。GOSemSim使用统计计算语言R（Ihaka et al.，1996）进行开发，以GPL发布，并且进入了Bioconductor发行版（Gentleman et al.，2004）。GOSemSim依赖Bioconductor所提供的注释数据GO.db用于获得GO术语的父节点和它们之间的关系。

GOSemSim支持许多物种的计算，包括疟蚊（*Anopheles*）、拟南芥（*Arabidopsis*）、

牛（*Bovine*）、狗（canine）、鸡（chicken）、黑猩猩（chimp）、大肠杆菌 K12 株和 Sakai 株（*E. coli* strain K12 and strain Sakai）、果蝇（fly）、人（human）、疟原虫（malaria）、小鼠（mouse）、猪（pig）、恒河猴（rhesus）、大鼠（rat）、线虫（worm）、爪蟾（*Xenopus*）、酵母（yeast）和斑马鱼（zebrafish）。基因的信息含量通过使用 Bioconductor 所提供的注释包 org. Ag. eg. db、org. At. tair. db、org. Bt. eg. db、org. Ce. eg. db、org. Cf. eg. db、org. Dm. eg. db、org. Dr. eg. db、org. EcK12. eg. db、org. EcSakai. eg. db、org. Gg. eg. db、org. Mm. eg. db、org. Mmu. eg. db、org. Pf. plasmo. db、org. Pt. eg. db、org. Rn. eg. db、org. Sc. sgd. db、org. Ss. eg. db、org. Xl. eg. db 对不同的物种分别进行计算。

GOSemSim 使用面向对象编程，支持 GO ID、GO 集合，基因 ID、基因集之间的语义相似性度量，支持前文提到的 Resnik、Lin、Jiang、Rel 和 Wang 5 种度量方法，Resnik、Lin 和 Jiang 的算法使用最为广泛（Pesquita et al.，2009），评估结果显示 Resnik 方法和序列相似性（Lord et al.，2003）（Pesquita et al.，2008）；（Mistry et al.，2008）及基因共表达（Sevilla et al.，2005）具有很高的相关性。Wang 的方法考虑了图结构，与 Resnik 方法相比，计算结果与生物学知识更为一致（Wang et al.，2007）。

下面给出一些计算实例，介绍如何通过 GOSemSim 软件包计算 GO 和基因的语义相似性。

计算 GO 集或 GO ID 间的语义相似性：

```
> params <- new ("Params", ontology="MF", method="Wang")
> go1 <- c ("GO:0004022", "GO:0004024", "GO:0004023")
> go2 <- c ("GO:0009055", "GO:0020037")
> gos <- new ("GOSet", GOSet1=go1, GOSet2=go2)
> sim (gos, params)
           GO:0009055 GO:0020037
GO:0004022      0.318      0.151
GO:0004024      0.290      0.136
GO:0004023      0.290      0.136
```

基于 GO 节点的语义相似性度量，可以计算 GO 集、基因和基因簇的语义相似性，GOSemSim 实现了 4 个方法，即 max、average、rcmax 和 rcmax. avg 用于组合多个 GO 节点的相似性分值，基因和基因簇的相似性计算也是使用上述这 4 种方法来计算的。

对于给定的两个 GO 节点集 $GO_1=\{go_{11}, go_{12}, \cdots, go_{1m}\}$ 和 $GO_2=\{go_{21}, go_{22}, \cdots, go_{2n}\}$，GO 节点两两之间的相似性构成一个相似性矩阵，max 计算最大的相似性值，average 计算所有相似性的均值，rcmax 则使用每行最大值的均值或每列最大值的均值，分别如式（10-27）和式（10-28）所示。

$$\mathrm{sim}_{(GO_1, GO_2)}=\frac{\sum\limits_{1\leqslant i\leqslant m}\mathrm{Sim}[(go_{1i}),(GO_2)]}{m} \tag{10-27}$$

$$\mathrm{sim}_{(GO_1, GO_2)}=\frac{\sum\limits_{1\leqslant j\leqslant n}\mathrm{Sim}[(go_{2j}),(GO_1)]}{n} \tag{10-28}$$

GOSemSim 默认所使用的方法是 rcmax. avg，对所有行最大值和列最大值求均值，如式（10-29）所示。

$$\mathrm{Sim}(GO_1, GO_2) = \frac{\sum_{1 \leqslant i \leqslant m} \mathrm{Sim}[(go_{1i}), (GO_2)] + \sum_{1 \leqslant j \leqslant n} \mathrm{Sim}[(go_{2j}), (GO_1)]}{m+n} \tag{10-29}$$

其中，对于每个 GO 节点 go 和 GO 节点集 $GO = \{go_1, go_2, \cdots, go_k\}$ 的语义相似性为

$$\mathrm{Sim}(go, GO) = \max_{1 \leqslant i \leqslant k} [\mathrm{Sim}_{GO}(go, GO_i)] \tag{10-30}$$

通过将基因和蛋白质映射到 GO 注释上，GOSemSim 能够计算基因和蛋白质的语义相似性。基因到 GO 的映射，可以通过 dropCodes 对 Evidence Codes 对行限制。其中酵母的基因 ID 为酵母基因组数据库（saccharomyces genome database，SGD）所定义的开放阅读框 ID，拟南芥的基因 ID 为拟南芥信息资源（the arabidopsis information resource，TAIR）的 TAIR 基因 ID，其他物种的基因 ID 为 Entrez ID。

计算基因的语义相似性：

```
> gs1 <- c ("835", "5261", "241", "994", "514", "533")
> gs2 <- c ("578", "582", "400", "409", "411")
> gs <- new ("GeneSet", GeneSet1=gs1, GeneSet2=gs2)
> setOrganism (params) <- "human"
[1] "loading GOMap…"
[1] "Done…"
> setCombineMethod (params) <-"rcmax. avg"
> sim (gs, params)
[1] "loading GOMap…"
[1] "Done..."
      578   582   400   409   411
835   0.743 1.000 0.624 0.741 0.543
5261  0.551 0.842 0.580 0.582 0.438
241   0.729 1.000 0.666 0.702 0.360
994   0.610 1.000 0.542 0.642 0.673
514   0.285 0.390 0.420 0.282 0.550
533   0.378 0.481 0.373 0.369 0.357
```

计算基因簇的语义相似性：

```
> x <— org. Hs. egGO
> hsEG <- mappedkeys (x)
> clusters <- list (a=sample (hsEG, 20), b=sample (hsEG, 20), c=sample
(hsEG, 20))
> geneClusters <- new ( "GeneClusterSet ", GeneClusters=clusters)
> sim (geneClusters, params)
```

```
  a     b     c
a 1.000 0.782 0.770
b 0.782 1.000 0.745
c 0.770 0.745 1.000
```

通过设定 Params 类，可以对不同物种使用不同的方法，应用于不同的 GO 本体（MF、BP、CC）进行计算，如下例：

```
> setOrganism (params)<- "yeast "
Loading required package: org.Sc.sgd.db
[1] "loading GOMap… "
[1]"Done…"
> ygs <- new ("GeneSet", GeneSet1="snR18", GeneSet2="YPR062W")
> sim (ygs, params)
[1] 0.199
> setOntology (params)<- "BP"
> sim (ygs, params)
[1] 0.295
> setMethod (params)<- "Resnik"
> sim (ygs, params)
[1] 0.234
```

通过 GO 注释进行基因语义相似性度量已经成为许多生物信息学分析的重要方法，可以整合于高通量的分析中，如基因表达谱数据挖掘、蛋白质定量数据挖掘、蛋白质相互作用和 miRNA 调控网络等。

10.4.5　展望

GO 分析是基于生物学知识的分析，如何将基于蛋白质表达量的数据分析和知识分析有效地结合起来，将是 GO 分析的一个重要的发展方向。一个通路上所有的蛋白质都上调 20%，其效应可能比这个通路上单个蛋白质上调 20 倍都要强（Subramanian et al.，2005），这一方法在芯片分析中早有应用，称之为基因集富集性分析（gene set enrichment analysis，GSEA）（Zhao et al.，2009；Subramanian et al.，2005；Tian et al.，2005），但其应用于蛋白质组学数据分析有许多关键因素还有待解决。蛋白质组定量数据本身的特点，以及蛋白质集合的定义，如基因水平所定义的集合都没有考虑到翻译后修饰。而这些方法的应用将有助于发现激活通路、级联调控或疾病相关的蛋白质集合。

10.5　网络分析

10.5.1　简介

蛋白质很少独立发挥作用，通常是和其他生物分子进行相互作用而发挥功能，蛋白质相互作用（protein-protein interaction，PPI）为蛋白质功能研究提供了生物通路的上下文（context），通路间的动态信号传递和串话（crosstalk）通过蛋白质之间的相互作用而关联起来，这为定量蛋白质组学研究生物分子系统复杂性提供了可能性。

10.5.2 蛋白质相互作用数据库

PPI数据库已经成为生物网络和通路分析中的关键资源，目前有好几个PPI数据库可供使用，根据其内容可将其分为三大类：有实验证据支持的PPI、计算预测的PPI数据及计算和实验证据混合的PPI数据。在这里我们简要介绍几个主要的数据库，包括HPRD、IntAct、MINT、Reactome和STRING。

1）人类蛋白质参考数据库

人类蛋白质参考数据库（human protein reference database，HPRD）。（http：//www.hprd.org/）整合人类蛋白质相互作用、翻译后修饰、疾病相关、亚细胞定位等信息（Peri et al.，2003），还包含了蛋白与核酸和小分子相互作用的信息。相互作用的实验类型分为3种：体内（*in vivo*）、体外（*in vitro*）和酵母双杂交。所有的信息均来自文献报道，由生物学专家对已发表的数据进行解释和分析。

2）IntAct数据库

IntAct数据库（http：//www.ebi.ac.uk/intact/）中的相互作用由文献校正或者是用户提交而来，IntAct提供了许多分析工具（Aranda et al.，2009），支持使用分子相互作用检索语言（molecular interaction query language，MIQL）进行数据检索，这给高级检索提供了便利，同时又实现了用户友好的简易检索界面。IntAct支持二维展示相互作用，并且可根据用户指定的GO分类对蛋白质节点进行高亮显示。

3）分子相互作用数据库

分子相互作用数据库（molecular INTeraction database，MINT）（http：//mint.bio.uniroma2.it/mint/）包含实验验证和文献报道的相互作用，所有的相互作用都经过生物学专家手工校对（Ceol et al.，2010）。MINT有几个姐妹数据库，都是同步更新的，其中HomoMINT（http：//mint.bio.uniroma2.it/HomoMINT/）是人类蛋白质相互作用数据库，包含实验验证及从其他模式生物中推断的相互作用；DOMINO（http：//mint.bio.uniroma2.it/domino）是结构域-肽段相互作用数据库，覆盖由结构域（SH3、SH2、14-3-3、PDZ、PTB、WW、EVH、VHS、FHA、EH、FF、BRCT、Bromo、Chromo、GYF）所介导的相互作用；VirusMINT（http：//mint.bio.uniroma2.it/virusmint）收集和注释病毒蛋白质和人类蛋白质相互作用信息，并将这些信息整合到人类蛋白质相互作用网络中，是研究病毒蛋白质对人类细胞生理干扰的重要数据库。

4）Reactome

Reactome（Joshi-Tope，2004）（http：//www.reactome.org）是人类通路数据库，Reactome收录的信息由生物学家从发表的文献中收集，数据每季度更新一次。Reactome数据的核心单元是反应，参与反应的各种实体（核酸、蛋白质、复合物和小分子）构成生物学相互作用网络，继而被归类到相应的通路中。Reactome的通路包括信号通路、内源和获得性免疫功能、转录调控、翻译、凋亡等。有一点必须要注意的是 Reactome 所定义的 PPI 相当广泛，有直接复合物（direct complex）、间接复合物（indirect complex）、反应（reaction）和近邻反应（neighboring reaction）几种。直接复合物指蛋白质出现于同一复合物中，并不一定真实存在两两间的相互作用；而间接复合物是指蛋白质存在于同一复合物的不同亚复合物（subcomplexe）中；反应是指参与同一反应且未被报道存在于同一复合物中的蛋白质；近邻反应是指蛋白质存在于两个相邻的反应中。数据由冷泉港实验室和欧洲生物信息学研究所进行编辑，以确保一致性和准确性。

5）STRING

STRING（von Mering，2004）数据库包括已知和预测的 PPI 数据，其中部分数据来自于其他数据库，另外部分数据来自于从头预测，预测基于系统性的基因组比较（systematic genome comparison），通过寻找 3 种类型的基因组上下文［包括保守基因组近邻（conserved genomic neighborhood）、基因融合事件（gene fusion event）和多个基因组共出现（co-occurrence）］来预测相关功能。对于预测的相互作用，STRING 给出了置信值；置信值通过预测相互作用和 KEGG 进行比较所得，相当于在同一 KEGG 通路中找到相互作用蛋白质的概率。对于不同来源的数据，通过朴素贝叶斯（naïve Bayesian）模型计算最终的组合分值。

6）Predictome

Predictome 数据库（Mellor et al.，2002）（http：//visant. bu. edu/statistics_visant/）支持 110 个物种，整合了多个相互作用数据库（如 Biogrid、MINT、BIND、MIPS、IntAct 和 HPRD 等），以及实验预测（酵母双杂交、免疫共沉淀、共表达等）、文献报道和计算预测（基因共进化、结构域融和等）。

10.5.3 网络分析软件

STRING 等蛋白质相互作用数据库提供有网页界面，供用户检索、构建网络，网络的构建依赖于数据库，数据库的质量是一个至关重要的因素，得到相互作用网络后，需要对网络进行更深入的分析，这有赖于分析软件的支持。通路分析软件都支持网络的可视化、结构分析等基本功能，不同软件又各有侧重点。

网络分析的商业软件主要有 IPA、GeneGO 和 Pathway Studio，这几个软件在功能上各有侧重，IPA 最偏向于数据库，通过 Java 客户端查询 IPA 数据库，软件方便于数据的展示。GeneGO 的强项也是其商业化的 pathway 数据库，包括各种蛋白质-蛋白质和蛋白质-DNA 相互作用、信号转导和代谢通路等各种数据，其分析平台 MetaCore 正是基于这一数据库。Pathway Studio 整合了自身开发的商业数据库 RESNET 和 KEGG、GO 等免费数据库，Pathway Studio 的强项在于文本挖掘。

商业软件更贴近用户，易于使用，优势在于其不开放的商业数据库，就软件功能而言，许多免费的软件也能与之相媲美。

PINA（Wu et al.，2009）是一个蛋白质相互作用整合分析平台（http：//csbi. ltdk. helsinki. fi/pina），整合了 MINT、IntAct、DIP、BioGRID、HPRD 和 MIPS/MPact 几个数据库，支持 6 种模式生物，整合了 GO 富集性分析和语义相似性度

量等工具对网络进行过滤和分析。

Cytoscape（Shannon et al.，2003）是最广为人知的一个网络可视化工具，支持多种数据格式的导入，Cytoscape的优点是用户众多，许多用户通过开发插件扩展Cytoscape的功能，目前有超过100个插件可以使用，涉及网络导入、分析、功能富集和文本挖掘等多个方面。

ProViz（Iragne et al.，2005）由IntAct项目组开发，使用Tulip包来展示图，对大型图的处理速度很快，ProViz支持导入和导出PSI-MI格式、IntAct数据格式和GO等。

Osprey软件（Breitkreutz et al.，2003）和BIND、GRID数据库整合，蛋白质注释信息较全面，Osprey是第一个支持对不同蛋白质网络进行功能比较的软件。

CFinder（Adamcsek et al.，2006）支持在生物网络里寻找模块（cliques and module），可以应用于发现新的功能模块。

Pajek（http：//vlado.fmf.uni-lj.si/pub/networks/pajek/）是一个专业的大型网络分析软件，这个软件不是为生物研究设计的，对于生物数据支持很差，它的优点在于实现了许多高级分析算法，Pajek在社交网络分析上已有很多的应用实例。

编程人员可以使用Igraph库（http：//igraph.sourceforge.net/）进行网络分析，Igraph库实现了经典图论算法［如最小生成树（minimun spanning trees）］和网络流（network flow）等，同时也实现了较新的网络分析算法［如群落结构搜索（community structure search）］。Igraph的核心代码是用ANSI C写的，提供C库，能够使用于C/C++项目中；同时也可以作为R包、Python模块或Ruby扩展安装，这些高级语言对数据分析处理也提供了许多便利。

10.5.4　分析实例

肺癌是一种常见的恶性肿瘤，在癌症死亡病例中占有很大比重。导致这一结果的主要原因是缺少对早期肺癌进行诊断的生物标记物。先前的许多研究表明，许多磷酸化蛋白参与了肺癌肿瘤的发生发展。我们通过系统分析肺腺癌细胞系A549的磷酸化谱，试图找出一些关键蛋白质作为生物标记物的候选基因，以供后续研究。使用TiO_2对磷酸化肽段进行富集，富集后的肽段通过HPLC结合LTQ-Orbitrap XL进行分析，数据由Mascot进行搜库鉴定；再经过一系列的质量控制手段，最后得到高可靠性的磷酸化位点337个，对应于181个磷酸化蛋白（Yu et al.，2011）。

通过VisANT（Hu et al.，2008）平台构建蛋白质相互作用网络，所得到的网络如图10-11所示，由Cytoscape（Shannon et al.，2003）进行布图。

对网络进行后续分析，以期找到关键的调控蛋白。首先测量网络节点度分布，节点度分布如图10-12所示，可被幂率函数 $y= 220.72k^{-1.338}$ 拟合，皮尔森相关系数 $R=0.988$，其中 y 为节点数目，k 为节点度数。

结果显示在图10-11中找到一个高度连接节点的概率呈指数下降，这一类型的网络称之为无标尺（scale-free）网络（Barabasi et al.，2004），其拓扑结构由少量集线器节点（hub nodes）所主导，对于外界干扰很稳健。这样的结果预示着A549磷酸化蛋白质通过作用于少量但高度整合的模块而发挥作用，提高了A549细胞调控的复杂性和生存概率。

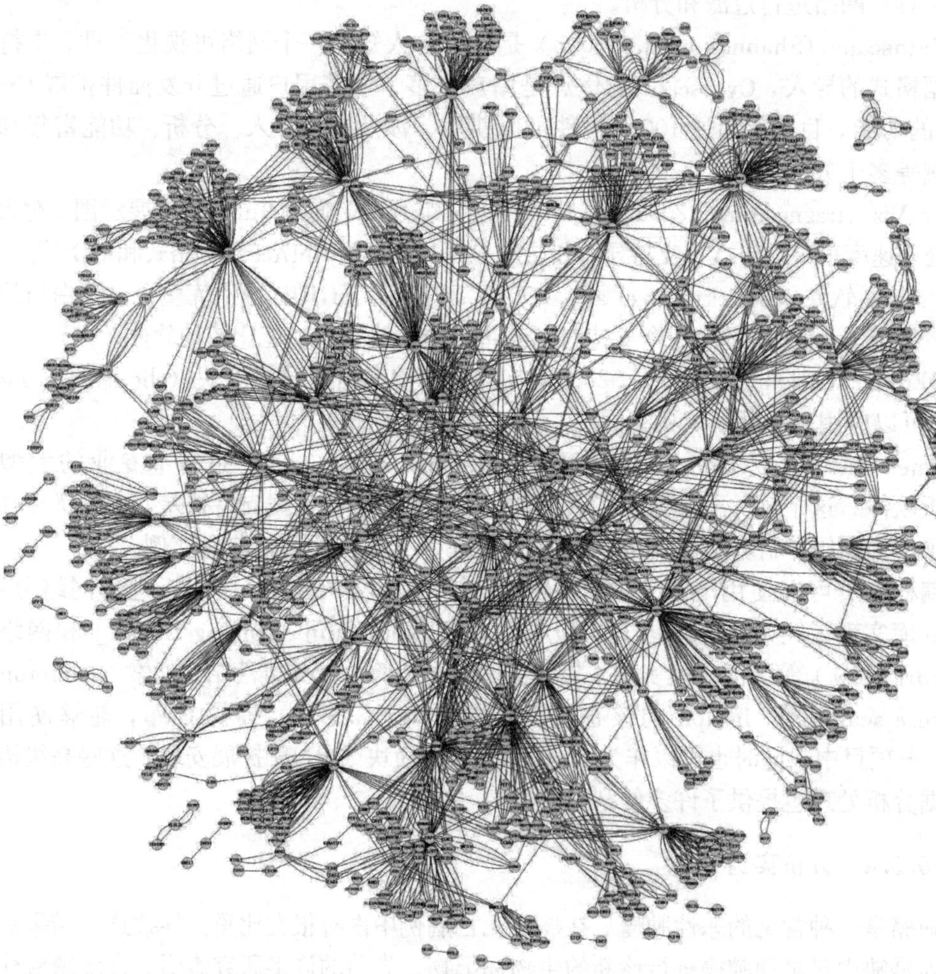

图 10-11　A549 磷酸化蛋白质相互作用网络

图 10-12　网络节点度分布

另外还计算了网络中每个节点的拓扑系数（topological coefficient），用于度量网络中蛋白质和其他所有蛋白质共有的节点（Ravasz et al.，2002），拓扑系数低意味着快速的信号转导。如图10-13所示，拓扑系数随着相互作用蛋白质数目的增加而呈指数下降，结果显示集线器蛋白并不比度数低的节点拥有更多的共有邻节点，意味着这些集线器蛋白并不聚集在一起构成少量高度连接的模块。

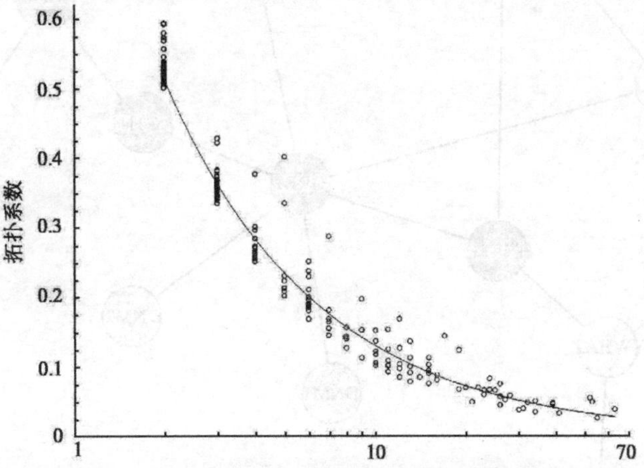

图10-13　网络拓扑系数

介数（betweenness）是网络拓扑结构最重要的指标之一，度量非冗余最短路径通过特定节点的数目。高介数节点控制着网络中大部分的信息流，这些节点被定义为瓶颈分子（bottleneck molecular）。瓶颈分子控制着网络节点间的信息交流，如果瓶颈分子受到阻滞，将导致信号转导系统失效。瓶颈分子已经被制药行业应用于鉴定关键蛋白质（Yu et al.，2007）。通过瓶颈拓扑算法（Lin et al.，2008）（bottleneck topological algorithm）鉴定A549磷酸化蛋白网络中的瓶颈分子，其中YAP1、CDC6、DNM1、DNM2、SNW1、TMPO、ACTN1、PNN、SMARCC2和INADL 10个瓶颈蛋白为质谱鉴定到。如图10-14所示，这些瓶颈蛋白高度连接，构成一个脆弱的模块，可以作为干扰研究的靶标。

最后选择其中的一个磷酸化蛋白YAP1，通过蛋白质印迹和免疫组织化学对多组样本在细胞水平和组织水平进行验证，显示YAP1 pSer127的表达水平和肺细胞系/组织的恶性程度呈现负相关，结果均具有统计学显著性。YAP1已经被鉴定为是一个原癌基因，而Ser-127位点的磷酸化抑制了其原癌活性（Zhao et al.，2010），实验结果和前人的发现完全一致。这一结果显示着瓶颈分子分析的有效性，也预示着其他的瓶颈分子可以作为进一步研究的候选靶标。

10.5.5　展望

高通量实验手段鉴定了大量的蛋白质-蛋白质相互作用，随着这些实验效率和精度的提高，我们最终将得到更多更准确的相互作用。如何利用好这些生物学知识，对我们

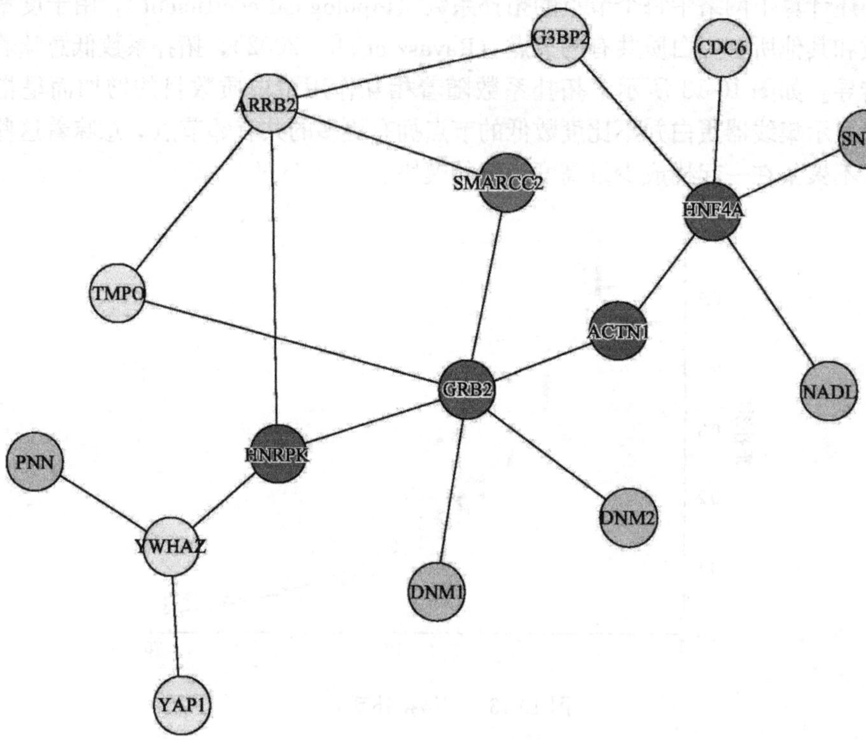

图 10-14 瓶颈蛋白子网

的实验数据进行挖掘是系统生物学的一个重点，越来越多的研究者开始关注蛋白质和小分子之间的相互作用，这些信息如何整合到蛋白质网络的分析中去，是以后通路分析的一个重点；另一个重要的发展方向是如果整合分析时间序列的基因和蛋白质表达谱数据，继而给研究者提供更为全面的相互作用分析。

参考文献

Adamcsek B, et al. 2006. CFinder: locating cliques and overlapping modules in biological networks. Bioinformatics, 22 (8): 1021-1023.

Apweiler R, et al. 2006. The power of cooperative investigation: summary and comparison of the HUPO Brain Proteome Project pilot study results. Proteomics, 6 (18): 4997-5014.

Aranda B, et al. 2009. The IntAct molecular interaction database in 2010. Nucl. Acids Res., 38 (suppl_1): D525-31.

Ashburner M, et al. 2000. Gene Ontology: tool for the unification of biology. Nat Genet, 25 (1): 25-29.

Barabasi A-L, et al. 2004. Network biology: understanding the cell's functional organization. Nat Rev Genet, 5 (2): 101-113.

Bergeron J J, et al. 2007. Peptides you can count on. Nat Biotech, 25 (1): 61-62.

Blagoev B, et al. 2009. MSQuant, an open source platform for mass spectrometry-based quantitative proteomics. J Proteome Res, 9 (1): 393-403.

Boehm A M, et al. 2007. Precise protein quantification based on peptide quantification using iTRAQ™. BMC Bioinformatics, 8: 214-214.

Bolshakova N, et al. 2005. A knowledge-driven approach to cluster validity assessment. Bioinformatics, 21 (10): 2546-2547.

Bouyssié D, et al. 2007. Mascot file parsing and quantification (MFPaQ), a new software to parse, validate, and quantify proteomics data generated by ICAT and SILAC mass spectrometric analyses. Molecular & Cellular Proteomics, 6 (9): 1621-1637.

Boyle E I, et al. 2004. GO: TermFinder—open source software for accessing gene ontology information and finding significantly enriched gene ontology terms associated with a list of genes. Bioinformatics, 20 (18): 3710-3715.

Bradford M M. 1976. A rapid and sensitive method for the quantitation of microgram quantities of protein utilizing the principle of protein-dye binding. Anal Biochem, 72: 248-254.

Braisted J C, et al. 2008. The APEX quantitative proteomics tool: generating protein quantitation estimates from LC-MS/MS proteomics results. BMC Bioinformatics, 9: 529-529.

Breitkreutz B-J, et al. 2003. Osprey: a network visualization system. Genome Biol, 4 (3): R22.

Ceol A, et al. 2010. MINT, the molecular interaction database: 2009 update. Nucl Acids Res, 38 (suppl_1): D532-539.

Chelius D, et al. 2002. Quantitative profiling of proteins in complex mixtures using liquid chromatography and mass spectrometry. J. Proteome Res, 1 (4): 317-323.

Chernushevich I V, et al. 2001. An introduction to quadrupole-time-of-flight mass spectrometry. Journal of Mass Spectrometry, 36 (8): 849-865.

Clark B N, et al. 2008. The myth of automated, high-throughput two-dimensional gel analysis. Proteomics, 8 (6): 1197-1203.

Codrea M, et al. 2007. Tools for computational processing of LC-MS datasets: a user's perspective. Computer Methods and Programs in Biomedicine, 86 (3): 281-290.

Cox J, et al. 2008. MaxQuant enables high peptide identification rates, individualized p. p. b. -range mass accuracies and proteome-wide protein quantification. Nat Biotechnol, 26 (12): 1367-1372.

Cox J, et al. 2009. A practical guide to the MaxQuant computational platform for SILAC-based quantitative proteomics. Nat Protoc, 4 (5): 698-705.

Craig R, et al. 2003. A method for reducing the time required to match protein sequences with tandem mass spectra. Rapid Communications in Mass Spectrometry, 17 (20): 2310-2316.

Craig R, et al. 2005. The use of proteotypic peptide libraries for protein identification. Rapid Communications in Mass Spectrometry, 19 (13): 1844-1850.

Dowsey A W, et al. 2008. Automated image alignment for 2-D gel electrophoresis in a high-throughput proteomics pipeline. Bioinformatics, : 24 (7): 950-957.

Du Z, et al. 2009. G-SESAME: web tools for GO-term-based gene similarity analysis and knowledge discovery. Nucleic Acids Res, 37 (Web Server issue): W345-349.

Eng J, et al. 1994. An approach to correlate tandem mass spectral data of peptides with amino acid sequences in a protein database. Journal of the American Society for Mass Spectrometry, 5 (11): 976-989.

Falcon S, et al. 2007. Using GOstats to test gene lists for GO term association. Bioinformatics, 23 (2): 257-258.

Feng G, et al. 2010. A collection of bioconductor methods to visualize gene-list annotations. BMC Res Notes, 3: 10.

Fröhlich H, et al. 2007. GOSim - an R-package for computation of information theoretic GO similarities between terms and gene products. BMC Bioinformatics, 8: 166.

Gentleman R C, et al. 2004. Bioconductor: open software development for computational biology and bioinformatics. Genome Biol, 5 (10): R80.

Golub T R, et al. 1999. Molecular Classification of Cancer: Class Discovery and Class Prediction by Gene Expression Monitoring. Science, 286 (5439): 531-537.

Griffin N M , et al. 2010. Label-free, normalized quantification of complex mass spectrometry data for proteomic analysis. Nat Biotech, 28 (1): 83-89.

Gygi S P, et al. 1999. Quantitative analysis of complex protein mixtures using isotope-coded affinity tags. Nat Biotech, 17 (10): 994-999.

Han D K, et al. 2001. Quantitative profiling of differentiation-induced microsomal proteins using isotope-coded affinity tags and mass spectrometry. Nat Biotech, 19 (10): 946-951.

Hochberg Y, et al. 1995. Controlling the false discovery rate: a practical and powerful approach to multiple testing. Journal of the Royal Statistical Society, Series B (Methodological), 57 (1): 289-300.

Hsu W-L, et al. 2009. MaXIC-Q Web: a fully automated web service using statistical and computational methods for protein quantitation based on stable isotope labeling and LC-MS. Nucleic Acids Res, 37 (Web Server issue): W661-669.

Hu Z, et al. 2008. VisANT: an integrative framework for networks in systems biology. Briefings in Bioinformatics, 9 (4): 317-325.

Ihaka R, et al. 1996. R: a language for data analysis and graphics. Journal of Computational and Graphical Statistics, 5 (3): 299-314.

Iragne F, et al. 2005. ProViz: protein interaction visualization and exploration. Bioinformatics, 21 (2): 272-274.

Jiang J, et al. 1997. International Conference Research on Computational Linguistics (ROCLING X): 9008.

Joshi-Tope G. 2004. Reactome: a knowledgebase of biological pathways. Nucleic Acids Research, 33 (Database issue): D428-D432.

Keller A, et al. 2002. Empirical statistical model to estimate the accuracy of peptide identifications made by MS/MS and database search. Anal Chem, 74 (20): 5383-5392.

Keller A, et al. 2005. A uniform proteomics MS/MS analysis platform utilizing open XML file formats. Mol Syst Biol, 1.

Klose J. 1975. Protein mapping by combined isoelectric focusing and electrophoresis of mouse tissues. Human Genetics, 26 (3): 231-243.

Lei Z, et al. 2006. Assessing protein similarity with gene ontology and its use in subnuclear localization prediction. BMC Bioinformatics, 7: 491.

Li X J, et al. 2003. Automated statistical analysis of protein abundance ratios from data generated by stable-isotope dilution and tandem mass spectrometry. Analytical Chemistry, 75 (23): 6648-6657.

Lin C Y, et al. 2008. Hubba: hub objects analyzer—a framework of interactome hubs identification for network biology. Nucleic Acids Research, 36 (Web Server): W438-W443.

Lin D. 1998. Proceedings of the Fifteenth International Conference on Machine Learning. In Proceedings of the 15th International Conference on Machine Learning: 296-304.

Lin W T, et al. 2005. Proceedings of the 2005 IEEE Computational Systems Bioinformatics Conference-Workshops. IEEE Computer Society, 157-158.

Lin W T, et al. 2006. Multi-Q: a fully automated tool for multiplexed protein quantitation. Journal of Proteome Research, 5 (9): 2328-2338.

Lord P W, et al. 2003. Investigating semantic similarity measures across the gene ontology: the relationship between sequence and annotation. Bioinformatics, 19 (10): 1275-1283.

Lowry O H, et al. 1951. Protein measurement with the Folin phenol reagent. J. Biol. Chem, 193 (1): 265-275.

Lu P, et al. 2007. Absolute protein expression profiling estimates the relative contributions of transcriptional and translational regulation. Nat Biotech, 25 (1): 117-124.

MacCoss M J, et al. 2003. A correlation algorithm for the automated quantitative analysis of shotgun proteomics data. Analytical Chemistry, 75 (24): 6912-6921.

Maere S, et al. 2005. BiNGO: a cytoscape plugin to assess overrepresentation of gene ontology categories in biological networks. Bioinformatics, 21 (16): 3448-3449.

Mallick P, et al. 2007. Computational prediction of proteotypic peptides for quantitative proteomics. Nat Biotech, 25 (1): 125-131.

Mellor J C, et al. 2002. Predictome: a database of putative functional links between proteins. Nucleic Acids Research, 30 (1): 306-309.

Mistry M, et al. 2008. Gene Ontology term overlap as a measure of gene functional similarity. BMC Bioinformatics, 9: 327.

Miura K. 2003. Imaging technologies for the detection of multiple stains in proteomics. PROTEOMICS, 3 (7): 1097-1108.

Miyagi M, et al. 2007. Proteolytic ^{18}O-labeling strategies for quantitative proteomics. Mass Spectrom Rev, 26 (1): 121-136.

Morris J S, et al. 2008. Pinnacle: a fast, automatic and accurate method for detecting and quantifying protein spots in 2-dimensional gel electrophoresis data. Bioinformatics, 24 (4): 529-536.

Nesvizhskii A I, et al. 2003. A statistical model for identifying proteins by tandem mass spectrometry. Anal. Chem, 75 (17): 4646-4658.

Nesvizhskii A I, et al. 2005. Interpretation of shotgun proteomic data: the protein inference problem. Mol Cell Proteomics, 4 (10): 1419-1440.

Ong S E. 2002. Stable isotope labeling by amino acids in cell culture, SILAC, as a simple and accurate approach to expression proteomics. Molecular & Cellular Proteomics, 1 (5): 376-386.

O'Farrell P H. 1975. High resolution two-dimensional electrophoresis of proteins. J Biol Chem, 250 (10): 4007-4021.

Pang J X, et al. 2002. Biomarker discovery in urine by proteomics. J Proteome Res, 1 (2): 161-169.

Park S K, et al. 2008. A quantitative analysis software tool for mass spectrometry-based proteomics. Nat Meth, 5 (4): 319-322.

Pavelka N, et al. 2004. A power law global error model for the identification of differentially expressed genes in microarray data. BMC Bioinformatics, 5: 203.

Pedrioli P G A. 2010. Trans-proteomic pipeline: a pipeline for proteomic analysis. Methods Mol. Biol 604: 213-238.

Peri S, et al. 2003. Development of human protein reference database as an initial platform for approaching systems biology in humans. Genome Research, 13 (10): 2363-2371.

Perkins D N, et al. 1999. Probability-based protein identification by searching sequence databases using mass spectrometry data. Electrophoresis, 20 (18): 3551-3567.

Pesquita C, et al. 2008. Metrics for GO based protein semantic similarity: a systematic evaluation. BMC Bioinformatics, 9 (Suppl 5): S4.

Pesquita C, et al. 2009. Semantic similarity in biomedical ontologies. PLoS Comput Biol, 5 (7): e1000443.

Press W H, et al. 2007. Numerical Recipes 3rd Edition: The Art of Scientific Computing. New York: Cambridge University Press.

Ravasz E, et al. 2002. Hierarchical organization of modularity in metabolic networks. Science, 297 (5586): 1551-1555.

Ravin N V, et al. 1999. Use of a linear multicopy vector based on the mini-replicon of temperate coliphage N15 for cloning DNA with abnormal secondary structures. Nucleic Acids Res, 27 (17): e13.

Resnik P. 1998. Semantic similarity in a taxonomy: an information-based measure and its application to problems of ambiguity in natural language. Journal of Artifical Intelligence Research, 11: 95-130.

Ross P L. 2004. Multiplexed protein quantitation in saccharomyces cerevisiae using amine-reactive isobaric tagging reagents. Molecular & Cellular Proteomics, 3 (12): 1154-1169.

Schlicker A, et al. 2006. A new measure for functional similarity of gene products based on gene ontology. BMC

Bioinformatics, 7: 302.

Schulze W X. 2003. A novel proteomic screen for peptide-protein interactions. Journal of Biological Chemistry, 279 (11): 10756-10764.

Senko M W, et al. 1995. Determination of monoisotopic masses and ion populations for large biomolecules from resolved isotopic distributions. Journal of the American Society for Mass Spectrometry, 6 (4): 229-233.

Sevilla J L, et al. 2005. Correlation between gene expression and GO semantic similarity. IEEE/ACM Trans Comput Biol Bioinform, 2 (4): 330-338.

Shadforth I P, et al. 2005. i-Tracker: for quantitative proteomics using iTRAQ™. BMC Genomics, 6: 145.

Shannon P, et al. 2003. Cytoscape: a software environment for integrated models of biomolecular interaction networks. Genome Research, 13 (11): 2498-2504.

Sokal R R, et al. 1994. Biometry: The Principles and Practices of Statistics in Biological Research. New York: W. H. Freeman.

Stegle O, et al. 2010. A robust Bayesian two-sample test for detecting intervals of differential gene expression in microarray time series. J Comput Biol, 17 (3): 355-367.

Strange K. 2005. The end of "naive reductionism": rise of systems biology or renaissance of physiology? Am J Physiol Cell Physiol, 288 (5): C968-974.

Subramanian A, et al. 2005. Gene set enrichment analysis: a knowledge-based approach for interpreting genome-wide expression profiles. Proceedings of the National Academy of Sciences of the United States of America, 102 (43): 15545-15550.

Tao Y, et al. 2007. Information theory applied to the sparse gene ontology annotation network to predict novel gene function. Bioinformatics, 23 (13): i529-538.

Thompson A, et al. 2003. Tandem mass tags: a novel quantification strategy for comparative analysis of complex protein mixtures by MS/MS. Analytical Chemistry, 75 (8): 1895-1904.

Tian L, et al. 2005. Discovering statistically significant pathways in expression profiling studies. Proceedings of the National Academy of Sciences of the United States of America, 102 (38): 13544-13549.

Tusher V G, et al. 2001. Significance analysis of microarrays applied to the ionizing radiation response. Proceedings of the National Academy of Sciences of the United States of America, 98 (9): 5116-5121.

von Mering C. 2004. STRING: known and predicted protein-protein associations, integrated and transferred across organisms. Nucleic Acids Research, 33 (Database issue): D433-D437.

Wang J Z, et al. 2007. A new method to measure the semantic similarity of GO terms. Bioinformatics, 23 (10): 1274-1281.

Wasserman L. 2010. All of Statistics: A Concise Course in Statistical Inference. New York: Springer.

Whittaker E T. 1967. The calculus of observations: An introduction to numerical analysis. Dover Publications.

Wu J, et al. 2009. Integrated network analysis platform for protein-protein interactions. Nat Meth, 6 (1): 75-77.

Xu T, et al. 2008. Evaluation of GO-based functional similarity measures using S. cerevisiae protein interaction and expression profile data. BMC Bioinformatics, 9: 472.

Yan W, et al. 2005. Mass spectrometry-based quantitative proteomic profiling. Brief Funct Genomic Proteomic, 4 (1): 27-38.

Yang Y H, et al. 2002. Normalization for cDNA microarray data: a robust composite method addressing single and multiple slide systematic variation. Nucleic Acids Res, 30 (4): e15.

Yu G, et al. 2010. GOSemSim: an R package for measuring semantic similarity among GO terms and gene products. Bioinformatics, 26 (7): 976-978.

Yu G, et al. 2011. Phosphoproteome profile of human lung cancer cell line A549. Mol. BioSyst., 7 (2): 472-479.

Yu H, et al. 2007. The importance of bottlenecks in protein networks: correlation with gene essentiality and expression dynamics. PLoS Comput Biol, 3 (4): e59.

Zhang B, et al. 2006. Detecting differential and correlated protein expression in label-free shotgun proteomics. Journal of Proteome Research, 5 (11): 2909-2918.

Zhao B, et al. 2010. A coordinated phosphorylation by Lats and CK1 regulates YAP stability through SCFβ-TRCP. Genes & Development, 24 (1): 72-85.

Zhao H, et al. 2009. A cross-study gene set enrichment analysis identifies critical pathways in endometriosis. Reprod Biol Endocrinol, 7 (1): 94.

Zheng Q, et al. 2008. GOEAST: a web-based software toolkit for gene ontology enrichment analysis. Nucl Acids Res, 36 (suppl_2): W358-363.

Zhu W, et al. 2010. Mass spectrometry-based label-free quantitative proteomics. J Biomed Biotechnol, 2010.

缩 略 词

1,5-二磷酸核酮糖羧化酶/加氧酶大亚基（ribulose bisphosphate carboxylase/oxygenase large subunit, RuBisCO LSU）
19S 调节亚单位（19S regulatory subunit）
20S 催化亚单位（20S catalytic subunit）
26S 蛋白酶体（26S proteasome）
AP 位点（apurinic/apyrimidinic site 或 abasic site, AP site）
ATP 酶（ATPase）
Ca^{2+}/钙调蛋白（Ca^{2+}/calmodulin）
Ca^{2+}/钙调蛋白依赖性蛋白激酶（Ca^{2+}/calmodulin dependent protein kinase, CaMK）
cAMP 依赖性蛋白激酶（cyclic-AMP dependent protein kinase）
ClpAP 蛋白酶（ClpAP protease）
C 肽（C-peptide）
C 糖基化（*C*-mannosylation）
DNA 损伤反应（DNA damage response）
HECT 结构域（homologous to E6-AP C terminus domain, HECT domain）
mRNA 可变剪接（alternative splicing）
N-糖基化（*N*-linked glycosylation）
N-乙酰-D-神经氨酸（唾液酸）[*N*-acetyl-D-neuraminic acid (sialic acid), NeuAc]
N-乙酰半乳糖胺（*N*-acetylgalactosamine, GalNAc）
N-乙酰葡萄糖胺（*N*-acetylglucosamine, GlcNAc）
N 端法则（N-end rule）
O-糖基化（*O*-linked glycosylation）
O 连接的 *N*-乙酰葡萄糖胺（*O*-linked beta-*N*-acetylglucosamine, *O*-GlcNAc）
O 连接的 *N*-乙酰葡萄糖胺修饰（*O*-GlcNAcylation）
SH2 域（Src homology 2 domain）
SH3 域（Src homology 3 domain）
SUMO 蛋白酶（SUMO protease）
SUMO 化修饰（SUMOylation）
Tau 蛋白（Tau protein）
Toll 样受体（Toll-like receptor, TLR）
α-促黑激素（α-melanocyte stimulating hormone, α-MSH）
α 螺旋跨膜肽（α-helical transmembrane peptide）
β-促脂解素（β-lipotropin, β-LPH）
β-内啡肽（β-endorphin, β-EP）
β 连环链蛋白（β-catenin）
β 圆柱（β-barrel）
β 折叠（β-sheet）
β 转角（β-turn）
γ-促黑激素（γ-melanocyte stimulating hormone, γ-MSH）
γ-促脂解素（γ-lipotropin, γ-LPH）
阿尔茨海默病（Alzheimer disease, AD）
癌基因（oncogene）
半乳糖（galactose, Gal）
胞内区（intracellular domain）
胞外区（extracellular domain）
标准凹陷（standard dent）
表皮生长因子结构域（EGF motif）
表皮生长因子受体（epidermal growth factor receptor, EGFR）
哺乳动物免疫系统（mammalian immune system）
哺乳动物生殖糖生物学（mammalian reproductive glycobiology）
超流动性（hyperfluidity）
成纤维细胞生长因子受体（Fibroblast growth factor receptor, FGFR）
储存蛋白（storage protein）
促肾上腺皮质激素（adrenocorticotropic hormone, ACTH）
催化裂口（catalytic cleft）
蛋白激酶（protein kinase）

蛋白激酶 A（cyclic-AMP dependent protein kinase A，PKA）
蛋白激酶 C（protein kinase C，PKC）
蛋白激酶 C 端域（C-terminal domain）
蛋白激酶 N 端域（N-terminal domain）
蛋白激酶核酸结合环（nucleotide-binding loop）
蛋白激酶活化环（activation loop）
蛋白激酶结构域（protein kinase domain，PKD）
蛋白激酶柔性铰链区（linker）
蛋白酶水解级联反应（proteolytic cascade）
蛋白酶体结合结构域（proteasome-binding domains）
蛋白前体（protein precursor，pro-protein）
蛋白质变性（protein denaturation）
蛋白质翻译后修饰（post-translational modification，PTM）
蛋白质剪接（protein splicing）
蛋白质磷酸酶（protein phosphatase）
蛋白质凝集（protein aggregation）
蛋白质水解腔（proteolytic chamber）
底物专一性 CaMK（Specialized CaM kinases）
电喷雾电离色谱 ESI-MS（electrospray ionization MS）
顶端部分（lid subunits）
冻害（freezing injury）
多功能性 CaMK（Multifunctional CaM kinases，CaMKⅡ）
多聚泛素蛋白（polymers of ubiquitin protein）
多聚泛素化（polyubiquitination）
多聚泛素结合结构域（polyubiquitin-binding domain，UBD）
多聚泛素链（polyubiquitin chain）
二硫键（disulfide bridge）
二硫苏糖醇（1,4-dithiothreitol，DTT）
翻译后修饰蛋白质组学（modification-specific proteomics）
泛素（ubiquitin，Ub）
泛素-蛋白连接酶 E3（ubiquitin-protein ligase E3）
泛素蛋白酶体系统（ubiquitin-proteasome system）
泛素化（ubiquitylation）
泛素活化酶 E1（Ub-activating enzyme E1）
泛素结合酶 E2（ubiquitin-conjugating enzyme E2）
泛素类似蛋白（ubiquitin-like protein，Ubl）
泛素受体（Ub receptor）
范德华力（van der Waals' forces）
防御相关蛋白（defense-related proteins）
非生物胁迫（abiotic stress）
非受体型酪氨酸蛋白激酶（non-receptor TPK）
非折叠状态（unfolded state）
分子伴侣蛋白（chaperone）
分子运输和清除（molecular trafficking and clearance）
复杂型（complex type）
钙网蛋白（calreticulin）
甘露吡喃糖基（α-D-mannopyranosyl）
甘露糖（mannose，Man）
高甘露糖型（high mannose）
共翻译定位（co-translational targeting）
固态（solid state）
光呼吸作用（photorespiration）
过度磷酸化（hyperphosphorylation）
核磁共振（nuclear magnetic resonance，NMR）
核孔复合体（nuclear pore complex，NPC）
核仁（nucleolus）
核受体（nuclear receptor，NR）
核受体介导的抗炎反应（NR-mediated anti-inflammatory activity）
核酸内切酶结构域（endonuclease domain）
混合型（hybrid type）
活性位点（active site）
基底部分（base subunits）
基质辅助激光离子化质谱 MALDI-MS（matrix-assisted laser desorption/ionization MS）
激素原转化酶（prohormone convertase）
几丁质结合结构域（chitin binding domain，CBD）
胶体态（gel state）
胶原蛋白（collagen）
结构蛋白（structural protein）
解折叠（unfolding）
精卵识别
聚集体（aggregate）
聚集小体形成（aggresome formation）
抗氧化反应途径（antioxidative pathway）
抗氧化酶（antioxidant-enzyme）
跨膜部分（transmembrane region）

跨膜区（transmembrane domain）
老年斑（senile plaque，SP）
酪氨酸蛋白激酶（Tyrosine-specific protein kinase，TPK）
类促肾上腺皮质素垂体中叶肽（corticotropin-like intermediate lobe peptide，CLIP）
冷变性（cold denaturation）
冷害（chilling injury）
离子键（ionic bond）
立体结构异构体（stereo-isomer）
链霉亲和素（streptavidin）
磷酸二酯酶（phosphodiesterase，PDE）
磷酸化（phosphorylation）
硫酯键（thioester bond）
毛细管区带电泳（capillary zone electrophoresis，CZE）
酶原（proenzyme 或 zymogen）
免疫球蛋白样结构域（immunoglobulin-like domain，Ig-like domain）
膜蛋白（membrane protein）
膜孔蛋白（porin）
内含肽（intein）
内含子（intron）
镍亲和柱（Ni-NTA resin）
凝血酶原（prothrombin）
帕金森病（Parkinson's disease，PD）
配体（ligand）
葡萄糖（glucose，Glc）
前体阿片促黑激素皮质素原（proopiomelanocortin，POMC）
羟基化修饰（hydroxylation）
氢键（hydrogen bond）
球状蛋白质（globular protein 或 spheroprotein）
区域异构体（regio-isomers）
去SUMO化（desumoylation）
去SUMO酶（desumoylase）
去泛素化（de-ubiquitylation）
去泛素酶（de-ubiquitylating enzymes，DUB）
去磷酸化（dephosphorylation）
热变性（thermal denaturation）
热激蛋白（heat shock protein，HSP）
弱相互作用（weak interaction）
神经元（neuron）
神经原纤维缠结（neurofibrillary tangle，NFT）
生物标记物（biomarker）
生物素（biotin）
生物胁迫（biotic stress）
生物信息流
嗜极温蛋白质（extremophilic protein）
嗜冷蛋白质（psychrophilic protein）
嗜热蛋白质（thermophilic protein）
嗜中温蛋白质（mesophilic protein）
受体激活（receptor activation）
受体型酪氨酸蛋白激酶（receptor tyrosine kinase，RTK）
疏水相互作用（hydrophobic interaction）
疏水作用力（hydrophobic force）
双螺旋纤维（paired helical filament，PHF）
霜害（frost injury）
丝氨酸/苏氨酸蛋白激酶（serine/threonine-specific protein kinases，STK）
丝裂原激活的蛋白激酶（mitogen-activated protein kinase，MAPK）
丝素蛋白（silk fibroin）
四级环状结构（quarternary structure）
羧肽酶 E（carboxypeptidase E）
糖蛋白（glycoprotein）
糖基化工程（glycoengineering）
糖基磷脂酰肌醇锚定结构（glycosylphosphatidylinositol anchor，GPI anchor）
糖原磷酸化酶（glycogen phosphorylase，GP）
糖脂（glycolipid）
停靠蛋白（docking protein）
拓扑学（topology）
唾液酸（sialic acid，SA）
外显肽（extein）
微不均一性（microheterogeneity）
微管（microtubule）
微管蛋白（tubulin）
胃蛋白酶（pepsin）
无序卷曲（random coil）
细胞内吞（endocytosis）
细胞黏附（cell adhesion）
纤维状蛋白质（fibrous protein 或 scleroprotein）

衔接蛋白（adaptor protein）
显著不均一性（macroheterogeneity）
小泛素相关修饰物（small ubiquitin-related modifier，SUMO）
信号级联放大（signaling cascade）
信号假说（signal hypothesis）
信号识别颗粒（signal recognition particle，SRP）
信号肽（signal peptide）
信号转导（signal transduction）
胸腺嘧啶DNA糖基化酶（thymine-DNA glycosylase，TDG）
血管内皮生长因子受体（Vascular endothelial growth factor receptor，VEGFR）
血小板衍生性生长因子受体（platelet-derived growth factor receptor，PDGFR）
岩藻糖（fucose，Fuc）
盐桥（salt bridge）
氧化还原平衡（redox homeostasis）
氧化还原系统（reduction-oxidation system，RED-OX system）
液晶态（liquid crystalline state）
胰岛素受体（insulin receptor kinase，IRK）
胰岛素原（proinsulin）
乙酰胆碱酯酶（acetylcholinesterase，AChE）
异构体（isoform）
异肽键（isopeptide bond）
异源二聚体（heterodimer）
域间铰链（inter-domain hinge）
原癌基因（proto-oncogene）
脂质液化（lipid liquefaction）
指环结构域或类似指环结构域（RING or RING-like domain）
质子转运通道（proton-conduction channel）
中心法则（genetic central dogma）
自身磷酸化（autophosphorylation）
自身抑制（autoinhibit）
自我剪接结构域（splicing domain）
组蛋白密码（histone Code）
最适pH（optimal pH）